向为创建中国卫星导航事业

并使之立于世界最前列而做出卓越贡献的北斗功臣们

致以深深的敬意!

国家出版基金项目
NATIONAL PUBLICATION FOUNDATION

"十三五"国家重点出版物
出版规划项目

卫星导航工程技术丛书

主　编　杨元喜
副主编　蔚保国

卫星导航电离层建模与应用

GNSS Ionospheric Modeling and Applications

袁运斌　李子申　王宁波　霍星亮　等著

国防工业出版社
·北京·

内 容 简 介

本书结合我国北斗全球卫星导航系统建设和应用的背景,系统阐述了电离层的基本概念和特性、卫星导航电离层影响及电离层信息计算、卫星导航电离层建模的基本原理、卫星导航差分码偏差定义与处理、GPS 与 Galileo 系统广播电离层模型的改进、北斗全球电离层修正模型、卫星导航增强系统电离层时延修正模型、基于卫星导航的全球与区域电离层电子总含量(TEC)精确建模及精化、基于卫星导航的电离层层析反演以及扰动探测方法、卫星导航实时电离层 TEC 精细建模、卫星导航定位中的电离层时延修正方法等内容,建立了顾及我国北斗系统建设和应用特色的卫星导航电离层监测与建模的理论、方法与应用体系。

本书适合于从事卫星导航电离层监测与建模研究的科研人员和工程技术人员参考,也可供大地测量、导航定位和空间物理等专业的研究生和高年级本科生阅读。

图书在版编目(CIP)数据

卫星导航电离层建模与应用 / 袁运斌等著. —北京:
国防工业出版社,2021.3
(卫星导航工程技术丛书)
ISBN 978 - 7 - 118 - 12178 - 0

Ⅰ. ①卫… Ⅱ. ①袁… Ⅲ. ①卫星导航 – 电离层 – 系统建模 Ⅳ. ①P421.34

中国版本图书馆 CIP 数据核字(2020)第 171665 号

审图号 GS(2020)4408 号

※

国防工业出版社出版发行
(北京市海淀区紫竹院南路 23 号 邮政编码 100048)
天津嘉恒印务有限公司印刷
新华书店经售

*

开本 710×1000 1/16 插页 30 印张 34½ 字数 664 千字
2021 年 3 月第 1 版第 1 次印刷 印数 1—2000 册 定价 198.00 元

(本书如有印装错误,我社负责调换)

国防书店:(010)88540777 书店传真:(010)88540776
发行业务:(010)88540717 发行传真:(010)88540762

探索中国北斗自主创新之路
凝练卫星导航工程技术之果

当今世界,卫星导航系统覆盖全球,应用服务广泛渗透,科技影响如日中天。

我国卫星导航事业从北斗一号工程开始到北斗三号工程,已经走过了二十六个春秋。在长达四分之一世纪的艰辛发展历程中,北斗卫星导航系统从无到有,从小到大,从弱到强,从区域到全球,从单一星座到高中轨混合星座,从 RDSS 到 RNSS,从定位授时到位置报告,从差分增强到精密单点定位,从星地站间组网到星间链路组网,不断演进和升级,形成了包括卫星导航及其增强系统的研究规划、研制生产、测试运行及产业化应用的综合体系,培养造就了一支高水平、高素质的专业人才队伍,为我国卫星导航事业的蓬勃发展奠定了坚实基础。

如今北斗已开启全球时代,打造“天上好用,地上用好”的自主卫星导航系统任务已初步实现,我国卫星导航事业也已跻身于国际先进水平,领域专家们认为有必要对以往的工作进行回顾和总结,将积累的工程技术、管理成果进行系统的梳理、凝练和提高,以利再战,同时也有必要充分利用前期积累的成果指导工程研制、系统应用和人才培养,因此决定撰写一套卫星导航工程技术丛书,为国家导航事业,也为参与者留下宝贵的知识财富和经验积淀。

在各位北斗专家及国防工业出版社的共同努力下,历经八年时间,这套导航丛书终于得以顺利出版。这是一件十分可喜可贺的大事!丛书展示了从北斗二号到北斗三号的历史性跨越,体系完整,理论与工程实践相结合，突出北斗卫星导航自主创新精神，注意与国际先进技术融合与接轨，展现了"中国的北斗，世界的北斗，一流的北斗"之大气！每一本书都是作者亲身工作成果的凝练和升华，相信能够为相关领域的发展和人才培养做出贡献。

"只要你管这件事，就要认认真真负责到底。"这是中国航天界的习惯，也是本套丛书作者的特点。我与丛书作者多有相识与共事，深知他们在北斗卫星导航科研和工程实践中取得了巨大成就，并积累了丰富经验。现在他们又在百忙之中牺牲休息时间来著书立说，继续弘扬"自主创新、开放融合、万众一心、追求卓越"的北斗精神，力争在学术出版界再现北斗的光辉形象，为北斗事业的后续发展鼎力相助，为导航技术的代代相传添砖加瓦。为他们喝彩！更由衷地感谢他们的巨大付出！由这些科研骨干潜心写成的著作，内蓄十足的含金量！我相信这套丛书一定具有鲜明的中国北斗特色，一定经得起时间的考验。

我一辈子都在航天战线工作，虽然已年逾九旬，但仍愿为北斗卫星导航事业的发展而思考和实践。人才培养是我国科技发展第一要事，令人欣慰的是，这套丛书非常及时地全面总结了中国北斗卫星导航的工程经验、理论方法、技术成果，可谓承前启后，必将有助于我国卫星导航系统的推广应用以及人才培养。我推荐从事这方面工作的科研人员以及在校师生都能读好这套丛书，它一定能给你启发和帮助，有助于你的进步与成长，从而为我国全球北斗卫星导航事业又好又快发展做出更多更大的贡献。

2020 年 8 月

于 2019 年第十届中国卫星导航年会期间题词。

期待 卫星导航工程技术丛书

助力中国北斗系统发展

周承芝

于 2019 年第十届中国卫星导航年会期间题词。

卫星导航工程技术丛书
编审委员会

主　　　任	杨元喜
副　主　任	杨长风　　冉承其　　蔚保国
院士学术顾问	魏子卿　　刘经南　　张明高　　戚发轫
	许其凤　　沈荣骏　　范本尧　　周成虎
	张　军　　李天初　　谭述森
委　　　员	（按姓氏笔画排序）

丁　群	王　刚	王　岗	王志鹏	王京涛
王宝华	王晓光	王清太	牛　飞	毛　悦
尹继凯	卢晓春	吕小平	朱衍波	伍蔡伦
任立明	刘　成	刘　华	刘　利	刘天雄
刘迎春	许西安	许丽丽	孙　倩	孙汉荣
孙越强	严颂华	李　星	李　罡	李　隽
李　锐	李孝辉	李建文	李建利	李博峰
杨　俊	杨　慧	杨东凯	何海波	汪　勃
汪陶胜	宋小勇	张小红	张国柱	张爱敏
陆明泉	陈　晶	陈金平	陈建云	陈韬鸣
林宝军	金双根	郑晋军	赵文军	赵齐乐
郝　刚	胡　刚	胡小工	俄广西	姜　毅
袁　洪	袁运斌	党亚民	徐彦田	高为广
郭树人	郭海荣	唐歌实	黄文德	黄观文
黄佩诚	韩春好	焦文海	谢　军	蔡　毅
蔡志武	蔡洪亮	裴　凌		

丛　书　策　划	王晓光

卫星导航工程技术丛书
编写委员会

主　　　编　　杨元喜
副　主　编　　蔚保国
委　　　员　　（按姓氏笔画排序）

尹继凯　　朱衍波　　伍蔡伦　　刘　利

刘天雄　　李　隽　　杨　慧　　宋小勇

张小红　　陈金平　　陈建云　　陈韬鸣

金双根　　赵文军　　姜　毅　　袁　洪

袁运斌　　徐彦田　　黄文德　　谢　军

蔡志武

丛 书 序

宇宙浩瀚、海洋无际、大漠无垠、丛林层密、山峦叠嶂,这就是我们生活的空间,这就是我们探索的远方。我在何处? 我之去向? 这是我们每天都必须面对的问题。从原始人巡游狩猎、航行海洋,到近代人周游世界、遨游太空,无一不需要定位和导航。

正如《北斗赋》所描述,乘舟而惑,不知东西,见斗则寤矣。又戒之,瀚海识途,昼则观日,夜则观星矣。我们的祖先不仅为后人指明了"昼观日,夜观星"的天文导航法,而且还发明了"司南"或"指南针"定向法。我们为祖先的聪颖智慧而自豪,但是又不得不面临新的定位、导航与授时(PNT)需求。信息化社会、智能化建设、智慧城市、数字地球、物联网、大数据等,无一不需要统一时间、空间信息的支持。为顺应新的需求,"卫星导航"应运而生。

卫星导航始于美国子午仪系统,成形于美国的全球定位系统(GPS)和俄罗斯的全球卫星导航系统(GLONASS),发展于中国的北斗卫星导航系统(BDS)(简称"北斗系统")和欧盟的伽利略卫星导航系统(简称"Galileo 系统"),补充于印度及日本的区域卫星导航系统。卫星导航系统是时间、空间信息服务的基础设施,是国防建设和国家经济建设的基础设施,也是政治大国、经济强国、科技强国的基本象征。

中国的北斗系统不仅是我国 PNT 体系的重要基础设施,也是国家经济、科技与社会发展的重要标志,是改革开放的重要成果之一。北斗系统不仅"标新""立异",而且"特色"鲜明。标新于设计(混合星座、信号调制、云平台运控、星间链路、全球报文通信等),立异于功能(一体化星基增强、嵌入式精密单点定位、嵌入式全球搜救等服务),特色于应用(报文通信、精密位置服务等)。标新立异和特色服务是北斗系统的立身之本,也是北斗系统推广应用的基础。

2020 年 6 月 23 日,北斗系统最后一颗卫星发射升空,标志着中国北斗全球卫星导航系统卫星组网完成;2020 年 7 月 31 日,北斗系统正式向全球用户开通服务,标志着中国北斗全球卫星导航系统进入运行维护阶段。为了全面反映中国北斗系统建设成果,同时也为了推进北斗系统的广泛应用,我们紧跟北斗工程的成功进展,组织北斗系统建设的部分技术骨干,撰写了卫星导航工程技术丛书,系统地描述北斗系统的最新发展、创新设计和特色应用成果。丛书共 26 个分册,分别介绍如下:

卫星导航定位遵循几何交会原理,但又涉及无线电信号传输的大气物理特性以及卫星动力学效应。《卫星导航定位原理》全面阐述卫星导航定位的基本概念和基本原理,侧重卫星导航概念描述和理论论述,包括北斗系统的卫星无线电测定业务(RDSS)原理、卫星无线电导航业务(RNSS)原理、北斗三频信号最优组合、精密定轨与时间同步、精密定位模型和自主导航理论与算法等。其中北斗三频信号最优组合、自适应卫星轨道测定、自主定轨理论与方法、自适应导航定位等均是作者团队近年来的研究成果。此外,该书第一次较详细地描述了"综合 PNT"、"微 PNT"和"弹性PNT"基本框架,这些都可望成为未来 PNT 的主要发展方向。

北斗系统由空间段、地面运行控制系统和用户段三部分构成,其中空间段的组网卫星是系统建设最关键的核心组成部分。《北斗导航卫星》描述我国北斗导航卫星研制历程及其取得的成果,论述导航卫星环境和任务要求、导航卫星总体设计、导航卫星平台、卫星有效载荷和星间链路等内容,并对未来卫星导航系统和关键技术的发展进行展望,特色的载荷、特色的功能设计、特色的组网,成就了特色的北斗导航卫星星座。

卫星导航信号的连续可用是卫星导航系统的根本要求。《北斗导航卫星可靠性工程》描述北斗导航卫星在工程研制中的系列可靠性研究成果和经验。围绕高可靠性、高可用性,论述导航卫星及星座的可靠性定性定量要求、可靠性设计、可靠性建模与分析等,侧重描述可靠性指标论证和分解、星座及卫星可用性设计、中断及可用性分析、可靠性试验、可靠性专项实施等内容。围绕导航卫星批量研制,分析可靠性工作的特殊性,介绍工艺可靠性、过程故障模式及其影响、贮存可靠性、备份星论证等批产可靠性保证技术内容。

卫星导航系统的运行与服务需要精密的时间同步和高精度的卫星轨道支持。《卫星导航时间同步与精密定轨》侧重描述北斗导航卫星高精度时间同步与精密定轨相关理论与方法,包括:相对论框架下时间比对基本原理、星地/站间各种时间比对技术及误差分析、高精度钟差预报方法、常规状态下导航卫星轨道精密测定与预报等;围绕北斗系统独有的技术体制和运行服务特点,详细论述星地无线电双向时间比对、地球静止轨道/倾斜地球同步轨道/中圆地球轨道(GEO/IGSO/MEO)混合星座精密定轨及轨道快速恢复、基于星间链路的时间同步与精密定轨、多源数据系统性偏差综合解算等前沿技术与方法；同时，从系统信息生成者角度，给出用户使用北斗卫星导航电文的具体建议。

北斗卫星发射与早期轨道段测控、长期运行段卫星及星座高效测控是北斗卫星发射组网、补网，系统连续、稳定、可靠运行与服务的核心要素之一。《导航星座测控管理系统》详细描述北斗系统的卫星/星座测控管理总体设计、系列关键技术及其解决途径，如测控系统总体设计、地面测控网总体设计、基于轨道参数偏置的 MEO 和 IGSO 卫星摄动补偿方法、MEO 卫星轨道构型重构控制评价指标体系及优化方案、分布式数据中心设计方法、数据一体化存储与多级共享自动迁移设计等。

波束测量是卫星测控的重要创新技术。《卫星导航数字多波束测量系统》阐述数字波束形成与扩频测量传输深度融合机理，梳理数字多波束多星测量技术体制的最新成果，包括全分散式数字多波束测量装备体系架构、单站系统对多星的高效测量管理技术、数字波束时延概念、数字多波束时延综合处理方法、收发链路波束时延误差控制、数字波束时延在线精确标校管理等，描述复杂星座时空测量的地面基准确定、恒相位中心多波束动态优化算法、多波束相位中心恒定解决方案、数字波束合成条件下高精度星地链路测量、数字多波束测量系统性能测试方法等。

工程测试是北斗系统建设与应用的重要环节。《卫星导航系统工程测试技术》结合我国北斗三号工程建设中的重大测试、联试及试验，成体系地介绍卫星导航系统工程的测试评估技术，既包括卫星导航工程的卫星、地面运行控制、应用三大组成部分的测试技术及系统间大型测试与试验，也包括工程测试中的组织管理、基础理论和时延测量等关键技术。其中星地对接试验、卫星在轨测试技术、地面运行控制系统测试等内容都是我国北斗三号工程建设的实践成果。

卫星之间的星间链路体系是北斗三号卫星导航系统的重要标志之一，为北斗系统的全球服务奠定了坚实基础，也为构建未来天基信息网络提供了技术支撑。《卫星导航系统星间链路测量与通信原理》介绍卫星导航系统星间链路测量通信概念、理论与方法，论述星间链路在星历预报、卫星之间数据传输、动态无线组网、卫星导航系统性能提升等方面的重要作用，反映了我国全球卫星导航系统星间链路测量通信技术的最新成果。

自主导航技术是保证北斗地面系统应对突发灾难事件、可靠维持系统常规服务性能的重要手段。《北斗导航卫星自主导航原理与方法》详细介绍了自主导航的基本理论、星座自主定轨与时间同步技术、卫星自主完好性监测技术等自主导航关键技术及解决方法。内容既有理论分析,也有仿真和实测数据验证。其中在自主时空基准维持、自主定轨与时间同步算法设计等方面的研究成果,反映了北斗自主导航理论和工程应用方面的新进展。

卫星导航"完好性"是安全导航定位的核心指标之一。《卫星导航系统完好性原理与方法》全面阐述系统基本完好性监测、接收机自主完好性监测、星基增强系统完好性监测、地基增强系统完好性监测、卫星自主完好性监测等原理和方法,重点介绍相应的系统方案设计、监测处理方法、算法原理、完好性性能保证等内容,详细描述我国北斗系统完好性设计与实现技术,如基于地面运行控制系统的基本完好性的监测体系、顾及卫星自主完好性的监测体系、系统基本完好性和用户端有机结合的监测体系、完好性性能测试评估方法等。

时间是卫星导航的基础,也是卫星导航服务的重要内容。《时间基准与授时服务》从时间的概念形成开始:阐述从古代到现代人类关于时间的基本认识,时间频率的理论形成、技术发展、工程应用及未来前景等;介绍早期的牛顿绝对时空观、现代的爱因斯坦相对时空观及以霍金为代表的宇宙学时空观等;总结梳理各类时空观的内涵、特点、关系,重点分析相对论框架下的常用理论时标,并给出相互转换关系;重点阐述针对我国北斗系统的时间频率体系研究、体制设计、工程应用等关键问题,特别对时间频率与卫星导航系统地面、卫星、用户等各部分之间的密切关系进行了较深入的理论分析。

卫星导航系统本质上是一种高精度的时间频率测量系统,通过对时间信号的测量实现精密测距,进而实现高精度的定位、导航和授时服务。《卫星导航精密时间传递系统及应用》以卫星导航系统中的时间为切入点,全面系统地阐述卫星导航系统中的高精度时间传递技术,包括卫星导航授时技术、星地时间传递技术、卫星双向时间传递技术、光纤时间频率传递技术、卫星共视时间传递技术,以及时间传递技术在多个领域中的应用案例。

空间导航信号是连接导航卫星、地面运行控制系统和用户之间的纽带,其质量的好坏直接关系到全球卫星导航系统(GNSS)的定位、测速和授时性能。《GNSS 空间信号质量监测评估》从卫星导航系统地面运行控制和测试角度出发,介绍导航信号生成、空间传播、接收处理等环节的数学模型,并从时域、频域、测量域、调制域和相关域监测评估等方面,系统描述工程实现算法,分析实测数据,重点阐述低失真接收、交替采样、信号重构与监测评估等关键技术,最后对空间信号质量监测评估系统体系结构、工作原理、工作模式等进行论述,同时对空间信号质量监测评估应用实践进行总结。

北斗系统地面运行控制系统建设与维护是一项极其复杂的工程。地面运行控制系统的仿真测试与模拟训练是北斗系统建设的重要支撑。《卫星导航地面运行控制系统仿真测试与模拟训练技术》详细阐述地面运行控制系统主要业务的仿真测试理论与方法,系统分析全球主要卫星导航系统地面控制段的功能组成及特点,描述地面控制段一整套仿真测试理论和方法,包括卫星导航数学建模与仿真方法、仿真模型的有效性验证方法、虚-实结合的仿真测试方法、面向协议测试的通用接口仿真方法、复杂仿真系统的开放式体系架构设计方法等。最后分析了地面运行控制系统操作人员岗前培训对训练环境和训练设备的需求,提出利用仿真系统支持地面操作人员岗前培训的技术和具体实施方法。

卫星导航信号严重受制于地球空间电离层延迟的影响,利用该影响可实现电离层变化的精细监测,进而提升卫星导航电离层延迟修正效果。《卫星导航电离层建模与应用》结合北斗系统建设和应用需求,重点论述了北斗系统广播电离层延迟及区域增强电离层延迟改正模型、码偏差处理方法及电离层模型精化与电离层变化监测等内容,主要包括北斗全球广播电离层时延改正模型、北斗全球卫星导航差分码偏差处理方法、面向我国低纬地区的北斗区域增强电离层延迟修正模型、卫星导航全球广播电离层模型改进、卫星导航全球与区域电离层延迟精确建模、卫星导航电离层层析反演及扰动探测方法、卫星导航定位电离层时延修正的典型方法等,体系化地阐述和总结了北斗系统电离层建模的理论、方法与应用成果及特色。

卫星导航终端是卫星导航系统服务的端点,也是体现系统服务性能的重要载体,所以卫星导航终端本身必须具备良好的性能。《卫星导航终端测试系统原理与应用》详细介绍并分析卫星导航终端测试系统的分类和实现原理,包括卫星导航终端的室内测试、室外测试、抗干扰测试等系统的构成和实现方法以及我国第一个大型室外导航终端测试环境的设计技术,并详述各种测试系统的工程实践技术,形成卫星导航终端测试系统理论研究和工程应用的较完整体系。

卫星导航系统 PNT 服务的精度、完好性、连续性、可用性是系统的关键指标,而卫星导航系统必然存在卫星轨道误差、钟差以及信号大气传播误差,需要增强系统来提高服务精度和完好性等关键指标。卫星导航增强系统是有效削弱大多数系统误差的重要手段。《卫星导航增强系统原理与应用》根据国际民航组织有关全球卫星导航系统服务的标准和操作规范,详细阐述了卫星导航系统的星基增强系统、地基增强系统、空基增强系统以及差分系统和低轨移动卫星导航增强系统的原理与应用。

与卫星导航增强系统原理相似,实时动态(RTK)定位也采用差分定位原理削弱各类系统误差的影响。《GNSS 网络 RTK 技术原理与工程应用》侧重介绍网络 RTK 技术原理和工作模式。结合北斗系统发展应用,详细分析网络 RTK 定位模型和各类误差特性以及处理方法、基于基准站的大气延迟和整周模糊度估计与北斗三频模糊度快速固定算法等,论述空间相关误差区域建模原理、基准站双差模糊度转换为非差模糊度相关技术途径以及基准站双差和非差一体化定位方法,综合介绍网络 RTK 技术在测绘、精准农业、变形监测等方面的应用。

GNSS 精密单点定位(PPP)技术是在卫星导航增强原理和 RTK 原理的基础上发展起来的精密定位技术,PPP 方法一经提出即得到同行的极大关注。《GNSS 精密单点定位理论方法及其应用》是国内第一本全面系统论述 GNSS 精密单点定位理论、模型、技术方法和应用的学术专著。该书从非差观测方程出发,推导并建立 BDS/GNSS 单频、双频、三频及多频 PPP 的函数模型和随机模型,详细讨论非差观测数据预处理及各类误差处理策略、缩短 PPP 收敛时间的系列创新模型和技术,介绍 PPP 质量控制与质量评估方法、PPP 整周模糊度解算理论和方法,包括基于原始观测模型的北斗三频载波相位小数偏差的分离、估计和外推问题,以及利用连续运行参考站网增强 PPP 的概念和方法,阐述实时精密单点定位的关键技术和典型应用。

GNSS 信号到达地表产生多路径延迟,是 GNSS 导航定位的主要误差源之一,反过来可以估计地表介质特征,即 GNSS 反射测量。《GNSS 反射测量原理与应用》详细、全面地介绍全球卫星导航系统反射测量原理、方法及应用,包括 GNSS 反射信号特征、多路径反射测量、干涉模式技术、多普勒时延图、空基 GNSS 反射测量理论、海洋遥感、水文遥感、植被遥感和冰川遥感等,其中利用 BDS/GNSS 反射测量估计海平面变化、海面风场、有效波高、积雪变化、土壤湿度、冻土变化和植被生长量等内容都是作者的最新研究成果。

伪卫星定位系统是卫星导航系统的重要补充和增强手段。《GNSS 伪卫星定位系统原理与应用》首先系统总结国际上伪卫星定位系统发展的历程,进而系统描述北斗伪卫星导航系统的应用需求和相关理论方法,涵盖信号传输与多路径效应、测量误差模型等多个方面,系统描述 GNSS 伪卫星定位系统(中国伽利略测试场测试型伪卫星)、自组网伪卫星系统(Locata 伪卫星和转发式伪卫星)、GNSS 伪卫星增强系统(闭环同步伪卫星和非同步伪卫星)等体系结构、组网与高精度时间同步技术、测量与定位方法等,系统总结 GNSS 伪卫星在各个领域的成功应用案例,包括测绘、工业控制、军事导航和 GNSS 测试试验等,充分体现出 GNSS 伪卫星的"高精度、高完好性、高连续性和高可用性"的应用特性和应用趋势。

GNSS 存在易受干扰和欺骗的缺点,但若与惯性导航系统(INS)组合,则能发挥两者的优势,提高导航系统的综合性能。《高精度 GNSS/INS 组合定位及测姿技术》系统描述北斗卫星导航/惯性导航相结合的组合定位基础理论、关键技术以及工程实践,重点阐述不同方式组合定位的基本原理、误差建模、关键技术以及工程实践等,并将组合定位与高精度定位相互融合,依托移动测绘车组合定位系统进行典型设计,然后详细介绍组合定位系统的多种应用。

未来 PNT 应用需求逐渐呈现出多样化的特征,单一导航源在可用性、连续性和稳健性方面通常不能全面满足需求,多源信息融合能够实现不同导航源的优势互补,提升 PNT 服务的连续性和可靠性。《多源融合导航技术及其演进》系统分析现有主要导航手段的特点、多源融合导航终端的总体构架、多源导航信息时空基准统一方法、导航源质量评估与故障检测方法、多源融合导航场景感知技术、多源融合数据处理方法等,依托车辆的室内外无缝定位应用进行典型设计,探讨多源融合导航技术未来发展趋势,以及多源融合导航在 PNT 体系中的作用和地位等。

卫星导航系统是典型的军民两用系统,一定程度上改变了人类的生产、生活和斗争方式。《卫星导航系统典型应用》从定位服务、位置报告、导航服务、授时服务和军事应用 5 个维度系统阐述卫星导航系统的应用范例。"天上好用,地上用好",北斗卫星导航系统只有服务于国计民生,才能产生价值。

海洋定位、导航、授时、报文通信以及搜救是北斗系统对海事应用的重要特色贡献。《北斗卫星导航系统海事应用》梳理分析国际海事组织、国际电信联盟、国际海事无线电技术委员会等相关国际组织发布的 GNSS 在海事领域应用的相关技术标准,详细阐述全球海上遇险与安全系统、船舶自动识别系统、船舶动态监控系统、船舶远程识别与跟踪系统以及海事增强系统等的工作原理及在海事导航领域的具体应用。

将卫星导航技术应用于民用航空,并满足飞行安全性对导航完好性的严格要求,其核心是卫星导航增强技术。未来的全球卫星导航系统将呈现多个星座共同运行的局面,每个星座均向民航用户提供至少 2 个频率的导航信号。双频多星座卫星导航增强技术已经成为国际民航下一代航空运输系统的核心技术。《民用航空卫星导航增强新技术与应用》系统阐述多星座卫星导航系统的运行概念、先进接收机自主完好性监测技术、双频多星座星基增强技术、双频多星座地基增强技术和实时精密定位技术等的原理和方法,介绍双频多星座卫星导航系统在民航领域应用的关键技术、算法实现和应用实施等。

本丛书全面反映了我国北斗系统建设工程的主要成就,包括导航定位原理,工程实现技术,卫星平台和各类载荷技术,信号传输与处理理论及技术,用户定位、导航、授时处理技术等。各分册:虽有侧重,但又相互衔接;虽自成体系,又避免大量重复。整套丛书力求理论严密、方法实用,工程建设内容力求系统,应用领域力求全面,适合从事卫星导航工程建设、科研与教学人员学习参考,同时也为从事北斗系统应用研究和开发的广大科技人员提供技术借鉴,从而为建成更加完善的北斗综合 PNT 体系做出贡献。

最后,让我们从中国科技发展史的角度,来评价编撰和出版本丛书的深远意义,那就是:将中国卫星导航事业发展的重要的里程碑式的阶段永远地铭刻在历史的丰碑上!

2020 年 8 月

前 言

作为日地空间环境的重要组成部分,电离层对无线电信号传播产生严重的影响,由此引起的无线电导航信号时延可达米至百米级,是导航信号数据处理中必须精确处理与控制的误差源之一。受太阳活动、地球磁场以及中性风等多类因素的综合影响,电离层在全球不同地区以及不同太阳活动水平下对导航信号的影响具有显著差异。国际上各个卫星导航定位系统,如美国 GPS、欧盟 Galileo 系统及我国北斗卫星导航系统(简称"北斗系统"),无论在系统建设的前期预研技术攻关与工程化实施还是建成后的推广应用与产业化过程中,都采取了多种重要技术措施修正或削弱电离层对卫星导航信号传播的影响,以确保系统运行与应用的性能。

以 GPS 为代表的各类卫星导航系统的快速发展,也为高精度、高分辨率地连续监测电离层电子总含量(TEC)与电子密度分布提供了全新的技术手段。国际 GNSS 服务组织自 1998 年组织全球 GPS 电离层观测以来,积累了丰富的原始电离层资料,其发布的全球二维电离层 TEC 格网产品,成为研究电离层时空结构及其时延修正的重要基础数据;同时,GNSS 电离层层析技术能够实现三维甚至四维电离层电子密度结构的重构与反演,逐渐成为一种新的电离层空间环境监测手段;电离层中不均匀体等引起的不规则性扰动,会使导航卫星信号频繁发生周跳甚至信号中断,GNSS 为大范围连续实现电离层扰动监测提供了可能。

我国北斗全球卫星导航系统的建设与应用为 GNSS 电离层研究带来新的机遇与挑战。一方面,不同于美国 GPS,我国 BDS 监测站的布设以"境内为主,境外为辅",且境外监测站数量非常有限,加之,我国区域电离层活动较欧美中高纬区域更为复杂,难以直接利用国际上现有模型与方法实现北斗全球/区域电离层时延的高精度修正及全球电离层变化的精细监测;另一方面,美国 GPS 已广泛应用于全球许多重要的行业及技术领域,而俄罗斯 GLONASS、欧盟 Galileo 系统及我国北斗系统均为 GPS 正式运行与服务多年之后建设的全球卫星导航系统。如何在未来激烈的市场中取得优势和主动地位,是 BDS 现在和未来各个建设与技术研发环节都应充分考虑的问题,这就要求 BDS 电离层监测及修正的技术指标与性能尽可能优于 GPS。

本书全面梳理并总结了卫星导航系统中涉及的卫星与接收机差分码偏差处理、不同尺度电离层时延误差修正、二维/三维电离层时空变化监测以及电离层扰动效应探测等问题,在充分借鉴 GPS、Galileo 系统在电离层研究与应用成功经验的基础上,提出并建立适合于 BDS 的全球广播电离层时延修正模型、卫星差分码偏差精确确定方法、广域增强系统电离层时延修正方法、全球电离层 TEC 格网建立方法、三维电离层层析反演方法、电离层扰动效应探测,以及面向不同导航定位用户的电离层影响处理等相关模型与算法,为保证 BDS 导航用户定位性能与服务水平提供相关的技术支撑。本书各章节内容安排如下:

第 1 章介绍空间电离层的基本概念和特性,包括电离层分层结构与物理化学过程、时空变化形态与影响因素、不均匀结构与扰动、对无线传播的影响及主要探测方法。

第 2 章回顾卫星导航定位的基本原理、电离层对卫星导航定位的影响、GNSS 原始电离层观测信息的提取方法、基于卫星导航信号的电离层电子密度计算方法以及基于导航信号强度的电离层闪烁探测方法。

第 3 章总结卫星导航电离层建模与反演所涉及的基本假设、电离层 TEC 数学函数模型、电子密度数学函数模型以及常用坐标系。

第 4 章针对 BDS 近期/未来全球基准站布设较少的情形,提出一种精确确定卫星和接收机差分码偏差的方法,并基于多模 GNSS 观测数据试验网对方法的精度和可靠性进行详细分析,同时揭示了卫星导航接收机差分码偏差时间尺度内的变化特性。

第 5 章在对 Klobuchar 模型电离层夜间平场及初始相位参数变化规律分析的基础上,提出一种改进的 Klobuchar 模型,评估分析了其精度和可靠性;针对 GPS 用户接口文件中电离层参数接口难以修改的现状,设计了一种顾及夜间电离层变化的 Klobuchar 单频电离层误差修正方案。

第 6 章基于 GNSS 基准站数据实现 Galileo 全球广播电离层模型 NeQuick 播发参数的解算,并利用 GPS 及 JASON TEC 实测数据评估 NeQuik 模型在全球大陆及海洋地区的实际应用精度,进而提出一种基于 NeQuick 模型的电离层投影函数误差分析及改进的方法。

第 7 章结合 BDS 监测站布设以"境内为主,境外为辅"的特点,建立适合于 BDS 广播应用服务的北斗全球电离层修正模型(BDGIM)。同时,基于区域的 BDS 及全球的 GPS 实测数据全面评估模型在中国区域及全球范围内的应用精度及可靠性。

第 8 章在充分考虑中国区域电离层 TEC 分布特点的基础上,提出 BDS 广域增强系统的电离层时延修正方法,利用不同太阳活动水平下实测的 GPS 以及部分 BDS 数据对该方法的精度及其对定位收敛速度的增益进行分析。

第 9 章提出一种电离层薄层高度确定方法,研究了不同空间插值算法构建的中国区域电离层 TEC 格网的精度;考虑低纬度区域电离层 TEC 时空变化复杂特点,提出了一种新型区域双层电离层模型构建方法并对其精度进行了验证。

第 10 章建立了充分顾及 BDS 特点并兼容其他 GNSS 的全球电离层 TEC 格网计

算方法——球谐和广义三角级数组合函数(SHPTS);通过与国际 GNSS 服务组织电离层分析中心的电离层 TEC 格网及测高卫星、星基多普勒轨道和无线电定位组合系统(DORIS)等的电离层观测数据进行对比,详细分析 SHPTS 方法的精度和可靠性。

第 11 章针对现有三维电离层层析方法中存在秩亏和病态问题,提出附加平滑约束的电子密度反演方法、顾及电离层变化的层析反演方法、基于选权拟合的电离层层析方法以及基于模式参数拟合的三维层析方法。

第 12 章在总结现有的电离层 TEC 扰动指数优缺点的基础上,提出基于变样本自协方差估计(ACEVS)参数的电离层扰动效应监测方法,建立一种改进的电离层 TEC 变化率指数,并利用中国区域实测 GNSS 数据对新方法的有效性以及中国区域电离层扰动时空变化特征进行详细分析。

第 13 章提出一种基于自适应抗差滤波的实时电离层建模方法,研制了一套基于实时数据流和共享内存的实时电离层监测与修正软件,实现了全球电离层 TEC 实时高精度建模,分析并验证了全球实时电离层 TEC 格网精度。

第 14 章总结了卫星导航系统涉及的各类电离层延迟误差修正方法,包括普通单频型导航用户、电离层活动正常及异常条件下广域增强用户、精密单点定位用户、网络 RTK 用户、星载单频用户及高阶电离层延迟误差修正方法等。

本书由袁运斌策划并组织撰写,袁运斌、李子申负责统稿和改稿,由杨元喜院士审定。袁运斌、李子申、王宁波、霍星亮撰写了书稿主要内容,包括卫星导航电离层的基本概念和特性、影响、计算方法、建模及反演原理与方法、差分码偏差定义与处理、北斗全球系统广播电离层模型、GPS 与 Galileo 广播电离层模型及改进等;张宝成、李敏、李慧、刘西凤、张啸、李莹等参与了部分章节的撰写;刘昂、王志宇、汪亮、邱聪、查九平、赵传宝、艾青松等研究生完成了全书的校对工作。

本书相关研究成果得到国家重点研发计划、国家杰出青年基金、国家自然科学基金、国家"863"和"973"计划、北斗卫星导航重大专项、中国科学院百人计划等项目和课题的支持。

由于作者水平有限,错误、遗漏和其他不足之处在所难免,恳请读者批评指正。

作者

2020 年 8 月

目 录

第1章 电离层基本概念和特性

◣ 1.1 电离层的基本概念

在 60~2000km 大气层区域,存在大量的自由电子,形成地球电离层。地球电离层与磁层、中高层大气构成地球空间。地球空间、行星际空间与太阳大气构成的日地空间,是人类赖以生存的空间环境[1]。位于大气圈中部的电离层,是多种物理过程的交汇区域:一方面,它受到来自上部太阳与磁层扰动和下部对流层与中间大气运动的影响,并与相应高度的热层中性大气相耦合;另一方面,其变化也将反馈给相应的上、下层和热层。因此,电离层的形态与变化规律的掌握对研究全球诸多物理过程的自洽图像具有重要作用[2]。同时作为日地空间环境的重要组成部分,电离层对现代无线电工程系统和人类的空间活动有着重要影响。

电离层既可反射低频无线电信号,也可使穿越于其区域的高频无线电波的传播方向、速度、相位、振幅及偏振状态等发生显著变化。它对人类生产与生活的影响,既有利也有弊。一方面,正常情况下的电离层反射有利于远距离无线电通信的实现和发展;另一方面,电离层的剧烈变化等异常情况对航天、通信、导航和许多地面技术系统产生严重的危害,可能导致航天器受损和失常、卫星和地面通信设备的中断以及高压输电网、长距离输油和输气管道损害等[3]。

从 19 世纪无线电科学产生以来,电离层对人类生产与生活的影响,一直为人们所关注。20 世纪三四十年代的第二次世界大战前后和期间,对电离层特别是其对无线电波传播影响的研究,首次在政治、经济和军事应用等多方面显示了重大意义[4]。1957 年卫星技术的出现,使人类真正迈入空间探测的新时代。如何消除电离层等空间环境对航天器的危害,从此成为人们的又一重大课题。等离子体环境和航天器充电现象是空间环境的主要问题[5]。电离层所处的近地空间环境,是航天器最多、最活跃的区域[5]。电离层等离子体作为空间等离子体环境的一部分,存在着诱发航天器发生故障甚至失效的多种影响因素。特别是,当低轨道大型航天器在电离层中运行时,高电压太阳电池阵与等离子体的相互作用,将产生极大的有害效应,导致电池阵泄漏电流和弧光放电。例如,1989 年 9 月 29 日,太阳发生 X9.8 级的大耀斑,对空间环境和航天业务造成了极大的影响。期间,由于电离层受到强烈的突然骚扰,使低频、甚低频和甚高频电波传播出现较长时间的异常,影响了导航与通信业务。因此,充分认识电离层及其对航天器的影响,并在航天器设计制造和运行中加以充分考虑是十分必要的。特别是载人航天，其安全可靠性最为重要，必须排除所有可能威胁飞船安全的因素。所以，电离层乃至整个地球空间环境的预报和预测对载人航天而言，更是必不可少的。对电离层特别是其扰动的预报极为重要，它与太阳质子事件预测、地磁活动预报和高层大气参数变化预报等一样是目前空间环境预报的主要内容。

  20世纪下半叶以来，伴随着现代通信科学、计算机科学、空间科学、海洋科学、地球科学等学科在众多相关领域的交叉研究和集成应用的迅速发展，电离层对人类生产与生活的影响显得更为突出[6]。目前，与人类生产和生活密切相关的无线电波主要在近地空间传播，它们必然要经历环绕地球的大气层。电离层对航天活动及无线电波传播的影响，已成为电离层乃至整个地球空间环境影响人类生产和生活的重要途径之一，特别表现在近几十年出现的以海军卫星导航系统（NNSS）、星基多普勒轨道和无线电定位组合系统（DORIS）、美国全球定位系统（GPS）、俄罗斯全球卫星导航系统（GLONASS）、中国北斗卫星导航系统（BDS）和欧盟Galileo卫星导航系统等为代表的各种基于无线电技术的卫星定位与跟踪系统中，特别是在许多领域已得到广泛应用并显示出巨大优越性的全球卫星导航系统（GNSS）中[6]。GNSS信号传播到地球或低轨飞行器，穿透电离层，产生路径延迟（等效于相应的时延），是GNSS测量的主要误差源之一，也一直是与GNSS相关的各领域的研究热点之一[6]。与此同时，新的探测技术和手段的不断产生与应用，大大促进了电离层基本理论的发展。电离层研究已成为综合多类学科知识的边缘性很强的交叉学科，它的发展必将有助于众多基础研究的进步。电离层研究引起了世界各主要国家的关注，已列入中国空间物理研究的战略主题[1]。

  综上所述，作为日地空间的重要组成部分，电离层对现代无线电工程系统和人类的空间活动有着重要影响。利用日益丰富的电离层观测资料，系统地研究全球电离层结构特征和变化规律、提供可预报的经验模式，对于保障无线电通信、广播电视、超视距雷达等系统的可靠运行和提高测速定位、授时导航等系统的精度有着重要的应用价值；对于研究日地空间环境、高空大气各层之间的相互作用，了解和认识地球空间环境和行星空间环境的起源和演化过程，有着重大的科学意义[1,3]。研究电离层不仅有利于认识电离层本身，寻找克服电离层可能造成的灾害的途径和探求利用电离层为人类造福的方法，而且有助于推动地球科学领域相关的电离层理论和应用问题的研究与发展[6]。

1.2 电离层的结构与机制

1.2.1 电离层的分层结构

  按照电离层中电子密度极值区的高度，电离层可分为4个区域，即D层、E层、F

层和质子层,如图 1.1 所示。各层可以认为分别由中性大气的特定成分吸收太阳的辐射而产生,它们对入射太阳光子谱的不同部分响应不同。根据多年的观测,电离层的不同层次具有下述特性。

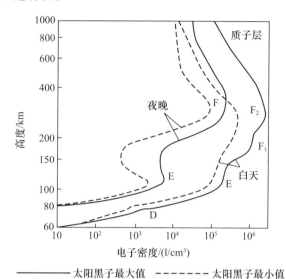

图 1.1　电离层电子密度随高度变化图[4]

D 层:位于地面以上 $60 \sim 90 km$ 区域,是多原子离子“团”的稀薄层,密度为$(10^2 \sim 10^4)/cm^3$。正常 D 层的离化源有 3 种:宇宙线,波长为 $0.1 \sim 1nm$ 的太阳 X 射线,及 Lyman-α 射线(波长为 1216nm 的太阳远紫外辐射线)。其中,D 层绝大部分的电离是由于太阳 Lyman-α 射线对一氧化氮(NO)的作用产生 NO^+ 离子和电子,即使在夜间 Lyman-α 射线的直接入射通量为零,来自大气最上层氢地冕(hydrogen geocorona)的放射也可产生相当的 Lyman-α 的散射,散射对夜间的 D 层有显著贡献。太阳 X 射线,在太阳活动低年产生的离子比 Lyman-α 射线产生的离子要少,但在太阳扰动期间,其贡献变大;太阳耀斑期间,X 射线在 D 层引起的电离率变化是较大的,观测到的离子密度的变化反映了 X 射线的贡献。在中、高纬地区,D 层的最小部分主要被宇宙射线电离。D 层大气较稠密,电子与中性粒子、离子的碰撞频次很高,使得通过其中的无线电波的吸收显得尤为明显,所以该区域在实际的无线电通信中起着重要的作用,特别是在磁暴时,这种吸收明显,称为短波突然衰落,严重时使短波通信中断。

E 层:又称为发电机层,位于地面以上 $90 \sim 140 km$,其电子密度为$(10^3 \sim 10^5)/cm^3$。形成 E 层的主要电离辐射是波长为 $911 \sim 1027nm$ 的太阳极紫外辐射和 $10 \sim 170nm$ 的太阳 X 射线等。E 层的大气成分主要是氧(O_2)和一氧化氮(NO),因此电离辐射主要产生氧分子离子(O_2^+)、一氧化氮离子(NO^+)和大量的自由电子。电子密度随太阳天顶角而变,因而存在昼夜和季节性周期变化,其变化规律大体服从余弦定律。

E 层还包括一个偶发 E 层(E_s),是出现在高度 $100 \sim 120km$ 的 E 层上的异常电离,形态多样,与太阳辐射几乎没有直接关系。它在不同纬度有明显的不同特征,在低纬度地区主要出现在白天;在中纬度地区主要出现在夏季;而在极区主要出现在夜间。

F 层:位于地面 $140 \sim 600km$,是电子密度最大的层次。形成 F 层的主要电离辐射是波长为 $17.0 \sim 91.1nm$ 的太阳极紫外辐射。夏季的白天 F 层又分为两层:底下是 F_1 层,上面是 F_2 层,且两部分呈现不同的变化。F_1 层高度为 $140 \sim 200km$,其电子密度峰值约为 $10^5/cm^3$;F_2 层是电离层中持久存在的层次,也是反射高频电波的主要区域,其高度范围为 $200 \sim 600km$,其电子密度峰值约为 $10^6/cm^3$。由于 $120km$ 高度以上氧分子(O_2)开始离解,$300km$ 高度以上氮分子(N_2)开始离解,所以该层的主要成分是氧原子离子(O^+)和一氧化氮离子(NO^+)。除 F_1、F_2 层外,在 F 层还可以经常观测到扩展 F 层(Spread-F),是 F 层电子密度不均匀体对电波散射的结果。F 层的电子密度随季节和昼夜的变化尤为明显。

质子层:该区域位于 F 层顶以上,随着密度的减少,一直向上扩展到 O^+ 向 H^+ 和 He^+ 过渡的高度。过渡高度是随时间而变化的,在夜间很少降到 $500km$ 以下,而在白天很少降到 $800km$ 以下,有时可能位于 $1000km$ 以上。在转变高度以上,弱电离成分密度近似呈指数衰减分布,对跨越电离层的无线电电波传播信号几乎没有影响。

图 1.2 所示为白天中纬度地区主要大气层粒子密度的典型剖面。

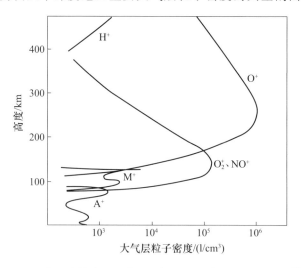

图 1.2　白天中纬度地区主要大气层粒子密度的典型剖面[4]

1.2.2　电离层中的物理化学过程

电离层活动复杂多变,不仅受到太阳辐射和地磁变化的影响,而且还受到诸如大气波动、大气环流状态等气象参数的影响。电离层中的各种物理化学过程相互作用,相互影响,导致电离层中的离子-电子对的产生率、复合率以及漂移和扩散的速度发生变化,进而影响电子(或离子)密度的改变。电离层电子(离子)密度的变化主要来自 3 种物理化学反应机制,即电子(或离子)产生、消失和运输过程,相应的电离平衡方程为

$$\frac{\partial N}{\partial t} = q - L(N) - \nabla \cdot (NV) \tag{1.1}$$

式中:N 为电子或离子密度;$\partial N/\partial t$ 为电子或离子密度随时间的变化率;q 为电子或离子的产生率;$L(N)$ 为电子或离子的损失率;V 为电子或离子的净漂移速度;$\nabla \cdot (NV)$ 为输运过程引起的电子或离子密度的变化率。

上述的电离平衡方程是描述控制电离层物理过程的基本重要方程,反映了电离层的两大类物理过程:一类是以电子或离子密度产生项 q 和损失项 $L(N)$ 为代表的"光化学过程",导致电离物的产生和消失;另一类是运输项 $\nabla \cdot (NV)$ 体现的"运输过程",引起电离物的运动。在低电离层(D、E、F_1 层)中,光化学过程起控制作用,电离层处于光化平衡状态;而 F_2 层则处在光化学控制和运输控制之间的过渡高度,带电离子除受光化学过程外还受到诸如中性曳力、碰撞、双极扩散以及电场和磁场等的共同影响。研究表明,处于平衡态的电离层受到如下各种因素的联合作用:光化学过程、热力学过程、动力学过程、电磁学或电动力学过程。

1.2.2.1　光化学过程

气体电离所涉及的过程可分为两类:一类是与太阳辐射光子相联系的光化电离;另一类是与高能粒子沉降相联系的碰撞电离。光子主要来源于太阳,而高能粒子则可能来源于银河系(宇宙线)、太阳、磁层,或电离层本身(当存在局部的粒子和电子加速时),沉降的高能电子在大气层中可通过韧致辐射过程产生额外的电离光子。对于光子和粒子,唯一的要求是它们的能量超过中性大气原子或分子中电子的电离势。大气的电离本质上归于各种电离源的混合作用,但通常只有一种起主要作用。波长为 10~100nm 的极紫外辐射(EUV)和紫外辐射的太阳光子是白天主要的电离源。带电粒子的损失主要有两种过程,即复合和附着。这两种过程是带电粒子损失的主要机制。复合过程包含正负离子的复合反应以及电子与正离子重新结合成为中性粒子;附着过程则是指电子吸附于中性粒子而形成负离子。其中,正负离子的复合反应和附着过程主要发生在 D 层,而电子和正离子的复合过程则在 E 层和 F 层中常见。

1.2.2.2　热力学过程

热力学过程是指电离层和热层高度上的热源引起的物理过程,主要是辐射吸收和焦耳加热、热交换和热传导。其中,磁暴期间的高能带电粒子的极区沉降和场向电流对极区加热引起的大尺度的电离层行扰是一个典型的热力学过程。在高纬地区,由于磁层对流,电场渗透和极光电子沉降的存在,会对热层风状态产生明显的影响。特别是在磁暴条件下,沿磁力线向激光带电离层沉降的高能电子,使电离层形成附加电离并得到加热,其效果除直接改变高纬电离层状态和激发声重波外,还大大影响高

纬热层风的平均状态,并由于电离层加热而形成上升气流向低纬流动,形成暴时环流。暴时环流将改变中、低纬热层大气的成分比例及热结构,进而影响当地的电离层状况,它是伴随磁层亚暴的电离层扰动的主要原因。

1.2.2.3 动力学过程

电离层中存在各种尺度的动力学过程,这些过程对电离层结构的形成和发展起着重要的作用,特别是在电离层 F 层。电子密度的变化取决于产生率、消失率和由于运动产生的电离通量。在 E 层,电离的平均寿命为 10min 的量级,在这样的时间尺度内的电离运输特征距离上,无论电子密度或运动速度本身都难以有显著变化,所以运动项并不会起很重要作用,除非在垂直方向上有强的风剪切而导致电子在某一高度上积累。但在 F 层情况不同,电离的平均寿命为数小时,可以说,整个 F 层的各种异常都与运动有关,涉及背景的平均环流、热层风、低热层和中间大气中的潮汐和声重力波,以及电离层本身的运动,如电磁场导致的漂移。

热层大气在气压梯度力、科里奥利力(由地球自转产生)、黏滞力(源于大气黏滞效应)和离子曳力(中性大气同带电粒子的碰撞作用)共同作用下形成的热层大气的平均运动成为热层风。由于离子曳力的存在,热层风实际上是中性成分和电离层成分相互作用的结果。热层大气的声重波在电离层 F 区的一个重要表现就是电离层行进式扰动(TID)。TID 按波长可分为 3 类,即大、中、小 3 种尺度。中小尺度的扰动通常认为起源于对流层,体现着电离层和对流层的耦合;大尺度的扰动通常与极区的强扰动有关,是电离层与磁层耦合作用的表现之一。声重波的周期最长为 1 ~ 2h,可以看作是热层大气中的运动能够具有的最小时间尺度。热层大气的最长时间尺度的运动是热层大气的平均环流,是由太阳对热层大气的非均匀加热而产生的水平气压梯度力所驱动。在两至点(夏至和冬至),高热层中夏半球空气抬升并流向冬半球;在两分点(春分和秋分),平均而言高热层的环流是由赤道流向两级。在非扰动条件下,除高纬区外,全球热层风的平均状态大体上是从白天半球吹向夜晚半球,但风向和等压线交成一个角度,该角度在夜间较小,而白天则较大,取决于离子曳力和科里奥利力的相对大小。

1.2.2.4 电动力学过程

大气中除了周期为几分钟到上百分钟的声重波外,还存在周期以小时计的波动-潮汐波。大气的潮汐是大气层在重力、热力等力作用下产生的一种大尺度扰动。在太阳、月亮等星球的引潮力作用下,可激发大气振荡,其运动方向主要在水平方向上。太阳辐射使大气加热而膨胀,压力梯度力提供了激发大气潮汐的驱动力。研究表明,电离层 E 层高度的大气潮汐是大气发电机的驱动力。在 E 层的高度上,离子磁旋频率小于碰撞频率而电子磁旋频率大于碰撞频率,因此,电子基本受磁场的控制,而离子仍强烈地受到碰撞的控制,导致离子沿中性风的方向运动而电子垂直于中性风的方向运动。这种中性潮汐风驱动带电粒子在地磁场中做切割磁力线的运动,感生电动势并形成电流。由于电离层在水平方向和垂直方向并不均匀,电流在一些明显不均匀的界面处形成电荷堆积,从而产生极化电场,电场反过来影响电流的分布,描述该过程的理论称为电离层发电机理论。

在 E 层以上的较大高度内,纵向电导率很大,磁力线可以看成等势线,于是 E 层中产生的电场沿磁力线向上传输到 F 层。F 层中,离子和电子的有效碰撞频率远小于磁旋频率,因此,碰撞效应很小而电磁漂移将很有效,离子和电子在电场的作用下沿着磁力线以相同的速度一起漂移。这一过程中,E 层充当发电机,而 F 层充当电动机。特别地,在磁赤道区,由于磁力线水平向北,东西向的风驱动的电流在东西方向产生弱的极化电场,在极化电场和向北磁场的共同作用下,E 区上部和 F 区底部的电子和离子向上漂移,到达 F 区上部后沿着磁力线顺南北方向向下扩散到 ±15° 区域形成双峰,即赤道异常"喷泉效应",如图 1.3 所示。

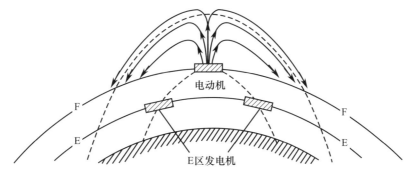

图 1.3　赤道异常现象解释的示意图[4]

特别地,在高纬地区,由于地磁场倾角很大,磁层中的大尺度电场沿着高电导率的磁力线投射到电离层中,这部分来自磁层的电场比电离层自身在热层风作用下由于电离层不均匀而产生的极化电场强很多。这也是磁层、电离层和热层相互耦合研究的焦点之一。

1.2.2.5　双极扩散

上述电场和中性风的漂移都可以看成是等离子体对外加作用下的响应。等离子体内部也存在一种作用力——双极扩散,即电离层等离子体中电子与离子在重力和各自的部分压力梯度作用下将扩散分离,而它们之间的极化场又保持它们在一起,总的效果是两种粒子将以相同速度朝某一方向扩散。双极扩散同时受到碰撞与地磁场的约束。等离子体的双极扩散对电离层 F 层峰的出现起主要作用。

1.3　电离层的形态及影响因素

1.3.1　电离层的时空变化形态

电离层的电子密度取决于太阳 EUV 通量、中性成分、中性风及电场动力学等效应,并且电离成分与中性成分是紧密地耦合在一起的,同时,不同的因素还随地方时、季节、地理位置等发生改变。电离层中有些行为是重复性很强的、有规律的,但也有很多是不规则的、随机不均匀变化的。通常将电离层实验观测结果同 Chapman 理论的偏离称作"异常"。事实上,Chapman 理论在某些方面也不完全符合电离层的实际情况,例如 Chapman 理论中没有考虑电离层等离子体的运动。

在电离层及其背景大气中广泛存在各种时间尺度的变化行为,例如典型的周日变化、逐日变化、准 27 天变化、半年度异常、季节异常、年度异常、准两年变化以及太阳活动周期的 11 年变化,甚至更长周期的变化等。在这些变化现象中,电子密度的半年度异常、季节异常和年度异常等现象通常更为人们所关注。利用不同的观测手段和理论模式可研究这些现象形成与发展的机理等。在空间分布上,电子密度随着经度和纬度的改变而发生不同的变化,如电离层赤道异常、中纬度以及高纬的磁层与电离层的耦合活动等。

1.3.1.1　电离层年度、半年度和季节性异常

从全球范围来看,电离层 F 层电子密度的年度变化 12 月比 6 月约大 20%,但由于日地距离的变化,这两个月份太阳电离通量只有 6% 的变化,称作"年度异常"。

根据 Chapman 预言,电子密度随太阳天顶角变化应该是夏季的值大于冬季。因此,白天冬季半球电子密度高于夏季半球值的现象称为"冬季异常(或季节异常)"。当太阳活动性增强时,电离层的季节异常变得明显;太阳黑子极小年,季节异常现象也随之减弱,在有些地区甚至消失。此外,电离层的冬季异常现象在北半球中纬度地区相当明显,在南半球则不一定出现。

观测表明,电离层的电子密度在两分点(春季和秋季)相对于两至点(冬至和夏至)特别高,这称作"半年度异常"。这种异常现象在太阳黑子低年也很明显,这与冬季异常不同。半年度异常在低纬地区和南半球较突出,变化的极大值出现在 4 月和 10 月。

1.3.1.2　电离层空间分布特征

根据地磁纬度分布的特征,电离层通常分为低纬(包括赤道区域)、中纬和高纬度(包括极区)电离层。在不同纬度区域,地磁力线几何形状和各种因素的差异,导致不同的物理化学过程起主导作用。

在低纬电离层中,规模最大的电离层现象是赤道异常。从 20 世纪 40 年代以来,电离层的大量实验结果表明,在磁赤道的 $\pm 15°$ 的电离层 F_2 层峰值电子密度 N_{mF_2}[①] 分布,白天出现峰值(成为"双驼峰"),同时,F_2 层峰高度 h_{mF_2} 在磁赤道极大地提高。这种现象无法用 Chapman 理论解释,称为 F_2 层的"赤道异常"现象。

图 1.4 所示为地面以上固定高度处电子密度随地理纬度的变化。

这个现象首先由 Maeda 等于 1942 年发现,随后 Appleton 于 1946 年对它进行了详细的分析报道。我国老一辈的空间物理学家梁百先曾独立地对这个现象进行过深

---

①　行业内也常用 NmF2 表示,其余类同。

入的研究。早期对赤道异常的研究主要是依据地面垂测资料分析 F_2 层临界频率得到的。综合不同方法得到的赤道电离层信息,电离层赤道异常具有以下特点:

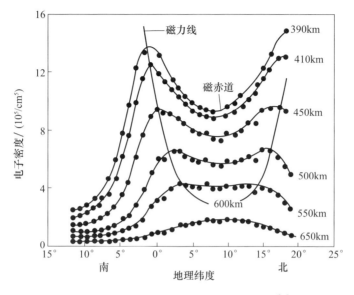

图 1.4　固定高度上电子密度的纬度变化[4]

（1）等高度电子密度分布和峰值电子密度分布（N_{mF_2}）在磁赤道上有极小值,在磁赤道两边有极大值,形成双峰,且 F_2 层峰高在地磁赤道上空被极大地抬升而出现最大值。

（2）双峰的分布按一定的磁力线排列,对磁力线的依赖性随高度的减小而减小,这是由于随着高度的减小等离子体同中性粒子碰撞增加的缘故。

（3）赤道异常现象一般在地方时 09:00—11:00 开始形成,可以一直维持到 22:00,随后变成赤道上的单峰。清晨,电离层几乎变成随纬度水平分层。

（4）在冬至和夏至前后,夏半球的双峰比冬半球的双峰宽,且峰的高度较低。另外,赤道异常现象还有明显的经度效应。

（5）在约 1000km 以上,赤道电离层没有上述特性。

中纬度地区,白天的电离层主要受太阳辐射、太阳天顶角以及背景大气变化的控制,因而中纬电离层具有显著的太阳周期、季节以及周日变化气候学特征。然而,夜间的中纬度地区电离层有着与白天不同的特性。1956 年,Reber 等通过分析地面垂测资料发现:夜间 N_{mF_2} 在磁纬 50°～60°处有极小值存在。后来的顶部探测资料进一步证实了这一现象,人们把电子密度甚低的这一区域称为主谷（main trough）或者中纬谷（midlatitude trough）。卫星观测证明,主谷的平均位置不仅与地磁指数有关,还与等离子体层顶有关。

极区电离层与中纬电离层有明显的区别,这是因为:①极区附近太阳对高空大气的照射与中纬地区相比其日变化和季变化有明显的差异。在极区,日变化很小,季节变化很缓慢,有些时候太阳只能从地平线以下斜射到极区,甚至完全照不到极区。②太阳风粒子经常影响极区,产生极光和磁扰。因此,由于冬季连续几个月没有太阳照射,极区电离层只有 F_2 层存在,可能由于低能带电粒子的电离作用和中性风的耦合作用,F_2 层的变化重现性很差,临界频率 f_{oF_2} 逐日变化很大,夜间 f_{oF_2} 很低,有时低于 1MHz。极区 F_2 层的一个特点是 f_{oF_2} 的世界时效应,即 f_{oF_2} 的日变化极大值出现时间,在北极区为 18:00UT(世界时),在南极区为 06:00UT。这种效应可以用中性风的作用解释。在磁南极,中性风在约 05:00—06:00 由磁倾极向地理南极吹,南极的观测站测量到等离子体是向上漂移的,所以 h_{mF_2} 和 N_{mF_2} 的极大值多发生在 06:00UT;在磁北极,风在 20:00UT 从北磁倾极吹向地理北极;观测还表明,虽然不存在强的世界时效应,但风也产生了 N_{mF_2} 的次极大值。

1.3.2 电离层活动的主要影响因素

1.3.2.1 与太阳活动的关系

太阳的爆发性扰动往往会引发日地空间(包括行星际、磁层、电离层和热层)的一系列剧烈扰动现象。当太阳扰动影响到电离层,引起 F_2 层电子峰值密度 N_{mF_2} 长时间、大范围的正负扰动时,这种现象称为电离层暴。太阳活动中最有影响力的两个扰动时间为太阳耀斑和日冕物质抛射(CME),CME 有时伴随耀斑发生,但两者通常单独发生。这两个扰动事件会在地球空间造成巨大的扰动或者灾害性天气,如磁暴、亚暴、极光活动、高能粒子沉降、辐射带粒子增强、电离层暴、电离层突然骚扰、极盖吸收事件(PCA)等。其中,CME 与大多数强磁暴及电离层暴存在着明显的相关。通常采用太阳 10.7cm 射电辐射的通量来描述太阳活动的强度,单位为 10^{-22} W/(m^2·Hz)。

太阳耀斑是太阳上强烈的、短时间的能量释放过程。在地面观测站看到的是,在光波长范围太阳有明亮的区域,在射电波有强烈的噪声暴;耀斑可持续几分钟到几小时。耀斑是太阳系最大的爆发事件,一次爆发释放的能量高达 10^{25} J,等效于 400 亿个广岛原子弹爆炸能量。耀斑的主要能源似乎是强磁场的剪切和重联。耀斑的辐射遍及整个电磁谱,从 γ 射线到 X 射线,从可见光到千米波。耀斑爆发时产生的高能粒子,主要是电子和质子,也有粒子和较重的离子。耀斑的高能电磁和粒子辐射在地球空间产生强烈的地球物理效应,主要有:软 X 射线爆发引起的电离层突然骚扰和地磁效应,耀斑激波引起的行星际激波造成地磁暴,耀斑粒子流引起的地磁暴、极盖吸收效应和极光,并造成短波无线电通信中断等破坏作用。

CME 是低日冕物质瞬时向外膨胀或向外喷射,进入行星际空间,并引起太阳风扰动的太阳活动现象,也是与空间扰动关系最密切的太阳事件。一次日冕抛射事件抛出的太阳物质可达 $10^{11} \sim 10^{13}$ kg,能量可达 $10^{22} \sim 10^{26}$ J。这些物质被加速到每秒几百甚至上千米。当它们与行星际的磁层相遇时,会使磁层产生强烈的扰动。在太阳活动最大年,太阳每天产生 3～4 次 CME,而在活动最小时,大约每 5 天产生一次 CME;快速 CME 向外的速度可达 2000km/s,而正常的太阳风速度约为 400km/s。当快速 CME 穿过太阳风时会产生大的激波。一些太阳风离子被激波加热,然后变成强的并持续时间长的高能粒子源。当快速的 CME 超越、压缩和加速慢太阳风时,将产生大的扰动。通常在大 CME 驱动的行星际扰动之前的强磁波,是粒子的加速器和射电发射的源,在激波前后以及 CME 中常常会出现强磁场,主要是由 CME 周围的风相互作用引起的压缩的结果。当周围的风中或在 CME 中压缩的场有相当大的南向分量时,将产生大的非重现性的地磁暴。

1.3.2.2 与地磁活动的关系

磁暴和亚暴可以通过地磁活动指数进行描述。磁暴是由太阳风行星际磁场传输到磁层能量的增加,导致环电流强度增强而引起的。亚暴期间,通常认为是磁尾向内磁层能量输入以及等离子体片注入,而引起环电流的增强,但这一观点目前正面临着一些挑战。地磁场的扰动通常沿地理北-南方向(向北为正)、东-西方向(向东为正)和垂直(向下为正)方向,分别以 H、D 和 Z 分量表示。有时也会用到地磁坐标,在这种情形下,X、Y 和 Z 分量分别表示地磁北向、地磁东向及平行于磁场的方向(在北半球)。

1)磁情指数 C、国际磁情指数 C_i

磁情指数 C 是描述各地磁台在一个格林尼治日内地磁场扰动程度的指数,共有 3 级,常用数字 0,1 和 2 表示。它不是根据客观标准而是根据观测者的经验,从每一格林尼治日的地磁场水平强度记录中得出地磁扰动程度的结论:平静的定为 0,扰动的定为 2,中等的定为 1。由分布于世界各地的台站上的磁情指数平均得到的为国际磁情指数 C_i,是描述每一格林尼治日内全球地磁场扰动程度的地磁指数。数字越大,表明地磁扰动越剧烈。

2)K 指数、K_p 指数、A_p 指数、C_p 指数

K 指数是以各地磁台站地磁记录图上每 3h 间隔内地磁场分量变化幅度最大者为基础确定的地磁指数,共分 10 级,用 0,1,2,$\cdots$,9 表示。

K_p 指数,又称"巴特尔指数",由位于地磁纬度 47° 和 63° 之间的 13 个地磁台站所得 K 指数平均而得,用以表示全球地磁活动性。K_p 指数共分 28 级,分别记为 0_0,$0+$,$1-$,1_0,$1+$,$2-$,2_0,$2+$,$\cdots$,$8-$,8_0,$8+$,$9-$,9_0。计算机发展以后,为了数据处理方便,进一步纯数值化,将指数值乘以 10,下标"$-$"表示减 3,下标"$+$"表示加 3,即 $0_0 \rightarrow 0$、$0+ \rightarrow 3$、$1- \rightarrow 7$、$1_0 \rightarrow 10$、$1+ \rightarrow 13$、$2- \rightarrow 17$、$2_0 \rightarrow 20$、$2+ \rightarrow 23$、$\cdots$、$9- \rightarrow 87$、$9_0 \rightarrow 90$。将每天 8 个 K_p 指数加起来,它的和即为日 K_p 指数(或称 K_p 指数每日和),表示每一格林尼治日的地磁活动程度。

A_p 指数由 K_p 指数派生出来,它将 K_p 指数与幅度的半对数关系转换为大体上是线性的关系。它的数值为 0～400。把每天 8 个指数加起来即为日 A_p 指数,用以反映一天的地磁扰动情况。C_p 指数以日 A_p 指数为基础导出,其数值在 0.0～2.5 之间共

分为 26 级,它与国际磁情指数 C_i 的值相近。

3) Dst 指数

Dst 指数是用来监测全球地磁暴活动水平、反映赤道环电流强度的地磁指数,以一个格林尼治小时为时间间隔。火奴鲁鲁(Honolulu)、仙苑(San Juan)、柿岗(Kakioka)和赫尔马纽斯(Hermanus)4 个地磁台离赤道电集流和极光带电集流较远,不受其影响,同时在经度上分布比较均匀。根据这 4 个地磁台记录的水平分量均值,取其与磁静日对应时均值之差,以 nT 为单位。负的指数表示磁暴,负值越大磁暴强度越强。Dst 指数负偏差是由在赤道平面内从东向西流的暴时环电流产生的,环电流是由近地环境中的电子和质子的梯度漂移和曲率漂移形成的。它的强度同太阳风条件有关:当行星际磁场向南,太阳风具有一个向东的电场时,任何显著的环电流均产生负的 Dst 指数。

4) A_E 指数

A_E 指数,即极光电集流指数,是反映极光带地磁扰动程度的地磁指数。沿北半球极光带选取 10 个左右按经度均匀分布的台站,以 1min 为时间间隔,取这些台站中水平分量 1min 平均值的最大者,以伽马为单位,定义为“A_U 指数”,最小者为“A_L 指数”,两者之差定义为“A_E 指数”。三者统称为极光带电集流指数。A_U 指数和 A_L 指数分别代表向东和向西的极光区电集流的极大值,而 A_E 则提供了整个水平电流强度的测量。A_E 指数相对于正常日变化的偏移称为磁层亚暴,可以持续几十分钟到几小时。

5) 磁暴分类

根据不同的磁活动指数(A_E、Dst 及 K_p)随时间的变化,出现了多种不同的磁暴分类,通常根据 Dst 指数的变化将磁暴分为强(Dst < -100nT)、中(-100nT < Dst < -50nT)、弱(-50nT < Dst < -30nT)等,而 Loewe[7] 则在此基础上,进一步将 Dst < -100nT 的磁暴分成 3 类。然而,磁暴不只是存在强弱的问题,而且还存在主相持续时间长短的问题。Taylor[8] 在考虑主相持续时间后,将磁暴划分为:①Dst > -50nT 定义为暴前阶段;②-100nT < Dst < -50nT 持续时间为最少 4min,定义为 1 型磁暴;③Dst < -100nT 持续时间为最少 4h,定义为 11 型磁暴。根据 K_p 指数的变化,将 $K_p = 0 \sim 2$、3、4、5、6、$7 \sim 9$ 的地磁活动分为平静、不平静、活动、小、大、强烈等不同等级。我国的学者章公亮[9-10] 则根据 K_p 指数及其初相与主相的关系将磁暴划分为快速强(烈)主相磁暴、延迟强(烈)主相磁暴以及(延迟)弱主相磁扰等。

▲ 1.4 电离层中的不均匀结构、扰动和异常现象

1.4.1 电离层不均匀结构

电离层存在着两种比较常见的不均匀结构,即偶发 E 层和扩展 F 层[11-13]。

偶发 E 层较为常见。它是出现于 E 层区域的不规则的电离密集薄层,其电子密度往往超出邻近区域电离度的 1 倍或更多,密度梯度陡峭。它一般出现于 E 层下半部,距离地面高度多出现于 100 ~ 120km,同正常 E 层峰值高度相差 5 ~ 10km。它的厚度变化范围是从几百米至一二千米,1km 左右的较为常见。同时,偶发 E 层覆盖范围可由数十千米至数百千米,甚至高达 2000km。另外,偶发 E 层的出现具有突发性,通常难以预料其形成时刻和持续时间,大部分维持数十分钟至数小时。

电离层扩展 F 层现象是一种出现于 F 层的不均匀结构,在不同地区的发生率、形态特征与变化特性存在一些差异。赤道低纬度地区扩展 F 层比较活跃,是扩展 F 层出现概率最大的区域,于夜间较为常见,常沿地磁方向延伸,具有明显的地方时变化、季节变化、随太阳活动和地磁活动变化等特性,一般分布于 250 ~ 1000km 或更高的电离层区域。扩展 F 层的触发因素不是单一的,凡能引起电子密度在垂直方向梯度变化剧烈的外在干扰,都有可能触发扩展 F 层[14]。

1.4.2　电离层扰动

电离层扰动是电离层结构偏离其常规形态的急剧变化,也是受大尺度范围内诸如太阳耀斑等各种扰动源的激发而引起的电离层剧烈活动,可导致近地空间环境中的电子总含量(TEC)异常、电子密度突变等一系列扰动现象,严重影响利用 GNSS 技术进行导航和测量定位性能,严重时甚至造成卫星信号失锁、频繁周跳乃至信号瞬时中断[15 - 19]。电离层扰动一般分为电离层暴、电离层闪烁以及行进式电离层扰动等几种典型扰动现象。

1.4.2.1　电离层突然骚扰

由太阳耀斑爆发引起的一种持续时间不长却来势凶猛的扰动,通常只发生在日照面电离层 D 区,一般可持续几分钟至几小时。强烈耀斑爆发可导致太阳强烈远紫外辐射和 X 射线以光速传到地球,大约 8min 后抵达,被地球上空向阳面电离层 D 区中的大气吸收,使得该区电子密度迅速剧增,这种现象称为电离层突然骚扰。这种扰动发生时,导致其低频到其高频不同频段的电波传播状态随之发生急剧变化,常出现短波突然衰落,严重时甚至导致通信中断。此外,耀斑期间,E 层和 F 层底部的电子密度也突然增加,可引起短波频率突然偏离现象。

1.4.2.2　电离层暴

一种常与磁暴相伴而生可持续几小时乃至几天的剧烈电离层扰动,称为电离层暴。太阳局部扰动、爆发有时会辐射出大量带电粒子流,这些粒子流经过一两天左右时间可到达地球,与地球磁层和高层大气相互作用,首先破坏电离层 F 层状态,称为 F 层骚扰。这种骚扰致使临界频率常发生大于 30% 的变化。尤其太阳质子事件或磁层亚暴发生期间,极区电离层电离剧增,随之引起极光带吸收、极盖吸收和长波相位异常等现象。发生磁层亚暴主相期间,受粒子沉降影响引起的强电场和电急流,导致整个极区电离层随之发生极为复杂的热力学扰动、电磁场扰动和磁流动力扰动,全球电离层也会受到波及。

1.4.2.3 行进式电离层扰动

暴时极区激发的、向赤道方向水平传播的大气重力波引起带电粒子的密度扰动,称为行进式电离层扰动[20-22],可持续时间为半小时至几小时,严重影响甚至改变无线电波的传播环境[23-25]。

1.4.2.4 电离层闪烁

电离层闪烁是当电波通过电离层时,受电离层结构的不均匀性影响,造成信号振幅、相位等的短周期不规则变化的现象。电离层闪烁效应能导致地空无线电系统的信号幅度、相位的随机起伏,使系统性能下降,严重时可造成通信系统、卫星导航系统、地空目标监测系统信号中断[26]。在地理区域上,有两个强闪烁的高发区,一个集中在以磁赤道为中心的 $\pm 20°$ 的低纬区域,即磁赤道异常驼峰区[27]。另一个闪烁高发区集中在极区高纬地区,一般而言,极区高纬发生的闪烁强度不如磁赤道异常区显著。

电离层闪烁在磁低纬地区最强,我国南方低纬度地区,特别是广东、广西、海南及南海地区,均处在磁赤道异常区的峰值区域,其闪烁出现率和严重程度都很显著,在全球范围内是电离层闪烁出现最频繁、影响最严重的地区之一[27-30]。

▲ 1.5 电离层对电波传播的影响

1.5.1 电离层折射

电离层折射指数是描述和研究电离层对无线电波影响的重要工具。无线电波的电离层折射效应与电离层结构参数及物理参数密切相关,电离层垂直方向比水平方向的变化要大 $1 \sim 3$ 个量级。研究电离层对电波的影响,一般忽略电离层水平方向的变化,折射指数简化为仅随离地高度 h 而变化的量。

根据磁离子理论,在考虑地磁场和各类碰撞等因素的一般条件下,电离层为各向异性双折射介质,其(复)折射指数 n 的基本表达式(A-H 公式:Appleton-Hartree)为

$$n^2 = 1 - \frac{X}{(1-iZ) - \frac{Y^2 \sin^2\theta}{2(1-X-iZ)} \pm \sqrt{\frac{Y^4 \sin^4\theta}{4(1-X-iZ)^2} + Y^2\cos\theta}} \tag{1.2}$$

式中:X,Y,Z 是 Appleton 参数;$X = f_P^2/f^2 = Ne^2/\varepsilon m\omega^2$,$f_P$ 为等离子频率(一般约为 8.9MHz),f 为电波频率,N 为电离层电子密度($10^{12}/m^3$),e 为电荷(1.602×10^{-19}C),ε 为自由空间的介电常数(8.854×10^{-12}F/m),m 为电子质量(9.1096×10^{-31}kg),$\omega = 2\pi f$;$Y = f_H/f = B_0|e|/m\omega$,$f_H$ 为电子磁旋频率(一般约 0.59MHz),B_0 为磁场强度;$Z = v/\omega$,$v = 2\pi f_v$,f_v 为碰撞频率(一般约 10000Hz);θ 为电波传播方向与磁场的夹角。

由 A-H 公式可以看出:①折射指数与电波频率有关,因而电离层是色散介质;

②考虑碰撞时,电波在电离层传播过程中存在损耗,因而电离层是有损耗介质;③折射指数与传播方向有关(通过 $Y\sin\theta$、$Y\cos\theta$ 表现出来,θ 为波矢量和地磁场的夹角),表示电离层是各向异性介质。电离层折射指数分群折射指数 n_g 和相折射指数 n_p 两类,电离层折射指数 n 通常指相折射指数 n_p。

对于穿过电离层(E 层和 F 层)传播的高频无线电波来说,$Z = v/\omega$ 总是非常小且随高度的增加 Z 值将越来越小,因此,一般都忽略与碰撞有关的 Z 项,则式(1.2)变为

$$n^2 = 1 - \frac{2X(1-X)}{2(1-X) - Y^2\sin^2\theta \pm \sqrt{Y^4\sin^4\theta + 4(1-X)^2Y^2\cos^2\theta}} \quad (1.3)$$

进一步,鉴于导航系统的工作频率一般都在几百兆赫以上,满足电磁波传播的准纵近似条件,即 $Y^4\sin^4\theta/4Y^2\cos^2\theta << (1-X)^2$,式(1.3)可进一步简化为

$$n^2 \approx 1 - \frac{X}{1 \pm Y\cos\theta} \quad (1.4)$$

式中:"$+$"与"$-$"符号分别对应寻常波和非寻常波。无线电波进入磁离子介质后,分裂为两个旋转方向相反的椭圆偏振波,即为寻常波与非寻常波,各以不同的项速传播,这一现象称为磁离子分裂或电波双折射。电离层的法拉第旋转效应就是两个磁分裂波合成波的偏振面在传播中发生旋转的结果。通常,非寻常波的吸收比寻常波大、衰减快,在实际应用中仅考虑寻常波的传播,也就是说,式(1.4)仅取"$+$"号。同时,对于高频的导航电波 f 而言,存在 $f_P << f$ 与 $f_H << f$,因此 X 与 Y_L 都是极小项,利用级数展开的方法进一步简化式(1.4),则折射指数 n 为

$$n \approx 1 - \frac{1}{2}X + \frac{1}{2}XY|\cos\theta| - \frac{1}{4}X\left[\frac{1}{2}X + Y^2(1+\cos^2\theta)\right] \quad (1.5)$$

考虑到相应的群折射指数 $n_g = n + f\frac{\partial n}{\partial f}$,则

$$n_g \approx 1 + \frac{1}{2}X - XY|\cos\theta| + \frac{3}{4}X\left[\frac{1}{2}X + Y^2(1+\cos^2\theta)\right] \quad (1.6)$$

以上讨论电离层折射指数 n 时,考虑了地磁场 B,引入了高阶项对指数 n 的影响。但相关的一些研究表明,对于高频无线电波的传播,高阶项对电离层折射指数 n 大小的影响远远小于一阶项的影响[31-32]。实际上,由于与磁场相关的磁旋频率 f_H 为 1MHz 左右,从而 f_H/f 很小,$Y\sin\theta$ 与 $Y\cos\theta$ 也将非常小,因此,进一步忽略地磁场影响,式(1.3)则可简化为

$$n^2 \approx 1 - X \quad (1.7)$$

对式(1.7)进行级数展开,可得折射指数 n 为

$$n \approx 1 - \frac{1}{2}X = 1 - \frac{f_P^2}{2f^2} = 1 - 40.3\frac{N}{f^2} \quad (1.8)$$

相应的群折射指数 n_g 为

$$n_{\mathrm{g}} \approx 1 + \frac{1}{2}X = 1 + \frac{f_{\mathrm{P}}^2}{2f^2} = 1 + 40.3\,\frac{N}{f^2} \qquad (1.9)$$

1.5.2　电离层折射影响表达式

载波调制码信号和载波相位信号在电离层区域传播分别经历群路径和相路径。它们引起的群延迟即距离延迟和相位超前值，分别可用群折射指数 n_{g} 和相折射指数 n_{p} 结合有关数学式(1.8)与式(1.9)给予描述。

电离层群路径引起的距离延迟为

$$I_i = \int_{l_{r_i}}^{l_{s_i}} (n_{\mathrm{g}} - 1)\,\mathrm{d}l = \frac{40.3}{f_i^2}\mathrm{TEC}_{f_i} \qquad (1.10)$$

电离层相路径引起的相位超前值为

$$I_i = \int_{l_{r_i}}^{l_{s_i}} (n_{\mathrm{p}} - 1)\,\mathrm{d}l = -\frac{40.3}{f_i^2}\mathrm{TEC}_{f_i} \qquad (1.11)$$

式中：I_i 为电离层 TEC_{f_i} 在频率 f_i 上引起的一阶电离层延迟量；TEC_{f_i} 为无线电系统工作频率 f_i 在电离层区域内的传播路径 l_{f_i} 上的电子总含量(单位:$1/\mathrm{m}^2$)；l_{s_i},l_{r_i} 分别为系统工作频率 f_i 在电离层区域内的传播路径 l_{f_i} 的上下极限位置。

可见,不同频率信号传播途径不同,则其相应的电离层电子总含量和电离层距离延迟也不同。负号表明一阶载波相位超前与群延迟大小相等、符号相反。

需要说明的是,对于双频(高频)的导航卫星系统,由于两频率大小不同,理论上,两载波在电离层区域的传播路径也不一致,对应的电离层电子总含量也应不同,但由此造成的两频率的距离延迟差值很小,研究中一般不考虑这点。

1.5.3　电离层闪烁

电离层电子密度除了日夜常规变化外,也会因外来因素(如中性风、电场等)的影响而产生不稳定的现象,称为"电离层不规则体或不均匀体"。电离层中不规则结构的产生和发展,造成了穿越其中的电波散射,使得电磁能量在时空中重新分布,引起电波信号幅度、相位、到达角和极化状态等发生短期不规则的变化。电离层的这种不规则变化称为电离层闪烁,会导致地面接收机接收到的电波信号深度衰落与畸变。例如,振幅闪烁会导致信号衰落,最大可达 20dB 以上;当衰落幅度超过接收系统的冗余度和动态范围时,还会造成卫星通信障碍和误码率的增加。受电离层不规则结构的影响,电波折射指数也产生随机起伏,使信号路径发生改变,引起多路径(简称"多径")效应并影响信号的跟踪、测量和定位能力。

为描述电离层闪烁的严重程度,引入了闪烁指数的概念。针对信号幅度和相位的快速变化,有两个闪烁指数:一个是幅度闪烁指数 S_4;另一个是相位闪烁指数 σ_φ。

幅度闪烁指数 S_4:对信号强度进行消趋势处理得到 S_I,然后计算归一化的信号强度标准差,一般每分钟计算 1 次。

$$S_4 = \sqrt{\frac{\langle S_I^2 \rangle + \langle S_I \rangle^2}{\langle S_I \rangle^2}} \qquad (1.12a)$$

相位闪烁指数 σ_φ：载波相位的标准差，一般每分钟计算 1 次。在计算 σ_φ 之前首先对相位进行消趋势处理得到 φ_I。

$$\sigma_\varphi = \sqrt{\langle \varphi_I^2 \rangle + \langle \varphi_I \rangle^2} \qquad (1.12b)$$

电离层闪烁的直接影响涉及用户定位实现所赖以的原始卫星信号，且难以通过模型的手段加以消除。电离层闪烁对整个卫星导航系统所占用的 L 频段都有影响。因此，多卫星导航系统、多频段等特点也不能实现对电离层闪烁的消除。对于我国而言，南方地区是世界范围内的电离层闪烁高发区，电离层闪烁是我国卫星导航系统设计、建设与应用中应考虑的重要环境影响因素。

1.6 电离层主要探测方法

电离层研究的发展史，实际上是一部从实验到理论总结，再由理论指导新的实验，不断反复，从而推动电离层探测技术和理论不断创新和发展的历史。电离层探测技术与方法对推动电离层理论与应用研究的发展，具有十分重要的意义。

电离层探测主要立足于等离子体表现出来的各种电磁现象，获取电离层的组成及电离层的电子含量、电子密度等，以及它们的时空变化规律和特征，包括周日变化、季节变化、太阳周期变化及全球分布、区域分布、垂直剖面和漂移运动等信息和数据。通过对这些探测结果的研究，揭示电离层的形成过程、形态模式、电离输运、热能输运及热平衡等物理和动力学机制[4]。传统上，电离层探测主要依赖于测高仪、非相干散射雷达等地基雷达向电离层发射信号和接收回波来实现。随着中高轨导航卫星及其他多类低轨任务卫星的发展，电离层探测呈现出海陆空多层次一体化的特点[33]。

图 1.5 所示为当前陆地、海洋及大气空间内的多种电离层观测手段。除传统的测高仪等探测技术外，地基电离层观测还包括数量众多的 DORIS 及 GNSS 监测站；星基电离层观测包括气象、电离层和气候联合观测星座（COSMIC），以及以 TOPEX、JASON 为代表的海洋测高卫星星座。

电离层探测技术经历了由单一观测手段向多种观测手段、由陆地向海陆空一体化的发展过程，GNSS、海洋测高卫星及无线电掩星等多源数据融合是未来全球电离层建模时间分辨率、空间分辨率及垂直方向结构分辨率进一步提高的重要技术手段之一。现阶段，地基 GNSS 仍是电离层探测最重要的技术手段之一。从单一的 GPS 发展为包括 GPS、GLONASS、BDS 及 Galileo 系统在内的多模 GNSS，从单一的 GPS 监测网发展为全球分布、数量众多的多模 GNSS 监测网，多频多模 GNSS 的发展为空间电离层探测提供了日益丰富的信号资源。

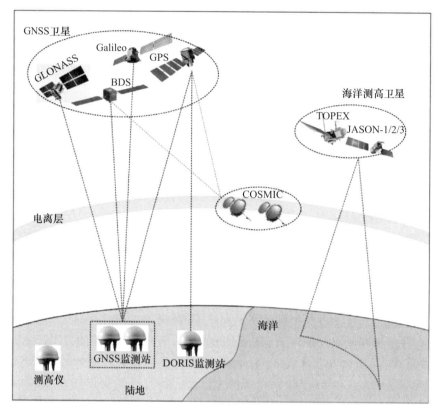

图 1.5　电离层探测技术示意图

1.6.1　地基电离层探测技术

20 世纪 20 年代中期到 50 年代初期,电离层资料主要利用地面测高仪,通过垂直入射的方式获取。但这类技术,不能进行电离层顶部探测,且难于精细探测中性分子密度大而电子密度小的电离层 D 层及 E 层和 F 层的谷区,无法完全满足电离层研究需要。20 世纪 50 年代开始,大功率雷达、激光雷达、长波探测等新的、更强大的地面探测技术得到了极大发展[4,34]。突出地表现在波的相互作用(交叉调制)、部分反射(差分吸收)探测、月球反射技术和非相干散射技术[34]。最具有价值的是非相干散射技术,它能提供大量有意义的高层大气物理学参量(包括电子密度、电子与离子的温度、一些中性大气的参数及电场)的连续测量。它们和以后出现的一些新技术,如 20 世纪 70 年代末出现的新型(数字式)地面测高仪,使得以地面为基础的测量方法仍然具有重要意义[35]。

1.6.1.1　地面测高仪

电离层探测仪通常称为垂测仪或者测高仪。它是地基探测最早,也是最常用的设备。伴随着无线电技术的进步,垂测高仪也从早期的手动观测发展到后来的自动观测,从早期的模拟式发展到后来的数字式。记录的方式从早期的胶片频高图发展到现在的数字频高图。近几十年来,测高仪得到的不只是频高图,还包括回波场强、达到角、多普勒等。目前,全球有数百台测高仪用于电离层常规探测。若改变电波入射角,可形成斜向探测和返回斜向探测的方法。地面电离层探测技术利用高频信号的不同回波高度探测电离层特征参量 N_{mF_2} 和 h_{mF_2},精度较高,可用于其他电离层探测手段的标定和验证,但是该技术只能获得观测站所在固定地理位置上电离层剖面信息,难于详细地探测 D 层的电离程度,且难于获得 E 层和 F 层之间的谷区(120 ~ 140km)的信息,不能用于研究 F 层峰以上的电离层特性。

1.6.1.2 地基雷达

从 20 世纪 50 年代开始,一些新的探测手段不断涌现,非相干散射雷达(ISR)是一种大功率空间探测雷达,将电离层的雷达回波视为可用信源,从中反演出不同高度电离层对应的电子密度与等离子体频率。对 R-D 谱图进行预处理,获取电离层回波谱。根据回波功率等可探测量与电离层散射理论谱之间联系的物理模型,反演出电子密度、温度、漂移速度。非相干雷达频率从几十兆赫到几百兆赫,远高于电离层的最大临界频率,可以得到整个电离层空间的电子密度、电子温度、离子密度、离子温度、离子漂移速度、电场、风等电离层物理参量。由于非相干散射雷达技术含量、建造费用和维护成本都很高,目前已有的非相干散射雷达主要集中在欧美日俄等发达国家和地区,而且都是间歇性运行[36]。

1.6.2 空基电离层探测技术

1957 年 10 月 4 日,人类第一颗人造地球卫星的成功发射,开辟了电离层物理等空间科学与地球科学研究的新时代。尽管在 20 世纪 40 年代末期至 50 年代初期,主要利用火箭技术探测电离层的空间研究已经开始有所涉及[37],但对电离层空间探测乃至整个空间环境的研究,真正具有划时代意义的是卫星技术的出现。特别是 1957—1958 年的国际地球物理年和 1964—1965 年的国际宁静太阳年实施的两个国际合作项目,极大地推动了地球物理特别是电离层物理的研究[4]。从此,卫星探测成为电离层和其他空间物理研究领域的数据的主要来源[5]。空间研究对电离层物理最大的贡献在于能直接将各种等离子探针送入电离区域[37]。电离层探针具有很多的优越性,它具有较高的空间分辨率,既可进行顶部探测,也可进行底部探测,还可探测到电离层的精细结构。研究电离层对电波传播影响最常用的是电子探针,它可测量电离层的电子密度和温度,还可探测到地面测高仪难于探测的 D 层及 E 层和 F 层之间的谷区[38]。电离层的卫星探测技术,通过在应用卫星上搭载电离层探测仪器或发射专门用于探测电离层和其他空间环境的卫星,实现了人们进行电离层顶部探测。从此,开始了多普勒频移、差分多普勒、法拉第旋转效应、基于同步卫星的无线电信标等技术在电离层探测中的应用[37]。许多学者在上述领域进行了有益研究[39-43]。

1.6.3 星基电离层探测技术

1.6.3.1 基于卫星导航的电离层 TEC 探测

近几十年来,随着 GPS、GLONASS、北斗系统等新一代导航卫星的相继建立和运行,信标观测取得了许多新进展,通过接收轨道卫星或同步卫星发射的电磁波信号的相位及测距码进行测量,计算获得电离层的一些基本参量,如通信路径上的 TEC、电离层闪烁指数等。其中,利用 GNSS 测量电离层 TEC,是目前电离层 TEC 测量精度最高的手段之一。它观测所得的电离层 TEC 包括电离层电子密度以及距地面 2000km 以上的等离子体层中电子密度的影响,而以往的技术很难做到。目前,国际大地测量协会(IAG)建立的国际 GNSS 服务(IGS),已在全球布设了几百个长期观测站,且观测站的数目仍在不断增加,有利于长期连续地监测电离层活动。IGS 除了提供原始的观测数据外,还提供了电离层观测的各种资料和产品,是研究电离层的宝贵资源。利用 GNSS 研究电离层,具有迄今为止已出现的其他卫星探测技术所无法相比的许多优点[44-50]:①GNSS 卫星轨道高,能测到高于 2000km 的等离子层中的那部分电子量,而以往的技术很难做到;②GNSS 有近百颗卫星均布天空,利于长期连续监测电离层活动;③目前 IGS 已在全球布设 500 多个长期观测站,该系统还提供电离层观测的各种资料及产品,是研究电离层的宝贵资源;④利用 GNSS 测量 TEC,是目前精度最高的 TEC 测量手段。虽然 GNSS 无法完全替代测高仪、非相干散射雷达等用于电离层探测的传统手段,但作为传统的电离层地面探测设备的有效补充,对促进电离层研究的发展,具有重大意义。

1.6.3.2 基于小卫星星座的电离层掩星探测

近二十多年来,低地球轨道(LEO)在电离层监测中的应用引起了人们关注。自1995 年 4 月,美国 Microlab-1 低轨卫星发射成功,首次从理论和技术上证实了 GPS 无线电掩星技术用于探测地球大气和电离层的可行性[51-52]。GNSS 电离层掩星是一种可对全球电离层进行长期、稳定、经济探测的新技术。该技术利用电离层对无线电波传播的效应来探测电离层,即在一颗卫星上安装信号接收设备,临边接收另一颗卫星发出的无线电波信号,如果获取两颗卫星的位置和速度,便能求取它们之间的大气延迟,由于这种特殊的几何关系,掩星探测不仅可以测量沿路径的电子总含量和闪烁,还可以用于反演电离层电子密度剖面[53-57]。电离层掩星观测为全球尺度的电离层监测开辟了新的途径,是一种强有力、经济、能长期稳定地获取全球电离层三维结构的重要探测技术。由于掩星观测量有限,且在电离层电子密度水平梯度不可忽略的条件下(赤道异常和中纬谷),基于电子密度球对称分布假设的 Abel 变换在实际的电离层掩星探测的应用中具有一定的局限性[58]。

1.6.3.3 基于测高卫星的电离层探测

海洋测高卫星发射的双频无线电信号经海面反射即可实现卫星至海平面反射点高度的测量。由于电离层的弥散特性,双频信号(主要有 Ku 频段、C 频段和 S 频段)

还可反演得到信号传播路径上的电离层 TEC 信息,获取卫星轨迹范围内的电离层 TEC 信息。在地基 GNSS 监测站较少的海洋地区,TOPEX/Poseidon、JASON-1/2/3、HY-2A 等系列测高卫星能够覆盖南北纬 66°范围内的大部分海洋地区,是海洋地区电离层变化监测的有效手段[59-60];但是只能进行沿轨观测,轨道之间的间隔区域没有观测值,且重复周期与相邻轨道距离相互制约,不能同时获得较高时间采样率和空间采样率的观测信息。

1.6.3.4　基于 DORIS 的电离层探测

DORIS 电离层探测是利用卫星信号的多普勒频移求取电离层相对 TEC 的一种技术手段,DORIS RINEX(与接收机无关的交换格式)文件测量的是两个频段 S1(2036.25MHz)和 U1(401.25MHz)上载波的观测值,而非原始的多普勒频移观测量。利用历元间求差,可以得到两历元间相位的频差,获取高频和低频上的多普勒频移。通过多普勒频移给出相邻历元之间电离层 TEC 的变化[61]。但是由于模糊度参数无法确定等原因,单站的测量不能取得绝对的唯一解,为了获取基于测量唯一的绝对求解结果,需要做出一定的假设,例如对于空间变化,假设在几百千米范围内仅与纬度相关[62-63]。

参考文献

[1] 刘振兴. 空间物理前沿进展[M]. 北京:北京大学出版社,1998.

[2] 沈长寿,等. 地磁大气空间研究及应用[M]. 北京:地震出版社,1996.

[3] 刘瑞源,权坤海,戴开良,等. 国际参考电离层用于中国地区时的修正计算方法[J]. 地球物理学报,1994(4):422-432.

[4] 熊年禄. 电离层物理概论[M]. 武汉:武汉大学出版社,1999.

[5] 都亨,叶宗海. 中国空间环境研究进展. 空间物理前沿进展[M]. 北京:北京大学出版社,1998.

[6] 袁运斌. 基于 GPS 的电离层监测及延迟改正理论与方法的研究[D]. 武汉:中国科学院测量与地球物理研究所,2002.

[7] LOEWE C A,PRÖLSS G W. Classification and mean behavior of magnetic storms[J]. Journal of Geophysical Research:Space Physics,1997,102(A7):14209-14214.

[8] TAYLOR J R,LESTER M,YEOMAN T K. A superposed epoch analysis of geomagnetic storms[J]. Annales Geophysicae,1994,12(7):612-624.

[9] 章公亮. 磁扰的 Kp 类型与耀斑活动[J]. 地球物理学报,1982(1):12-21.

[10] 章公亮. 磁暴形态类型与行星际磁云特征[J]. 中国科学,1990(10):1068-1078.

[11] 郝好山,邢怀民. 电离层中的物理过程[J]. 河南科技学院学报,2001(3).

[12] 周志安,黄天锡. 近地等离子体不均匀分布及扰动效应[C]//1995 年中国地球物理学会第十一届学术年会论文集,荆州,1995.

[13] 张天华,肖佐. 中、低纬度地区电离层不同层结间的耦合对夜晚 F 区不规则结构的影响[J].

地球物理学报,2000,43(5):589-597.

[14] 王铮. 低纬度地区电离层结构和不规则体特性研究[D]. 北京:中国科学院空间科学与应用研究中心,2015.

[15] DENG B, HUANG J, KONG D, et al. Temporal and spatial distributions of TEC depletions with scintillations and ROTI over south China[J]. Advances in Space Research,2015,55(1):259-268.

[16] OLADIPO O A, SCHÜLER T. GNSS single frequency ionospheric range delay corrections:NeQuick data ingestion technique[J]. Advances in Space Research,2012,50(9):1204-1212.

[17] SHAGIMURATOV I I, KRANKOWSKI A, EPHISHOV I. High latitude TEC fluctuations and irregularity oval during geomagnetic storms[J]. Earth, Planets and Space,2012,64(6):521-529.

[18] SIERADZKI R, CHERNIAK I, KRANKOWSKI A. Near-real time monitoring of the TEC fluctuations over the northern hemisphere using GNSS permanent networks[J]. Advances in Space Research, 2013,52(3):391-402.

[19] SIERADZKI R. An analysis of selected aspects of irregularities oval monitoring using GNSS observations[J]. Journal of Atmospheric and Solar-Terrestrial Physics,2015,129:87-98.

[20] HERNÁNDEZ-PAJARES M, JUAN J, SANZ J. Medium-scale traveling ionospheric disturbances affecting GPS measurements:Spatial and temporal analysis[J]. Journal of Geophysical Research Space Physics,2006,111(A7):S11.

[21] TSUGAWA T, OTSUKA Y, COSTER A J. Medium-scale traveling ionospheric disturbances detected with dense and wide TEC maps over North America[J]. Geophysical Research Letters,2007,34(22):48-55.

[22] TANNA H J, PATHAK K N. Longitude dependent response of the GPS derived ionospheric ROTI to geomagnetic storms[J]. Astrophysics and Space Science,2014,352(2):373-384.

[23] 黄朝松,李钧. 非线性大气重力波产生的行进电离层扰动[J]. 空间科学学报,1992,13(1):41-49.

[24] 黄朝松,李钧. 大气重力波产生的大尺度赤道电离层扰动[J]. 地球物理学报,1994,37(6):722-731.

[25] 肖赛冠,肖佐,史建魁,等. 电离层不规则结构观测研究[C]//中国空间科学学会空间物理学专业委员会第十五届全国日地空间物理学研讨会摘要集. 十堰:中国空间科学学会,2013.

[26] 甄卫民,冯健. 电离层闪烁对地空通信系统的影响[C]//中国地球物理学会第二十三届年会论文集. 合肥:中国科学技术大学出版社,2007.

[27] 冯健. Galileo 系统中国区域电离层特性研究[D]. 西安:西安电子科技大学,2006.

[28] 邓忠新,刘瑞源,甄卫民,等. 中国地区电离层 TEC 暴扰动研究[J]. 地球物理学报,2012,55(7):2177-2184.

[29] 李国主. 中国中低纬电离层闪烁监测、分析与应用研究[D]. 武汉:中国科学院研究生院(武汉物理与数学研究所),2007.

[30] 侍颖,张东和,郝永强,等. 中国低纬度地区电离层闪烁效应模式化研究[J]. 地球物理学报,2014,57(3):691-702.

[31] KLOBUCHAR J A. Propagation environmental effects on GPS[C]//ION GPS-2001 Tutorial, Salt Lake City, USA,2001.

［32］ KEDAR S,HAJJ G A,WILSON B D,et al. The effect of the second order GPS ionospheric correction on receiver positions［J］. Geophysical Research Letters,2003,30(16):1829.

［33］ HERNÁNDEZ-PAJARES M,JUAN J M,SANZ J,et al. The ionosphere:effects,GPS modeling and the benefits for space geodetic techniques［J］. Journal of Geodesy,2011,85(12):887-907.

［34］ RATCLIFFE J A. 电离层研究五十年［M］. 北京:科学出版社,1983.

［35］ 万卫星,张兆明. 用数字测高仪漂移测量研究电离层声重波扰动［J］. 地球物理学报,1993 (5):561-569.

［36］ 乐新安,万卫星,刘立波,等. 中低纬电离层理论模式的构建和一个观测系统数据同化试验 ［J］. 科学通报,2007(18):2180-2186.

［37］ RATCLIFFE J A. 电离层研究五十年［M］. 北京:科学出版社,1983.

［38］ 黄捷. 电波大气折射误差修正［M］. 北京:国防工业出版社,1999.

［39］ 何劲,黄天锡,种衍文. 地磁大气空间研究及应用［M］. 北京:地震出版社,1996.

［40］ 李钧. 电离层声重波引起的高频多普勒频移［J］. 地球物理学报,1983(1):1-8.

［41］ 万卫星,李钧. 由高频无线电波反射回波参数反演电离层运动和结构的高度剖面［J］. 空间科学学报,1987,7(2):85-94.

［42］ 吴健,龙其利. 新乡观测的电离层 TEC 和板厚的统计与建模研究［J］. 电波科学学报,1998 (3):291-296.

［43］ 张兆明,朱岗崑. 利用高分辨力多普勒频高图观测和分析电离层扰动［J］. 地球物理学报, 1988,31(2):121-127.

［44］ 李子申. GNSS/Compass 电离层时延修正及 TEC 监测理论与方法研究［D］. 武汉:中国科学院测量与地球物理研究所,2012.

［45］ 王宁波. GNSS 差分码偏差处理方法及全球广播电离层模型研究［D］. 武汉:中国科学院测量与地球物理研究所,2016.

［46］ 霍星亮. 基于 GNSS 的电离层形态监测与延迟模型研究［D］. 武汉:中国科学院测量与地球物理研究所,2008.

［47］ 李敏. 实时与事后 BDS/GNSS 电离层 TEC 监测及延迟修正研究［D］. 武汉:中国科学院测量与地球物理研究所,2018.

［48］ 闻德保. 基于 GPS 的电离层层析算法及其研究［D］. 武汉:中国科学院测量与地球物理研究所,2007.

［49］ 李慧. 基于 GNSS 的三维电离层层析反演算法研究［D］. 武汉:中国科学院测量与地球物理研究所,2012.

［50］ 刘西风. 基于 GNSS 的电离层扰动监测及电离层高阶项延迟效应研究［D］. 武汉:中国科学院测量与地球物理研究所,2016.

［51］ KURSINSKI E R,HAJJ G A,SCHOFIELD J T. Observing earth's atmosphere with radio occultation measurements using the global positioning system［J］. Journal of Geophysical Research Atmospheres,1997,102(D19):23429-23465.

［52］ WARE R M,EXNER D F,et al. GPS sounding of the atmosphere from low earth orbit:preliminary results［J］. Bulletin of the American Meteorological Society,1996,77(1):19-40.

［53］ HAJJ G A,IBAÑEZ-MEIER R,KURSINSKI E R,et al. Imaging the ionosphere with the global positioning system[J]. International Journal of Imaging Systems and Technology,1994,5(2):174-187.

[54] KUNITSYN V E,ANDREEVA E S,RAZINKOV O G. Possibilities of the near-space environment radio tomography[J]. Radio Science,1997,32(5):1953-1963.

[55] 吴小成. 电离层无线电掩星技术研究[D]. 北京:中国科学院研究生院(空间科学与应用研究中心),2008.

[56] 周义炎,吴云,乔学军,等. GPS掩星技术和电离层反演[J]. 大地测量与地球动力学,2005,25(2):29-35.

[57] 吴健,龙其利. 新乡观测的电离层TEC和板厚的统计与建模研究[J]. 电波科学学报,1998(3):291-296.

[58] 徐继生,邹玉华,马淑英. GPS地面台网和掩星观测结合的时变三维电离层层析[J]. 地球物理学报,2005,48(4):759-767.

[59] FU L L,HAINES B J. The challenges in long-term altimetry calibration for addressing the problem of global sea level change[J]. Advances in Space Research,2013,51(8):1284-1300.

[60] HO C M,WILSON B D,MANNUCCI A J,et al. A comparative study of ionospheric total electron content measurements using global ionospheric maps of GPS,TOPEX radar,and the Bent model [J]. Radio Science,1997,32(4):1499-1512.

[61] DETTMERING D,LIMBERGER M,SCHMIDT M. Using DORIS measurements for modeling the vertical total electron content of the Earth's ionosphere[J]. Journal of Geodesy,2014,88(12):1131-1143.

[62] SARDON E,RIUS A,ZARRAOA N. Estimation of the transmitter and receiver differential biases and the ionospheric total electron content from Global Positioning System observations[J]. Radio Science,1994,29(3):577-586.

[63] SCHAER S. Mapping and predicting the earth's ionosphere using the global positioning system [D]. Bern:University of Bern,1999.

第 2 章　卫星导航电离层影响及电离层信息计算

▲ 2.1　卫星导航定位基本原理

2.1.1　卫星导航基本观测量

2.1.1.1　GNSS 原始观测量

GNSS 原始观测量主要包括码和载波相位两类观测。码观测值由 GNSS 信号传播时间(信号发射与接收时间的差值)与光速 c 之积形成。码观测通常可分为 C/A 码和 P 码两类。以 GPS 为例,C/A 码仅调制在 L1 载波上,P 码调制在 L1 与 L2 载波上,分别称为 P1 码和 P2 码。由于码观测包含站星钟差和大气延迟等多种因素所造成的距离误差,又称伪距观测,包括 C/A 码伪距观测和 P1 与 P2 码伪距观测。

载波相位观测理论上是 GNSS 信号在接收时刻的瞬时载波相位值,而实际上是 GNSS 信号与接收机本地信号间的相位差。载波相位的测量原理导致 GNSS 相位观测存在起始偏差,即整周模糊度,而且由于接收机的快速运动或信号传播路径上某些因素如电离层异常活动的影响,可能引起观测信号失锁,导致载波相位观测出现周跳。

比较而言:C/A 码精度最差,为 $0.5\sim3\mathrm{m}$,称为粗码;P 码精度较高,约为 $0.3\mathrm{m}$,称为精码;载波相位观测精度最高,约为 $1\mathrm{mm}$,但包含未知的整周模糊度。码和载波相位观测量受卫星轨道误差、接收机钟差以及电离层与对流层时延等各类误差的影响,通常称这种含有误差的观测量为"伪距";由码观测量确定的伪距称测码伪距,由载波相位观测量确定的伪距称测相伪距。测码伪距与测相伪距的观测方程为

$$\begin{cases} P_{i,k}^s = \rho_k^s + c\cdot(\mathrm{d}t_k - \mathrm{d}t^s) + \alpha_i I_k^s + T_k^s + \mathrm{rel}_k^s - c\cdot\mathrm{br}_{i,k} - c\cdot\mathrm{bs}_i^s + M_k^s + \varepsilon_k^s \\ L_{i,k}^s = \rho_k^s + c\cdot(\mathrm{d}t_k - \mathrm{d}t^s) + \alpha_i I_k^s + T_k^s + \mathrm{rel}_k^s - c\cdot\mathrm{br}_{i,k} - c\cdot\mathrm{bs}_i^s + M_k^s + \xi_k^s - \lambda_i N_{i,k}^s \end{cases} \quad (2.1)$$

式中:$P_{i,k}^s$,$L_{i,k}^s$ 分别为接收机 k 观测到卫星 s 在第 i 个频率上的测码伪距和测相伪距观测量;ρ_k^s 为接收机 k 到卫星 s 的几何距离;c 为真空中光的传播速度;$\mathrm{d}t_k$ 为接收机 k 的钟差;$\mathrm{d}t^s$ 为卫星 s 的钟差;I_k^s 为基本频率信号在接收机 k 到卫星 s 观测路径上的电离层时延;T_k^s 为接收机 k 到卫星 s 观测路径上的对流层时延;rel_k^s 为接收机 k 与卫星 s 的相对论效应;$\mathrm{br}_{i,k}$,bs_i^s 分别为接收机 k 与卫星 s 在第 i 个频率信号的硬件延迟;

M_k^s 为接收机 k 到卫星 s 观测量的多路径效应；ε_k^s 为测码伪距的观测噪声；ξ_k^s 为测相伪距的观测噪声；λ_i 为第 i 个频率信号的波长；$N_{i,k}^s$ 为载波相位观测量 $L_{i,k}^s$ 对应的整周模糊度；α_i 为第 i 个频率上电离层时延与基本频率上电离层时延之间的比值，$\alpha_i = f_0^2/f_i^2$，f_i 为第 i 个频率的大小，f_0 为基本频率的大小。上述各参量的单位均取国际标准单位制；通常测码伪距的精度较低，约为测相伪距精度的 1/100。

必须指出的是，式(2.1)所示的观测方程是针对所有的卫星和接收机的，不同导航系统的卫星在实际处理中需要重新编号，使得不同的卫星具有不同的序号；由于接收机对应的钟差、硬件延迟等随导航系统不同也会产生变化，因此对于多模接收机应按照导航系统的类型分别对接收机进行编号，钟差和硬件时延参数需要单独设置。另外，对于频分多址的 GLONASS 卫星，除了同一轨道面上相对的两个卫星之外，其他卫星发射信号的频率是不同的。

在 GNSS 测码伪距和测相伪距的观测方程中，电离层时延、硬件延迟以及整周模糊度与频率有关。假设其他项与频率无关，则可通过两个或多个频率上同类观测量的无几何组合精确地消除频率无关项，得到的含有卫星与接收机硬件延迟以及整周模糊度的电离层原始观测信息[1-2]如下：

$$\begin{cases} P_{i1,i2} = P_{i1} - P_{i2} = (\alpha_{i1} - \alpha_{i2}) \cdot I - c \cdot DCB_{i1,i2} - c \cdot DCB^{i1,i2} \\ L_{i1,i2} = L_{i1} - L_{i2} = (\alpha_{i1} - \alpha_{i2}) \cdot I - c \cdot DCB_{i1,i2} - c \cdot DCB^{i1,i2} - (\lambda_{i1} N_{i1} - \lambda_{i2} N_{i2}) \end{cases} \quad (2.2)$$

式中：$P_{i1,i2}$，$L_{i1,i2}$ 分别为测码伪距和测相伪距在频率 $i1$ 与 $i2$ 之间形成的无几何组合观测量，式中忽略了卫星编号 s 和接收机编号 k 及观测噪声；$DCB_{i1,i2} = br_{i1} - br_{i2}$ 为接收机在频率 $i1$ 与 $i2$ 之间的频间偏差；$DCB^{i1,i2} = bs_{i1} - bs_{i2}$ 为卫星在频率 $i1$ 与 $i2$ 之间的频间偏差，其他符号含义与式(2.1)中相同。

式(2.2)即为基于双频 GNSS 观测数据获得的原始电离层观测信息的基本表达式，由于测码伪距的观测噪声远远大于测相伪距的观测噪声，从而使得仅利用测码伪距获得的原始电离层观测信息精度远低于利用测相伪距获得的原始电离层观测信息精度。然而，测相伪距中含有两个频率的整周模糊度参数使得无法直接得到绝对电离层 TEC 信息。因此，为了获得高精度的原始电离层观测信息，必须精确确定测相伪距电离层观测中的模糊度参数，即 $\lambda_{i1} N_{i1} - \lambda_{i2} N_{i2}$。

除特别说明外，本章中所提到的原始电离层观测信息均是指含有卫星和接收机频间偏差的电离层 TEC，有关卫星和接收机频间偏差的确定方法可参考第3章。

2.1.1.2　GNSS 基本差分观测与线性组合观测

1）基本差分观测模型[2]

差分观测包括单差、双差和三差 3 类。通常 GNSS 相对定位技术中采用站际单差、站星双差和相邻历元间三差 3 种方式。

（1）单差观测模型。对基线 $s_{k_1 k_2}$ 两端的基准站 k_1 和 k_2 同步观测的卫星 s_1 和 s_2

所得的非差观测量进行如下求差,即得相应的单差观测模型:

$$L^{s_j}_{i,k_1k_2} = L^{s_j}_{i,k_1} - L^{s_j}_{i,k_2} \qquad j = 1,2 \qquad (2.3)$$

$$P^{s_j}_{i,k_1k_2} = P^{s_j}_{i,k_1} - P^{s_j}_{i,k_2} \qquad (2.4)$$

进而可得码和相位单差观测方程:

$$L^{s_j}_{i,k_1k_2} = \bar{\rho}^{s_j}_{k_1k_2} - I^{s_j}_{i,k_1k_2} + \lambda_i \mathrm{NRS}^{s_j}_{i,k_1k_2} + \varepsilon''_{i,\phi} =$$
$$\bar{\rho}^{s_j}_{k_1k_2} - I^{s_j}_{i,k_1k_2} + c \cdot \mathrm{br}_{i,k_1k_2,\phi} + \lambda_i N^{s_j}_{i,k_1k_2} + \varepsilon''_{i,\phi} \qquad (2.5)$$

$$P^{s_j}_{i,k_1k_2} = \bar{\rho}^{s_j}_{k_1k_2} + I^{s_j}_{i,k_1k_2} + \mathrm{RS}^{s_j}_{i,k_1k_2} + \varepsilon''_{i,p} =$$
$$\bar{\rho}^{s_j}_{k_1k_2} + I^{s_j}_{i,k_1k_2} + c \cdot \mathrm{br}_{i,k_1k_2,p} + \varepsilon''_{i,p} \qquad (2.6)$$

式中:$\mathrm{RS}^{s_j}_{i,k} = c \cdot (\mathrm{bs}^{s_j}_{i,k} + \mathrm{br}_{i,k,p})$;$\mathrm{NRS}^{s_j}_{i,k} = c \cdot (\mathrm{bs}^{s_j}_{i,k} + \mathrm{br}_{i,k,p})/\lambda_i + N^{s_j}_{i,k,\phi}$。

（2）双差观测模型。对单差观测如下求差可得双差观测模型:

$$L^{s_1s_2}_{i,k_1k_2} = L^{s_1}_{i,k_1k_2} - L^{s_2}_{i,k_1k_2} = \bar{\rho}^{s_1s_2}_{k_1k_2} - I^{s_1s_2}_{i,k_1k_2} + \lambda_i N^{s_1s_2}_{i,k_1k_2} + \varepsilon''_{i,\phi} \qquad (2.7)$$

$$P^{s_1s_2}_{i,k_1k_2} = P^{s_1}_{i,k_1k_2} - P^{s_2}_{i,k_1k_2} = \bar{\rho}^{s_1s_2}_{k_1k_2} + I^{s_1s_2}_{i,k_1k_2} + \varepsilon''_{i,p} \qquad (2.8)$$

（3）三差观测模型。由双差观测序列的两不同(通常是相邻,例如:$t,t+1$)历元双差观测进行求差,得到三差观测模型:

$$L^{s_1s_2}_{i,k_1k_2}(t,t+1) = L^{s_1s_2}_{i,k_1k_2}(t+1) - L^{s_1s_2}_{i,k_1k_2}(t) =$$
$$\bar{\rho}^{s_1s_2}_{k_1k_2}(t,t+1) - I^{s_1s_2}_{i,k_1k_2}(t,t+1) + \varepsilon''_{i,\phi}(t,t+1) \qquad (2.9)$$

$$P^{s_1s_2}_{i,k_1k_2}(t,t+1) = P^{s_1s_2}_{i,k_1k_2}(t+1) - P^{s_1s_2}_{i,k_1k_2}(t) =$$
$$\bar{\rho}^{s_1s_2}_{k_1k_2}(t,t+1) - I^{s_1s_2}_{i,k_1k_2}(t,t+1) + \varepsilon''_{i,p}(t,t+1) \qquad (2.10)$$

2）线性组合及其差分模型

除基本的 GNSS 码和载波相位观测外,许多 GNSS 研究和应用中,还需综合利用 GNSS 各类观测,由此产生的常见的各类 GNSS(线性)组合观测,包括宽巷组合观测、几何无关观测、相位平滑伪距观测、电离层组合观测及电离层无关观测等,参照上述基本差分模型,可形成相应的差分组合模型[2]。

为方便讨论,先对本章将用到的以下符号及有关的关系式做一简介:

$f_3 = f_1 + f_2, f_5 = f_1 - f_2, \lambda_3 = c/f_3 = c/(f_1+f_2)$;

$\lambda_5 = c/f_5 = c/(f_1 - f_2), \beta_{12} = f_1^2/f_2^2$;

$\beta_{14} = 1 - \beta_{12} = 1 - f_1^2/f_2^2, \beta_{15} = \sqrt{\beta_{12}} = f_1/f_2$;

$\beta_{31} = f_1^2/(f_1^2 - f_2^2), \beta_{32} = f_2^2/(f_1^2 - f_2^2)$;

$\beta_{41} = +1, \beta_{42} = +1$;

$\beta_{51} = (\lambda_1/\lambda_3)\beta_{31} = f_1/(f_1 - f_2), \beta_{52} = (\lambda_2/\lambda_3)\beta_{32} = f_2/(f_1 - f_2)$;

$\beta_{53} = f_1/(f_1 + f_2), \beta_{54} = f_2/(f_1 + f_2)$;

$\beta_{ij} \cdot \beta_{ji} = 1(\beta_{51} \cdot \beta_{15} = 1, \beta_{41} \cdot \beta_{14} = 1, \beta_{31} \cdot \beta_{13} = 1)$。

根据上述算符,我们给出几种 GNSS 数据处理中常用的线性组合观测模型:

（1）L3 电离层无关线性组合观测。根据电离层对观测信号的影响特性,可形成一种不包含(一阶)电离层延迟影响的电离层无关线性组合。

L3 观测的非差形式:

$$L_{3,k}^s = \beta_{31} L_{1,k}^s - \beta_{32} L_{2,k}^s = \bar{\rho}_k^s + \lambda_3 \mathrm{NRS}_{3,k}^s + \varepsilon_{3,\phi} \quad (2.11)$$

$$P_{3,k}^s = \beta_{31} P_{1,k}^s - \beta_{32} P_{2,k}^s = \bar{\rho}_k^s + \mathrm{RS}_{3,k}^s + \varepsilon_{3,p} \quad (2.12)$$

根据式(2.7)、式(2.8),L3 的双差观测模型为

$$L_{3,k_1k_2}^{s_1s_2} = \beta_{31} L_{1,k_1k_2}^{s_1s_2} - \beta_{32} L_{2,k_1k_2}^{s_1s_2} = \bar{\rho}_{k_1k_2}^{s_1s_2} + \lambda_3 N_{3,k_1k_2}^{s_1s_2} + \varepsilon_{3,\phi}'' \quad (2.13)$$

在仅有单频码 P1 和相位 L1 观测的情况下,可组合成另一类 L3 电离层无关组合观测 L_3'。

其非差模型为

$$L_{3,k}^{'s} = \beta_{31}' L_{1,k}^s + \beta_{32}' P_{1,k}^s = (L_{1,k}^s + P_{1,k}^s)/2 =$$
$$\bar{\rho}_k^s + \lambda_1' \mathrm{NRS}_{1,k}^s + \mathrm{RS}_{1,k}^s + \varepsilon_{3',p} \quad (2.14)$$

式中:$\lambda_1' = \lambda_1/2$。

根据式(2.7)、式(2.8),其双差模型为

$$L_{3,k_1k_2}^{'s_1s_2} = \beta_{31}' L_{1,k_1k_2}^{s_1s_2} + \beta_{32}' P_{1,k_1k_2}^{s_1s_2} = (L_{1,k_1k_2}^{s_1s_2} + P_{1,k_1k_2}^{s_1s_2})/2 =$$
$$\bar{\rho}_{k_1k_2}^{s_1s_2} + \lambda_1' N_{1,k_1k_2}^{s_1s_2} + \varepsilon_{3',p}'' \quad (2.15)$$

(2)L4 几何无关组合观测。载波 L1 与 L2 的相位观测(或 P1 与 P2 的码观测)求差可组合成与站星几何距离无关的 L4 观测。

L4 观测的非差模型为

$$L_{4,k}^s = \beta_{41} L_{1,k}^s - \beta_{42} L_{2,k}^s = -\beta_{14} I_{1,k}^s + \mathrm{NRS}_{4,k}^s + \varepsilon_{4,\phi} \quad (2.16)$$

$$P_{4,k}^s = \beta_{41} P_{1,k}^s - \beta_{42} P_{2,k}^s = \beta_{14} I_{1,k}^s + \mathrm{RS}_{4,k}^s + \varepsilon_{4,p} \quad (2.17)$$

根据式(2.7)、式(2.8),L4 的双差模型为

$$L_{4,k_1k_2}^{s_1s_2} = \beta_{41} L_{1,k_1k_2}^{s_1s_2} - \beta_{42} L_{2,k_1k_2}^{s_1s_2} = \beta_{14} I_{1,k_1k_2}^{s_1s_2} + N_{4,k_1k_2}^{s_1s_2} + \varepsilon_{4,\phi}'' \quad (2.18)$$

$$P_{4,k_1k_2}^{s_1s_2} = \beta_{41} P_{1,k_1k_2}^{s_1s_2} - \beta_{42} P_{2,k_1k_2}^{s_1s_2} = \beta_{14} I_{1,k_1k_2}^{s_1s_2} + \varepsilon_{4,\phi}'' \quad (2.19)$$

(3)L5 宽巷组合观测。L5 观测的非差模型为

$$L_{5,k}^s = \beta_{51} L_{1,k}^s - \beta_{52} L_{2,k}^s = \bar{\rho}_k^s + \beta_{15} I_{1,k}^s + \lambda_5 \mathrm{NRS}_{5,k}^s + \varepsilon_{5,\phi} \quad (2.20)$$

根据式(2.7)、式(2.8),L5 观测的双差模型为

$$L_{5,k_1k_2}^{s_1s_2} = \beta_{51} L_{1,k_1k_2}^{s_1s_2} - \beta_{52} L_{2,k_1k_2}^{s_1s_2} = \bar{\rho}_{k_1k_2}^{s_1s_2} + \beta_{15} I_{1,k_1k_2}^{s_1s_2} + N_{5,k_1k_2}^{s_1s_2} + \varepsilon_{5,\phi}'' \quad (2.21)$$

(4)MW(Melbourne - Wübeena)线性组合观测。Melbourne 和 Wübbena 于 1985 年各自独立提出一类特殊的宽巷组合 L_5' 观测。

非差模型:

$$L_{5,k}^{'s} = (\beta_{51} L_{1,k}^s - \beta_{52} L_{2,k}^s - \beta_{53} P_{1,k}^s - \beta_{54} P_{2,k}^s)/\lambda_5 =$$
$$\mathrm{NRS}_{5,k}^s - \mathrm{RS}_{5,k}^{'s} + \varepsilon_{5,p}' \quad (2.22)$$

双差模型:

$$L_{5,k_1k_2}^{'s_1s_2} = (\beta_{51} L_{1,k_1k_2}^{s_1s_2} - \beta_{52} L_{2,k_1k_2}^{s_1s_2} - \beta_{53} P_{1,k_1k_2}^{s_1s_2} - \beta_{54} P_{2,k_1k_2}^{s_1s_2})/\lambda_5 = N_{5,k_1k_2}^{s_1s_2} + \varepsilon_{5',p}'' \quad (2.23)$$

2.1.2　卫星导航基本定位原理

GNSS 定位的最基本任务是利用 GNSS 观测量和导航电文提供的卫星位置 $\boldsymbol{X}^s = (x^s, y^s, z^s)$ 等已知信息，确定接收机在一定精度意义下的位置 $\boldsymbol{X}_k = (x_k, y_k, z_k)$。GNSS 定位方式一般分绝对定位与相对定位两类。根据接收机所处的位置，可将 GNSS 用户分为地基用户与空基用户。由于它们的运动方式和所受的环境影响不尽一致，具体的定位方法也有所不同，但基本原理相似。在式（2.1）和式（2.2）所表示的 GNSS 观测模型中，未知量有站星几何距离量 ρ_k^s、硬件延迟量 $\mathrm{br}_{i,k}$ 与 bs_i^s、接收机钟差改正量 $\mathrm{d}t_k$ 和模糊度参数 $N_{i,k}^s$ 等；（近似）已知（改正）量包括卫星导航电文提供的卫星钟差 $\mathrm{d}t^s$、电离层延迟量 I_k^s 及接收机软件提供的对流层延迟量 T_k^s 等，计算几何距离量近似值 $\rho_{0,k}^s$ 所需的卫星位置 $\boldsymbol{X}^s = (x^s, y^s, z^s)$ 也从广播星历中获得；其他为各类随机误差与噪声的组合量，按观测误差处理。通常大多数用户仅要求定位，即确定 $\boldsymbol{X}_k = (x_k, y_k, z_k)$。$\boldsymbol{X}_k$ 和 $\boldsymbol{X}^s$ 与 ρ_k^s 的关系为

$$\rho_k^s = \parallel \boldsymbol{X}_k - \boldsymbol{X}^s \parallel = \sqrt{(x_k - x^s)^2 + (y_k - y^s)^2 + (z_k - z^s)^2} \tag{2.24}$$

利用 $\boldsymbol{X}_k$ 的近似值 $\boldsymbol{X}_{0k} = (x_{0k}, y_{0k}, z_{0k})$ 和由广播星历提供的卫星位置 $\boldsymbol{X}^s$，将 ρ_k^s 线性化，整理得

$$\begin{cases} \rho_k^s = \rho_{0,k}^s + \boldsymbol{A}_{x,k}^s \delta \boldsymbol{X} \\ \delta \rho_k^s = \boldsymbol{A}_{x,k}^s \delta \boldsymbol{X} \end{cases} \tag{2.25}$$

式中

$$\delta \boldsymbol{X} = (\delta x_x, \delta x_y, \delta x_z)^{\mathrm{T}} \tag{2.26}$$

$$\boldsymbol{A}_{x,k}^s = \left(\frac{\partial \rho_k^s}{\partial x_k} \bigg|_{x_x = x_{0k}}, \frac{\partial \rho_k^s}{\partial y_k} \bigg|_{y_k = y_{0k}}, \frac{\partial \rho_k^s}{\partial z_k} \bigg|_{z_k = z_{0k}} \right) \tag{2.27}$$

$$\frac{\partial \rho_k^s}{\partial x_k} \bigg|_{x_k = x_{0k}} = \frac{x_0 - x^s}{\rho_{0,k}^s}, \frac{\partial \rho_k^s}{\partial y_k} \bigg|_{y_k = y_{0k}} = \frac{y_0 - y^s}{\rho_{0,k}^s}, \frac{\partial \rho_k^s}{\partial z_k} \bigg|_{z_k = z_{0k}} = \frac{z_0 - z^s}{\rho_{0,k}^s} \tag{2.28}$$

$$\delta \rho_k^s = \rho_k^s - \rho_{0k}^s \tag{2.29}$$

$$\rho_{0k}^s = \parallel \boldsymbol{X}_{0r} - \boldsymbol{X}^s \parallel = \sqrt{(x_{0k} - x^s)^2 + (y_{0k} - y^s)^2 + (z_{0k} - z^s)^2} \tag{2.30}$$

GNSS 定位研究的基本内容就是如何根据用户的精度要求，有效解算出 $\delta \boldsymbol{X} = (\delta x_x, \delta x_y, \delta x_z)^{\mathrm{T}}$，进而确定用户在选定参考系中的位置：$\boldsymbol{X}_k = \boldsymbol{X}_{0,k} + \delta \boldsymbol{X}$。

在大地测量和导航等 GNSS 应用领域，GNSS 研究集中于定位理论与方法的改进和完善，主要涉及两方面的工作：

（1）各种误差影响的消除或部分改正，包括大气延迟（电离层延迟、对流层延迟）、环境误差（多路径效应）、时间系统的误差（接收机钟差和卫星钟差）、星历误差、差分码偏差（硬件延迟）、仪器误差（相位偏心）、相对论效应等。

（2）整周未知数 N 的确定，特别是动态快速精确处理整周模糊度问题。

对不同 GNSS 用户,由于作业方式和定位精度的要求不同,对上述两类问题解决程度和方式的要求不一致,解决办法也就有所不同。

2.1.3 地基 GNSS 定位方法

地基 GNSS 定位是指 GNSS 对地面观测点进行定位,可采用绝对定位与相对定位两种方式实现。

2.1.3.1 绝对定位

1)基于码观测的绝对定位模型

对无特别精度要求的用户,可直接利用 GNSS 导航电文和接收机软件固化的有关误差的改正模型及改正算法或其他方式提供的改正量,修正其影响。记 $\hat{P}_{i,k}^s$ 为修正了码伪距观测 $P_{i,k}^s$ 中的卫星钟差 $\mathrm{d}t^s$、卫星差分码偏差 bs_i^s 和对流层延迟 T_k^s 及电离层延迟 $I_{i,k}^s$ 等误差影响所得的伪距观测值。按 2.1.2 节方法线性化 ρ_k^s,整理后,可得基于码观测的 GNSS 绝对定位的基本模型:

$$\hat{P}_{i,k}^s = A_{0,k}^s \delta X_k^s + \delta \rho_{kcp} + \hat{\varepsilon}_{i,k,p}^s \tag{2.31}$$

式中:$\delta \rho_{kcp} = -c \cdot \mathrm{d}t_k + c \cdot \mathrm{br}_{i,k,P}$,是以长度单位表示的接收机钟差参数,包含差分码偏差的影响。

设 n_t 表示连续同时观测到 n_s 颗卫星的历元数,相应测段的总观测数为 $n_t \cdot n_s$。利用式(2.31)解算待估参数 $\delta \rho_{kcp}$ 和 $\delta X = (\delta x_x, \delta x_y, \delta x_z)^\mathrm{T}$,基本条件是观测数必须等于或多于待估参数。静态定位中,待估参数总数为 $3 + n_t$,所以必须满足 $n_t \cdot n_s \geq 3 + n_t$,即 $n_t \geq 3/(n_s - 1)$ 或 $n_s \geq 1 + 3/n_t$,才能确定所有待估参数。也就是说,如果同时观测 $n_s = 4$,就能实现单历元定位。动态定位中,待估参数总数为 $4n_t$,所以必须满足 $n_t \cdot n_s \geq 4n_t$,即,$n_s \geq 4$。可见,只要同时观测到 4 颗卫星,就能利用码观测进行静、动态点定位,简单易行,所以用户在能满足使用要求的条件下最希望采用绝对定位方法。

2)基于相位观测的绝对定位模型

记对式(2.2)进行类似码观测的误差修正后得到的非差相位观测量为 $\hat{L}_{i,k}^s$,整理后,可得基于相位观测的 GNSS 绝对定位的基本模型为

$$\hat{L}_{i,k}^s = A_{0,k}^s \delta X_k^s + \delta \rho_{kc\phi} + \lambda_i N_{i,k}^s + \hat{\varepsilon}_{i,k,\phi}^s \tag{2.32}$$

式中:$\delta \rho_{kc\phi} = -c\mathrm{d}t_k + c \cdot \mathrm{br}_{i,k,\phi}$。由于模糊度参数为未知量,在单历元情况下,其个数与观测卫星数相等,所以,式(2.32)中待估参数多于观测数,可见仅利用非差相位观测不可能实现单历元绝对定位。假设观测条件同前面的一致,静态定位中,待估参数总数为 $3 + n_t + n_s$,所以,必须满足 $n_t \cdot n_s \geq 3 + n_t + n_s$,即 $n_t \geq (3 + n_s)/(n_s - 1)$ 及 $n_s \geq (3 + n_t)/(n_t - 1)$,才能确定所有待估参数。也就是说,如果同时观测到 $n_s = 4$ 颗卫星,需连续观测 $n_t = 3$ 个历元,才能实现点定位;动态定位中,待估参数总数为 $4n_t + n_s$,所以,必须满足 $n_t \cdot n_s \geq 4n_t + n_s$,即 $n_t \geq n_s/(n_s - 4)$ 及 $n_s \geq 4n_t/(n_t - 1)$,也就是说,必须在连续 5 个历元至少观测到 5 颗卫星,或连续 3 个历元至少观测到 6 颗

卫星,或连续 2 个历元至少观测到 8 颗卫星,才能实现动态定位。只有模糊度参数已知的情况下,才能同码观测一样实现相位绝对定位,而这在实际中往往是难以实现的。

2.1.3.2　绝对定位的误差分析及处理方法

1)误差分析

从观测方程式(2.32)可以看出,$\hat{P}_{i,k}^s$ 和 $\hat{L}_{i,k}^s$ 中的误差集中体现在两方面:①观测误差 $\hat{\varepsilon}_{0,k}^s$,除观测噪声 $\varepsilon_{0,k}^s$ 外,还包括采用经验模型或方法修正后的卫星钟差、电离层延迟、对流层延迟等的随机量或部分趋势量。②设计矩阵 $A_{0,k}^s$,包括星历误差、站星天线相位偏心、测站坐标的地球固体潮影响及地球旋转改正等误差,它们也可在观测方程线性化时归结到观测误差①中。所以,如要实现精密单点定位,必须进一步修正 $\hat{P}_{i,k}^s$ 和 $\hat{L}_{i,k}^s$ 中的剩余误差,使其尽可能满足利用最小二乘实现最优拟合所要求的正态分布的统计特性。

2)误差处理

(1)相对论效应。相对论效应对 GNSS 的卫星轨道、卫星钟、卫星信号传播和接收机钟都产生影响。主要表现在:地球重力场引起的卫星轨道的相对性扰动;地球重力场引起的卫星信号传播的几何延迟(又称引力延迟);GNSS 卫星与用户接收机所处位置的重力场差异引起的卫星钟基频的变化等几个方面。以上影响都能用公式给予有效计算,实现精确改正。

(2)多路径效应。由于接收机周围环境的反射,导致 GNSS 信号沿多条路径传到 GNSS 接收机,产生多路径效应。多路径效应对 GNSS 测量的影响比较复杂,与环境关系密切,很难用参数模型对其进行精确模拟,一般可用 L1 与 L2 的码和相位的组合观测进行有效估计。双差电离层无关观测的最小二乘残差,绝大部分为多路径的影响。一般码观测的多路径效应较相位观测严重,有时可达 10～20m 甚至 100m 左右。利用载波相位进行短基线相对定位时,多路径效应的影响不会超过 1cm。虽然 GNSS 测量中的多路径效应复杂,难以精确模型化,但可通过硬件方法或选择好的观测环境等办法加以克服。避免多路径效应对研究电离层的影响的最好的办法是采用预防性措施,如通过选取较高的卫星高度截止角,使观测量不受多路径影响。

(3)地球固体潮改正。地球固体潮是指在太阳、月亮等摄动天体对弹性地球的引力作用下,地球表面产生的周期性涨落现象。固体潮影响使地球在地心与摄动天体的连线方向上伸长,在与连线垂直的方向上趋于变平,从而使 GNSS 测站的实际坐标随时间做周期性变化,测站垂直方向最大位移可达 80cm。一般可直接采用已有的公式实现地球固体潮影响的修正要求[3]。

(4)地球旋转影响改正。地固系为非惯性坐标系。在地固参考系计算 GNSS 卫星到接收机的几何距离时,对要求实现厘米级精度以上的相对定位而言,必须顾及地固系随地球自转而产生的旋转改正。地球旋转影响取决于接收机的纬度及接收机与 GNSS 卫星之间的几何关系。地球旋转对经度影响最大,其次是高度,对纬度的影响最小。GNSS 站间差分观测对地球旋转影响的抵消程度与站间距离成反比。

(5)中性大气延迟。中性大气指分布于电离层以下的大气层,为非色散介质,对传播于其区域的无线电波的影响与频率无关。中性大气对 GNSS 信号的延迟影响主要表现为对流层延迟,它不能如同电离层延迟那样采用双频法直接计算或消除。对流层延迟分为干气延迟和湿汽延迟两部分,其中干气延迟约占 90%,相对而言较容易改正,而湿汽延迟尽管只占 10%,但难于进行精确的数学模拟。用于模拟对流层延迟的模型很多,但至今无法找到能够满足各种条件的对流层模型[4-7]。任何对流层模型都受到由地表观测参数所估计的天顶延迟的影响。确定对流层延迟的另一方法是利用相位观测和最小二乘拟合法,计算天顶对流层延迟,再利用投影函数将其转换为斜距对流层延迟。Welsch 与 Brunner 建议,每测段应计算多个天顶对流层延迟值。研究表明,中性大气延迟的改正精度可达 95% 左右[8]。

(6)接收机钟差。GNSS 信号接收机的钟面时间与 GNSS 时间系统存在的偏差,称为接收机钟差。由于卫星钟的稳定性远高于接收机钟,所以接收机钟误差一般大于卫星钟误差,但与 GPS 的选择可用影响存在与否无关,由接收机性能决定,其量值在 1ms 至数毫秒。由于 GNSS 运动速率为 $v = \sqrt{GM/a} = 3.9 \text{km/s}$($GM$ 为地心引力常数,a 为卫星运行轨道的长半轴),在赤道附近和在纬度为 $\pm 55°$ 附近,相对于地固系的速率分别达到最大值 3.2km/s 和最小值 2.8km/s,因此,在进行差分前,接收机钟差改正精度必须在 $1 \mu s$ 以内[9]。采用码观测通过单点定位直接计算接收机钟差,可实现这一要求。

(7)星历误差与星钟误差。GNSS 星历包括天文年历、广播星历和精密星历,通常采用后两种。广播星历可实时地从 GNSS 导航电文中获得。精密星历事后才能确定。GPS 广播星历由美国官方的地面监测站提供。由于广播星历约每隔 1h 播发一次,而用户的观测历元在此时间间隔内的情况也很多,因此相应的星历必须内插得到,故卫星星历的改正精度取决于星历本身的精度和内插精度两方面。为保证其内插精度,除选择合理的内插方法外,还必须确保观测历元 t_k 对应的卫星信息发送历元 t^s 在 GNSS 时间系统内得到准确描述。所以,除轨道信息外导航电文还包含卫星钟差信息。根据其钟差参数 a_i($i = 0,1,2$,分别为钟偏、钟速和钟加速度)和参考时间 t_c,利用二阶多项式可表示卫星钟差改正为

$$(dt^s)' = a_0 + a_1(t - t_c) + a_2(t - t_c)^2 \tag{2.33}$$

卫星钟差 dt^s 即指卫星钟面时间与 GNSS 时间系统的差值。式(2.33)拟合的 $(dt^s)'$ 是 dt^s 的一个估计量。精密星历为事后计算得到的高精度卫星轨道信息,包含改进的卫星钟改正信息。官方的 GPS 精密星历,由美国的美国海军地面战事中心(NSWC)和国防制图局(DMA)提供。目前 IGS 在两周内可提供全球最精密的 GNSS 卫星星历,还可在 2 天内提供一个精度相对稍低点的快速事后精密星历。IGS 精密

轨道信息包括以 5~15min 的时间间隔表示的卫星位置和速率,时隔内的任意历元的精密星历可内插得到。已有多家单位提供精密星历服务。IGS 的观测数据及包括精密星历在内的所有 GNSS 产品免费向全球用户提供。

（8）天线相位偏心与变化。站、星天线相位偏心是由于 GNSS 卫星信号的播发点与测量点不重合于相应的标称的相位中心即天线的几何中心所致,而且 L1 与 L2 的相位偏心与变化也不一致。天线相位的偏心与变化是不同的概念。决定天线精度的是相位中心的变化,而不是相位偏心。由于各类不同天线的相位偏心变化的特征不一致,很难用统一的模型对其进行模拟。天线相位偏心与卫星高度角、方位角及信号强度密切相关。一般根据方位角与高度角等因素直接确定其大小。Schupler 和 Clark 给出了相应的近似式[10]。天线相位偏差对相对定位结果的影响在数毫米至数厘米,精密定位中不可被忽略,可通过改正卫星和接收机的坐标或直接修正观测值两种方式实现[5]。

（9）差分码偏差。GNSS 观测量中的差分码偏差（DCB）,是 GNSS 卫星发射器和用户接收机的硬件对 GNSS 信号产生的延迟影响的统称。GNSS 信号的硬件延迟不仅与频率有关,且同一频率的不同类型的信号也不一致。由于在选择可用性（SA）的影响下,仅 Ashtech Z12 等极少数类型的接收机实际上提供 P1（Y1）与 P2（Y2）,而占大多数的“十字相关”型接收机如 Rogue 与 Trimble 等接收机,只提供“C1”和“C2”码观测（C2 = C1 −（P1 − P2））,因此在以上两种情况下,DCB 实际上是指 P1 − P2 中的 DCB。

显然,差分码偏差不同于天线相位中心偏差及站星钟差。在较长（如 1 天甚至更长）的测段内,差分码偏差可视为数值基本不变的系统偏差。由于其对定位精度的影响可达米级,加之其与站星钟差的零阶项是很难从基本 GNSS 观测量中得到分离的,给 GNSS 定位定时带来了更大的困难。所以,随着高精度非差处理方法的应用越来越受重视,有效分离和克服差分码偏差的影响显得更加重要。利用单频码观测（或基于它们的改进的观测量）计算电离层延迟时必须有效解决站星差分码偏差的问题。卫星导航电文提供了卫星发射器的硬件延迟改正信息。理论上应区别 P1 和 C1（C/A 码）的卫星码偏差,这对可提供所有码观测类型（C1、P1 与 P2）的接收机,如 Ashtech Z12,是很容易实现的。

① 接收机的 DCB。接收机的 DCB 通常是不知道的。理论上,站星仪器偏差都是稳定的,但实际计算结果却显示,接收机 DCB 估计值的日间变化比卫星 DCB 估值大得多,主要原因在于:a. 接收机 DCB 仅包含在该站的观测中,其计算精度较卫星 DCB 差。b. 接收机 DCB 估值受 TEC 模拟后的残差影响更大。事实上,一般很难分辨 DCB 的长期变化是由于剩余的电离层延迟的变化引起的还是它自身的特性。消除长期变化影响后的 DCB 的重复率在 0.2~0.3ns 量级。IGS 接收机的 DCB 估计值在 ±20ns。研究结果显示,赤道附近的 IGS 站的 DCB 估计的重复性（也可能是接收机性能）较差。

② GNSS 卫星的 DCB。由于卫星的发射器变化与卫星升交点赤经和升交距角具有线性相关性,即与卫星轨道面在惯性系中的位置及卫星在轨道面的位置有关,所以卫星的 DCB 存在较大的长期变化,其振幅宽度为 0.1~0.2ns,而且不同 GNSS 卫星发射器的年变化的情况也是相同的。由于 GNSS 卫星星座相对于太阳大致地重复其轨道的构成,因此,各卫星相对于太阳方位也与年变化有关。引起这一现象的另一原因是由地基 GNSS 网站的分布不均匀(不合理)性所造成的"几何"影响。有效联合处理 C1、P1 与 P2 码观测能够解决以上问题。引起卫星 DCB 长期变化的可能原因还包括卫星的 L1 与 L2 天线相位中心偏差的差值的残差、与高度角有关的卫星天线相位变化、与卫星有关的多路径效应及太阳辐射引起的强度效应等。电离层引入误差也可能是一因素,但卫星的日蚀影响基本可以排除,因为日蚀季节一般以半年的规律发生,并影响所有属于同一轨道的其他卫星[11-13]。

GNSS 卫星电文提供的卫星仪器偏差,实际上是由 P4 码几何无关组合观测所计算的卫星发射器的硬件延迟的预报值,与实际值相差很大。高精度的 DCB 估计量可通过设计一个共同的偏差量进行相对变换而实现,而且实际计算中并不需要知道这个"虚拟"偏差,只需在有卫星变轨或发射器有所变化等情况下顾及它可能出现的变化。由于接收机 DCB 的影响仅包含在它自己的观测中,而一颗卫星的 DCB 理论上可包含在所有对其进行成功观测的接收机观测量中,所以利用 GNSS 网处理仪器偏差时,卫星 DCB 的精度通常好于接收机仪器偏差(IB)。如果需要研究绝对 DCB 信息,必须将 Rogue 接收机的 DCB 估计值与通常所求的相对站星仪器偏差估值 IB 相结合而推算。接收机的偏差通常很稳定,但由于各类误差如电离层延迟和接收机钟差等的影响,其估值所表现的稳定性将明显低于其实际的稳定性。所以,绝对的卫星仪器偏差估值也不能很好地反映卫星仪器偏差 DCB 实际的稳定性。研究表明,目前欧洲定轨中心(CODE)所求的卫星的绝对 DCB 估值的变化在 ±2.5ns 内,而实际上因为卫星 DCB 随时间变化很慢,DCB 的日间变化实际上比想象的还要小。如果处理夜间的数据求得特定站的 TEC 信息,由于 DCB 估计值受到其他误差影响相对较小,所以 DCB 的日间变化的估计精度将明显改善,与 DCB 实际稳定性更接近。CODE 提供给 IGS 的 DCB 结果反映了上述特点:单个卫星 DCB 的精度一般为 0.068~0.104ns,仅由夜间数据计算的结果为 0.081ns,由整日数据处理的结果为 0.173ns。所以,利用站星 DCB 的稳定性,可检测站星硬件的稳定性。

2.1.3.3 相对定位

利用相位观测进行相对定位是实现 GNSS 精密定位的主要途径,一般采用站际单差、站星双差和连续历元间的三差观测模型去实现。

1)静态相对定位

静态相对定位要求基线两端站 k_1 和 k_2 在整个测段内保持静止。假设测段的观测情况与前面讨论的绝对定位法一致。按 2.1.1 节,对式(2.5)、式(2.6)进行类似的线性化,可发现测站 k_1 和 k_2 对于卫星 s 的单差模型的观测数与待估参数必须满足 $n_t \cdot n_s \geqslant 3 + n_t + n_s$,即 $n_t \geqslant (3 + n_s) / (n_s - 1)$ 及 $n_s \geqslant (3 + n_t) / (n_t - 1)$,才能确定所有待估参数。如观测到 4 颗卫星,则 $n_t \geqslant 7/3$,所以至少观测 $n_t = 3$ 个历元以上,才能实现静态单差相对定位。测站 k_1 和 k_2 对于卫星 s_1 和 s_2 的双差观测模型,观测数与待估参数必须满足 $n_t(n_s - 1) \geqslant 2 + n_s$,即 $n_t \geqslant (2 + n_s) / (n_s - 1)$ 及 $n_s \geqslant (2 + n_t) / (n_t - 1)$,按通常至少能观测到 4 颗卫星的情况,至少需要观测 2 个历元。线性化式(2.9)、式(2.10),可知三差观测模型只含有 3 个基线分量的待估参数,利用它实现相对定位,观测数与待估参数必须满足 $(n_t - 1) \cdot (n_s - 1) > 3$,即 $n_t \geqslant (2 + n_s) / (n_s - 1)$ 及 $n_s \geqslant (2 + n_t) / (n_t - 1)$,观测到 4 颗星时,至少需要 2 个历元的观测。

2) 动态相对定位

设 k_1 为静止的参考站,k_2 为运动的 GNSS 用户,则 $k_1 k_2$ 连线为动态基线,利用精确坐标已知的参考站 k_1,通过相对定位技术,对运动的 GNSS 站 k_2 进行定位,称为动态相对定位。假设观测情况同静态相对定位类似。研究表明,动态相对定位的单差、双差和三差模型的观测数与待估参数的关系分别为 $n_t \cdot n_s \geqslant 4n_t + n_s$、$n_t(n_s - 1) \geqslant 3n_t + n_s - 1$ 和 $(n_t - 1)(n_s - 1) \geqslant 3n_t$。所以,三类差分模型都不能进行单历元定位,而绝大多数动态用户必须实时定位。为此,必须实时消除整周模糊度的影响。消去模糊度参数后的单差和双差模型及已知参考历元时动态接收机位置的三差模型的观测数与待估参数的关系是:对任意个观测历元 $n_t, n_s \geqslant 4$。也就是说,只要观测 4 颗卫星,就可定位。然而,要消除模糊度参数,必须预先已知模糊度参数值。通常的静态初始化的方法有 3 种:①如果已知动态接收机起始历元的位置,则此时它与参考站构成的起始基线矢量已知,由此可确定起始模糊度参数。②在起始若干历元通过静态相对方式求出模糊度参数。③通过天线交换的方法实现[3]。机载 GNSS 接收机等一些特别的动态用户要求实现动态初始化,必须进行在航模糊度的初始化,即必须以单历元的方式实现模糊度的归整。其关键问题是在尽可能短的时间内精确定位。一般的方法是先给出用户接收机位置的近似值,再通过最小二乘或有关搜索技术改善其精度。

3) 伪动态相对定位

伪动态相对定位,实际上相当于存在较长数据间隙的静态相对定位,即同一基线进行两次短时间的静态相对定位,两次测量的时间间隔一般在 1h 以上。其定位模型与静态相对定位法相同。一般先利用三差法进行初始定位,再在此基础上进行模糊度归整,最后利用双差法精密定位[9]。

2.1.3.4　相对定位的误差分析及处理方法

相对定位中的误差类型与绝对定位是相同的。绝对定位中的误差改正方法全部可用于相对定位中。但由于相位观测和相对定位技术的结合一般用于实现精密定位,需要有效进行整周模糊度参数的归整,所以对误差的改正精度要求更高。目前,关于相对定位的实现方式,主要研究利用相位观测量进行静态定位,一般利用前面介绍的相对定位技术,即综合采用站际单差、站星双差和站星历元间三差技术,将各类误差消除或减弱,然后进行周跳的探测和修复,再确定整周未知数和基线矢量等参数。由差分模型计算的相对定位技术的结果为基线两端站的相对位置,一般称为基线矢量。

从 2.1.1 节所介绍的基本差分观测模型可以看出:单差观测基本消除了卫星钟差和卫星硬件延迟;双差观测进一步消除了接收机的钟差和硬件延迟;三差观测模型除保持双差的误差特性外,还消除了模糊度参数。

在大地测量研究和应用中,一般选双差相位观测为基本观测模型。基线很短(理论上为零)时,双差相对定位技术可使得卫星轨道、电离层和对流层延迟的误差影响完全消除。尽管理论上,中长基线的双差相位观测中除(单频用户)电离层延迟、对流层延迟、星历误差外的其他误差也都可消除,如仪器偏差、卫星钟差等,但实际上接收机钟差远不如卫星钟差稳定,特别对甚长基线,信号发射时间(或信号传播时间)可能有几毫秒的差异,所以可先利用码观测接收机进行初步估计,再进行求差。对流层延迟利用经验模型改正后的剩余量,可作为待估参数进行估计。

2.1.3.5 整周模糊度求解

成功进行模糊度归整,则减少了未知参数的个数并相应提高了自由度,从而进一步改善其他非模糊度参数的估计精度。

基于 GNSS 卫星在空间的几何分布不断变化的特点,可将双差载波相位观测模糊度参数 $N_{i,k_1k_2}^{s_1s_2}$ 与测站坐标 $X_r=(x_r,y_r,z_r)$ 等其他待估参数分离。双差相位模糊度的初始解,一般是实数。由式(2.7)可见,如果 $I_{i,k_1k_2}^{s_1s_2}\approx 0$,已归整模糊度 $N_{i,k_1k_2}^{s_1s_2}$ 的双差相位观测,本质上相当于精度为毫米级的码观测。通常情况下,模糊度参数归整后的站坐标(固定解)的东西方向分量的精度较浮点解改善显著[14-15]。对短测段而言,这种改善更为显著。所以,为获得最好的观测成果,即使观测时间较长也应进行模糊度参数归整。快速静态 GNSS 定位中,模糊度参数和测站坐标的估计精度,均为观测时间 τ 的函数,在采样间隔或观测历元数不变的情况下,其精度与 τ^{-1} 或 $\tau^{-3/2}$ 成正比。所以,对短观测时段的 GNSS 相位数据,模糊度归整的重要性和难度更大。但实际上,即使处理长测段(如24h)的观测数据,如果成功进行了模糊度归整,则减少了未知参数的个数并相应提高了自由度,从而进一步改善其他非模糊度参数的估计精度。

在利用相位观测值进行 GNSS 高精度(中、长基线)相对定位中,上述整周模糊度的确定问题,从 GNSS 问世至今,一直成为 GNSS 研究中的难题和集中点之一,特别是要求通过静态快速、实时或动态相对定位实现精密定位的用户尤为关注。Teunissen 在模糊度归整方法研究上,做出了突出贡献[16]。静态相对定位中比较常用方法包括:Wanless 和 Lachapele 根据 Magil 自适应估计和多重假设检验技术发展的高精度静态定位模糊度确定法;Belwitt 通过综合无电离层影响的模糊度和宽项模糊度,研究了一种可有效确定 L1 和 L2 频率上的模糊度的方法,它有利于 2000km 范围内的基线的模糊度的计算。Frei 与 Beutler 提出了快速模糊度归整方法(FARA);Talbot 研究了适宜静态实时 GNSS 定位的序贯相位模糊度解算方法。基于相位观测值的动态相对定位,最初的方法是在修复周跳后,通过静态方法(如占据基线方法)确定整周未知数,再进行动态测量。另一种常用的方法是基于天线交换法的快速整周未知数的确定方法。由于高精度的 GNSS 相对定位测量经常因周跳和失锁而导致测量过程无法进行,所以必须寻求在运动中确定模糊度的方法,即整周模糊度的在航解算,大体上包括 4 类方法,即双频 P 码伪距法、模糊度函数法、最小二乘搜索法及模糊度协方差阵法。其中,Teunissen[16] 提出的最小二乘模糊度降相关平差(LAMB-DA)应用最为广泛。它根据模糊度的方差-协方差矩阵揭示的模糊度搜索空间椭球的形状和方向,通过在实际搜索前对模糊度参数进行有效的整数变换,去掉模糊度参数间的强相关性,使模糊度搜索空间接近球形,加快了模糊度归整速度,被广泛采用。

目前,在 GNSS 软件中,常用的方法有直接归整法、快速模糊度归整方法、宽巷与窄巷模糊度综合归整法、双频 P 码伪距法及电离层准无关法(QIF)。理论研究和实际经验表明,精确修正电离层延迟的影响是有效使用各类模糊度归整方法的前提。

无论是绝对定位还是相对定位中,电离层延迟影响都是很严重的。由于电离层延迟是本书的研究主题,所以在 2.2 节,专门讨论和介绍其对 GNSS 定位的影响。

2.1.4 空基 GNSS 定位理论与方法

空基 GNSS 用户主要指星载 GNSS 接收机的低轨卫星或其他低轨航天器。由于星载 GNSS 定位的主要任务通常是确定其载体的轨道,所以空基 GNSS 定位常称为星载 GNSS 定轨[17]。空基 GNSS 用户的定位理论与数学模型和地基用户基本一致,只是作业方式和误差影响有一定程度的不同。空基用户一般都是高动态用户,实际上许多空基用户的 GNSS 数据允许事后处理,也就是可按后处理方式处理动态 GNSS 数据。然而,近年来,实时精密定轨的需求日益迫切。由于低轨卫星的高速运动,使 GNSS 的测量环境变化快,与环境有关的误差变化很大,但已不受对流层延迟影响,多路径效应也可通过有关方法加以限制和克服。空基 GNSS 定位与地基 GNSS 定位相比较,最突出的不同之处在于电离层延迟影响[18]。对于双频 GNSS 接收机而言,空基用户的电离层延迟的处理方法与地基用户无差别。但由于低轨卫星大多数运行在距地面高为数百千米的空间区域,这里通常是电离层电子密度最密集的 F_2 区域,因此星载 GNSS 接收机仅受卫星飞行轨道以上电离层区域即上电离层的延迟影响。所以,对星载单频 GNSS 用户而言,电离层延迟改正方法有很大不同[19]。

▲ 2.2　电离层对卫星导航定位的影响

2.2.1　与卫星导航相关的电离层主要参数

与卫星导航密切相关的描述电离层变化的主要参数包括电离层总电子含量、电离层电子密度及电离层闪烁指数等。

（1）电离层总电子含量。卫星至接收机信号传播路径上单位面积柱体中所含的电子总数称为电离层总电子含量。

（2）电离层电子密度。卫星至接收机信号传播路径上单位体积内的自由电子数称为电离层电子密度。电子密度随高度的变化与各电离层高度上大气成分、大气密度及太阳辐射通量等因素有关。

（3）电离层闪烁指数。为描述电离层闪烁的严重程度，引入了闪烁指数的概念。针对信号幅度和相位的快速变化，有两个闪烁指数，分别是幅度闪烁指数 S_4 和相位闪烁指数 σ_φ。其中：幅度闪烁指数 S_4 通常以每分钟计算得到一个值，定义为信号强度平均值归一化的标准差；相位闪烁指数同样每分钟计算得到一个值，定义为载波相位消趋势后的标准差。

2.2.2　电离层延迟对卫星导航定位精度的影响

由于 GNSS 工作频率 $f_i(i=1,2)$ 远大于 f_H 和 f_v，即 $f_i \gg f_H$，$f_i \gg f_v$，$X = (f_{N_i}/f_i)^2 \ll 1$，属高频无线电系统，在满足 GNSS 用户测量精度和不考虑随机影响的前提下，可以认为电离层对 GNSS 观测产生的斜距延迟量 I_i 取决于载波频率 f_i 的大小和信号从 GNSS 卫星传播到用户接收机路径上的 TEC 值。

研究表明，当卫星高度角大于 20°时，用式（1.10）与式（1.11）描述 GNSS 的电离层延迟，通常条件下精度与可靠性很高，远优于 1%，可达 0.1% 左右。如当总电子含量为 $1 \times 10^{18}/m^2$ 时，根据式（1.10）计算的电离层一阶级数影响引起的距离误差为 18m，而忽略高阶项影响的残差约为 0.0018m。在 GNSS 测量中，只要所选的 GNSS 卫星高度角不是很低，一般均可忽略路径弯曲效应。也就是说，一阶电离层延迟量完全能够很好地描述电离层延迟随周日、季节、地理位置等因素的变化特征，适用于利用 GNSS 改正和研究电离层延迟影响。电离层延迟引起的距离误差最高可达 150m 左右[20]。一般情况下，电离层折射引起的距离误差在几米到几十米范围内，而且白天比夜间的距离折射误差高几倍甚至 10 倍。除上述人们通常关注的背景电离层延迟外，叠加在其上的电离层不均匀性也对 GNSS 定位产生影响，这种影响有时大于式（1.10）中忽略的高阶项影响。由于电离层不均匀结构常见于高纬地区，一般不为人们所关注[21]。

2.2.3　电离层延迟对卫星导航定位方法的限制

电离层延迟对 GNSS 定位方法的限制可从高精度定位中的卫星天线相位偏心、卫星差分码偏差和卫星钟参数的计算和分离、模糊度归整方法的设计以及差分 GNSS 模式的选择等几方面得到体现[2]。

2.2.3.1　电离层延迟对卫星天线相位偏心及相关误差的处理方法的影响

讨论卫星天线相位偏心的模拟过程,有助于深入认识电离层延迟和仪器偏差对 GNSS 定位的影响。模拟卫星天线相位偏心时,一般以卫星的质量中心为原点建立星固坐标系,其中:Z 轴指向天线阵列方向;Y 轴对应于太阳板轴;X 轴与 Z 轴和 Y 轴构成右手系。假设每颗 GNSS 卫星的 Z 轴指向地心,Y 轴垂直于通过卫星、地心及太阳所构成的平面。根据站星连线与卫星的 Z 轴最低点的夹角的变化,利用电离层无关 GNSS 组合观测计算单个频率的卫星天线偏差。由于 L1 与 L2 天线相位偏差值(分别记为 PHB_1 和 PHB_2)的不同,相应地也将形成电离层无关 L1 和 L2 天线观测组合偏差 $PHB_3 = \beta_{3_1} PHB_1 - \beta_{3_2} PHB_2$,实际上,为消除电离层延迟的影响,卫星天线相位偏心一般是通过 L3 电离层无关组合观测确定的,也就是说,通常我们直接得到的卫星天线相位偏心是 PHB_3 而不是 PHB_1 和 PHB_2。同时,由于卫星天线相位偏心与卫星钟差等参数密切相关,所以实际上只能测出卫星天线相位偏心的变化量。而估计 IB 时,又必须采用 L4 几何无关 GNSS 组合观测。所以,两种方法所求的 IB 值不能直接互用,但根据 L3 和 L4 所求的天线相位偏心 PHB_3 和 $PHB_4 = \beta_{4_1} PHB_1 - \beta_{4_2} PHB_2$ 可重构 L1 和 L2 天线相位偏心 PHB_1 和 PHB_2,即

$$\begin{pmatrix} PHB_1 \\ PHB_2 \end{pmatrix} = \begin{pmatrix} \beta_{3_1} & -\beta_{3_2} \\ \beta_{4_1} & -\beta_{4_2} \end{pmatrix}^{-1} \begin{pmatrix} PHB_3 \\ PHB_4 \end{pmatrix} = \begin{pmatrix} -\beta_{4_2} & -\beta_{3_2} \\ \beta_{4_1} & -\beta_{3_1} \end{pmatrix} \begin{pmatrix} PHB_3 \\ PHB_4 \end{pmatrix} =$$
$$\begin{pmatrix} PHB_3 - \beta_{3_2} PHB_4 \\ PHB_3 - \beta_{3_1} PHB_4 \end{pmatrix} \tag{2.34}$$

同样,为避免电离层延迟的影响,一般利用电离层无关观测解算精密的卫星钟参数,所求的卫星钟差参数为 $cd_3^s = cd^s + RS_{3,k}^s$。尽管其精度很高,但不是真正的卫星钟参数 cd^s,它包含了基本码偏差 $RS_{1,k}^s$ 和 $RS_{2,k}^s$ 的电离层无关组合 $RS_{3,k}^s = \beta_{3_1} RS_{1,k}^s - \beta_{3_2} RS_{2,k}^s$ 的影响。cd^s 和 $RS_{3,k}^s$ 虽然不能直接分离,但利用 P4 几何无关观测所求的几何无关仪器偏差值 $RS_{4,k}^s$,可以重构和分离 L1 和 L2 的仪器偏差 $RS_{1,k}^s$ 和 $RS_{2,k}^s$:

$$\begin{pmatrix} RS_{1,k}^s \\ RS_{2,k}^s \end{pmatrix} = \begin{pmatrix} \beta_{3_1} & -\beta_{3_2} \\ \beta_{4_1} & -\beta_{4_2} \end{pmatrix}^{-1} \begin{pmatrix} RS_{3,k}^s \\ RS_{4,k}^s \end{pmatrix} = \begin{pmatrix} -\beta_{4_2} & -\beta_{3_2} \\ \beta_{4_1} & -\beta_{3_1} \end{pmatrix} \begin{pmatrix} RS_{3,k}^s \\ RS_{4,k}^s \end{pmatrix} =$$
$$\begin{pmatrix} RS_{3,k}^s - \beta_{3_2} RS_{4,k}^s \\ RS_{3,k}^s - \beta_{3_1} RS_{4,k}^s \end{pmatrix} \tag{2.35}$$

顾及式（2.35）和 $cd_3^s = cd^s + RS_{3,k}^s$，进而求得卫星仪器偏差影响的卫星钟参数表达式为

$$\begin{pmatrix} cd_{1,k}^s \\ cd_{2,k}^s \end{pmatrix} = \begin{pmatrix} cd^s + RS_{1,k}^s \\ cd^s + RS_{2,k}^s \end{pmatrix} = \begin{pmatrix} cd_{3,k}^s - \beta_{3_2} RS_{4,k}^s \\ cd_{3,k}^s - \beta_{3_1} RS_{4,k}^s \end{pmatrix} \tag{2.36}$$

由 GNSS 基本观测可以发现，卫星钟参数 cd^s 与仪器偏差参数是难以完全分离的。

从计算 L1 和 L2 载波基本观测的卫星钟改正参数的过程中可以看出电离层延迟对确定钟差的影响。为克服电离层延迟对高精度估计卫星钟参数 cd^s 的影响，需要采用电离层无关组合观测计算 cd^s，使得实际上只能到 cd_3^s，而 cd_3^s 不能直接应用于 GNSS 定位中[22-24]。

由此可见，电离层延迟不仅影响 GNSS 的观测精度，也给 GNSS 的站星钟差、天线相位偏差及仪器偏差之间的分离与精确求定带来很多困难，从而成为限制单频 GNSS 用户实现高精度单点定位最大的影响因素之一。卫星 IB 信息的精确求定，有助于利用电离层无关或其他 P1 和 P2 码组合观测获得精密的卫星钟信息。这对要求通过单点定位实现高精度定位的单频 GNSS 用户较为有益。为此，IGS 以电离层地图数据交换格式（IONEX）文件等形式提供精密卫星钟信息、星历信息、TEC 信息、卫星仪器偏差（IB）及接收机 IB[25]。接收机 IB 一般在定位时与接收机钟差一起计算，不影响定位结果。

2.2.3.2　电离层延迟对整周模糊度归整方法设计的影响

由于各类模糊度归整方法，最终都要依赖于统计假设检验理论，因而 GNSS 观测模型中如果存在粗差和系统偏差，则将严重影响各类观测归整方法的效果和速度。如果不使用 MW 组合观测量，电离层延迟引起的误差将是最严重的。所以，GNSS 数据处理中经常采用电离层无关观测 L3。因此，讨论电离层延迟对 GNSS 测量的影响，必须回顾各类主要的模糊度归整核心技术与方法。

通过分析卫星导航中线性组合观测及其差分模型在模糊度参数正确归整中的作用，可进一步认识到削弱甚至消除电离层延迟影响对于利用相位观测实现高精度定位的重要性。

1）L3 线性组合观测

根据式（2.11）～式（2.13），L3 非差观测已完全消除电离层延迟的一阶项，但其噪声影响扩大。如果假设 L1 与 L2 载波相位观测精度相同，则 L3 的精度 $\sigma_{L_3} = \sqrt{\beta_{3_1}^2 \sigma_{L_1}^2 - \beta_{3_2}^2 \sigma_{L_2}^2} \approx 3\sigma_{L_1}(\sigma_{L_1} = \sigma_{L_2})$，降低到基本观测量的 1/3。码观测有类似的结论。由于 L3 观测中的电离层延迟的一阶项影响已消除，所以 $\delta L_3 = L_3 - \rho$ 中包含所有的高阶电离层延迟的影响，其中包括地磁场和 L1 与 L2 载波所经历的不同的路径弯曲所致的影响。Brunner 与 Gu 等利用射线技术进行的模拟结果表明，在低高度角和电离层影响严重时，δL_3 中电离层延迟影响可达数厘米[26]。尽管如此，在实际计算中，可发现 L3 电离层组合观测能很好地模拟 ρ。这也说明无法利用短基线提取电

离层信息,而长基线 L3 观测在电离层活动高峰期可以反映出电离层 TEC 的存在。由于 L3 中与高阶电离层延迟有关的影响是其除观测噪声外的唯一未知信息,所以在分析全球网的电离层无关组合观测数据时,利用 TEC 模拟 δL_3 也是很有意义的。单频码相位数据推出的另一类电离层无关组合观测 L'_3 可用于单频用户检测 L1 载波相位周跳的发生。

2）L4 组合观测

除观测噪声外,L4 相位观测仅包含电离层延迟与硬件延迟的影响和模糊度参数,而 P4 码观测仅包含电离层延迟与硬件延迟的影响,其他影响已消除（见式(2.16)、式(2.17)）。L4 的双差观测中的硬件延迟已消除,双差电离层延迟 $I_{1,k_1k_2}^{s_1s_2}$ 是其主要误差（见式(2.18)、式(2.19)）。可见,只要消除了电离层影响即 $I_{1,k_1k_2}^{s_1s_2} \approx 0$,就可直接确定 L4 的整周模糊度参数 $N_{4,k_1k_2}^{s_1s_2}$,如果 $N_{1,k_1k_2}^{s_1s_2}$ 已知,则 $N_{2,k_1k_2}^{s_1s_2} = N_{4,k_1k_2}^{s_1s_2} - N_{1,k_1k_2}^{s_1s_2}$,而如果 $N_{1,k_1k_2}^{s_1s_2}$ 和 $N_{2,k_1k_2}^{s_1s_2}$ 已确定,则 $N_{4,k_1k_2}^{s_1s_2}$ 可知,从而可以毫米级精度确定 L1 载波上的双差电离层延迟 $I_{1,k_1k_2}^{s_1s_2}$。但我们依然无法利用双频 GNSS 数据以同样或相近的精度直接确定绝对电离层延迟。如何高精度确定绝对电离层延迟量是本书的研究核心之一,后面将系统深入探讨这一问题。

3）L5 宽巷组合观测

由于以“周”为单位表示电离层误差时,L5 观测的 $\beta_{15}I_{1,k_1k_2}^{s_1s_2}$ 将远小于 $I_{1,k_1k_2}^{s_1s_2}$ 及 $I_{2,k_1k_2}^{s_1s_2} = \beta_{12}I_{1,k_1k_2}^{s_1s_2}$,所以,$N_{5,k_1k_2}^{s_1s_2}$ 比 $N_{1,k_1k_2}^{s_1s_2}$ 和 $N_{2,k_1k_2}^{s_1s_2}$ 更容易确定。同时,由于宽巷模糊度 $N_{5,k_1k_2}^{s_1s_2} = N_{1,k_1k_2}^{s_1s_2} - N_{2,k_1k_2}^{s_1s_2}$,因此,一旦 $N_{5,k_1k_2}^{s_1s_2}$ 归整,即可求 $N_{2,k_1k_2}^{s_1s_2} = N_{1,k_1k_2}^{s_1s_2} - N_{5,k_1k_2}^{s_1s_2}$,进而可恢复 L3 模糊度项的整数特征,即

$$N_{3,k_1k_2}^{s_1s_2} = \beta_{5_1}N_{1,k_1k_2}^{s_1s_2} - \beta_{5_2}N_{2,k_1k_2}^{s_1s_2} =$$
$$\beta_{5_1}N_{1,k_1k_2}^{s_1s_2} - \beta_{5_2}\left(N_{1,k_1k_2}^{s_1s_2} - N_{5,k_1k_2}^{s_1s_2}\right) =$$
$$N_{1,k_1k_2}^{s_1s_2} + \beta_{5_2}N_{5,k_1k_2}^{s_1s_2} \qquad (2.37)$$

由于 L3 的波长约 107mm,相对较小,所以式(2.37)中的 $N_{1,k_1k_2}^{s_1s_2}$ 称为窄巷模糊度。在模糊度归整技术中,通常采用 L5 宽巷组合观测。

4）MW 组合观测

MW 组合观测通常应用于（如精密单点定位等）非差数据的检测和筛选。由于双差 MW 组合量 $L_{5,k_1k_2}^{s_1s_2}$ 为双差宽巷模糊度参数 $N_{5,k_1k_2}^{s_1s_2}$ 的无偏估计量,完全消除了几何距离量及（一阶）电离层延迟量、对流层延迟和钟差等因素的影响,常用于数据预处理。尽管理论上,MW 组合量可用于甚长基线甚至流动站,但 $N_{5,k_1k_2}^{s_1s_2}$ 的精确估计要求 P 码的双差观测 $P_{1,k_1k_2}^{s_1s_2}$ 和 $P_{2,k_1k_2}^{s_1s_2}$ 必须有较高的精度,因而在实际应用中受到了较大的限制。

从上述讨论中可以发现,如仅从观测模型看,除伪距法外,其他所有方法均受电离层延迟的影响,但实际上伪距法的一个重要准则是通过组合方式直接避免一阶电离层延迟的影响。尽管各类整周模糊度参数归整方法的数学手段有所差异,但在短

基线相对定位中,由于各种误差影响得到有效消除,整周模糊度的处理效果都很好;而在(单频)长基线相对定位中,由于电离层延迟改正精度较差,不同方法处理整周模糊度的效果有所不同。上述方法的实现程度均与电离层影响改正紧密相关,进一步控制、减弱或消除各类误差特别是电离层延迟的影响是进一步改善和提高 GNSS 相对定位精度和质量的关键。事实上,整周模糊度问题的数学意义与求解模型明确,解决这些问题并没有理论上的困难,在 GNSS 实际观测质量与其观测模型的数学要求基本一致的条件下,上述各类方法与经典最小二乘法在归整效率上是一致的,不同在于搜索速度,但在电离层延迟精确修正的情况下,应可直接归整,不需要搜索。所以,可认为对电离层延迟的精确处理是有效使用各类模糊度归整方法的前提之一[2,27]。

2.2.3.3　电离层延迟对差分 GNSS 模式的选择的影响

电离层延迟的强空间相关性,一般只能在数十千米的范围内得到保证,此时,通过相对定位技术的同步求差法,可消除大部分电离层延迟的影响。而长基线的电离层求差技术的电离层延迟残余误差很大。所以,对于服务对象为单频用户的差分 GNSS 而言,在选择具体的差分模式时必须充分顾及电离层延迟的空间相关性的变化。如果 GNSS 用户集中在小范围内,采用差分全球卫星导航系统(DGNSS)方式提供标量型电离层延迟改正;而对于 GNSS 用户分布于大范围区域时,必须考虑采用广域差分 GNSS 提供抗相关性强的矢量电离层延迟改正信息,而且应尽量使用户到基准站的距离保持在 200～300km 的范围内[2,28-29]。

2.2.4　电离层对卫星导航系统完好性的影响

"完好性"是随着卫星导航系统应用发展而提出的一项重要性能要求,"是对可以加之于导航系统所提供的信息正确度信任程度的一种度量,其中包含当系统不能应用于导航时向用户发出及时报警的能力"。根据完好性定义,卫星导航系统中的电离层修正技术应实现两个功能:一是建立合适的误差门限,以判定电离层修正误差是否超限,以此实现电离层修正量的正确度评估和及时报警能力;二是电离层修正一般针对平静电离层状态实现,而在电离层异常(扰动、闪烁)情况下难以实现精确修正功能,因此,应实现电离层扰动的有效检测,实现及时报警的能力[2]。

2.2.4.1　电离层空间分布异常对广域增强系统完好性的影响

通常,广域增强系统将格网点电离层垂向延迟(GIVD)及相应的格网点电离层垂直延迟改正数误差(GIVE)播发给用户。电离层空间分布异常(如低纬的赤道异常、中纬谷等)会使天顶电离层延迟的提取不精确,且电离层延迟残差不再符合标准正态分布,常用于完好性检测的卡方检测方法不再适用。

2.2.4.2　电离层扰动及电离层暴对导航系统完好性的影响

电离层扰动和电离层暴的影响最终是通过电离层延迟误差的形式影响卫星导航系统性能,可使定位结果偏差达到十几米到几十米:①电离层暴迅速推进导致基准站播发伪距差分改正数的更新间隔内,电离层延迟发生突变;②发生电离层暴时电离层电子密度梯度会发生较大变化,导致用户与基准站之间的电离层延迟不一致。电离层暴破坏了电离层的空间相关性,在影响系统完好性门限建立的同时,还影响到系统对扰动的检测能力。

2.2.4.3　电离层闪烁对导航系统完好性的影响

导航卫星信号穿越电离层时,电离层中存在的不均匀体结构会引起信号强度和相位的快速随机起伏变化,这种现象称为电离层闪烁。电离层闪烁直接影响接收机端跟踪测量的数据质量和信号质量,进而导致载波和码伪距测量噪声增大,接收机接收到的卫星信号的载噪比降低,甚至造成卫星信号失锁,可用卫星数减少,用户定位精度因子增大,定位结果发生显著跳变,严重影响用户的定位性能。此外,电离层闪烁对整个卫星导航系统所占用的 L 频段都有影响,因此,多卫星导航系统、多频段等特点都不能实现对电离层闪烁的消除。与闪烁密切相关的电离层不均匀体会使电离层电子密度具有局域性梯度变化,影响电离层 TEC 的提取,进而影响系统电离层修正模型实现的精度和性能。

2.3　基于卫星导航信号的电离层 TEC 信息提取

基于电离层的弥散性质,利用双频/多频 GNSS 观测数据即可获得卫星视线方向上的电离层 TEC,此即利用 GNSS 获得的电离层原始观测信息,是后续 GNSS 电离层研究的基础,本节将重点介绍利用双频/多频 GNSS 观测数据获得电离层原始观测信息的基本方法。

2.3.1　基于载波相位平滑伪距确定电离层观测信息

如果忽略电离层高阶项影响,电离层对测相伪距和测码伪距产生的时延大小相等,符号相反;在某颗导航卫星没有发生周跳的连续观测弧段内,整周模糊度组合 $\lambda_{k_2} N_{k_2} - \lambda_{k_1} N_{k_1}$ 始终为一常数(k_1, k_2 表示不同频率);卫星和接收机的频间偏差在一定时段内也可看作常量,因此,通过对一个连续弧段内测相伪距与测码伪距电离层观测量之和取平均,即可确定整周模糊度及频间偏差组合 $(\lambda_{k_2} N_{k_2} - \lambda_{k_1} N_{k_1}) + 2c \cdot (DCB_{k_1,k_2} + DCB^{k_1,k_2})$ 的大小,如式(2.38)所示。

$$\langle P_{k_1,k_2} + L_{k_1,k_2} \rangle_{\mathrm{arc}} = -[(\lambda_{k_1} N_{k_1} - \lambda_{k_2} N_{k_2}) + 2c \cdot (DCB_{k_1,k_2} + DCB^{k_1,k_2})] \quad (2.38)$$

式中:$\langle \cdot \rangle_{\mathrm{arc}}$ 为 · 在一个连续弧段内的平均值。

将确定的 $(\lambda_{k_1} N_{k_1} - \lambda_{k_2} N_{k_2}) + 2(DCB_{k_1,k_2} + DCB^{k_1,k_2})$ 代入式(2.2)中的测相伪距电离层观测量中,即可得到绝对的原始电离层 TEC 观测信息,有

$$I = \frac{L_{k_1,k_2} - \langle P_{k_1,k_2} + L_{k_1,k_2} \rangle_{\mathrm{arc}} - c \cdot (DCB_{k_1,k_2} + DCB^{k_1,k_2})}{(\alpha_{k_2} - \alpha_{k_1})} \quad (2.39)$$

式（2.39）即为基于载波相位平滑伪距计算绝对电离层 TEC 的方法，I 表示基本频率信号上的电离层时延。实际应用中，分为事后平滑和实时平滑两种模式：事后平滑可以逐卫星逐弧段地进行，当有周跳发生且无法正确修复时需要设定为一新的弧段；实时平滑采用滤波的方式实现，记录每个历元确定的组合模糊度参数的大小，对于 30s 采样率的观测量，一般需要 20～25min 即可实现组合模糊度参数的收敛。Brunini 等分析了上述方法确定电离层延迟的精度及其影响因素[11,30-31]。

上述原始电离层观测信息的精确确定依赖于模糊度参数组合的确定精度，而该参数的确定又主要取决于伪距观测量的精度。随着平滑弧段长度的增加，上述组合确定的精度逐渐提高，因此，实际处理中通常将小于 20min 的弧段直接舍去。

2.3.2　基于精密定位方法确定电离层观测信息

在 GNSS 精密定位解算中也可确定双频模糊度的大小，通常包括浮点解和整数解两种（在此不再严格进行区分），将确定的模糊度回代到式（2.2）中的测相伪距电离层观测中即可获得绝对的原始电离层观测信息。按照精密定位方式的不同可分为基于标准精密单点定位及基于区域参考网的精密定位确定原始电离层观测信息两种；按照工作模式的不同可分为实时精密定位及事后精密定位确定原始电离层观测信息两种。Juan 和 Sanz 等给出的广域增强系统电离层延迟正是基于区域网确定原始电离层观测信息[23]。张宝成等给出的基于非差非组合精密单点定位确定视线方向上的电离层观测信息也属于该类方法[32]。图 2.1 所示为基于实时非差非组合精密单点定位与相位平滑伪距确定的电离层原始观测信息的对比，其中，图（a）给出上述两种方法确定的 2010 年 10 月 11 日 BRUS 基准站 G23 号卫星电离层原始观测信息，图（b）给出的是二者之间的差异。实时精密单点定位在弧段起始时刻存在明显的收敛过程，稳定后，二者之间的差异小于 0.05TECU。

基于精密定位方法与基于相位平滑伪距确定的电离层原始观测信息具有相同的表达形式，二者不同主要体现在：

（1）基于区域参考网的精密定位中通过引入精密的卫星轨道、卫星钟差、基准站坐标（也可不需要）等外部信息约束，可提高模糊度确定的精度和可靠性；基于相位平滑伪距通过无几何组合，将卫星轨道、卫星钟差、基准站坐标视作时变的参量直接进行消除，缺少外部准确信息的约束。

（2）基于区域参考网的精密定位中通过联合可视的多颗卫星观测数据，采用最小二乘联合平差方式同步估计各个卫星对应观测量的模糊度参数，一定程度上增加了模型的抗差能力，提高了参数估计的可靠性；而通过相位平滑伪距的方法确定模糊度过程中仅依赖于某一个卫星的某一个连续弧段，抗差能力较差。

（3）基于区域参考网的精密定位确定电离层观测信息依赖于外部高精度的卫星轨道与钟差信息，其应用条件较为苛刻；而基于相位平滑伪距确定电离层观测信息不依赖于上述的信息,其应用条件要求较低。

因此,二者各有优势,应该根据实际情况进行灵活选择。

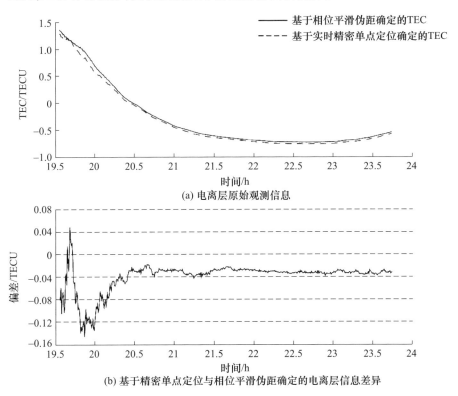

(a) 电离层原始观测信息

(b) 基于精密单点定位与相位平滑伪距确定的电离层信息差异

图 2.1　基于实时非差非组合精密单点定位与事后相位平滑伪距确定的
电离层原始观测信息对比

2.3.3　基于阵列辅助精密单点定位方法确定电离层观测信息

阵列辅助精密单点定位,简称 A-PPP(Array-PPP),是从一组相邻接收机的
GNSS 观测值中估计位置和姿态等信息的技术。目前,包括美国广域增强系统
(WAAS)在内的许多广域增强系统均在每个参考站上布设了 2~4 台相邻接收机,同
时采集数据且互为备份。此外,目前国际 GNSS 服务(IGS)在 30 多个参考站上布设
了不少于 2 台相邻接收机。因此,通过对传统基于星间单差 GNSS 观测值的 A-PPP
技术进行改进,建立了基于非差非组合 GNSS 观测值的 A-PPP 数学模型,使其能够
从相邻接收机的 GNSS 观测值中估计电离层观测信息。在此过程中,发掘了适用于
相邻接收机的 3 类约束条件:①同一卫星至不同接收机的单位方向矢量相等;②同一
卫星至不同接收机的电离层斜延迟相等;③同一卫星至不同接收机的对流层斜延迟
相等。与依赖精密卫星轨道和精密卫星钟差等外部产品的 PPP 技术相比,A-PPP 的
优势包括:①只需要由广播星历计算的卫星轨道和卫星钟差,对外部信息的依赖大大

减少,实时性显著增强;②可同步估计任意两台接收机之间的差分码偏差之差,有利于分析接收机差分码偏差的特性。

图 2.2 所示为两个相邻接收机 WTZA 和 WTZR 在 2013 年第 285~287 天连续 3 天的站间单差电离层斜延迟结果。不同卫星站间单差结果的重合性越好,表明电离层斜延迟的精度越高,可靠性越强。显然,A-PPP 比相位平滑伪距的性能更好。

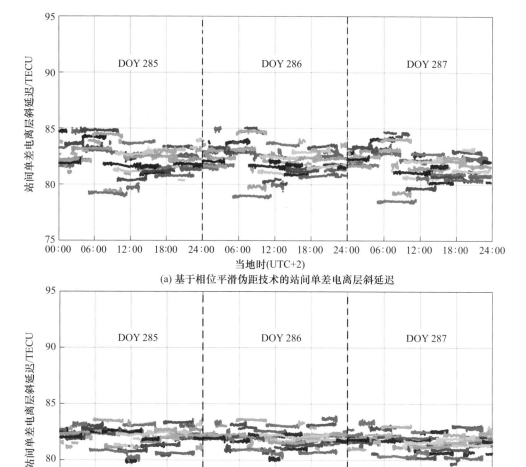

(a) 基于相位平滑伪距技术的站间单差电离层斜延迟

(b) 基于A-PPP技术的站间单差电离层斜延迟
TECU—TEC单位;DOY—年积日。
注:虚线表示日边界;不同的颜色表示不同的卫星。

图 2.2　基于相位平滑伪距技术和 A-PPP 技术的站间单差电离层斜延迟(见彩图)

2.3.4　基于三频观测数据确定电离层观测信息

随着 GNSS 多频观测数据的出现,部分学者研究了基于三频数据确定包含有二阶项的原始电离层观测信息的方法[27,33],但是由于组合观测量的观测噪声与电离层二阶项的大小基本处于同一数量级,因此,上述方法确定的电离层 TEC 精度理论上并没有实质提高。下面给出联合利用三频观测数据提高原始电离层观测信息确定精度和可靠性的建议方法。

假设 3 个频率上测码伪距和测相伪距依次为 P_1、P_2、P_3、L_1、L_2、L_3,选择频率相差较大的两组双频观测量,按照相位平滑伪距的方法确定两组电离层 TEC 观测信息,有

$$\begin{cases} I_{1,2} = \dfrac{L_{1,2} - \langle P_{1,2} + L_{1,2} \rangle_{\text{arc}} - c \cdot (\text{DCB}_{1,2} + \text{DCB}^{1,2})}{(\alpha_2 - \alpha_1)} \\[2mm] I_{1,3} = \dfrac{L_{1,3} - \langle P_{1,3} + L_{1,3} \rangle_{\text{arc}} - c \cdot (\text{DCB}_{1,3} + \text{DCB}^{1,3})}{(\alpha_3 - \alpha_1)} \end{cases} \quad (2.40)$$

式中:$P_{1,2}$、$L_{1,2}$,$P_{1,3}$、$L_{1,3}$ 分别为所选的两组测码伪距和测相伪距观测量,$I_{1,2}$,$I_{1,3}$ 分别为基于上述两组观测量确定的原始电离层观测信息,其他符号的含义同式(2.39)。

忽略不同信号传播路径之间的差异以及观测量之间的相关性,则联合确定电离层 TEC 观测信息 I,如式(2.41)所示。

$$I = \frac{I_{1,2} + I_{1,3}}{2} \quad (2.41)$$

以 GPS 为例,假设测相伪距与测码伪距观测量精度分别为 σ(约 0.003m)与 100σ(约 0.3m),卫星和接收机频间偏差估计的精度折算至长度单位分别为 10σ(约 0.03m)与 100σ(约 0.3m),卫星连续观测弧段为 2h,采样率为 30s,则按照误差传播定律可计算得到的电离层 TEC 观测信息 $I_{1,2}$ 与 $I_{1,3}$ 的误差为

$$\begin{cases} \sigma_{12} = 14.3\sigma, 156.0\sigma \\ \sigma_{13} = 11.6\sigma, 127.2\sigma \end{cases} \quad (2.42)$$

式中:",",之前表示含有卫星和接收机频间偏差的原始电离层 TEC 观测信息精度;",",之后表示按照上述精度指标扣除频间偏差的电离层 TEC 观测信息的精度。可以看到,频间偏差参数估计的精度基本可以认为是 GNSS 电离层 TEC 观测信息确定的最低精度。

进而,可得到联合三频观测数据确定式(2.41)所示的电离层 TEC 观测信息 I 的精度约为 9.2σ(3cm)与 100.7σ(0.3m),其精度较仅采用一组双频观测值提高约 20%。另外,实际使用中可根据精度指标设定阈值,通过比对两组双频观测值计算得到的电离层 TEC 观测信息之间的差异判断粗差,从而提高原始电离层观测信息计算的可靠性。

需要说明的是,实际中也可采用平差的方法(多余观测为1),考虑不同观测量之间的相关性,解算得到严格意义上的表达式,但其实际计算效果与上述直接取平均差异不大。

2.4 基于卫星导航信号的电离层电子密度计算

2.4.1 基于掩星的方法

GNSS 大气掩星技术是现在常用来反算电离层电子密度的方法。掩星观测技术的基本原理是:在低轨卫星上放置 GNSS 接收机,当 GNSS 信号穿过大气时,相位和振幅都会受到大气折射率的影响,从而产生信号延迟,也称为附加相位(excess phase)。通过精密单点定位,以及钟差和其他误差修正之后,信号在 GNSS 发射机和低轨卫星接收机之间的延迟可以求出。关于如何对掩星信号进行校准从而得到仅受大气影响的信号延迟已经在较多研究中提到[34-37],不再详述,这里将主要讨论如何从相位延迟计算得到电子密度。

对穿过电离层的掩星信号,受到中性大气影响较小从而可以忽略。因此,穿过电离层产生的信号延迟可以认为仅受电离层影响。基于信号延迟,即附加相位,可以推导求出电子密度的方法较多。早期研究建议通过使用信号弯曲角反算电子密度。这种方法首先通过附加相位计算得到多普勒频移,再在球对称假设的条件下计算得到弯曲角。基于弯曲角可利用阿贝尔积分反算得到电离层折射率,最后通过折射率即可以得到电子密度廓线。弯曲角法解算电子密度较为简单直接,然而对于 GNSS 信号频率而言,即使在电离层变化较为激烈的状态下,由电离层所造成的弯曲角仍然较小,例如在白天或太阳活动剧烈时,电离层 F 层中 L1 和 L2 信号的弯曲角不会超过0.03°,附加相位仅为几千米甚至更短,此时反算得到的电子密度的准确性不高。

为了克服弯曲角法的局限性,一种假设信号直线传播的方法被用来解算电子密度[38]。此方法假设 GNSS 信号在大气中直线传播,将阿贝尔积分直接运用于附加相位来解算电子密度,因此也称为直线法。此方法是现在常用的解算电子密度的方法,其他众多方法也是基于此方法发展而来的。因此,下面将着重介绍这种方法。很多科学家和掩星数据处理中心基于此算法衍生出了其他相关方法来解算电子密度。

2.4.1.1 直线法反算电子密度

针对掩星事件中某一条射线,电子总含量(TEC)T 与电子密度 N 和折射指数 n 以及附加相位 S 的关系可以表示为[38]

$$T = \int N\mathrm{d}l = -\frac{f^2}{40.3 \times 10^6}\int (n-1)\mathrm{d}l = -\frac{f^2 S}{40.3} \tag{2.43}$$

式中:S 的单位是 m;T 的单位是 m^{-2}。S 可以用 GNSS L1 或者 L2 信号的观测量来分

别求得。虽然 L1 和 L2 信号的路径并不完全一样,但如上所述,在弯曲角可以被忽略的情况下,即在假设信号直线传播的前提下,可以认为由 L1 和 L2 信号产生的附加相位 S_1 和 S_2 相等。所以 S 既可以用 S_1 表示,也可以用 S_2 表示,除此之外,也可以用 S_1 与 S_2 的差表示,因此总电子含量 T 可以由如下公式解算:

$$T = -\frac{S_1 f_1^2}{40.3} = -\frac{S_2 f_2^2}{40.3} = \frac{(S_1 - S_2) f_1^2 f_2^2}{40.3(f_1^2 - f_2^2)} \quad (2.44)$$

如果用 S_1 或者 S_2 来单独解算 T,那么必须首先在计算 S_1 和 S_2 时将影响其精度的轨道差和钟差等误差进行较好的校正。例如,使用精密定位来减小卫星轨道误差的影响,使用双插或者单差的方法减小钟差带来的影响。然而,这些都需要额外的数据处理流程,且这些误差也并不能完全消除,仍然存在一定影响。因此,Schreiner 等建议使用 $(S_1 - S_2)$ 来计算得到电子密度。利用 $(S_1 - S_2)$ 计算的优势是可以通过计算差值消除轨道误差、钟差和其他观测误差的影响。这个优势不仅仅可以提高计算精度,同时可以极大地减少额外的数据处理,使得电子密度剖面得到实时解算。利用 $(S_1 - S_2)$ 计算的劣势之一就是 L2 信号的附加噪声会降低电子密度的反算精度。然而自从美国的可用性选择政策取消之后,L2 信号的附加噪声带来的影响已经较小,可以被忽略。因此,常利用 $S_1 - S_2$ 来求电子密度,减小钟差和轨道差等观测误差的影响,提高附加相位的计算精度。

在球对称的假设条件下,总电子密度 T 与电子密度 N 的关系式为

$$T(r_0) = \left[\int_{r_0}^{r_{GPS}} + \int_{r_0}^{r_{LEO}} \right] \frac{rN(r)}{\sqrt{r^2 - r_0^2}} dr \quad (2.45)$$

式中:r 为碰撞距离,r_0 为在假设信号直线传播的条件下的碰撞距离。

在计算得到 r_0 之后,可以利用 LEO 卫星下的一条射线对 TEC 进行校准,有 $\tilde{T}(r_0) = T_{BC}(r_0) = T_{AC}(r_0) - T_{AB}(r_0)$。为了完成这一步,需要进行 3 个步骤:首先需要计算 r_0,即 LEO 两侧的观测数据的点到地球中心的最大碰撞距离;然后将没有经过校准的 TEC 内插到统一的格网上;最后在统一的格网高度上校准 TEC。对于经过校准的 TEC,式(2.45)变为

$$\tilde{T}(r_0) = 2 \int_{r_0}^{r_{LEO}} \frac{rN(r)}{\sqrt{r^2 - r_0^2}} dr \quad (2.46)$$

进一步可以得到电子密度的表达式为

$$N(r) = -\frac{1}{\pi} \int_{r}^{r_{LEO}} \frac{d\tilde{T}/dr_0}{\sqrt{r_0^2 - r^2}} dr_0 \quad (2.47)$$

2.4.1.2 其他反演电子密度的方法

除了以上提及的弯曲角法和直线法,常用来解算掩星电子密度的还有三维层析电离层重建法[38-39]。最早提出三维层析法的是 Hajj 等[35]。此方法需有一个已知的

三维电子密度函数和一个未知的垂直电子密度剖面,通过最小二乘的方法,在三维函数中求得未知垂直电子密度函数。当前常用来提供建立三维电离层模型的数据有:①根据电离层探测仪的数据调整电离层实时参数化模型(PRISM)得到的三维模型;②根据 GNSS 得到的垂直电离层数据进行校正的 PRISM 得到的数据;③由地基和空基 GNSS 数据通过三维层析法得到的三维模型。此方法的优点是电子密度的推导不再受球对称假设的限制,缺点是可用于建立三维电离层模型的数据较少,因此反演得到的电子密度的精度也较低。

Syndergaard 对 Schreiner 等的方法进行了改善,解决了假设直线传播计算时存在的系统误差问题。之后,大气联合研究中心数据中心也在 Schreiner 等的基础上对算法的积分方式和积分初始化进行了一系列的调整,具体算法可见文献[38]。

2.4.2 基于三维层析成像的方法

在利用卫星信标观测进行的电离层层析实验中所获得的电离层斜向电子总含量(STEC)是电离层电子密度沿卫星-接收机射线路径上的积分,可以表示为

$$\text{STEC} = \int_l N_e(\boldsymbol{r}, t)\,\mathrm{d}s \qquad (2.48)$$

式中:N_e 为 GNSS 卫星与接收机信号传播路径上电离层电子密度;$\boldsymbol{r}$ 为由 t 时刻经度、纬度和高度组成的位置矢量;l 为 GNSS 卫星和接收机之间的卫星信号传播路径。

基于 GNSS 的电离层层析问题就是根据反演区域内一系列卫星信号传播路径上的 STEC 信息来反演该区域内电离层电子密度的时空分布。电离层层析反演平面示意图如图 2.3 所示。

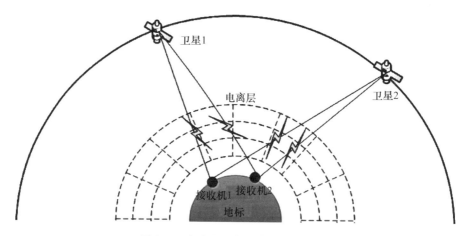

图 2.3 电离层层析反演平面示意图

由于电离层电子密度随时间和空间的变化是耦合的,很难将其时间变化和空间变化对 TEC 的贡献区分开来,因此由 TEC 数据重建电离层电子密度时空四维分布非常困难。在实际的电离层层析实验中,观测时间间隔通常取为 1~2h,利用一定时间

段的 GNSS 观测数据进行电离层层析成像。由于 GNSS 中轨卫星运动的角速度很小，1h 才能转过 30°，在此期间对于给定的卫星-接收机对，地基 GNSS 射线扫过的区域范围有限，可以近似地认为在 1h 内电离层电子密度随时间和空间的变化可以分离[37]。在假设电离层电子密度随时间和空间变化可以分离的条件下，电子密度分布函数 $N_e(\boldsymbol{r}, t)$ 可以表示为

$$N_e(\boldsymbol{r}, t) = N_{e_1}(\boldsymbol{r}) \cdot N_{e_2}(t) \tag{2.49}$$

式中：$N_{e_1}(\boldsymbol{r})$、$N_{e_2}(t)$ 分别为电离层电子密度随空间和时间变化的函数。

通过选取不同的基函数将电子密度的时间和空间变化分别离散化，利用 GNSS 卫星-接收机路径上的 TEC 及反问题的求解方法，即可实现时变三维电离层电子密度的反演。

2.5　基于卫星导航信号强度的电离层闪烁探测

作为日地空间环境的重要组成部分，电离层不规则性活动严重影响 GNSS 导航信号传播和无线电通信性能。电离层闪烁是影响 GNSS 导航与定位服务最恶劣的一种空间天气现象，可导致卫星导航信号幅度、相位、时延和偏振方向发生快速随机起伏，造成地面接收端跟踪观测信号发生频繁周跳乃至失锁。从时间分布看，闪烁现象往往发生在夜间。从地域分布看，赤道异常区和高纬地区为闪烁高发[21,38-39]。

电离层闪烁探测对于全面了解电离层不规则体的扰动形态以及变化过程是非常重要的。非相干散射雷达是一种从地面上研究电离层不均匀体的非常有效的传统手段，获得的电离层参数较多且有较高的时间分辨率和高度分辨率。然而，非相干散射探测的缺点在于设备庞大、结构复杂、耗资巨大、难以维持其运转，应用推广上难以普及。近半个多世纪以来，随着卫星导航技术的迅速发展，利用 GNSS 手段监测电离层闪烁的技术越来越受重视。GNSS 电离层闪烁监测接收机的成功研制，为深入探索电离层闪烁活动提供了全天候、连续、实时、高频的观测信息，可跟踪所有可见的 GNSS 卫星，实时输出电离层闪烁指数的数据。鉴于传统雷达探测技术造价及运营耗资昂贵且探测范围有限，GNSS 电离层闪烁监测接收机已成为监测电离层不规则性活动以及闪烁现象的主导技术之一。

2.5.1　GNSS 电离层闪烁探测方法分类

电离层闪烁现象主要集中在低纬的磁赤道附近和极区，特别是太阳活动活跃期，以磁赤道异常区最为强烈，而我国南方低纬区域正处于磁赤道异常区的北峰区域，是全球范围内电离层闪烁影响最严重的地区之一。目前，IGS 发布的北极地区电离层 TEC 异常产品是基于 TEC 变化率指数（ROTI）生成的，尽管我国低纬地区受电离层异常影响严重，但目前仍没有可用的电离层异常监测产品。

电离层异常效应对多模 GNSS 终端用户影响的响应方式可分为两类：一类是电

离层 TEC 异常/扰动,破坏站星视线方向上的电离层延迟变化/TEC 的平缓趋势,即以电离层延迟误差的形式影响 GNSS 性能;第二类是电离层闪烁,直接影响用户终端接收信号质量,造成载噪比降低、误码率提高、信号噪声增大甚至信号失锁等复杂影响。图 2.4 所示为电离层异常效应监测技术分类,可以看出,目前 GNSS 电离层闪烁监测技术主要分为两类:第一类是基于电离层闪烁指数(包括振幅闪烁指数和相位闪烁指数)的监测技术;第二类是基于电离层 TEC 的监测技术。

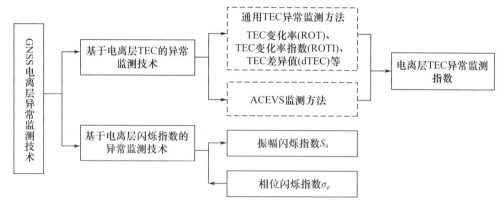

图 2.4　GNSS 电离层异常效应监测技术分类

2.5.2　基于电离层闪烁指数的探测方法

　　GNSS 接收机接收受闪烁影响频段的卫星信号,监测其幅度和相位的变化,就可以进行电离层闪烁的监测。区别于传统 GNSS 测量接收机,GNSS 闪烁监测接收机是有效监测电离层闪烁发生及其强弱的高可靠性技术,可从信号域本身提取诸如载噪比、信号强度等与闪烁相关的信息,实时监测电离层幅度、相位闪烁及 TEC 扰动现象,输出表征闪烁强弱的信号闪烁指数。电离层闪烁监测指数包括振幅闪烁指数 S_4 和相位闪烁指数 σ_φ 两类。

　　Béniguel 于 2002 年提出了一种全球电离层闪烁仿真模型,即全球电离层闪烁模型(GISM),并已被国际电信联盟无线电通信分会(ITU-R)所采用[39]。该模型主要基于 NeQuick 电子密度经验模型和多相屏理论(Mulitple Phase Screen)来估算不规则体的扰动特征,预报不均匀性的发生概率,进而模拟日地空间环境下电离层闪烁发生概率与强度,可输出预测电离层幅度闪烁指数、幅度衰落的深度、相位闪烁指数及其均方根值和角偏差等。GISM 既能以格网形式实现全球或区域电离层扰动及闪烁信息的模拟,同时根据不同星座卫星星历,还可有效模拟、预报站星视线方向电离层 TEC 扰动/异常、电离层闪烁信息,实现对信号传播路径上的电离层闪烁的强度进行逐测站逐卫星跟踪预测。已有不少学者利用这些模拟结果与区域电离层闪烁实际观测结果进行了对比分析,并对其提出了进一步修正。综合利用电离层闪烁仿真模型,结合实时探测进一步开展对电离层闪烁的预测和现报,已成为电离层闪烁、不均匀体相关研究的热点。

参考文献

[1] GROTEN E,STRAUB R. Proceedings of the international GPS- workshop darmstadt,April 10-13,
　　1988 [C]. Berlin Heidelberg:Springer-Verlag,1988.

[2] 袁运斌. 基于 GPS 的电离层监测及延迟改正理论与方法的研究[D]. 武汉:中国科学院研究
　　生院(测量与地球物理研究所),2002.

[3] 刘大杰,施一明,过静君. 全球定位系统(GPS)的原理与数据处理[M]. 上海:同济大学出版
　　社,1997.

[4] 李征航. GPS 相对定位中气象误差的影响[J]. 测绘通报,1993(2):3-9.

[5] 周忠谟,易杰军,周琪. GPS 卫星测量原理与应用[M]. 北京:测绘出版社,1995:106-108.

[6] CHAO C C. A model for tropospheric calibration from daily surface and radiosonde balloon measure-
　　ments: JPL technical memorandum [C]//Pasadena, California: Jet Propulsion Laboratory,
　　1972:391-450.

[7] SPILKER J J. Tropospheric effects on GPS:global positioning system:theory and applications [R].
　　Washington DC:American Institute of Aeronautics and Astronautics,1996,1:571-546.

[8] JANES H W,LANGLEY R B,NEWBY S P. Analysis of tropospheric delay prediction models:com-
　　parisons with ray-tracing and implications for GPS relative positioning [J]. Bulletin Geodesique,
　　1991,65(3):151-161.

[9] 王广运,郭秉义,李洪涛. 差分 GPS 定位技术与应用[M]. 北京:电子工业出版社,1996.

[10] SCHUPLER B R,CLARK T A. How different antennas affect the GPS observable[J]. GPS world,
　　1991,2(10):32-36.

[11] BRUNINI C,AZPILICUETA F. Accuracy assessment of the GPS-based slant total electron content
　　[J]. Journal of Geodesy,2009,83(8):773-785.

[12] HUGENTOBLER U,DACH R,FRIDEZ P,et al. Bernese GPS Software(Version 5.0 Draft)[C].
　　Berne:Astronomical Institute,University of Berne,2006.

[13] WILSON B D,MANNUCCI A J. Instrumental biases in ionospheric measurement derived from GPS
　　data[C]//The 6th International Technical Meeting of the Satellite Division of The Institute of
　　Navigation,Salt Lake City,September 22-24,1993:1343-1351.

[14] WILLIS P,BOUCHER C. High precision kinematic positioning using GPS at the IGN [C]//International
　　Association of Geodesy Symposia,Scotland,August 7-8,1989. New York:Springer-Verlag,1990:
　　340-350.

[15] REMONDI B W. Recent advantages in pseudo-kinematics GPS[C]//Proceedings of the Second
　　International Symposium on Precise Positioning with Global Positioning System. Ottawa, Canada,
　　1990b:114-1137.

[16] TEUNISSEN P J G. The least-squares ambiguity decorrelation adjustment:a method for fast GPS
　　integer ambiguity estimation[J]. Journal of Geodesy,1995,70(1/2):65-82.

［17］胡国荣. 星载 GPS 低轨卫星定轨理论研究［D］. 武汉:中国科学院研究生院(测量与地球物理研究所),1999.

［18］王解先. GPS 精密定位定轨［M］. 上海:同济大学出版社,1997.

［19］REMONDI B W. NGS second generation ASCII and binary orbit formats and associated interpolation studies［C］// International Association of Geodesy Symposia, Vienna, Austria, August 11 - 24, 1991. New York:Springer-Verlag,1993:177-178.

［20］甄卫民,吴健,曹冲. 电离层不均匀性对 GPS 系统的误差影响分析［J］. 电波科学学报,1998, 13(2):123-126.

［21］SECAN J A,BUSSEY R M,FREMOUW E J,et al. High-latitude upgrade to the wideband ionospheric scintillation model［J］. Radio Science,1997,32(4):1567-1574.

［22］谢世杰,韩明锋. 论电离层对 GPS 定位的影响［J］. 测绘工程,2000(1):9-15.

［23］JUAN J M,SANZ J,HERNANDEZ- PAJARES M,et al. Wide area RTK:A satellite navigation system based on precise real-time ionospheric modelling［J］. Radio Science,2012,47(2):1-14.

［24］MERVART L. Ambiguity resolution techniques in geodetic and geodynamic applications of the Global Positioning System［D］. Schweiz:Geod. -Geophys. Arb,1995:53.

［25］SCHAER S,GURTNER W. IONEX:The ionosphere map exchange format version 1［C］//Proceedings of the IGS AC Workshop,Darmstadt,Germany,February 9-11,1998:233-247.

［26］KUNITSYN V E,ANDREEVA E S,RAZINKOV O G. Possibilities of the near-space environment radio tomography［J］. Radio Science,1997,32(5):1953-1963.

［27］伍岳,孟泱,王泽民,等. GPS 现代化后电离层折射误差高阶项的三频改正方法［J］. 武汉大学学报:信息科学版,2005,30(7):601-603.

［28］BERTIGER W I,BAR- SEVER Y E,HAINES B J,et al. A real- time wide area differential GPS system［J］. Navigation,1998,44(4):433-447.

［29］刘经南,刘焱雄. GPS 卫星定位技术进展［J］. 全球定位系统,2000(2):1-7.

［30］LANYI G E,ROTH T. A comparison of mapped and measured total ionospheric electron content using global positioning system and beacon satellite observations［J］. Radio Science,1988,23(4): 483-492.

［31］BRUNINI C,AZPILICUETA F. GPS slant total electron content accuracy using the single layer model under different geomagnetic regions and ionospheric conditions［J］. Journal of Geodesy,2010,84 (5):293-304.

［32］张宝成,欧吉坤,李子申,等. 利用精密单点定位求解电离层延迟［J］. 地球物理学报,2011, 54(4):950-957.

［33］黄令勇,宋力杰,王琰,等. 小波包消噪在 Compass 电离层三频二阶改正中的应用［J］. 大地测量与地球动力学,2012,32(1):118-122.

［34］LEI J,SYNDERGAARD S,BURNS A G,et al. Comparison of COSMIC ionospheric measurements with ground-based observations and model predictions:Preliminary results［J］. Journal of Geophysical Research,2007,112(A7):A07308.

［35］HAJJ G A,IBANEZ-MEIER R,KYRSINSKI E R,et al. Imaging the ionosphere with the Global Positioning System ［J］. International Journal of imaging systems and Technology, 1994, 5

（2）:174-187.

［36］ RIUS A,RUFFINI G,CUCURULL L. Improving the vertical resolution of ionospheric tomography with GPS Occultations［J］. Geophysical Research Letters,1997,24（18）:2291-2294.

［37］ LANYI G E. Tropospheric calibration in radio interferometry［C］//International Symposium on Space Techniques for Geodynamics International Symposium on Space Techniques for Geodynamics. Sopron,Hungary,July 9-13 ,1984:184-195.

［38］ SCHAER S. Stochastische Ionosphäre Modellierung beim Rapid Static Positioning mit GPS［D］. Bern: Astronomical Institute,University of Bern,1994.

［39］ BÉNIGUEL Y. Ionosphere scintillation effects on synthetic aperture radars［C］//The 9th European Conference on Synthetic Aperture Radar,Nuremberg,Germany,April 23-26,2012:64-66.

第3章 卫星导航电离层建模的基本原理

基于实测的 GNSS 观测数据得到的电离层原始观测信息是卫星视线方向上的电离层 TEC(通常称为"斜距电离层 TEC"),是地球空间上一组离散的数据。实际中,需要根据上述离散数据获得局部/区域/全球电离层 TEC/电子密度在时空域上的连续或规则分布,这就需要按一定的数学方法将离散的观测数据扩展至连续/规则的电离层空间上,这个过程称为 GNSS 电离层建模,其主要包括电离层建模的基本假设、电离层 TEC 主要数学模型、电离层电子密度主要数学模型以及常用坐标系四部分。

◢ 3.1 电离层建模的基本假设

GNSS 电离层建模的最终目标是获得电离层电子密度的时空分布结构,但是受到观测条件及数据处理方法的限制,通常必须根据具体的应用目的,将电离层电子密度的时空分布结构做出一定的假设,获得指定空间维度上的电离层电子密度分布。常用的假设有电离层薄层假设、电离层薄壳假设和电离层多层假设[1-4]。

3.1.1 电离层薄层假设

将 GNSS 信号传播路径上的电离层自由电子集中在某一指定高度无限薄的球面上,在该球面上对电离层 TEC 的水平分布进行建模,如图 3.1 所示,称之为电离层薄层假设。

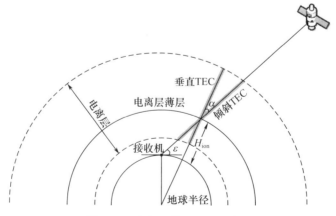

图 3.1 电离层薄层假设示意图

在电离层薄层假设中，薄层高度 H_{ion} 通常选在高度方向上电离层密度的峰值处，H_{ion} 是 F2 层电子密度峰值所在的高度，位于 $350 \sim 450km$ 之间，其在全球不同的地方不同季节略有差异。Komjathy 等曾分析了电离层高度对电离层 TEC 建模精度的影响，并给出了电离层薄层高度确定的方法[5]。

卫星至接收机的连线与电离层薄层的交叉点称为电离层穿刺点（IPP），又称"电离层交叉点"。电离层薄层假设中，视线方向上的电离层 TEC 全部被压缩在 IPP 上，并用该点垂直电子总含量（VTEC）表示。STEC 与 VTEC 可以通过投影函数进行转换，最简单也最为常用的投影函数是三角投影函数[4]，如式（3.1）所示，其几何关系如图 3.1 所示。

$$F(\varepsilon) = \frac{STEC}{VTEC} = \frac{1}{\cos\alpha} = \frac{1}{\sqrt{1 - \left(\dfrac{R}{R + H_{ion}}\cos e\right)^2}} \tag{3.1}$$

式中：$F(\varepsilon)$ 为电离层交叉点处的投影函数；α 为卫星相对于电离层交叉点的天顶距；R 为地球半径；H_{ion} 为电离层薄层的高度；e 为接收机位置处的卫星高度角（弧度）。

Schaer 通过与 Chapman 函数对比，提出了一种改进的余弦投影函数，改进后的余弦投影函数值与 Chapman 投影函数值更为接近，其数学表达式为[4]

$$mf = 1 / \sqrt{1 - \left(\frac{R}{R + H_{opt}}\sin(\alpha \cdot Z)\right)^2} \tag{3.2}$$

式中：H_{opt} 取 $506.7km$；α 取 0.9782；Z 表示卫星天顶距。

GPS 广播的 Klobuchar 模型公式中同时给出了一种 Klobuchar 投影函数，该投影函数是余弦投影函数的一种近似表达，其数学表达式为[6]

$$mf = 1.0 + 16.0 \cdot (0.53 - e)^3 \tag{3.3}$$

式中：e 为接收机位置处的卫星高度角（半周）。

Fanselow 投影函数的数学表达式为[7]

$$mf = \frac{\sqrt{R^2\sin^2 e - R^2 + (R + h_1)^2} - \sqrt{R^2\sin^2 e - R^2 + (R + h_2)^2}}{h_1 - h_2} \tag{3.4}$$

式中：h_1、h_2 分别为底层和上层电离层薄层厚度。

欧吉坤提出了一种随高度角变化的分段电离层投影函数，其数学表达式为[8]

$$mf = P / \sqrt{1 - \left(\frac{R}{R + H_{ion}}\cos e\right)^2} \tag{3.5}$$

式中：P 为比例因子，不同卫星高度角对应不同的数值。

以上各电离层投影函数仅考虑了电离层薄层高度及卫星高度角的影响。对给定的电离层薄层高度，当卫星高度角大于定数值（如 $20°$）时，各电离层投影函数计算得到的投影函数值差异不大。

从电离层薄层假设及投影函数的结构可以看到，该假设忽略了电离层 TEC 在高度方向上的变化，将电离层电子密度的水平结构放在假设的薄层上进行描述，并且假设某交叉点处电离层 TEC 是各向同性的。在电离层活动较为平静的中纬度地区，上述假设是基本成立的。但是,对于电离层活动剧烈的赤道地区或者是"赤道异常"双峰结构的边缘地区,交叉点南北两侧的电离层 TEC 变化梯度在低高度角时具有较大差异,若仍采用简单的投影函数描述视线与天顶方向上电离层 TEC 之间的关系,将会带来较大的误差。温晋等基于实测电离层 TEC 数据的研究已证明了这点[9]。

总体上看,电离层薄层假设非常有利于描述电离层电子密度的整层变化,对分析穿越整个电离层的信号受到电离层的影响是非常有效的,大大简化了数据处理的过程。因此,该假设在 GNSS 电离层研究中仍然得到广泛应用。

3.1.2 电离层薄壳假设

不同于电离层薄层假设,电离层薄壳假设将电离层自由电子全部集中在位于一定高度和一定厚度的薄壳中,如图 3.2 所示,假设电离层电子密度全部集中在距离地球表面 h_0 到 h_1 高度内的一个薄壳内。

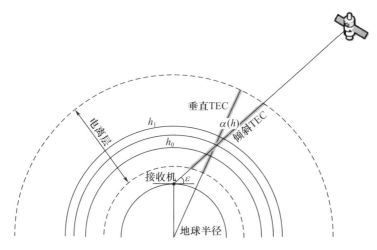

图 3.2　电离层薄壳假设示意图

同样地,视线与天顶方向上电离层 TEC 之间通过投影函数可以进行转换,假设电离层电子密度在薄壳内垂直方向上是均匀分布的,则电离层投影函数如式(3.6)所示。

$$F_{\text{thick}}(\varepsilon) = \frac{\sqrt{(R_{\text{earth}} + h_1)^2 - (R_{\text{earth}} \cos\varepsilon)^2} - \sqrt{(R_{\text{earth}} + h_0)^2 - (R_{\text{earth}} \cos\varepsilon)^2}}{h_1 - h_0} \quad (3.6)$$

式中:R_{earth} 为地球半径;h_1,h_0 分别为假设的电离层薄壳的顶部与底部距离地面的距离;ε 为卫星相对于接收机的高度角。

从投影函数的结构可以看到,当薄壳的厚度趋向于 0 时,薄壳假设即转化为薄层假设。相对于电离层薄层假设而言,电离层薄壳假设中电离层具有一定的厚度,但是其相对于描述电离层高度方向上的变化仍然是非常有限的,因此,实际建模应用中通常更倾向于使用电离层薄层假设。

3.1.3　电离层多层假设

电离层薄层与薄壳假设无法精确给出电离层自由电子在垂直方向上的变化结构,难以实现电离层电子密度空间三维分布的建模;同时,上述假设均忽略了电离层电子密度在水平方向上的各向异性。电离层多层假设是在空间上对电离层进行分层,如图 3.3 所示。

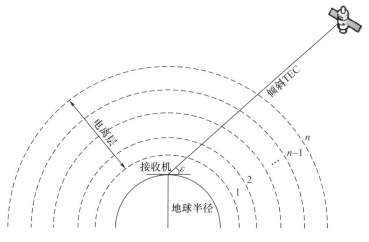

图 3.3　电离层多层假设示意图

对于任意卫星视线方向上的电离层 TEC 可表示成式(3.7)的形式。在电离层多层假设下,电离层自下而上被分成 n 层,通过一定的数学方法即可反演得到电离层电子密度在各层的分布。

$$STEC = \sum_{i=1}^{n} e_i \Delta l_i \tag{3.7}$$

式中:STEC 为任意一卫星视线方向上的电离层 TEC;e_i 为以卫星视线与第 i 薄层交叉点为中心一定范围内的平均电离层电子密度;Δl_i 为卫星视线在第 i 薄层代表的电离层厚度内传播路线的长度,与 e_i 所表示的电子密度区域是相对应的;n 为所假设的电离层薄层的层数。

根据数据处理方法的不同,可将电离层多层假设下的反演大概分为简化的格网电离层层析算法[10-12]、单层辅助的电离层反演算法[13-14]与格网电离层层析算法[15-18]3 类。

3.2　电离层 TEC 主要数学模型

电离层 TEC 的模型化可以分为 2 类:一类是直接利用实测电离层 TEC 离散点,通过空间插值函数计算得到规则格网点处的电离层 TEC[10,19];另一类是基于预先定义的数学函数,利用实测数据估计得到的模型参数计算电离层 TEC[4,20-22]。常用的数学插值方法包括距离反比加权内插、Kriging 内插、B 样条函数内插等,常用的电离层数学模型包括多项式函数、广义三角级数函数、球冠谐函数及球谐函数等。空间插值函数能够客观反映电离层观测数据覆盖区域内的电离层 TEC 变化情况,对监测站分布及观测数据量依赖较大;而基于数学函数解算得到的电离层模型,能够给出数据覆盖空间区域外一定范围内电离层 TEC 的合理外推。以下给出一些常用的电离层数学函数模型与表示方法。

3.2.1 球谐函数

球谐函数作为描述全球变化物理量的函数具有优良的数学结构[23-25],已成为描述全球电离层 TEC 的主要函数模型之一[4,26-27],如式(3.8)所示。

$$\text{VTEC}(\phi,\lambda) = \sum_{n=0}^{n_{d\max}} \sum_{m=0}^{n} \tilde{P}_{nm}(\sin\phi) \cdot (\tilde{A}_{nm}\cos(m\lambda) + \tilde{B}_{nm}\sin(m\lambda)) \quad (3.8)$$

式中:$\text{VTEC}(\phi,\lambda)$ 为电离层 IPP(ϕ,λ) 处的电离层 VTEC;ϕ 与 λ 分别为电离层 IPP 的纬度和经度;$n_{d\max}$ 为球谐函数的最大度数;$\tilde{P}_{nm}(\sin\phi) = \text{MC}(n,m) \cdot P_{nm}(\sin\phi)$ 为 n 度 m 阶的归化勒让德函数,$\text{MC}(n,m)$ 为归化函数,如式(3.9)所示;$\tilde{A}_{nm}$、$\tilde{B}_{nm}$ 分别为待估的模型参数。

$$\text{MC}(n,m) = \sqrt{(n-m)!\,(2n+1)(2-\delta_{0m})/(n+m)!} \quad (3.9)$$

3.2.2 多项式函数

多项式模型将电离层 VTEC 描述为随纬度差和太阳时角差变化的多项式函数[28],其数学表达式为

$$\text{VTEC}(\varphi,\lambda,t) = \sum_{n=0}^{n_{\max}} \sum_{m=0}^{m_{\max}} \{E_{nm}(\varphi - \varphi_0)^n (\lambda - \lambda_0 + t - t_0)^m\} \quad (3.10)$$

式中:$\text{VTEC}(\varphi,\lambda,t)$ 为视线和天顶方向的电离层 TEC;φ,λ 分别为电离层交叉点处的地理纬度和经度;t 为观测时刻;φ_0,λ_0 分别为电离层 TEC 建模中心点的地理纬度和经度;t_0 为建模中间时刻对应的太阳时角;$n_{\max},m_{\max}$ 分别为多项式函数的最大阶次;E_{nm} 为多项式函数的待估模型参数。

3.2.3 广义三角级数函数(GTSF)

局部电离层 TEC 具有明显的周日变化特性,要在较长(如一天)的测段内描述电离层 TEC 变化并保证其精度,必须利用能够有效体现电离层 TEC 随地方时进行(准)周日变化的数学函数;利用多项式函数描述一天内电离层 TEC 的变化通常需要分成 6~8 个测段才能保证其精度,并且各测段之间电离层 TEC 的连续性并无理论上的保证。通过将多项式函数与具有周期特性的三角级数函数组合,可有效实现局

部电离层 TEC 变化的合理精确模拟。袁运斌等在 Georgiadiou 给出的三角级数函数基础上建立与发展了如式(3.11)所示的广义三角级数函数(GTSF)模型[29-30]。

$$\mathrm{VTEC}(\varphi,h) = \sum_{n=0}^{n_{\max}} \sum_{m=0}^{m_{\max}} \{ E_{nm} (\varphi - \varphi_0)^n h^m \} +$$

$$\sum_{k=0}^{k_{\max}} \{ C_k \cos(k \cdot h) + S_k \sin(k \cdot h) \} \quad (3.11)$$

式中:φ_0 为局部电离层 TEC 建模中心点的纬度;h 为与电离层交叉点处地方时 t 相关的函数,如式(3.12)所示;$n_{\max}$,$m_{\max}$ 与 $k_{\max}$ 分别为多项式函数及三角级数函数的最大阶次;E_{nm},C_k,S_k 为待估的模型系数。

$$h = \frac{2\pi(t-14)}{T} \qquad T = 24h \quad (3.12)$$

式(3.12)所示的函数各组成项蕴含着一定的物理含义,代表着电离层 VTEC 的趋势变化特性。实际应用中,应根据局部电离层 TEC 变化特点采用统计检验的方法选择适当的广义三角级数函数的组成项,使得电离层 TEC 拟合精度达到最优。因此,广义三角级数函数因其参数个数可调,且具有一定的物理含义,与常用的分段多项式函数与低阶的球谐函数相比,其更能有效地描述局部电离层 VTEC 变化的细节信息。

3.2.4　球冠谐函数

球冠谐函数由球谐函数演变而来,其数学表达式为

$$\mathrm{VTEC}(\varphi,\lambda') = \sum_{n=0}^{n_{\max}} \sum_{m=0}^{n} \tilde{P}_{nm}(\cos\theta) \cdot (\tilde{A}_{nm}\cos(m\lambda') + \tilde{B}_{nm}\sin(m\lambda')) \quad (3.13)$$

式中:θ,λ 分别为球冠坐标系下电离层交叉点处纬度和经度;$n_{\max}$ 为球冠谐函数的最大阶次;$\tilde{A}_{nm}$,$\tilde{B}_{nm}$ 为待估的球冠谐函数参数。球冠谐函数模型会因球冠半角参数较小或电离层交叉点分布不均匀,导致球冠谐参数求解法方程病态。此外,将球冠谐函数用于区域电离层 TEC 建模时,必须采用非整数阶次,这在一定程度上增加了模型参数计算的复杂程度[31-32]。

3.2.5　距离加权法

利用电离层交叉点垂直电离层延迟和误差以及交叉点的地理坐标构建格网电离层模型,每一格网点的垂直电离层延迟由其周围的 4 个网格的交叉点垂直延迟数据产生。由于交叉点垂直电离层延迟观测量是分散的,因此需要应用先验模型(如 Klobuchar 模型)将交叉点测量值运送到格网点位置对应的位置,使得整个格网模型是连续的。在不考虑电离层空间相关性的前提下,格网点处的垂直电离层延迟可用下式所示的距离加权法模型计算:

$$\hat{I}(s_0) = \begin{cases} I(s_i) & d_i = 0 \\ \dfrac{\displaystyle\sum_{i=1}^{n}\left(\dfrac{I_{nominal,0}}{I_{nominal,i}}\right)d_i^{-1} \cdot I(s_i)}{\displaystyle\sum_{i=1}^{n}d_i^{-1}} & d_i \neq 0 \end{cases} \tag{3.14}$$

式中:$I(s_i)$ 为参考站计算所得的交叉点 s_i 处的垂直电离层延迟观测值;d_i 为交叉点 s_i 与格网点 s_0 之间的大圆距离;n 为参与计算的交叉点总数;$I_{nominal,0}$,$I_{nominal,i}$ 分别为格网点 s_0 及交叉点 s_i 的垂直电离层延迟先验值[33]。

3.2.6　Kriging 插值法

Kriging 插值法也称局部估计或空间局部插值法,是一种最优局部线性无偏估计方法。其基本思想是利用区域化变量的原始数据和变异函数的特点,以无偏和估计方差最小为准则,通过对样本值赋予相应的权重,用加权平均方法对未知点进行估计。由于 Kriging 考虑了采样点之间的空间分布,在采样点稀疏的时候,Kriging 算法能够很好地解决数据的估算问题[34]。在 Kriging 算法中,变异函数和协方差函数是尤为重要的概念。

在 Kriging 算法中,变异函数用来描述区域内区域化变量相关关系和空间结构。不同交叉点电离层之间的差异可以利用式(3.15)所示的仅与任意两个交叉点之间距离 d 相关的变异函数(variogram)描述[35-36]。

$$\gamma(d) = \frac{1}{2N} \cdot \sum_{n=1}^{N}[r(x_i) - r(x_j)]_n^2 \tag{3.15}$$

式中:$\gamma(d)$ 为电离层差异的经验变异函数;$r(x_i)$,$r(x_j)$ 分别为第 i 与第 j 个交叉点处的 VTEC 值;N 为两个交叉点之间的球面距离位于区间 $[d - \Delta d/2, d + \Delta d/2]$ 内时的交叉点对数,Δd 为统计时所取的距离间隔。

在满足二阶平稳条件下,用协方差函数可以代替变异函数来表示区域变量的空间结构,其与变异函数之间的关系为

$$C(d) = \gamma(\infty) - \gamma(d) \tag{3.16}$$

式中:$C(d)$ 表示相距为 d 的两交叉点电离层的协方差,$\gamma(\infty)$ 为相距无穷远的两交叉点电离层的协方差;结合式(3.15)与式(3.16)即可计算任意两交叉点之间的电离层的协方差。

采取球状分段函数建立协方差函数[35],其表达式为

$$\gamma(d) = \begin{cases} c_0 + \dfrac{c}{2R}(3d - d^3) & 0 \leqslant d \leqslant R \\ c_0 + c & d > R \end{cases} \tag{3.17}$$

式中:$c_0 + c$ 为拱高值;c_0 为基台值;R 为变程值;利用统计得到的经验变异函数值,基于最小二乘可解算 c_0,c,R 三个待估参数,得到对应时段内特定球状变异函数。

已知观测样点 $I(s_1)$, $I(s_2)$, $\cdots$, $I(s_n)$, 待求点 s_0 处的电离层时延 $\hat{I}(s_0)$ 可表示为

$$\hat{I}(s_0) = \sum_{i=1}^{n} w_i I(s_i) \tag{3.18}$$

式中: w_i 为加权系数, 可根据拉格朗日极小值原理, 在无偏性 $\sum_{i=1}^{n} w_i = 1$ 和方差最小要求 $E\left[z(s_0) - \hat{z}(s_0)\right]^2 = \min$ 的条件下求得 w_i 的最优线性无偏估计值。这里直接给出推导后的计算公式为

$$\begin{cases} \sum_{i=1}^{n} w_i \gamma(x_i, x_j) + \mu = \gamma(x_0, x_j) & j = 1, 2, \cdots, n \\ \sum_{i=1}^{n} w_i = 1 \end{cases} \tag{3.19}$$

式中: $\gamma(x_i, x_j)$ 为第 i 与第 j 个交叉点处的电离层变异函数值; $\gamma(x_0, x_j)$ 为待求点与 j 个交叉点处的电离层变异函数值; μ 为拉格朗日参数。

3.2.7　泛 Kriging 插值法

为简化研究, 使用普通 Kriging 插值法时, 要求区域化变量为二阶平稳随机函数, 即区域化变量的数学期望为常数[37-40]。然而, 当交叉点处的电离层观测量存在某种漂移或趋势时, 其平稳假设会被破坏, 此时采用 Kriging 插值法估计电离层时延时就必须考虑漂移[1]。泛 Kriging 插值法就属于线性非平稳统计学范畴。考虑电离层观测量中的随机项和趋势项, 泛 Kriging 表示为[41]

$$\begin{cases} I(s) = \mu(s) + Y(s) \\ \mu(s) = E\{I(s)\} = \sum_{l=1}^{L} \alpha_l f_l(s) \end{cases} \tag{3.20}$$

式中: $\mu(s)$ 为 s 点处的 TEC 趋势项; $Y(s)$ 为 TEC 的零均值平稳随机项, 其空间自相关函数可用式 (3.15) 表示; $\alpha_l(1 < l < L)$ 为未知的趋势项系数; $f_l(x)$ 为趋势项函数。这里采用式 (3.21) 所示多项式函数表示电离层趋势项。

$$I(x, y) = a_0 + a_1 x + a_2 y + Y(x, y) \tag{3.21}$$

与普通 Kriging 插值法类似, 在泛 Kriging 插值法中, 待估点处的电离层延迟也表示为式 (3.18) 所示的已知点处电离层 VTEC 值的线性组合。加权系数的求解也需要加入式 (3.22) 表示的限制条件以保证估值的无偏性:

$$E(\tilde{I}(s_0)) = E\left(\sum_{i=1}^{n} w_i I(s_i)\right) = \sum_{l=1}^{L} \alpha_l f_l(s_0) =$$

$$\sum_{i=1}^{n} w_i \sum_{l=1}^{L} \alpha_l f_l(s_i) = \sum_{l=1}^{L} \alpha_l \sum_{i=1}^{n} w_i f_l(s_i) \tag{3.22}$$

$$f_l(s_0) = \sum_{i=1}^{n} w_i f_l(s_i) \qquad l = 1, \cdots, L \tag{3.23}$$

从式(3.22)中可以推导出 L 个如式(3.23)表示的无偏性限制条件。加权系数基于无偏性及估计误差协方差最小的原则利用拉格朗日函数求得。

3.2.8 B 样条函数

在电离层 VTEC 多项式函数模型解算过程中,拟合曲面的光滑度和逼近精确度之间存在矛盾[42]。为解决这种矛盾,可把电离层延迟分为参考项和改正项两部分,模型表达式为

$$VTEC(\varphi,S) = \overline{VTEC}(\varphi,S) + \Delta VTEC(\varphi,S) \tag{3.24}$$

式中:$\overline{VTEC}(\varphi,S)$ 为参考项,采用多项式函数模型或者经验模型获得;$\Delta VTEC(\varphi,S)$ 为修正值,用 B 样条函数进行修正。常见的 B 样条有二维和三维表达式,下面以二维为例(三维多一个时间变量 t),给出修正项表达式。

$$\Delta VTEC(\varphi,S) = \sum_{k_1=0}^{m_{j_1}-1} \sum_{k_2=0}^{m_{j_2}-1} d_{j_1,j_2,k_1,k_2} \phi_{j_1,j_2,k_1,k_2}(\varphi,S) \tag{3.25}$$

式中:$m_{j_i}=2^{j_i}+2$,j_1,j_2 为阶数;d_{j_1,j_2,k_1,k_2} 为模型系数;$\phi_{j_1,j_2,k_1,k_2}(\varphi,S)$ 为二维尺度函数;φ 为交叉点的地理纬度;S 为交叉点的太阳时角。$\phi_{j_1,j_2,k_1,k_2}(\varphi,S)$ 可利用张量积方法展开为

$$\phi_{j_1,j_2,k_1,k_2}(\varphi,S) = \phi_{j_1,k_1}(S)\phi_{j_2,k_2}(\varphi) \tag{3.26}$$

尺度函数 $\phi_{j_1,k_1}(S),\phi_{j_2,k_2}(\varphi)$ 可表示为二次样条函数,即

$$\phi_{j,k_1}(x) = N_{j,k}^2(x) \tag{3.27}$$

式中:$N_{j,k}^m(x)$ 可按式(3.28)推导得到,即

$$\begin{cases} N_{j,k}^m(x) = \dfrac{x-t_k^j}{t_{k+m}^j - t_k^j} N_{j,k}^{m-1}(x) + \dfrac{t_{k+m+1}^j - x}{t_{k+m+1}^j - t_{k+1}^j} N_{j,k+1}^{m-1}(x) \\ N_{j,k}^0(x) = \begin{cases} 1 & t_k^j \leq x < t_{k+1}^j \\ 0 & \text{其他} \end{cases} \\ \text{令} \dfrac{0}{0} = 1 \end{cases} \tag{3.28}$$

式中:t_k^j 为非减节点序列,令 $k=0,1,2,\cdots,m_j+2$

为避免区域模型在区间[0,1]的首位节点处产生边界效应,将前3个结点设置为0,最后3个结点设置为1,其余结点设置为等间距。组成节点矢量 $[0,0,0,t_j,t_{j+1}\cdots,t_{j+mj+1},t_{j+mj+2},1,1,1]$。这就意味着 $\phi_{j,k}(x)$ 的变量 x 的值位于0和1之间,所以 ϕ 和 S 需要做如下的归化处理:

$$x = \frac{\varphi - \varphi_{min}}{\varphi_{max} - \varphi_{min}}, \quad y = \frac{S - S_{min}}{S_{max} - S_{min}} \tag{3.29}$$

式中:$\varphi_{max},\varphi_{min}$ 和 S_{max},S_{min} 为区域模型覆盖的范围。

于是,式(3.25)可转换为

$$\Delta \text{VTEC}(\varphi,S) = \sum_{k_1=0}^{m_{j_1}-1} \sum_{k_2=0}^{m_{j_2}-1} d_{j_1,j_2,k_1,k_2} \phi_{j_1,k_1}(x) \phi_{j_2,k_2}(y) \qquad (3.30)$$

3.2.9　多面函数拟合模型

多面函数拟合法的核心思想是每个插值点分别建立与所有已知数据点的函数关系(称为多面函数),进而通过将这些多面函数值迭加获取最佳的曲面拟合精度。基于多面函数拟合法拟合电离层格网的数学表达式为

$$\begin{cases} \text{VTEC}(\phi,\lambda) = \sum_{i=1}^{n} E_i Q(\varphi,\lambda,\varphi_i\lambda_i) \\ Q(\varphi,\lambda,\varphi_i,\lambda_i) = ((\varphi - \varphi_i)^2 + (\lambda - \lambda_i)^2 \cos^2(\varphi_i) + \varepsilon)^{\beta} \end{cases} \qquad (3.31)$$

式中:Q 为核函数;n 为电离层格网点的个数;φ_i 和 λ_i 分别表示第 i 个格网点对应的地理纬度和经度;(φ,λ) 为电离层穿刺点对应的纬度和经度;E_i 为模型待求系数;ε 为多面函数的平滑因子,其值可以取任意非负数;β 为核函数阶数,一般取值为 0.5 或 -0.5。

设有 m 个穿刺点参与多面函数模型的拟合,将 n 个格网点作为核函数的中心点,则式(3.31)写成矩阵形式 $\text{VTEC}_{m \times 1} = \boldsymbol{Q}_{m \times n} \boldsymbol{E}_{n \times 1}$。当 $m \geq n$ 时,利用最小二乘原理可求得待定系数矩阵 $\boldsymbol{E}$。将求解的系数矩阵 $\boldsymbol{E}$ 代入式(3.31)即可求解任一格网点处的 VTEC 值。

3.2.10　电离层蚀因子法(IEFM)

由于多种因素特别是太阳不可见辐射的影响,对于特定地区,电离层 TEC 在白天和夜间的变化规律不同,相应的 TEC 数学表示也应是不一致的。利用 GNSS 模拟电离层延迟,关键问题之一是准确区分电离层的白天和夜间以及合理描述 IPP 处的 TEC 在不同时段的变化规律。

借鉴 GNSS 卫星的蚀因子的概念,定义 IPP 的蚀因子[27-30]为

$$\lambda = S_{\text{es,ipp}} / S_{\text{s,ipp}} \qquad (3.32)$$

式中:$S_{\text{es,ipp}}$ 为 IPP 处可视太阳面积;$S_{\text{s,ipp}}$ 为 IPP 处的太阳视面积。

λ 通常用于描述太阳可见辐射的被蚀程度,但此处试图将它用于描述 IPP 处太阳不可见辐射的蚀因子(实际上,两种情况发生不同步,但通常相差不大,一般在几分钟至十几分钟左右)。利用 λ 能实现相对精确地区分 IPP 处的电离层的白天和夜间。因此,称 IPP 的蚀因子为电离层蚀因子[27-29]。

如果不考虑太阳和地球的扁率及其他相关因素,可建立一个简单的投影模型。基于这一模型,可计算不同的电离层蚀因子 λ。根据 IPP 的电离层蚀因子 λ,本章介绍如下方法:当 $\lambda = 0$ 时,IPP 位于白天;当 $\lambda = 1$ 时,IPP 位于夜间;当 $0 < \lambda < 1$,IPP 位于白天和夜间的过渡期。

图 3.4 所示为太阳、地球、GNSS 卫星、IPP 和参考站(接收机)相互位置关系,其

中：$\boldsymbol{X}_{ipp}$、$\boldsymbol{X}_s$、$\boldsymbol{X}^s$ 和 $\boldsymbol{X}_r$ 分别为 IPP、太阳、GNSS 卫星和接收机在同一坐标系的位置矢量；z_r, z_{ipp} 分别为 GNSS 卫星相对于参考站和 IPP 点的天顶角；R_e 为地球半径。因为 $\| \boldsymbol{X}_{ipp} \| = R_e + H_{ipp}$，可作如下计算：

$$\boldsymbol{X}_{ipp} = \boldsymbol{X}_r + \sqrt{\| \boldsymbol{X}_{ipp} \|^2 + \| \boldsymbol{X}_r \|^2 - 2 \| \boldsymbol{X}_{ipp} \| \| \boldsymbol{X}_r \| \cos(z_r - z_{ipp})} \cdot$$
$$\frac{(\boldsymbol{X}^s - \boldsymbol{X}_r)}{\| \boldsymbol{X}^s - \boldsymbol{X}_r \|} \tag{3.33}$$

$$T_\lambda = \| \boldsymbol{X}_{ipp} \| \cdot \sqrt{1 - \left[\frac{\langle \boldsymbol{X}_{ipp}, \boldsymbol{X}_s \rangle}{\| \boldsymbol{X}_{ipp} \| \cdot \| \boldsymbol{X}_s \|} \right]} \tag{3.34}$$

式中：$\langle \rangle$ 为内积算子；$\| \cdot \|$ 为求模算子。

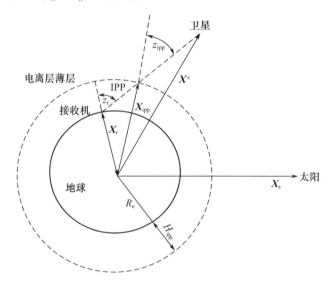

图 3.4　太阳、地球、GNSS 卫星、IPP 和接收机的相对关系

本章仅讨论 λ 的一个简单计算方法：如果 $\langle \boldsymbol{X}_{ipp}, \boldsymbol{X}_s \rangle < 0$ 和 $T_\lambda < R_e$，则认为 IPP 位于夜间并有 $S_{es,ipp} = S_{s,ipp}$ 及 $\lambda = 1$；否则，IPP 位于白天，即 $S_{es,ipp} = 0$ 和 $\lambda = 0$。以上计算方法可写为

$$\lambda = \begin{cases} 1 & \langle \boldsymbol{X}_{ipp}, \boldsymbol{X}_s \rangle < 0, T_\lambda < R_e \\ 0 & \text{其他} \end{cases} \tag{3.35}$$

从 IPP 电离层蚀因子 λ 的定义可以看出，相较地方时，电离层蚀因子 λ 在描述 IPP 处的电离层的白天和夜间时更合理，而地方时则更利于构建 TEC 模型（特别在白天）。鉴于这种情况，可如下考虑设计一种利用 GNSS 数据确定电离层延迟的新方法，称为电离层蚀因子法[27-29]：

（1）当 $\lambda = 0$（白天）时，选择函数 f_s 作为垂直 TEC（VTEC）模型。在白天，对于固定的 IPP，垂直 TEC 随其地方时变化明显。通常，f_s 为某一改造的余弦函数。

（2）当 $\lambda = 1$（夜间）时，选择函数 $f_{\bar{s}}$ 作为垂直 TEC 模型。在夜间，对于固定的 IPP，垂直 TEC 随地方时变化相对不太明显。通常，低阶多项式可满足模拟垂直 TEC 的精度要求。函数 f_s 和 $f_{\bar{s}}$ 在下面给出。

综合（1）和（2），IEFM 可写为

$$\mathrm{VTEC} = (1 - \lambda)f_s + \lambda f_{\bar{s}} \tag{3.36}$$

事实上，式（3.36）也可用于说明 $0 < \lambda < 1$ 时的情况，即相应的垂直 TEC 的变化可认为是（1）和（2）两种变化特性的综合。

对于固定的 IPP，假设 $f_s = f_{\bar{s}} + \hat{f}_s$，这里，$\hat{f}_s$ 为白天垂直 TEC。$\hat{f}_s$ 主要由太阳影响所致。为便于讨论，先给出另一个定义：如果对于一个 GNSS 测段，n_{ipp} 是 IPP 的总数，ipp_j 为第 j 个 IPP 及 λ_{ipp_j} 为第 j 个 IPP 的电离层蚀因子（IEF），那么电离层蚀因子的影响因子 $\bar{\lambda}$ 可如下定义：

$$\bar{\lambda} = \frac{1}{n_{\mathrm{ipp}}} \sum_{j=1}^{n_{\mathrm{ipp}}} \lambda_{\mathrm{ipp}_j} \tag{3.37}$$

根据 $\bar{\lambda}$ 的定义和数值，将 $\bar{\lambda}$ 分成若干区间 $[\bar{\lambda}_i, \bar{\lambda}_{i+1}]$，其中 $i = 1, \cdots, n_{\bar{\lambda}}$，$n_{\bar{\lambda}}$ 为间隔的总数。不同的间隔 $[\bar{\lambda}_i, \bar{\lambda}_{i+1}]$ 表示相应年份的不同季节或月份。在试验中，$n_{\bar{\lambda}}$、$\bar{\lambda}_1$、$\bar{\lambda}_2$ 和 $\bar{\lambda}_3$ 分别取 2、0、0.425 和 $\max\{\bar{\lambda}\}$。

根据上述电离层蚀因子的影响因子 $\bar{\lambda}$ 和区间 $[\bar{\lambda}_i, \bar{\lambda}_{i+1}]$ 的考虑，可选择 $f_{\bar{s}}$ 和 f_s：

当 $0 < \bar{\lambda} < 0.425$ 时，有

$$f_{\bar{s}} = \sum_{i=0}^{n_1} \sum_{j=0}^{m_1} a_{(i+j)} (\mathrm{d}b)^i (\mathrm{d}s)^j \tag{3.38}$$

$$\hat{f}_s = \sum_{k=1}^{n_{k1}} a_{(n_1+m_1+k)} \cos(k \cdot h) \tag{3.39}$$

当 $0.425 < \bar{\lambda}$ 时，有

$$f_{\bar{s}} = \sum_{i=0}^{n_2} \sum_{j=0}^{m_2} a_{(i+j)} (\mathrm{d}b)^i (h)^j \tag{3.40}$$

$$\hat{f}_s = \sum_{k=1}^{n_{k2}} \left(a_{(n_2+m_2+2k-1)} \cos(k \cdot h) + a_{(n_2+m_2+2k)} \sin(k \cdot h) \right) \tag{3.41}$$

式中：$a_{(\cdot)}$ 为待估模型系数；$h = (t - 14)\pi/12$；t 是 IPP 的地方时；$\mathrm{d}b$ 为 IPP 的纬度和参考纬度的差值；$\mathrm{d}s$ 为 IPP（日固系）经度与参考（日固系）经度的差值；n，m 为模型参数的总数。文献[27]中，n_1、n_2、m_1、m_2、n_{k1} 和 n_{k2} 分别取 2、1、2、1、3 和 6，利用一段 GPS 数据有效估计了电离层参数模型系数 a。可见，电离层蚀因子及其影响因子，能够实现根据电离层随周日、季节、半年和周年的变化，选择合理的模型。如式（3.41）中，电离层蚀因子及其影响因子，很有效地将电离层多项式模型和三角级数模型结合在一起，更准确地描述电离层的变化特征。

◢ 3.3 电离层电子密度主要数学模型

层析反演过程中选取不同的基函数,将得到不同的层析反演模型,目前使用的电离层层析模型大致可以分为两类:一类是参数化的函数基电离层层析模型[43-52],通常利用一组函数(如球谐函数和经验正交函数等)来描述电离层电子密度的空间分布;另一类是离散化的像素基电离层层析模型[10,18,53-59],将待反演的电离层空间离散化成一系列小的像素,然后在所选择的参考框架和反演时段内,假设每个像素内的电离层电子密度为一常量,从而进行电离层电子密度反演。基于函数基的层析方法建立在最优估计理论之上,较多地应用于以获取最优值为目的电离层延迟改正和三维电离层模型构建;而基于格网的层析算法,便于应用有关电子密度值的物理约束,主要应用于空间物理方面的研究[52]。

3.3.1 格网模型

电离层电子密度与斜向电离层 TEC 之间是非线性的。为反演方便,一般采用级数展开法将电离层电子密度空间函数进行离散化。对于离散化的层析反演模型,选取像素指标函数 b_j 作为基函数,如果射线穿过某像素,则 b_j 为 1,否则为 0,并将电离层按经度、纬度及高度方向上离散化为三维的格网,其公式为

$$b_j = \begin{cases} 1 & \boldsymbol{r} \in V_{\text{voxel}} \\ 0 & \text{其他} \end{cases} \tag{3.42}$$

$$N_e(\boldsymbol{r},t) \approx \sum_{j=1}^{n} x_j(t) b_j(\boldsymbol{r}) \tag{3.43}$$

式中:x_j 为模型参数,即离散化后的电离层格网电子密度;n 为离散化的格网数,即总的像素数,那么每条射线路径上的 STEC 测量值可以表示为

$$\text{STEC}_i(t) = \int_l \sum_{j=1}^{n} x_j(t) b_j(r) \,\mathrm{d}s = \sum_{j=1}^{n} x_j(t) \int_l \sum_{j=1}^{n} x_j(t) b_j(r) \,\mathrm{d}s =$$

$$\sum_{j=1}^{n} a_{ij} x_j(t) \quad i = 1,2,\cdots,m \tag{3.44}$$

式中:m 为电离层 STEC 总的观测数量;a_{ij} 为投影矩阵的元素,这里具体的物理意义是第 i 条电波射线与第 j 格网交叉的截距。考虑到 GPS 观测噪声的影响,且假设在一定时间段内,格网内电子密度是不变的,则每条 GPS 信号传播路径上的电离层STEC 测量数据可以表示为

$$\text{STEC}_i = \sum_{j=1}^{n} a_{ij} x_j + \varepsilon_i \tag{3.45}$$

将式(3.45)用矩阵的形式表示,有

$$\boldsymbol{Y}_{m \times 1} = \boldsymbol{A}_{m \times n} \boldsymbol{X}_{n \times 1} + \boldsymbol{E}_{m \times 1} \tag{3.46}$$

式中：$Y_{m \times 1}$ 为 m 个已知的 STEC 观测值矢量；$A_{m \times n}$ 为 $m \times n$ 的投影矩阵，由元素 a_{ij} 组成；$X_{n \times 1}$ 为各像素的电子密度的未知参数矢量；$E_{m \times 1}$ 为离散化误差和观测误差矢量。

投影矩阵 A 的大小为 $m \times n$，用 $\mathrm{rk}(A)$ 表示 A 的秩，当 $\mathrm{rk}(A) = \min(m, n)$ 时，矩阵 A 是满秩的，而 $\mathrm{rk}(A) < \min(m, n)$ 时，A 不满秩。在通常的层析成像（CT）中，A 不满秩，方程组是欠定的，其解不唯一，即存在秩亏问题。电离层 CT 技术就是利用地基 GNSS 提取的高精度 STEC 观测值，通过寻求合理的反演算法来获得电离层电子密度的时空分布。

3.3.2　函数模型

对基于像素基的 GNSS 电离层电子密度层析反演方法，已经有不少学者开展了相关研究并且取得了许多进展。基于像素基的 GNSS 层析方法通常存在一个严重的缺陷，即对于广域的 GNSS 网而言，反演所需要的基函数数目多，数值计算量较大，且即使是在空间分辨率要求不高的情况下电离层模型系数也难以对用户进行广播。Howe 在 1998 年利用经验正交函数表征电子密度在垂直方向的特征变化，结合卡尔曼滤波和理论模式构建了时变三维电离层层析模型[45]；与此同时，应 WAAS 高精度电离层延迟改正信息的需求，Hansen 提出了一套完整的使用三维层析模型为区域内用户提供电离层延迟改正并提供相应完好性改正的算法[43]；Liu 使用基于经验正交函数的方法，并用加拿大地区的数据验证了这种方法用于提供电离层延迟改正的精度[46]。

基于模式参数拟合的三维电离层层析模型的建立，其基本原理是将电子密度在水平方向的分布用低阶球谐函数表示，垂直方向用数个经验正交函数表征，这样在地磁、日固框架内，地表上空任意一点处的电子密度可以表示为

$$N_e(h, \phi, \lambda) = \Gamma(h) Y(\phi, \lambda) \tag{3.47}$$

式中：$Y(\phi, \lambda)$ 为球谐函数，表征电子密度在水平方向的分布情况；ϕ, λ 分别为地磁纬度和日固经度；$\Gamma(h)$ 为经验正交函数，表征垂直方向上的电子密度分布；h 为离地表的高度。对电子密度沿实际信号传播路径进行积分便可以得到整个信号路径上的 TEC，其具体的表达式为

$$\mathrm{TEC}_i = \int_{r_{rec}}^{r_{sat}} \left(\sum_{k=1}^{K} c_k \Gamma_k(h) \right) \otimes \sum_{n=0}^{n_{max}} \sum_{m=0}^{n} (a_n^m \cos(m\lambda) + b_n^m \sin(m\lambda)) \bar{p}_{nm}(\sin\phi) \mathrm{d}r \tag{3.48}$$

式中：$\bar{p}_{nm}$ 为正则化勒让德级数，a_n^m, b_n^m 和 c_k 为待估的模型系数。

获取了每个信号路径上的 TEC 后，可以通过式（3.48）中的经验正交函数和球谐函数相应的系数建立三维电离层模型。

3.4　电离层建模常用坐标系

从电离层 TEC 建模的相关假设可以看到，很难使用一个实时动态的数学函数描

述电离层 TEC 时空分布变化。合理地选择电离层 TEC 建模的坐标系可以使得电离层 TEC 变化与所选择的数学函数更为吻合,从而提高电离层建模的精度和可靠性。袁运斌将常用电离层 TEC 建模的坐标系总结为如下 4 类[27]:

(1)地固地理坐标系:利用电离层交叉点处的地理经度和地理纬度作为变量构造电离层 TEC 模型。

(2)地固地磁坐标系:利用电离层交叉点处的地磁经度和地磁纬度作为变量构造电离层 TEC 模型。

(3)日固地理坐标系:利用电离层交叉点处的地理经度与太阳地理经度的差值和电离层交叉点处的地理纬度构造电离层 TEC 模型。

(4)日固地磁坐标系:利用电离层交叉点的地磁经度与太阳地磁经度的差值和电离层交叉点处的地磁纬度构造电离层 TEC 模型。

电离层电子密度时空分布结构主要受到太阳活动的影响,电离层电子密度的分布将会随着太阳方位而不断变化,因此,选择日固坐标系构造电离层 TEC 模型,实际电离层 TEC 变化将会是相对更为平滑的,这非常有助于利用数学函数进行描述。另外,电离层中的自由电子受到地球磁场作用而沿着地球磁力线方向/或其反方向运动,使得电子密度的分布与地磁场分布具有密切的相关性,因此在地磁坐标系下电离层电子密度变化也是相对平滑的;而对于小范围短时间尺度电离层 TEC 模型,地磁坐标系的影响并不十分明显。

3.5 本章小结

本章系统介绍了 GNSS 电离层建模的基本原理和方法。首先介绍了电离层建模的基本假设,在此基础上给出了 GNSS 电离层 TEC 及电子密度主要数学模型,最后简要介绍了 GNSS 电离层建模常用坐标系,为后续开展相关研究奠定基础。

 参考文献

[1] BLANCH J. Using kriging to bound satellite ranging errors due to the ionosphere[D]. Palo Alto: Stanford University,2004.

[2] MANNUCCI A J,LIJIMA B A,LINDQWISTER U J,et al. GPS and ionosphere:review of radio science [C]//URSI Reviews of Radio Science,New York,1999.

[3] MEMARZADEH Y. Ionospheric modeling for precise GNSS applications[D]. Delft:Delft University of Technology,2009.

[4] SCHAER S. Mapping and predicting the earth's ionosphere using the global positioning system [D]. Berne:University of Bern,1999.

[5] KOMJATHY A,LANGLEY R B. The effect of shell height on high precision ionospheric modelling

using GPS[C]//Proceedings of the 1996 IGS Workshop International GPS Service for Geodynamics (IGS),Fredericton,1996.

[6] KLOBUCHAR J A. Ionospheric time-delay algorithm for single-frequency GPS users[J]. IEEE Transactions on Aerospace and Electronic Systems,1987,AES-23(3):325-331.

[7] BOUTIOUTA S,BELBACHIR A H. Magnetic storms effects on the ionosphere TEC through GPS Data [J]. Information Technology Journal,2006,5(5):908-915.

[8] OU J. Atmosphere and its effects on GPS surveying[D]. Netherlands:Delft Geodetic Computing Centre,1996.

[9] 温晋,万卫星,丁锋,等. 电离层垂直 TEC 映射函数的实验观测与统计特性[J]. 地球物理学报,2010,53(1):22-29.

[10] HERNANDEZ-PAJARES M,JUAN J M,SANZ J. New approaches in global ionospheric determination using ground GPS data[J]. Journal of Atmospheric and Solar-Terrestrial Physics,1999,61(16):1237-1247.

[11] JUAN J M,RIUS A,HERNANDEZ-PAJARES M,et al. A two-layer model of the ionosphere using Global Positioning System data[J]. Geophysical Research Letters,1997,24(4):393-396.

[12] JUAN J M,SANZ J,HERNANDEZ-PAJARES M,et al. Wide area RTK:a satellite navigation system based on precise real-time ionospheric modelling[J]. Radio Science,2012,47(2):1-14.

[13] BLANCH J,WALTER T,ENGE P. A new ionospheric estimation algorithm for SBAS combining kriging and tomography[C]//Proceedings of the 2004 National Technical Meeting of the Institute of Navigation,San Diego,California,January 26-28 ,2004:524-529.

[14] SHUKLA A K,DAS S,NAGORI N,et al. Two-shell ionospheric model for Indian region:a novel approach[J]. IEEE Transactions on Geoscience & Remote Sensing,2009,47(8):2407-2412.

[15] KUNITSYN V E,ANDREEVA E S,RAZINKOV O G. Possibilities of the near-space environment radio tomography[J]. Radio Science,1997,32(5):1953-1963.

[16] LI H,YUAN Y,LI Z,et al. Ionospheric electron concentration imaging using combination of LEO satellite data with ground-based GPS observations over China[J]. IEEE Transactions on Geoscience and Remote Sensing,2012,50(5):1728-1735.

[17] WEN D,LIU S,TANG P. Tomographic reconstruction of ionospheric electron density based on constrained algebraic reconstruction technique[J]. GPS Solutions,2010,14(4):375-380.

[18] WEN D,YUAN Y,OU J,et al. Three-dimensional ionospheric tomography by an improved algebraic reconstruction technique[J]. GPS Solutions,2007,11(4):251-258.

[19] ORUS R,HERNANDEZ-PAJARES M,JUAN J M,et al. Improvement of global ionospheric VTEC maps by using kriging interpolation technique[J]. Journal of Atmospheric and Solar-Terrestrial Physics,2005,67(16):1598-1609.

[20] LI Z,YUAN Y,WANG N,et al. SHPTS:towards a new method for generating precise global ionospheric TEC map based on spherical harmonic and generalized trigonometric series functions [J]. Journal of Geodesy,2015,89(4):331-345.

[21] YUAN Y,OU J. The first study of establishing China grid ionospheric model[C]//Proceedings of the 14th International Technical Meeting of the Satellite Division of the Institute of Navigation (ION

GPS 2001），Salt Lake City，UT，September 11-14，2001：2516-2524.

［22］张小红，李征航，蔡昌盛．用双频 GPS 观测值建立小区域电离层延迟模型研究［J］．武汉大学学报（信息科学版），2001，26（2）：140-143.

［23］ALLDREDGE L R. Rectangular harmonic analysis applied to the geomagnetic field［J］. Journal of Geophysical Research，1981，86（B4）：3021-3026.

［24］SANTIS D A. Conventional spherical harmonic analysis for regional modelling of the geomagnetic field［J］. Geophysical Research Letters，1992，19（10）：1065-1067.

［25］SANTIS D A，TORTA J M. Spherical cap harmonic analysis：a comment on its proper use for local gravity field representation［J］. Journal of Geodesy，1997，71（9）：526-532.

［26］AMIRI- SIMKOOEI A R，ASGARI J. Harmonic analysis of total electron contents time series：methodology and results［J］. GPS Solutions，2012，16（1）：77-88.

［27］袁运斌．基于 GPS 的电离层监测及延迟改正理论与方法的研究［D］．武汉：中国科学院研究生院（测量与地球物理研究所），2002.

［28］YUAN Y，TSCHERNING C，KNUDSEN P. The ionospheric eclipse factor method （IEFM） and its application to determining the ionospheric delay for GPS［J］. Journal of geodesy，2008，82（1）：1-8.

［29］YUAN Y，OU J. Ionospheric eclipse factor method （IEFM） for determining the Ionospheric Delay Using GPS Data［J］. Progress in Natural Science，2004，14（9）：800-804.

［30］ZHAO C，YUAN Y，OU J. Analysis of Variation property of ionospheric eclipse factor and its influence factor［J］. Progress in Natural Science，2005，15（6）：573-576.

［31］章红平，施闯，唐卫明．地基 GPS 区域电离层多项式模型与硬件延迟统一解算分析［J］．武汉大学学报（信息科学版），2008，33（8）：805-809.

［32］GEORGIADIOU Y. Modeling the ionosphere for an active control network of GPS stations ［D］. Delft：Delft University of Technology，1994.

［33］YUAN Y，OU J. A generalized trigonometric series function model for determining ionospheric delay ［J］. Progress in Natural Science，2004，14（11）：1010-1014.

［34］LIU J，CHEN R，AN J，et al. Spherical cap harmonic analysis of the arctic ionospheric TEC for one solar cycle［J］. Journal of Geophysical Research Space Physics，2014，119（1）：601-619.

［35］柳景斌，王泽民，王海军，等．利用球冠谐分析方法和 GPS 数据建立中国区域电离层 TEC 模型［J］．武汉大学学报（信息科学版），2008，33（8）：792-795.

［36］王刚，魏子卿．格网电离层延迟模型的建立方法与试算结果［J］．测绘通报，2000（9），11.

［37］BLANCH J. An ionosphere estimation algorithm for WAAS based on kriging［C］//Proceedings of the 15th International Technical Meeting of the Satellite Division of the Institute of Navigation （ION GPS 2002），Portland，OR，September 24-27，2002：816-823.

［38］OLEA R A. Geostatistics for natural resources evaluation by pierre goovaerts［J］. Mathematical Geology，1999，31（3）：349-350.

［39］SPARKS L，BLANCH J，PANDYA N. Estimating ionospheric delay using kriging：1. methodology ［J］. Radio Science，2011，46（6）：1-13.

［40］SPARKS L，BLANCH J，PANDYA N. Estimating ionospheric delay using kriging：2. impact on satellite-based augmentation system availability［J］. Radio Science，2011，46（6）：1-10.

［41］ SAYIN I, ARIKAN F, ARIKAN O. Synthetic TEC mapping with ordinary and universal kriging ［C］//The 3rd International Conference on Recent Advances in Space Technologies, Istanbul, Turkey, June 14-16, 2007: 39-43.

［42］ 金双根, 章红平, 朱文耀. GPS 实时监测和预报电离层电子含量［J］. 天文学报, 2004, 45. 2: 213-219.

［43］ HANSEN A J, WALTER T, ENGE P. Ionospheric correction using tomography［C］//Proceedings of the 10th International Technical Meeting of the Satellite Division of the Institute of Navigation (ION GPS 1997), Kansas City, MO, September 16-19, 1997: 249-257.

［44］ HANSEN A J. Real-time ionospheric tomography using terrestrial GPS sensors［C］//Proceedings of the 11th International Technical Meeting of the Satellite Division of the Institute of Navigation (ION GPS 1998), Nashville, TN, September 15-18, 1998: 717-728.

［45］ HOWE B M, RUNCIMAN K, SECAN J A. Tomography of the ionosphere: Four-dimensional simulations ［J］. Radio Science, 1998, 33 (1): 109-128.

［46］ LIU Z Z, GAO Y. Ionospheric tomography using GPS measurements［C］//Proceedings of the International Symposium on Kinematic Systems in Geodesy, Geomatics and Navigation, Calgary City, 2001: 111-120.

［47］ LIU Z Z, GAO Y. Optimization of parameterization in ionospheric tomography［C］//14th International Technical Meeting of the Satellite Division of the Institute of Navigation (ION GPS 2001), Salt Lake City, 2001: 2277-2285.

［48］ NA H, LEE H. Orthogonal decomposition technique for ionospheric tomography［J］. International Journal of Imaging Systems and Technology, 1991, 3 (4): 354-365.

［49］ SPENCER P, ROBERTSON D S, MADER G L. Ionospheric data assimilation methods for geodetic applications［C］//Position Location and Navigation Symposium, Monterey, CA, April 26-29, 2004: 510-517.

［50］ 安家春. 极区电离层层析模型及应用研究［D］. 武汉: 武汉大学, 2011.

［51］ 施闯, 耿长江, 章红平, 等. 基于 EOF 的实时三维电离层模型精度分析［J］. 武汉大学学报 (信息科学版), 2010, 35 (10): 1143-1146.

［52］ MA X F, MARUYAMA T, MA G, et al. Three-dimensional ionospheric tomography using observation data of GPS ground receivers and ionosonde by neural network［J］. Journal of Geophysical Research Space Physics, 2005, 110 (A5): 1-12.

［53］ RIUS A, RUFFINI G, CUCURULL L. Improving the vertical resolution of ionospheric tomography with GPS Occultations［J］. Geophysical Research Letters, 1997, 24 (18): 2291-2294.

［54］ WEN D, YUAN Y, OU J, et al. Three-dimensional ionospheric tomography by an improved algebraic reconstruction technique［J］. GPS Solutions, 2007, 11 (4): 251-258.

［55］ WEN D, YUAN Y, OU J. Monitoring the three-dimensional ionospheric electron density distribution using GPS observations over China［J］. Journal of Earth System Science, 2007, 116 (3): 235-244.

［56］ WEN D B, Imaging the ionospheric electron density by using a combined tomographic algorithm ［C］//Proceedings of the 20th International Technical Meeting of the Satellite Division of The Institute of Navigation (ION GNSS 2007), Fort Worth, TX, September 25-28, 2007: 2337-2345.

［57］WEN D,YUAN Y,OU J,et al. A hybrid reconstruction algorithm for 3‐D ionospheric tomography [J]. IEEE Transactions on Geoscience and Remote Sensing,2008,46(6):1733-1739.

［58］徐继生,邹玉华. 时变三维电离层层析成像重建公式[J]. 地球物理学报,2003,46(4):438-445.

［59］IU Z Z. Ionosphere tomographic modeling and applications using global positioning system(GPS) measurements[D]. Calgary:The University of Calgary,2004.

第4章　卫星导航差分码偏差定义与处理

◢ 4.1　概　　述

不同类型的导航信号在卫星和接收机不同通道产生的时间延迟（或硬件延迟）并不完全一致，由此产生的两类导航信号之间的时延差异称为差分码偏差（DCB）。其中，同一频率不同类型测码信号之间的 DCB 称为频内偏差，不同频率不同类型测码信号之间的 DCB 称为频间偏差[1-3]。导航信号在卫星和接收机端的时间延迟由硬件内的模拟滤波器和数字滤波器引起[4-5]。其中模拟滤波器引起的偏差较小，而数字滤波器在匹配内部信号和跟踪信号以产生伪距观测量时将对伪距信号引入一定的时延偏差，由其引入的偏差是码偏差产生的主要来源。码偏差的大小除与接收机硬件相关外，还与接收机的不同配置有关，改变接收机码环相关间隔（correlator spacing）、采用或关闭多路径抑制技术均会引入厘米级至分米级的偏差[6-7]，同时码偏差的大小与卫星高度角之间也表现出一定的相关性[8]。

GNSS 卫星钟差基准通常定义在某一个指定频率（如 BDS B3）或某两个频率的消电离层组合（如 GPS 为 P1/P2，Galileo 为 E1/E5a）上，使用不同频率不同观测量组合时必须引入卫星 DCB 进行改正[5]。图 4.1 所示为 GPS 及 BDS 码偏差与广播/精密钟差产品之间的关系示意图。GPS 广播及精密钟差参数对应于 L1P(Y) 和 L2P(Y) 消电离层组合的频率基准，其中含有 L1P(Y) 和 L2P(Y) 在卫星端硬件延迟 B_{C1W} 和 B_{C2W} 的影响。为扣除这一硬件延迟误差的影响，GPS 引入了群时间延迟（TGD）参数 $TGD_{C1W-C2W}$；其他观测量组合（如 C1C + C2W）在使用 GPS 广播或精密卫星钟差参数时，需引入卫星 TGD 或 DCB 参数进行改正。C1C 与 C1W 之间的偏差 $DCB_{C1C-C1W}$ 是频内偏差参数，C1W 与 C2W 之间的偏差 $DCB_{C1W-C2W}$ 是频间偏差参数，同时 $TGD_{C1W-C2W}$ 与 $DCB_{C1W-C2W}$ 之间存在一个与频率有关的转换因子。BDS 广播星历钟差参数以 C6I 信号（B3I）为基准，其中包含 C6I 在卫星端的硬件延迟 B_{C6I} 的影响。为满足 BDS 单频（如 C2I 或 C7I）及双频用户（如 C2I + C7I）的硬件延迟误差改正需求，BDS 引入了 TGD1 和 TGD2 两个时间群延迟参数。与 GPS 播发的 TGD 参数不同，BDS 定义的 TGD1 与 TGD2 本质上是 B1B3 和 B1B2 频点间的 $DCB_{C2I-C6I}$ 和 $DCB_{C2I-C7I}$ 参数。可以看出，DCB 参数除影响 GNSS 电离层 TEC 计算外，与之相关的 TGD 参数还是导航电文的重要组成部分[9-10]。

考虑到频内和频间偏差参数产生的原因不同，通常采用不同的方法确定频内与频间偏差。频内偏差可以与卫星钟差参数同步估计，同时也可通过码观测量直接组

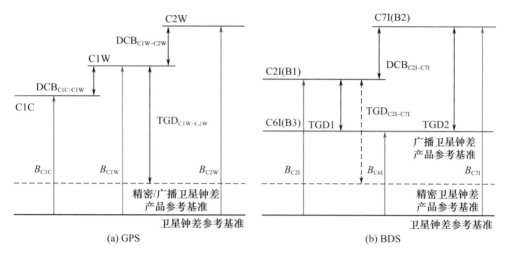

图 4.1　GPS 及 BDS 码偏差与精密/广播钟差产品关系示意

合得到[11-12]。频间偏差参数通常与电离层建模同步估计[13-19]，也可利用先验电离层信息(如全球电离层地图(GIM))直接扣除电离层 TEC 的影响进而估计得到[20]。表 4.1 所列为目前不同机构 GNSS DCB 产品的处理状态。CODE 自 2000 年起开始提供 GPS 卫星 P1-C1 码偏差产品，该产品与 GPS 卫星钟差参数同步估计得到[11]。频内偏差参数还可直接利用码观测量组合得到，自 2010 年开始，CODE 开始提供基于该方法确定的 GPS 及 GLONASS 卫星和接收机的 P1-C1 及 P2-C2 频内偏差产品[21]。IGS 各电离层分析中心采用的 GPS/GLONASS 频间偏差确定方法是目前最为常用的方法，其基本原理是基于全球分布的大量 GNSS 基准站观测数据，采用全球电离层 TEC 建模的方式同步计算得到卫星与接收机频间偏差参数[22-26]。目前，我国国际 GNSS 监测评估系统(iGMAS)各分析中心提供的频间偏差产品也采用相似的处理策略。为解决常用的频间偏差确定方法因全球电离层 TEC 建模对大量基准站的依赖，李子申等提出了一种精确确定卫星频间偏差参数的新方法——IGG 差分码偏差估计(IGGDCB)方法[27-28]。该方法通过逐测站电离层建模的方式实现了电离层 TEC 参数与频间偏差参数的分离，同时通过选择部分频间偏差稳定性较好的卫星构造"拟稳"基准实现卫星和接收机频间偏差参数的合理分离[14]。IGGDCB 方法不仅避免了 GPS/GLONASS 频间偏差参数确定时对全球大量基准站的依赖，也为利用少量基准站精确确定 BDS 及 Galileo 频间偏差参数提供了条件。

表 4.1　不同机构 GNSS 差分码偏差产品处理现状

GNSS	数据源	DCB 类型	机构	处理策略
GPS + GLONASS	IGS (iGMAS)	频内偏差	CODE	与 GPS 卫星钟差同步估计；直接利用码观测量组合得到
		频间偏差	IGS 电离层分析中心	全球电离层 TEC 建模 + DCB 估计
			iGMAS 分析中心	

（续）

GNSS	数据源	DCB 类型	机构	处理策略
GPS + GLONASS + BDS + Galileo 系统	MGEX	多系统 DCB	DLR	利用 GIM 直接扣除电离层 TEC 进而获得 DCB 参数
			中国科学院（CAS）	IGGDCB（单站电离层 TEC 建模 + DCB 估计）

目前,关于 DCB 的研究仍多局限于 GPS 和 GLONASS,随着 GPS 的现代化以及 BDS 和 Galileo 系统等的建设与完善,多系统 DCB 参数精确处理显得日益重要。为深入研究与 GNSS 数据处理相关的偏差量(包括 DCB、系统间偏差(ISB)及 IFB 等)并为各类 GNSS 用户提供高精度的偏差产品,IGS 于 2008 年成立了偏差和校准工作组(BCWG)。BCWG 于 2012 年 1 月和 2015 年 11 月召开了两次工作组会议,但关于 BDS 及 Galileo 系统等的 DCB 产品、特别是 RINEX 3 标准下多类型 DCB 的定义及产品格式等尚未有统一标准[19]。IGS 多 GNSS 试验(MGEX)网提供的多频多模 GNSS 观测数据为多系统 DCB 的精确确定提供了可能[29-30]。德国宇航中心(DLR)自 2013 年开始向 IGS 提交包括 GPS、GLONASS、BDS 及 Galileo 系统在内的多系统 DCB 产品。MGEX 网能够跟踪到的 GNSS 信号种类较多,而各类信号又很难达到全球跟踪的状态,因而难以采用全球电离层 TEC 同步建模的方式解算得到各类 DCB 参数。为此,DLR 基于 MGEX 监测站数据直接采用 GIM 扣除电离层 TEC 影响,进而估计得到 GPS、GLONASS、BDS 及 Galileo 卫星与接收机 DCB 参数[20]。

不同于 DLR 直接采用 GIM 扣除电离层 TEC 的影响,本章在 IGGDCB 处理策略的基础上,将该方法进一步扩展用于多模 GNSS 卫星与接收机频内和频间偏差参数的精确确定[31-32]。由于和 DLR 的 DCB 产品处理方法不同,基于 IGGDCB 方法解算得到的包括 GPS、GLONASS、Galileo 系统及 BDS 在内的 DCB 产品为多模 GNSS 用户应用提供了一种新的选择。

4.2　多模多频卫星导航系统差分码偏差的定义

随着多模 GNSS 的发展,特别是 GPS 现代化以及 BDS、Galileo 系统等导航系统的建设与完善,IGS 于 2012 年开始构建 MGEX 网以促进多模 GNSS 相关研究工作的开展[29,33]。图 4.2 给出了 MGEX 网全球 GNSS 测站分布(以 2014 年 12 月为例)。从图中可以看出,MGEX 监测站基本能够覆盖全球,每个监测站除了能够跟踪到 GPS 及 GLONASS 信号外,至少还可以跟踪到 BDS、Galileo 信号中的一种。表 4.2 所列为 MGEX 监测站接收机类型及基于 RINEX 3 标准的主要观测值类型。可以看出,MGEX 网中主要有 5 个品牌的接收机,包括 Trimble、Javad、Leica、Septentrio 及 NovAtel。这 5 种接收机全部支持 GPS 及 GLONASS 信号的跟踪,大部分接收机也支持 Galileo 信号的跟踪。Trimble NETR9、Leica GR25 及 Septentrio PolaRx4/4TR 这 3 种接收机能够跟踪到 BDS B1、B2 及 B3 频点 I 分量的信号,然而这些接收机主要分布在欧洲及北美洲地区（图 4.2）；当前北斗 GEO 卫星及 IGSO 卫星只能被亚太地区少量的 MGEX 监测站跟踪到。

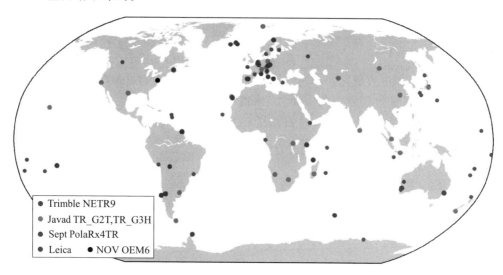

图 4.2　MGEX 监测站分布及接收机类型（以 2014 年 12 月为例）（见彩图）

表 4.2　MGEX 监测站接收机及主要观测值类型

接收机类型	GNSS 观测值类型	测站数
Trimble NETR9	GPS：1C,2W,2X,5X；GLO：1C,1P,2C,2P GAL：1X,5X,7X,8X BDS：2I,7I,6I	44
Javad TR_G2T Javad TRE_G3TH	GPS：1C,1W,2W,2X,5X GLO：1C,1P,2C,2P GAL：1X,5X	32
Leica GR10/GR25 Leica RX1200 + GNSS	GPS：1C,2S,2W,5Q；GLO：1C,2C,2P GAL：1C,5Q,7Q,8Q BDS：2I(1I),7I	23
Septentrio PolaRx4/4TR Septentrio AsteRx3	GPS：1C,1W,2W,2L,5Q GLO：1C,2C,2P,GAL：1C,5Q,7Q,8Q BDS：2I(1I),7I	15
NovAtel OEM6	GPS：1C,2W,5Q GLO：1C,2P GAL：1C,5Q	1
注：GAL 表示 Galileo 系统；GLO 表示 GLONASS		

CODE 基于全球 IGS 跟踪站的 RINEX 2 观测数据向全球 GNSS 用户提供 GPS/GLONASS 的 P1-P2、P1-C1 及 P2-C2 码偏差产品[34]。MGEX 网目前可提供包括 GPS、GLONASS、BDS、Galileo 系统及 QZSS 在内的多频多模 GNSS 观测数据，并在 IGS 数据中心文件传输协议（FTP）如地壳动力学数据信息系统（CDDIS）及法国国家测绘地理信息

研究所（IGN）等，以 RINEX3 标准文件的方式免费发布。可以看出，CODE 基于 RINEX 2 标准定义的 DCB 类型无法满足当前多模 GNSS 应用对多类型 DCB 产品的需求。理论上，假设有 N 种类型的码观测量，只需定义（N-1）种频内和频间偏差类型即可，然而实际中很难做到。这是因为：①RINEX 3 标准中对每个导航星座最多定义了 15 种码观测量[35]，这些码观测量可以两两组合形成多种 DCB 类型；②MGEX 监测站接收机可能无法同时跟踪到用于 DCB 解算的码观测类型。因此，有必要根据 MGEX 网能够跟踪到的码观测量类型，确定适用于多模 GNSS 应用需求的 DCB 产品类型。

　　表 4.3 所列为基于 MGEX 监测站码观测量类型确定的多模 GNSS DCB 参数类型。GPS 现代化后除在 L2 频率上增加了 L2C 民用信号（包括 C2X、C2S 及 C2L）外，同时新增了 L5 频率以及 C5X 和 C5Q 两种信号[36-37]。在 GPS 原有 C1C-C1W 和 C1W-C2W（分别对应于 C1-P1 和 P1-P2）两种 DCB 类型的基础上，这里新增了 C2W-C2X/2S/2L 三种频内偏差和 C1C-C5X/5Q 两种频间偏差参数。GLONASS 包含 C1C-C1P 和 C2C-C2P（分别对应于 C1-P1 和 C2-P2）两种频内偏差以及 C1P-C2P（对应于 P1-P2）频间偏差参数。对 Galileo 而言，MGEX 监测站接收机目前仅支持跟踪导频码（包括 C1C、C5Q、C7Q 及 C8Q）或混合码（包括 C1X、C5X、C7X 及 C8X）信号，暂无接收机能够同时跟踪到这两类信号。我们在 Galileo 系统不同频率的导频码信号间定义了 3 种频间偏差参数（包括 C1C-C5Q、C1C-C7Q 及 C1C-C8Q），在不同频率的混合码信号间也定义了 3 种频间偏差参数（包括 C1X-C5X、C1X-C7X 及 C1X-C8X）。截至 2018 年 1 月，MGEX 接收机仅能跟踪到 BDS B1、B2 及 B3 频点 I 支分量的信号，因此，我们在 BDS 信号间定义了 C2I-C7I 及 C2I-C6I 两种频间偏差参数。

表 4.3　基于 MGEX 监测站码观测量类型确定的多系统 DCB 参数类型

GNSS	DCB 类型		接收机类型			
			Trimble	Javad	Leica	Septentrio
GPS	频内偏差	C1C-C1W		√		√
		C2W-C2X	√	√		
		C2W-C2S				√
		C2W-C2L			√	
	频间偏差	C1W-C2W	√	√	√	√
		C1C-C5X	√	√		
		C1C-C5Q			√	√
GLONASS	频内偏差	C1C-C1P	√	√	√	√
		C2C-C2P	√	√	√	√
		C1P-C2P	√	√		
Galileo 系统	频间偏差	C1C-C5Q			√	√
		C1C-C7Q			√	√

（续）

GNSS	DCB 类型	接收机类型			
		Trimble	Javad	Leica	Septentrio
Galileo 系统	频间偏差	C1C-C8Q			√	
		C1X-C5X	√	√		
		C1X-C7X	√			
		C1X-C8X	√			
BDS	频间偏差	C2I-C7I	√			√
		C2I-C6I	√			

表 4.3 中给出的 DCB 产品类型少于 DLR 发布的 DCB 产品类型,然而,缺少的 DCB 产品可以通过其他 DCB 的线性组合得到。因此,表中定义的 DCB 类型能够满足当前多模 GNSS 高精度应用对多系统 DCB 产品的需求。

4.3 基于"两步法"的卫星导航差分码偏差估计

4.3.1 IGGDCB 方法的基本原理

通常,局部电离层 TEC 建模的精度要优于全球电离层 TEC 建模。因此,IGGDCB 方法首先通过采用建立基准站上空局部电离层 TEC 模型,实现频间偏差与电离层 TEC 参数的分离,得到卫星与接收机频间偏差之和的精确估值;其次,通过设计卫星频间偏差稳定性判别标准,自适应地选择部分频间偏差稳定性较好的卫星构造新的"拟稳"基准,采用联合平差的方式实现卫星频间偏差参数的精确计算。根据上述描述,IGGDCB 方法共包括两步:第一步,精确确定卫星与接收机综合频间偏差估值;第二步,基于构造的"拟稳"基准实现卫星和接收机频间偏差的合理分离。下面分别对其基本原理进行介绍。

第一步:精确确定卫星与接收机综合频间偏差估值。

IGGDCB 采用局部范围内电离层 TEC 建模以实现电离层 TEC 与频间偏差参数的分离。广义三角级数函数,如式(3.11)所示,能够有效地顾及电离层随地方时、地理纬度的变化,并且可根据电离层 TEC 变化的周期特性调节三角级数的组成项,具有相对较高的建模精度。因此,IGGDCB 方法的第一步即是利用广义三角级数函数,逐测站地实现频间偏差与电离层 TEC 参数的分离,得到各卫星与接收机(SPR)综合频间偏差估值,如式(4.1)所示。

$$SPR_i^j = DCB_i + DCB^j \tag{4.1}$$

式中:SPR_i^j 为第 j 个卫星与第 i 个接收机频间偏差之和;DCB_i 为第 i 个接收机的频间偏差;DCB^j 为第 j 个卫星的频间偏差。

第二步:基于"拟稳"基准合理分离卫星与接收机的频间偏差。

式(4.1)中确定的卫星和接收机综合频间偏差估值分别含有卫星和接收机的频间偏差,将其写成矩阵的形式,有

$$
\begin{cases}
\boldsymbol{L}_{\text{SPR}} + \boldsymbol{V} = \boldsymbol{F} \cdot \hat{\boldsymbol{X}}_{\text{DCB}} \\[2mm]
\hat{\boldsymbol{X}}_{\text{DCB}} = [\ \hat{\boldsymbol{X}}_{\text{sat,DCB}}^{\text{T}},\quad \hat{\boldsymbol{X}}_{\text{rec,DCB}}^{\text{T}}\ ]^{\text{T}}
\end{cases}
\tag{4.2}
$$

式中:$\boldsymbol{L}_{\text{SPR}}$ 为各基准站得到的卫星和接收机频间偏差之和估值组成的列矢量,可看作卫星和接收机频间偏差之和的"伪观测值";$\boldsymbol{V}$ 为伪观测值 $\boldsymbol{L}_{\text{SPR}}$ 对应的观测误差;$\hat{\boldsymbol{X}}_{\text{DCB}}$ 为频间偏差的估值,包括卫星频间偏差估值 $\hat{\boldsymbol{X}}_{\text{sat,DCB}}$ 和接收机频间偏差估值 $\hat{\boldsymbol{X}}_{\text{rec,DCB}}$;$\boldsymbol{F}$ 为对应的设计矩阵。

由于卫星和接收机频间偏差在实际估计中不可分离(设计矩阵 $\boldsymbol{F}$ 的秩亏数为1),实际估计中必须引入一个参考基准。通常采用的"零均值"基准无法有效避免因部分卫星频间偏差不稳定所造成的所有卫星频间偏差估值发生偏差。为此,IGGDCB 借鉴"拟稳平差"的思想[38],仅将零均值约束施加至部分频间偏差参数较稳定的卫星上,上述这些被选作施加约束的卫星称为"参考星"。假设 $\Delta\hat{b}^1$ 和 $\hat{\sigma}$ 分别为第一次估计得到的某一颗卫星频间偏差的估值及其方差,$\Delta\hat{b}^2$ 为第二次估计得到的该颗卫星频间偏差估值,则 $\Delta\hat{b}^2$ 可以看作是来自于正态分布$(\Delta\hat{b}^1,\hat{\sigma})$ 的一个样本。因此,基于极限误差的概念,定义某一颗卫星频间偏差参数稳定性判断的标准为[14]。

$$
\begin{cases}
\text{稳定} \quad\quad \gamma \leqslant \gamma_0 \\[2mm]
\text{不稳定} \quad \gamma > \gamma_0
\end{cases}
\quad
\gamma = \frac{\left|\Delta\hat{b}^2 - \Delta\hat{b}^1\right|}{\hat{\sigma}}
\tag{4.3}
$$

式中:γ_0 为频间偏差参数稳定性判断的阈值,当显著性水平为 0.01 时,γ_0 取值为 2.0。

假设观测方程式(4.2)中所有频间偏差参数的个数为 u,其中,参考卫星的个数为 u_1,则可构造卫星和接收机频间偏差分离的基准如式(4.4)所示,称为"拟稳"基准。综合式(4.2)和式(4.4),基于附有限制条件的间接平差,可得各卫星和接收机频间偏差估值及其方差,如式(4.5)所示。

$$
\begin{cases}
\boldsymbol{S} \cdot \hat{\boldsymbol{X}}_{\text{DCB}} = 0 \\[2mm]
\underset{u \times 1}{\hat{\boldsymbol{X}}_{\text{DCB}}} = \left[\ \underset{u_1 \times 1}{\hat{\boldsymbol{X}}_{1,\text{DCB}}^{\text{T}}}\quad \underset{u_2 \times 1}{\hat{\boldsymbol{X}}_{2,\text{DCB}}^{\text{T}}}\ \right]^{\text{T}} \\[2mm]
\underset{1 \times u}{\boldsymbol{S}} = \left[\ \underset{1 \times u_1}{\boldsymbol{e}}\quad \underset{1 \times u_2}{\boldsymbol{0}}\ \right],\quad \underset{1 \times u_1}{\boldsymbol{e}} = [\ 1,\cdots,1\ ] \\[2mm]
u_1 + u_2 = u
\end{cases}
\tag{4.4}
$$

式中:$\hat{\boldsymbol{X}}_{1,\text{DCB}}$ 为参考卫星的频间偏差参数矢量;$\hat{\boldsymbol{X}}_{2,\text{DCB}}$ 为参考卫星以外的其他卫星以及所有接收机频间偏差参数矢量;$\boldsymbol{S}$ 为约束矩阵。

$$\begin{cases} \hat{\boldsymbol{X}}_{\text{DCB}} = \left[\hat{\boldsymbol{X}}_{\text{sat,DCB}}^{\text{T}}, \quad \hat{\boldsymbol{X}}_{\text{rec,DCB}}^{\text{T}} \right]^{\text{T}} = (\boldsymbol{N} + \boldsymbol{S}^{\text{T}} \boldsymbol{S}) - 1 \boldsymbol{W} \\ \boldsymbol{D}_{\hat{X}\hat{X}} = \hat{\sigma}_0^2 \cdot (\boldsymbol{N} + \boldsymbol{S}^{\text{T}} \boldsymbol{S})^{-1} \\ \boldsymbol{N} = \boldsymbol{F}^{\text{T}} \boldsymbol{P} \boldsymbol{F} \\ \boldsymbol{W} = \boldsymbol{F}^{\text{T}} \boldsymbol{P} \boldsymbol{L}_{\text{SPR}} \end{cases} \tag{4.5}$$

式中:$\hat{\boldsymbol{X}}_{\text{DCB}}$ 为卫星($\hat{\boldsymbol{X}}_{\text{sat,DCB}}^{\text{T}}$)和接收机($\hat{\boldsymbol{X}}_{\text{rec,DCB}}^{\text{T}}$)频间偏差估值的矢量;$\boldsymbol{D}_{\hat{X}\hat{X}}$ 为 $\hat{\boldsymbol{X}}_{\text{DCB}}$ 对应的协方差矩阵;$\hat{\sigma}_0$ 为验后的单位权中误差估值,如式(4.6)所示。

$$\begin{cases} \hat{\sigma}_0^2 = \dfrac{\boldsymbol{V}^{\text{T}} \boldsymbol{P} \boldsymbol{V}}{\displaystyle\sum_{r=1}^{R} n_r - u + 1} \\ \boldsymbol{V} = \boldsymbol{F} \hat{\boldsymbol{X}}_{\text{DCB}} - \boldsymbol{L}_{\text{SPR}} \end{cases} \tag{4.6}$$

式中:R 为基准站的个数;n_r 为第 r 个基准站有效卫星的个数;$\boldsymbol{P}$ 为"伪观测值" $\boldsymbol{L}_{\text{SPR}}$ 对应的权阵,由 $\boldsymbol{L}_{\text{SPR}}$ 对应的协方差确定。

基于式(4.4)中给出的卫星和接收机频间偏差分离的"拟稳"基准,频间偏差稳定性较差的卫星从参考卫星中被剔除,从而避免其对其他卫星和接收机频间偏差估值的影响。为了实施方便,设计如下自适应的判别方法[14]:

(1)由于卫星频间偏差的稳定性在第一次平差之前无法判断,因此,选择所有卫星构造"零均值"基准,即式(4.4)中 $u_2 = 0$,该基准称为初始基准。

(2)基于(1)中确定的初始基准,进行第一次平差,得到各卫星频间偏差的估值,从而利用式(4.3)逐卫星判断频间偏差的稳定性,将稳定性最差(也就是 γ 值最大)的卫星从初始基准中剔除。在第一次迭代中,$\Delta \hat{b}^1$ 和 $\hat{\sigma}$ 分取前一天获得的卫星频间偏差估值及其方差;如果没有卫星被剔除,则卫星和接收机频间偏差的估计到此结束。

(3)利用剩余的其他卫星按照式(4.4)构造新的"拟稳"基准,重新平差得到新的卫星和接收机频间偏差估值。从第二次迭代中,$\Delta \hat{b}^1$ 和 $\hat{\sigma}$ 分别选择上一次迭代计算得到的卫星频间偏差估值及其方差。需要注意的是,每次迭代只可剔除一颗稳定性最差的卫星。

(4)重复第(3)步直至所有参考卫星的频间偏差参数均通过式(4.3)被判定为稳定。

(5)最后,从 $\hat{\boldsymbol{X}}_{\text{DCB}}$ 和 $\boldsymbol{D}_{\hat{X}\hat{X}}$ 中提取所有卫星频间偏差估值及其方差。

从上述计算过程中看到,基于 IGGDCB 估计得到的卫星频间偏差参数是相对于"拟稳"基准的,该基准与现有方法中采用的施加于所有卫星频间偏差的"零均值"基准存在偏差,因此,基于 IGGDCB 估计得到卫星频间偏差在与 CODE 喷气推进实验室(JPL)等 IGS 电离层分析中心公布的卫星频间偏差进行对比时必须将该偏差扣除。

IGGDCB 实施包括"电离层 TEC 与频间偏差参数分离"以及"卫星与接收机频间偏差参数分离"两步,相较于目前常用频间偏差参数估计方法,其特点主要体现在如下两个方面:

(1) IGGDCB 方法采用逐基准站局部电离层建模实现 TEC 参数与频间偏差参数的分离,不仅解决了常用方法中因全球电离层 TEC 建模而造成的对全球分布大量基准站的依赖,而且通过提高电离层 TEC 建模的精度,有效改善了卫星和接收机综合频间偏差估值的精度。这一特点特别适用于不希望过多在境外建设监控站的北斗全球系统的卫星频间偏差的精密确定。

(2) IGGDCB 方法通过设计卫星频间偏差稳定性判别标准,自适应地选择部分频间偏差稳定性较好的卫星构造"拟稳"基准实现卫星和接收机频间偏差参数的合理分离,可有效避免部分频间偏差稳定性较差的卫星对其他所有频间偏差参数估值的影响,提高相关参数估计的可靠性及其与实际稳定性的吻合程度。

4.3.2 GPS 及 GLONASS 卫星差分码偏差精度分析

测量与地球物理研究所(武汉)(IGG)提供的 GPS 频内偏差产品包括 C1C-C1W、C2W-C2X、C2W-C2S 及 C2W-C2L 四类,频间偏差产品包括 C1W-C2W、C1C-C5X 及 C1C-C5Q 三类;提供的 GLONASS DCB 产品包括 C1C-C1P、C2C-C2P 及 C1P-C2P 三类。以 CODE 及 DLR 提供的 DCB 产品为参考,分别从频内偏差及频间偏差两个方面,分析基于 IGGDCB 方法确定的 GPS 及 GLONASS DCB 产品的精度与可靠性。

4.3.2.1 GPS 及 GLONASS 卫星频内偏差精度分析

目前 CODE 提供的 GPS 及 GLONASS 的频内偏差产品可以分为两类:一类是与卫星钟差参数同步估计,在 P1C1yymm. DCB 文件中提供(后面以 CODE 表示),且只包含 GPS 卫星的 P1-C1 偏差参数;另一类通过 GPS 或 GLONASS 码观测量直接组合计算得到,在 P1C1yymm_RINEX. DCB 及 P2C2yymm_RINEX. DCB 文件中提供(后面以 CODERNX 表示),其中包含 GPS 及 GLONASS 卫星与接收机的 P1-C1 及 P2-C2 偏差参数。

图 4.3 所示为 2014 年 12 月 CODE、DLR 及 IGG 确定的 GPS C1C-C1W 参数的月均值,图中横坐标为 GPS 卫星伪随机噪声(PRN)码,括号内为空间飞行器编号(SVN)。可以看出,各 GPS 卫星的 C1C-C1W 偏差值在 -3.0~3.0ns 内变化,且不同机构提供的 C1C-C1W 偏差值相近。图 4.4 所示为 DLR/IGG 提供的 C1C-C1W 月均值与 CODE P1-C1 产品之间差异。DLR/IGG 的 C1C-C1W 参数与 CODE 产品的偏差变化范围为 -0.6~0.5ns,且 G25(G057)卫星的差异最大。DLR、IGG、CODERNX 与 CODE 产品偏差的均方根(RMS)误差分别为 0.26ns、0.23ns 和 0.23ns,这表明不同机构基于 GPS 码观测值直接组合计算得到的 C1C-C1W 精度相当,与 CODE 提供的 P1-C1 产品之间的偏差小于 0.25ns。

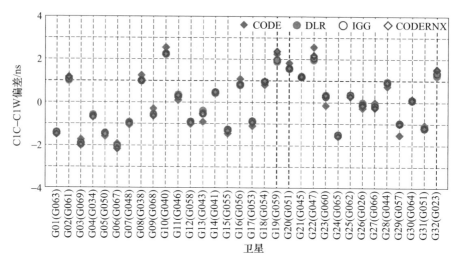

图 4.3 2014 年 12 月 CODE、DLR 及 IGG 确定的 GPS 卫星 C1C-C1W 偏差参数估值(见彩图)

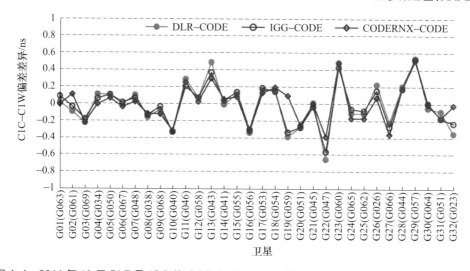

图 4.4 2014 年 12 月 DLR 及 IGG 的 GPS C1C-C1W 月均值与 CODE P1-C1 产品之间的差异

Montenbruck 等分析了 2013 年 4~6 月 GPS C2W-C2L、C2W-C2S 及 C2W-C2X 偏差的变化情况[20]。截至 2014 年 12 月,共有 15 颗 GPS 卫星能够播发 GPS L2C 民用信号。图 4.5 所示为 2014 年 12 月各 GPS 卫星的 C2W-C2L/C2S/C2X 偏差估值。可以看出,这 3 种 DCB 参数估值在 -0.8~1.5ns 内变化,小于 C1C-C1W 偏差的变化;同时 C2W-C2S 与 C2W-C2X 偏差的估值相近。C2W-C2L 与 C2W-C2S 偏差的标准差(STD)为 0.31ns,C2W-C2L 与 C2W-C2X 偏差的 STD 为 0.25ns。由于 RINEX 2 标准中并不支持 GPS L2C 民用信号,因而无法利用 IGS 更多的基准站数据进一步分析 GPS C2W-C2L/C2S/C2X 参数的变化特征。Montenbruck 等的研究表明,当 DCB 参数的确定精度要求优于 0.7ns 时,需对 C2L、C2S 及 C2X 信号进行区分[20]。

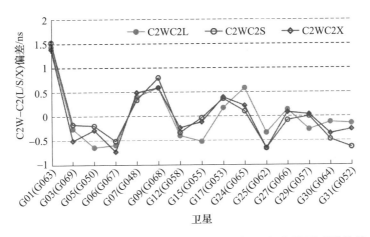

图 4.5　2014 年 12 月各 GPS 卫星的 C2W-C2L/C2S/C2X 参数估值

目前,CODE、DLR 及 IGG 的 GLONASS 频内偏差产品均是基于原始码观测量直接组合得到的。图 4.6 所示为 2014 年 12 月各 GLONASS 卫星 C1C-C1P 及 C2C-C2P 偏差参数估值。可以看出,C1C-C1P 的变化范围为 – 3.0 ~ 4.0ns,C2C-C2P 的变化范围为 – 1.0 ~ 2.0ns,IGG 与 CODERNX 的估计结果一致。表4.4 所列为基于 MGEX 观测数据确定的 GPS 及 GLONASS 卫星频内偏差参数与 CODE/CODERNX 产品的比较情况。与 CODE 提供的 GPS P1-C1 产品对比,DLR 与 IGG 确定的 GPS 卫星 C1C-C1W 偏差的精度分别为 0.23ns 和 0.20ns;与 CODERNX 产品对比,DLR 与 IGG 确定的 GPS C1C-C1W 偏差的精度为 0.1ns,GLONASS C1C-C1P 和 C2C-C2P 偏差的精度分别为 0.2ns 和 0.4ns。

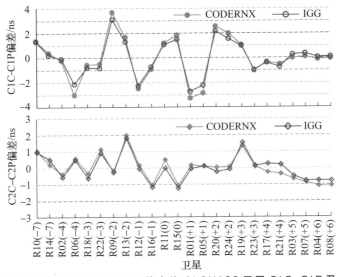

图 4.6　2014 年 12 月 CODE 及 IGG 确定的 GLONASS 卫星 C1C-C1P 及 C2C-C2P 参数估值(GLONASS 各卫星按频率号从左至右排列)

表 4.4　DLR 与 IGG 确定的 GPS 及 GLONASS 卫星频内
偏差参数精度统计

（单位：ns）

GNSS	DCB 类型	IGG-CODE	DLR-CODE	说明
GPS	C1C-C1W	0.20	0.23	与 CODE 产品对比
GPS	C1C-C1W	0.08	0.12	
GLONASS	C1C-C1P	0.21	0.18	CODERNX 产品对比
	C2C-C2P	0.39	0.30	

4.3.2.2　GPS 及 GLONASS 卫星频间偏差精度分析

以 CODE GIM 产品中提供的卫星 DCB 参数评估 DLR 及 IGG 基于 MGEX 观测数据确定的 GPS 及 GLONASS 卫星频间偏差参数精度。图 4.7 所示为 2013—2014 年 DLR 及 IGG 确定的 GPS C1W-C2W 及 GLONASS C1P-C2P 参数与 CODE 产品对比的平均偏差及 STD。可以看出，GPS 频间偏差参数与 CODE 产品之间的一致性要优于 GLONASS 频间偏差参数。具体而言，DLR/IGG 的 C1W-C2W 及 C1P-C2P 估值与 CODE 产品之间的平均差异分别为 −0.5 ~ 0.7ns 和 −1.2 ~ 2.0ns，与 CODE 产品差异的 STD 分别为 0.07 ~ 0.50ns 和 0.15 ~ 0.65ns。同时，DLR/IGG 的 C1P-C2P 估值与 CODE 产品之间的偏差与 GLONASS 频率号有一定的相关性，这可能与 GLONASS 测码信号间的频间偏差（IFB）有关。与 GPS 不同，GLONASS 信号采用频分多址技术，除同一轨道面上相对的两颗卫星之外，其他卫星发射信号的频率是不同的。目前，将 GLONASS 接收机 DCB 作为一个常数进行估计会引入频率间偏差的影响。以 CODE 提供的 GPS 及 GLONASS 卫星频间偏差产品为参考，DLR 的 C1W-C2W 及 C1P-C2P 产品精度分别为 0.24ns 和 0.84ns，IGG 的 C1W-C2W 及 C1P-C2P 产品精度分别为 0.29ns 和 0.56ns（表 4.5）。

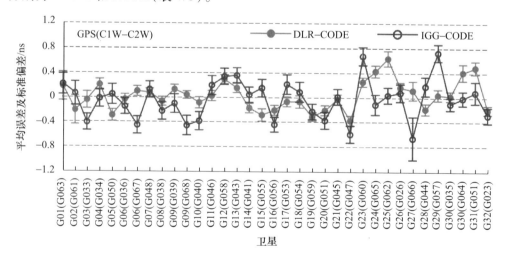

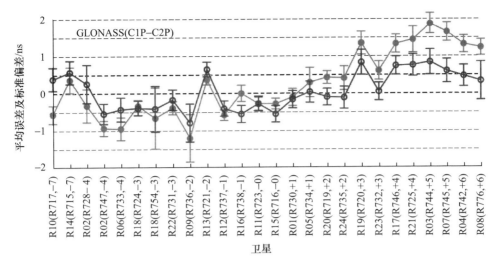

图 4.7　2013—2014 年 DLR 及 IGG 确定的 C1W-C2W 及 C1P-C2P 产品
与 CODE 提供的 P1-P2 产品之间的平均偏差及 STD

表 4.5　IGG 确定的 GPS 及 GLONASS 卫星频间偏差精度统计　（单位:ns）

GNSS	DCB 类型	IGG-CODE	DLR-CODE	GNSS	DCB 类型	IGG-DLR
GPS	C1W-C1W	0.29	0.24	GPS	C1C-C5X	0.22
GLONASS	C1P-C2P	0.56	0.84		C1C-C5Q	0.29

卫星 DCB 参数估值受所选用的基准站数量及接收机类型的影响[6,39],DLR/IGG 的 DCB 产品是基于 MGEX 基准站数据处理得到的,而 CODE 是基于 IGS 基准站数据处理得到的。为评估不同的基准站数量及其分布对 DCB 参数估值的影响,基于 IGGDCB 方法及全球 180 个左右的 IGS 基准站观测数据计算得到 2014 年 7 月 GPS 及 GLONASS 的卫星 P1-P2 参数。与 CODE 的结果相比,基于 MGEX 观测数据得到的 C1W-C2W 及 C1P-C2P 产品精度分别为 0.26ns 和 0.52ns,基于 IGS 观测数据的 C1W-C2W 及 C1P-C2P 产品精度分别为 0.12ns 和 0.33ns。卫星 DCB 参数精度与可靠性的提高除受到基准站数量影响外,还与 IGS 及 MGEX 不同的接收机类型有关。下一步考虑对接收机类型进行分类以研究不同的类型接收机对 DCB 参数估值的影响。

卫星的 DCB 通常在一段时间内被认为是稳定不变的,因此 CODE 发布了卫星 DCB 的月均值给用户使用。卫星 DCB 参数的月稳定度,如式(4.7)所示,在一定程度上能够反映卫星 DCB 估值的稳定度及可靠性[40]。

$$S^j = \sqrt{\frac{\sum_{d=1}^{D}\left(\hat{b}^{d,j} - \bar{b}^j\right)^2}{D-1}} \qquad (4.7)$$

式中:S^j 为第 j 颗卫星 DCB 参数的月稳定度;$\hat{b}^{d,j}$ 为第 j 颗卫星第 d 天的卫星 DCB 估值;$\bar{b}^j$ 为第 j 颗卫星 DCB 参数的月均值;D 为当月的天数。

图 4.8 所示为 2013—2014 年不同机构确定的 GPS 及 GLONASS 卫星频间偏差的月稳定度。CODE、DLR 及 IGG 确定的 GPS 卫星 C1W-C2W 估值的月稳定度范围分别为 $[0.03,0.07]$ ns，$[0.06,0.10]$ ns 及 $[0.09,0.14]$ ns;GLONASS 卫星 C1P-C2P 估值的月稳定度范围分别为 $[0.05,0.12]$ ns，$[0.09,0.23]$ ns 及 $[0.12,0.26]$ ns。

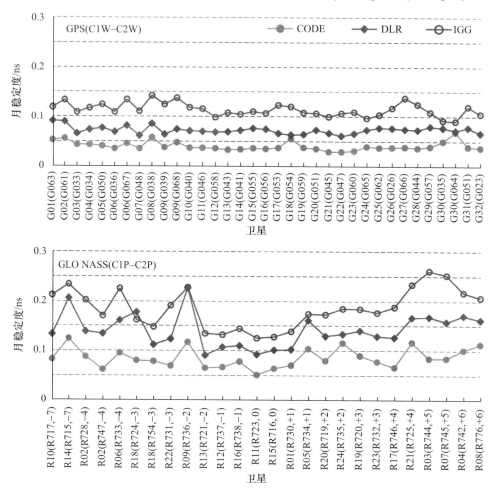

图 4.8 CODE、DLR 及 IGG 确定的 C1W-C2W 及 C1P-C2P 参数的月稳定度

结果表明:①不同机构 GPS 卫星频间偏差的月稳定度优于 GLONASS 卫星频间偏差;②CODE 提供的 GPS 及 GLONASS 卫星频间偏差的稳定度优于 DLR 及 IGG,这是因为 CODE 在全球电离层 TEC 建模时采用 3 天解且利用的基准站数量较多;③IGG 产品的月稳定度最差,这可能与低纬度地区基准站电离层 TEC 建模误差有关。Li 等建议采用电离层活动较平静地区、观测数据质量较好的基准站用于单站电离层 TEC 建模[14]。此外,电离层薄层假说引入的建模误差也应值得关注。Hernández-Pajares 等

的研究结果表明,与双层电离层模型相比,采用薄层假说进行电离层 TEC 建模会引入一定的系统性误差[13];而这一偏差最终也会影响卫星与接收机 DCB 参数估值的精度与稳定性[41]。

图 4.9 所示为 2013—2014 年 GPS 卫星 C1C-C5X 及 C1C-C7Q 偏差与 DLR 产品比较的精度与稳定度。IGG 确定的 C1C-C5X 及 C1C-C7Q 参数与 DLR 产品之间的平均差异分别为 −0.17~0.12ns 和 −0.26~0.15ns,与 DLR 产品差异的 STD 分别为 0.13~0.45ns 和 0.18~0.45ns。IGG DCB 产品的月稳定度略大于 DLR,但 C1C-C5X 及 C1C-C7Q 参数的月稳定度仍可以达到 0.09ns 和 0.12ns。与 DLR 的 DCB 产品对比,IGG 确定的 C1C-C5X 及 C1C-C7Q 偏差的精度分别为 0.22ns 和 0.29ns(表 4.5)。

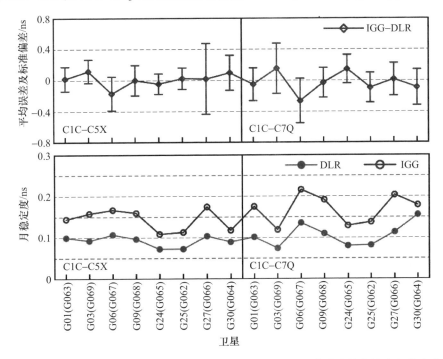

图 4.9　IGG 确定的 C1C-C5X 及 C1C-C7Q 偏差与 DLR 产品比较的精度与稳定度

4.3.3　BDS 卫星差分码偏差精度分析

BDS 在 I 分量 B1、B2 及 B3 三个频点上播发的测码信号分别为 C2I、C7I 及 C6I,可以形成的 DCB 参数包括 C2I-C7I、C2I-C6I 及 C7I-C6I。目前,北斗 DCB 包括 C2I-C7I 和 C2I-C6I 两种。截至 2014 年底,BDS 共有 13 颗正常工作的卫星,其中 C13 因故障自 2014 年初不再提供服务。图 4.10 所示为 2013—2014 年 BDS 各卫星 C2I-C7I 及 C2I-C6I 偏差的时间序列。可以看出,C01 卫星 C2I-C7I 偏差的大小在 15ns 左右,除 C01 外,其他卫星偏差的变化范围为 −8~8ns。值得注意的是,中圆地球轨道(MEO)卫星(C11-C14)DCB 参数的变化含有一个 7 天左右的周期,这与北斗 MEO 卫星的地迹重复周期一致。

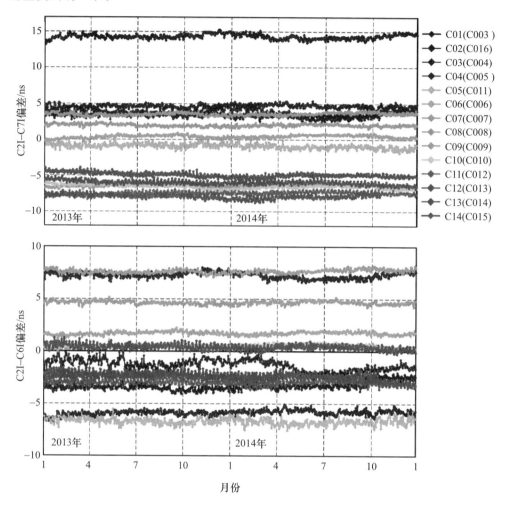

图 4.10　2013—2014 年 BDS 各卫星 C2I‑C7I 及 C2I‑C6I 偏差的时间序列（见彩图）

　　图 4.11 所示为 IGG 确定的 BDS 各卫星 C2I‑C7I 及 C2I‑C6I 估值与 DLR 产品之间的平均偏差及标准差（STD）。除 C03 外，IGG 确定的 BDS 卫星 DCB 估值与 DLR 产品之间的平均差异为 −0.15 ~ 0.25ns。与 DLR 产品相比，地球静止轨道（GEO）（C01‑C05）、倾斜地球同步轨道（IGSO）（C06‑C10）及 MEO（C11‑C14）卫星 C2I‑C7I 偏差的精度分别为 0.41ns、0.16ns 及 0.32ns，C2I‑C6I 偏差的精度分别为 0.50ns、0.28ns 及 0.39ns。可以看出，IGSO 卫星 DCB 估值的精度优于 GEO 及 MEO 卫星，这主要是因为 IGSO 卫星的观测弧段长度及数据量多于 MEO 卫星[42‑44]，同时 IGSO 卫星所受的多路径影响也远小于 GEO 卫星[45]。此外，图 4.10 中 MEO 卫星 DCB 估值表现出的周期性震荡也将影响 MEO 卫星 DCB 结果的稳定性。总体而言，IGG 确定的 BDS 卫星 DCB 参数的精度优于 0.4ns（表 4.6）。

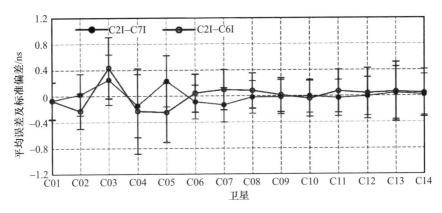

图 4.11 IGG 确定的 BDS C2I-C7I 及 C2I-C6I 偏差与 DLR 产品之间的平均偏差及 STD

表 4.6 IGG 确定的 BDS 及 Galileo 卫星频间偏差精度统计 （单位:ns）

GNSS	DCB 类型	IGG-DLR	DCB 类型	IGG-DLR
Galileo 系统	C1X-C5X	0.22	C1C-C5Q	0.26
	C1X-C7X	0.21	C1C-C7Q	0.26
	C1X-C8X	0.22	C1C-C8Q	0.27
BDS	C2I-C7I	0.33	C2I-C6I	0.39

图 4.12 所示为 DLR 与 IGG 确定的 BDS 卫星 DCB 产品的稳定度。2013 年及 2014 年,DLR 的 BDS 卫星 DCB 估值稳定性基本一致:GEO、IGSO 及 MEO 卫星的月稳定度分别为 0.24ns、0.12ns 及 0.19ns。2013 年及 2014 年 IGG 三类卫星 DCB 产品的稳定度分别为 0.19ns 和 0.26ns,2014 年 IGG 的 DCB 产品稳定度要明显优于 2013 年。卫星 DCB 参数的稳定性分析结果也表明,IGSO 卫星 DCB 估值精度明显优于 GEO 及 MEO 卫星。

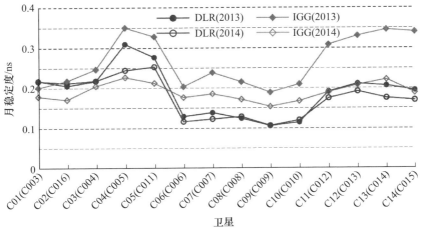

图 4.12 DLR 及 IGG 确定的 BDS 卫星频间偏差产品的月稳定度

图4.13所示为2013—2014年DLR及IGG用于BDS DCB参数估计的基准站数量。2014年IGG用于BDS DCB参数估计的基准站数量远多于2013年,这表明全球分布均匀、数量合理的监测站能够增加卫星DCB估值的精度与可靠性。随着MGEX以及iGMAS等多模GNSS监测网的建设,亚太地区更多的北斗观测数据将有利于北斗DCB参数的确定精度及可靠性。从图中还可以看出,2014年9月后,DLR用于北斗DCB参数估计的基准站数量明显减小。不过2015年DLR提供的DCB产品中修复了这一问题。

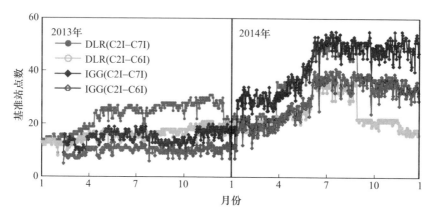

图4.13　2013—2014年DLR及IGG用于BDS DCB参数估计的MGEX基准站数量(见彩图)

4.3.4　Galileo卫星差分码偏差精度分析

截至2014年底,Galileo系统共有4颗在轨验证(IOV)卫星。除E1公开服务外,Galileo系统在E5ab频段上还提供E5a、E5b及E5a+b三种信号[46]。目前,常用的商用接收机仅支持跟踪Galileo导频码或混合码观测值,IGG确定的Galileo卫星DCB参数包括C1C-C5Q/C7Q/C8Q及C1X-C5X/C7X/C8X共计6类。下面以DLR提供的DCB产品为参考,分析IGG确定的Galileo卫星DCB参数的精度及稳定性。

图4.14所示为2013—2014年Galileo各卫星C1X-C5X/C7X/C8X偏差的时间序列。E20卫星自2014年6月开始仅播发E1信号,此后不再计算该卫星对应的DCB参数。从图中可以看出,各卫星的DCB参数序列有明显的间断,这与MGEX基准站Galileo观测数据的不连续有关。E19及E20卫星的DCB估值在2013年初表现出一定的抖动,此后各卫星的DCB参数估值均比较稳定。Galileo卫星DCB在−5.0~5.0ns的范围内变化,明显小于BDS卫星C2I-C7I/C6I的变化范围。同时,C1X-C5X、C1X-C7X及C1X-C8X之间的差异较小,各卫星3种DCB参数之间的差异一般小于0.5ns。

图4.15所示为IGG确定的Galileo卫星DCB估值与DLR产品之间的平均偏差及STD。IGG确定的Galileo卫星DCB估值与DLR产品之间的平均差异接近于0,与DLR产品差异的STD为0.16~0.38ns,且E20卫星的STD明显大于其他卫星。以C1X-C5X

偏差为例,IGG 确定的 E11、E12、E19 及 E20 各卫星 DCB 估值的精度分别为 0.19ns、0.15ns、0.20ns 和 0.31ns。与 DLR 产品相比,IGG 确定的 C1C-C5Q/C7Q/C8Q 偏差产品精度为 0.26ns 左右,C1X-C5X/C7X/C8X 偏差产品的精度为 0.22ns 左右(表4.6)。

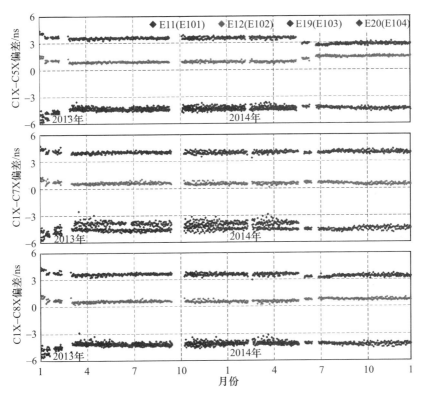

图 4.14　2013—2014 年 Galileo 各卫星 C1X-C5X、C1X-C7X 及 C1X-C8X 偏差的时间序列(见彩图)

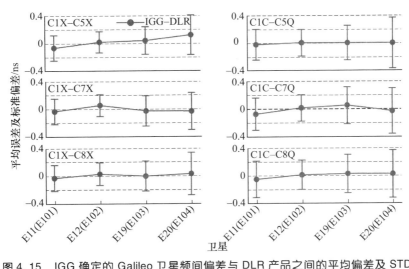

图 4.15　IGG 确定的 Galileo 卫星频间偏差与 DLR 产品之间的平均偏差及 STD

以上分析结果表明,基于 IGGDCB 方法确定的 GPS 及 GLONASS 卫星频内偏差参数的精度分别为 0.1ns 及 0.2~0.4ns(与 CODERNX 产品相比),频间偏差产品精度为 0.29ns 和 0.56ns(与 CODE 产品对比);BDS 及 Galileo 卫星频间偏差产品精度为 0.36ns 和 0.24ns(与 DLR 产品对比)。IGGDCB 方法确定的 DCB 产品能够满足目前多模 GNSS 应用对多系统 DCB 参数的需求。需要说明的是,这里仅分析了 GPS、GLONASS、BDS 及 Galileo 卫星 DCB 参数的精度及稳定性,不同类型接收机 DCB 估值精度及变化特征通常也需进一步分析。

◢ 4.4 GNSS 广播的 TGD/ISC 参数改正方法及精度分析

常用的 DCB 产品可以分为两类:一类是 IGS 的电离层工作组及 MGEX 工作组(以 CODE 和 DLR 为代表)提供的后处理 DCB 产品[19-20];另一类是 GNSS 广播星历实时播发的 TGD 或广播群延迟(BGD)参数,除 GLONASS 外,GPS、BDS 及 Galileo 广播星历中均播发 TGD 或 BGD 参数。自 2005 年起,GPS 开始在 L2 及 L5 频率上播发新的民用导航信号[36,47]。为此,GPS 民用广播星历在原有 TGD 参数的基础上,新增了 $ISC_{L1C/A}$、ISC_{L2C}、ISC_{L5I} 及 ISC_{L5Q} 四种信号间校正(ISC)参数[48]。由于 TGD/ISC 参数能够通过广播星历实时获取,因而特别适用于 GNSS 单/双频导航用户定位的 DCB 改正需求。本节首先给出了 TGD/ISC 参数在 GNSS 单/双频定位中的改正方法,进而利用不同机构提供的 DCB 产品评估了 TGD/ISC 参数的实际精度及其对导航定位结果的影响。

4.4.1 GNSS TGD/ISC 参数含义

GPS 广播星历钟差是由 L1P(Y)和 L2P(Y)消电离层组合计算得到的,该参数中含有 L1P(Y)和 L2P(Y)在卫星端的硬件延迟影响。为扣除这一偏差对导航用户的影响,GPS 引入了 TGD 参数[49-50]。Galileo 广播星历钟差定义在 E1 和 E5a 消电离层组合的频率基准上,与 GPS 类似,其在 E1-E5a 和 E1-E5b 信号间定义了 $BGD_{E1,E5a}$ 和 $BGD_{E1,E5b}$ 两个参数[46]。不同于 GPS 和 Galileo 系统,BDS 广播星历钟差参数以 B3I 信号为基准,因此 BDS 广播星历中定义了 TGD1 和 TGD2 以修正 B1I-B3I 及 B2I-B3I 之间的硬件时延误差[51-52]。需要说明的是,BDS 播发的 TGD 参数(包括 TGD_1 和 TGD_2)本质上是 B1B3 和 B1B2 频点间的 DCB 参数,而 GPS 播发的 TGD 参数和 Galileo 播发的 BGD(包括 $BGD_{E1,E5a}$ 和 $BGD_{E1,E5b}$)参数与 DCB 之间存在一个与频率有关的转换因子。

表 4.7 所列为 GNSS 广播的 TGD、ISC 及 BGD 参数与后处理得到的 DCB 参数之间的对应关系。表中第二列是各 GNSS 导航星历中定义的 TGD、ISC 或 BGD 参数类型,第三列是各 TGD、ISC 或 BGD 参数的定义。其中,τ_x 表示信号 x 在卫星端的硬件时延,例如 L1P(Y)和 E5a 信号在卫星端的硬件时延分别为 $\tau_{L1P(Y)}$ 和 τ_{E5a};$\gamma_{s_x,s_y} = f_{Sx}^2 /$

$f_{S_y}^2$,f_{S_x} 和 f_{S_y} 分别为信号 S_x 和 S_y 对应的频率。第三列对应的是 DLR 及 IGG 基于 MGEX 基准站数据确定的 GPS、GLONASS、Galileo 及 BDS 的 DCB 参数类型,第四列对应的是 CODE 基于 IGS 基准站确定的 GPS 及 GLONASS 的 DCB 参数类型。

表 4.7　GNSS 广播的 TGD、ISC 及 BGD 参数与 DCB 参数的对应关系

GNSS	TGD/ISC 参数	定义	DLR/IGG 产品	CODE 产品
GPS	$TGD_{L1P(Y),L2P(Y)}$	$\dfrac{\tau_{L1P(Y)} - \tau_{L2P(Y)}}{1-\gamma_{G_1,G_2}}$	$\dfrac{1}{1-\gamma_{G_1,G_2}}DCB_{C1W-C2W}$	$\dfrac{1}{1-\gamma_{G_1,G_2}}DCB_{P1-P2}$
	$ISC_{L1C/A}$	$\tau_{L1P(Y)} - \tau_{L1C/A}$	$-DCB_{C1C-C1W}$	DCB_{P1-C1}
	ISC_{L2C}	$\tau_{L1P(Y)} - \tau_{L2C}$	$DCB_{C1W-C2W} + DCB_{C2W-C2L}$	$DCB_{P1-P2} + DCB_{P2-C2}$
	ISC_{L5I5}	$\tau_{L1P(Y)} - \tau_{L5I5}$		
	ISC_{L5Q5}	$\tau_{L1P(Y)} - \tau_{L5Q5}$	$-DCB_{C1C-C1W} + DCB_{C1C-C5Q}$	
GLONASS	$\Delta\tau$	$t_{R_2} - t_{R_1}$	$-DCB_{C1P-C2P}$	$-DCB_{P1-P2}$
Galileo 系统	$BGD_{E5a,E1}$	$\dfrac{\tau_{E5a} - \tau_{E1}}{1-\gamma_{E5a,E1}}$	$-\dfrac{DCB_{C1C-C5Q}}{1-\gamma_{E5a,E1}}$或$-\dfrac{DCB_{C1X-C5X}}{1-\gamma_{E5a,E1}}$	
	$BGD_{E5b,E1}$	$\dfrac{\tau_{E5b} - \tau_{E1}}{1-\gamma_{E5b,E1}}$	$-\dfrac{DCB_{C1C-C7Q}}{1-\gamma_{E5b,E1}}$或$-\dfrac{DCB_{C1X-C7X}}{1-\gamma_{E5b,E1}}$	
BDS	$TGD_{B1,B3}$	$\tau_{B1} - \tau_{B3}$	$DCB_{C2I-C6I}$	
	$TGD_{B2,B3}$	$\tau_{B2} - \tau_{B3}$	$DCB_{C7I-C6I}$	

GPS 卫星在发射前都会在地面对 TGD 参数进行提前标定。1999 年 4 月后,GPS 开始播发由 JPL 基于 IGS 基准站数据处理得到的 TGD 参数,且每 4 个月更新一次[50]。2005 年起发射的 GPS Block ⅡR-M 卫星在 L2 频率上增加了 L2C 民用信号,2010 年起发射的 GPS Block ⅡF 卫星新增了 L5 频率以及 L5I5、L5Q5 两种民用信号。与之对应,GPS 在 L1C/A、L2C、L5I5 及 L5Q5 民用信号上相对于 L1P(Y) 分别定义了一个 ISC 参数,即 $ISC_{L1C/A}$、ISC_{L2C}、ISC_{L5I} 及 ISC_{L5Q}。ISC 参数本质上也是 DCB 参数。其中,$G_{L1C/A}$ 是 L1P(Y) 与 L1C/A 信号间的频内偏差参数,ISC_{L2C}、ISC_{L5I} 及 ISC_{L5Q} 分别为 L1P(Y) 与 L2C、L5I5、L5Q5 信号间的频间偏差参数[53]。TGD 也可以看作是 L2P(Y) 信号上的 ISC 参数,但其需乘一个与频率有关的常数进行转换。

图 4.16 所示为 2014 年年积日(DOY)118 天至 2015 年 112 天 GPS 广播的 TGD 及 ISC 参数的更新频次及其变化情况。图中横坐标为 GPS 卫星号,括号内为 PRN 号;纵坐标为时间,不同颜色代表不同 TGD 或 ISC 参数的有效时间范围。可以看出,TGD 参数并非严格地每 4 个月更新一次。其中,G01、12、29 及 30 号卫星的 TGD 参数在近一年的时间内都未更新(后面的卫星号均指 PRN 号);7、17 及 31 号卫星的 TGD 参数 2014 年 10 月更新一次后便再未更新;27 号卫星的 TGD 参数 2014 年 10 月更新一次后,2015 年 1 月又更新了一次。比较而言,ISC 参数的更新频次更有规律:各卫星的 $ISC_{L1C/A}$、ISC_{L2C} 及 ISC_{L5Q} 参数在 2014 年 6 月及 2015 年 2 月分别更新了一次。从 GPS 导航定位对硬件时延偏差的改正需求来看,广播的 TGD 及 ISC 参数最好一个月左右更新一次;然而受主控站数据处理策略等因素的影响,TGD 及 ISC 参数可

能几个月才更新一次。Wilson 等的分析结果表明,由于卫星硬件时延参数稳定性较好,TGD 参数数月更新一次也能够保持较高的可靠性,但一年或更长时间更新一次则会引入较大的误差[50]。

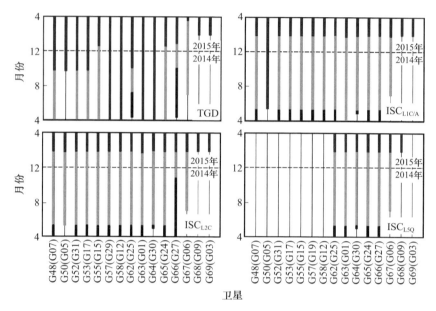

图 4.16　GPS 广播的 TGD 及 ISC 参数更新时间示意(见彩图)

GLONASS 广播星历中定义了 $\Delta\tau$ 以表示 L1 和 L2 信号间的传播时间差,但其接口控制文件(ICD)文件中关于该参数并没有详细的说明。此外,RINEX 标准广播星历文件目前也不支持该参数的记录。Montenbruck 和 Hauschild 的分析结果表明,$\Delta\tau$ 参数与 DCB 参数之间存在一定的转换关系,即 $\Delta\tau = -\text{DCB}_{C1P-C2P}$。然而 $\Delta\tau$ 与 $\text{DCB}_{C1P-C2P}$ 之间的差异最大可达 7.0ns,远大于 GPS 广播的 TGD 与后处理 DCB 参数之间的差异[5]。

Galileo 广播星历中的卫星钟差参数以 E1 + E5a 消电离层组合为基准,其在 E1-E5a 和 E1-E5b 信号间定义了 $\text{BGD}_{E1,E5a}$ 和 $\text{BGD}_{E1,E5b}$ 两个 BGD 参数。在 E1、E5a 和 E5b 频率上,MGEX 网接收机仅支持 Galileo 导频(包括 C1C、C5Q、C7Q)或混合测码(包括 C1X、C5X、C7X)信号的跟踪,E1-E5a 信号间的 DCB 包括 C1C-C5Q 和 C1X-C5X,E1-E5b 信号间的 DCB 包括 C1C-C7Q 和 C1X-C7X。然而 Galileo 系统并未像 GPS 一样在同一频率不同类型的测码信号间定义不同的 ISC 参数。分析结果表明,Galileo 导频码与数据码观测值之间的差异为 10cm,小于 GPS L5 频率上的测码观测噪声(30cm)[54]。但对高精度用户而言,仍需考虑不同类型观测信号之间的硬件时延差异[9]。BDS 在 B1I-B3I 和 B2I-B3I 信号间定义了 TGD1 和 TGD2 两个 TGD 参数,其本质上是 I 分量上两类信号间的 DCB 参数。自 2015 年起,BDS 开始全球系统的卫星发射组网。未来 BDS 全球系统将提供更多种类的测码信号,与之对应,其广播星历中也将提供更多种类的 TGD 参数类型。

　　表 4.8 所列为准天顶卫星系统(QZSS)及印度区域卫星导航系统(IRNSS)广播的 TGD 及 ISC 参数定义。可以看出,QZSS 采用了与 GPS 类似的 TGD 及 ISC 参数定义。不同的是,QZSS 广播星历钟差参数定义在 L1C/A + L2C 消电离层组合的频率基准上,因而其对应的 TGD 及 ISC 参数的参考信号类型与 GPS 有所差异。具体而言,QZSS 的 TGD 参数以 L1C/A 和 L2C 为参考信号,而 $ISC_{L1C/A}$、ISC_{L2C}、ISC_{L5I} 及 ISC_{L5Q} 则分别定义为 L1C/A、L2C、L5I5 及 L5Q5 信号相对于 L1C/A 的 $DCB^{[55]}$。截至 2015 年年底,IRNSS 共有 4 颗在轨卫星。根据其 ICD 文件说明,IRNSS 的 TGD 参数以 S 频段和 L5 频段授权服务(RS)信号为参考基准;同时,在 S 频段 RS 信号和标准定位服务(SPS)信号之间定义了 ISC_S,在 S 频段 RS 信号和 L5 频段 SPS 信号之间定义了 $ISC_{L5}^{[56]}$。

表 4.8　QZSS 及 IRNSS 广播的 TGD 及 ISC 参数定义

GNSS	TGD/ISC 参数	定义
QZSS	$TGD_{L1C/A,L2C}$	$(\tau_{L1C/A} - \tau_{L2C})/(1 - \gamma_{J_1,J_2})$
	$ISC_{L1C/A}$	$\tau_{L1C/A} - \tau_{L1C/A}$
	ISC_{L2C}	$\tau_{L1C/A} - \tau_{L2C}$
	ISC_{L5I5}	$\tau_{L1C/A} - \tau_{L5I5}$
	ISC_{L5Q5}	$\tau_{L1C/A} - \tau_{L5Q5}$
IRNSS	$TGD_{S,L5}$	$(\tau_{S\_RS} - \tau_{L5\_RS})/(1 - \gamma_{I_s,I_{L5}})$
	ISC_S	$\tau_{S\_RS} - \tau_{S\_SPS}$
	ISC_{L5}	$\tau_{S\_RS} - \tau_{L5\_SPS}$

4.4.2　GNSS TGD/ISC 参数改正模型

4.4.2.1　GPS TGD/ISC 参数改正模型

　　GPS 广播星历中的钟差参数以 L1P(Y)和 L2P(Y)消电离层组合为参考基准,其中包含卫星端硬件延迟的影响;利用 L1P(Y)和 L2P(Y)实施单点定位时,无需进行 TGD 改正。然而,单独或联合采用 L1C/A、L2C、L5I5 及 L5Q5 信号进行单点定位时,需将 TGD 及 ISC 参数作为改正信息。忽略观测噪声及多路径效应的影响,GPS 卫星与接收机视线方向的伪距观测方程可表示为

$$\begin{cases} P_{L_{i,x}} = \rho_{los} + c \cdot \delta t_r - c \cdot \delta t^s + \tau_{L_{i,x}} + \alpha_i \cdot I + T \\ P_{L_{j,z}} = \rho_{los} + c \cdot \delta t_r - c \cdot \delta t^s + \tau_{L_{j,z}} + \alpha_j \cdot I + T \end{cases} \tag{4.8}$$

式中:$\tau_{L_{i,x}}$、$\tau_{L_{j,z}}$ 分别为 $L_{i,x}$ 和 $L_{j,z}$ 信号在卫星端的硬件延迟,其他各参数的含义参见式(2.1)。接收机端硬件延迟在定位中可被接收机钟差参数吸收,故式(4.8)中未将其列出。

　　GPS 卫星钟差由 L1P(Y) + L2P(Y)消电离层组合计算得到,因此,广播星历的卫星钟差参数 Δt_{SV} 中含有卫星端 L1P(Y)和 L2P(Y)的硬件延迟影响。

$$c \cdot \delta t_{SV} = c \cdot \delta t^s - \left(\frac{\gamma_{G1,G2}}{\gamma_{G1,G2} - 1} \tau_{L_{1,P(Y)}} - \frac{1}{\gamma_{G1,G2} - 1} \tau_{L_{2,P(Y)}} \right) \tag{4.9}$$

根据 GPS TGD 及 ISC 参数的定义,式(4.9)可进一步表达为

$$\delta t^s - \tau_{L_{i,x}} = \delta t_{SV} - TGD + ISC_{L_{i,x}} \tag{4.10}$$

式中:$ISC_{L_{i,x}}$ 为信号 $L_{i,x}$ 上定义的 ISC 参数。为简单起见,令

$$\bar{\rho} = \rho_{los} + c \cdot \delta t_r - c \cdot \delta t_{SV} + T \tag{4.11}$$

将式(4.10)及式(4.11)代入式(4.8),得到新的 GPS 伪距观测方程为

$$\begin{cases} P_{L_{i,x}} = \bar{\rho} + TGD - ISC_{L_{i,x}} + \alpha_i \cdot I \\ P_{L_{j,x}} = \bar{\rho} + TGD - ISC_{L_{j,x}} + \alpha_j \cdot I \end{cases} \tag{4.12}$$

引入 $\gamma_{ij} = f_i^2 / f_j^2$,由 $P_{L_{i,x}}$ 和 $P_{L_{j,x}}$ 两种观测量构成的消电离层组合观测方程可表示为

$$PC_{L_{i,x}, L_{j,z}} = \bar{\rho} + TGD - \frac{ISC_{L_{j,z}} - \gamma_{i,j} \cdot ISC_{L_{i,x}}}{1 - \gamma_{i,j}} \tag{4.13}$$

GPS 导航用户可根据式(4.12)改正 TGD 及 ISC 误差后进行单频单点定位,也可根据式(4.13)选择两种观测值进行双频消电离层组合定位。

考虑到广播的 TGD 及 ISC 参数与 DCB 参数之间的转换关系,GPS 单双频用户也可以利用后处理的 DCB 参数改正硬件延迟误差后进行定位。TGD 及 ISC 参数与 DCB 参数之间转换关系可以表示为[57]

$$\begin{cases} TGD = DCB_{L_{1,P(Y)} - L_{2,P(Y)}} / (1 - \gamma_{G1,G2}) \\ ISC_{L_{i,x}} = DCB_{L_{1,P(Y)} - L_{i,x}} \end{cases} \tag{4.14}$$

将式(4.14)分别代入式(4.12)和式(4.13),可以得到基于 DCB 参数改正的 GPS 单频及双频消电离层组合观测方程:

$$\begin{cases} P_{L_{i,x}} = \bar{\rho} + \dfrac{DCB_{L_{1,P(Y)} - L_{2,P(Y)}}}{1 - \gamma_{G1,G2}} - DCB_{L_{1,P(Y)} - L_{i,x}} + \alpha_i \cdot I \\ PC_{L_{i,x}, L_{j,z}} = \bar{\rho} + \dfrac{DCB_{L_{1,P(Y)} - L_{2,P(Y)}}}{1 - \gamma_{G1,G2}} - \dfrac{DCB_{L_{1,P(Y)} - L_{j,z}} - \gamma_{i,j} \cdot DCB_{L_{1,P(Y)} - L_{i,x}}}{1 - \gamma_{i,j}} \end{cases} \tag{4.15}$$

如表 4.7 所列,某些 DCB 参数如 $DCB_{C1C - C1P}$ 及 $DCB_{C1W - C2W}$ 可以直接获得,而某些 DCB 参数只能经由不同 DCB 产品的线性组合得到。

4.4.2.2 Galileo BGD 参数改正模型

Galileo 广播星历中的卫星钟差参数由 E1 及 E5a 信号消电离层组合计算得到,其广播的卫星钟差参数 Δt_{SV} 中含有 E1 及 E5a 信号在卫星端硬件延迟的影响为

$$c \cdot \delta t_{SV} = c \cdot \delta t^s - \left(\frac{\gamma_{E1,E5a}}{\gamma_{E1,E5a} - 1} \tau_{E1} - \frac{1}{\gamma_{E1,E5a} - 1} \tau_{E5a} \right) \tag{4.16}$$

将式(4.16)代入式(4.8),得到基于 DCB 参数改正的 Galileo E1、E5a 及 E5b 伪距观测方程为

$$\begin{cases} P_{E1} = \bar{\rho} + \alpha_{E1} \cdot I + \dfrac{1}{1 - \gamma_{E1,E5a}} DCB_{E1-E5a} \\[2mm] P_{E5a} = \bar{\rho} + \alpha_{E5a} \cdot I + \dfrac{\gamma_{E1,E5a}}{1 - \gamma_{E1,E5a}} DCB_{E1-E5a} \\[2mm] P_{E5b} = \bar{\rho} + \alpha_{E5b} \cdot I + \dfrac{1}{1 - \gamma_{E1,E5a}} DCB_{E1-E5a} - DCB_{E1,E5b} \end{cases} \quad (4.17)$$

式中：DCB_{E1-E5a} 和 DCB_{E1-E5b} 分别为 E1-E5a 及 E1-E5b 信号间的 DCB。目前，MGEX 提供的 DCB_{E1-E5a} 产品包括 $DCB_{C1C-C5Q}$ 及 $DCB_{C1X-C5X}$，提供的 DCB_{E1-E5b} 产品包括 $DCB_{C1C-C7Q}$ 及 $DCB_{C1X-C7X}$。利用不同类型的测码观测值进行定位时，应使用其对应类型的 DCB 参数。

考虑到 Galileo 广播的 BGD 参数与后处理 DCB 参数之间存在如下的转换关系

$$\begin{cases} BGD_{E5a,E1} = DCB_{E5a,E1} / (1 - \gamma_{E5a,E1}) \\[2mm] BGD_{E5b,E1} = DCB_{E5b,E1} / (1 - \gamma_{E5b,E1}) \end{cases} \quad (4.18)$$

基于 BGD 参数改正的 Galileo 伪距观测方程可以表示为

$$\begin{cases} \rho_{E1} = \bar{\rho} + \alpha_{E1} \cdot I + \gamma_{E5a,E1} \cdot BGD_{E5a,E1} \\[2mm] \rho_{E5a} = \bar{\rho} + \alpha_{E5a} \cdot I + BGD_{E5a,E1} \\[2mm] \rho_{E5b} = \bar{\rho} + \alpha_{E5b} \cdot I + \gamma_{E5a,E1} \cdot BGD_{E5a,E1} + (1 - \gamma_{E5b,E1}) \cdot BDG_{E5b,E1} \end{cases} \quad (4.19)$$

如式（4.17）及式（4.19）所示，Galileo E1、E5a 或 E5b 测码信号进行单点定位时，需采用 DCB 或 BGD 参数进行硬件时延误差改正。Galileo 不同测码信号的双频消电离层组合观测方程可以表示为

$$\begin{cases} PC_{E1,E5a} = \bar{\rho} \\[2mm] PC_{E1,E5b} = \bar{\rho} + \dfrac{DCB_{E1,E5a}}{1 - \gamma_{E1,E5a}} - \dfrac{DCB_{E1,E5b}}{1 - \gamma_{E1,E5b}} \\[2mm] PC_{E5a,E5b} = \bar{\rho} + \dfrac{DCB_{E5a,E5b}}{1 - \gamma_{E5a,E5b}} - \dfrac{DCB_{E1,E5a}}{1 - \gamma_{E1,E5a}} \end{cases} \quad (4.20)$$

式中：$DCB_{E5a,E5b}$ 须由 $DCB_{E1,E5a}$ 及 $DCB_{E1,E5b}$ 的线性组合计算得到，且

$$DCB_{E5a,E5b} = DCB_{E1,E5a} - DCB_{E1,E5b} \quad (4.21)$$

同样地，式（4.20）中的 DCB 参数也可以表达为 BGD 改正的形式，此处不再赘述。

4.4.2.3　BDS TGD 参数改正模型

与 GPS 及 Galileo 系统不同，BDS 广播星历中的卫星钟差以 B3 信号为参考基准，因此其钟差参数 Δt_{SV} 中含有 B3 信号在卫星端的硬件延迟影响，有

$$c \cdot \delta t_{SV} = c \cdot \delta t^s - \tau_{B3} \quad (4.22)$$

将式（4.22）代入式（4.8），可以得到基于 DCB 参数改正的 BDS B1、B2 及 B3 频点的伪距观测方程为

$$\begin{cases} \rho_{B1} = \bar{\rho} + \alpha_{B1} \cdot I - DCB_{B1-B3} \\ \rho_{B2} = \bar{\rho} + \alpha_{B2} \cdot I - DCB_{B2-B3} \\ \rho_{B3} = \bar{\rho} + \alpha_{B3} \cdot I \end{cases} \tag{4.23}$$

考虑到 BDS 的 TGD 与 DCB 参数之间存在如下式表示的转换关系:

$$\begin{cases} DCB_{B1-B3} = TGD_1 \\ DCB_{B2-B3} = TGD_2 \end{cases} \tag{4.24}$$

基于广播的 TGD 参数改正的 BDS 伪距观测方程可以表示为

$$\begin{cases} \rho_{B1} = \bar{\rho} + \alpha_{B1} \cdot I - TGD_1 \\ \rho_{B2} = \bar{\rho} + \alpha_{B2} \cdot I - TGD_2 \\ \rho_{B3} = \bar{\rho} + \alpha_{B3} \cdot I \end{cases} \tag{4.25}$$

可以看出,尽管 BDS 与 GPS 的广播星历中均播发 TGD 参数,但这两个系统播发 TGD 参数含义却完全不同。BDS 不同测码信号的双频消电离层组合观测方程可以表示为

$$\begin{cases} PC_{B1,B2} = \bar{\rho} + \dfrac{\gamma_{B1,B2}}{1-\gamma_{B1,B2}} TGD_1 - \dfrac{1}{1-\gamma_{B1,B2}} TGD_2 \\ PC_{B1,B3} = \bar{\rho} + \dfrac{\gamma_{B1,B3}}{1-\gamma_{B1,B3}} TGD_1 \\ PC_{B2,B3} = \bar{\rho} + \dfrac{\gamma_{B2,B3}}{1-\gamma_{B2,B3}} TGD_2 \end{cases} \tag{4.26}$$

式中:DCB 参数同样可以参考式(4.24),表达为 BGD 改正的形式。

与广播星历卫星钟差参数的参考基准不同,目前 MGEX 分析中心提供的 BDS 精密卫星钟差产品由 B1I 和 B2I 的消电离层组合计算得到。基于 BDS 精密钟差产品的单频及双频消电离层组合观测方程也有所不同,具体公式可以参考 Guo 等的研究[58]。

4.4.3 GNSS 广播的 TGD/ISC 参数精度分析

本节利用 CODE 及 DLR 提供的 DCB 产品分析了 GNSS 广播的 TGD 及 ISC 参数的精度。在明确 TGD 及 ISC 参数的变化规律及其实际精度的基础上,进一步分析广播的 TGD 及 ISC 参数对 GNSS 导航定位的影响。

4.4.3.1 与后处理 DCB 产品对比

GNSS 广播的 TGD 及 ISC 参数与 DCB 参数之间的对应关系参见表 4.7。由于 TGD、ISC 及 BGD 参数与各机构 DCB 产品之间采用的卫星参考基准不同,使用时需要将不同的参考基准转换到统一的基准后再进行比较。GPS TGD 及 ISC 参数的分析时段为 2014 年 5 月至 2015 年 9 月,Galileo BGD 参数的分析时段为 2013 年 4 月至 2015 年 9 月,BDS TGD 参数的分析时段为 2013 年 2 月至 2015 年 9 月。

图 4.17 所示为 2014 年 5 月至 2015 年 9 月各 GPS 卫星 TGD 及 ISC 参数的变化情况,从左上至右下 4 幅图分别对应 $ISC_{L1C/A}$、TGD、ISC_{L2C} 及 ISC_{L5Q} 参数。图中竖线左

边为 GPS Block ⅡR-M 卫星,右边为 Block ⅡF 卫星。从图中可以看出:①Block ⅡR-M与 Block ⅡF 卫星 TGD 参数差异约为 20ns,相同类型卫星 TGD 之间的差异约为 6ns; ②Block ⅡR-M卫星各 ISC_{L2C} 参数之间的差异小于 2ns,Block ⅡF 卫星 ISC_{L2C} 参数的差异小于 4ns,两类卫星 ISC_{L2C} 参数差异约为 13ns,小于不同类型卫星 TGD 参数之间的差异;③只有新发射的 Block ⅡF 卫星能够播发 ISC_{L5Q} 参数,各卫星 ISC_{L5Q} 参数之间的差异最大可达 6ns;④与 TGD、ISC_{L2C} 及 ISC_{L5Q} 参数相比,$ISC_{L1C/A}$ 参数的变化范围最小: Block ⅡR -M 卫星 $ISC_{L1C/A}$ 参数之间的差异小于 0.6ns,Block ⅡF 卫星的差异小于 2.5ns。总体而言,不同类型卫星 TGD、ISC 参数差异较大,相同类型卫星 TGD、ISC 参数差异较小。同时,各卫星 $ISC_{L1C/A}$ 参数变化范围明显小于 TGD、ISC_{L2C} 及 ISC_{L5Q} 参数。

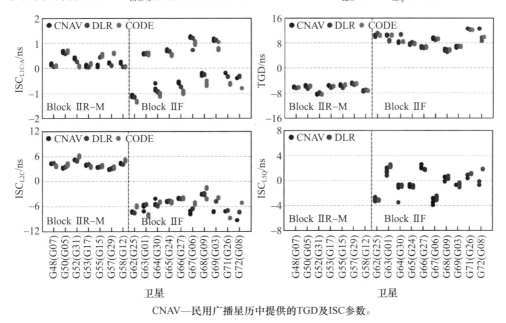

CNAV—民用广播星历中提供的TGD及ISC参数。

图 4.17　GPS 广播的 TGD、ISC 参数与 DLR 及 CODE 提供的 DCB 产品对比(见彩图)

　　为进一步分析 GPS 广播星历中 TGD 及 ISC 参数精度,图 4.18 给出了 GPS 12 号及 27 号卫星的 TGD、ISC 参数相对于 DLR DCB 产品的平均偏差及 STD。其中,12 号卫星是 2006 年 11 月发射的 Block ⅡR-M卫星,27 号卫星是 2013 年 5 月发射的 Block ⅡF 卫星。可以看出,各卫星 $ISC_{L1C/A}$ 参数的变化自 2014 年 7 月后趋于稳定,12 号及 27 号卫星相对于 DLR DCB 产品的平均偏差分别为 0.17ns 和 0.19 ns。TGD 参数相比于 DCB 产品变化明显,2014 年 5~11 月各卫星广播的 TGD 与后处理的 DCB 参数之间的差异逐渐减小,2014 年 12 月至 2015 年 4 月 TGD 与 DCB 之间的差异逐渐增大,2015 年 5 月后二者之间的差异相对稳定。2014—2015 年,ISC_{L2C} 及 ISC_{L5Q} 参数与 DCB 产品之间的差异逐渐减小。具体而言,2014 年 12 号及 27 号卫星 ISC_{L2C} 参数的平均偏差分别为 0.36ns 和 - 0.04 ns,2015 年的平均偏差为 0.10ns 和 0.09 ns;同时,

12 号及 27 号卫星相比于 DCB 产品的 STD 分别为 0.06ns 和 0.07 ns。此外,2014 年及 2015 年 27 号卫星广播的 ISC_{L5Q} 参数相比于 DCB 产品的平均偏差分别为 0.30ns 和 0.24 ns,STD 分别为 0.10ns 和 0.08 ns。

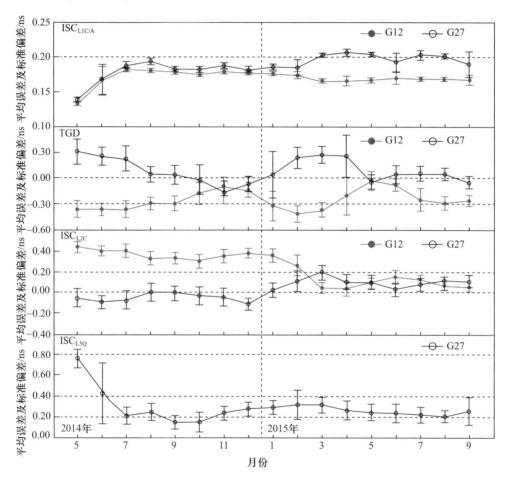

图 4.18　GPS 12 号及 27 号卫星广播的 TGD、ISC 参数与 DLR 产品之间的平均偏差及 STD

BDS 广播的 TGD 参数平均 3 ~ 4 个月更新一次。图 4.19 所示为 2013 年 2 月至 2015 年 9 月 BDS 广播的 TGD1 及 TGD2(分别对应于 C2I-C6I 和 C7I-C6I)参数的变化情况。从图中可以看出,BDS 广播的 TGD1 参数变化范围为 − 7.4 ~ 8.2 ns,TGD2 参数的变化范围为 − 11.5 ~ 7.5 ns。具体而言,GEO、IGSO 及 MEO 卫星 TGD1 参数的变化范围分别为 − 7.4 ~ 5.2ns、− 1.1 ~ 8.2ns 及 − 2.18 ~ 3.2ns,3 类卫星 TGD2 参数的变化范围分别为 − 11.5 ~ − 4.7ns、1.4 ~ 7.5ns 及 3.3 ~ 6.9ns。TGD1 参数与 DLR 的 DCB 产品之间的差异为 − 2.6 ~ 2.0ns,TGD2 参数与 DCB 产品之间的差异为 − 0.9 ~ 1.0ns。BDS 广播的 TGD 参数(特别是 TGD1)与后处理 DCB 产品之间的差异较大,Montenbruck 等认为 BDS 广播的 TGD 参数中可能含有卫星端其他偏差的影响[20]。

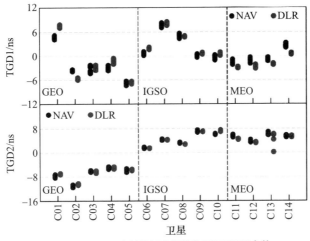

NAV—广播星历中提供的 TGD 及 ISC 参数。

图 4.19　BDS 广播的 TGD1、TGD2 参数与 DLR 提供的 DCB 产品对比（见彩图）

以 C04、C08 及 C14 卫星为例，图 4.20 所示为各卫星广播的 TGD 与 DCB 产品之间的平均偏差及 STD。可以看出，C08 及 C14 卫星的 TGD1 与 DCB 之间的偏差变化较为稳定，其与 DCB 之间的平均偏差分别为 0.34ns 和 1.45ns；C04 卫星的 TGD 与 DCB 之间偏差的起伏较大，其与 DCB 的偏差变化范围为 -2.97～1.06ns。2013 年 7 月之后，C08 及 C14 卫星的 TGD2 与 DCB 之间的平均偏差分别为 0.44ns 和 0.26ns，C04 卫星的 TGD 与 DCB 的偏差变化范围为 -0.51～0.32ns。结果表明：①各卫星的 TGD2 与 DCB 之间的偏差小于 TGD1 与 DCB 之间的偏差；②与 DCB 产品对比，IGSO 卫星的 TGD 精度优于 GEO 及 IGSO 卫星。

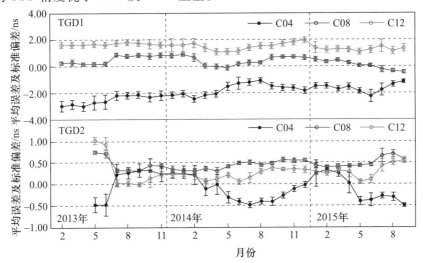

图 4.20　C04（GEO）、C08（IGSO）及 C12（MEO）卫星广播的 TGD 参数与 DLR 产品之间的平均偏差及 STD

　　与 GPS 及 BDS 的 TGD 参数更新频率不同,Galileo 广播的 BGD 参数每天更新一次。图 4.21 所示为 Galileo 广播的 $BGD_{E5a,E1}$ 及 $BGD_{E5b,E1}$ 参数变化情况,其中 DLR 提供的 DCB 产品参照式(4.18)转换为 BGD 参数。可以看出:①$BGD_{E5a,E1}$ 参数的变化为 $-4.20 \sim 5.49$ns,$BGD_{E5b,E1}$ 参数的变化为 $-5.26 \sim 6.08$ns,Galileo 广播的 BGD 参数变化范围小于 BDS 广播的 TGD 参数变化范围;②与 BDS 广播的 TGD 参数相比,Galileo 的 BGD 参数与后处理 DCB 产品之间的差异较小,这与 BDS 及 Galileo 主控中心采用的监测站及 TGD/BGD 参数处理策略不同有关[59];③各卫星 $BGD_{E5a,E1}$ 与 $BGD_{E5b,E1}$ 参数之间的差异较小。

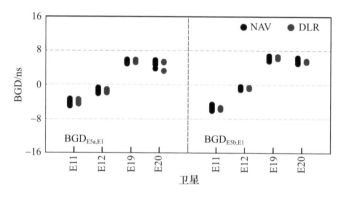

图 4.21　Galileo 广播的 $BGD_{E5a,E1}$、$BGD_{E5b,E1}$ 参数与 DLR 提供的 DCB 产品对比

　　以 E19 卫星为例,图 4.22 所示为 2013 年 4 月至 2015 年 9 月该卫星的广播 $BGD_{E5a,E1}$ 及 $BGD_{E5b,E1}$ 参数与 DLR 产品之间的平均偏差及 STD。2013 年至 2014 年,$BGD_{E5a,E1}$ 及 $BGD_{E5b,E1}$ 参数与 DCB 之间偏差的变化范围分别为 $-0.68 \sim 0.36$ns 及 $-0.91 \sim 0.38$ns,STD 分别为 0.51ns 和 0.60ns。2015 年 4 月后,广播的 BGD 参数与 DCB 之间的差异显著变小:$BGD_{E5a,E1}$ 及 $BGD_{E5b,E1}$ 参数与 DCB 之间的平均偏差分别为 -0.08ns 和 -0.27ns,STD 分别为 0.43ns 和 0.44ns。这表明,2015 年 4 月后,Galileo 广播的 BGD 参数的精度及稳定性日渐提高。

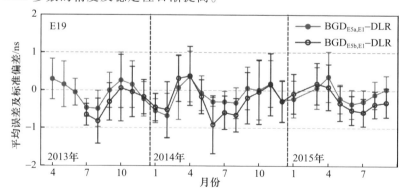

图 4.22　E19 卫星广播的 BGD 参数与 DLR 产品之间的平均偏差及 STD

QZSS 目前仅有一颗在轨卫星,采用常用的卫星"零均值"基准无法实现卫星和接收机 DCB 参数的分离。因此,目前尚未有机构提供 QZSS 的 DCB 产品。图 4.23 所示为 2014 年 5 月至 2015 年 9 月 QZSS 广播的 TGD 及 ISC 参数序列。从图中可以看出,ISC_{L2C} 及 TGD 参数分别在 2.71 ~ 3.67ns 及 $-5.65 ~ -4.19$ns 的范围内变化。ISC_{L5I} 及 ISC_{L5Q} 参数相近,其变化范围分别为 $-6.43 ~ -3.75$ns 和 $-6.58 ~ -3.87$ns;同时,2015 年 3 月间,ISC_{L5I} 及 ISC_{L5Q} 参数值有一次明显的"跳变"。总体而言,2014 年至 2015 年间 QZSS 广播的 ISC_{L2C}、ISC_{L5I}、ISC_{L5Q} 及 TGD 参数变化较为稳定,其 STD 分别为 0.14ns、0.48ns、0.48ns 和 0.22ns。

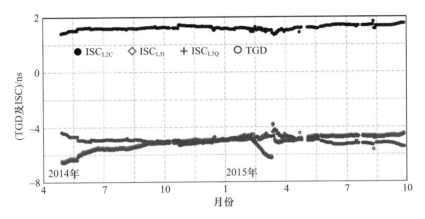

图 4.23　2014 年 5 月至 2015 年 9 月 QZSS 广播的 TGD 及 ISC 参数值(见彩图)

表 4.9 所列为 GPS、Galileo 系统及 BDS 广播的 TGD/ISC/BGD 参数与 DLR DCB 产品对比的精度统计情况。从表中可以看出,GPS 广播的 $ISC_{L1/A}$、TGD、ISC_{L2C} 及 ISC_{L5Q} 参数精度分别为 0.20ns、0.61ns、0.51ns 和 0.72ns;Galileo 广播的 $BGD_{E5a,E1}$ 及 $BGD_{E5b,E1}$ 参数精度分别为 0.58ns 和 0.75ns;BDS GEO、IGSO 及 MEO 卫星 TGD1 参数的精度分别为 1.61ns、0.89ns 及 1.59ns,TGD2 参数的精度分别为 0.44ns、0.18ns 及 0.50ns,BDS 广播的 TGD1 参数与 DCB 之间的差异明显大于 TGD2 以及其他系统的广播 TGD/BGD 参数。以上分析结果也表明,2015 年后,GPS 广播的 ISC_{L2C}、ISC_{L5Q} 参数以及 Galileo 系统广播的 $BGD_{E5a,E1}$、$BGD_{E5b,E1}$ 参数的精度及稳定性均有不同程度的提高。

表 4.9　GPS、Galileo 系统及 BDS 广播的 TGD 及 ISC 参数精度统计　(单位:ns)

GNSS		TGD 类型	NAV-DLR	TGD 类型	NAV-DLR
GPS		$ISC_{L1/A}$	0.20	TGD	0.61
		ISC_{L2C}	0.51	ISC_{L5Q}	0.72
Galileo 系统		$BGD_{E5a,E1}$	0.58	$BGD_{E5b,E1}$	0.75
BDS	GEO	TGD1	1.61	TGD2	0.44
	IGSO	TGD1	0.89	TGD2	0.18
	MEO	TGD1	1.59	TGD2	0.50

4.4.3.2 TGD/ISC 参数对单点定位的影响分析

从 4.4.2 节可以看出,GPS 导航信号伪距观测方程需同时引入 TGD 及 ISC 参数作为一类改正信息。为分析 TGD、ISC 参数在定位中的误差项大小,图 4.24 给出了各 GPS 卫星 TGD 与 $ISC_{L1C/A}$、ISC_{L2C} 及 ISC_{L5Q} 参数之间的差异。可以看出,GPS Block ⅡR-M 和 Block ⅡF 卫星的 TGD 与 ISC_{L2C} 参数之间的差异约为 25ns,与 $ISC_{L1C/A}$ 参数的差异约为 15ns。不同类型卫星 TGD 与 ISC 参数之间的差异较大,因此这些参数对定位的影响不能忽略。同时可以看出,GPS Block ⅡR-M 卫星 TGD 与 ISC_{L2C}、$ISC_{L1C/A}$ 参数之间的差异分别为 5ns、2ns,Block ⅡF 卫星 TGD 与 ISC_{L2C}、$ISC_{L1C/A}$ 及 ISC_{L5Q} 参数之间的差异分别为 6ns、4ns 及 7ns。相同类型卫星 TGD 与 ISC 参数之间的差异较小,仅采用 GPS Block ⅡR-M 或 Block ⅡF 卫星进行定位时,TGD 及 ISC 参数对单点定位解的影响将会变小,这是因为各卫星相同的卫星硬件延迟误差在定位中会被接收机钟差参数吸收。

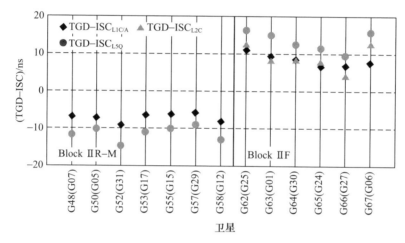

图 4.24 不同 GPS 卫星 TGD 与 $ISC_{L1C/A}$、ISC_{L2C} 及 ISC_{L5Q} 参数之间的差异

选取 2014 年连续 8 天(DOY300~307)16 个 MGEX 及 3 个 BETS 站观测数据、采用单频标准单点定位(SPP)及双频消电离层组合 SPP 分析 TGD/ISC 参数对 GPS 及 BDS 导航用户定位解的影响。MGEX 及 BETS 测试站分布如图 4.25 所示,其中,绿色点代表 Septentrio PolaRx4/4TR 接收机,能够输出 GPS C1C、C1W、C2W、C2L 及 C5Q 五类码观测信号;紫色点代表 Trimble NETR9 接收机,能够输出 BDS C2I、C7I 及 C6I 三类码观测信号;蓝色点代表 Unicore 接收机,能够输出 BDS C2I 及 C7I 两类码观测信号。以 GPS 静态精密单点定位(PPP)的单天解作为坐标参考"真值",基于动态 SPP 估计测站坐标及接收机钟差参数。SPP 数据处理中,观测数据采样率为 60s,卫星截止高度角为 10°,卫星轨道及钟差采用广播星历的轨道及钟差参数,对流层误差采用 UNB3m 模型改正,单频 SPP 中电离层误差采用 GPS 广播星历播发的 Klobuchar 模型改正。

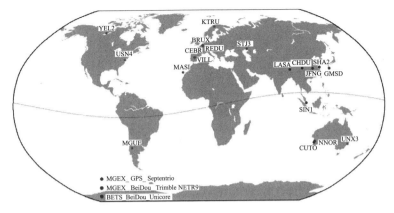

图 4.25 MGEX 及 BETS 用于定位实验的测试站分布（见彩图）

表 4.10 所列为用于验证 TGD/ISC 参数对 GPS 及 BDS 导航定位增益的实验方案。设计这几种实验方案的目的有 3 点：①通过分析 GPS 及 BDS 单频观测量采用与不采用 TGD/ISC 参数改正后的位置解精度，分析 TGD/ISC 参数对 GPS 及 BDS 单频 SPP 定位的影响；②通过分析 GPS 及 BDS 双频消电离层组合采用与不采用 TGD/ISC 参数改正后的位置解精度，分析 TGD/ISC 参数对 GPS 及 BDS 双频 SPP 定位的影响；③通过对比 GPS C1C + C2L 及 C1W + C2W 消电离层组合 SPP 精度，分析 GPS 普通用户与授权用户定位精度的差异。需要说明的是，利用 C1W 和 C2W 进行定位时仅考虑了能够同时播发 L2C 民用信号的 13 颗 GPS 卫星。

表 4.10 不同的定位实验方案

定位模式	GPS	BDS	实验方案
单频 SPP	C1C	C2I	(1) no_corr:不改正 TGD 误差。(2) tgd_corr:利用广播的 TGD/ISC 参数改正 TGD 误差
	C2L	C7I	
双频 SPP	C1C + C2L	C2I + C7I	
	C1W + C2W		

以欧洲地区的 CEBR 站为例，图 4.26 所示为该站 2014 年 DOY300 ~ 307 天 C2L 单频及 C1C + C2L 双频 SPP 的定位误差分布，从左至右 3 幅子图分别对应北、东、天顶 3 个方向的误差分布。可以看出，经由 TGD 及 ISC 改正后，单频 SPP 的定位误差明显减小。未采用 TGD 及 ISC 参数改正时，北、东、天顶 3 个方向的定位误差的均值分别为 − 1.088m、− 1.593m 及 − 0.107m，STD 分别为 4.818m、4.667m 及 7.049m；采用 TGD 及 ISC 改正后，北、东、天顶 3 个方向的定位误差的均值分别为 − 1.158m、0.268m 及 − 1.515m，STD 分别为 1.984m、1.718m 及 3.618m。采用 TGD 及 ISC 改正后，CEBR 站 C2L 单频 SPP 北、东、天顶 3 个方向的定位精度分别提高了 2.631m、3.189m 及 3.126m。C1C + C2L 双频 SPP 未采用 TGD 及 ISC 改正时，北、东、天顶 3 个方向误差的均值分别为 − 0.083m、0.443m 及 − 0.459m，标准差分别为 1.845m、

1.296m 及 3.465m;采用 TGD 及 ISC 改正后,北、东、天顶 3 个方向的定位误差的均值分别为 0.081m、0.082m 及 -0.549m,标准差分别为 1.511m、1.199m 及 2.823m。采用 TGD 及 ISC 改正后,CEBR 站 C1C + C2L 双频 SPP 北、东、天顶 3 个方向的定位精度分别提高了 0.331m、0.167m 及 0.619m。

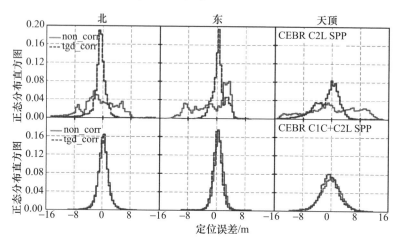

图 4.26　CEBR 站 GPS C2L 单频及 C1C + C2L 双频 SPP 的北、东、天顶方向定位误差分布

图 4.27 所示为改正与不改正 TGD/ISC 误差 GPS C2L 单频 SPP 北、东、天顶方向的定位精度。采用 TGD 及 ISC 改正后,除 MAS1 及 STJ3 站北向定位误差明显增大外,其他各测试站北、东、天顶各方向的定位精度均有不同程度的提高。以定位增益最小和最大的两个站为例,BRUX 和 USN4 站北向定位精度分别提高了 1.179m 和 3.662m;USN4 和 VILL 站东向定位精度分别提高了 0.551m 和 3.590m;除 REDU 和 UNX3 站外(天顶方向定位误差增大约 0.2m),BRUX 和 KIRU 站天顶方向定位精度分别提高了 0.308m 和 3.772m。

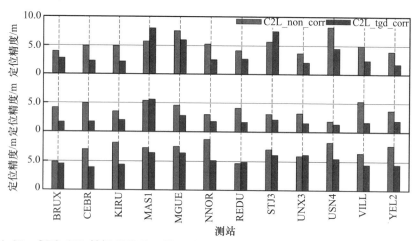

图 4.27　GPS C2L 单频 SPP 改正及不改正 TGD/ISC 误差北、东、天顶方向的定位精度

为分析 TGD 及 ISC 参数改正对 GPS 双频 SPP 位置解的影响,图 4.28 所示为各测试站 GPS C1C + C2L 及 C1W + C2W 双频 SPP 北、东、天顶方向的定位精度。可以看出,经由 TGD 及 ISC 改正后,C1C + C2L 双频消电离层组合北、东、天顶方向的定位精度均有不同程度的提高,但提高幅度不如单频 SPP。同样以定位增益最小和最大的测试站为例,UNX3 和 VILL 站北向的定位精度分别提高了 0.116m 和 0.570m;UNX3 和 REDU 站东向的定位精度分别提高了 0.048m 和 0.235m;BRUX 和 VILL 站天顶方向的定位精度分别提高了 0.098m 和 1.102m。同时,采用 TGD 及 ISC 参数改正后,C1C + C2L 双频 SPP 在 KIRU、MAS1、STJ3 及 YEL2 站的位置解精度高于 C1W + C2W 双频消电离层组合精度。

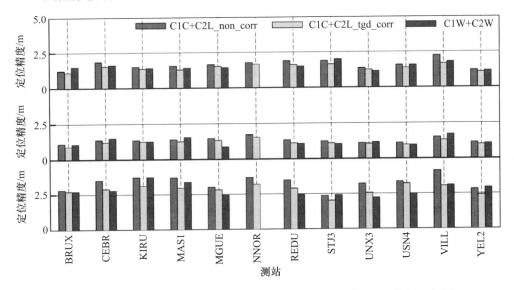

图 4.28　GPS C1C + C2L 及 C1W + C2W 双频 SPP 的北、东、天顶方向的定位精度

以亚太地区 GMSD 站为例,图 4.29 所示为该站 2014 年 DOY300 ~ 307 天 BDS C2I 单频及 C2I + C7I 双频 SPP 的定位误差分布。未采用 TGD 改正时,BDS 单频 SPP 位置解北、东、天顶 3 个方向误差的均值分别为 0.441m、2.111m 及 3.011m,STD 分别为 3.362m、1.639m 及 7.012m;采用 TGD 改正后,北、东、天顶 3 个方向误差的均值分别为 0.384m、1.980m 及 0.010m,STD 分别为 3.169m、1.369m 及 5.291m。采用 TGD 改正后,GMSD 站 C2I 单频 SPP 北、东、天顶 3 个方向的定位精度分别提高了 0.170m、0.259m 及 2.201m,且天顶方向定位增益显著。C2IC + C7I 双频 SPP 未采用 TGD 改正时,北、东、天顶 3 个方向误差的均值分别为 − 2.524m、2.296m 及 4.739m,标准差分别为 2.259m、1.401m 及 4.380m;采用 TGD 改正后,北、东、天顶 3 个方向误差的均值分别为 − 2.564m、2.130m 及 1.911m,标准差分别为 1.839m、1.272m 及 4.213m。采用 TGD 改正后,GMSD 站 C2I + C7I 双频 SPP 北、东、天顶 3 个方向的定位精度分别提高了 0.230m、0.208m 及 1.817m。

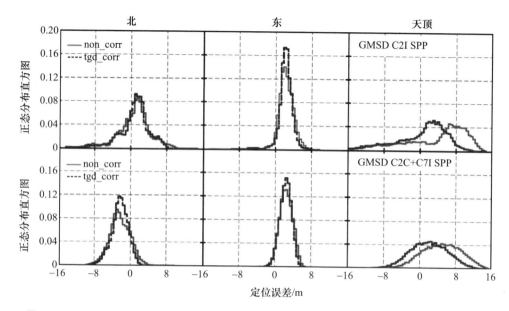

图 4.29　GMSD 站 BDS C2I 单频及 C2I + C7I 双频 SPP 的北、东、天顶方向定位误差分布

图 4.30 所示为采用与不采用 TGD 改正 BDS C2I 单频及 C2I + C7I 双频 SPP 的位置解精度。采用 TGD 参数改正后，除 SIN1 站外，BDS C2I 单频 SPP 位置解北、东、天顶 3 个方向的精度分别增加了 0.099 ~ 0.971m、0.220 ~ 0.731m 及 0.112 ~ 2.201m。BDS C2I + C7I 双频 SPP 位置解北、东向的精度分别提高了 0.137 ~ 0.472m 及 0.208 ~ 1.474m。采用 TGD 参数改正后，JFNG、CUT0、CHUD 及 SHA2 站天顶方向的定位精度有不同程度的降低。

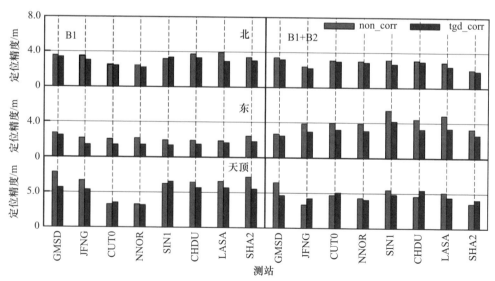

图 4.30　BDS C2I 单频及 C2I + C7I 双频 SPP 的北、东、天顶方向的定位精度

表 4.11 所列为试验期间不同实验方案所有测试站的定位误差 RMS 统计情况。可以看出,利用 C1C 进行 GPS 单频 SPP 改正 TGD 及 ISC 后,北、东、天顶 3 个方向的定位精度分别提高了 13.1%、14.0% 及 26.4%;三维定位精度提高了 21.4%,由改正前的 5.974m 提高到 4.692m。利用 C2L 进行单频 SPP 未改正 ISC 时,北、东、天顶 3 个方向的误差分别为 5.262m、3.920m 及 7.002m;采用 ISC 参数改正后,北、东、天顶 3 个方向的定位精度分别提高了 28.7%,44.4% 及 25.2%,分别达到 3.749m、2.180m 及 5.217m。同时,三维定位精度提高了 28.7%,由改正前的 9.718m 提高到 6.926m。利用 C1L + C2L 进行双频 SPP 采用 ISC 参数改正后,北、东、天顶 3 个方向的定位精度提高了 13.4%,11.6% 及 10.1%,分别达到 1.415m、1.184m 及 2.972m;双频 SPP 三维定位精度提高了 16.3%,由改正前的 3.931m 提高到 3.292m。同时,C1C 与 C2L 组合观测采用 ISC 改正后的三维定位精度略高于 C1W + C2W 消电离层组合的定位精度。这表明,采用 ISC 参数改正后,L1C/A + L2C 民用信号的双频定位精度与当前 L1P(Y) + L2P(Y)消电离层组合定位精度相当。

表 4.11   不同实验方案的定位精度统计

系统	观测量	no_corr 方案			tgd_corr 方案			精度提升/%		
		北/m	东/m	天顶/m	北/m	东/m	天顶/m	北	东	天顶
GPS	C1C	2.925	1.605	4.865	2.543	1.381	3.581	13.1	14.0	26.4
	C2L	5.262	3.920	7.002	3.749	2.180	5.217	28.7	44.4	25.5
	C1C + C2L	1.640	1.320	3.307	1.415	1.184	2.972	13.4	11.6	10.1
	C1W + C2W	1.518	1.230	2.841						
BDS	B1	3.274	2.150	5.967	2.958	1.624	5.161	9.7	24.5	13.5
	B2	5.002	2.213	8.308	4.760	2.342	7.322	4.8	−5.8	11.9
	B1 + B2	2.877	4.037	5.200	2.638	3.138	5.101	8.3	22.3	1.9

同样地,利用 C2I 进行 BDS 单频 SPP 未改正 TGD 参数时,北、东、天顶 3 个方向的定位误差分别为 3.274m、2.150m 及 5.967m;采用 TGD 参数改正后,北、东、天顶 3 个方向的定位精度分别提高了 9.7%、24.5% 及 13.5%,分别达到 2.958m、1.624m 及 5.161m。同时,三维定位精度提高了 13.8%,由改正前的 7.174m 提高到 6.183m。利用 C7I 进行单频 SPP 改正 TGD 后,北、天顶方向的定位精度分别提高了 4.8% 和 11.9%,东向定位精度反而降低了 5.8%;三维定位精度提高了 9.1%,由改正前的 9.990m 提高到 9.082m。利用 C1I + C7I 进行双频 SPP 未改正 TGD 时,北、东、天顶 3 个方向的误差分别为 2.877m、4.037m 及 5.200m;采用 TGD 参数改正后,北、东、天顶 3 个方向的定位精度分别提高了 8.3%、22.3% 及 1.9%,分别达到 2.638m、3.138m 及 5.101m。C2I + C7I 双频 SPP 三维定位精度提高了 9.3%,由改正前的 7.273m 提高到 6.599m。

◢ 4.5　GNSS 接收机 DCB 的短期时变特征提取与建模

仅考虑单台接收机,从其双频 GPS 数据中获取 TEC,可归纳为"提取—建模—分离"等 3 个主要步骤。具体而言:①采用相位平滑伪距技术,"对齐"无几何影响的伪距和相位组合观测值,逐卫星提取电离层斜延迟,其中包含电离层 TEC、接收机和卫星差分码偏差;②基于薄层假设模型(或双薄层模型、层析模型等),先将 TEC 投影至交叉点(接收机至卫星视线与电离层薄层的交叉点)天顶方向,以转化成 VTEC,随后选取一组参数,用以模型化 VTEC;最后,将一段时间(如 1 ~ 3 天)内全部的电离层斜延迟用作"伪观测值",并赋予适当的权,通过引入前述的 VTEC 模型,并假设两类 DCB 不随时间变化,且将某接收机(或卫星)的 DCB 定义为"基准",即可联合估计出 VTEC 模型参数和 DCB。将 DCB 估值从电离层斜延迟中扣除,可最终获取"干净"的 TEC 信息。

上述 TEC 分离过程易受 3 种误差影响:

(1)平滑误差。相位平滑伪距技术,其核心在于如何准确地"对齐"无几何影响的伪距和相位组合观测值。常用做法是:针对某一卫星连续弧段(期间无周跳发生),将两类组合观测值逐历元求差,并对差值时间序列(按高度角或信噪比)加权平均,将均值与无几何影响的相位组合观测值相加,即得到了对应于该卫星弧段的电离层斜延迟。该"对齐"过程包含了两类基本假设:①取(加权)平均可充分消除伪距/相位多路径效应和观测噪声;②在卫星连续弧段期间,接收机和卫星 DCB 不随时间变化。实际中,当两类假设不成立时,将引起平滑误差,其具体量级与观测环境有关[60]。其中,伪距多路径的贡献为 ±1.4 ~ ±5.3TECU,而接收机 DCB 单天内变化的贡献超过 ±1.4TECU,最大达 ±8.8TECU[61]。

(2)投影误差。采用薄层模型描述电离层时,通常借由某投影函数,将接收机至卫星方向的 TEC 转换为 VTEC。与 TEC 相比,VTEC 的变化规律与地磁和太阳活动、交叉点处的时间和位置等因素的关联性更强,更易于模型化。一般地,投影函数的准确性与所选取的电离层薄层高度(假设为 H)有关。H 的取值与电离层 F_2 层实际高度符合得越好,相应的投影函数将越准确。但在实际中,H 常选用一个定值,如 350km、400km 或 450km,而电离层 F_2 层高度则随时间变化,两者之间的差异将引起投影误差。理想状态下,当不存在投影误差时,针对不同的 TEC,若它们的交叉点距离相近(<10km),则各自对应的 VTEC 将不存在差异。反之,通过对比它们 VTEC 的差异,则可以量化投影误差的大小。Komjathy 等分析表明,在 2003 年 10 月 30 日电离层异常活动期间,投影误差最大可达 10m(约 61.7TECU),而针对 2003 年 10 月 28 日电离层平静活动时期,投影误差则降为 0.8m(约 4.9TECU)[62]。为了削弱投影误差,Mushini 等推荐自适应地估计 H 值,使之尽可能地接近电离层 F_2 层高度[63]。

(3)模型误差。在地磁和太阳活动异常时期,描述 VTEC 时空变化的数学模型,如广义三角级数函数[64-65]，双线性展开式[66]等，难以准确地刻画（中小尺度）行扰、闪烁、（垂向）梯度等电离层异常特性。另外，在联合估计 VTEC 和 DCB 等参数时，还通常假设接收机和卫星 DCB 在一段时间（如若干小时、1~3 天）[61,65]均不存在明显的变化。实际中，针对 GPS 卫星而言，由于所处空间环境较为稳定，其 DCB 的确具备长期稳定性，如 19 个月内的变化不超过 1ns[67]；但与之相反，受测站环境显著变化（如温度）的影响，各类接收机 DCB 可能会在较短时间内发生变化，若不加以考虑，将难以避免地对 VTEC 参数估值造成影响。当采用单台 GPS 接收机实施电离层建模时，Brunini 等的研究表明，在不同的电离层活动条件下，模型误差的范围为 2~15TECU[61]。

由以上论述可知，除投影误差外，另外两类误差的成因、大小均与接收机 DCB 是否稳定有着密切的关系。这也意味着，当利用 GPS 观测数据计算 TEC 时，若接收机 DCB 经历了显著的短期变化，却未被适当地处理，将会不可避免地降低 TEC 计算值的可靠性。因此，分析接收机 DCB 随时间的变化特性，揭示其短、中、长期变化的规律，发现影响其变化的因素，并探索适当的模型化方案，将有助于改善 TEC 计算结果的准确性。

4.5.1　接收机 DCB 短期变化分析

4.5.1.1　Ciraolo 方案

假设构成某零/短基线的两台接收机分别为 M 和 N，且可同步观测 P 颗 GPS 卫星。仅以某台接收机为例，其对应于某历元的伪距和相位观测方程可表示为

$$\begin{cases} E\left(p_{r,j}^{s,i}\right) = \rho_r^{s,i} + \mu_j \iota_r^{s,i} \\ E\left(\phi_{r,j}^{s,i}\right) = \rho_r^{s,i} - \mu_j \iota_r^{s,i} + \lambda_j z_{r,j}^s \end{cases} \tag{4.27}$$

式中：$E(\cdot)$ 为期望运算符；上标 s 代表第 $1,\cdots,P$ 颗卫星，$i=1,\cdots,n$ 表示历元；下标 r 对应接收机 M 或 N，$j=1,2$ 表示观测频率 L_1 和 L_2；$p_{r,j}^{s,i}$，$\phi_{r,j}^{s,i}$ 分别为伪距和相位观测值；$\rho_r^{s,i}$ 为所有与频率无关的未知参数总和；μ_j 为电离层斜延迟 $\iota_r^{s,i}$ 的系数，且满足 $\mu_j=\lambda_j^2/\lambda_1^2$；$\lambda_j$ 为浮点模糊度 $z_{r,j}^s$ 的波长。

针对式（4.27），还需指出：

（1）$z_{r,j}^s$ 中包含了非差模糊度、伪距硬件延迟、相位初始偏差等几类参数，单位为周；剩余参数和两类观测值的单位均为米。

（2）$\iota_r^{s,i}$ 的具体形式为[68]

$$\iota_r^{s,i} = I_r^{s,i} + \frac{1}{\mu_2-1} \cdot \left(B_r^i - B^s\right) \tag{4.28}$$

式中：$I_r^{s,i}$ 表示 TEC；B_r^i、B^s 分别为接收机和卫星 DCB。

基于式（4.27），分别对双频伪距和载波相位做差，消除 $\rho_r^{s,i}$，得

$$
\begin{cases}
E\left(\Delta p_r^{s,i} \right) = (\mu_2 - 1)\iota_r^{s,i} \\
E\left(\Delta \phi_r^{s,i} \right) = (\mu_2 - 1)\iota_r^{s,i} + \Delta z_r^s
\end{cases} \tag{4.29}
$$

式中：$\Delta p_r^{s,i} = p_{r,2}^{s,i} - p_{r,1}^{s,i}$ 和 $\Delta \phi_r^{s,i} = \phi_{r,1}^{s,i} - \phi_{r,2}^{s,i}$ 分别为无几何影响的伪距和相位观测值；偏差参数 $\Delta z_r^s = \lambda_1 z_{r,1}^s - \lambda_2 z_{r,2}^s$。

随后，对全部 n 个历元的 $\Delta \phi_r^{s,i}$ 和 $\Delta p_r^{s,i}$ 做差，并取平均，可得 Δz_r^s 的平均值 $\Delta \bar{z}_r^s$：

$$
\Delta \bar{z}_r^s = \frac{1}{n} \sum_{i=1}^{n} \left(\Delta \phi_r^{s,i} - \Delta p_r^{s,i} \right) \tag{4.30}
$$

最后，从各历元的 $\Delta \phi_r^{s,i}$ 中移除 $\Delta \bar{z}_r^s$，并除以常数 $\mu_2 - 1$，即可得到对应于 $\iota_r^{s,i}$ 的估计值 $\bar{\iota}_r^{s,i}$：

$$
\bar{\iota}_r^{s,i} = \frac{1}{\mu_2 - 1} \left(\Delta \phi_r^{s,i} - \Delta \bar{z}_r^s \right) \tag{4.31}
$$

重复上述计算过程，可逐个测站地估计全部卫星的电离层斜延迟 $\bar{\iota}_r^{s,i}$。将同一卫星至两台接收机的 $\bar{\iota}_r^{s,i}$（$r = M, N$）做差，并乘以常数 $\mu_2 - 1$，可逐卫星、逐历元地计算接收机 DCB，具体公式为

$$
B_{MN}^i = (\mu_2 - 1)\left(\bar{\iota}_M^{s,i} - \bar{\iota}_N^{s,i} \right) \tag{4.32}
$$

式中：$\bar{\iota}_M^{s,i}$，$\bar{\iota}_N^{s,i}$ 分别为卫星 s 至接收机 M 和 N 的电离层斜延迟估值；B_{MN}^i 的物理含义为接收机 M 和 N 的 DCB 之差。

需要指出，平滑误差将导致同一时段、不同卫星的 B_{MN}^i（或不同时段、对应同一卫星的 B_{MN}^i）之间存在差异。对于短基线而言，伪距多路径和 B_{MN}^i 短期变化等两种效应相互叠加、彼此影响，因此难以单独地考察 B_{MN}^i 随时间变化的量级和趋势。这也意味着，充分、有效地消除平滑误差，将是提高 Ciraolo 方案可靠性的关键。

4.5.1.2 PPP 方案

线性化式(4.27)的伪距和相位观测方程，得

$$
\begin{cases}
E\left(\bar{p}_{r,j}^{s,i} \right) = -\left(c_r^{s,i} \right)^{\mathrm{T}} x_r + g_r^{s,i} \tau_r + \mathrm{d}t_r^i + \mu_j \iota_r^{s,i} \\
E\left(\bar{\phi}_{r,j}^{s,i} \right) = -\left(c_r^{s,i} \right)^{\mathrm{T}} x_r + g_r^{s,i} \tau_r + \mathrm{d}t_r^i - \mu_j \iota_r^{s,i} + \lambda_j z_{r,j}^s
\end{cases} \tag{4.33}
$$

与式(4.27)相比，此处若干新符号的含义为：$\bar{p}_{r,j}^{s,i}$ 和 $\bar{\phi}_{r,j}^{s,i}$ 分别为"观测减计算(O－C)"的伪距和相位观测值，其中，近似站星距、卫星钟差、若干大于 $1\mathrm{cm}$ 的系统误差均已被事先改正；x_r 为测站近似位置增量，其系数 $c_r^{s,i}$ 为站星单位方向矢量；$g_r^{s,i}$ 为 ZTDτ_r 的投影函数；$\mathrm{d}t_r^i$ 为接收机钟差。显然，式(4.33)即为"非组合"PPP 的满秩观测方程[68]。

联合所有历元形如式(4.33)的观测方程，对两类观测值实施高度角加权，采用卡尔曼滤波算法，可递归地估计如下的状态矢量 Σ 及其对称的协方差阵 Q_{Σ}：

$$
\Sigma = \left(\iota_M^{s,i}, \iota_N^{s,i}, z_{M,j}^s, z_{N,j}^s \right)^{\mathrm{T}} \tag{4.34}
$$

$$Q_{\Sigma} = \begin{pmatrix} Q_{u}^{M} & 0 & Q_{\iota z} & 0 \\ & Q_{u}^{N} & 0 & Q_{\iota z} \\ & & Q_{zz}^{M} & 0 \\ & & & Q_{zz}^{N} \end{pmatrix} \qquad (4.35)$$

由式(4.35)可知,两组估值$(\iota_{r}^{s,i}, z_{r,j}^{s})^{\mathrm{T}}(r=M,N)$之间不存在相关性。此外,考虑到接收机 M 和 N 距离较近,各自观测方程的空间结构差异可以忽略,此时可合理地近似:

$$\mathrm{Cov}(\iota_{M}^{s,i}, z_{M,j}^{s}) \approx \mathrm{Cov}(\iota_{N}^{s,i}, z_{N,j}^{s}) = Q_{\iota z} \qquad (4.36)$$

式中:$\mathrm{Cov}(\cdot)$表示协方差函数。

经由双差运算,可从$(z_{M,j}^{s}, z_{N,j}^{s})^{\mathrm{T}}$中形成$2(P-1)$个独立整周模糊度 $\Delta\nabla z_{j}$:

$$\Delta\nabla z_{j} = D_{1}D_{2}\begin{pmatrix} z_{M,j}^{s} \\ z_{N,j}^{s} \end{pmatrix} \qquad (4.37)$$

式中:$D_{1} = [-e_{P-1}, I_{P-1}]$和$D_{2} = [-I_{P}, I_{P}]$分别为星间单差和站间单差运算,且分别将第一颗卫星(或第一台接收机)选取为基准星(或基准站);e, I分别是元素均为 1 的列矢量和单位矩阵,下标代表其维数。

根据误差传播定律,新矢量$\overline{\Sigma} = (\iota_{M}^{s,i}, \iota_{N}^{s,i}, \Delta\nabla z_{j})^{\mathrm{T}}$的协方差矩阵$Q_{\overline{\Sigma}}$计算公式为

$$Q_{\overline{\Sigma}} = D\,Q_{\Sigma}D^{\mathrm{T}} \qquad (4.38)$$

式中:$D = \mathrm{blg}(I_{P}, I_{P}, D_{1}D_{2})$,$\mathrm{blg}(\cdot)$表示块对角矩阵。

当 $\Delta\nabla z_{j}$ 的实数解被成功固定为一组整数(设为 $\Delta\nabla \dot{z}_{j}$)后,利用如下公式,可最终导出$(\iota_{M}^{s,i}, \iota_{N}^{s,i})^{\mathrm{T}}$的"固定解"$(\hat{\iota}_{M}^{s,i}, \hat{\iota}_{N}^{s,i})^{\mathrm{T}}$:

$$\begin{pmatrix} \hat{\iota}_{M}^{s,i} \\ \hat{\iota}_{N}^{s,i} \end{pmatrix} = \begin{pmatrix} \iota_{M}^{s,i} \\ \iota_{N}^{s,i} \end{pmatrix} - \overline{Q}_{\iota z}\,\overline{Q}_{zz}^{-1} \cdot (\Delta\nabla z_{j} - \Delta\nabla \dot{z}_{j}) \qquad (4.39)$$

式中:$\overline{Q}_{\iota z}$和$\overline{Q}_{zz}$为$Q_{\overline{\Sigma}}$的两类子矩阵,分别表示$(\iota_{M}^{s,i}, \iota_{N}^{s,i})^{\mathrm{T}}$和 $\Delta\nabla z_{j}$ 的协方差阵,以及$\Delta\nabla z_{j}$的协方差阵。

至此,类似于式(4.32)中的运算,通过对各历元、各卫星的$(\hat{\iota}_{M}^{s,i}, \hat{\iota}_{N}^{s,i})^{\mathrm{T}}$实施站间单差,并乘以常数$\mu_{2} - 1$,得

$$B_{MN}^{i} = (\mu_{2} - 1)(\hat{\iota}_{M}^{s,i} - \hat{\iota}_{N}^{s,i}) \qquad (4.40)$$

与式(4.32)类似,此处由 PPP 方案同样获得了接收机 DCB 的估值 B_{MN}^{i}。

4.5.1.3　接收机 DCB 的估计和建模

考虑到零/短基线观测条件的特殊性,基于站间单差观测值,还可构建一种能直接估计接收机 DCB 的函数模型。针对接收机 M 和 N,对应于式(4.33)的站间单差观测方程可表示为

$$\overline{p}_{MN,j}^{s,i} = -c_{r}^{s,i}x_{MN} + \mathrm{d}t_{MN}^{i} + \alpha_{j}B_{MN}^{i} \qquad (4.41)$$

$$\bar{\phi}_{MN,j}^{s,i} = -c_r^{s,i} x_{MN} + dt_{MN}^i - \alpha_j B_{MN}^i + \lambda_j z_{MN,j}^s \qquad (4.42)$$

式中：$(\,\cdot\,)_{MN} = (\,\cdot\,)_M - (\,\cdot\,)_N$ 表示站间单差运算；$\alpha_j = \mu_j/(\mu_2 - 1)$。

分析可知，站间单差消除了全部与卫星相关的未知参数和两类大气延迟参数。对于零基线，两台接收机的测站位置相同，此时 $x_{MN} = \mathbf{0}_{3 \times 1}$。

为便于实施双差模糊度固定，可对式（4.42）中的 dt_{MN}^i 和 $z_{MN,j}^i$ 实施重新参数化。通过将某卫星（如 q，作用类似于参考星）的双频模糊度 $z_{MN,j}^q$ 与 dt_{MN}^i 合并，可导出如下等价的相位观测方程：

$$\bar{\phi}_{MN,j}^{s,i} = -c_r^{s,i} x_{MN} + \bar{d}t_{MN,j}^i - \alpha_j B_{MN}^i + \lambda_j \Delta \nabla z_{MN,j}^{sq} \qquad (4.43)$$

式中：$\bar{d}t_{MN,j}^i = dt_{MN}^i + \lambda_j z_{MN,j}^q$ 为与频率有关的接收机相位钟差；$\Delta \nabla z_{MN,j}^{sq} = z_{MN,j}^s - z_{MN,j}^q$ 表示具备整周特性的双差模糊度。

易知，对应于参考星 q 的 $\Delta \nabla z_{MN,j}^{qq} = \mathbf{0}_{2 \times 1}$。

联合式（4.41）和式（4.43），可实现 B_{MN}^i 的直接估计，数据处理策略包括：①利用卡尔曼滤波实施参数估计；②对观测值的加权需同时考虑高度角相关和由站间单差引起的数学相关；③各类参数的动态模型分别为：x_{MN} 时不变参数（仅存在于短基线模型）；dt_{MN}^i 和 $\bar{d}t_{MN,j}^i$ 白噪声过程；B_{MN}^i 随机游走；$\Delta \nabla z_{MN,j}^{sq}$ 时不变参数；④采用 LAMBDA 搜索并固定 $\Delta \nabla z_{MN,j}^{sq}$，并采用 Ratio 检验其可靠性[69]。

上述数据处理可用于模型化接收机 DCB 的短期变化，其基本思路是：针对 B_{MN}^i 估计，通过"试探"不同的过程噪声标准差取值，将估值与 PPP 方案得到的结果相比较，当两者较好地符合时，即可确定 B_{MN}^i 过程噪声标准差的最优"经验值"。值得注意，该模型化方案的准确性取决于：相比 Ciraolo 方案，前述 PPP 方案能否更为可靠地提取 B_{MN}^i，以及 B_{MN}^i 的实际动态模型是否可近似为随机游走。随后的实验分析将分别证明这两种前提的合理性。

4.5.2 实验结果

4.5.2.1 数据准备和处理

实验采用 4 台 GPS 接收机所采集的双频伪距（$C_1 + P_2$）和相位（$L_1 + L_2$）观测值。3 组接收机天线位于荷兰代尔伏特理工大学某建筑楼顶，其最大间距不超过 15m（图 4.31）。其中，接收机 dlf4 和 dlf5 共用一组天线，因此形成了一条零基线；接收机 dlft 和 delf 则被分别连接至另两组不同的天线。实验期间，荷兰采用夏时制，地方时（LT）与协调世界时（UTC）之间的关系为 LT = UTC + 2。

为了验证提出的一系列模型与算法，将设计 3 类实验方案：①分别采用 Ciraolo 和 PPP 方案处理若干基线若干天的观测数据，对比验证 PPP 方案估计电离层斜延迟的可靠性、提取接收机 DCB 短期变化的准确性等。②基于相同基线部分天的观测数据，利用 PPP 方案提取接收机 DCB 时间序列。随后，验证该时间序列在多天内是否具有重复性,以及是否可采用随机游走描述。③采用与第二种方案同样的实验数据,直接估计接收机 DCB,并将其动态模型选取为随机游走,通过"试探"不同的过程噪声标准差,寻求描述接收机 DCB 短期变化的最优经验模型。

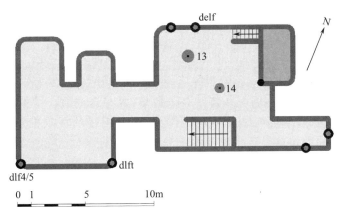

图 4.31　实验 GPS 接收机的空间分布及站间距信息

4.5.2.2　实验分析

实验处理了 4 台接收机所形成的 6 条基线共 9 天的观测数据。限于篇幅,在随后论述中,仅分析了 4 组代表性的接收机 DCB 时间序列,分别对应 DOY 170 和 172 的零基线 dlf4 – dlf5(其 DCB 变化较为平稳)和短基线 dlft – delf(其 DCB 变化最为显著)。

图 4.32 所示为从零基线 GPS 数据中提取的接收机 C1 – P2 DCB 时间序列(不同颜色代表不同的卫星)。分析 DOY 172 的结果可知:

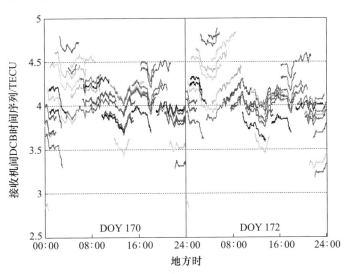

图 4.32　从零基线(dlf5 - dlf4)GPS 观测值中提取的接收机 C1 - P2 DCB 时间序列(见彩图)

（1）对应不同卫星的接收机 DCB 时间序列互不重合，某些时段（如 14：00 前后）内的差异可超过 0.5TECU（约 8cm）。造成该差异的主因是低频伪距观测噪声，取平均运算一般难以有效地处理这类噪声。

（2）对应不同卫星，同一时段的接收机 DCB 时间序列变化趋势一致，证实了接收机 DCB 的确存在短期变化，其范围为 0.5 ~ 1TECU。该变化的量级较小，一种可能的原因是：构成该零基线的两台接收机硬件类型、观测环境一致，各自接收机绝对 DCB 的量级、变化具备一定程度的相似性，并已通过站间单差大大抵消。

该接收机 DCB 在 2 天内的变化既有类似性，又存在差异。类似性体现为：针对各天的某些特定时刻，如 06：00 和 22：00 附近，全部卫星的接收机 DCB 提取值存在"跃迁"现象，其原因可能是环境温度的上升或下降（注：06：00 和 22：00 分别对应当地近似的日出和日落时刻）。差异性则体现为：日边界处的接收机 DCB 结果并不连续，表明除短期变化外，接收机 DCB 还存在长时间尺度，如至少 1 天的变化，这是由不同天内的观测数据质量不同，以及实施逐天数据处理等两方面因素造成的。

相应地，图 4.33 对应于短基线 dlft - delf（间距约为 15m）的接收机 C1 - P2 DCB 时间序列（不同颜色代表不同的卫星）。仍以 DOY 172 为例，与图 4.32 比较可发现：受多路径效应的影响，针对同一观测时段，不同接收机 DCB 时间序列之间的差异更为明显。与图 4.32 类似，同一天内的接收机 DCB 变化受气温影响，不同天内接收机 DCB 变化程度不同。

综上所述，Ciraolo 方案的典型不足可概括为：①针对零基线分析，当接收机 DCB 在某一时段内的变化小于 0.5TECU 时，分析结果的可靠性易受低频观测噪声的不利影响；②针对短基线分析，受多路径效应的影响，对应相同时段、不同卫星的接收机 DCB 时间序列存在若干 TECU 的差异，该差异在一定程度上"淹没"了接收机 DCB 的真实变化特性，降低了分析的准确性。

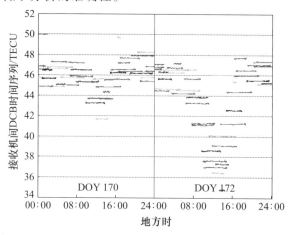

图 4.33　基于 Ciraolo 方案，从短基线（dlft - delf）GPS 观测值中提取的接收机
C1 - P2 DCB 时间序列（见彩图）

分别与图 4.32 和图 4.33 相对应,图 4.34 和图 4.35 中给出了利用 PPP 方案计算的接收机 DCB 时间序列。其中,受卡尔曼滤波收敛性的影响,各天内前 30min 的结果已事先剔除。

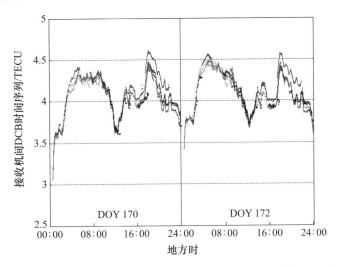

图 4.34　基于 PPP 方案,从零基线(dlf5‐dlf4)GPS 观测值中提取的接收机 C1‐P2 DCB 时间序列

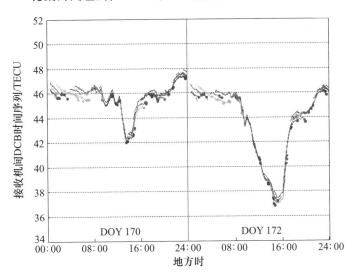

图 4.35　基于 PPP 方案,从同样的短基线(dlft‐delf)GPS 数据中
提取的接收机 C1‐P2 DCB 时间序列

对比图 4.34 和图 4.32 的结果可发现:①对应于不同卫星的接收机 DCB 时间序列互相重合,相互之间的差异可以忽略,表明改进方案可以较好地克服低频观测噪声的影响,而进一步突出了接收机 DCB 真实的变化特性;②尽管两图所反映的接收机 DCB 变化行为大体上类似,但图 4.34 可揭示更多的细节:以 DOY 172 为例,接收机

DCB 在每天的凌晨(02:00)附近最小,约为 3.5TECU。而对应于接收机 DCB 最大的两个时刻分别为 08:00 和 20:00,接收机 DCB 的取值均约为 4.5TECU。这表明,该接收机 DCB 变化中可能还存在一个周期约为 12h 的趋势项,即半日周期项,其幅度约为 0.8TECU。

同时,对比分析图 4.35 和图 4.33 中的结果可知:①实施 PPP 方案后,同一时段、不同接收机 DCB 时间序列之间的差异由先前的 4~6TECU,显著地减少至不超过 0.5TECU。联合前述分析可知,PPP 方案能同时克服低频观测噪声和多路径效应的影响,以准确、可靠地还原接收机 DCB 的本质变化特征。②图 4.35 所反映的接收机 DCB 变化趋势中,不存在类似于图 4.34 中的半日周期项。这说明,该周期项可能与零基线接收机的内部电子元器件温度变化有关,而非由外部环境因素所造成。

总之,与 Ciraolo 方案相比,利用 PPP 方案分析接收机 DCB 时,能有效地处理低频观测噪声、多路径效应的综合影响,可靠地还原接收机 DCB 不同时间尺度的短期变化特性。基于 PPP 方案的结果,下面将验证能否采用随机游走描述接收机 DCB 在一天内的变化行为。

首先,基于图 4.34 中 DOY 170 的结果,针对每一个历元时刻,选取不同接收机 DCB 时间序列的中位数作为"采样值",以形成一组接收机 DCB 中位数时间序列。对该时间序列实施历元间差分,相应结果的频率分布直方图如图 4.36 所示。同时还绘出了两组零均值正态分布的概率密度函数(PDF)曲线,其标准差分别为 0.004 和 0.005,以便于揭示该直方图的总体分布规律。显见,该直方图整体上接近正态分布,进而表明接收机 DCB 时间序列确实可被近似为随机游走,其过程噪声标准差的经验值介于 $[0.004, 0.005]$ TECU 之间。

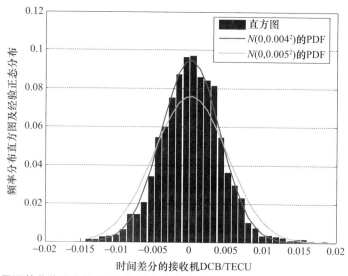

图 4.36 历元间差分的接收机 DCB 的频率分布直方图(由图 4.34 中 DOY 170 的结果导出)

基于图 4.34 中 DOY 172 的结果,可形成另一组历元间差分的接收机 DCB 中位数时间序列,图 4.37 中绘出了与其对应的频率分布直方图。类似地,该直方图也接近正态分布,可同样选取随机游走描述该组接收机 DCB 随时间的短期变化。

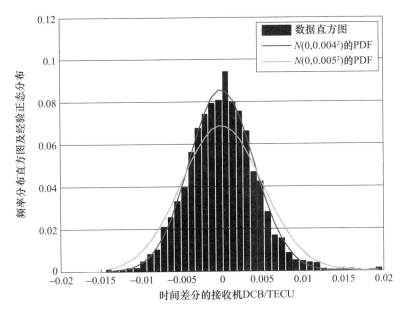

图 4.37　历元间差分的接收机 DCB 的频率分布直方图(由图 4.34 中 DOY 172 的结果导出)

　　基于图 4.35 中 DOY 170 和 172 的结果,分别计算了另两组历元间差分的接收机 DCB 中位数时间序列,各自的频率分布直方图分别绘于图 4.38 和图 4.39。对比图 4.38 和图 4.36 的结果可知:①图 4.38 中采样值的跨度变大,绝大部分处于 $[-0.03, 0.03]$ TECU 之间,但部分采样值出现在 -0.06 TECU 附近。这意味着,与图 4.36 相比,该组接收机 DCB 在相邻历元间的差异更为明显;②图 4.38 中直方图的分布规律仍然接近正态分布,但其标准差为 $0.012 \sim 0.014$ TECU。当采用随机游走描述该组接收机 DCB 时,相应的过程噪声标准差可经验地限定为略小于 0.012TECU,以确保能在一定程度上"隔离"残多路径效应的影响。

　　另外,图 4.39 中采样值的零均值特性不如图 4.38 明显。直观上,采样值出现负值的频率略高于正值。通过分析图 4.35 中相应的结果,可归纳出导致上述差异的原因,如接收机 DCB 在两天内的变化幅度、趋势明显不同,且在 DOY 172 内出现了量级较大的显著变化等。尽管如此,当忽略个别区间(如 $[0.03, 0.04]$)内的若干异常采样时,图 4.39 中的频率分布直方图仍近似满足正态分布,相应的标准差也略低于 0.012TECU。

　　至此,综合上述可知:图 4.36 ~ 图 4.39 中的频率分布直方图均可以被合理地近似为正态分布,由此表明,对应于图 4.34 和图 4.35 中的接收机 DCB 时间序列均可采用随机游走加以描述,且各自过程噪声的标准差可被经验地限定于$[0.004,0.005]$($0.6 \sim 0.8$mm,对应 dlf5 – dlf4 零基线)和$[0.01,0.012]$($1.6 \sim 1.9$mm,对应 dlft – delf 短基线)TECU 两个区间范围附近。

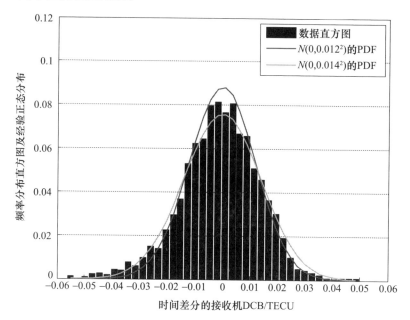

图 4.38　历元间差分的接收机 DCB 的频率分布直方图(由图 4.35DOY 170 的结果导出)

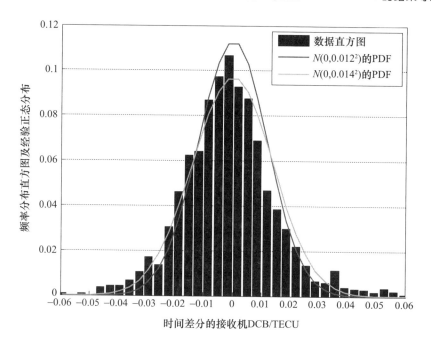

图 4.39　历元间差分的接收机 DCB 的频率分布直方图(由图 4.35DOY 172 的结果导出)

基于零基线 dlf5 - dlf4 DOY 170 观测数据,滤波估计了一系列接收机 DCB 时间序列,具体结果如图 4.40 所示。其中,接收机 DCB 的动态模型为随机游走,并分别选取了 3 种不同的过程噪声标准差:0.8mm,1.0mm 和 1.5mm,各自的滤波解对应于图中的黄色、绿色和红色线条。为便于对比分析,图 4.40 中还绘出了图 4.34 中 DOY 170 的结果,即基于 PPP 方案提取的接收机 DCB 时间序列(蓝色线),用于衡量各滤波时间序列的可靠性。

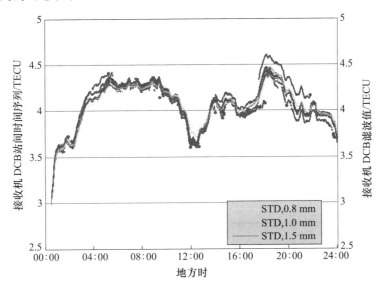

图 4.40　零基线(dlf5 - dlf4)对应的接收机 C1 - P2 DCB 时间序列(DOY 170)(见彩图)

　　分析图 4.40 可知:

　　(1) 当接收机 DCB 呈近似线性的平稳变化时,如首尾两端的若干小时内,对应于 3 种过程噪声标准差的滤波时间序列相互重合,其差异较小。这表明,当接收机 DCB 不存在短期的“突变”时,可考虑选取较小的过程噪声标准差(如 0.8mm),以增强滤波解的可靠性。

　　(2) 当接收机 DCB 存在明显的短期变化时,对应于 0.8mm 标准差的滤波时间序列(黄色线)过于平滑,与对应的提取值之间存在明显的差异。而对应于另外两个较大标准差的滤波时间序列均可以较好地描述这类变化。

　　(3) 进一步对比对应于标准差 1.0mm 和 1.5mm 的两个滤波时间序列(分别为绿线和红线)可发现,红色线与接收机 DCB 提取值之间的整体吻合程度略优于绿色线,原因在于其更有效地刻画了更多接收机 DCB 的“细节”变化行为,如短期波动等。

　　类似地,图 4.41 所示为从零基线 dlf5 - dlf4 DOY 172 观测数据中滤波估计的 3 组接收机 DCB 时间序列。通过与图 4.40 对比分析,可得出类似的结论。但另一方面,图 4.41 还进一步表明:尽管接收机 DCB 在 DOY 170 和 172 的提取值存在明显区别,但它们的变化行为都被准确地模型化为过程噪声约为 1.5mm 的随机游走。该经验标准差的选取一方面确保了接收机 DCB 滤波值与提取值时间序列在一天内的整体最优符合,同时又能可靠、有效地反映接收机 DCB 在短期内的不规则变化。

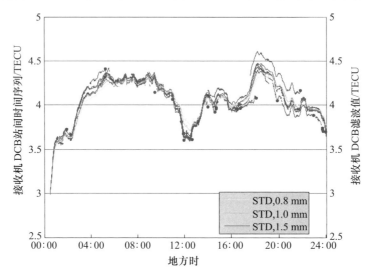

图 4.41 零基线(dlf5-dlf4)对应的接收机 C1-P2 DCB 时间序列(DOY 172)(见彩图)

针对短基线 dlft-delf,图 4.42 所示为 DOY 170 内 3 组不同的接收机 DCB 滤波解,分别对应过程噪声标准差 1.0mm,1.5mm 和 2.0mm。分析可知:当标准差取值为 1.0mm 时,相应滤波解(黄线)在某些特定时段(如 14:00—18:00)与提取值的差异最大约为 2 TECU,因此其整体可靠性最差;而当将标准差增大至 1.5mm(该取值对应图 4.40 或图 4.41 中的“最优”经验标准差)或 2.0mm 时,可明显地改善滤波解与提取值的符合程度。需要指出,在若干时段,如 10:00 后出现的第一个 U 形变化期间,以及 22:00 之后的 2h 内,3 种滤波解与提取值之间均存在一定的差异,量级甚至超过 1 TECU。造成这种现象的原因是接收机 DCB 提取值受一定量的误差的影响,如多路径效应等。

图 4.42 描述了对应短基线 dlft-delf 在 DOY 170 内的 3 组接收机 DCB 滤波时间序列,对应于 2.0mm 标准差的滤波解在个别时段仍与提取值存在略低于 0.5 TECU 的偏差,且仍可归结为多路径效应的影响。

综合分析可得两个主要结论:①针对零基线 dlf5-dlf4,其接收机 DCB 在 DOY 170 和 172 两天内的变化均可采用过程噪声标准差为 1.0~1.5mm 的随机游走加以描述。②针对短基线 dlft-delf,针对每天起始的若干小时内,选取较小的标准差如 1.0mm 仍能得到较为可靠的滤波解,但在另外两个典型时段,对应于 2.0mm 标准差的滤波解仍与提取值存在 0.5~1 TECU 的差异,该差异应主要归因于多路径效应的影响。

上述结论还表明,采用单独的过程噪声标准差可能不足以准确地刻画接收机 DCB

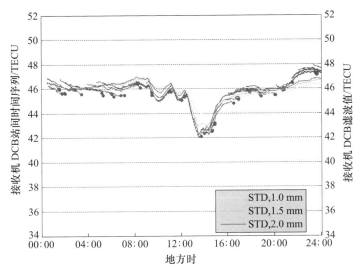

图 4.42　短基线(dlft-delf)对应的接收机 C1-P2 DCB 时间序列(DOY 170)(见彩图)

在一天内的变化。建议引入一种能探测接收机 DCB 变化的统计检验量,以自适应地确定不同时段内合适的过程噪声标准差,最终实现接收机 DCB 滤波值的准确、可靠估计。

4.5.3　分析与讨论

接收机 DCB 的量级和变化与测站环境、硬件设施等密切相关,是利用 GPS 研究电离层的主要误差源之一。特别地,当接收机 DCB 存在明显的短期变化时,将会降低各种电离层参数如 VTEC 的准确性。现有分析接收机 DCB 变化规律的各种方案均存在不足,其结果难以避免地受平滑误差或(和)模型误差的影响。基于零/短基线 GPS 数据,本章改进了 Ciraolo 方案,通过精化电离层延迟估计技术(利用 PPP 取代相位平滑伪距,并引入双差整周模糊度约束),削弱了低频观测噪声、多路径效应的影响,增强了接收机 DCB 提取值的可靠性。在明确接收机 DCB 可被近似为随机游走后,为确定适当的过程噪声标准差,本章导出了从站间单差观测值中直接估计接收机 DCB 的算法,通过考察接收机 DCB 提取值和估计值相互之间的符合程度,经验地模型化了接收机 DCB 的短期变化。

研究显示:①与相位平滑伪距相比,PPP 提取的电离层延迟受低频观测噪声和多路径效应影响更小。针对零/短基线 GPS 数据处理而言,附加测站间双差独立整周模糊度约束,可进一步增强电离层延迟估值的可靠性。②相比 Ciraolo 方案,PPP 方案可以获取更为准确的接收机 DCB 时间序列,进而能分析出更为细节的接收机 DCB 短期变化趋势。③针对实验所采用的零、短基线,各自对应的接收机 DCB 在一天内的最大变化约为 1.5 TECU 和 12 TECU,但均可以被模型化为随机游走,相应的过程噪声标准差约为 1.5mm 和 2mm。④针对短基线而言,单一的过程标准差难以准确地模型化其接收机 DCB 在一个试验天内的变化,建议引入能自动检验接收机 DCB"突变"的统计指标,以便于自适应地确定最优的过程噪声标准差。

最后,需要指出,这里提取和估计的接收机 DCB 实际上是两台接收机的绝对 DCB 之差,即接收机相对 DCB。针对利用 GNSS 数据估计电离层参数而言,可估的接收机 DCB 同样是一个相对量。因此,这里提出的相关算法和结论对于 GNSS 电离层研究而言具有直接的参考意义。但针对精密授时等应用而言,则需要标定接收机绝对 DCB,以获取无偏的时频信息。此时,建议将其中一台接收机连接至跨接器(jumper),进而模拟 GPS 双频信号在接收机内部各通道的传播路径,即可准确地确定该接收机 DCB 的绝对量级[40]。此后,基于该已知的接收机绝对 DCB,结合估计的接收机相对 DCB 时间序列,可实现任意一台接收机绝对 DCB 的检校和标定。

4.6 GNSS 接收机配置更新对接收机 DCB 估值影响分析

为研究接收机配置信息对接收机 DCB 估值影响,以 Galileo 系统为例,选取了 3 组具有相同接收机类型、天线类型和固件版本的接收机,并对每一组内接收机 DCB 估值大小进行了初步分析[70-72]。图 4.43 所示为选取的 3 组具有相同配置的接收机在 2013 年到 2015 年期间 Galileo 系统接收机 DCB 的平均估值。表 4.12 所列为接收机具体的配置信息及具有相同配置的接收机组内 DCB 估值的标准差及平均值。可以看出,配置信息不同的 3 组接收机 DCB 均值具有显著的差异,但是具有相同配置的同一组接收机 DCB 估值大小相似,其标准差小于 1.2ns。

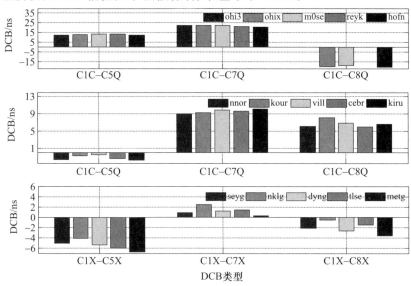

图 4.43　3 组具有相同配置(接收机类型、固件版本和天线类型)的
接收机 DCB 估值对比(见彩图)

表 4.12　3 组相同配置(接收机类型、固件版本和天线类型)的接收机

DCB 估值标准差及均值　　　　　　　　　　(单位:ns)

组别	接收机类型	天线类型	固件版本	E1-E5a		E1-E5b		E1-E5ab	
				标准偏差	均值	标准偏差	均值	标准偏差	均值
a	LEICA GR25	LEIAR25. R4	3.03/6.214	0.58	12.88	0.86	21.92	0.89	−20.00
b	SEPT POLARX4	SEPCHOKE_MC	2.5.1p1	0.54	−1.34	0.47	9.59	0.85	6.79
c	TRIMBLE NETR9	TRM59800.00	4.6	0.98	−5.54	0.77	1.46	1.17	2.34

为进一步研究天线类型和固件版本更新对接收机 DCB 估值的影响,以 OHIX 和 KRGG 测站为例,图 4.44 给出了在 2013 年 1 月到 2014 年 12 月期间 Galileo 系统接收机 DCB 估值的时间序列。由于存在观测数据缺失,Galileo 系统接收机 DCB 无法估计的部分时段内已在时间序列中用"无数据"标出,接收机天线类型和固件版本发生更新的时段也在图中进行了标注。表 4.13 所列为测试时间内两个测站接收机具体的配置信息。表 4.14 所列为接收机配置信息没有更新的不同时段内 Galileo 系统接收机 DCB 的平均值和标准差。可以看出,除由于硬件设备更新造成 Galileo 系统接收机 DCB 估值发生跳变之外,在未发生固件版本和天线类型更新的时段内,Galileo 系统接收机 DCB 保持相对稳定。其中 KRGG 测站接收机 DCB 标准差最大值为 1.53ns。OHIX 站接收机 E1-E5a 和 E1-E5ab DCB 估值分别为 7ns 和 −55ns,说明不同跟踪模式的信号之间的 Galileo 系统接收机 DCB 估值存在较大差异。OHIX 测站在 2013 年到 2014 年变更了天线类型,但是 Galileo 系统接收机 DCB 期间估值没有发

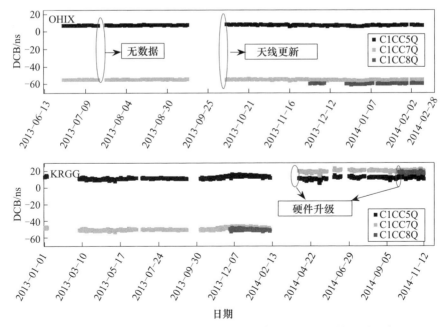

图 4.44　KRGG 和 OHIX 测站 Galileo 系统接收机 DCB 估值时间序列

生显著变化,其标准差小于 0.6ns,说明天线类型对 Galileo 系统接收机 DCB 大小影响不大。KRGG 站在 2013 年到 2014 年期间固件版本更新过两次,接收机 E1-E5a、E1-E5b 和 E1-E5ab DCB 估值在该时段内的变化趋势存在明显差异。其中,在固件版本更新前后接收机 E1-E5a DCB 估值一直稳定在 12ns 左右(标准差为 1.53ns)。当固件版本首次更新时,接收机 E1-E5b DCB 估值从 49.89ns 变为 20ns,当固件版本再次更新时其估值也没有发生很大变化。综上所述,固件版本更新对接收机 DCB 估值影响较大。

表 4.13　KRGG 和 OHIX 测站接收机配置

站点	设备更新时间		接收机类型	天线类型	固件版本
OHIX	2013-06-13	2013-09-28	LEICA GRX1200 + GNSS	LEIAR25. R3	8.71/6.112
OHIX	2013-09-28	2014-03-01	LEICA GRX1200 + GNSS	LEIAR25. R4	8.71/6.112
KRGG	2012-09-13	2014-04-01	LEICA GR10	LEIAR25. R4	2.62
KRGG	2014-04-01	2014-09-26	LEICA GR10	LEIAR25. R4	3.03
KRGG	2014-09-26	2014-11-13	LEICA GR10	LEIAR25. R4	3.1

表 4.14　KRGG 和 OHIX 测站接收机设备更新与 DCB 估值平均值和标准差对应关系　(单位:ns)

站点	设备更新时间		C1CC5Q		C1CC7Q		C1CC8Q	
			均值	标准偏差	均值	标准偏差	均值	标准偏差
OHIX	2013-06-13	2013-09-28	7.19	0.23	−54.75	0.21	—	—
OHIX	2013-09-28	2014-03-01	7.09	0.61	−55.17	0.53	−59.73	0.47
KRGG	2012-09-13	2014-04-01	11.80	1.53	−49.89	1.38	−50.50	0.99
KRGG	2014-04-01	2014-09-26	11.37	1.39	19.74	1.22	—	—
KRGG	2014-09-26	2014-11-13	12.31	1.05	20.64	0.90	18.15	0.95

4.7　本章小结

DCB 是 GNSS 精密应用中需要精确处理与控制的硬件时延误差,与之相关的 TGD、ISC 及 BGD 参数也是 GNSS 广播星历中的重要播发参数之一。针对目前 DCB 研究仍多局限于 GPS/GLONASS 以及多模 GNSS 应用对多系统 DCB 产品的需求,本章将 IGGDCB 方法进一步扩展用于多模 GNSS 卫星与接收机频内和频间偏差参数的精确确定。不同于 DLR 在 DCB 处理时直接采用 GIM 扣除电离层误差的影响,IGGDCB 方法采用单站电离层 TEC 建模的方式,逐测站同步处理得到 GPS、GLONASS、BDS 及 Galileo 卫星和接收机的 DCB 参数。IGGDCB 方法避免了常用的 DCB 确定方法对外部电离层信息(如 GIM)以及全球电离层 TEC 建模对大量 GNSS 基准站的依赖,解决了当前 MGEX 基准站(数量及分布)不适于全球电离层 TEC 同步建模处理的难题。

基于后处理得到的高精度 DCB 产品,本节同时评估了 GPS、BDS 及 Galileo 广播的 TGD、ISC 及 BGD 参数的实际精度;在明确 TGD、ISC 及 DCB 三类参数之间区别与联系的基础上,进一步分析了广播的 TGD、ISC 参数对 GPS 及 BDS 导航用户单/双频定位结果的影响。

　　以 2013 年 1 月至 2015 年 9 月 CODE 和 DLR 发布的 DCB 产品为参考,分析基于 IGGDCB 方法确定的 DCB 参数以及广播的 TGD/ISC/BGD 参数的精度与可靠性。结果表明,基于 IGGDCB 方法确定的 GPS 和 GLONASS 卫星频内偏差精度分别可达 0.1ns 和 0.2 ~ 0.4ns;GPS、GLONASS、BDS 和 Galileo 卫星频间偏差精度分别可达 0.29ns、0.56ns、0.36ns 和 0.24ns。GPS 广播的 ISC C/A 参数精度可以达到 0.2ns, TGD、ISC L2C 及 ISC L5Q 参数精度能够达到 0.7ns;Galileo 及 BDS 广播的 BGD 及 TGD 参数的精度分别可达 0.66ns 和 0.89ns。

　　自 2015 年 10 月中旬开始,国际 IGS 组织正式发布由中国科学院(CAS)提交的多系统 DCB 产品,文件名为:CAS0MGXRAP_ < yyyy > < ddd > 0000_01D_01D_ DCB. BSX。用户可通过 CDDIS(ftp://cddis. gsfc. nasa. gov/pub/gps/products/mgex/ dcb/)以及我们的 FTP 获取得到(ftp://ftp. gipp. org. cn/product/dcb/mgex/)[73]。 CAS 提交的 DCB 产品与 DLR 采用的处理策略不同,为多系统卫星及接收机 DCB 精确标定及 GNSS 用户提供了一种新的选择。

 参考文献

[1]　LEANDRO R F,LANGLEY R B,SANTOS M C. Estimation of P2‑C2 biases by means of precise point positioning[C]//Proceedings of the ION 63rd Annual Meeting,Cambridge,Massachusetts,A‑ pril 23‑25,2007.

[2]　LI Z,YUAN Y,FAN L,et al. Determination of the differential code bias for current BDS satellites [J]. IEEE Transactions on Geoscience and Remote Sensing,2014,52(7):3968‑3979.

[3]　袁运斌,欧吉坤. GPS 观测数据中的仪器偏差对确定电离层延迟的影响及处理方法[J]. 测绘学报,1999,28(2):19‑23.

[4]　MAJITHIYA P. Indian regional navigation satellite system[J]. Inside GNSS,2011(6):40‑46.

[5]　MONTENBRUCK O,HAUSCHILD A. Code biases in multi‑GNSS point positioning[C]//Proceed‑ ings of the 2013 International Technical Meeting of the Institute of Navigation,San Diego,California, January 27‑29,2013:616‑628.

[6]　HAUSCHILD A,MONTENBRUCK O. The effect of correlator and front‑end design on GNSS pseudorange biases for geodetic receivers[J]. Navigation:Journal of The Institute of Navigation, 2016,63(4):443‑453.

[7]　HAUSCHILD A,MONTENBRUCK O. A study on the dependency of GNSS pseudorange biases on correlator spacing[J]. GPS Solutions,2014,20(2):159‑171.

[8]　WANNINGER L,BEER S. BeiDou satellite‑induced code pseudorange variations:diagnosis and

therapy[J]. GPS Solutions,2015 19(4):639-648.

[9] MONTENBRUCK O,STEIGENBERGER P,HAUSCHILD A. Broadcast versus precise ephemerides:a multi-GNSS perspective[J]. GPS Solutions,2014,19(2):321-333.

[10] STEIGENBERGER P,MONTENBRUCK O,HESSELS U. Performance evaluation of the early CNAV navigation message[J]. Navigation:Journal of the Institute of Navigation,2015,62(3):219-228.

[11] SCHAER S. Monitoring (P1-C1) code biases[J]. IGS Electronic Mail Message,2000 (2827).

[12] SCHAER S. Differential code biases (DCB) in GNSS analysis[C]//Proceedings of IGS workshop, Miami Beach,USA,June 2-6,2008.

[13] HERNÁNDEZ-PAJARES M,JUAN J M,SANZ J. New approaches in global ionospheric determination using ground GPS data[J]. Journal of Atmospheric and Solar-Terrestrial Physics,1999,61(16): 1237-1247.

[14] LI Z,YUAN Y,LI H,et al. Two-step method for the determination of the differential code biases of COMPASS satellites[J]. Journal of Geodesy,2012,86(11):1059-1076.

[15] MANNUCCI A J,WILSON B D,YUAN D N,et al. A global mapping technique for GPS-derived ionospheric total electron content measurements[J]. Radio Science,1998,33(3):565-582.

[16] SARDON E,RIUS A,ZARRAOA N. Estimation of the transmitter and receiver differential biases and the ionospheric total electron content from Global Positioning System observations[J]. Radio Science,1994,29(3):577-586.

[17] SCHAER S. Mapping and predicting the earth's ionosphere using the global positioning system [D]. Switzerland:University of Berne,1999.

[18] SCHAER S. Overview of GNSS biases[C]//IGS Workshop on GNSS Biases,University of Bern, Switzerland,January 18-19,2012.

[19] SCHAER S. Activities of IGS bias and calibration working group[R]. IGS Technical Report,2011: 139-154.

[20] MONTENBRUCK O,HAUSCHILD A,STEIGENBERGER P. Differential code bias estimation using multi-GNSS observations and global ionosphere maps[J]. Navigation,2014,61(3):191-201.

[21] SCHAER S. Biases relevant to GPS and GLONASS data processing[C]//IGS Workshop,Pasadena, USA,June 23-27,2014.

[22] FELTENS J. The international GPS service(IGS)ionosphere working group[J]. Advances in Space Research,2003,31(3):635-644.

[23] FELTENS J. The activities of the ionosphere working group of the international GPS service (IGS) [J]. GPS Solutions,2003,7(1):41-46.

[24] HERNANDEZ-PAJARES M,JUAN J M,SANZ J,et al. The IGS VTEC maps:a reliable source of ionospheric information since 1998[J]. Journal of Geodesy,2009,83(3-4):263-275.

[25] KOMJATHY A, WILSON B D, MANNUCCI A J. New developments on estimating satellite interfrequency bias for SVN49[J]. GPS Solutions,2011,15(3):233-238.

[26] LI Z,YUAN Y,WANG N,et al. SHPTS:towards a new method for generating precise global ionospheric TEC map based on spherical harmonic and generalized trigonometric series functions [J]. Journal of Geodesy,2015,89(4):331-345.

[27] LI Z,YUAN Y OU J,et al. Two-step method for the determination of the differential code biases of COMPASS satellites[J]. Journal of geodesy,2012,86(11):1059-1076.

[28] 李子申. GNSS/compass 电离层时延修正及 TEC 监测理论与方法研究[D]. 武汉:中国科学院测量与地球物理研究所,2012.

[29] MONTENBRUCK O,STEIGENBERGER P,KHACHIKYAN R,et al. IGS - MGEX:preparing the ground for multi-constellation GNSS science[J]. Inside GNSS,2014,9(1):42-49.

[30] RIZOS C,MONTENBRUCK O,WEBER R,et al. The IGS MGEX experiment as a milestone for a comprehensive multi-GNSS service[C]//Proceedings of the ION 2013 Pacific PNT Meeting,Honolulu,Hawaii,January 29-30,2013:289-295.

[31] WANG N,YUAN Y,LI Z,et al. Multi-GNSS differential code biases (DCB) process at IGG [C]// IGS Workshop on GNSS biases,Bern,Switzerland,November 5-6,2015.

[32] WANG N,YUAN Y,LI Z,et al. Determination of differential code biases with multi-GNSS observations[J]. Journal of Geodesy,2016,90(3):209-228.

[33] DOW J M,NEILAN R E,RIZOS C. The international GNSS service in a changing landscape of global navigation satellite systems[J]. Journal of Geodesy,2009,83(7):689-689.

[34] DACH R,BROCKMANN E,SCHAER S,et al. GNSS processing at CODE:status report[J]. Journal of Geodesy,2009,83(3-4):353-365.

[35] IGS Central Bureau. RINEX:the receiver independent exchange format (Version 3.02)[OL]. http://igscb. jpl. nasa. gov/igscb/data/format/rinex302. txt.

[36] Global Positioning Systems Directorate. Interface specification IS-GPS-705:navstar GPS space segment/user segment L5 interfaces,IS-GPS-705D[R]. GPSD,2013.

[37] Global Positioning Systems Directorate. Navstar GPS space segment/user segment L1C interface,IS-GPS-800D[R]. GPSD,2014.

[38] 周江文,陶本藻,欧吉坤,等. 拟稳平差论文集[C]//北京:测绘出版社,1987.

[39] CHOI B K,CHUNG J K,CHO J H. Receiver DCB estimation and analysis by types of GPS receiver [J]. Journal of Astronomy & Space Sciences,2010,27(2):123-128.

[40] WILSON B D,MANNUCCI A J. Instrumental biases in ionospheric measurements derived from GPS data[C]//Proceedings of the ION GPS-93,Salt Lake City,UT,September 22-24,1993:1343-1351.

[41] JUAN J M,RIUS A,HERNANDEZ-PAJARES M,et al. A two-layer model of the ionosphere using Global Positioning System data[J]. Geophysical Research Letters,1997,24(4):393-396.

[42] JIN S G,JIN R,LI D. Assessment of BeiDou differential code bias variations from multi-GNSS,network observations[J]. Annals of Geophysics,2016,34(2):259-269.

[43] XUE J,SONG S,ZHU W. Estimation of differential code biases for BeiDou navigation system using multi-GNSS observations:How stable are the differential satellite and receiver code biases [J]. Journal of Geodesy,2016,90(4):309-321.

[44] ZHANG R,SONG W,YAO Y,et al. Modeling regional ionospheric delay with ground-based BeiDou and GPS observations in China[J]. GPS Solutions,2015,19(4):649-658.

[45] WANG G,DE JONG K,ZHAO Q,et al. Multipath analysis of code measurements for BeiDou

geostationary satellites[J]. GPS Solutions,2015,19(1):129-139.

[46] GNSS (Galileo) Open Service. European GNSS open service signal in space interface control document,OS SIS ICD,Issue 1. 1,2010[EB/OL]. http://ec. europa. eu/enterprise/policies/satnav/galileo/open-service/index_en. htm.

[47] MONTENBRUCK O,LANGLEY R B,STEIGENBERGER P. First live broadcast of GPS CNAV messages[J]. GPS World,2013,24(8):14-15.

[48] GLOBAL POSITIONING SYSTEMS DIRECTORATE. Navistar GPS space segment/navigation user Segment Interfaces,IS-GPS-200G[R]. Glob Position Syst Direct,2012.

[49] MICHAEL R. The 2 SOPS user range accuracy (URA) improvement and broadcast inter-frequency bias (TGD) Updates[C]//Proceedings of the 13th International Technical Meeting of the Satellite Division of the Institute of Navigation (ION GPS 2000),Salt Lake City,UT,September 19-22,2000:2551-2555.

[50] WILSON B,YINGER C,FEESS W,et al. New and improved:the broadcast interfrequency biases [J]. GPS World,1999,10(9):56-66.

[51] China Satellite Navigation Office. Report on the development of BeiDou navigation satellite system (Version2. 2)[R]. Beijing:China Satellite Navigation Office,2013.

[52] 戴伟,焦文海,贾小林,等. Compass 导航卫星频间偏差参数使用方法[J]. 测绘科学技术学报,2009,26(5):367-369.

[53] FEESS W,COX J,HOWARD E,et al. GPS inter-signal corrections (ISCs) study[C]//Proceedings of the 26th International Technical Meeting of the Satellite Division of the Institute of Navigation (ION GNSS 2013),Nashville,TN,September 16-20,2013:951-958.

[54] SlEEWAEGEN J M. Code inter-frequency biases in GNSS receivers[C]//IGS workshop on GNSS biases,Bern,Switzerland,November 5-6,2015.

[55] JAPAN AEROSPACE EXPLORATION AGENCY (JAEA). Quasi-zenith satellite system navigation service:interface specification for QZSS (IS-QZSS)[R]. Japan:JAEA,2009.

[56] MONTENBRUCK O,STEIGENBERGER P,RILEY S. IRNSS orbit determination and broadcast ephemeris assessment[C]//Proceedings of the 2015 international technical meeting of the Institute of Navigation,Dana Point,California,January,2015.

[57] TETEWSKY A. Making sense of inter-signal corrections:accounting for GPS satellite calibration parameters in legacy and modernized ionosphere correction algorithms[R]. Gibbons Media & Research,2009.

[58] GUO F,ZHANG X,WANG J. Timing group delay and differential code bias corrections for BeiDou positioning[J]. Journal of Geodesy,2015,89(5):427-445.

[59] LUCAS RODRIGUEZ R. Galileo IOV status and results[C]//Proceedings of the 26th International Technical Meeting of the Satellite Division of the Institute of Navigation (ION GNSS 2013),Nashville,TN,September 16-20,2013:3065-3093.

[60] CIRAOLO L,AZPILICUETA F,BRUNINI C,et al. Calibration errors on experimental slant total electron content (TEC) determined with GPS[J]. Journal of Geodesy,2007,81(2):111-120.

[61] BRUNINI C,AZPILICUETA F J. Accuracy assessment of the GPS-based slant total electron content

[J]. Journal of Geodesy,2009,83(8):773-785.

[62] KOMJATHY A,SPARKS L,WILSON B D,et al. Automated daily processing of more than 1000 ground-based GPS receivers for studying intense ionospheric storms[J]. Radio Science,2005,40 (6):1-11.

[63] MUSHINI S C,JAYACHANDRAN P T,LANGLEY R B,et al. Use of varying shell heights derived from ionosonde data in calculating vertical total electron content(TEC)using GPS- New method [J]. Advances in Space Research,2009,44(11):1309-1313.

[64] 袁运斌,欧吉坤. 广义三角级数函数电离层延迟模型[J]. 自然科学进展,2005,18(8):1015-1019.

[65] YUAN Y,OU J. A generalized trigonometric series function model for determining ionospheric delay [J]. Progress in Natural Science,2004,14(11):1010-1014.

[66] BRUNINI C,AZPILUCUETA F J. GPS slant total electron content accuracy using the single layer model under different geomagnetic regions and ionospheric conditions[J]. Journal of Geodesy, 2010,84(5):293-304.

[67] SARDON E,ZARRAOA N. Estimation of total electron content using GPS data:how stable are the differential satellite and receiver instrumental biases[J]. Radio Science,1997,32(5):1899-1910.

[68] 张宝成,欧吉坤,袁运斌,等. 基于 GPS 双频原始观测值的精密单点定位算法及应用[J]. 测绘学报,2010,39(5):478-483.

[69] TEUNISSEN P. The least-squares ambiguity decorrelation adjustment:a method for fast GPS integer ambiguity estimation[J]. Journal of Geodesy,1995,70(1-2):65-82.

[70] 袁运斌,张宝成,李敏. 多频多模接收机差分码偏差的精密估计与特性分析[J]. 武汉大学学报(信息科学版),2018,43(12):2106-2111.

[71] 李敏. 实时与事后 BDS/GNSS 电离层 TEC 监测及延迟修正研究[D]. 武汉:测量与地球物理研究所,2018.

[72] LI M,YUAN Y B,WANG N B,et al. Estimation and analysis of Galileo differential code biases [J]. Journal of Geodesy,2017,91(3):279-293.

[73] WANG N,MONTENBRUCK O. New MGEX multi-GNSS DCB product[J]. IGS Electronic Mail Message,2015(6868).

第 5 章　GPS 广播电离层模型 Klobuchar 的改进

△ 5.1　概　　述

如前所述,空间电离层是 GNSS 应用最重要最棘手的误差源之一,其引起的 GNSS 导航信号测量误差可达数米至百米级[1-2]。如果忽略电离层二阶及高阶项的影响,GNSS 双频或多频用户可以通过消电离层组合有效消除电离层误差对导航定位的影响。然而,占据 GNSS 市场绝大多数份额的单频用户仍需要外部的电离层信息修正电离层实验误差的影响[3-5]。常用的单频电离层修正方法可以分为以下几类:①经验电离层模型(EIM),如 Bent 及国际参考电离层(IRI)等,这类电离层模型一般采用太阳活动月均值参数作为模型的驱动因子[6-7];②广播电离层模型(BIM),如 GPS 采用的Klobuchar模型、Galileo 采用的 NeQuick 模型及北斗三号全球系统采用的北斗全球电离层修正模型(BDGIM)[7-11],这类电离层模型参数通过 GNSS 广播星历播发,因而特别适用于 GNSS 单频用户实时导航定位;③广域增强系统如美国的 WAAS 及欧洲静地轨道卫星导航重叠服务系统(EGNOS)等以格网形式播发的电离层延迟改正信息[12-13],这类电离层改正信息不仅可满足服务区内单频用户电离层延迟改正需求,还可有效提高双频用户的定位收敛速度;④基于全球 GNSS 基准站观测数据及一定的数学模型构建的全球电离层地图(GIM),如 IGS 各电离层分析中心提供的 GIM 产品[14-15],其快速和最终产品的精度分别可达 2 ~ 8TECU(10TECU 相当于 GPS L1 频率上 1.6m)和 2 ~ 6TECU。EIM 只能反映电离层 TEC 的平均变化情况,且模型计算效率较低。广域增强系统播发的电离层信息时间分辨率及电离层改正精度较高,但其仅针对特定的增强系统用户。IGS 提供的 GIM 电离层快速及最终产品的时延一般分别为 2 ~ 10 天[16-17],尽管有的电离层分析中心如欧洲定轨中心(CODE)和加泰罗尼亚理工大学(UPC)开始提供电离层预报产品[18-19],但用户目前只能通过互联网获取得到。目前,各 GNSS 提供的广播电离层模型仍是单频导航用户电离层时延误差修正的重要手段[3,20]。本章将重点介绍 GPS 广播电离层模型 Klobuchar 的改进。

GPS 采用 8 参数的 Klobuchar 模型为单频导航用户提供实时电离层时延误差修正服务。Klobuchar 模型是由 Bent 模型简化而来,该模型在电离层薄层假说的基础上(薄层高度为 350km),将 GPS L1 频率上的夜间天顶电离层时延设定为常数(5ns),白天天顶电离层时延近似地采用随时间变化的余弦函数描述[9]。Klobuchar 模型结构简单,其参数设置考虑了电离层 TEC 周日尺度上振幅和周期的变化,直观简洁地反映了电离层 TEC 的周日变化特点。研究表明,GPS 广播星历中播发的 Klobuchar模型仅能在中纬度地区提供 50% 左右的电离层误差修正精度[5,21-29]。随着 BDS 及 Galileo 系统的建设与发展,各导航系统对广播电离层模型的修正精度提出了更高的要求;另一方面,考虑到电离层模型对各导航系统的通用性,发展更高精度的广播电离层模型也是提高各导航系统竞争力的重要技术手段之一。

影响 Klobuchar 模型修正精度的因素可以概括为以下两点:①GPS 播发的 Klobuchar参数是根据太阳辐射流前 5 天内的平均值与年积日变化,从预先设置的 370 组中选择出一组作为播发参数[4,30]。Klobuchar 预先设置的播发参数由 Bent 模型拟合得到,难以准确反映电离层在全球范围内的变化情况[31]。②受卫星通信容量和模型计算效率的限制,Klobuchar 模型在设计时仅采用 8 个参数描述电离层 TEC 周日尺度上的振幅及周期变化特点[9]。因此,可以考虑从以下两个方面对 Klobuchar 模型进行改进:一是利用区域或全球的 GNSS 观测数据重新估计 Klobuchar 模型的 8 个参数[32-33];二是通过引入更多的参数将 Klobuchar 模型进一步扩展应用于电离层时延误差的修正[34-35]。

CODE 自 2001 年起开始向全球用户提供精化的 Klobuchar 模型(RefKlob),但其相关的系数精化方法并未公开发表。袁运斌等在分析 Klobuchar 模型数学结构及播发参数变化规律的基础上,提出了一种基于全球 GPS 观测数据精化Klobuchar参数的新方法[32,36]。我国北斗区域导航系统目前也在导航电文中向用户播发 8 参数的 Klobuchar模型。与 GPS 不同,北斗系统播发的 Klobuchar 参数是基于中国区域北斗监测站数据解算得到的,且每 2 小时更新计算一组。北斗系统播发的 Klobuchar 参数精度在中国区域优于 GPS 播发的 Klobuchar 参数 10% 左右[37-38]。可以看出,这类方法利用了区域或全球 GNSS 基准站获取的高精度电离层 TEC 信息,同时模型参数的更新计算频率更为灵活。然而这类方法仅考虑了 Klobuchar 模型结构中的振幅及周期项,忽略了初始相位及夜间电离层的变化。针对此,章红平等在 Klobuchar 模型原有 8 个参数的基础上,增加了 6 个参数用于初始相位及夜间电离层平场的模拟,提出了一种用于中国区域电离层时延误差修正的 14 参数 Klobuchar 模型[35,39-40]。14 参数 Klobuchar 模型在中国区域的电离层误差改正精度优于 8 参数 Klobuchar 模型,然而 14 参数 Klobuchar 模型各纬度带内振幅、周期、初始相位及夜间平场参数的计算依赖于区域大量 GNSS 基准站数据,同时该模型在全球范围内是否适用仍需进一步研究。本章在分析 Klobuchar 模型初始相位及夜间电离层平场参数变化规律的基础上,提出一种改进的 10 参数 Klobuchar 模型(IGG10Klob)用于全球电离层时延误差修正;同时,针对目前 GPS 播发的 Klobuchar 模型参数接口难以改变的情况,进一步提出了一种顾及夜间电离层变化的 Klobuchar 模型,简称为"NKlob"。

📐 5.2　Klobuchar 模型基本结构和特点

GPS 采用 8 参数的 Klobuchar 模型为单频导航用户提供实时电离层时延误差修

正服务。Klobuchar 模型是由 Bent 模型简化而来,该模型在电离层薄层假说的基础上(薄层高度为 350km),将 GPS L1 频率上的夜间天顶电离层时延设定为常数(5ns),白天天顶电离层时延近似地采用随时间变化的余弦函数描述[9]。Klobuchar 模型结构简单,其参数设置考虑了电离层 TEC 周日尺度上振幅和周期的变化,直观简洁地反映了电离层 TEC 的周日变化特点。

5.2.1 Klobuchar 模型的数学结构

基于电离层薄层假说(薄层高度为 350km),Klobuchar 模型将 GPS L1 频率上的天顶电离层时延分为夜间和白天两部分。其中,夜间天顶电离层时延设定为固定的常数,而白天天顶电离层时延则表达为随时间变化的余弦函数,其数学结构可以表达为[9]:

$$I(t) = \begin{cases} DC + AMP \cdot \cos\left(2\pi \cdot \dfrac{t-t_0}{PER}\right) & |t-t_0| < PER/4 \\ DC & 其他 \end{cases} \quad (5.1)$$

$$AMP = \begin{cases} \alpha_0 + \alpha_1\varphi_m^1 + \alpha_2\varphi_m^2 + \alpha_3\varphi_m^3 & AMP > 0 \\ 0 & AMP \leqslant 0 \end{cases} \quad (5.2)$$

$$PER = \begin{cases} \beta_0 + \beta_1\varphi_m + \beta_2\varphi_m^2 + \beta_3\varphi_m^3 & PER \geqslant 72000 \\ 72000 & PER < 72000 \end{cases} \quad (5.3)$$

式中:DC 为夜间天顶电离层时延常数(s);AMP 为余弦函数的振幅(s),即白天天顶电离层时延的最大值;PER 为余弦函数的周期(s);t_0 为余弦函数的初始相位,对应天顶电离层时延最大值对应的时刻;$\alpha_n, \beta_n (n=0,1,2,3)$ 为 Klobuchar 模型的播发参数;φ_m 为电离层交叉点处的地磁纬度(半周)。

8 参数 Klobuchar 模型中,初始相位 t_0 和夜间电离层平场 DC 分别设置为地方时 14:00 和 5ns。同时,Klobuchar 模型还提供了电离层投影函数,将天顶电离层时延转换至卫星视线方向的电离层时延。

从式(5.1)可以看出,Klobuchar 模型计算得到的天顶电离层时延值大小取决于振幅(AMP)、周期(PER)、初始相位(t_0)及夜间平场(DC)4 个参数,其中振幅和周期项是影响电离层时延大小及变化最重要的参数。8 参数 Klobuchar 模型系数的精化,本质上就是利用区域或全球 GNSS 基准站获取的高精度电离层 TEC 信息,实现提高 Klobuchar 模型中振幅及周期项拟合精度的目的。

5.2.2 Klobuchar 模型初始相位变化分析

Klobuchar 模型中的初始相位参数定义为天顶电离层时延最大值对应的时刻。将全球划分为 5°×2.5°(经度×纬度)的空间格网,基于 CODE 提供的电离层产品,即可处理得到任意格网处对应的电离层初始相位参数[29,41]。图 5.1 所示为太阳活动高(2001—2003,2012)、中(2004—2005,2010—2011)、低(2006—2009)年电离层初始相位参数随地磁纬度的变化。可以看出,初始相位参数受太阳活动的影响较小,不同太阳活动条件下,初始相位参数的变化基本一致。低纬地区初始相位参数在地方时 14:00—15:00 变化,中高纬地区初始相位参数在地方时 13:00—14:00 变化。初始相位参数值在地磁赤道附近最大,在南北半球中纬度地区最小,这也反映出赤道地区的电离层活动水平与中纬度地区相比更为剧烈。Klobuchar 的分析结果也表明,初始相位参数是一个相对稳定的变化量,在北半球中纬度地区该参数一般保持在地方时 14:00 前后 1h 的范围内变化[37]。

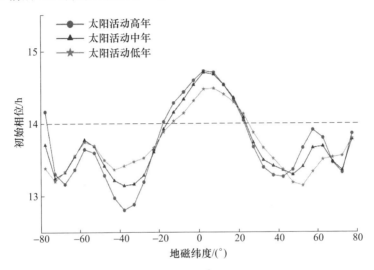

图 5.1　太阳活动高(2001—2003,2012)、中(2004—2005,2010—2011)、低(2006—2009)年电离层初始相位参数随地磁纬度的变化

将电离层夜间平场参数设置为 5ns,由初始相位参数固定为地方时 14:00 引起的 Klobuchar 模型电离层时延计算误差可表达为

$$ME(t) = AMP \cdot \left[\cos\left(2\pi \cdot \frac{t - t_i}{PER} \right) - \cos\left(2\pi \cdot \frac{t - t_0}{PER} \right) \right] \qquad (5.4)$$

式中:t_i 为不同的初始相位值。

基于 CODE 提供的精化 Klobuchar 模型系数,采用 2000—2003 年及 2006—2009 年期间 α_1 和 β_1 的平均值分别作为太阳活动高低年的 AMP(38ns 和 12ns) 和 PER(44h 和 30h)参数值,t_i 以 0.5h 的时间间隔从地方时 12:30 至 15:30 变化。图 5.2 所示为因固定初始相位参数 t_0 引起的 Klobuchar 模型电离层时延计算误差,图中不同颜色的线条代表不同的初始相位参数值。从图中可以看出,由固定初始相位参数引起的模型误差在太阳活动高年大于太阳活动低年;同时,初始相位值越偏离地方时 14:00,其引起的电离层时延计算误差就越大。图 5.2 的结果表明,不同太阳活动条件下初始相位值一般在地方时 13:00 至 15:00 之间变化。将初始相位参数固定为地方时 14:00 在太阳活动高年和低年引起的最

大模型误差分别可达 5ns 和 3ns,如图 5.2 所示。章红平也评估了初始相位参数对 Klobuchar 模型 TEC 计算值的影响,其分析结果表明,由初始相位引起的 Klobuchar 模型计算误差小于 5% [35]。由此可见,将初始相位参数表达为可调的函数能够更准确地反映出某些区域天顶电离层时延最大值对应时刻的变化特征,但从满足全球不同地区单频用户电离层误差修正需求的角度而言,将初始相位参数设置在地方时 14:00 是较为合理的。

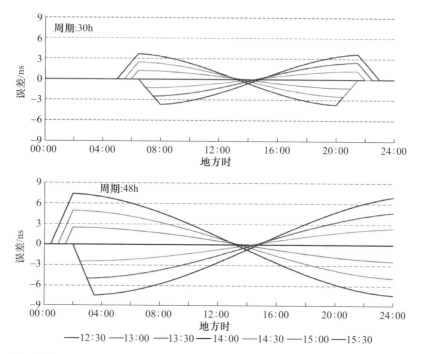

图 5.2　将初始相位固定为地方时 14:00 引起的 Klobuchar 模型电离层时延计算误差(见彩图)

5.2.3　全球电离层夜间平场变化分析

夜间电离层可以定义为在地方时 20:00 至 06:00 之间变化。将全球划分为 5°×2.5°(经度×纬度)的空间格网,基于 CODE 提供的电离层产品,同样可以处理得到任意格网处对应的电离层夜间平场参数。图 5.3 所示为 2001—2012 年全球夜间电离层平场参数的时间序列,图中灰色线表示夜间电离层平场,黑色线表示太阳活动 F10.7 指数。可以看出,夜间电离层平场值的大小受太阳活动影响明显:太阳活动高年(如 2002 年)的夜间平场参数值可达 15ns,而太阳活动低年(如 2008 年)的夜间平场参数值只有 3ns 左右。由此可见,Klobuchar 模型将不同太阳活动水平下的夜间平场参数设置为固定的 5ns 是不合理的。

图 5.4 所示为 2001—2012 年各格网点处的夜间电离层平场值在不同纬度带内的分布情况:夜间电离层平场参数在 50% 的概率下小于 3.54ns,在 65% 的

概率下小于 4.76ns,在 95% 的概率下小于 14.64ns。结合图 5.3 给出的夜间电离层平场在近一个太阳活动周期内的时间序列可以看出,将夜间电离层平场设置为 5ns 在太阳活动中年和低年引起的 Klobuchar 模型计算误差较小,但在太阳活动高年引起的模型计算误差较大。

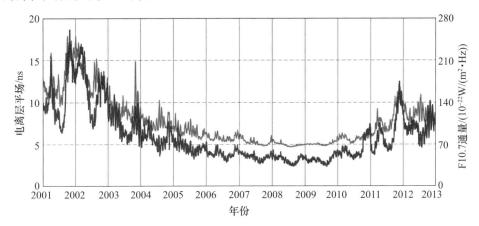

图 5.3　2001—2012 年全球夜间电离层平场时间序列

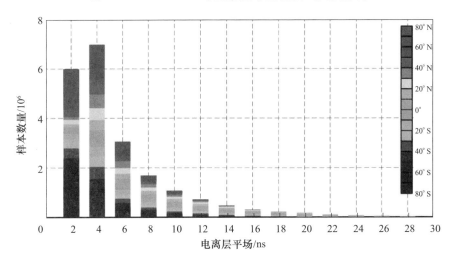

图 5.4　2001—2012 年全球夜间电离层平场在不同纬度带内的分布情况

为进一步分析不同太阳活动水平下夜间电离层平场参数随地磁纬度的变化规律,图 5.5 给出了太阳活动高(2001—2003,2012)、中(2004—2005,2010—2011)、低(2006—2009)年夜间电离层平场随地磁纬度的变化情况。从图中可以看出,夜间电离层平场基本沿地磁赤道对称分布:夜间电离层平场值在低纬地区最大,在南北半球随着地磁纬度的增加而逐渐减小。具体而言,在太阳活动高年,夜间电离层平场从低纬度地区的 15ns 减小到高纬度地区的 6ns 左右;在太阳活动低年,夜间电离层平场基本在 2.8 ~ 4.2ns 的范围内变化。Klobuchar 模型中将夜间电离层平场值设置为固定的 5 ns 难以描述夜间电离层随太阳活动和地磁纬度的变化;该参数引入的模型误差可达 2 ~ 10 ns,远大于由初始相位固定为地方时 14:00 引入的误差。因此,应该引入更多的参数以便更好地描述夜间电离层平场随太阳活动及地磁纬度的变化。

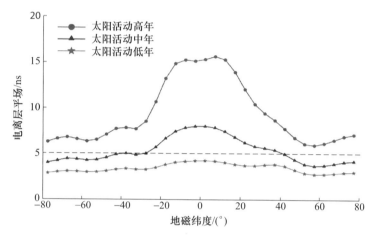

图 5.5　太阳活动高(2001—2003,2012)、中(2004—2005,2010—2011)、低(2006—2009)年夜间电离层平场随地磁纬度的变化

5.3　Klobuchar 模型的改进方法

5.3.1　Klobuchar 模型改进方案

从全球电离层时延修正的角度而言,Klobuchar 模型将初始相位值设置为地方时 14:00 是相对较为合理的;但同时若能引入更多合理的参数用于描述夜间电离层平场随纬度的变化,而不是简单地将其设置为固定的常数 5 ns,将有望进一步提高 Klobuchar 模型的电离层时延模拟性能。5.2.3 节中的分析结果表明,夜间电离层平场值在地磁赤道及低纬度地区最大,且在南北半球随着地磁纬度的增加而减小。图 5.6 所示为不同的夜间天顶电离层时延参数改进方案:①夜间天顶电离层时延为常数,不过该参数由 GNSS 观测数据解算得到(9Klob);②将夜间天顶电离层时延描述为随地磁纬度变化且与地磁赤道对称的线性函数(10Klob-1);③将夜间天顶电离层时延描述为随地磁纬度变化且与地磁赤道对称的二次多项式函数(10Klob-2);④将夜间天顶电离层平场描述为对地磁纬度变化的二次多项式函数,不过该函数并不与地磁赤道对称(11Klob)。这样,原有的 8 参数 Klobuchar 模型(8Klob)扩展成为改进的 9 参数、10 参数及 11 参数 Klobuchar 模型(9Klob,10Klob - 1,10Klob - 2 及 11Klob)。以上几种改进的 Klobuchar 模型中,夜间电离层平场参数的最小值设置为 3.0 ns,且周期项在 20 ~ 48h 的范围内变化。

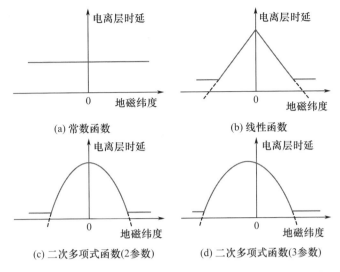

图 5.6　夜间天顶电离层时延表达为常数、线性及二次多项式函数示意图

表 5.1 给出了不同的 Klobuchar 模型改进方案对比。其中,所有改进的 Klobuchar 模型的振幅及周期项均表达为随地磁纬度变化的三次多项式,初始相位值设置为 50400s,电离层薄层高度为 350km。需要说明的是,目前北斗 8 参数电离层模型采用的是地理坐标系,而改进的 Klobuchar 模型采用的是地磁坐标系。受地磁活动的影响,全球电离层 TEC 的分布与地磁场有密切的相关性,因此采用地磁坐标系更适用于全球电离层 TEC 建模处理[19]。同时,8 参数 Klobuchar 模型的夜间平场参数设置为固定的 5ns,而改进的 Klobuchar 模型的夜间平场参数(包括常数、线性函数及二次多项式函数)则由全球分布的 GNSS 监测站数据估计得到。

表 5.1　不同的 Klobuchar 模型改进方案对比

参数 ＼ 方案类型	8Klob	9Klob	10Klob-1	10Klob-2	11Klob
数量	8	9	10	10	11
振幅/周期项	随地磁纬度变化的三次多项式				
初始相位	50400s(地方时 14:00)				
夜间天顶电离层时延	5ns	$DC=A$	$DC=A-B\cdot\lvert\varphi\rvert$	$DC=A-B\cdot\varphi$	$DC=A-B\cdot\varphi-C\cdot\varphi$
坐标系	地磁坐标系				
薄层高度	350km				

5.3.2　改进的 Klobuchar 模型参数估计

采用袁运斌等及霍星亮提出的 Klobuchar 模型系数线性化方法,在近似值 I_0 处对式(5.1)进行泰勒级数展开[33,36]。Klobuchar 模型线性化时初值的选择要求具有一定的精度,否则模型参数估计时将无法收敛。在处理时采用以下策略:初次计算时采用 GPS 广播星历播发的 α_n^0 和 β_n^0 作为初值,以后每次处理时均将上一天的系数解算值作为当天的初值来使用。线性化后的 Klobuchar 模型为

$$I = I_0 + \sum_{i=0}^{3} \frac{\partial I}{\partial \alpha_i} \mathrm{d}\alpha_i + \sum_{i=0}^{3} \frac{\partial I}{\partial \beta_i} \mathrm{d}\beta_i + \frac{\partial I}{\partial (\mathrm{DC})} \mathrm{d}(\mathrm{DC}) \tag{5.5}$$

式中

$$\frac{\partial I}{\partial \alpha_0} = \cos \frac{2\pi(t-t_0)}{\mathrm{PER}_0}, \quad \frac{\partial I}{\partial \alpha_1} = \cos \frac{2\pi(t-t_0)}{\mathrm{PER}_0} \cdot \varphi_m$$

$$\frac{\partial I}{\partial \alpha_2} = \cos \frac{2\pi(t-t_0)}{\mathrm{PER}_0} \cdot \varphi_m^2, \quad \frac{\partial I}{\partial \alpha_3} = \cos \frac{2\pi(t-t_0)}{\mathrm{PER}_0} \cdot \varphi_m^3$$

$$\frac{\partial I}{\partial \beta_0} = \mathrm{AMP}_0 \cdot \sin \frac{2\pi(t-t_0)}{\mathrm{PER}_0} \cdot \frac{2\pi(t-t_0)}{(\mathrm{PER}_0)^2}$$

$$\frac{\partial I}{\partial \beta_1} = \mathrm{AMP}_0 \cdot \sin \frac{2\pi(t-t_0)}{\mathrm{PER}_0} \cdot \frac{2\pi(t-t_0)}{(\mathrm{PER}_0)^2} \cdot \varphi_m$$

$$\frac{\partial I}{\partial \beta_2} = \mathrm{AMP}_0 \cdot \sin \frac{2\pi(t-t_0)}{\mathrm{PER}_0} \cdot \frac{2\pi(t-t_0)}{(\mathrm{PER}_0)^2} \cdot \varphi_m^2$$

$$\frac{\partial I}{\partial \beta_3} = \mathrm{AMP}_0 \cdot \sin \frac{2\pi(t-t_0)}{\mathrm{PER}_0} \cdot \frac{2\pi(t-t_0)}{(\mathrm{PER}_0)^2} \cdot \varphi_m^3$$

不同夜间天顶电离层时延表达式(表 5.1)的线性化函数不同,具体而言:9Klob 夜间天顶电离层时延的线性化表达式为

$$\frac{\partial I}{\partial (\mathrm{DC})} \mathrm{d}(\mathrm{DC}) = \frac{\partial I}{\partial A} \mathrm{d}A = \mathrm{d}A \tag{5.6}$$

10Klob-1 夜间天顶电离层时延的线性化表达式为

$$\frac{\partial I}{\partial (\mathrm{DC})} \mathrm{d}(\mathrm{DC}) = \frac{\partial I}{\partial A} \mathrm{d}A + \frac{\partial I}{\partial B} \mathrm{d}B = \mathrm{d}A - |\varphi_m| \cdot \mathrm{d}B \tag{5.7}$$

10Klob-2 夜间天顶电离层时延的线性化表达式为

$$\frac{\partial I}{\partial (\mathrm{DC})} \mathrm{d}(\mathrm{DC}) = \frac{\partial I}{\partial A} \mathrm{d}A + \frac{\partial I}{\partial B} \mathrm{d}B = \mathrm{d}A - \varphi_m^2 \cdot \mathrm{d}B \tag{5.8}$$

11Klob 夜间天顶电离层时延的线性化表示为

$$\frac{\partial I}{\partial (\mathrm{DC})} \mathrm{d}(\mathrm{DC}) = \frac{\partial I}{\partial A} \mathrm{d}A + \frac{\partial I}{\partial B} \mathrm{d}B + \frac{\partial I}{\partial C} \mathrm{d}C = \mathrm{d}A - \varphi_m \cdot \mathrm{d}B - \varphi_m^2 \cdot \mathrm{d}C \tag{5.9}$$

由式(5.5)~式(5.9)构成以下观测方程:

$$\boldsymbol{HX} + (I_0 - I) = 0 \tag{5.10}$$

式中:I_0 为由 Klobuchar 模型计算得到的电离层 TEC 初值;I 为由 GNSS 观测数据处理得到的电离层 TEC 实测值;$\boldsymbol{H}$ 为构造的观测方程系数矩阵;$\boldsymbol{X}$ 为改进的 Klobuchar 模型待估参数;H,X 的表达式为

$$\boldsymbol{H} = \left[\frac{\partial I}{\partial \alpha_0}, \frac{\partial I}{\partial \alpha_1}, \frac{\partial I}{\partial \alpha_2}, \frac{\partial I}{\partial \alpha_3}, \frac{\partial I}{\partial \beta_0}, \frac{\partial I}{\partial \beta_1}, \frac{\partial I}{\partial \beta_2}, \frac{\partial I}{\partial \beta_3}, \frac{\partial I}{\partial (\mathrm{DC})} \mathrm{d}(\mathrm{DC}) \right] \tag{5.11}$$

$$X = \left[\, \mathrm{d}\alpha_0 , \mathrm{d}\alpha_1 , \mathrm{d}\alpha_2 , \mathrm{d}\alpha_3 , \mathrm{d}\beta_0 , \mathrm{d}\beta_1 , \mathrm{d}\beta_2 , \mathrm{d}\beta_3 , \mathrm{d}(\,\mathrm{DC}\,) \,\right]^{\mathrm{T}} \tag{5.12}$$

基于最小二乘,即可实现改进的 Klobuchar 模型系数的解算。

5.4　改进的 Klobuchar 模型精度及可靠性分析

首先利用 2001—2014 年全球 30 个左右的 GPS 基准站实现改进的 Klobuchar 模型参数解算;然后,基于全球部分 GPS 基准站、TOPEX/Poseidon 及 JASON-1 测高卫星实测电离层 TEC 对改进的 Klobuchar 进行检核,评估改进的 Klobuchar 模型在全球陆地及海洋地区的电离层时延误差修正效果;在此基础上,进一步分析了北斗 8 参数电离层模型在中国及周边地区的电离层修正效果。

5.4.1　改进的 Klobuchar 模型系数解算结果

在全球选取 30 个左右的 IGS 及中国地壳运动观测网络(CMONOC) GPS 观测数据用于改进的 Klobuchar 模型系数解算[42],选取的 IGS 及 CMONOC 基准站分布如图 5.7 所示。各基准站的 GPS 电离层 TEC 实测值采用载波相位平滑码处理得到,卫星和接收机 DCB 参数采用第 4 章的 IGGDCB 方法处理得到。

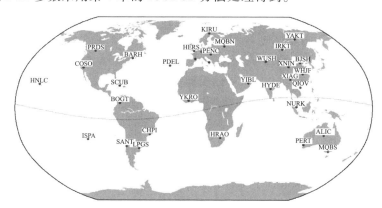

图 5.7　Klobuchar 模型参数解算采用的全球 IGS 及 CMONOC 基准站分布图

与 Klobuchar 模型将夜间电离层平场设置为固定的 5ns 不同,改进的 Klobuchar 模型采用不同的数学函数描述夜间天顶电离层时延的变化。

图 5.8 所示为 2002 年第 8 天不同电离层模型夜间天顶电离层时延的计算值对比。8Klob 和 9Klob 的夜间电离层平场值分别为 5ns 和 8.2ns,10Klob-1 和 10Klob-2 的夜间天顶电离层时延在地磁赤道附近可达 12～15ns,而在南北半球高纬度地区只有 3ns。11Klob 模型采用随地磁纬度变化的三次多项式描述夜间天顶电离层时延的变化。从图中可以看出,11Klob 的夜间天顶电离层时延值更趋近于线性变化:其计算值在南半球高纬度地区最大且随着地磁纬度的减小而减小,并在北半球高纬度地区达到最小。这表明,采用与地磁赤道对称的线性或二次多项式函数就能够描述

夜间天顶电离层时延的变化,因此后续分析中不再对11Klob进行讨论。

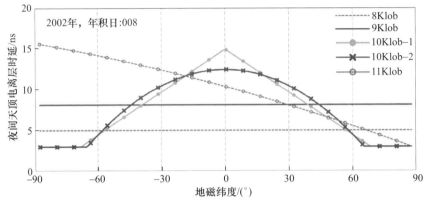

图 5.8　2002 年第 8 天不同电离层模型的夜间天顶电离层时延计算值对比

图 5.9 所示为 2001—2014 年基于 5.4.1 节所选监测站计算得到的 Klobuchar 系数与 GPS 广播星历播发的 Klobuchar 系数对比。除 α_3 参数外,基于全球 GPS 实测数据计算得到的 Klobuchar 系数与 GPS 广播星历播发的 Klobuchar 系数基本吻合;同时,α_0、α_1、β_0、β_1 等参数表现出相似的周期性变化规律。这表明基于全球 GPS 数据实现 Klobuchar 模型参数精化的方法是可行有效的。

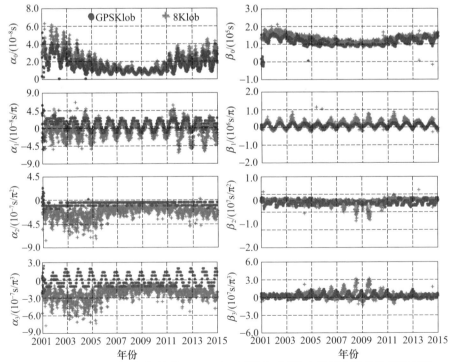

图 5.9　2001—2014 年解算的 Klobuchar 系数与 GPS 广播星历播发的系数对比

图 5.10 所示为 2001—2014 年改进的 10 参数 Klobuchar 模型系数计算结果。该模型采用线性函数来描述夜间天顶电离层时延的变化,图中参数 A、B 即为线性函数对应的两个系数。可以看出:参数 A 在 $0 \sim 3.0 \times 10^{-8}$ 的范围内变化,参数 B 在 $-1.0 \times 10^{-8} \sim 6.0 \times 10^{-8}$ 的范围内变化;受太阳活动影响,参数 A、B 同样表现出明显的周期性变化。10 参数 Klobuchar 模型与 8 参数 Klobuchar 模型对应的 α_n 和 β_n($n = 0,1,2,3$)系数略有差异,但整体上差别不大。基于 GPS 数据计算得到的 Klobuchar 模型系数基本都在一定的参数范围内变化,且表现出一定的周期性变化规律,这为模型参数的预报以及工程化应用提供了基础。

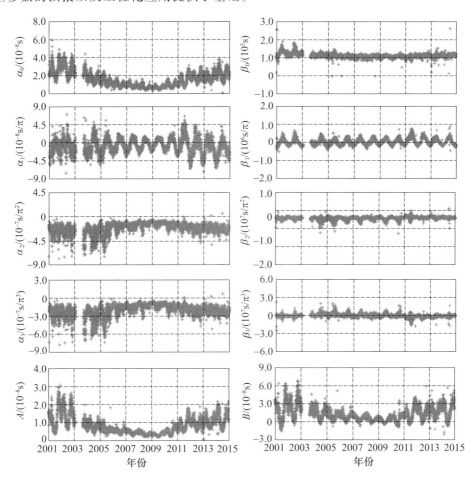

图 5.10　2001—2014 年 10 参数 Klobuchar 模型系数解算值时间序列

5.4.2　与 GPS TEC 对比分析

　　在全球范围内选取部分 GPS 基准站用于检核改进的 Klobuchar 模型电离层误差修正效果。通过分析改进的 Klobuchar 模型计算值与 GPS 电离层 TEC 实测值之间的差异,评估改进的 Klobuchar 模型在全球陆地区域的电离层时延修正效果。图 5.11 所示为用于改进的 Klobuchar 模型检核的全球 IGS 及 CMONOC 站分布情况,基本上每个大陆都有 3 ~ 5 个的检核站。同样地,各 GPS 检核站的电离层 TEC 实测数据利用载波相位平滑伪距计算得到,卫星和接收机 DCB 参数采用 IGGDCB 方法计算得到。

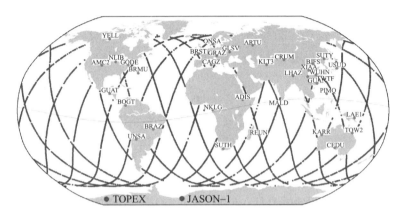

图 5.11　Klobuchar 模型检核采用的全球 IGS 及 CMONOC 基准站分布示意图(见彩图)

电离层受太阳活动的影响表现出明显的周期性变化特征,不同太阳活动水平下的电离层 TEC 值差异较大,因此难以采用单一的指标评估不同电离层模型的修正效果。建议采用以下 3 种指标综合分析和评估不同电离层时延修正模型的精度[4-5,33,36]:

$$\begin{cases} \text{bias} = \langle \text{VTEC}_{\text{model}} - \text{VTEC}_{\text{ref}} \rangle \\ \text{rms} = \sqrt{\langle (\text{VTEC}_{\text{model}} - \text{VTEC}_{\text{ref}})^2 \rangle} \\ \text{rms}_{\text{rel}} = \left(1 - \dfrac{\text{rms}}{\text{VTEC}_{\text{ref}}} \right) \cdot 100\% \end{cases} \quad (5.13)$$

式中:$\langle \cdot \rangle$ 表示给定时段内电离层模型计算值与 TEC 实测值之差的平均值;$\text{VTEC}_{\text{model}}$ 为不同电离层模型的 TEC 计算值;VTEC_{ref} 为电离层 TEC 实测值(可以采用 GIM、GNSS 或测高卫星处理得到的 TEC 结果);bias、rms 和 rms_{rel} 分别为不同电离层模型的 TEC 计算值与电离层 TEC 实测值之间的平均偏差、均方根及相对误差。bias 和 rms 可以作为电离层模型精度评估的绝对精度指标,rms_{rel} 可以作为电离层模型精度评估的相对精度指标。

图 5.12 所示为 2002 年第 8 天 15:00(UTC) 不同电离层模型给出的全球电离层 TEC 分布。其中,Klob 表示 GPS 广播星历中播发的 Klobuchar 模型,RefKlob 表示 CODE 基于全球 GNSS 数据精化的 Klobuchar 模型,8Klob 表示基于全球 30 个左右的 GPS 基准站数据估计得到的 Klobuchar 模型,9Klob、10Klob-1 或 10Klob-2 表示改进的 Klobuchar 模型。从图中可以看出,CODE GIM 给出的全球电离层 TEC 分布最为精细,其不仅可以反映出电离层"赤道异常"结构,还有夜间电离层 TEC 的变化形态。

GPS 广播星历播发的 Klobuchar 模型只能较粗略地给出全球电离层 TEC 的分布情况,CODE 及精化的 Klobuchar 模型与 GPS 广播的 Klobuchar 模型相比,其给出的电离层 TEC 与 CODE GIM 更为接近,但仍无法较准确地反映夜间电离层 TEC 的变化情况。9Klob 给出的夜间天顶电离层 TEC 值明显大于 5ns。尽管 10Klob-1 给出的白天电离层 TEC 与 8 参数 Klobuchar 模型相似,但其在赤道及低纬度地区给出的电离层 TEC 较 8 参数 Klobuchar 模型与实际情况更为接近。这也表明将夜间天顶电离层时延表达为随纬度变化的参数是合理的。

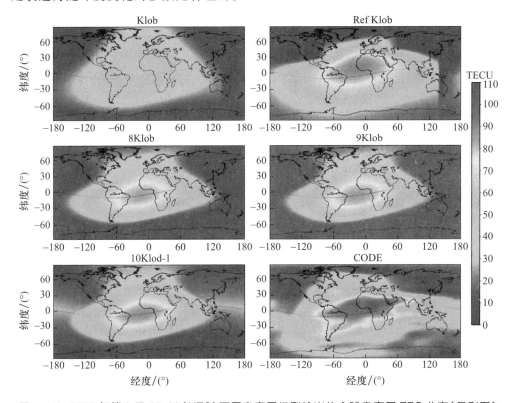

图 5.12　2002 年第 8 天 15:00(UTC)不同电离层模型给出的全球电离层 TEC 分布(见彩图)

为进一步分析改进的 Klobuchar 模型在全球不同地区的电离层修正效果,图 5.13 所示为 2002 年及 2006 年不同的 Klobuchar 模型在各检核站的 RMS 统计结果。2002 年,GPS 广播的 Klobuchar 模型在北半球中纬度地区修正精度较高,在低纬度及南半球地区修正精度最差,其在低纬度及南半球的 RMS 可达 25TECU 左右。CODE 精化的 Klobuchar 模型在低纬度及南半球地区精度较高,但在北半球中纬度地区精度最差,其在北半球中纬度地区的 RMS 可达 10~15TECU。8Klob 在低纬度及南半球地区的电离层改正精度略低于 CODE 精化的 Klobuchar 模型,但在北半球中纬度地区的精度明显高于 CODE 精化的 Klobuchar 模型。CODE 精化的 Klobuchar 模型系数是基于全球大量 GNSS 基准站数据(与 CODE GIM 产品采用的基准站数量基本一致)解算得到的,选取用于 Klobuchar 模型系数计算的 GPS 基准站(约 30 个)大多分布在北半球,这可能是 8Klob 在低纬度及南半球地区的电离层改正精度低于 CODE 精化的 Klobuchar 模型的原因之一。同时,9Klob 的电离层改正精度略高于 8Klob;10Klob-1 和 10Klob-2 的电离层改正精度基本一致,除南半球的两个测试站外,10Klob-1 和 10Klob-2 在其他测试站的电离层改正精度最高。2006 年各电离层模型的 RMS 明显小于 2002 年,GPS 广播的 Klobuchar 模型电离层改正精度最差,特别是在北半球中纬度地区,其 RMS 可达 5 ~ 7TECU。CODE 精化的 Klobuchar 模型在低纬度地区的电离层改正精度最高;同样地,改进的 10 参数 Klobuchar 模型在 2006 年的电离层误差改正精度依然优于 8Klob 及 9Klob。改进的 Klobuchar 模型(包括 9Klob、10Klob-1 及 10Klob-2)在太阳活动高低年电离层时延误差改正精度均优于 8 参数 Klobuchar 模型,这表明不同的夜间电离层时延模型的改进方案均能够有效改善 8 参数 Klobuchar 模型的整体修正效果。

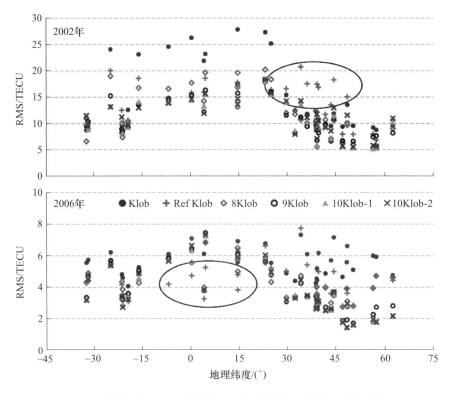

图 5.13   不同 Klobuchar 模型的 TEC 计算值与 GPS 实测值相比的
RMS 误差随地理纬度变化(见彩图)

图 5.14 所示为 2002 年及 2006 年不同 Klobuchar 模型的 TEC 计算值与 GPS 实测值之差的 RMS 序列,其中,每天的 RMS 值由当天所有检核站计算得到。从图中可以看出,不同 Klobuchar 模型的 RMS 序列表现出明显的季节变化特征,其在春、秋季(2 ~ 4 月及 9 ~ 11 月)的误差明显大于夏季(6 ~ 8 月)。2002 年,GPS 广播的 Klobu-

char 模型电离层修正精度最低,该模型在春秋季及夏季的 RMS 误差分别可达
20TECU 及 10TECU。CODE 及精化的 8 参数 Klobuchar 模型的修正精度略优于 GPS
广播的 Klobuchar 模型,特别是在春秋季节。总体上,10Klob-1 的电离层误差修正效
果明显优于 GPS 广播的以及 CODE 及精化的 8 参数 Klobuchar 模型。2006 年不同
Klobuchar 模型也表现出相似的统计结果:GPS 广播星历播发的 Klobuchar 模型精度
最差,CODE 及精化的 Klobuchar 模型次之,10Klob-1 的修正精度最高。2006 年精化
的 8 参数 Klobuchar 模型与 10Klob-1 的电离层误差修正效果相近,这表明,10 参数
Klobuchar 模型在太阳活动低年的改进效果不如太阳活动高年的明显。

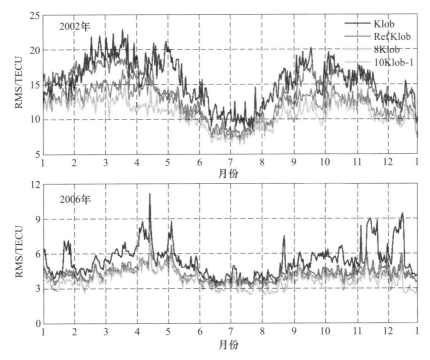

图 5.14　不同 Klobuchar 模型的 TEC 计算值与 GPS 实测值相比的 RMS 误差时间序列(见彩图)

图 5.15 进一步给出了 2002 年不同的 Klobuchar 模型计算值与 GPS 实测值相比
的电离层 TEC 残差分布。与 GPS 电离层 TEC 实测值相比,GPS 广播星历中播发的
Klobuchar 模型的 STD 最大(14.1 TECU),10Klob-1 模型的 STD 最小(10.9 TECU);
同时,RefKlob 计算值的均值偏大,Klob 及 8Klob 计算值的均值偏小,9Klob、10Klob-1 及
10Klob-2 计算值的均值与 GPS 实测值相当。与其他改进的 Klobuchar 模型相比,
10Klob-1 的电离层 TEC 残差分布更为集中;这也反映出将夜间天顶电离层时延描述
为随地磁赤道对称的线性函数最为合理。

2002 年及 2006 年不同电离层模型的 TEC 计算值与 GPS 实测值比较的精度统计情
况如表 5.2 所列。2002 年,GPS 广播的 Klobuchar 模型的电离层修正精度为 55%,RMS
为 15.63TECU,低于 RefKlob(59.1%,14.22TECU)及 8Klob(64.9%,12.20TECU)模

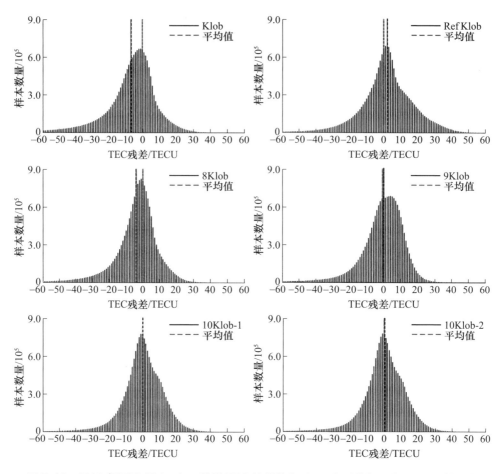

图 5.15 2002 年不同 Klobuchar 模型 TEC 计算值与 GPS 实测值相比的 TEC 残差分布

型的修正精度。2006 年,GPS 广播的 Klobuchar 模型的电离层修正精度为 49.5%,RMS 为 5.68TECU;RefKlob 的修正精度为 59.6%,RMS 为 5.54TECU;8Klob 的修正精度为 61.7%,RMS 为 4.31TECU。与 GPS 广播的 Klobuchar 相比,RefKlob 及 8Klob 在 2002 年的电离层修正效果分别提高了 4.1% 和 9.9%,在 2006 年的修正效果分别提高了 10.1% 和 12.2%。10Klob-1 的电离层 TEC 修正效果略优于 9Klob 和 10Klob-2。具体而言,2002 年 10Klob-1、9Klob 及 10klob-2 的电离层修正精度分别为 68.4%、68.2% 和 37.2%,RMS 为 11.00TECU、11.04TECU 及 11.39TECU;2006 年 10Klob-1、9Klob 及 10klob-2 的修正精度分别为 64.7%、64.0% 和 64.3%,RMS 为 3.96TECU、4.05TECU 及 4.02TECU。与 GPS 广播的 Klobuchar 模型相比,精化的 8 参数 Klobuchar 模型(包括 8Klob 和 RefKlob)的电离层误差改正精度提高了 10% 左右;当引入一个随地磁赤道对称的线性函数描述夜间天顶电离层时延的变化后,改进 10 参数 Klobuchar 模型(10Klob-1)的电离层误差修正精度提高了约 14%。

表 5.2　2002 年及 2006 年不同电离层模型与 GPS 电离层
TEC 实测值相比的精度统计

电离层模型	2002 年			2006 年		
	bias	rms	rms$_{rel}$	bias	rms	rms$_{rel}$
Klob	− 6.75	15.63	55.0	2.09	5.68	49.5
RefKlob	2.03	14.22	59.1	1.93	4.54	59.6
8Klob	− 4.00	12.20	64.9	0.61	4.31	61.7
9Klob	− 0.69	11.04	68.2	− 0.73	4.05	64.0
10Klob-1	0.05	11.00	68.4	− 0.66	3.96	64.7
10Klob-2	0.40	11.39	67.2	− 0.59	4.02	64.3

注:bias 与 rms 的单位为 TECU,rms$_{rel}$ 的单位为%

5.4.3　与 TOPEX/Poseidon 及 JASON TEC 对比分析

受 GPS 基准站分布的限制,图 5.11 给出的 GPS 检核站主要分布在全球陆地区域。因为在海洋区域仅用了 3 个 GPS 检核站,不足以反映不同的电离层模型在全球海洋区域的实际修正效果。海洋测高卫星通过星载双频信号发射器发射的无线电信号可以实现卫星相位中心至海平面反射点高度的测量;同时,考虑到电离层的弥散特性,测高卫星的双频无线电信号还可用于海平面至卫星轨道高度的电离层 TEC 反演。研究表明,海洋测高卫星提取的电离层 TEC 的精度可达 2 ~ 5TECU[43-44]。各类测高卫星,如 TOPEX/Poseidon 及 JASON-1,2 等提供的海洋上空的电离层 TEC 信息,为不同电离层模型在海洋区域修正效果的评估提供了一种新的可靠选择。图 5.11 同时给出了 2006 年 1 月 10 日 TOPEX/Poseidon 及 JASON-1 测高卫星的电离层交叉点轨迹,其中蓝色线表示 TOPEX/Poseidon 的交叉点轨迹,紫色线表示 JASON-1 的交叉点轨迹。从图中可以看出,TOPEX/Poseidon 及 JASON-1 的电离层交叉点轨迹分布在南北纬65°的范围内,基本可以覆盖全球大部分的海洋区域[43]。TOPEX/Poseidon 及 JASON-1 卫星提供的电离层 TEC 信息有利于全面评估不同电离层模型在全球海洋区域的电离层时延修正精度。

采用式(5.13)给出的精度统计方法,以 TOPEX/Poseidon 和 JASON-1 卫星提供的电离层 TEC 信息为参考,统计 2002 年及 2006 年不同的 Klobuchar 模型在海洋区域的电离层时延误差修正效果。图 5.16 所示为 2002 年及 2006 年不同 Klobuchar 模型的 RMS 误差在海洋区域随地理纬度的变化情况。可以看出,不同 Klobuchar 模型在 2006 年的电离层时延误差明显小于 2002 年,且中纬度地区的误差小于低纬度及赤道附近区域的误差。同时,不同的电离层模型在北半球的误差小于南半球,这反映出不同 Klobuchar 模型在北半球海洋区域的电离层误差修正精度优于南半球海洋区域。具体而言,GPS 广播星历播发的 Klobuchar 模型精度最差,2002 年和 2006 年该模型在赤道附近的 RMS 分别可达 25.0TECU 和 8.0TECU。RefKlob 和 8Klob 的修正精度基本一致,RefKlob 在南半球中高纬地区的电离层修正精度优于 8Klob,但该模型在北半球中高纬地区的修正效果则不如 8Klob。除南半球部分高纬度地区以外,2002 年 10Klob-1 的电离层误差修正精度最高;但在 2006 年,10Klob-1 在南北半球高纬度地区的误差明显大于 8 参数 Klobuchar 模型。这表明,10Klob-1 的最小值设定为 3.0ns 在高纬度地区引入的模型误差较大,特别是在太阳活动低年。

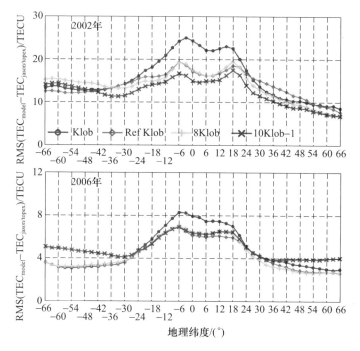

图 5.16　不同 Klobuchar 模型 TEC 计算值与 TOPEX/Poseidon 及 JASON-1 测高卫星
实测值相比的 RMS 误差随地理纬度变化

　　图 5.17 进一步给出了 2002 年及 2006 年不同电离层模型的 TEC 计算值与 TOPEX/Poseidon 及 JASON-1 实测值相比的 RMS 序列,其中每天的 RMS 值由 TOPEX/Poseidon 及 JASON-1 对应的所有观测量计算得到。2002 年,GPS 广播的 Klobuchar 模型的误差最大,其在 1 月和 3 月的 RMS 为 25.0TECU,在 7 月的 RMS 为 10.0TECU。RefKlob 和 8Klob 的电离层时延修正精度相当,2002 年 RefKlob 和 8Klob 的 RMS 分别为 14.09TECU 和 13.94TECU。从 RMS 的角度来看,10Klob-1 模型在 2002 年的修正精度仍是最高的。2006 年,4 种电离层模型的修正精度相当,但在 1~3 月,10Klob-1 的误差明显大于其他 3 种 Klobuchar 模型。10Klob-1 模型在太阳活动低年海洋区域的电离层误差修正效果并无明显优势,以下两方面的原因需要进一步确认:①是否需要选择新的天顶电离层时延最小值而不是当前设定的 3.0ns;②在全球选取更多的 GNSS 基准站数据用于 Klobuchar 模型系数的计算能否进一步提高模型的电离层时延误差修正效果。

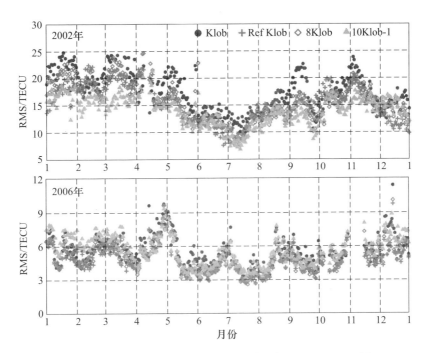

图 5.17　不同 Klobuchar 模型 TEC 计算值与 TOPEX/Poseidon
及 JASON-1 测高卫星实测值相比的 RMS 时间序列(见彩图)

　　2002 年及 2006 年不同电离层模型与测高卫星电离层 TEC 实测值对比的精度统计情况如表 5.3 所列。不同 Klobuchar 模型给出的计算值与 TOPEX/Poseidon 及 JASON-1 实测值相比偏小。2002 年,GPS 广播的 Klobuchar 模型的电离层修正精度为 54.4%,RMS 为 15.62TECU,低于 RefKlob(57.6%,14.09TECU)及 8Klob(58.2%, 13.94TECU)模型的修正精度。2006 年,Klob、RefKlob 及 8Klob 的电离层修正精度分别为 65.2%、68.9% 和 68.9%,RMS 为 4.78TECU、4.32TECU 和 4.33TECU。10Klob-1 在 2002 年及 2006 年的电离层修正精度分别为 61.1% 和 64.3%,RMS 为 12.56TECU 和 4.96TECU。2006 年 10Klob-1 的电离层修正效果略差于 GPS 广播的 Klobuchar 模型(61.1% vs. 65.2%)。

表 5.3　2002 年及 2006 年不同电离层模型与 TOPEX/Poseidon
及 JASON-1 测高卫星 TEC 实测值相比的精度统计

电离层模型	2002 年			2006 年		
	bias	rms	rms$_{rel}$	bias	rms	rms$_{rel}$
Klob	−10.47	15.62	54.4	−1.22	4.78	65.2
RefKlob	−3.25	14.09	57.6	−1.12	4.32	68.9
8Klob	−6.13	13.94	58.2	−1.35	4.33	68.9
10Klob-1	−2.68	12.56	61.1	−2.42	4.96	64.3
注:bias 与 rms 的单位为 TECU,rms$_{rel}$ 的单位为%						

改进的 10 参数 Klobuchar 模型与 GPS 广播星历中播发的 Klobuchar 模型相比，具有以下优点：①与 8 参数 Klobuchar 模型将夜间天顶电离层时延设置为固定的 5ns 相比，10 参数 Klobuchar 模型将夜间天顶电离层时延描述为与地磁赤道对称的线性函数更为合理；②改进的 Klobuchar 模型参数的计算频度更为灵活，可以根据需要每天解算多组模型系数；③全球 GNSS 以及其他多种电离层 TEC 观测数据可以用于 Klobuchar 模型系数的解算，使得计算得到的 Klobuchar 模型值更接近全球电离层 TEC 的实际变化情况。基于 GPS 电离层 TEC 实测值的评估结果表明，改进的 10 参数 Klobuchar 模型在 2002 年及 2006 年的电离层修正精度分别为 68.4% 和 64.7%；基于 TOPEX/Poseidon 及 JASON-1 测高卫星实测值的评估结果表明，改进的 10 参数 Klobuchar 模型在 2002 年及 2006 年的电离层修正精度分别为 61.1% 和 64.3%。

5.4.4　与北斗 8 参数模型对比分析

北斗区域导航系统采用北斗 8 参数 Klobuchar 模型（BDSKlob）为亚太区域北斗单频导航提供电离层时延误差修正服务。BDSKlob 与 GPS 采用的 Klobuchar 模型（GPSKlob）均将白天天顶电离层时延近似表达为随时间变化的余弦函数，而夜间天顶电离层时延设定为 5ns。BDSKlob 与 GPSKlob 之间的差别可以概括为以下几点[37]：①GPSKlob 采用地磁坐标系，而 BDSKlob 采用地理坐标系；②GPSKlob 播发参数是根据太阳辐射流前 5 天的平均值与年积日变化，从预先设置的 370 组系数中选择出一组，而 BDSKlob 播发参数是基于中国区域北斗监测站实测数据计算得到的，每 2h 更新一次；③由于缺少境外监测站数据，BDSKlob 在南半球使用时采用了一种折中方案：将北半球计算得到的电离层 TEC 信息"对称"至南半球对应地点使用。BDSKlob 的数学结构同样可以表达为如式（5.1）的形式，但振幅项 AMP 及周期项 PER 参数采用式（5.14）、式（5.15）计算得到。

$$AMP = \begin{cases} \sum_{n=0}^{3} \alpha_n \left| \varphi_g \right|^n & AMP > 0 \\ 0 & AMP \leq 0 \end{cases} \tag{5.14}$$

$$PER = \begin{cases} 172800 & PER \geq 172800 \\ \sum_{n=0}^{3} \beta_n \left| \varphi_g \right|^n & 172800 > PER \geq 72000 \\ 72000 & PER < 72000 \end{cases} \tag{5.15}$$

式中：$\alpha_n, \beta_n (n = 0, 1, 2, 3)$ 为 BDSKlob 的 8 个播发参数；φ_g 为电离层交叉点处的地理纬度（半周）。

北斗区域导航系统仅在亚太地区提供导航服务，因此本节仅评估 BDSKlob 在亚太地区的电离层时延误差修正精度。采用以下两种方式评估 BDSKlob 的精度：①IGS 提供的最终电离层 GIM 产品；②GPS 基准站观测数据提取的电离层 TEC 信息。GPS 基准站数据提取得到的电离层 TEC 精度较高，一般认为优于 2.0TECU；但 GPS

检核站难以覆盖整个测试区域范围。IGS 最终电离层 GIM 产品的精度为 2 ~ 6TECU,GIM 产品可以反映不同电离层模型在整个测试区域的总体改正精度情况。采用 GIM 产品进行评估时,经度范围为东经70°~ 140°,纬度范围为南纬40°~ 北纬 60°;采用 GPS 实测数据进行评估时,分别在中国、日本、印度及澳大利亚地区选取一定数量的 GPS 检核站。

图 5.18 所示为用于 BDSKlob 检核的亚太地区测试站分布情况。其中,在中国区域选取包括 IGS 及陆态网在内的 32 个检核站,基本能够反映 BDSKlob 在中国不同地区的电离层误差修正精度。在澳大利亚选取 6 个 IGS 检核站用于评估BDSKlob在南半球的应用精度,其他检核站中,GMSD 站位于日本,PIMO 站位于菲律宾,HYDE 和 SGOC 站分别位于印度和斯里兰卡。仍采用式(5.13)定义的 3 种指标评估不同电离层时延修正模型的精度,测试时段为 2014 年第 150 天至 365 天。

图 5.18　用于 BDSKlob 电离层模型检核的测试站分布示意图

图 5.19 所示为 2014 年第 300 天 06:00(UTC)不同电离层模型给出的亚太地区电离层 TEC 的分布情况。与 CODE 提供的电离层 TEC 分布相比,不同的 Klobuchar 模型均无法反映电离层"赤道异常"结构。GPSKlob 计算得到的电离层 TEC 值明显偏小,RefKlob 与 8Klob 和 10Klob-1 相比在北半球给出的电离层 TEC 分布与 CODE GIM 更为接近,而 10Klob-1 在南半球的电离层 TEC 分布更为合理。比较而言,BDSKlob在中国区域的电离层 TEC 分布与 CODE GIM 较为接近,两种模型给出的电

离层 TEC 峰值及峰值所在区域基本一致。由于 BDSKlob 数学模型结构以及北斗监测站区域布站的限制,BDSKlob 采用南北半球电离层 TEC 信息"对称"的方式,将北半球计算的电离层 TEC 值用于南半球对应地点的电离层误差修正,因此 BDSKlob 在中国区域以外、特别是南半球地区的误差较大。

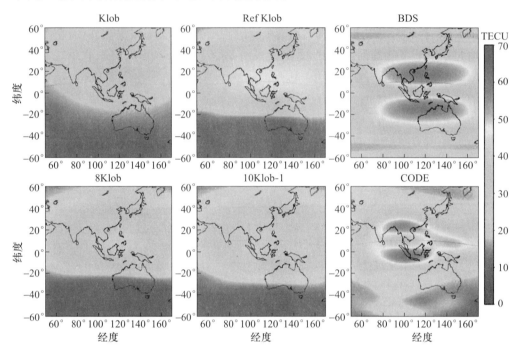

图 5.19　2014 年第 300 天 06:00(UTC)不同电离层模型给出的亚太地区电离层 TEC 分布

为分析 BDSKlob 在亚太地区的电离层误差修正效果,图 5.20 所示为 2014 年第 150 天至 365 天不同电离层模型的计算值与 GIM 相比在不同纬度的偏差及 RMS。GPSKlob 的偏差最大,在 −18 ~ 4TECU 的范围内变化;CODE 精化的 Klobuchar 模型(CODKlob)、IGG 精化的 Klobuchar 模型(IGGKlob)及 IGG 采用的 10 参数Klobuchar模型的偏差变化一致,基本在 −10 ~ 7TECU 的范围内变化。与其他 Klobuchar 模型相比,BDSKlob 在南半球的偏差最大,在北半球的偏差变化范围为 −14 ~ 0TECU。从 RMS 统计结果来看,GPSKlob 在中纬度地区的 RMS 为 6 ~ 8TECU,在低纬度地区可达 18 ~ 21TECU。CODKlob 在赤道及北半球低纬度地区的 RMS 最小,但在南北半球中纬度地区的 RMS 大于IGGKlob 及 IGG10Klob。IGG10Klob 在赤道及低纬度地区的 RMS 值小于IGGKlob,在中纬度地区的 RMS 与 IGGKlob 一致。BDSKlob 在北半球的 RMS 值明显小于 GPSKlob,特别是在中低纬度地区;但与 CODKlob 及 IGGKlob 相比,BDSKlob 在北半球的电离层误差修正精度并无明显优势。由于 BDSKlob 采用将北半球电离层 TEC"对称"至南半球的处理方法,该模型在南半球的误差大于 GPSKlob,其 RMS 值在 13 ~ 19TEC 的范围内变化。

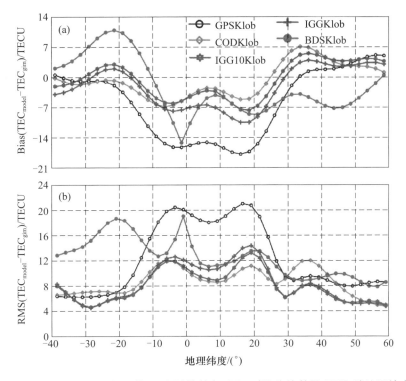

图 5.20　不同 Klobuchar 模型的 TEC 计算值与 GIM 对比的偏差及 RMS 随地理纬度变化

　　仅统计不同电离层模型在东经 70°～140°及北纬 5°～60°内的精度情况,图 5.21 所示为 2002 年第 150 天至 365 天不同 Klobuchar 模型与 GIM 相比的 RMS 时间序列。GPSKlob 的误差最大,该模型在测试时段内的 RMS 为 8～22TECU。2002 年第 150 天至 250 天,BDSKlob、CODKlob、IGGKlob 及 IGG10Klob 的精度相当,其 RMS 为 3～9TECU;2002 年第 250 天至 365 天,BDSKlob 的 RMS 最大,CODKlob 及 IGGKlob 的 RMS 次之,IGG10Klob 的 RMS 最小。以 GIM 给出的 TEC 为参考,BDSKlob 在北半球的电离层修正精度优于 GPSKlob,但与 CODKlob、IGGKlob 及 IGG10Klob 相比无明显优势。

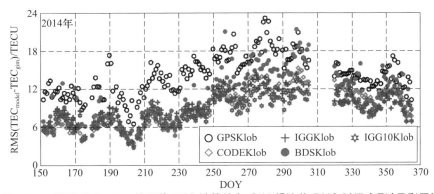

图 5.21　不同 Klobuchar 模型的 TEC 计算值与 GIM 相比的 RMS 时间序列(见彩图)

不同 IGS 电离层分析中心在生成 GIM 产品时仅采用了中国区域 6 个左右的 IGS 基准站数据,因此 IGS 发布的 GIM 产品在中国区域的应用精度有限。为评估 BDSKlob 在当前北斗服务区域的应用性能,选取图 5.18 所示的 IGS 及陆态网基准站数据进一步评估 BDSKlob 模型的电离层误差修正精度。图 5.22 所示为 2014 年第 150 天至 365 天不同 Klobuchar 模型的 TEC 计算值与 GPS 实测值相比的偏差及 RMS,图中横坐标各检核站按地理纬度从低到高排列。从图中可以看出,GPSKlob、CODKlob、IGGKlob 及 IGG10Klob 与 GPS 实测值之间的偏差在低纬度检核站较大,在中纬度检核站较小;同时 GPSKlob 与 GPS 实测值之间的偏差在低纬度检核站最大,其在 PIMO 站的 bias 值可达 −19TECU。BDSKlob 在北半球的 bias 值基本在 −3 ~ −6TECU 之间变化,这表明 BDSKlob 的 TEC 计算值与 GPS 实测值之间存在系统性偏差。同样地,GPSKlob 在不同检核站的误差最大,该模型在低纬度检核站的 RMS 可达 15 ~ 20TECU。CODKlob 在赤道及低纬度检核站的 RMS 最小,但在北半球中纬度检核站的 RMS 明显大于 GPSKlob。BDSKlob、IGGKlob 及 IGG10Klob 在北半球低纬度检核站的精度相当,但 BDSKlob 在中纬度检核站的 RMS 值明显略大于 IGGKlob 及 IGG10Klob。同时可以看出,BDSKlob 在南半球检核站的 RMS 远大于其他 Klobuchar 模型,因此 BDSKlob 简单地将北半球电离层 TEC 信息“对称”至南半球使用是不尽合理的。

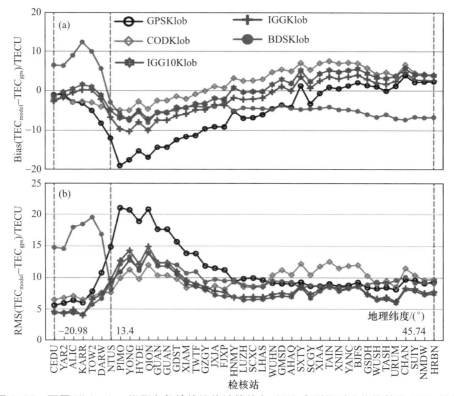

图 5.22　不同 Klobuchar 模型在各检核站的计算值与 GPS 实测值对比的偏差及 RMS 误差

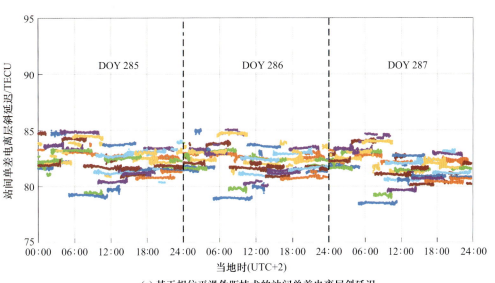

(a) 基于相位平滑伪距技术的站间单差电离层斜延迟

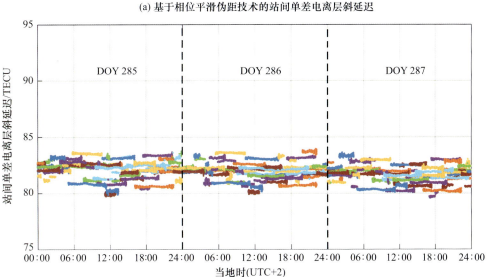

(b) 基于A-PPP技术的站间单差电离层斜延迟

TECU—TEC单位；DOY—年积日。

注：虚线表示日边界；不同的颜色表示不同的卫星。

图2.2　基于相位平滑伪距技术和 A‑PPP 技术的站间单差电离层斜延迟

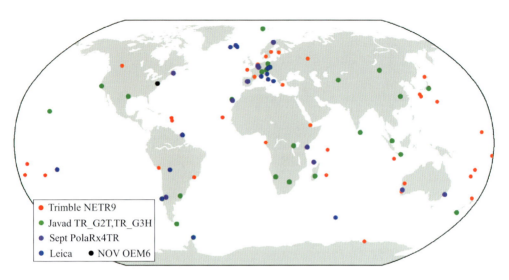

图 4.2　MGEX 监测站分布及接收机类型（以 2014 年 12 月为例）

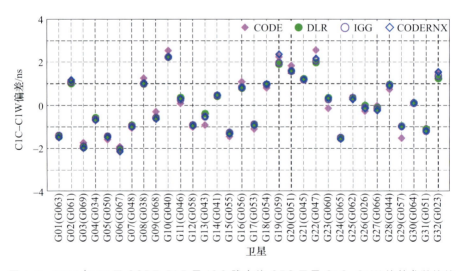

图 4.3　2014 年 12 月 CODE、DLR 及 IGG 确定的 GPS 卫星 C1C-C1W 偏差参数估值

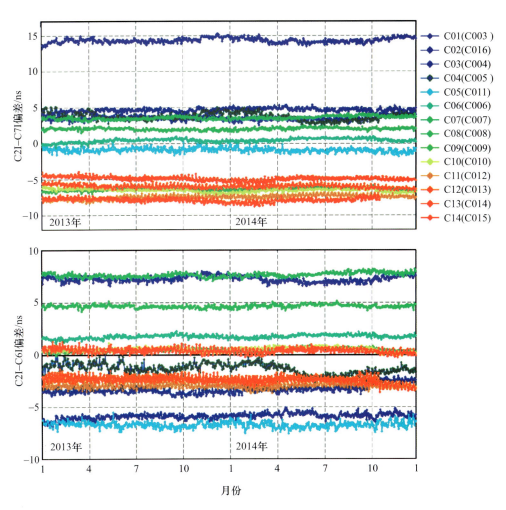

图 4.10 2013—2014 年 BDS 各卫星 C2I- C7I 及 C2I- C6I 偏差的时间序列

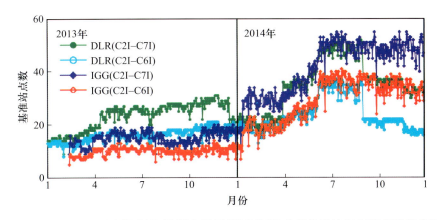

图 4.13 2013—2014 年 DLR 及 IGG 用于 BDS DCB 参数估计的 MGEX 基准站数量

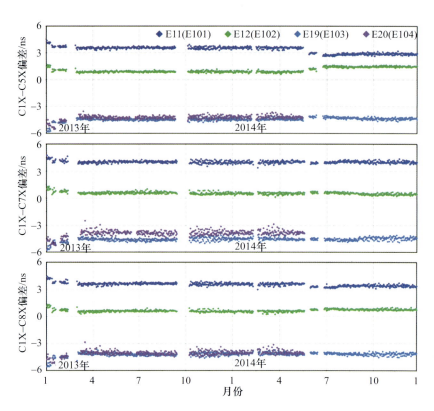

图 4.14　2013—2014 年 Galileo 各卫星 C1X-C5X、C1X-C7X 及 C1X-C8X 偏差的时间序列

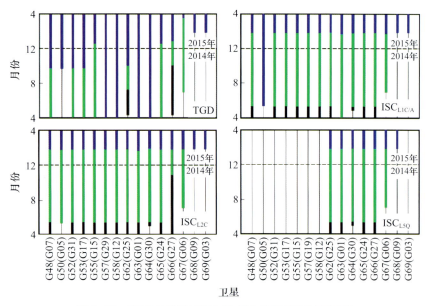

图 4.16　GPS 广播的 TGD 及 ISC 参数更新时间示意

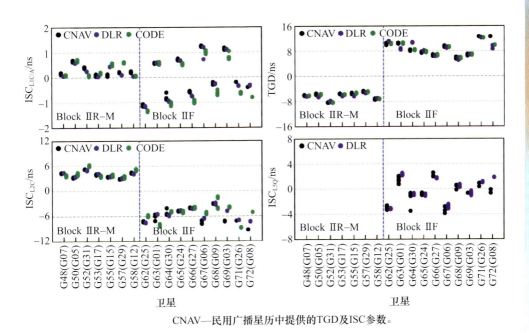

CNAV—民用广播星历中提供的TGD及ISC参数。

图 4.17　GPS 广播的 TGD、ISC 参数与 DLR 及 CODE 提供的 DCB 产品对比

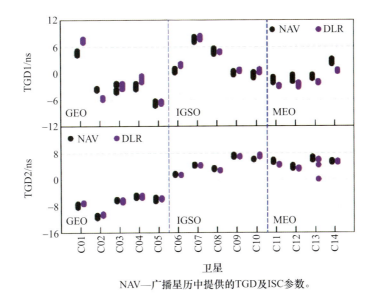

NAV—广播星历中提供的TGD及ISC参数。

图 4.19　BDS 广播的 TGD1、TGD2 参数与 DLR 提供的 DCB 产品对比

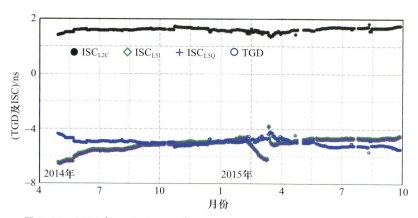

图 4.23　2014 年 5 月至 2015 年 9 月 QZSS 广播的 TGD 及 ISC 参数值

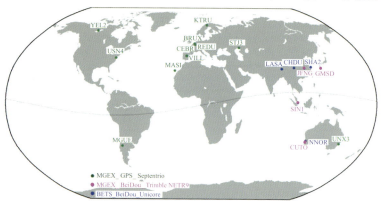

图 4.25　MGEX 及 BETS 用于定位实验的测试站分布

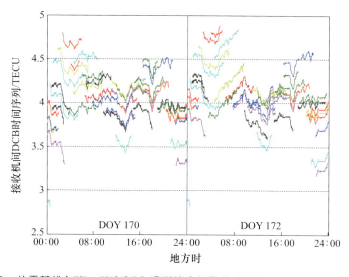

图 4.32　从零基线（dlf5 - dlf4）GPS 观测值中提取的接收机 C1 - P2 DCB 时间序列

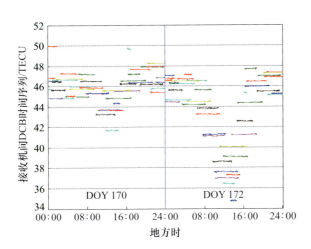

图 4.33　基于 Ciraolo 方案，从短基线（dlft - delf）GPS 观测值中提取的接收机
C1 - P2 DCB 时间序列

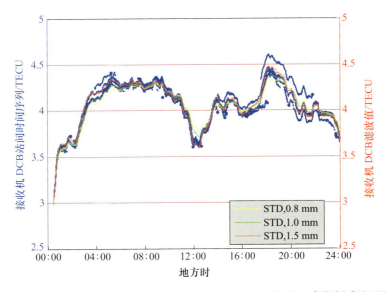

图 4.40　零基线（dlf5 - dlf4）对应的接收机 C1 - P2 DCB 时间序列（DOY 170）

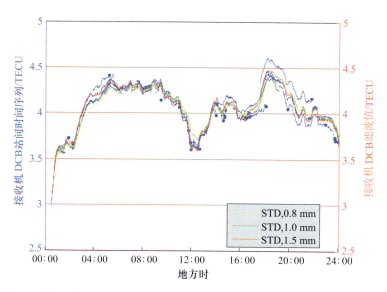

图 4.41　零基线（dlf5-dlf4）对应的接收机 C1-P2 DCB 时间序列（DOY 172）

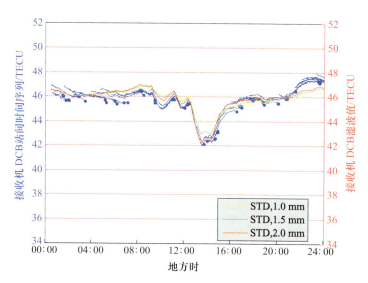

图 4.42　短基线（dlft-delf）对应的接收机 C1-P2 DCB 时间序列（DOY 170）

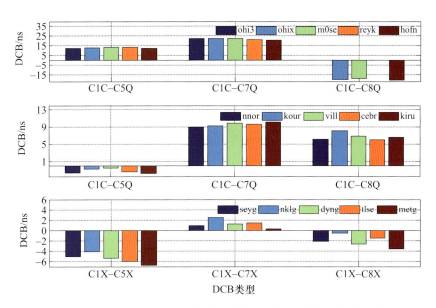

图 4.43　3 组具有相同配置（接收机类型、固件版本和天线类型）的
接收机 DCB 估值对比

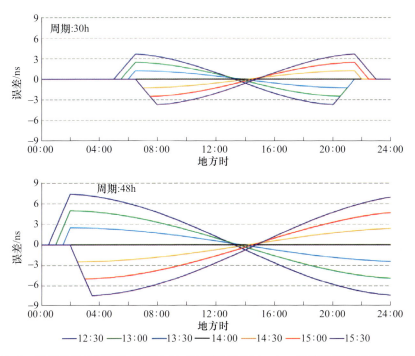

图 5.2　将初始相位固定为地方时 14:00 引起的 Klobuchar 模型电离层时延计算误差

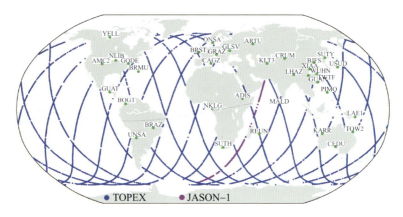

图 5.11　Klobuchar 模型检核采用的全球 IGS 及 CMONOC 基准站分布示意图

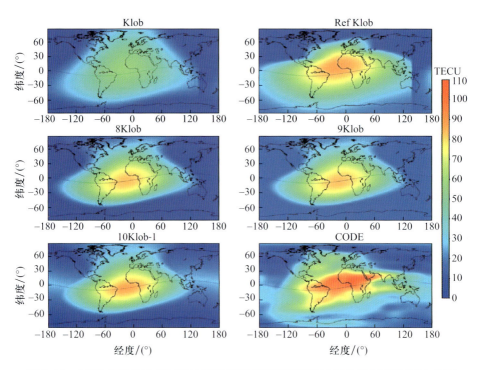

图 5.12　2002 年第 8 天 15:00(UTC)不同电离层模型给出的全球电离层 TEC 分布

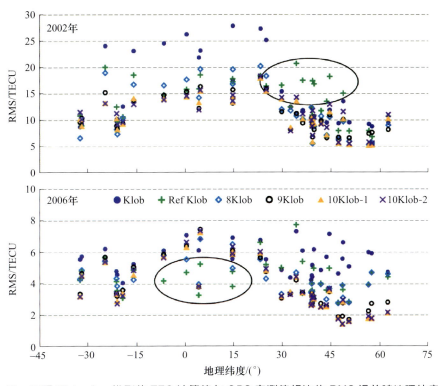

图 5.13 不同 Klobuchar 模型的 TEC 计算值与 GPS 实测值相比的 RMS 误差随地理纬度变化

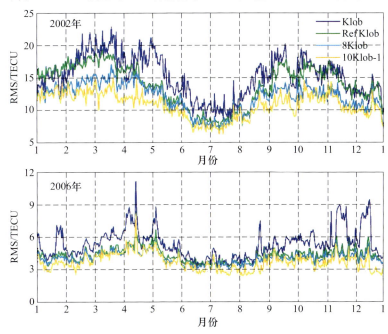

图 5.14 不同 Klobuchar 模型的 TEC 计算值与 GPS 实测值相比的 RMS 误差时间序列

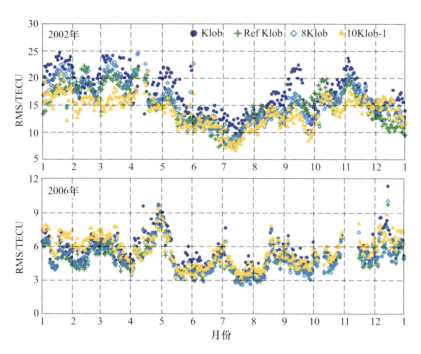

图 5.17　不同 Klobuchar 模型 TEC 计算值与 TOPEX/Poseidon
及 JASON-1 测高卫星实测值相比的 RMS 时间序列

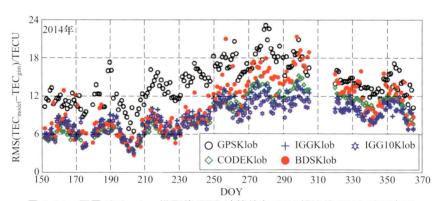

图 5.21　不同 Klobuchar 模型的 TEC 计算值与 GIM 相比的 RMS 时间序列

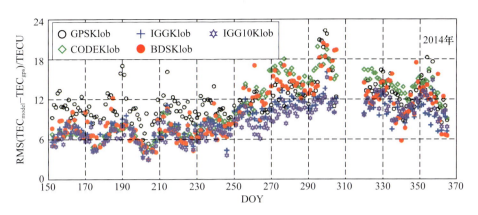

图 5.23　不同 Klobuchar 模型的计算值与 GPS 实测值相比的 RMS 时间序列

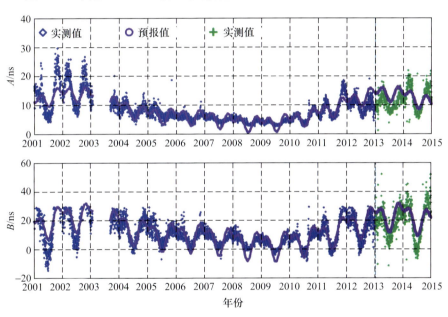

图 5.25　夜间电离层参数 A 和 B 的预报值与实测值对比

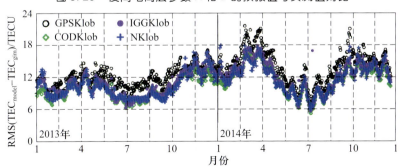

图 5.28　不同 8 参数 Klobuchar 模型的计算值与 GIM 相比的 RMS 时间序列

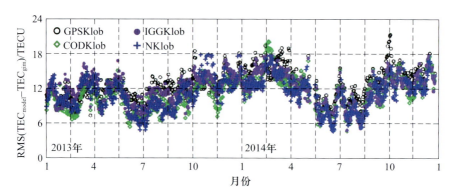

图 5.30　不同 8 参数 Klobuchar 模型的计算值与 JASON-1,2 实测值相比的 RMS 时间序列

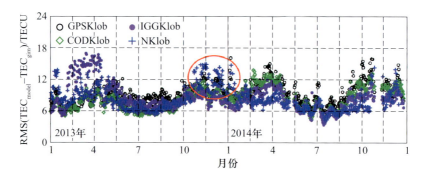

图 5.32　不同 8 参数 Klobuchar 模型的计算值与 GPS 实测值相比的 RMS 时间序列

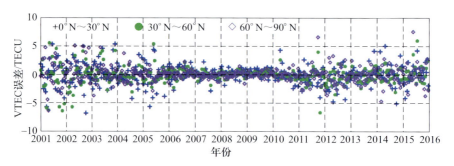

图 6.7　2001—2015 年预报 24h 在北半球不同纬度带内的 TEC 误差序列

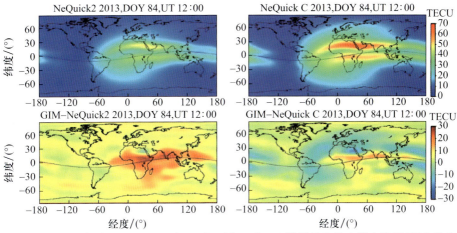

图 6.13　2013 年第 84 天 12:00(UTC)不同 NeQuick 模型给出的全球电离层 TEC 分布

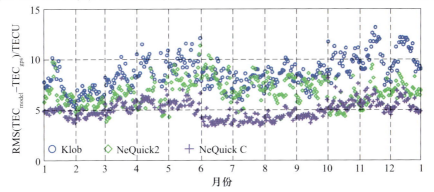

图 6.16　2013 年不同电离层模型的 TEC 计算值与 GPS 实测值相比的 RMS 时间序列

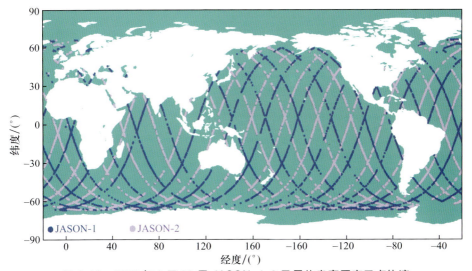

图 6.18　2013 年 1 月 22 日 JASON-1,2 卫星的电离层交叉点轨迹

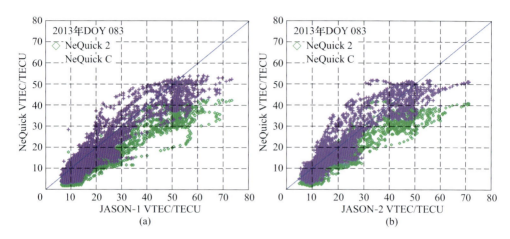

图 6.19 2013 年第 83 天不同 NeQuick 模型的 TEC 计算值与
JASON-1 及 JASON-2 卫星实测值对比

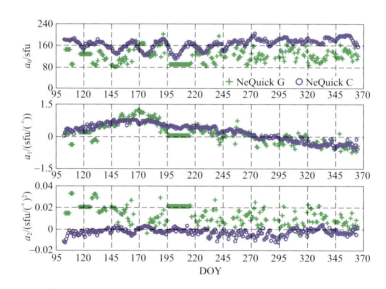

图 6.22 2014 年 100 ~ 365 天 NeQuick 模型参数解算值与 Galileo 广播星历播发值对比

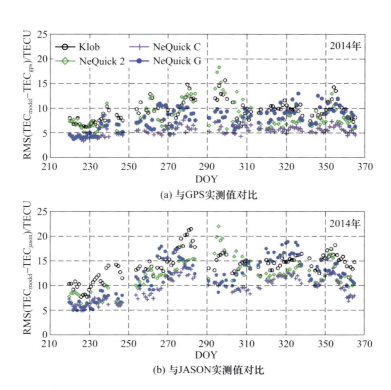

(a) 与GPS实测值对比

(b) 与JASON实测值对比

图 6.25　不同电离层模型 TEC 计算值与 GPS 及 JASON 卫星实测值相比的 RMS 时间序列

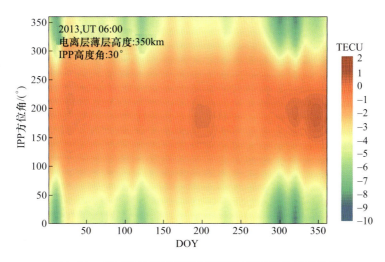

图 6.31　GUAN 站投影函数误差随时间及方位角的分布

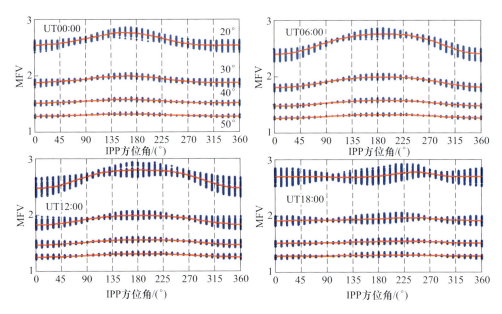

图 6.33　2013 年不同时刻对应的投影函数值随交叉点处方位角变化

（薄层高度：350km，高度角：20°、30°、40°、50°）

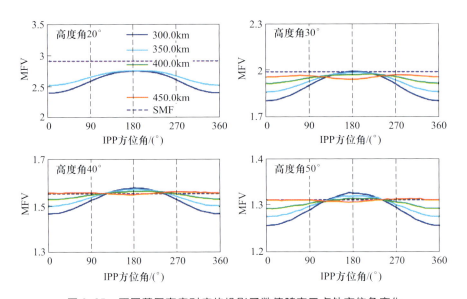

图 6.35　不同薄层高度对应的投影函数值随交叉点处方位角变化

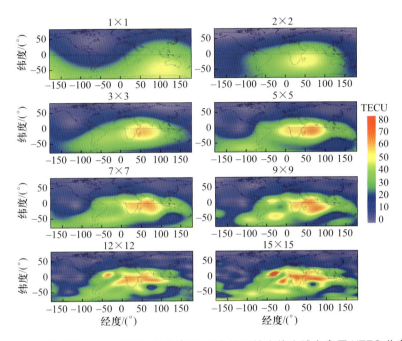

图 7.1　不同阶次全球球谐函数电离层 TEC 模型给出的全球电离层 VTEC 分布

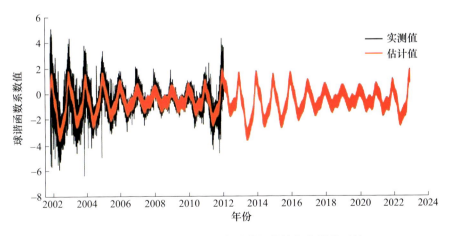

图 7.4　BDGIM 首个非播发系数预报值与实测值对比

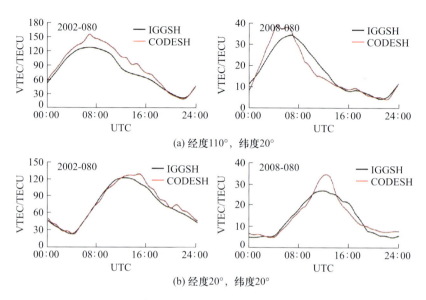

(a) 经度110°，纬度20°

(b) 经度20°，纬度20°

图 7.6 IGGSH 与 CODESH 计算的电离层 TEC 日变化对比

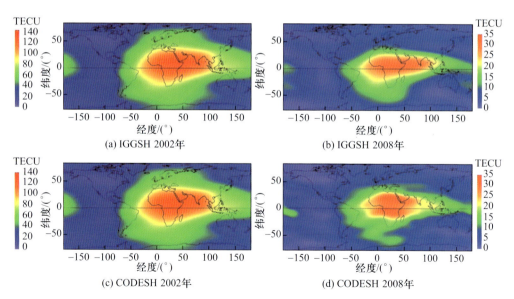

(a) IGGSH 2002年

(b) IGGSH 2008年

(c) CODESH 2002年

(d) CODESH 2008年

图 7.7 基于 IGGSH 和 CODESH 得到的全球电离层
TEC 在 12:00:00(UTC)的分布

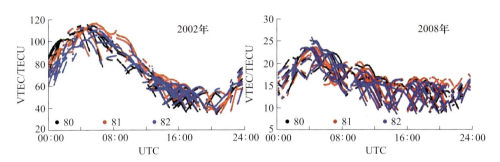

图 7.8　2002 年与 2008 年 BJFS 基准站连续 3 天(DOY80 ~ 82)
实测电离层 VTEC 对比

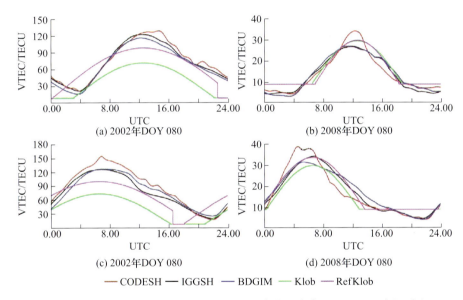

—— CODESH —— IGGSH —— BDGIM —— Klob —— RefKlob

图 7.9　不同电离层 TEC 模型给出的某固定位置电离层 VTEC 日变化对比

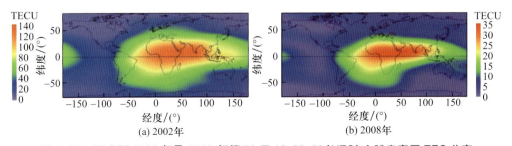

图 7.10　BDGIM 2002 年及 2008 年第 80 天 12：00：00(UTC)全球电离层 TEC 分布

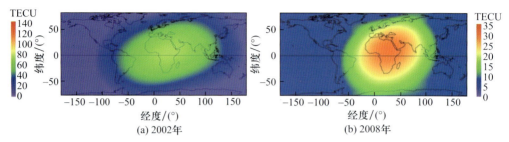

图 7.11   Klobuchar 模型 2002 年及 2008 年第 80 天 12:00:00(UTC)全球电离层 TEC 分布

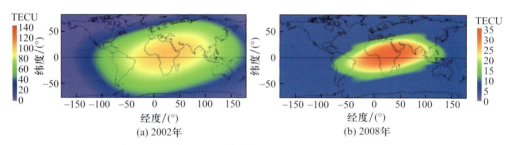

图 7.12   RefKlob 模型 2002 年及 2008 年第 80 天 12:00:00(UTC)全球电离层 TEC 分布

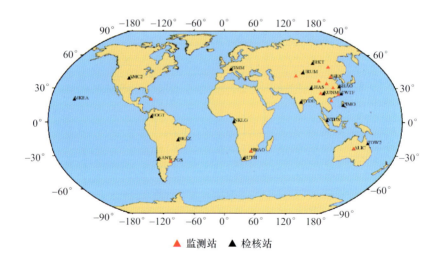

图 7.13   BDGIM 更新所采用监测站及检核站的分布示意图

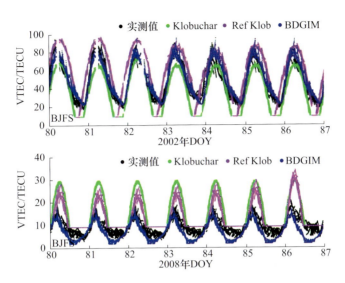

图 7.15　2002 年与 2008 年第 80 ~86 天模型与实测电离层 VTEC 对比

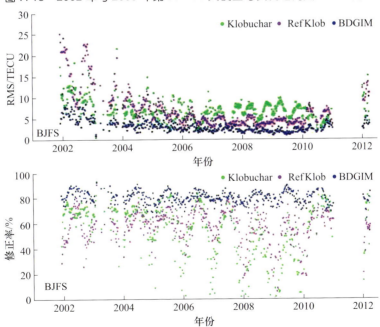

图 7.16　中国区域检核站上不同广播电离层时延修正模型精度对比

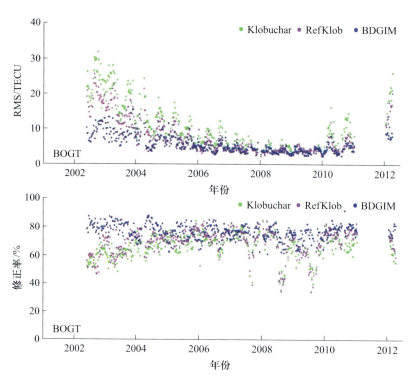

图 7.17　赤道附近地区检核站上不同广播电离层时延修正模型精度对比

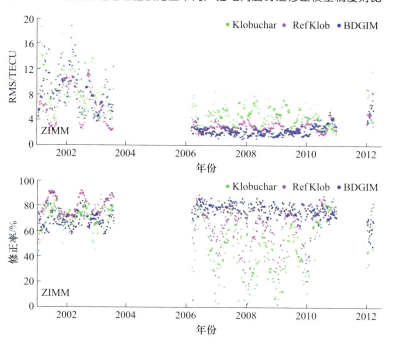

图 7.18　欧洲地区检核站不同广播电离层时延修正模型精度对比

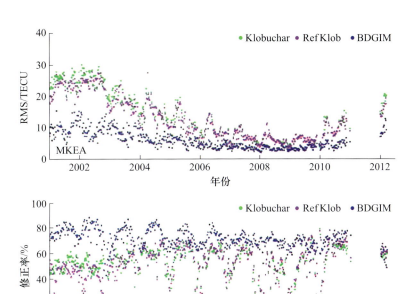

图7.19 北美地区检核站上不同广播电离层时延修正模型精度对比

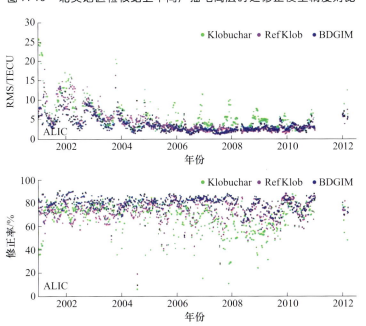

图7.20 南半球中纬地区检核站上不同广播电离层时延修正模型精度对比

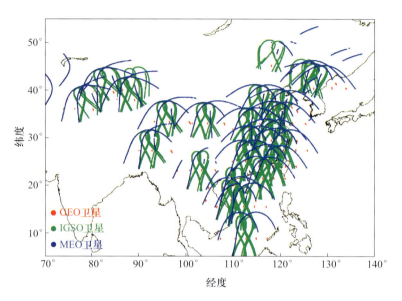

图 7.34 2015 年 DOY009 天中国区域 BDS 电离层交叉点分布

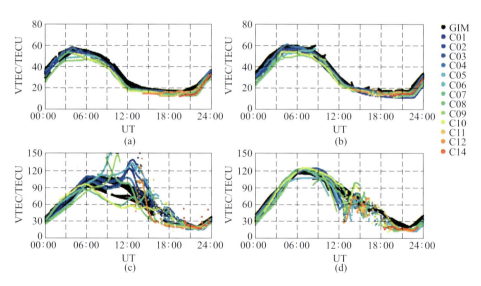

图 7.35 2015 年 DOY009 天不同纬度监测站 BDS 电离层
TEC 实测值的周日变化

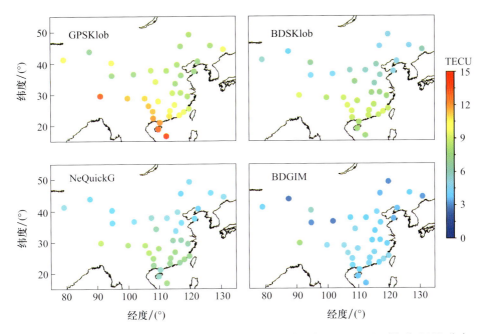

图 7.37　2015 年 150 天不同电离层模型的 TEC 计算值与 GPS TEC 对比的 RMS 分布

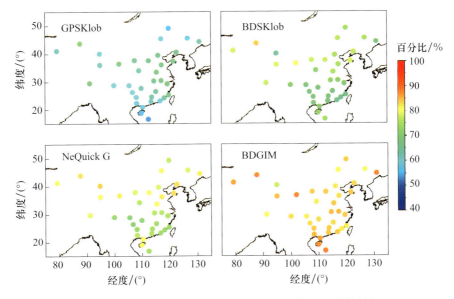

图 7.38　2015 年 150 天不同电离层模型的 TEC 计算值与
GPS TEC 对比的相对修正精度分布

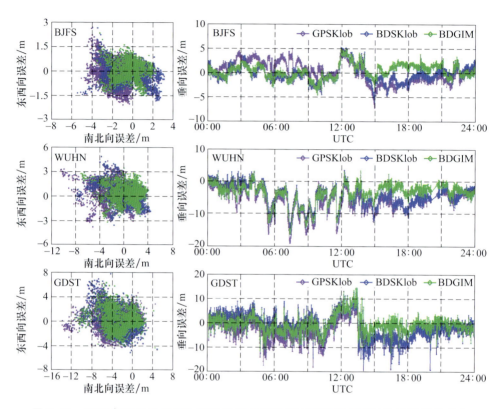

图 7.43　2015 年 105 天 BJFS、WUHN 及 GDST 站水平及垂直方向的 SPP 误差分布

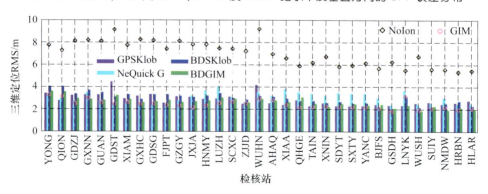

图 7.44　2015 年 105 天不同电离层模型在各检核站的单点定位精度对比

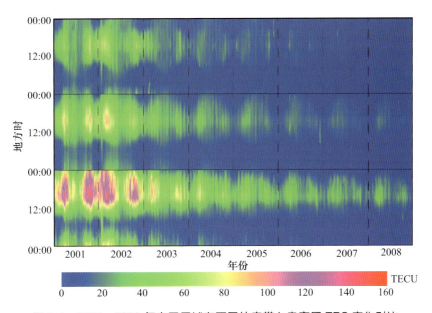

图 8.1 2001—2008 年中国区域在不同纬度带上电离层 TEC 变化对比

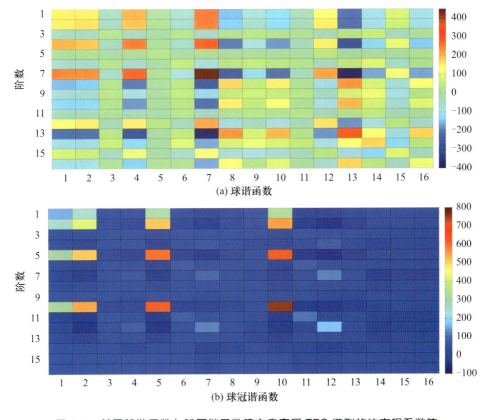

(a) 球谐函数

(b) 球冠谐函数

图 8.3 基于球谐函数与球冠谐函数建立电离层 TEC 模型的法方程系数阵

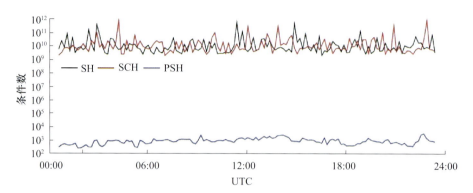

图 8.4　基于不同球谐函数建立电离层 TEC 模型的法方程系数阵条件数变化

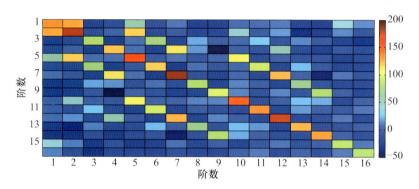

图 8.5　基于伪球谐函数建立电离层 TEC 模型时法方程的系数阵

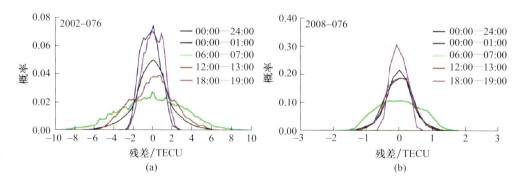

图 8.7　2002 年与 2008 年年积日第 76 天各交叉点电离层随机项概率分布

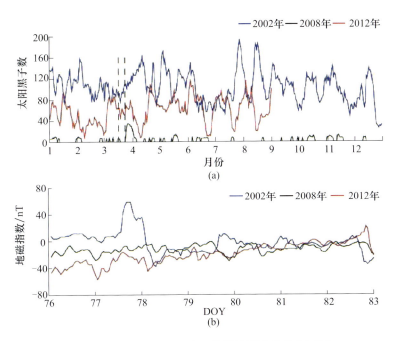

图 8.14 实验期间太阳黑子数及地磁指数 DST 变化

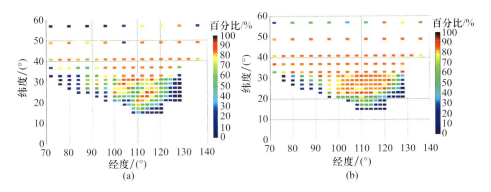

图 8.18 2002 年与 2012 年电离层格网点在一天内被观测比例

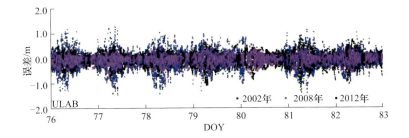

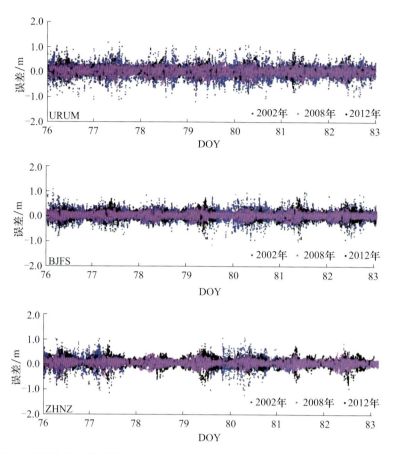

图 8.21　中国中纬度(35°N~55°N)地区监测站电离层格网修正残余误差时间序列图

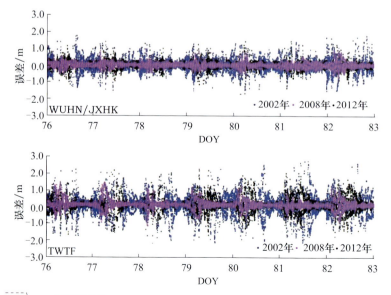

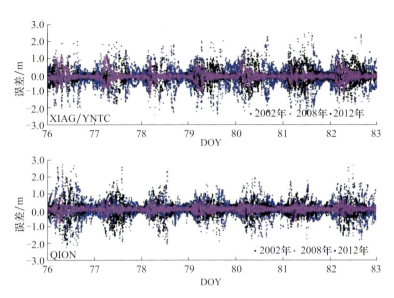

图 8.22 中国低纬度(15°N～35°N)地区监测站电离层格网修正残余误差时间序列图

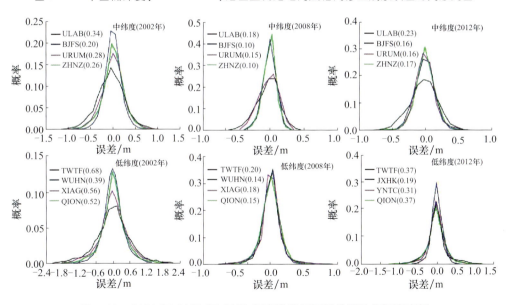

图 8.23 2002 年、2008 年、2012 年实验期间不同监测站格网电离层
修正残余误差统计分布

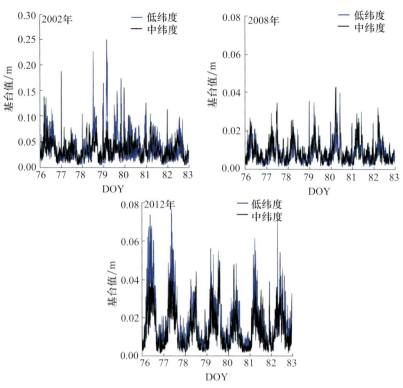

图 8.24　2002 年、2008 年、2012 年实验期间中国电离层
TEC 在空间方位上变化的差异

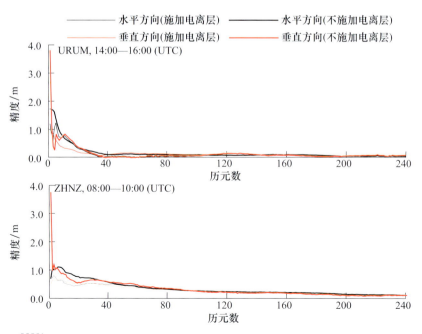

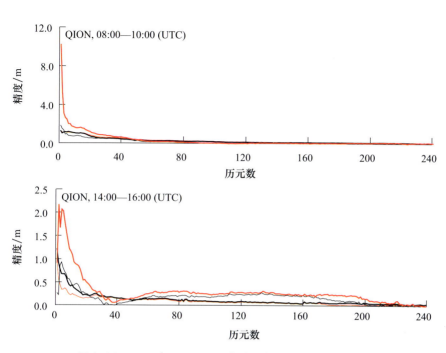

图 8.26　2008 年 79 天不同监测站施加电离层约束前后
在不同时段内定位精度对比

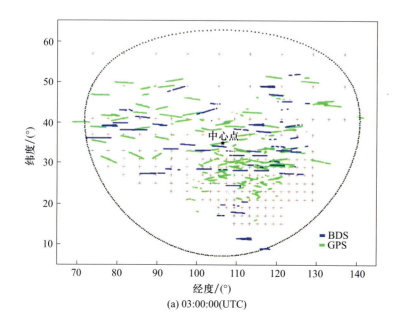

(a) 03:00:00(UTC)

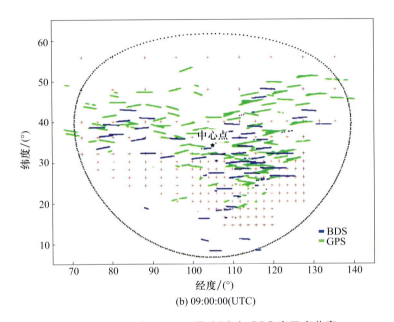

(b) 09:00:00(UTC)

图 8.28 2012 年 8 月 23 日 GPS 与 BDS 交叉点分布

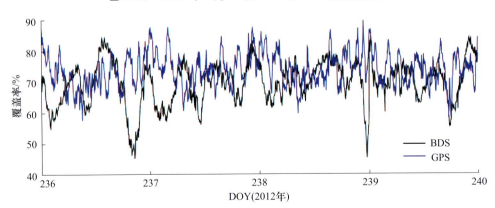

图 8.29 BDS 与 GPS 电离层交叉点对格网点的覆盖率对比

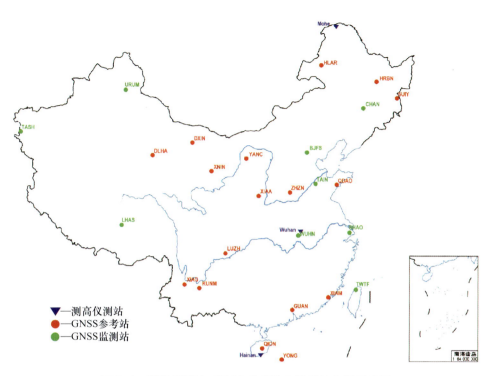

图 9.1　测高仪测站、GNSS 参考站与监测站位置示意图

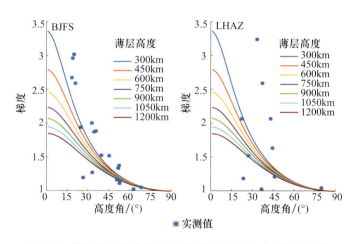

※ 实测值

图 9.6　基于公式法求解的 BJFS 和 LHAZ 站实测投影函数与理论投影函数对比（2014 年 3 月）

彩页 37

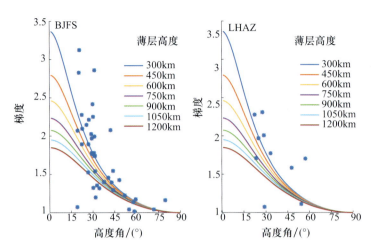

图 9.7　基于公式法求解的 BJFS 和 LHAZ 站实测投影函数与
理论投影函数对比（2015 年 3 月）

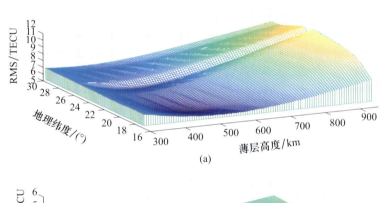

(a)

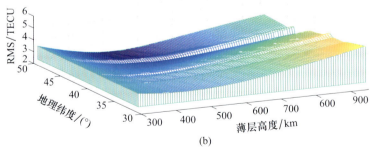

(b)

图 9.14　电离层 TEC"真值"与实测值差异 RMS 在不同纬度
随薄层高度变化图（2015 年 3 月）

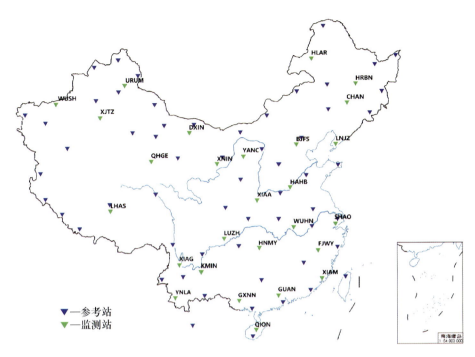

图 9.16　用于不同电离层插值方法分析的参考站及监测站分布示意图

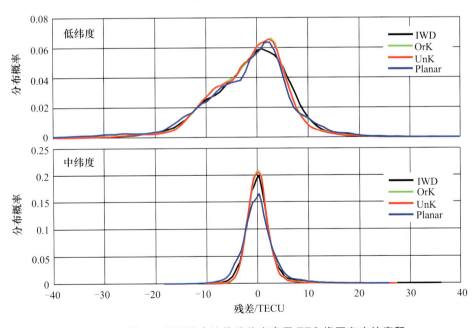

图 9.17　基于不同插值方法构建的电离层 TEC 格网在中纬度和
低纬度电离层修正残差概率分布图(2015 年 076 天)

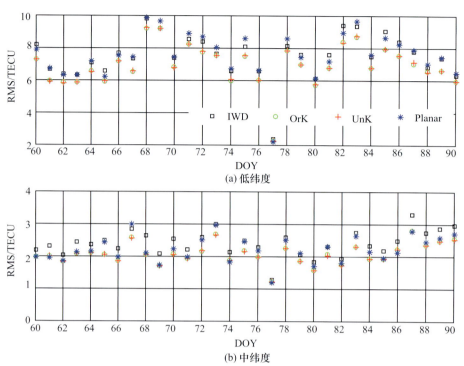

图 9.18　基于不同插值方法构建的电离层格网在低纬度区域和中纬度
电离层修正 RMS 时间序列图(2015 年 3 月)

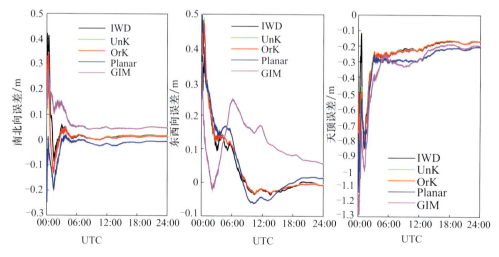

图 9.20　基于不同插值方法构建的电离层 TEC 格网
在 BJFS 站定位结果(2015 年 089 天)

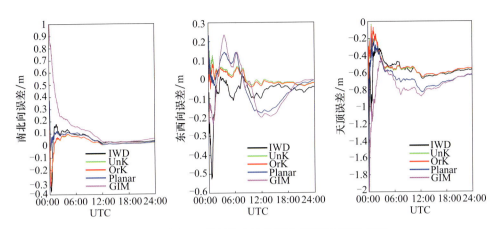

图 9.21　基于不同插值方法构建的电离层 TEC 格网

在 WUHN 站定位结果(2015 年 089 天)

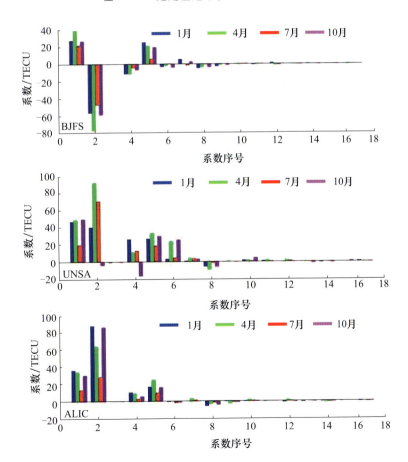

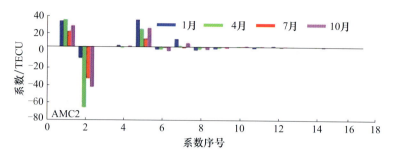

图 10.1　太阳活动高年(2002)广义三角级数电离层 TEC 模型系数在不同季节的变化

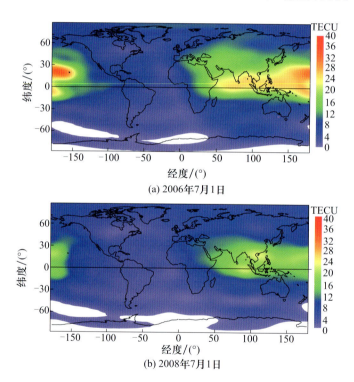

(a) 2006年7月1日

(b) 2008年7月1日

图 10.6　CODE 发布的 2006 年与 2008 年 7 月 1 日全球电离层 TEC 格网
产品(UTC 06:00:00)

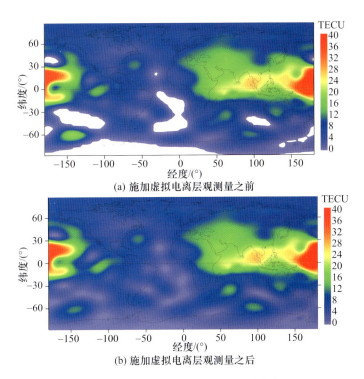

(a) 施加虚拟电离层观测量之前

(b) 施加虚拟电离层观测量之后

图 10.7　施加虚拟电离层观测量前后全球电离层 VTEC
分布对比(2006 年 7 月 1 日 UTC 06∶00∶00)

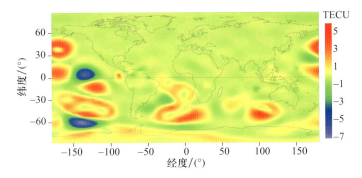

图 10.8　施加虚拟电离层观测量前后全球电离层 VTEC 之间差异的
分布(2006 年 7 月 1 日 UTC 06∶00∶00)

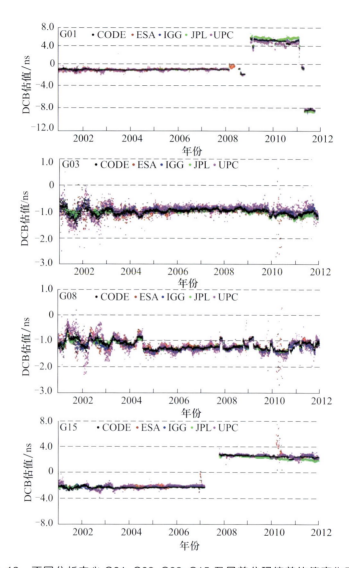

图 10.12 不同分析中心 G01、G03、G08、G15 卫星差分码偏差估值变化对比图

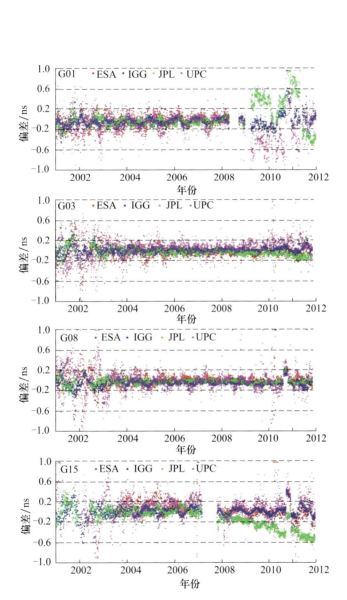

图 10.13　不同分析中心 G01、G03、G08、G15 卫星差分码偏差估值与 CODE 发布值对比

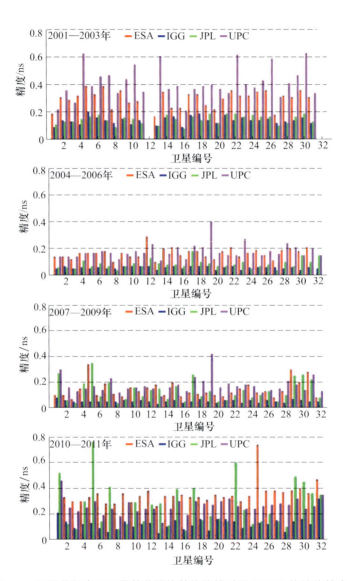

图 10.14　不同分析中心卫星差分码偏差估值相对于 CODE 估值的精度统计

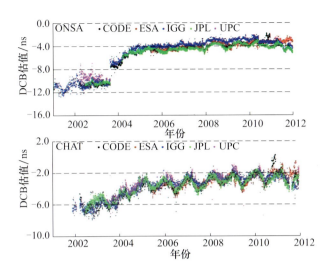

图 10.16　IGS 基准站接收机差分码偏差估值时间序列图

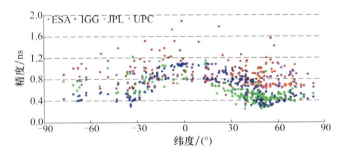

图 10.17　不同分析中心接收机差分码偏差估值精度对比

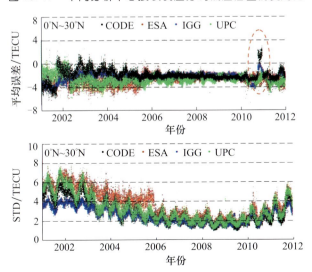

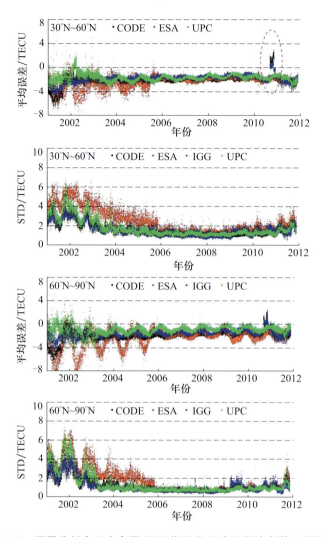

图 10.18　不同分析中心电离层 TEC 格网北半球不同纬度带内差异对比

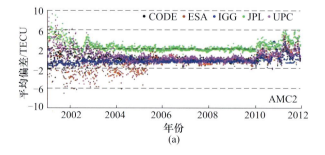

(a)

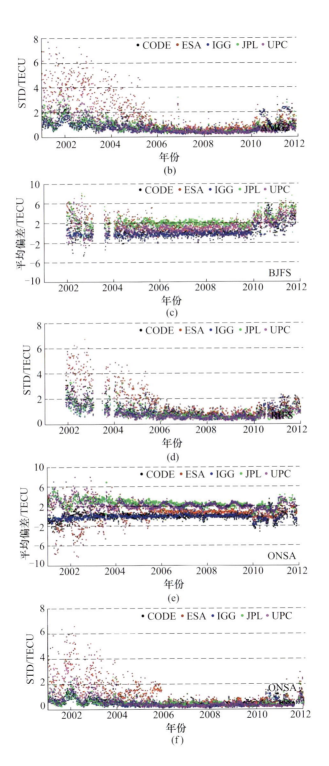

(b)

(c)

(d)

(e)

(f)

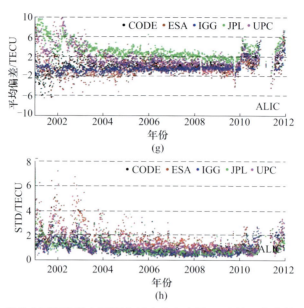

图 10.20 部分典型基准站上不同分析中心电离层 TEC 格网的内符合精度统计

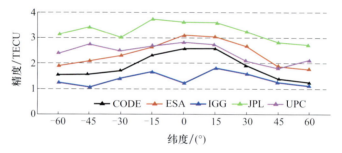

图 10.21 各分析中心电离层 TEC 格网在不同纬度带的内符合精度对比

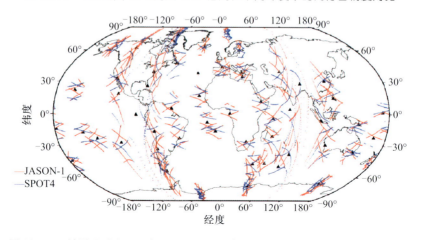

图 10.23 基于 JASON-1 与 SPOT4 卫星的全球 DORIS 电离层交叉点分布图

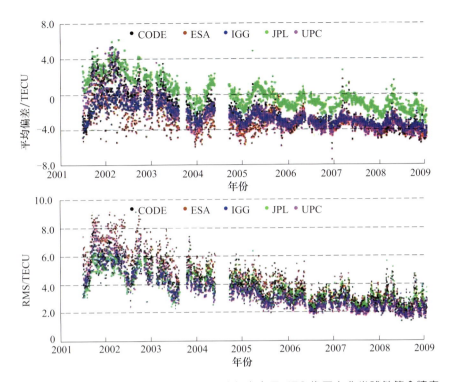

图 10.24　基于 TOPEX/Poseidon 数据分析电离层 TEC 格网在北半球外符合精度

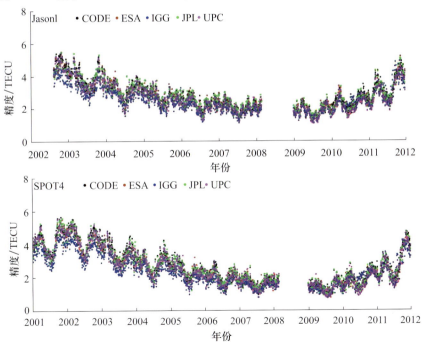

图 10.26　基于 DORIS 电离层观测数据分析电离层 TEC 格网外符合精度

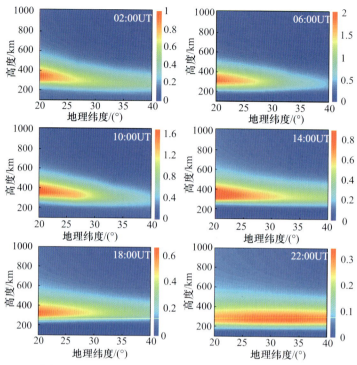

图 11.1　东经 114.5°子午面内电离层电子密度变化时序图（单位：$10^{12}/\text{m}^3$）

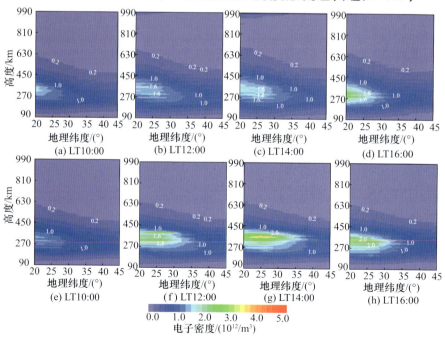

图 11.5　ART（图（a）～图（b））和新算法（图（e）～图（h））反演的电离层电子密度随高度与纬度变化剖面图比较

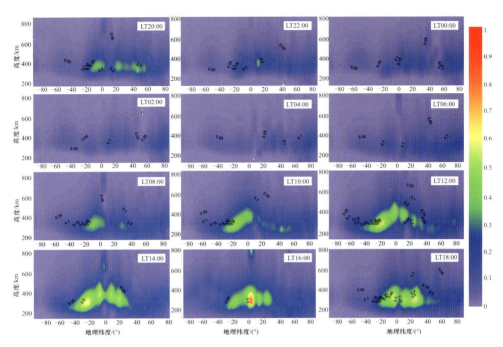

图 11.26   60°W 经度链上的电子密度沿纬度和高度变化的时序图
（电子密度单位：$10^{12}/m^3$）

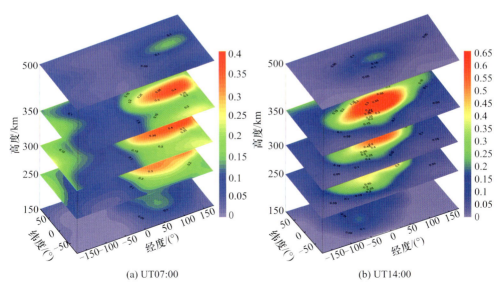

(a) UT07:00   (b) UT14:00

图 11.27   不同高度上的电离层电子密度分布图（电子密度单位：$10^{12}/m^3$）

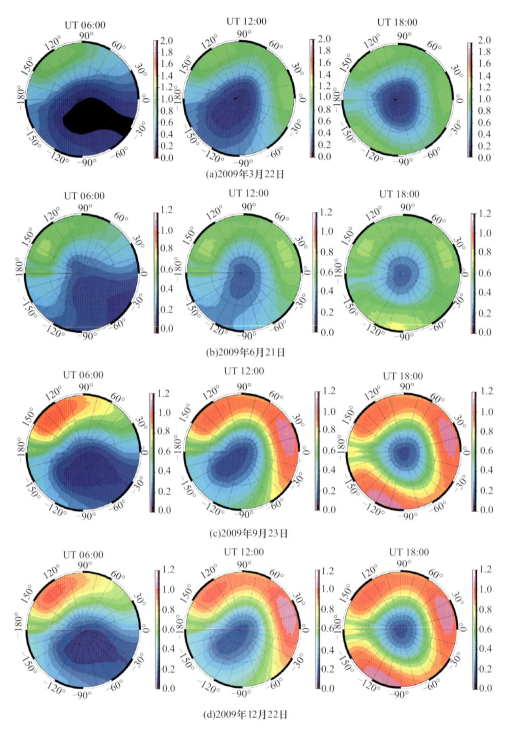

图 11.29　春分、夏至、秋分和冬至北半球 N_{mF_2} 的分布情况（电子密度单位：$10^{12}/m^3$）

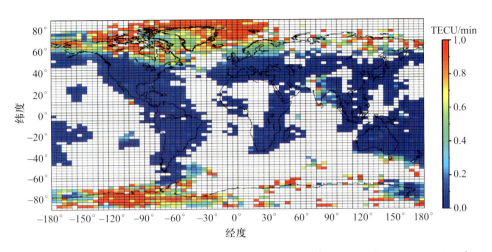

图 12.4　基于 ROTI 的全球电离层扰动效应监测结果(2015 年 3 月 17 日 UT18:00—19:00)

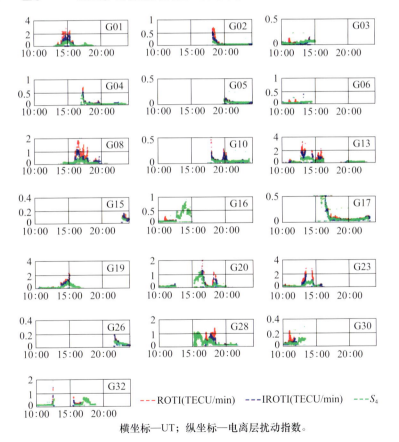

横坐标—UT；纵坐标—电离层扰动指数。

图 12.8　FUKE 站所有可观测 GPS 卫星的 s_4、ROTI、IROTI 时间序列

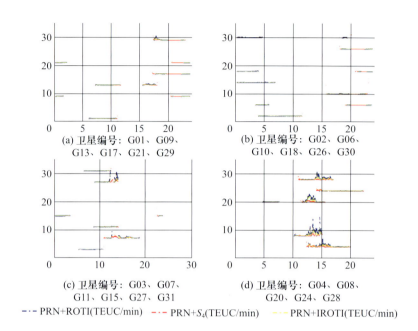

(a) 卫星编号：G01、G09、
G13、G17、G21、G29

(b) 卫星编号：G02、G06、
G10、G18、G26、G30

(c) 卫星编号：G03、G07、
G11、G15、G27、G31

(d) 卫星编号：G04、G08、
G20、G24、G28

- - - PRN+ROTI(TEUC/min)   - · - PRN+S_4(TEUC/min)   ── PRN+IROTI(TEUC/min)

图 12.21　2003 年 10 月 8 日 QION 站所有可观测 GPS 卫星的 ROTI/IROTI/S_4

随时间变化的单天监测结果

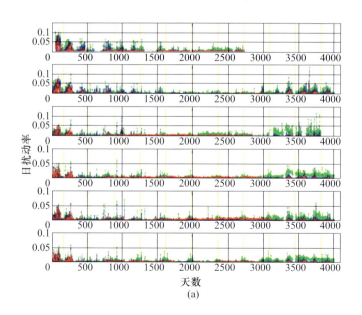

天数

(a)

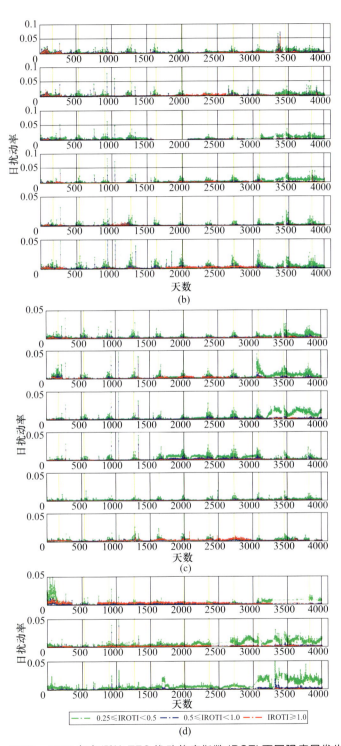

图 12.32　2002—2012 年各测站 TEC 扰动效应指数 IROTI 不同强度日发生率的变化

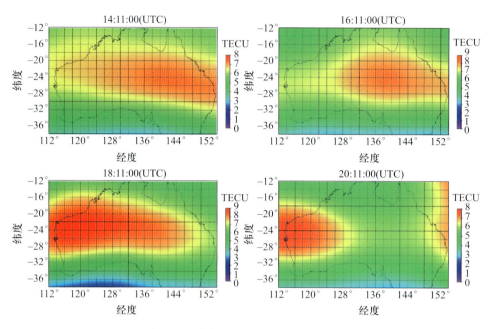

图 13.4 实时区域电离层 VTEC 分布(2018 年 5 月 5 日)

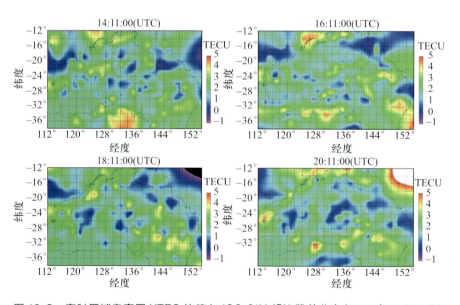

图 13.5 实时区域电离层 VTEC 估值与 IGS GIM 相比残差分布(2018 年 5 月 5 日)

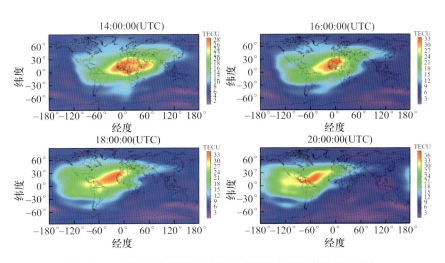

图 13.9　实时全球电离层 VTEC 分布图（2018 年 3 月 2 日）

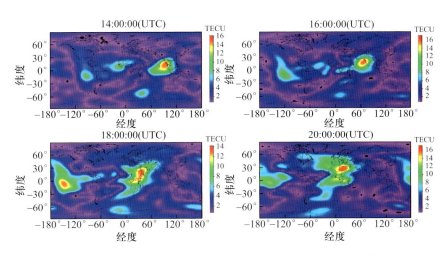

图 13.10　实时全球 GIM 与 IGS GIM 产品相比绝对偏差分布（2018 年 3 月 2 日）

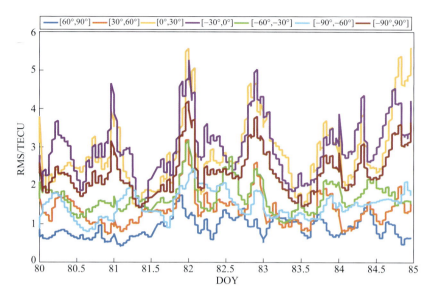

图 13.12　实时全球 GIM 产品与 IGS 最终 GIM 产品在不同纬度带的精度对比

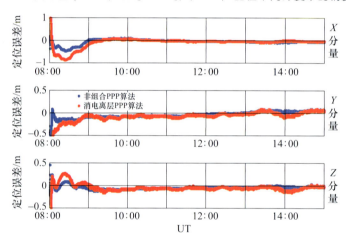

图 14.11　基于非组合 PPP 和传统消电离层组合 PPP 两类技术的船载定位结果比较

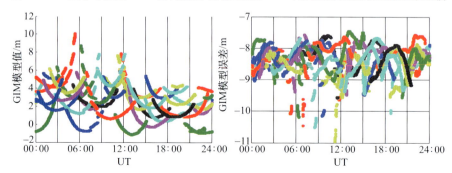

图 14.12　BDAG 站电离层延迟的 GIM 改正值与改正误差

图 5.23 所示为不同电离层模型在北半球检核站的精度统计和分析情况,展示了 2014 年第 150 天至 365 天不同 Klobuchar 模型的计算值与 GPS 实测值相比的 RMS 时间序列。图中显示,2014 年第 150 天至 250 天,BDSKlob、CODKlob、IGGKlob 及 IGG10Klob 的精度相当,而 GPSKlob 的 RMS 值明显大于其他电离层模型;2014 年第 250 天至 365 天,CODKlob 的 RMS 大于 GPSKlob,BDSKlob 的 RMS 与 GPSKlob 相当, 而 IGGKlob 及 IGG10Klob 的 RMS 小于 GPSKlob;CODKlob 系数是由 CODE GIM 解算 得到的,CODKlob 在中国区域的 RMS 值较大,这也间接说明了 CODE GIM 在中国区 域的应用精度有限。BDSKlob 系数是由中国区域北斗数据解算得到的,图 5.23 的结 果表明 BDSKlob 的计算值与 GPS 实测值之间存在系统性的偏差,这可能是 BDSKlob 评估误差偏大的原因之一。IGGKlob 及 IGG10Klob 系数的解算采用北半球较多的 IGS 基准站数据,与 GPSKlob 相比,这两个模型能较好地反映北半球电离层 TEC 的变 化特征。

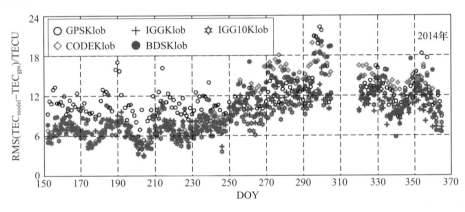

图 5.23　不同 Klobuchar 模型的计算值与 GPS 实测值相比的 RMS 时间序列(见彩图)

表 5.4 所列为 2014 年第 150 天至 365 天不同 Klobuchar 模型与 GIM 及 GPS TEC 实测值相比的精度统计情况(表中仅给出了测试时段内不同电离层模型在北半球的 精度统计结果)。与 GIM TEC 相比,GPSKlob 和 BDSKlob 在测试区域的电离层修正 精度分别为 52.3% 和 65.1%,RMS 为 14.36TECU 和 10.78TECU,IGG10Klob (71.5%,8.60TECU)的精度略高于 CODKlob(69.8%,9.26TECU)及 IGGKlob (69.4%,9.31TECU)。与 GPS TEC 实测值相比,GPSKlob 的修正精度为 59.6%, RMS 为 11.7TECU;BDSKlob 的修正精度为 64.3%,RMS 为 10.16TECU。CODKlob、 IGGKlob 及 IGG10Klob 的精度分别为 60.3%、69.1% 及 70.3%,RMS 分别为 10.78TECU、8.85TECU 及 8.35TECU。CODKlob 基于 GIM 的精度评估结果明显优于 基于 GPS TEC 实测值的评估结果,其原因之一是 CODKlob 系数是由 CODE GIM 计算 得到的,因此 CODKlob 与 GIM 产品之间的一致性较好。这也表明在对不同的电离层 模型进行精度评估时,应综合选用不同的电离层参考信息并采用多种统计指标进行 评估。

表 5.4　不同 Klobuchar 模型与 GIM 及 GPS TEC 相比的精度统计

电离层模型	GIM TEC			GPS TEC		
	bias	rms	rms$_{rel}$	bias	rms	rms$_{rel}$
GPSKlob	− 5.87	14.36	52.3	− 4.33	11.72	59.6
BDSKlob	− 5.79	10.78	65.1	− 5.78	10.16	64.3
CODKlob	0.58	9.26	69.8	3.18	10.78	60.3
IGGKlob	− 2.19	9.31	69.4	− 0.46	8.85	69.1
IGG10Klob	0.14	8.60	71.5	1.49	8.35	70.3
注:bias 与 rms 的单位为 TECU,rms$_{rel}$的单位为%						

基于 GIM 及 GPS 实测值的评估结果表明,2014 年第 150 天至 365 天北斗 8 参数 Klobuchar 模型在中国及周边地区的电离层修正精度为 65% 左右,优于 GPS 广播星历播发的 Klobuchar 模型 5% ~10% 。由于 BDSKlob 系数解算仅采用中国区域北斗监测站的信息,其在南半球使用时采用了与北半球电离层 TEC 计算值"对称"的方式,这导致 BDSKlob 在南半球的应用精度较差。即便能够采用全球分布的监测站数据实现 BDSKlob 模型 8 个参数的解算,其在中国区域的修正效果也仅能达到 69% 左右(参见表 5.4 中的 CODKlob 及 IGGKlob),在全球的修正效果能够达到 65% 左右(参见表 5.2 及表 5.3 中的 RefKlob 及 8Klob)。进一步考虑将 8 参数 Klobuchar 模型扩展至 10 参数 Klobuchar 模型,改进的 10 参数 Klobuchar 与 8 参数模型相比,其精度也仅有 4% ~5% 的提高。

5.5　顾及夜间电离层变化的 Klobuchar 修正方法

5.3 节、5.4 节中给出了一种改进的 10 参数 Klobuchar 模型,该模型中夜间天顶电离层时延不再设定为固定的 5ns,而是设定为随地磁纬度变化的线性函数。与 GPS 广播的 Klobuchar 模型相比,改进 10 参数 Klobuchar 模型的电离层误差改正精度提高了 14% 左右。10 参数 Klobuchar 模型精度提高的原因可以概括为以下两点:①将夜间天顶电离层时延描述为随地磁纬度变化的线性函数比固定的 5ns 更为合理;②GNSS 基准站获取的高精度电离层信息进一步提高了 Klobuchar 系数的全球电离层 TEC 拟合效果。改进 10 参数 Klobuchar 模型在具体使用时,可以考虑从以下两个方面进行:一是利用 FTP 发布 10 参数 Klobuchar 模型系数,用户通过互联网即可获取到相应的模型系数;二是在 GPS 地面运控中心实现 10 参数 Klobuchar 模型系数的解算,进而将模型系数通过广播星历播发给实时导航用户使用。

第一种方式实施简便,适用于各类 GNSS 后处理应用中的单频电离层时延误差改正。第二种方式实现起来较为困难,其主要原因在于 GPS 用户接口控制文件(ICD)中的各类播发参数都已固定,难以再为电离层模型增加两个参数;此外,电离层参数接口改变后,各类 GPS 用户机也需要随之更新,这样做的代价较大。基于此,本节考虑在不改变当前 GPS 电离层模型播发参数数量、系数大小及更新频率的条件下,通过对夜间天顶电离层时延参数的建模与预报,提出了一种顾及夜间电离层变化的单频电离层时延误差修正方案-NKlob。

5.5.1　夜间天顶电离层时延的建模与预报

最小二乘谐波估计(LS-HE)是一种精确分析与确定时间序列周期项的方法[45]。Amiri-Simkooei 和 Asgari 基于该方法分析了 GIM 不同格网点处的电离层 TEC 时间序列中蕴含的主周期与调制周期[46];李子申利用 LS-HE 方法分析了电离层球谐函数系数的周期性变化规律[47],并以此为基础实现了 BDGIM 广播电离层模型非播发参数的构建与预报[10,47]。从图 5.10 可以看出,10 参数 Klobuchar 模型的夜间电离层系数 A 和 B 本身也表现出不同的周期变化特征。本节将采用 LS-HE 方法分析夜间电离层参数的周期项,并利用确定的周期项建立各夜间电离层参数的预报模型。

以夜间电离层参数 A 为例,图 5.24 所示为该参数采用 LS-HE 方法分析得到的正则化功率谱图(数据时段为 2001 年 1 月 1 日至 2012 年 12 月 31 日)。从功率谱图中可以看出,夜间电离层参数 A 存在着明显的天周期、月周期(27.0 天)、半年周期(182.5 天)及年周期(365.2 天);受数据长度的限制,年以上周期无法从功率谱图中直观得到。考虑到电离层活动存在近 11 年的长周期变化,取与太阳活动有关的周期项为 4028.16/n($n=1,2,3$)天。顾及夜间电离层参数预报项计算时便捷性,本节采用的 7 个周期项概括如下:天周期、月周期、半年周期、年周期以及与太阳活动有关的 3 个长周期。

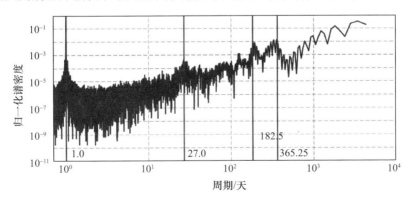

图 5.24　夜间电离层参数 A 的正则化功率谱

基于确定的周期项参数,各夜间电离层参数预报可通过式(5.16)所示的傅里叶三角级数实现:

$$Y(t) = A_0 + \sum_{k=0}^{7} (a_k \cos(\omega_k t) + b_k \cos(\omega_k t)) \qquad (5.16)$$

式中:A_0 为预报模型的常数项;$\omega_k = 2\pi/T_k$ 为各三角函数的频率,由第 k 个预报周期

T_k 计算得到;a_k,b_k 分别为与第 k 个周期对应的待估参数。

基于 2001 年 1 月 1 日至 2012 年 12 月 31 日期间确定的夜间电离层 A 和 B 系数序列,利用最小二乘实现待估参数 a_k 和 b_k 的解算。基于确定的周期项(T_k)及其对应的振幅参数(a_k 和 b_k),即可实现任意时刻夜间电离层预报参数的计算。夜间电离层参数 A 和 B 的预报系数确定后,将固化在接收机软件中用于 Klobuchar 模型夜间天顶电离层时延项的预报。

图 5.25 所示为夜间电离层参数 A 和 B 的预报值与实测值对比,图中蓝色点和绿色点分别为 2013 年之前及 2013 年之后夜间电离层参数 A 和 B 的实际解算值,紫色点表示利用预报系数计算得到的夜间电离层参数值,其中 2013 年之前为内插值,2013 年之后为预报值。可以看出,构建的夜间电离层参数预报模型能够反映系数本身的周期变化特征,由预报函数计算得到的系数变化趋势与实际解算的系数变化趋势基本一致,这也反映出这里采用的夜间电离层参数预报方法是有效的。

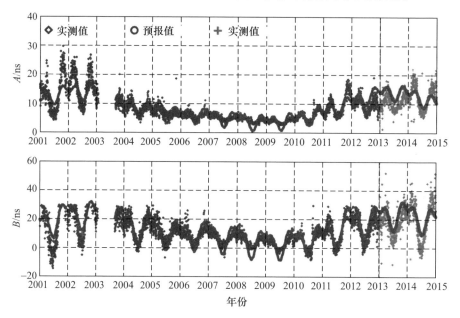

图 5.25 夜间电离层参数 A 和 B 的预报值与实测值对比(见彩图)

5.5.2 NKlob 的数学结构

NKlob 的数学结构同样可以表达为如式(5.1)的形式,不过夜间天顶电离层时延值 DC 不再是固定的 5ns,而是由式(5.17)计算得到。

$$DC = \begin{cases} 16 & DC \geqslant 16 \\ A - B \mid \varphi_m \mid & 16 > DC \geqslant 4 \\ 4 & DC < 4 \end{cases} \quad (5.17)$$

式中:φ_m 为电离层交叉点处的地磁纬度(半周);A,B 分别为夜间天顶电离层线性函数的两个系数,由固定的预报参数采用式(5.16)计算得到。

NKlob 白天的天顶电离层时延仍表示为随时间变化的余弦函数,由 GPS 广播星历中播发的 α_n 和 $\beta_n(n=0,1,2,3)$ 计算得到。夜间天顶电离层时延表达为随地磁赤道变化的线性函数,线性函数的两个系数 A 和 B 由固定的预报参数计算得到;此外,夜间天顶电离层时延的变化范围为 4 ~ 15ns。与 GPS 广播的 Klobuchar 模型相比,NKlob 方法仅对夜间天顶电离层时延的计算方法进行改进,并同样将 GPS 广播星历中播发的 Klobuchar 系数用于白天天顶电离层时延的计算。因此,GPS 导航用户采用 NKlob 方法进行电离层时延误差修正时,无需对当前的 GPS 单频接收机固件进行改造,只需对 Klobuchar 单频电离层时延修正算法进行简单升级,即可实现优于 GPS 广播星历中播发的 Klobuchar 模型的修正效果。

5.5.3　NKlob 的精度与可靠性分析

分别以 GIM、JASON 及 GPS 提供的电离层 TEC 信息为参考,评估 NKlob 方法的电离层时延误差修正精度。GIM TEC 可以评估 NKlob 在全球范围内的修正精度,JASON TEC 可以评估 NKlob 在海洋区域的修正精度,GPS TEC 可以评估 NKlob 在陆地区域的修正精度。通过以上 3 种方式,能够全面评估 NKlob 在全球不同地区的电离层误差修正情况。图 5.26 所示为 2014 年第 120 至 123 天不同电离层模型在中纬度(BJFS 和 WUHN)及低纬度(PIMO)3 个检核站计算得到的 TEC 日变化情况,其中,

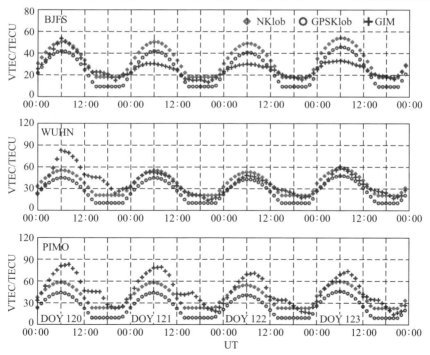

图 5.26　2014 年第 120 至 123 天不同电离层模型给出的 TEC 日变化对比

NKlob表示本节提出的顾及夜间电离层变化的 Klobuchar 修正方法,GPSKlob表示 GPS 广播星历中播发的 Klobuchar 模型,GIM 表示 IGS 发布的最终电离层格网产品。从图中可以看出,NKlob 计算得到的白天及夜间天顶电离层 TEC 值明显大于 GPSKlob 的计算值。在 BJFS 站,NKlob 与 GPSKlob 的 TEC 计算值大于 GIM 的计算结果;而在 WUHN 及 PIMO 站,NKlob 的 TEC 计算值与 GIM 的计算结果更为相近。与中纬度地区相比,NKlob 在低纬度及赤道地区的电离层误差改正效果更为明显。

为评估 NKlob 在全球不同纬度地区的修正效果,图 5.27 所示为 2013—2014 年不同 8 参数 Klobuchar 模型的 TEC 计算值与 GIM 对比的 RMS 随地理纬度变化情况。在 30°S ~ 30°N 范围内,GPSKlob 的误差最大,其 RMS 为 10.0 ~ 21.0TECU;NKlob 的误差最小,其 RMS 为 9.6 ~ 14.5TECU;CODKlob 与 IGGKlob 精度相当,其 RMS 为 10 ~ 16TECU。在南半球 85°S ~ 30°S 范围内,IGGKlob 的误差最大,CODKlob 的误差最小,GPSKlob 与 NKlob 的精度相当;在北半球 30°N ~ 85°N 范围内,GPSKlob 与 NKlob 精度相当,IGGKlob 在 30°N ~ 70°N 范围内的误差小于 CODKlob,但在 70°N ~ 85°N 范围内的误差大于 CODKlob。NKlob 在低纬地区的改进效果明显优于 GPSKlob,在中高纬地区与 GPSKlob 的电离层误差修正效果相当。

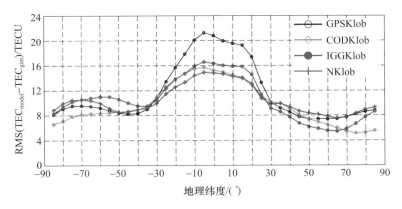

图 5.27　不同 8 参数 Klobuchar 模型的计算值与 GIM 相比的 RMS 随地理纬度的变化

统计每天各电离层格网点处不同 8 参数 Klobuchar 模型的 TEC 计算值与 GIM 相比的 RMS 值,图 5.28 所示为 2013—2014 年不同 Klobuchar 模型的 RMS 时间序列。GIM 基本覆盖了全球陆地及海洋区域,统计结果能够反映不同电离层模型在全球范围内的总体修正情况。可以看出,IGGKlob、CODKlob 及 NKlob 的电离层误差修正精度基本一致,优于 GPS 广播星历中播发的 Klobuchar 模型。尽管 NKlob 采用 GPS 广播星历中播发的电离层系数,但与 GPSKlob 将夜间天顶电离层时延设置为固定的 5ns 不同,NKlob 利用一组预报参数用于夜间天顶电离层时延的拟合。NKlob 的电离层修正精度与后处理 8 参数 Klobuchar 模型精度相当,这表明本节提出的基于夜间天顶电离层时延拟合预报实现 GPS 广播的 Klobuchar 模型修正精度提高的方法是可行的。

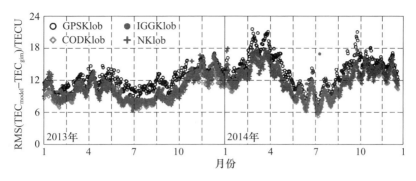

图 5.28　不同 8 参数 Klobuchar 模型的计算值与 GIM 相比的 RMS 时间序列（见彩图）

以 JASON-1,2 及 GPS 提供的电离层 TEC 信息进一步评估 NKlob 在全球海洋地区的修正效果。图 5.29 所示为 2013—2014 年不同 Klobuchar 模型 TEC 计算值与 JASON-1,2 实测值相比的 RMS 随地理纬度变化。在 24°S ~ 24°N 范围内，NKlob 与 CODEKlob 精度相当、略优于 IGGKlob 的修正精度，GPSKlob 的误差最大。在南北半球 24° ~ 54° 范围内，GPSKlob 的精度最高，其 RMS 误差略小于 CODEKlob、IGGKlob 及 NKlob。这反映出 GPS 广播星历中播发的 Klobuchar 模型应用于中纬度地区的电离层误差改正时具有一定优势。在北半球 54°N ~ 66°N 范围内，CODEKlob 的误差最小，GPSKlob、IGGKlob 及 NKlob 的精度相当；在南半球 54°S ~ 66°S 范围内，CODEKlob 的误差同样最小，GPSKlob 及 NKlob 次之，IGGKlob 的误差最大。

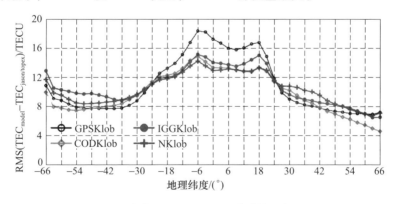

图 5.29　不同 8 参数 Klobuchar 模型的计算值与 JASON-1,2
实测值相比的 RMS 随地理纬度变化

以每天不同 Klobuchar 模型的 TEC 计算值与 JASON-1,2 实测值相比的 RMS 为统计值，图 5.30 所示为 2013—2014 年不同 Klobuchar 模型的 RMS 时间序列。在海洋区域，后处理的 8 参数 Klobuchar 模型（包括 CODEKlob 及 IGGKlob）与 GPSKlob 相比的精度提升并不十分显著。NKlob 与 CODEKlob 的精度基本一致，二者的电离层误差修正效果略优于 IGGKlob 及 GPSKlob。总体上，NKlob 在海洋区域能够实现与 GPSKlob 相当甚至更好的电离层误差修正效果。

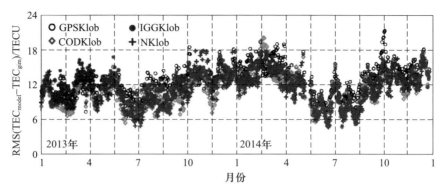

图 5.30　不同 8 参数 Klobuchar 模型的计算值与 JASON-1,2 实测值
相比的 RMS 时间序列(见彩图)

在全球范围内选取 30 个左右的 IGS 及陆态网基准站(图 5.11)进一步检核 NKlob
在全球陆地区域的电离层误差修正精度。以各基准站 GPS 数据计算得到的电离层
TEC 为参考,图 5.31 所示为 2013—2014 年不同 Klobuchar 模型的 TEC 计算值与 GPS

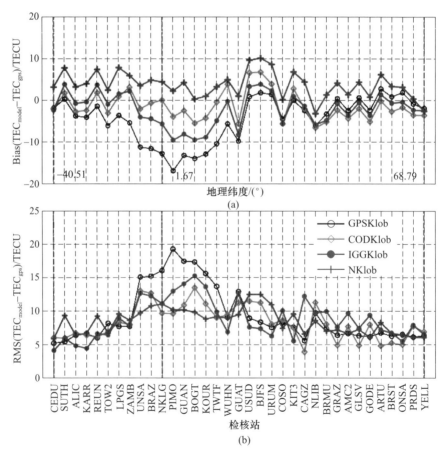

图 5.31　各检核站不同 8 参数 Klobuchar 模型的计算值与 GPS 实测值相比的偏差及 RMS

实测值相比的偏差及 RMS 随地理纬度的变化。从图中可以看出,GPSKlob、CODKlob 及 IGGKlob 在低纬度检核站的偏差最大,在中高纬度检核站的偏差最小;GPSKlob 在南北半球低纬度检核站的偏差甚至可达 - 18 ~ 10TECU。与以上 3 个电离层模型不同,NKlob 在全球不同检核站的偏差基本在 0 ~ 10TECU 之间变化。从各检核站的 RMS 来看,CODKlob 与 IGGKlob 在低纬度检核站的 RMS 小于 GPSKlob,但在南北半球中纬度检核站与 GPSKlob 相比无明显优势,CODKlob 与 IGGKlob 在北半球中纬度某些检核站的 RMS 甚至大于 GPSKlob。NKlob 在低纬度检核站的 RMS 明显小于 GPSKlob;除 USUD、BJFS 及 URUM 外,NKlob 在北半球中纬度地区的精度与 GPSKlob 基本一致;除 SUTH 及 REUN 外,NKlob 在南半球中纬度地区的精度与 GPSKlob 相当。与中纬度检核站相比,NKlob 在低纬度检核站的电离层误差改进效果更为明显。

　　图 5.32 进一步给出了 2013—2014 年不同 Klobuchar 模型的 TEC 计算值与 GPS 实测值相比的 RMS 时间序列,其中每天的 RMS 值为当天所有检核站的均值。总体上,CODKlob、IGGKlob 及 NKlob 的 RMS 略小于 GPSKlob;但值得注意的是,IGGKlob 在 2013 年 2 ~ 3 月的 RMS 明显偏大,NKlob 在 2013 年 11 ~ 12 月的 RMS 明显偏大,这有待进一步得到确认。总体而言,基于地基 GPS 检核站的评估结果也表明,NKlob 在全球大陆地区也能够提供与 GPSKlob 相当甚至略优于 GPSKlob 的电离层时延误差修正精度。

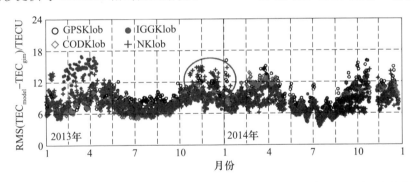

图 5.32　不同 8 参数 Klobuchar 模型的计算值与 GPS 实测值相比的 RMS 时间序列(见彩图)

　　2013—2014 年不同 Klobuchar 模型与 GIM、JASON-1,2 及 GPS TEC 实测值相比的精度统计情况如表 5.5 所列。与 GIM TEC 相比,GPSKlob 的电离层修正精度为 45.2%,RMS 为 11.62TECU,低于 CODKlob(55.3% 及 9.79TECU)、IGGKlob(51.8% 及 10.56TECU)及 NKlob(54.0% 及 10.40TECU)。与 JASON-1,2 TEC 相比,GPSKlob 的修正精度为 51.2%,RMS 为 12.67TECU;CODKlob 的修正精度为 57.2%,RMS 为 11.17;IGGKlob 的修正精度为 53.2%,RMS 为 12.16;NKLob 的修正精度为 56.8%,RMS 为 11.28TECU。与 GPS TEC 相比,GPSKlob、CODKlob、IGGKlob 及 NKlob 的修正精度分别为 61.4%、64.7%、62.2% 及 61.9%,RMS 分别为 9.23TECU、8.29TECU、8.54TECU 及 8.23TECU。以 GIM TEC 为参考,NKlob 的修正精度与 GPSKlob 相比提高了 8.8%;以 JASON-1,2 TEC 为参考,NKlob 的修正精度与 GPSKlob 相比提高了

5.6% ;以 GPS TEC 为参考,NKlob(61.4%)与 GPSKlob(61.9%)的修正精度相当,这表明本节提出的 NKlob 电离层误差修正方法是有效的。

表 5.5　2013—2014 年不同 Klobuchar 模型与 GIM、JASON
及 GPS TEC 相比的精度统计

电离层模型	GIM TEC		JASON TEC		GPS TEC	
	rms	rms_{rel}	rms	rms_{rel}	rms	rms_{rel}
GPSKlob	11. 62	45. 2	12. 67	51. 2	9. 23	61. 4
CODKlob	9. 79	55. 3	11. 17	57. 2	8. 29	64. 7
IGGKlob	10. 56	51. 8	12. 16	53. 2	8. 54	62. 2
NKlob	10. 40	54. 0	11. 28	56. 8	8. 23	61. 9
注:rms 的单位为 TECU,rms_{rel} 的单位为%						

　　NKlob 单频电离层误差修正方法的特点可以概括为以下几个方面:①利用 GPS 广播星历中播发的电离层参数计算白天的天顶电离层时延值;②采用与地磁赤道对称的线性函数描述夜间天顶电离层时延的变化,同时线性函数的两个系数由简单的预报函数计算得到;③NKlob 方法实施简单,现有的 GPS 单频接收机无需进行硬件升级、只需对电离层模块算法进行简单更新即可实现;④预报函数仅用于线性函数两个系数值的计算,并不会明显增加模型的计算量。与 GIM、JASON 及 GPS TEC 的对比结果表明,NKlob 能够提供与 GPS 广播星历中播发的 Klobuchar 模型相当甚至更优的电离层误差改正效果。

5.6　本章小结

　　GPS 广播星历中播发的 Klobuchar 模型是目前应用最广的单频电离层模型之一,但 Klobuchar 模型仅能在全球中纬度地区提供 50% 左右的电离层误差修正精度。本章在基于近一个太阳活动周期的 GPS 数据对 Klobuchar 模型初始相位及夜间电离层平场参数变化规律分析的基础上,提出了一种改进的 10 参数 Klobuchar 模型。与 8 参数 Klobuchar 模型将夜间天顶电离层时延设置为固定的 5ns 不同,改进的 10 参数 Klobuchar 模型将夜间天顶电离层时延描述为与地磁赤道对称的线性函数;同时,将全球分布的 GNSS 实测数据用于 Klobuchar 模型系数的解算,进一步提高了 Klobuchar 模型系数的电离层 TEC 拟合效果。以 GPS TEC 为参考,10 参数 Klobuchar 模型在 2002 年及 2006 年的电离层修正精度分别为 68.4% 和 64.7% ;以 TOPEX/Poseidon 及 JASON TEC 为参考,10 参数 Klobuchar 模型在 2002 年及 2006 年的电离层修正精度分别为 61.1% 和 64.3% 。与 GPS 广播的 Klobuchar 模型相比,10 参数 Klobuchar 模型在 2002 年及 2006 年的电离层修正精度提高了 10% ~14% 。

　　改进的 10 参数 Klobuchar 系数可以通过 FTP 发布给用户使用,但广大的 GPS 导

航用户难以通过广播星历实时获取到 10 参数 Klobuchar 系数。为解决这一矛盾,本章提出了一种顾及夜间电离层变化的 NKlob 单频电离层时延误差修正方案。NKlob 仍采用 GPS 广播星历中播发的 8 个电离层参数,同时将夜间天顶电离层时延表示为随地磁纬度变化的线性函数。与 10 参数 Klobuchar 模型不同,NKlob 夜间电离层时延线性函数的两个系数由简单的预报函数计算得到。以 GIM、JASON 及 GPS 电离层 TEC 实测值为参考,2013—2014 年 NKlob 与 GPS 广播的 Klobuchar 模型相比的电离层修正精度分别提高了 8.8%、5.6% 和 0.5%。NKlob 方法实施简便,只需对当前 GPS 接收机的单频电离层时延修正算法进行简单升级即可实现与 Klobuchar 相当甚至更优的电离层误差改正效果。

改进的 Klobuchar 模型不仅提高了 Klobuchar 模型的电离层误差修正精度,也为 GPS 现代化过程中全球电离层模型的进一步优化提供了重要的借鉴与参考。

参考文献

[1] DUBEY S, WAHI R, GWAL A K. Ionospheric effects on GPS positioning[J]. Advances in Space Research, 2006, 38(11):2478-2484.

[2] HERNÁNDEZ-PAJARES M, JUAN J M, SANZ J, et al. The ionosphere:effects, GPS modeling and the benefits for space geodetic techniques[J]. Journal of Geodesy, 2011, 85(12):887-907.

[3] HOQUE M, JAKOWSKI N. An alternative ionospheric correction model for global navigation satellite systems[J]. Journal of Geodesy, 2014, 89(4):391-406.

[4] KOMJATHY A. Global ionospheric total electron content mapping using the global positioning system[D]. Canada:University of New Brunswick, 1997.

[5] ORUS R, HERNÁNDEZ-PAJARES M, JUAN J. Performance of different TEC models to provide GPS ionospheric corrections[J]. Journal of Atmospheric and Solar-Terrestrial Physics, 2002, 64(18):2055-2062.

[6] BILITZA D, REINISCH B W. International reference ionosphere 2007:improvements and new parameters[J]. Advances in Space Research, 2008, 42(4):599-609.

[7] DANIELL R, BROWN L, ANDERSON D. Parameterized ionospheric model:a global ionospheric parameterization based on first principles models[J]. Radio Science, 1995, 30(5):1499-1510.

[8] ANGRISANO A, GAGLIONE S, GIOIA C. Benefit of the NeQuick Galileo version in GNSS single-point positioning[J/OL]. International Journal of Navigation and Observation, 2013:1-11. http://dx. doi. org/10. 1155/2013/302947.

[9] KLOBUCHAR J A. Ionospheric time-delay algorithm for single-frequency GPS users[J]. IEEE Transactions on Aerospace and Electronic Systems, 1987, 23(3):325-331.

[10] YUAN Y, WANG N, LI Z, et al. The BeiDou global broadcast ionospheric delay correction model (BDGIM) and its preliminary performance evaluation results[J]. NAVIGATION, 2019, 66(1):55-69.

［11］ PRIETO‐CERDEIRA R，ORUS‐PERES R，BREEUWER E，et al. Performance of the Galileo single‐frequency ionospheric correction during in‐orbit validation［J］. GPS World，2014，25（6）：53-58.

［12］ BLANCH J. An ionosphere estimation algorithm for WAAS based on kriging．［C］//Proceedings of the 15th International Technical Meeting of the Satellite Division of the Institute of Navigation（ION GPS 2002），Portland，OR，September 24-27，2002：816-823.

［13］ WU X，ZHOU J，TANG B，et al. Evaluation of COMPASS ionospheric grid［J］. GPS Solutions，2014，18（4）：639-649.

［14］ FELTENS J. The activities of the ionosphere working group of the international GPS service（IGS）［J］. GPS Solutions，2003，7（1）：41-46.

［15］ HERNÁNDEZ‐PAJARES M，JUAN J M，SANZ J，et al. The IGS VTEC maps：a reliable source of ionospheric information since 1998［J］. Journal of Geodesy，2009，83（3-4）：263-275.

［16］ LI Z，YUAN Y，WANG N，et al. SHPTS：towards a new method for generating precise global ionospheric TEC map based on spherical harmonic and generalized trigonometric series functions［J］. Journal of Geodesy，2015，89（4）：331-345.

［17］ XIANG Y，YUAN Y，LI Z. Analysis and validation of different global ionospheric maps（GIMs）over China［J］. Advances in Space Research，2015，55（1）：199-210.

［18］ GARCÍA‐RIGO A，MONTE E，HERNÁNDEZ‐PAJARES M，et al. Global prediction of the vertical total electron content of the ionosphere based on GPS data［J］. Radio Science，2011，46（6）：1-3.

［19］ SCHAER S. Mapping and predicting the earth's ionosphere using the global positioning system［D］. Switzerland：University of Berne，1999.

［20］ RADICELLA S M，NAVA B，COÏSSON P. Ionospheric models for GNSS single frequency range delay corrections［J］. Física de la Tierra，2008，20：27-39.

［21］ BIDAINE B，LONCHAY M，WARNANT R. Galileo single frequency ionospheric correction：performances in terms of position［J］. GPS Solutions，2012，17（1）：63-73.

［22］ FEESS W，STEPHENS S. Evaluation of GPS ionospheric time‐delay model［J］. IEEE Transactions on Aerospace and Electronic Systems，1987，23（3）：332-338.

［23］ 王斐，吴晓莉，周田，等. 不同 Klobuchar 模型参数的性能比较［J］. 测绘学报，2014，43（11）：1151-1157.

［24］ 杨哲，宋淑丽，薛军琛，等. Klobuchar 模型和 NeQuick 模型在中国地区的精度评估［J］. 武汉大学学报（信息科学版），2012，37（6）：704-708.

［25］ WANG N，YUAN Y，LI Z，et al. Improvement of Klobuchar model for GNSS single‐frequency ionospheric delay corrections［J］. Advances in Space Research，2016，57（7）：1555-1569.

［26］ WANG N，LI Z，Li Min，et al. GPS，BDS and Galileo ionospheric correction models：an evaluation in range delay and position domain［J］. Journal of Atmospheric and Solar‐Terrestrial Physics，2018（170）：83-91.

［27］ WANG N，LI Z，HUO X，et al. Refinement of global ionospheric coefficients for GNSS applications：methodology and results［J］. Advances in Space Research，2019，63（1）：343-358.

［28］ WANG N，LI Z，YUAN Y，et al. Ionospheric correction using GPS Klobuchar coefficients with an empirical nigh-time delay model[J]. Advances in Space Research,2019,63(2):886-896.

[29] 王宁波. GNSS 差分码偏差处理方法及全球广播电离层模型研究[D]. 武汉:中国科学院测量与地球物理研究所,2016.

[30] LIU Z,YANG Z. Anomalies in broadcast ionospheric coefficients recorded by GPS receivers over the past two solar cycles (1992-2013)[J]. GPS Solutions,2016,20(1):23-37.

[31] KLOBUCHAR J A. A first-order world-wide ionospheric time-delay algorithm[J]. Air Force Surveys in Geophysics,1975,324:1-24.

[32] SHUKLA A K,DAS S,SHUKLA A P. Approach for near-real-time prediction of ionospheric delay using Klobuchar-like coefficients for Indian region[J]. IET Radar,Sonar & Navigation,2013,7 (1):67-74.

[33] YUAN Y,HUO X,OU J. Refining the Klobuchar ionospheric coefficients based on GPS observations [J]. IEEE Transactions on Aerospace and Electronic Systems,2008,44(4):1498-1510.

[34] FILJAR R,KOS T,KOS S. Klobuchar-like local model of quiet space weather GPS ionospheric delay for northern Adriatic[J]. Navigation,2009,62(3):543-554.

[35] 章红平. 基于地基 GPS 的中国区域电离层监测与延迟改正研究[D]. 上海:中国科学院上海天文台,2006.

[36] 霍星亮. 基于 GNSS 的电离层形态监测与延迟模型研究[D]. 武汉:中国科学院测量与地球物理研究所,2008.

[37] WU X,HU X,WANG G. Evaluation of COMPASS ionospheric model in GNSS positioning[J]. Advances in Space Research,2013,51(6):959-968.

[38] 张强,赵齐乐,章红平,等. 北斗卫星导航系统 Klobuchar 模型精度评估[J]. 武汉大学学报 (信息科学版),2014.39(2):142-146.

[39] 韩玲. 区域 GPS 电离层 TEC 监测、建模和应用[D]. 上海:中国科学院上海天文台,2006.

[40] 黄逸丹. 区域电离层 GPS 监测及应用研究[D]. 上海:中国科学院上海天文台,2007.

[41] SCHAER S. How to use CODE's global ionosphere maps[M]. Astronomical Institute,University of Berne,1997.

[42] WU Y,LIU R,ZHANG B. Variations of the ionospheric TEC using simultaneous measurements from the China crustal movement observation network[J]. Annals of Geophysics,2012,30:1423-1433.

[43] FU L,HAINES B J. The challenges in long-term altimetry calibration for addressing the problem of global sea level change[J]. Advances in Space Research,2013,51(8):1284-1300.

[44] JEE G,LEE H,KIM Y. Assessment of GPS global ionosphere maps(GIM) by comparison between CODE GIM and TOPEX/Jason TEC data:ionospheric perspective[J]. Journal of Geophysical Research,2010,115(A10):A10319.

[45] AMIRI-SIMKOOEI A R. Least-squares variance component estimation:theory and GPS applications [D]. Delft:University of Technology,2007.

[46] AMIRI-SIMKOOEI A R,Asgari J. Harmonic analysis of total electron contents time series: methodology and results[J]. GPS Solutions,2011,16(1):77-88.

[47] 李子申. GNSS/Compass 电离层时延修正及 TEC 监测理论与方法研究[D]. 武汉:中国科学院测量与地球物理研究所,2012.

第6章　Galileo 广播电离层模型 NeQuick 的改进

◢ 6.1　概　　述

与美国 GPS 不同,欧盟 Galileo 系统采用的全球广播电离层模型是改进后的 NeQuick。NeQuick 模型是意大利萨拉姆国际理论物理中心与奥地利格拉茨大学联合开发的三维电离层电子密度经验模型,该模型是基于 DGR(Di Giovanni 和 Radicella)公式、并逐渐发展成为一种适用于无线电信号在电离层中传播快速计算的电离层模型。NeQuick 模型不仅能够计算得到空间给定高度处(包括 GNSS 卫星高度)的电子密度,还可以通过数值积分计算得到信号传播路径上的电离层 TEC 信息[1]。

NeQuick 模型由 DGR 模式发展而来,该模型由数个 Epstein 层构成,每个 Epstein 层任意高度处的电子密度由各层的电子密度峰值、峰值高度及临界频率等参数计算得到,这些 Epstein 层的电子密度之和形成了电离层 E 层、F_1 层、F_2 层及 F_2 层以上高度电子密度随高度变化的剖面[2-3]。2002 年 ITU-R 建议将 NeQuick 模型用于全球电离层 TEC 的模拟及预报,这一版本的 NeQuick 模型也称为 NeQuick1。此后,NeQuick 模型 E 层峰值高度(h_{mE})、F1 层峰值高度(h_{mF_1})、F1 层临界频率(f_{oF_1})以及 F_2 层参数 k 等计算公式都有一系列的改进并形成新的 NeQuick2 模型[4-6]。NeQuick2 在一定程度上改进了 NeQuick1 底层电离层电子密度的失真现象[7];顶层参数 k 公式的改进,不仅使 NeQuick2 计算更加简便,也使 NeQuick2 计算得到的电子密度值相比于 NeQuick1 与实测结果更为接近[8-9]。此外,NeQuick2 还引入修正磁倾角(MODIP)文件替代 NeQuick1 中原有的磁倾角纬度文件,引入 ITU-R 文件代替原有的 CCIR 文件[6]。欧洲空间局(ESA)目前提供 NeQuick2 模型的在线计算服务:http://www. spenvis. oma. be/intro. php。

NeQuick 模型已经在 EGNOS 中得到应用[10],同时,该模型也被采纳为 Galileo 的全球广播电离层模型[11]。由于 NeQuick 模型的标准输入是太阳活动参数(如太阳黑字数 R_{12} 或 F10.7 指数)的月均值,所以难以给出电离层电子密度及总电子含量的逐日变化情况[12-15]。为将 NeQuick 模型应用于 Galileo 系统并满足 Galileo 单频用户实时电离层时延误差的修正需求,NeQuick 引入有效电离水平因子 Az 指数用以代替原有的太阳活动参数[16]。通常采用数据融合的方式,即利用电离层 TEC 实测值驱动 NeQuick 模型计算得到不同地理位置的 Az 值[16-20],电离层 TEC 信息包括测高仪、地基 GNSS 以及电离层掩星等方式得到的 TEC 实测结果。经由数据融合处理后,

NeQuick 模型在全球不同地区的电离层误差修正效果有了不同程度的提高[16,21-22]。采用相似的处理策略,Galileo 实际应用中需利用 Galileo 全球监测站获取的电离层 TEC 实测信息及 NeQuick 模型,计算得到各监测站的 Az 值;主控站进而利用二次多项式拟合各监测站的 Az 值并计算得到 Galileo 的 3 个电离层播发参数,进而通过导航电文将电离层参数播发给 Galileo 单频用户使用[23-24]。

本章的研究内容包括以下几个方面[25-26]:①通过研究 NeQuick 模型数学结构特点及其播发参数的解算方式,分析 NeQuick 模型对其他导航系统广播电离层模型构建的借鉴作用;②与 CODE 提供的精化 Klobuchar 参数相似,利用全球分布的 GNSS 观测数据实现 NeQuick 模型播发参数的解算,为全球 GNSS 单频用户提供后处理的 Galileo 电离层模型参数;③利用 GIM、GPS 及 JASON 测高卫星等不同手段获取的电离层 TEC 信息,评估 Galileo 广播的 NeQuick 模型在全球不同地区的实际应用精度;④NeQuick 是三维电离层模型,该模型无需电离层投影函数即可直接给出任意信号传播路径上的电离层 TEC 信息,因此,NeQuick 模型可以用于单层电离层投影函数的误差分析。

6.2　Galileo 全球电离层改正模型数学结构及特点

Galileo 系统采用 NeQuick 作为其全球广播电离层模型,NeQuick 是一种能够快速计算得到任意信号传播路径上电离层电子密度及其对应 TEC 信息的三维电离层模型。与常用的二维电离层模型在某一给定高度的球面上对天顶电离层 TEC 分布进行模拟不同,NeQuick 模型精细地描述了电离层电子密度的空间结构变化特征,并通过不同电离层高度处的电子密度积分给出积分路径上的电离层 TEC 信息。因此,NeQuick 模型能够有效避免常用的二维电离层模型及投影函数引入的电离层 TEC 模拟误差。本节详细阐述了 NeQuick1、NeQuick2 及应用于 Galileo 系统的 NeQuick 模型数学结构特点。

6.2.1　NeQuick 模型的数学结构

NeQuick 模型采用 Epstein 公式表示电离层 E 层、F_1 层、F_2 层及 F_2 层以上空间电子密度随高度的变化。该模型包含底层(地面以上 90km 至 F_2 层峰值高度)和顶层(F_2 层峰值高度以上)两个高度区域:底层电子密度剖面由 5 个 semi-Epstein 层构成,各 Epstein 层的特征参数(包括各层厚度参数及峰值高度)通过 f_{oE}、$\sqrt{f_{oF_1}}$、$\sqrt{f_{oF_2}}$ 及 F_2 层传播因子 $M(3000)F_2$ 参数计算得到;顶层电子密度剖面由一个 semi-Epstein 层随高度变化的厚度系数计算得到[18]。图 6.1 所示为 NeQuick 模型的计算流程图,其中 DIPLATS 及 CCIR 文件是 NeQuick1 中包含的数据文件,MODIP 及 ITU-R 文件是 NeQuick2 中包含的数据文件。NeQuick 模型的输入参数包括时间、位置、太阳活动参数(R_{12} 或 F10.7),这些输入参数与模型内部的 MODIP(或 DIPLATS)文件及 ITU-R

文件共同计算得到各 semi-Epstein 层特征参数,并最终得到信号传播路径上的电子密度剖面及总电子含量。

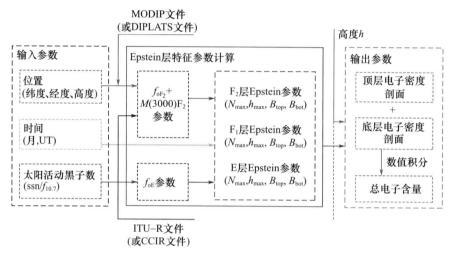

图 6.1　NeQuick 模型计算流程图

6.2.1.1　NeQuick 模型数学表达式

NeQuick 模型利用 Epstein 层构造的解析公式可以给出电离层 $E\text{-}F_1\text{-}F_2$ 区域的电子密度剖面。Epstein 函数给出的不同电离层高度 h 处的电子密度 $N_e(h)$ 可以表达为

$$N_e(h) = \frac{4N_{max}}{\left(1 + \exp\left(\dfrac{h - h_{max}}{B}\right)\right)^2} \exp\left(\frac{h - h_{max}}{B}\right) \tag{6.1}$$

式中:N_{max} 为不同 Epstein 层的峰值电子密度;h_{max} 为不同 Epstein 层的峰值高度;B 为不同 Epstein 层的厚度参数。

NeQuick 公式包括底层和顶层两个部分,其中,底层电离层电子密度 $N_{bot}(h)$ 可以表达为

$$N_{bot}(h) = N_E(h) + N_{F_1}(h) + N_{F_2}(h) \tag{6.2}$$

式中:$N_E(h)$、$N_{F_1}(h)$、$N_{F_2}(h)$ 的表达式分别为

$$N_E(h) = \frac{4(N_{mE} - N_{F_1}(h_{mE}) - N_{F_2}(h_{mE}))}{\left(1 + \exp\left(\dfrac{h - h_{mE}}{B_E}\xi(h)\right)\right)^2} \times \exp\left(\frac{h - h_{mE}}{B_E}(\xi(h))\right) \tag{6.3}$$

$$N_{F_1}(h) = \frac{4(N_{mF_1} - N_E(h_{mF_1}) - N_{F_2}(h_{mF_1}))}{\left(1 + \exp\left(\dfrac{h - h_{mF_1}}{B_{F_1}}\xi(h)\right)\right)^2} \times \exp\left(\frac{h - h_{mF_1}}{B_{F_1}}(\xi(h))\right) \tag{6.4}$$

$$N_{F_2}(h) = \frac{4N_{mF_2}}{\left(1 + \exp\left(\dfrac{h - h_{mF_2}}{B_{F_2}}\xi(h)\right)\right)^2} \times \exp\left(\frac{h - h_{mF_2}}{B_{F_2}}\right) \tag{6.5}$$

式中：N_{mE}、$N_{\mathrm{mF_1}}$、$N_{\mathrm{mF_2}}$ 为电离层 E 层、F_1 层、F_2 层的电子密度峰值，其表达式为

$$\begin{cases} N_{\mathrm{mE}} = 0.124(f_{\mathrm{oE}})^2 \\ N_{\mathrm{mF_1}} = 0.124(f_{\mathrm{oF_1}})^2 \\ N_{\mathrm{mF_2}} = 0.124(f_{\mathrm{oF_2}})^2 \end{cases} \tag{6.6}$$

式中：f_{oE}、$f_{\mathrm{oF_1}}$、$f_{\mathrm{oF_2}}$ 分别为电离层 E 层、F_1 层、F_2 层的临界频率。

h_{mE}、$h_{\mathrm{mF_1}}$、$h_{\mathrm{mF_2}}$ 分别为 E 层、F_1 层、F_2 层的电子密度峰值高度；B_{E}、$B_{\mathrm{F_1}}$、$B_{\mathrm{F_2}}$ 分别为 E 层、F_1 层、F_2 层的厚度参数；$\xi(h)$ 的计算公式为

$$\xi(h) = \exp\left(\frac{10}{1 + |h - h_{\mathrm{mF_2}}|}\right) \tag{6.7}$$

NeQuick 公式的顶层电离层电子密度 $N_{\mathrm{top}}(h)$ 可以表示为

$$N_{\mathrm{top}}(h) = \frac{4N_{\mathrm{mF_2}}}{(1 + \exp(z))^2} \exp(z) \tag{6.8}$$

式中

$$z = \frac{h - h_{\mathrm{mF_2}}}{H} \tag{6.9}$$

$$H = H_0\left[1 + \frac{rg(h - h_{\mathrm{mF_2}})}{rH_0 + g(h - h_{\mathrm{mF_2}})}\right] \tag{6.10}$$

式中：$r = 100$；$g = 0.125$。由于 NeQuick1 及 NeQuick2 公式中 H_0、f_{oL}、h_{mL} 及 B_{L}（L 为 E 层、F_1 层或 F_2 层）的表达式有所不同，其表达式将在下一节中单独给出。

6.2.1.2　NeQuick 模型参数

NeQuick2 除将 NeQuick1 中原有的地磁纬度文件 DIPLATS 替换为 MODIP 文件并对电子密度数值积分公式进行改进以提高计算效率外，还改进了包括 E 层、F_1 层及 F_2 层峰值高度、厚度参数及临界频率等参数计算公式。

1）峰值高度参数

NeQuick1 公式中 E 层、F_1 层及 F_2 层的峰值高度 h_{mE}、$h_{\mathrm{mF_1}}$、$h_{\mathrm{mF_2}}$ 的表达式为

$$h_{\mathrm{mE}} = 120 \tag{6.11}$$

$$h_{\mathrm{mF_1}} = 108.8 + 14N_{\mathrm{mF_1}} + 0.71|I| \tag{6.12}$$

$$h_{\mathrm{mF_2}} = \frac{1490M_{\mathrm{F}}}{M + \Delta M} - 176 \tag{6.13}$$

式中：I 表示磁倾角；ΔM 及 M_{F} 为

$$\Delta M = \begin{cases} \dfrac{0.253}{(f_{\mathrm{oF_2}}/f_{\mathrm{oE}} - 1.215)} - 0.012 & f_{\mathrm{oE}} \neq 0 \\ -0.012 & f_{\mathrm{oE}} = 0 \end{cases}$$

$$M_{\mathrm{F}} = M\sqrt{\frac{0.0196M^2 + 1}{1.2967M^2 - 1}} \quad M = M_{(3000)\mathrm{F_2}}$$

NeQuick2 中 h_{mE} 和 h_{mF_2} 的表达式不变,h_{mF_1} 采用 Leitinger 等提出的计算公式,即

$$h_{mF_1} = \frac{h_{mE} + h_{mF_2}}{2} \tag{6.14}$$

2)厚度参数

以 B_{bot}^E 和 B_{top}^E 表示 E 层的厚度参数,$B_{bot}^{F_1}$ 和 $B_{top}^{F_1}$ 表示 F_1 层厚度参数,$B_{bot}^{F_2}$ 和 H 表示 F_2 层厚度参数,NeQuick1 公式中各 Epstein 层厚度参数可以表示为

$$B_{bot}^E = 5 \tag{6.15}$$

$$B_{top}^E = \max(0.5 \cdot B_{bot}^{F_1}, 7) \tag{6.16}$$

$$B_{bot}^{F_1} = 0.7 B_{top}^{F_1} \tag{6.17}$$

$$B_{top}^{F_1} = \frac{h_{mF_2} - h_{mF_1}}{\ln\left(4\dfrac{N_{mF_1} - N_{mF_2}(h_{mF_1})}{0.1 N_{mF_1}}\right)} \tag{6.18}$$

$$B_{bot}^{F_2} = \frac{0.386 N_{mF_2}}{0.01 (\partial N/\partial h)_{max}} \tag{6.19}$$

$$H = B_{top}^{F_2}\left[1 + \frac{rg(h - h_{mF_2})}{rH_0 + g(h - h_{mF_2})}\right] \tag{6.20}$$

式(6.19)中,$(\partial N/\partial h)_{max}$ 表示电子密度剖面 $N(h)$ 相对于高度 h 偏导数的最大值,由 f_{oF_2} 和 $M(3000)_{F_2}$ 参数计算得到[27]:

$$(\partial N/\partial h)_{max} = -3.467 + 0.857\ln(f_{oF_2})^2 + 2.02\ln(M(3000)_{F_2}) \tag{6.21}$$

式(6.20)中,$B_{top}^{F_2}$ 由 F_2 层底层厚度参数 $B_{bot}^{F_2}$ 和顶层参数 k 计算得到[5,28]:

$$B_{top}^{F_2} = k B_{bot}^{F_2}/v \tag{6.22}$$

$$k = \begin{cases} -7.77 + 0.097(h_{mF_2}/B_{bot}^{F_2})^2 + 0.153N_{mF_2} & 12 \sim 3 \text{ 月} \\ 6.705 - 0.014R_{12} - 0.008h_{mF_2} & 4 \sim 9 \text{ 月} \end{cases}$$

$$2 \leqslant k \leqslant 8$$

$$v = (0.041163x - 0.183981)x + 1.424472$$

$$x = (kB_{bot}^{F_2} - 150)/100$$

NeQuick1 模型中 E 层及 F_1 层厚度参数由 Radicella 和 Zhan 提出的公式计算得到[28],NeQuick2 中采用 Leitinger 等提出的计算公式,B_{top}^E、$B_{bot}^{F_1}$ 和 $B_{top}^{F_1}$ 表达式分别为

$$B_{top}^E = \max(0.5(h_{mF_1} - h_{mE}), 7) \tag{6.23}$$

$$B_{bot}^{F_1} = 0.5(h_{mF_1} - h_{mE}) \tag{6.24}$$

$$B_{top}^{F_1} = 0.3(h_{mF_2} - h_{mF_1}) \tag{6.25}$$

与 NeQuick1 公式相比,NeQuick2 中 E 层及 F_1 层厚度参数的计算公式更为简单。同时,NeQuick2 中 F_2 层厚度参数的计算也发生的变化,该参数是 NeQuick2 中最为重要的改进,其计算公式为

$$\begin{cases} B_{\text{top}}^{F_2} = k\, B_{\text{bot}}^{F_2} \\ k = 3.22 - 0.0538 f_{oF_2} - 0.00664 h_{mF_2} + 0.113\, \dfrac{h_{mF_2}}{B_{\text{bot}}^{F_2}} + 0.00257 R_{12} \quad k \geqslant 1 \end{cases} \tag{6.26}$$

3）临界频率参数

NeQuick1 公式中 E 层临界频率 f_{oE} 的计算公式为

$$(f_{oE})^2 = \left(a_E\ \sqrt{F_{10.7}}\right)^2 \cdot \cos^{0.6}\chi_e + 0.49 \tag{6.27}$$

式中：$F_{10.7}$ 为太阳波长长度为 10.7cm 的射电辐射流；χ_e 为太阳天顶角，其计算公式见式（6.28）；a_E 是与季节有关的常数，不同季节下在南北半球分别对应不同的数值。

$$\chi_e = \begin{cases} \chi & \chi < 86.23° \\ 90 - 0.24 e^{20 - 0.2\chi} & \chi \geqslant 86.23° \end{cases} \tag{6.28}$$

F_1 层临界频率 f_{oF_1} 的计算公式为

$$f_{oF_1} = \begin{cases} 1.4 f_{oE} & \chi < 86.23° \\ 0 & \chi \geqslant 86.23° \end{cases} \tag{6.29}$$

NeQuick2 公式中 f_{oE} 的表达式不变，f_{oF_1} 则采用 Leitinger 等给出的计算公式为

$$f_{oF_1} = \begin{cases} 1.4 f_{oE} & f_{oE} \geqslant 2 \\ 0 & f_{oE} < 2 \\ 0.85 \times 1.4 f_{oE} & 1.4 f_{oE} > 0.85 f_{oF_2} \end{cases} \tag{6.30}$$

NeQuick 程序中提供了 12 个 CCIR 文件，每个月份对应一个文件；F_2 层临界频率 f_{oF_2} 参数及 F_2 层传播因子 $M(3000)_{F_2}$ 参数由这些文件中的 ITU-R 系数（或 CCIR 系数）计算得到。f_{oF_2} 及 $M(3000)_{F_2}$ 参数计算时还需要用到修正磁倾角（MODIP）信息，NeQuick1 和 NeQuick2 程序中分别提供 DIPLATS 和 MODIP 文件用于插值得到任意位置的修正磁倾角，这两个文件以格网的形式（纬度方向 5°，经度方向 10°）给出了全球各格网点的修正磁倾角信息。表 6.1 所列为 NeQuick1 与 NeQuick2 计算公式的差异，NeQuick2 与 NeQuick1 之间的差别可以总结如下：

① 底层计算公式的改进，包括 E 层和 F_1 层厚度参数以及 F_1 层峰值高度和临界频率计算公式的改进。NeQuick2 中底层参数计算公式的改进避免了底层电子密度剖面的"失真"现象。

② 顶层计算公式的改进，包括 F_2 层厚度参数 $B_{\text{top}}^{F_2}$ 及参数 k 计算公式的改进。顶层参数 k 计算公式的改进是 NeQuick2 中最为重要的改进，该参数改进后，NeQuick2 给出的 TEC 计算值与实测值更为接近。

③ NeQuick2 中引入 MODIP 文件代替 NeQuick1 中的 DIPLATS 文件。MODIP 或 DIPLATS 文件主要用于任意位置修正磁倾角的差值计算，这两个文件均由国际地磁参考场（IGRF）模型得到；不同的是，DIPLATS 文件由 20 世纪 70 年代的 IGRF 模型得到，而 MODIP 文件由较新的 IGRF 模型得到。引入 MODIP 文件对修正磁倾角的计算值影响较小，但由此引起的视线方向电离层 TEC 的最大差异可达 5TECU。

表 6.1　NeQuick1 与 NeQuick2 计算公式的差异

序号	修改项	NeQuick1	NeQuick2	说明
1	h_{mF_1}	式(6.12)	式(6.14)	F_1 层峰值高度
2	B_{top}^{E}、B_{bot}^{F1}、B_{top}^{F1}	式(6.16) ~ 式(6.18)	式(6.23) ~ 式(6.25)	底层厚度参数
3	B_{top}^{F2},k	式(6.22)	式(6.26)	顶层厚度参数
4	f_{oF_1}	式(6.29)	式(6.30)	F_1 层临界频率
5	修正磁倾角文件	DIPLATS. asc	MODIP. asc	

图 6.2 所示为 2004 年 10 月 1 日 UT10:00 时刻 WUHN 站 NeQuick1 及 NeQuick2 模型给出的底层及顶层电离层电子密度剖面图。从图中可以看出,不同 NeQuick 模型给出的底层和顶层电子密度剖面略有差异:与 NeQuick1 相比,NeQuick2 给出的底层电子密度值偏小,顶层电子密度值偏大。Nava 等的分析结果表明,NeQuick2 模型顶层参数 k 的计算公式改进后,该模型给出的顶层电子密度值与 ISIS2 卫星实测值更为接近[6]。以每月的 R12 月均值为输入参数,图 6.3 进一步给出了 2004 年不同月份 WUHN 站 NeQuick1 及 NeQuick2 计算得到的电离层 TEC 随 UT 的变化。从图中可以看出,NeQuick1 和 NeQuick2 均能反映出电离层 TEC 的周日变化情况;NeQuick1 与 NeQuick2 在 4 ~ 8 月给出的 TEC 值相当,NeQuick2 在 1 ~ 3 月及 10 ~ 12 月计算得到的 TEC 值小于 NeQuick1 给出的模型值,这与 Bidaine 等在欧洲中纬度检核站的分析结果一致。与 NeQuick1 相比,NeQuick2 的计算效率略有提高;同时该模型底层及顶层参数的计算公式改进后,给出的电子密度剖面及 TEC 计算值与实测值更为接近。

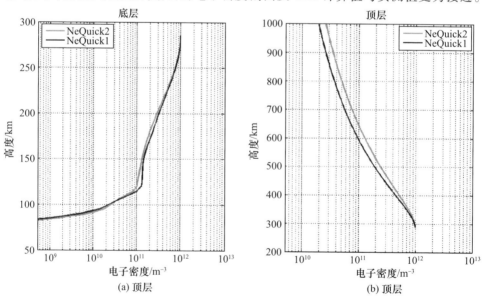

图 6.2　NeQuick1 及 NeQuick2 模型给出的底层及顶层电子密度剖面

(WUHN,2004 年 10 月 1 日,UT 12:00)

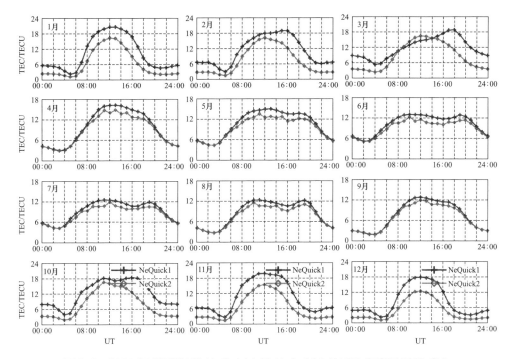

图 6.3　2004 年 WUHN 站 NeQuick1 及 NeQuick2 给出的电离层 TEC 变化

6.2.2　适用于 Galileo 系统应用的 NeQuick 模型

除时间及位置信息外, NeQuick 模型的标准输入参数为太阳活动月均值参数, 因此该模型仅能反映出电离层 TEC 每月的平均变化情况。根据 OS-SIS-ICD (2010) 说明文件, Galileo 采用 NeQuick 模型作为其全球广播电离层模型。为将 NeQuick 模型用于 Galileo 实时电离层时延误差修正, 通常采用数据融合的方式, 即利用电离层 TEC 实测值(由地基 GNSS 观测数据处理得到)驱动 NeQuick 模型计算得到不同位置的有效电离水平因子 Az, 并将 Az 值代替原有的太阳活动月均值作为 NeQuick 模型的输入参数。

在 NeQuick2 的基础上, ESA 等机构对 NeQuick2 的计算效率进一步优化, 形成 Galileo NeQuick 电离层模型 – NeQuick G。NeQuick G 与 NeQuick2 之间最大的区别在于: NeQuick2 通常采用太阳活动月均值(R12 或 F10.7)作为输入参数, 而 NeQuick G 采用 Galileo 广播星历播发的电离层参数计算得到的有效电离水平因子 Az 作为模型的驱动参数。Galileo 广播的 3 个电离层参数 a_0、a_1 及 a_2 将全球不同地区 Az 值描述为随修正磁倾角 μ 变化的二次多项式, 即

$$Az(\mu) = a_0 + a_1\mu + a_2\mu^2 \qquad (6.31)$$

式中: a_0、a_1、a_2 为 Galileo 系统播发的 3 个电离层参数, 修正磁倾角 μ 为[29]

$$\tan\mu = \frac{I}{\sqrt{\cos\phi}} \qquad (6.32)$$

式中：ϕ 为用户位置处的地理纬度；I 为距地面 300km 高度处的磁倾角。

Galileo 播发的电离层参数每天更新一次，由全球 30 个左右的 Galileo 监测站（GSS）处理得到：各监测站基于电离层 TEC 实测信息得到对应的有效电离水平因子 Az 值，Galileo 主控站利用二次多项式拟合各监测站对应的 Az 参数值，即可拟合得到需要播发的 3 个电离层参数 a_0、a_1 及 a_2；Galileo 卫星通过广播星历将电离层参数信息播发给单频用户，Galileo 单频用户利用接收到的 3 个电离层参数即可驱动 NeQuick 模型进行电离层时延误差修正。由于采用简单的二次多项式描述全球不同地区的 Az 值随修正磁倾角的变化，某些地区基于播发的电离层参数 a_0、a_1 及 a_2 计算得到的 Az 值可能超限。实际使用时，Az 的有效范围为 $[0, 400]$ sfu（太阳通量单位）；当 Galileo 播发的 3 个电离层参数均为 0 时，需将 a_0 的默认值设置为 63.7 sfu。

除电离层改正参数 a_0、a_1 及 a_2 外，Galileo 广播星历中同时播发电离层扰动标识，以 0 或 1 表示是否存在电离层扰动或电离层暴情况（如地震、海啸等引起的电离层异常等），并根据修正磁倾角将全球分为 5 个区域（图 6.4）。不过，截至目前（2020 年 12 月），最新的 RINEX3.05 标准并不支持 Galileo 电离层扰动标识信息的记录。

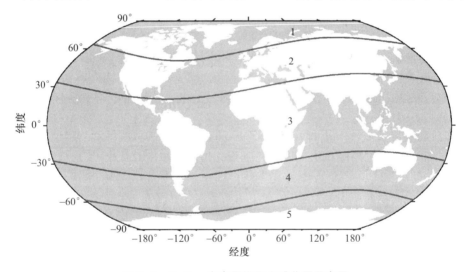

图 6.4　Galileo 电离层模型全球分区示意图

6.2.3　Galileo 全球电离层改正模型的特点

Galileo 采用 NeQuick 模型作为全球电离层广播模型，NeQuick 模型在构建时综合考虑了地球磁场及太阳活动对全球电离层变化的影响，该模型也被 ITU-R 推荐用于全球电离层电子密度及总电子含量的模拟及预报。NeQuick 模型的标准输入参数包括太阳活动的月均值参数，为将 NeQuick 应用于 Galileo 实时电离层时延误差修正，引入有效电离水平因子 Az 用于代替原有的太阳活动参数。有效电离水平因子的引入，一方面避免了 Galileo 系统对外部太阳活动参数信息的依赖，使得利用地基

GNSS 数据计算 Galileo 电离层模型播发参数成为可能;另一方面,采用全球范围 GNSS 观测数据处理得到 NeQuick 模型的驱动参数进一步提高了该模型的实际应用精度。总体而言,Galileo 全球广播电离层模型的特点可以概括如下:

(1) NeQuick 模型是一种描述电离层电子密度在时间及空间域上变化的三维电离层模型。常用的广播电离层模型,如 GPS 采用的 Klobuchar 模型是二维电离层模型。二维电离层模型通常假设电离层自由电子集中在某一给定高度的球面上,进而在该球面上对天顶方向电离层 TEC 的水平分布进行建模;二维电离层模型在水平方向上的 TEC 分辨率较高,但却无法反映出电离层垂直方向的结构变化。NeQuick 模型是一种三维电离层模型,该模型不仅能够给出电离层水平方向的 TEC 分布,还可以给出电离层垂直方向的电子密度剖面。

(2) NeQuick 电离层参数由全球分布的 GNSS 监测站处理得到,且播发参数少。Galileo 系统在完全运行能力(FOC)阶段将利用全球 30 个左右的监测站数据每天计算一组 NeQuick 模型的电离层参数,基于 GNSS 实测数据解算得到的电离层参数能够相对较好地反映电离层的实际变化情况。GPS 播发的 Klobuchar 模型参数是根据太阳活动的实际情况,从预先设置的 370 组中选择出一组播发给用户。然而预先设置好的 Klobuchar 参数通常难以有效地模拟电离层的实际变化情况。为此,现阶段 BDS 及 IRNSS 均通过采用区域监测站数据精确解算 Klobuchar 模型参数,进一步精化 Klobuchar 模型,尽量提高其修正效果。此外,Galileo 系统采用二次多项式描述全球不同地区的电离水平因子随修正磁倾角的变化,其播发的电离层参数仅有 3 个。较少的电离层参数虽可相对减少卫星的通信容量,但相对简单的二次多项式也可能会使某些地区用户基于广播电离层参数计算得到的 Az 值超限。

(3) 除 3 个电离层改正参数外,Galileo 系统根据修正磁倾角将全球分为 5 个区域并播发每个区域对应的电离层扰动标识。目前,GPS、BDS 及 IRNSS 仅播发相应的电离层改正参数,设计播发电离层扰动标识是 Galileo 系统独有的。但由于 RINEX 标准文件格式并不支持 Galileo 广播星历中电离层扰动标识的记录,目前尚无法评估该参数的实际效果。另外,卫星导航系统的广播电离层时延改正模型主要服务于数米级的标准定位用户,其电离层时延改正效果通常明显低于分米到厘米级精密定位对电离层延迟修正精度与可靠性的需求。加之,导航卫星播发电离层时延改正信息的卫星通信容量一般很有限,因此,在广播电离层时延改正技术中,可以不考虑电离层扰动的影响。

(4) NeQuick 模型无需电离层投影函数。二维电离层模型中,天顶及视线方向的电离层 TEC 需要采用投影函数进行转换。NeQuick 模型通过数值积分可直接计算得到信号传播路径上的电离层 TEC 值,与常用的二维电离层模型(如 GPS 采用的 Klobuchar 等)相比,NeQuick 模型无需采用电离层投影函数,即可实现不同视线方向电离层电子密度及 TEC 的计算,这有效避免了因薄层假设引入的电离层 TEC 模拟误差。

（5）NeQuick 使用时需要用到 MODIP 及 CCIR 文件。其中，MODIP 文件数目为 1 个。该文件信息内容是由 IGRF 模型得到并以格网的形式给出全球不同格网点（5°纬度×10°经度）的修正磁倾角值，主要用于不同位置修正磁倾角信息的插值计算。CCIR 文件每个月份数目为 1 个，每年共有 12 个。该系列文件主要与太阳活动参数 R_{12} 一起用于 f_{oF_2} 及 M（3000）F_2 参数的计算。利用 NeQuick 模型计算电离层电子密度及其对应的 TEC 值时需要调用 MODIP 及 CCIR 文件，这在一定程度上限制了模型的计算效率。此外，MODIP 文件每 5 年左右需要更新一次以适应地球磁场的变化。

6.3 Galileo 全球电离层模型播发参数的确定

与 GPS 从预先设置好的系数中选取一组与当前电离层变化最吻合的 Klobuchar 系数播发给用户不同，Galileo 需利用全球分布的实测 GNSS 数据计算得到 NeQuick 电离层模型的播发参数；同时，基于实测数据不断对播发电离层参数进行更新计算，使其能够反映近期电离层的实际变化情况。下面将给出 Galileo 全球电离层模型播发参数的估计方法，并分析各电离层播发参数的变化特征。

6.3.1 NeQuick 模型播发参数的估计方法

Nava 等提出利用数据融合的方式来提高 NeQuick 模型电子密度及 TEC 模拟效果，其核心是通过搜索实现电离层 TEC 实测值与 NeQuick 模型值之间差异的最小化，实现获取不同地理位置有效电离层水平因子 Az 的目的[19-20]。Galileo 实际应用时采用的电离层播发参数数据处理流程如图 6.5 所示。主控中心利用各 Galileo 监测站前 24h 的电离层 TEC 观测数据计算得到各监测站的 Az 值，进而利用二次多项式拟合各监测站的 Az 值得到 Galileo 全球电离层模型的 3 个播发参数；注入站将电离层参数信息上注至各 Galileo 卫星，Galileo 单频用户基于接收到的电离层参数计算得到用户位置处的 Az 值，进而调用 NeQuick 模型进行电离层误差修正。

Galileo 主控中心采用以下公式计算各监测站位置处 RMS（Az）值，即

$$RMS(Az) = \sqrt{\frac{\sum_{i=1}^{N}(STEC_o^i(Az) - STEC_m^i(Az))^2}{N}} \tag{6.33}$$

式中：$STEC_o^i$，$STEC_m^i$ 分别为第 i 个历元卫星与接收机视线方向的电离层 TEC 实测值和 NeQuick 模型值，N 为计算时段内的总历元个数；基于 Brent 最优化方法处理得到各监测站位置处的 Az 值，进而，拟合得到 NeQuick 模型的 3 个电离层播发参数 a_0、a_1 及 a_2。后面 NeQuick G 表示 Galileo 广播星历中播发的 NeQuick 模型参数值，NeQuick C 表示解算得到的 NeQuick 模型参数值。

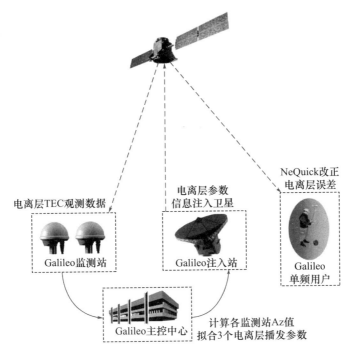

图 6.5　Galileo 全球电离层模型播发参数数据处理流程

　　为更好地拟合 NeQuick 模型的电离层播发参数,在全球范围内选取 23 个 IGS 站模拟 Galileo 系统正式运行阶段的全球监测站分布。图 6.6 所示为用于 Galileo 电离层播发参数计算的全球 IGS 站分布示意。可以看出,各大陆地区均有 3~5 个监测站,海洋区域也有 4 个监测站,选取的监测站基本能够反映全球高、中、低纬地区的电离层活动情况。各监测站的电离层 TEC 实测值由 GPS 双频观测数据计算得到,GPS 卫星和接收机 DCB 参数采用 IGGDCB 方法处理得到。为简单起见,GPS 卫星的 P1-C1 偏差直接采用 CODE 提供的 P1-C1 偏差产品进行改正。

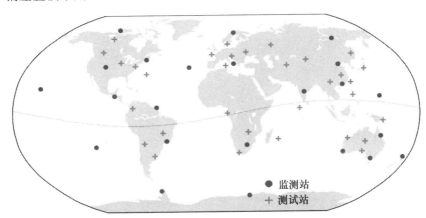

图 6.6　Galileo 全球电离层模型播发参数计算采用的 IGS 站分布示意

Galileo 电离层模型播发参数计算时采用前 24h 的电离层 TEC 实测值,即将当天计算得到的电离层参数直接用于下一天的电离层误差修正,这种处理方式不可避免地会引入额外的误差。IGS 电离层分析中心自 1998 年开始以格网的形式(空间分辨率:5°经度 ×2.5°纬度)提供高精度的全球电离层 TEC 产品,这一产品可以用于分析利用前一天解算的 NeQuick 模型参数引起的电离层 TEC 模拟误差。假设第 i 个格网点当天的电离层 TEC 值为 I_j^i,上一天的电离层 TEC 值为 I_{j-1}^i,则该格网点处预报 24h 引起的电离层 TEC 误差可以表示为 $I_{j-1}^i - I_j^i$。

以 2001—2015 年 IGS 最终电离层格网产品分析不同太阳活动条件及不同纬度地区的电离层 TEC 预报误差。将南北半球按地理纬度 0°~30°、30°~60°、60°~90° 分为低、中、高 3 个纬度带,图 6.7 给出了 2001—2015 年预报 24h 在北半球不同纬度带内的 TEC 误差序列。电离层 TEC 数值在太阳活动高年远大于太阳活动低年,预报 24h 引起的电离层 TEC 误差在太阳活动中年及高年要大于太阳活动低年:2001—2005 年及 2011—2015 年电离层 TEC 误差在 -5.0~5.0TECU 之间变化,2006—2010 年 TEC 误差基本在 -1.5~1.5TECU 之间变化。同时可以看出,预报 24h 引起的 TEC 误差在不同纬度带内差别不大。

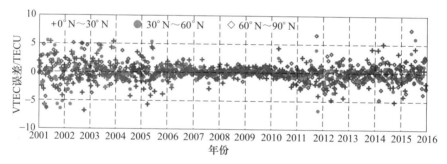

图 6.7　2001—2015 年预报 24h 在北半球不同纬度带内的 TEC 误差序列(见彩图)

统计 2001—2015 年全球各电离层格网点不同时刻的 TEC 预报误差,图 6.8(a)所示为预报 24h 的电离层 TEC 残差分布。可以看出,预报 24h 产生的 TEC 误差基本

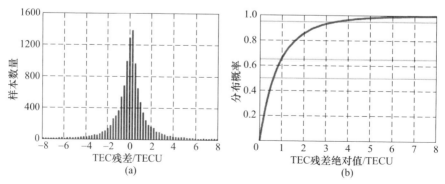

图 6.8　预报 24h 电离层 TEC 残差及累积概率分布

在 $-6.0 \sim 6.0$ TECU 之间。对各格网点处的 TEC 误差取绝对值,图 6.8(b)进一步给出了预报 24h 的 TEC 误差累积概率分布。从图中可以看出,预报 24h 产生的 TEC 预报误差在 50% 的概率下小于 0.64TECU,在 65% 的概率下小于 0.97TECU,在 95% 的概率下小于 3.42TECU。考虑到全球广播电离层模型的实际应用需求,将当天计算得到的电离层参数用于下一天的电离层误差改正是可行的。

6.3.2　NeQuick 模型播发参数的变化特征分析

采用二次多项式拟合 Galileo 电离层模型播发参数之前,需要计算得到各监测站位置处的 Az 值。由于难以直接给出 Az 的解析表达式,只能采用搜索法(如 Brent 法)搜索得到 Az 的最优解。采用 Brent 搜索法时需要给出 Az 参数的最大及最小值边界,ITU-R建议 NeQuick 应用中太阳活动参数 F10.7 的最大和最小值分别为 193sfu 和 64sfu。Galileo 系统采用 NeQuick 作为全球广播电离层模型时,引入有效电离水平因子 Az 代替原有的标准输入参数 F10.7。Memarzadeh[30] 采用 GIM 分析了各电离层格网点处 Az 估值的变化特征,结果表明太阳活动低年某些格网点处的 Az 估值小于 64 sfu,因此Memarzadeh建议在进行搜索处理时将 Az 的最小值设为 0 sfu 更为合理。Bidaine 等、Memarzadeh 及 Yu 等在研究中采用的 Az 搜索上界分别为 300sfu、209sfu 及 193sfu。ESA 在 NeQuick 模型使用文档中对采用 Galileo 广播电离层参数计算用户位置处的 Az 值进行了进一步说明,即当 3 个电离层参数 a_0、a_1 及 a_2 均为 0 时,设置用户位置处的 Az 默认值为 63.7 sfu;当用户位置处计算得到的 Az 值超过 400 sfu 时,设置 Az 值为 400sfu。综合以上分析,采用的 Az 参数搜索边界为[0,300]sfu。

以 GIM 作为电离层 TEC 观测信息,计算各电离层格网点处的 Az 值。图 6.9 所示为 2009 年第 14 天有效电离水平因子 Az 在全球不同地区的分布情况,图中黑色虚线表示地磁赤道。可以看出,Az 的最大值出现在南半球高纬度地区,最小值出现在北半球高纬度地区,这也提示我们在选取用于 NeQuick 模型参数计算的监测站时,应尽量避开高纬度地区监测站。在广大的中低纬地区,Az 值的分布受地球磁场影响显著,这表明采用不同的数学函数(如二次多项式)进一步拟合全球不同地区的 Az 值是可行的。

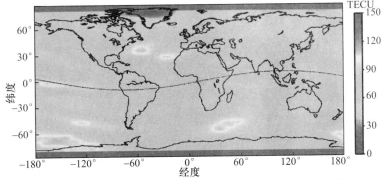

图 6.9　2009 年第 14 天全球有效电离水平因子 Az 的分布情况

受地磁场活动影响,各监测站的 Az 计算值与修正磁倾角之间表现出一定的变化规律。Galileo 在实际应用中采用二次多项式拟合 Az 随修正磁倾角的变化。图 6.10 所示为 2003 年及 2009 年第 60 天各 Galileo 监测站的 Az 计算值及二次多项式拟合值。可以看出,二次多项式基本可以描述全球不同地区 Az 值随修正磁倾角的变化。受太阳活动影响,2003 年各监测站计算得到的 Az 值明显大于 2009 年,拟合得到的二次多项式也有明显差异。Memarzadeh 分析结果表明,与二次多项式相比,四次多项式可以更好地拟合不同位置处 Az 值之间的变化关系[30]。然而 Galileo ICD 中已确定采用二次多项式用于 NeQuick 模型播发参数的拟合,因此,计算中仍采用如式(6.31)所示的二次多项式进行参数拟合。

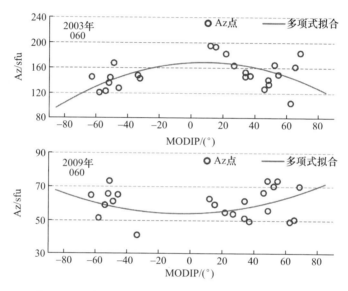

图 6.10 2003 年及 2009 年第 60 天各 Galileo 监测站 Az 计算值及二次多项式拟合值

图 6.11 所示为 4 个监测站解算得到的 Az 值与 F10.7 参数之间的关系。其中,BJFS 和 GUAN 分别位于中国中低纬地区,KOUR 位于南美洲赤道地区,PERT 位于南半球澳大利亚,这 4 个监测站基本包含了南北半球中低纬及赤道地区。从图中可以看出,Az 计算值与太阳活动参数 F10.7 之间具有明显的相关性。Az 与 F10.7 参数在 BJFS、GUAN、KOUR 及 PERT 站的相关系数分别为 0.825、0.874、0.836 和 0.861,这表明 Galileo 系统引入有效电离水平因子 Az 作为 NeQuick 模型输入参数是合理的。需要说明的是,F10.7 参数仅反映了太阳活动参数的影响,而不同位置的 Az 参数综合考虑了太阳及地磁活动的影响。因此,采用 Az 参数作为 NeQuick 模型的输入参数不仅体现了太阳活动对电离层变化的影响,也反映了全球不同地区电离层 TEC 之间的差异。

基于图 6.11 中各监测站计算的 Az 值,采用式(6.31)即可拟合得到 NeQuick 模型的 3 个电离层播发参数 a_0、a_1 及 a_2。图 6.12 所示为 2000—2014 年 NeQuick 模型电离层参数解算值时间序列。a_0 参数基本在 40 ~ 240sfu 之间变化,该参数受太阳活

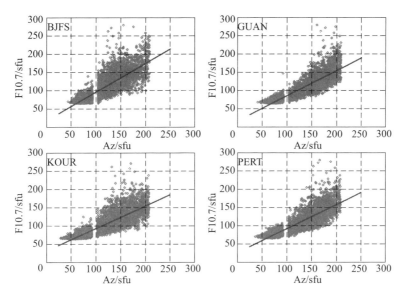

图 6.11　2003—2015 年 BJFS、GUAN、KOUR 及 PERT 站的 Az 值与 F10.7 参数之间的关系

动影响显著:太阳活动高年(2000—2003 年及 2012—2014 年)数值较大,太阳活动低年(2006—2009 年)数值较小。a_1 参数序列具有明显的年周期变化特征,不同年份 a_1 参数值差异较小,基本在 $-1.0 \sim 1.0 \text{sfu}/(°)$ 之间变化。a_2 参数数值较小,该参数基本在 $-0.02 \sim 0.02 \text{sfu}/(°)^2$ 之间变化。a_0 参数远大于 a_1 及 a_2 参数,这表明 a_0 参数对用户位置处 Az 值计算的影响较大。同时,a_0、a_1 及 a_2 参数均在一定的范围内变化且表现出特定的周期性变化规律,这非常有利于 Galileo 全球电离层模型参数的编码及播发。

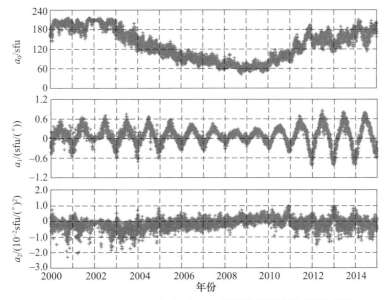

图 6.12　2000—2014 年 NeQuick 模型参数解算值时间序列

6.4 NeQuick 模型精度及可靠性分析

基于 GPS 和 JASON 卫星获取的电离层 TEC 信息,首先分析了 2013 年NeQuick C 系数在全球陆地及海洋地区的应用精度,进而评估了 2014 年年积日 100 ~ 365 天 Galileo 广播星历中播发的 NeQuick G 参数的实际改正效果[25-26]。Klobuchar 表示 GPS 广播星历中播发的电离层参数,NeQuick2 的模型值由每天的太阳活动参数 F10.7 驱动计算得到,NeQuick C 表示基于全球 23 个 GPS 监测站计算得到的 NeQuick 参数,NeQuick G 表示 Galileo 广播星历中播发的 NeQuick 参数;采用 RMS、Bias 和 STD 三种指标评估不同电离层模型的修正精度[25-26]。

6.4.1 与 GPS TEC 对比分析

在全球范围内选取 23 个 IGS 基准站,以各 GPS 基准站获取的电离层 TEC 实测值评估 NeQuick 模型在全球大陆地区修正效果。如图 6.6 所示,选取的检核站基本覆盖了全球高、中、低纬度地区,基本可以反映 NeQuick 模型在大陆地区的实际应用效果;同时,这些检核站中不包含用于 NeQuick 模型参数计算的基准站。

图 6.13 所示为 2013 年第 84 天 UTC12:00 时刻 NeQuick2 及 NeQuick C 给出的全球电离层 TEC 分布情况。从图中可以看出,NeQuick2 及 NeQuick C 均能反映出南北半球电离层 TEC"双峰"结构;与 NeQuick C 相比,NeQuick2 计算得到的 TEC 值明显偏小,特别是在低纬度及赤道地区。以 IGS 最终 GIM 产品为参考,进一步分析了 NeQuick2 及 NeQuick C 在全球不同地区的电离层 TEC 误差分布。在中高纬度地区,不同 NeQuick 模型的 TEC 误差分布基本一致;在赤道及低纬度地区,NeQuick C 的 TEC 误差明显小于 NeQuick2。特别地,NeQuick C 在南北半球"双峰"附近的 TEC 值偏大,而 NeQuick2 在赤道地区的模型值明显偏小。

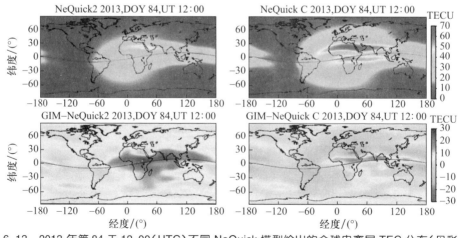

图 6.13 2013 年第 84 天 12:00(UTC)不同 NeQuick 模型给出的全球电离层 TEC 分布(见彩图)

　　以北半球中纬度、低纬度地区 BJFS、WUHN 及 PIMO 检核站为例,图 6.14 所示为 2013 年 200～202 天 NeQuick2、NeQuick C 及 GIM 在这 3 个检核站的电离层 TEC 周日变化情况。可以看出,不同 NeQuick 模型均能够反映出电离层 TEC 的日变化趋势,但 NeQuick2 计算得到的电离层 TEC 值在 3 个检核站上均明显小于 GIM 给出的 TEC 值: NeQuick2 每天的 TEC 峰值与 GIM 之间的差异在 BJFS 站约为 10.0TECU,在 PIMO 站约为 25.0TECU。与 NeQuick2 相比,NeQuick C 在 3 个检核站的 TEC 计算值与 GIM 给出的 TEC 值基本一致。这表明,采用全球 GPS 数据计算得到的有效电离水平因子 Az 作为 NeQuick2 模型的驱动参数,能够有效提高 NeQuick 模型的电离层 TEC 模拟精度。

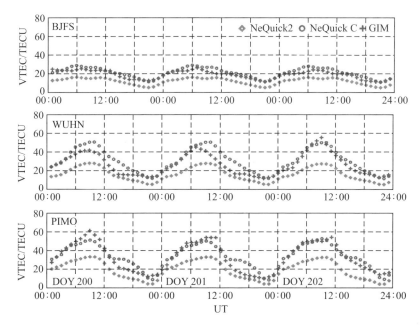

图 6.14　不同电离层模型在 BJFS、WUHN 及 PIMO 站的电离层 TEC 周日变化情况

　　选取 2013 年 84 天和 342 天,分析 Klobuchar、NeQuick2 和 NeQuick C 模型在电离层活动平静及扰动期间的 TEC 模拟效果。2013 年第 84 天太阳活动指数 F10.7 为 92.6sfu,地磁活动指数 K_p 小于 1;2013 年 342 天 F10.7 和 K_p 指数分别为 165.5 和 6.0。图 6.15 所示为不同电离层模型的 TEC 计算值与 GPS 实测值在 34 个 IGS 检核站上的残差分布。其中,2013 年第 84 天的统计量为 257317 个,第 342 天的统计量为 249359 个。与 GPS TEC 实测值相比,不同电离层模型在 84 天(平静期间)的 TEC 误差小于 342 天(扰动期间)。在电离层活动平静期间,Klobuchar、NeQuick2 及 NeQuick C 与 GPS TEC 之间的平均偏差分别为 3.40TECU、-6.06TECU 及 0.63TECU,STD 分别为 8.78TECU、6.03TECU 和 6.27TECU;NeQuick C 的 TEC 模拟误差最小,NeQuick2 的误差甚至大于 Klobuchar。在电离层扰动期间,不同电离层模型的 TEC 残差分布相近,不过 NeQuick C 的 TEC 残差分布更为集中。

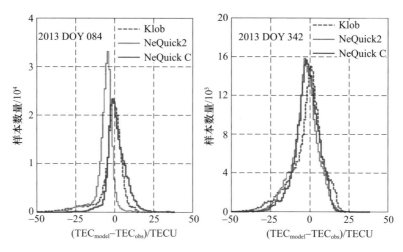

图 6.15　不同电离层 TEC 计算值与 GPS 实测值相比的残差分布

图 6.16 进一步给出了 2013 年 Klobuchar、NeQuick2 及 NeQuick C 的模型计算值与 GPS 实测值对比的 RMS 时间序列。从图中可以看出，NeQuick C 的电离层修正精度最高，该模型在测试时段内的 RMS 为 4.0 ~ 7.0TECU；GPS 广播的 Klobuchar 模型电离层修正精度最低，该模型在测试时段内的 RMS 为 5.0 ~ 13.0TECU。同时，NeQuick2 的精度低于 NeQuick C，2013 年 NeQuick2 和 NeQuick C 相比于 GPS TEC 的 RMS 平均值分别为 6.97TECU 和 5.01TECU。将 GPS 数据用于 NeQuick 模型参数 a_0、a_1 及 a_2 的拟合计算，充分利用了全球不同地区 GPS 基准站获取的高精度电离层 TEC 信息；与 F10.7 参数相比，基于这些电离层参数计算得到的 NeQuick 模型值与全球电离层 TEC 的实际变化情况更为接近。

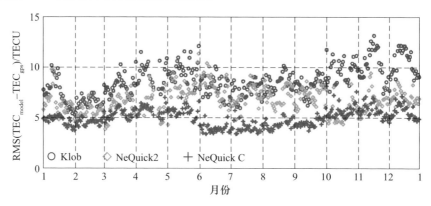

图 6.16　2013 年不同电离层模型的 TEC 计算值与 GPS 实测值相比的 RMS 时间序列（见彩图）

为分析 Klobuchar、NeQuick2 及 NeQuick C 在不同地区的应用精度，图 6.17 给出了 2013 年不同电离层模型在各检核站的 TEC 计算值与 GPS 实测值相比的偏差及 STD，图中横坐标中各检核站按地磁纬度从低到高排列。除 LPGS 外，NeQuick C 与

GPS 实测值之间的偏差在 $-2.78 \sim 4.12$TECU 之间变化,且在不同检核站的偏差值差异不大。与各检核站的 GPS 实测值相比,NeQuick2 计算得到的 TEC 明显偏小:除 LPGS 外,该模型的偏差值在 $-6.54 \sim -1.86$TECU 之间。Klobuchar 在中高纬度检核站的偏差值与 NeQuick 差别不大,但该模型在赤道及低纬度检核站的偏差值明显大于 NeQuick。Klobuchar 是基于电离层薄层假说建立的一种适用于全球中纬度地区电离层时延误差修正的电离层模型,该模型结构简单,因而其在赤道及低纬度地区的电离层改正误差较大。NeQuick 是由数个 Epstein 层构建的三维电离层模型,与 Klobuchar 模型相比,NeQuick 能够更精细地描述赤道及低纬度地区电离层电子密度的空间结构变化特征。从各检核站的 STD 统计量来看,不同电离层模型在赤道及低纬度检核站的 STD 较大,在中纬度检核站的 STD 较小。具体而言,Klobuchar 在所有检核站的 STD 最大,NeQuick2 及 NeQuick C 在中纬度检核站的 STD 值相近;在赤道及低纬度检核站,NeQuick2 的 STD 值小于 NeQuick C。总体上,NeQuick C 与 NeQuick2 及 Klobuchar 相比具有明显的优势。

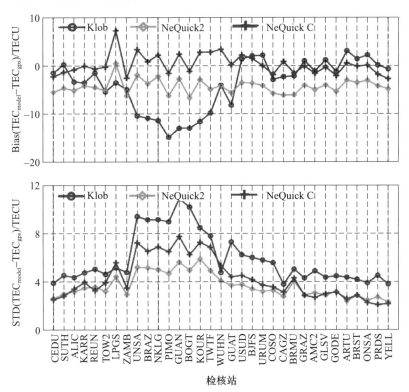

图 6.17　2013 年不同电离层模型在各检核站的 TEC 计算值与 GPS 实测值相比的偏差及 STD

表 6.2 所列为 2013 年不同电离层模型在全球大陆地区与 GPS TEC 实测值相比的精度统计情况,表中统计量由 2013 年所有 GPS 检核站的计算结果统计得到。与 GPS 实测值相比,Klobuchar、NeQuick2 及 NeQuick C 的 RMS 分别为 8.68TECU、6.79TECU

和 5.01TECU。NeQuick C 的模型值与 GPS 实测值之间的偏差最小（−0.02TECU），该模型可以改正 72.4% 的电离层误差，而 Klobuchar 和 NeQuick2 的电离层误差改正精度分别为 56.8% 和 63.3%。综上所述，以 F10.7 为输入参数的 NeQuick2 模型与 GPS 广播星历中播发的 Klobuchar 模型相比具有一定的优势；而 NeQuick C 与 NeQuick2 相比，其电离层修正精度又有了显著的提高。

表 6.2　2013 年不同电离层模型与 GPS 及 JASON-1,2 TEC 相比的精度统计

电离层模型	GPS TEC			JASON-1,2 TEC		
	bias	rms	rms_{rel}	bias	rms	rms_{rel}
Klob	−3.78	8.68	56.8	−5.82	11.79	51.1
NeQuick2	−4.42	6.79	63.3	−5.10	9.69	61.2
NeQuick C	−0.02	5.01	72.4	0.47	7.76	68.6
注：bias 与 rms 的单位为 TECU，rms_{rel} 的单位为%						

6.4.2　与 JASON TEC 对比分析

从图 6.6 中可以看出，由于在海洋区域仅有 4 个 GPS 检核站，难以全面反映 NeQuick 模型在海洋区域的应用效果。在 GPS 检核站较少的海洋区域，以 JASON-1,2 测高卫星获取的电离层 TEC 实测值作为参考。图 6.18 给出了 2013 年 1 月 22 日 JASON-1,2 卫星的全球电离层交叉点轨迹，其中，蓝色线表示 JASON-1 的交叉点轨迹，紫色线表示 JASON-2 的交叉点轨迹。JASON-1,2 卫星当天的交叉点轨迹基本覆盖了南北纬 65° 范围内的大部分海洋区域，因此，JASON-1,2 TEC 能够大体反映不同电离层模型在全球海洋区域的实际应用精度。

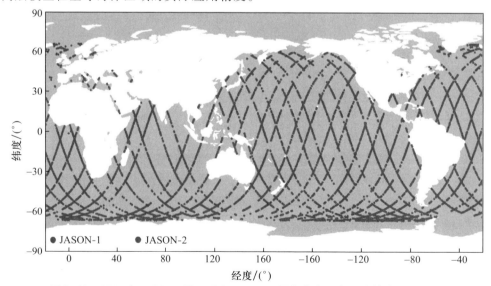

图 6.18　2013 年 1 月 22 日 JASON-1,2 卫星的电离层交叉点轨迹（见彩图）

以 2013 年第 83 天为例,图 6.19 给出了该天 NeQuick2 及 CAS 精化的 NeQuick (NeQuick C)的 TEC 计算值与 JASON-1,2 实测值的对比情况。图中横坐标表示 JASON 卫星的电离层 TEC 实测值,纵坐标表示不同 NeQuick 模型给出的计算值。与 JASON 卫星实测值相比,NeQuick C 给出的模型值在海洋区域与实测值之间的一致性较好,而 NeQuick2 计算得到的 TEC 结果在海洋区域偏小。NeQuick C 相比于 NeQuick2 在海洋区域的电离层 TEC 模拟精度同样有所提高。

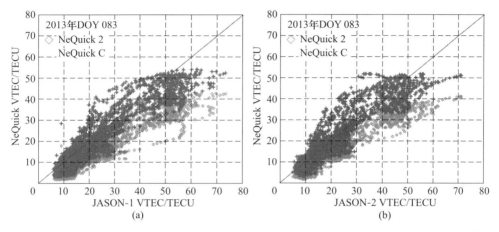

图 6.19　2013 年第 83 天不同电离层模型的 TEC 计算值与
JASON-1 及 JASON-2 卫星实测值对比(见彩图)

以每天不同电离层模型的计算值与 JASON-1,2 卫星实测值相比的 RMS 为统计量,图 6.20 给出了 2013 年 Klobuchar、NeQuick2 及 NeQuick C 在海洋区域的 RMS 时间序列。在海洋区域,NeQuick C 的电离层改正精度最高,NeQuick2 次之,GPS 广播的 Klobuchar 模型精度最差,这与图 6.17 给出的全球不同地区 GPS 检核站的统计结果一致。2013 年 Klobuchar、NeQuick2 及 NeQuick C 在海洋区域相比于 JASON-1,2 实测值的 RMS 平均值分别为 11.79TECU、9.69TECU 及 7.76TECU。

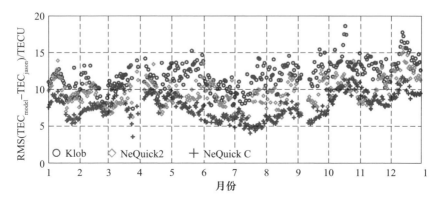

图 6.20　2013 年不同电离层模型的 TEC 计算值与 JASON-1,2 实测值相比的 RMS 序列

图 6.21 所示为 2013 年 Klobuchar、NeQuick2 及 NeQuick C 的计算值与 JASON-1,2 实测值相比的偏差及 RMS 在海洋区域不同纬度带内的变化。与 JASON-1,2 实测值相比,各电离层模型在海洋区域给出的 TEC 计算值偏小。Klobuchar、NeQuick2 及 NeQuick C 与 JASON TEC 相比的偏差最小值分别为 -12.73TECU、-9.96TECU 及 -6.43TECU,偏差最大值分别为 0.56TECU、-1.32TECU 及 3.29TECU。从 STD 统计量来看,Klobuchar 模型在不同纬度的 STD 最大,NeQuick2 及 NeQuick C 在不同纬度的 STD 值基本一致。不同电离层模型的 STD 最大值出现在南北半球的赤道异常区,并且在南北半球随着地理纬度的增加而减小。NeQuick2 与 NeQuick C 之间最大的差异在于输入参数的不同,NeQuick2 以每天的太阳活动指数 F10.7 为输入参数,NeQuick C 以全球 GPS 电离层 TEC 观测数据计算的 a_0、a_1、a_2 为输入参数。从图 6.20 和图 6.21 可以看出,NeQuick2 及 NeQuick C 的 TEC 计算值与 GPS 及 JASON 卫星实测值相比的偏差随纬度的变化趋势一致,但 NeQuick2 的偏差值明显偏小。这表明,基于太阳活动参数计算得到的 NeQuick 模型值能够反映全球电离层 TEC 的变化情况,但其误差较大。NeQuick C 输入参数的计算利用了全球高、中、低纬度地区的电离层 TEC 实测信息,充分考虑了不同地区的电离层变化特征及太阳活动对电离层变化的影响。因而 NeQuick C 在全球陆地及海洋地区给出的 TEC 计算值与 GPS 及 JASON 卫星实测值更为接近。

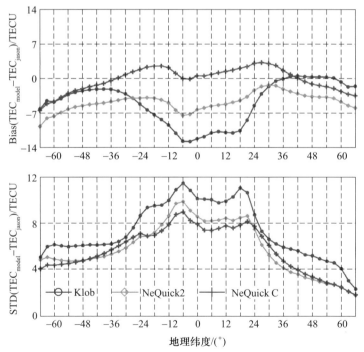

图 6.21　2013 年不同电离层模型的 TEC 计算值与 JASON-1,2 实测值
相比的偏差及 RMS 随地理纬度的变化

表 6.2 同时给出了不同电离层模型在海洋区域精度统计。与 JASON-1,2 TEC 相比,2013 年 Klobuchar、NeQuick2 及 NeQuick C 在海洋区域的电离层改正精度分别为 51.1%、61.2% 和 68.8%,RMS 分别为 11.79TECU、9.69TECU 及 7.76TECU。与 GPS 广播的 Klobuchar 模型相比,NeQuick C 在陆地及海洋区域的电离层改正精度分别提高了 15.6% 和 17.5%;与 NeQuick2 相比,NeQuick C 在陆地及海洋区域的电离层改正精度分别提高了 9.1% 和 7.4%。总体而言,NeQuick C 的电离层改正效果最好,2013 年该模型在全球陆地及海洋地区的改正精度分别可达 72.4% 和 68.8%。

6.4.3　与 Galileo 广播的 NeQuick 参数对比分析

目前,IGS 提供的多模 GNSS 导航星历文件中并不包含各导航系统的电离层参数信息,国内 iGMAS 提供的合成导航星历文件中包含 GPS、BDS 及 Galileo 的广播电离层模型参数,这为分析 Galileo 电离层模型参数的变化特征及实际应用精度提供了可能。图 6.22 所示为 2014 年 100～365 天 NeQuick 模型参数解算值(NeQuick C)与 Galileo 广播星历播发值(NeQuick G)的对比情况。基于 GPS 电离层 TEC 实测值计算得到的 NeQuick C 系数与 Galileo 广播星历播发的 NeQuick G 系数基本一致,这间接反映出基于全球 GPS 数据解算得到的 NeQuick 模型电离层参数是可靠的。同时,NeQuick C 的 a_0 参数值略大于 NeQuick G,由于参数 a_0 对 Az 的计算影响最大,因此 NeQuick C 及 NeQuick G 计算得到的 TEC 值也会有所差异。

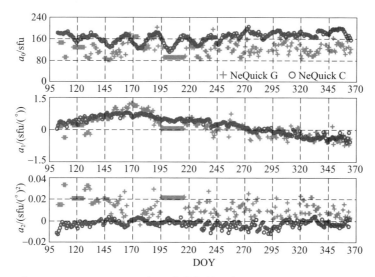

图 6.22　2014 年 100～365 天 NeQuick 模型参数解算值与 Galileo 广播星历播发值对比(见彩图)

为全面评估 NeQuick G 在全球不同地区的电离层误差改正效果,分别以 GIM、JASON-1,2 及 GPS 获得的电离层 TEC 观测量为参考,分析 NeQuick G 在全球范围、海洋区域以及大陆地区的电离层修正精度情况,并与 GPS 广播的 Klobuchar 模型、NeQuick2 及 NeQuick C 模型进行对比。评估时段为 2014 年年积日 100～365 天,并采用 Bias 与 RMS 为指标评估不同电离层模型的改正效果。

图 6.23 所示为 2014 年 100 ~ 365 天 Klobuchar 及不同 NeQuick 模型的 TEC 计算值与 GIM 相比的偏差及 RMS 在不同纬度带内的变化,相邻纬度带的间隔为 5°。评估时段内,不同电离层模型计算得到的 TEC 值与 GIM TEC 相比均偏小。Klobuchar 及 NeQuick G 在南北纬 −30° ~ 30° 内的偏差值接近,其在赤道附近的偏差最大值可达 −22.0TECU。在南北半球中高纬地区,Klobuchar 的偏差在 −7.0 ~ 3.2TECU 之间,NeQuick G 的偏差在 −6.8 ~ −0.3TECU 之间。NeQuick C 给出的模型值与 GIM TEC 之间的偏差最小,其偏差值基本在 −4.1 ~ 1.3TECU 之间变化。NeQuick2 与 NeQuick C 偏差值的变化趋势相同,但 NeQuick2 在赤道及低纬度地区的偏差明显大于 NeQuick C。同样地,不同电离层模型在赤道及低纬度地区的 RMS 误差最大,随着纬度的增加不同电离层模型的 RMS 值逐渐减小。具体而言,Klobuchar 模型计算得到的 TEC 与 GIM TEC 之间的 RMS 在 7.9 ~ 23.8TECU 之间变化;NeQuick G 在南北纬 −30° ~ 30° 内的 RMS 大于 NeQuick2,在中高纬地区二者的 RMS 值基本相同;NeQuick C 在不同纬度带内的 RMS 均最小,该模型在赤道附近的 RMS 约为 12.7TECU,在中高纬地区的 RMS 约为 4.2TECU。与 GIM TEC 的比较结果表明,NeQuick C 的电离层修正精度明显优于 NeQuick G,NeQuick G 与 NeQuick2 的电离层修正效果相当,略优于 GPS 广播星历中播发的 Klobuchar 模型。目前尚不清楚 Galileo 地面运控中心 NeQuick G 电离层参数计算时采用的处理策略及监测站数量,因而无法进一步分析 NeQuick G 电离层修正精度不高的原因。

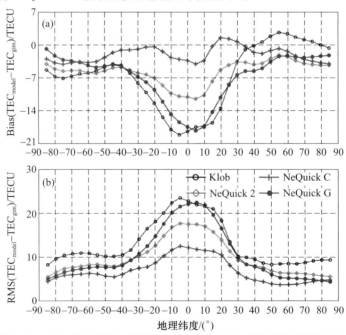

图 6.23 不同 NeQuick 模型 TEC 计算值与 GIM 相比的偏差及 RMS 误差随地理纬度变化

与 GIM TEC 的对比分析反映了各电离层模型在全球范围内的总体修正精度,以下将利用 GPS 及 JASON-1,2 卫星获取的 TEC 实测值,分析不同的电离层模型在全球陆地及海洋地区的修正效果。图 6.24 所示为 2014 年 100~365 天不同电离层模型的 TEC 计算值与 GPS 及 JASON 实测值相比的 RMS 随纬度的变化,其中,图(a)所示为大陆地区各 GPS 检核站的 RMS 结果,图(b)所示为海洋区域不同纬度带内的 RMS 结果。与 GPS TEC 实测值相比,NeQuick G 在赤道及低纬度检核站的 RMS 为 8.2~14.9TECU,在中高纬度检核站的 RMS 为 4.7~10.0TECU。NeQuick2 在低纬度检核站的 RMS 小于 NeQuick G,在中高纬度检核站的 RMS 略大于 NeQuick G。NeQuick C 在所有 GPS 检核站的 RMS 最小,该模型 RMS 在 3.1~10.0TECU 之间变化。与 JASON-1,2 TEC 实测值相比,不同电离层模型在南半球的 RMS 大于北半球;同时,各电离层模型沿纬度方向的 RMS 分布呈现出“双峰”结构,不同电离层模型的 RMS 最大值出现在赤道两侧地区。NeQuick G 与 NeQuick2 及 NeQuick C 在赤道及低纬度地区的 RMS 差值分别为 0.8~2.0TECU 及 2.3~7.1TECU,在其他地区的 RMS 差异不大。

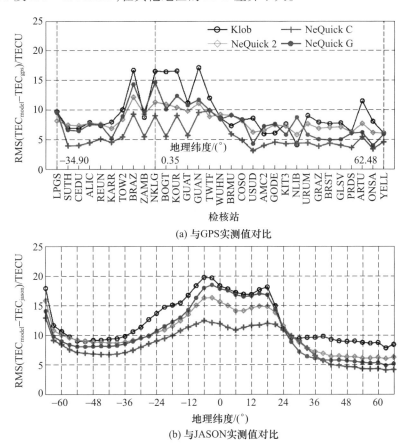

图 6.24　不同电离层模型的 TEC 计算值与 GPS 及 JASON 实测值
相比的 RMS 随地理纬度的变化

图 6.25 所示为测试时段内不同电离层模型的 TEC 计算值与 GPS 及 JASON 实测值相比的 RMS 时间序列。与大陆地区各 GPS 检核站的 TEC 实测值相比,290 天之前,NeQuick2 与 Klobuchar 的电离层误差改正效果差别不大;290 天之后,NeQuick2 的精度略优于 Klobuchar。NeQuick G 在各检核站的精度优于 NeQuick 2 及 Klobuchar,但低于 NeQuick C。NeQuick C 在各 GPS 检核站的 RMS 最小,测试时段内其 RMS 值在 3.0 ~ 7.5TECU 之间。各电离层模型与 JASON-1,2 TEC 相比的 RMS 值大于以 GPS TEC 为参考值的对比结果:与 GPS 实测值相比,各电离层模型的 RMS 在 3.0 ~ 15.0TECU 之间变化;与 JASON 实测值相比,各电离层模型的 RMS 在 5.0 ~ 20.0TECU 之间变化。在海洋区域,NeQuick G 与 Klobuchar 及 NeQuick2 相比的优势并不十分明显。

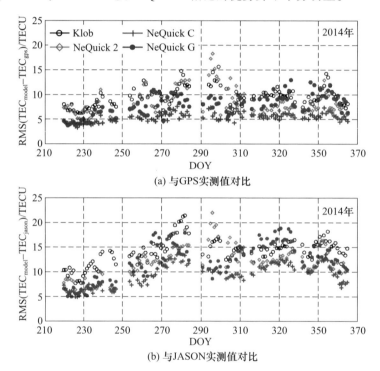

(a) 与GPS实测值对比

(b) 与JASON实测值对比

图 6.25 不同电离层模型 TEC 计算值与 GPS 及 JASON 卫星实测值
相比的 RMS 时间序列(见彩图)

2014 年 100 ~ 365 天不同电离层模型与 GIM、JASON-1,2 及 GPS TEC 实测值相比的精度统计如表 6.3 所列。以 GIM、JASON 及 GPS 实测值为参考,NeQuick G 的修正精度与 Klobuchar 相比分别提高了 9.0%、7.5% 及 6.9%。与 GIM TEC 相比,NeQuick C (71.9%,7.71TECU) 的精度明显高于 NeQuick2 (58.9%,11.17TECU) 及 NeQuick G (54.2%,12.58TECU)。与 JASON-1,2 TEC 相比,NeQuick2 的修正精度为 60.7%,RMS 为 11.89TECU;NeQuick C 的修正精度为 68.5%,RMS 为 9.57TECU;NeQuick G 的修正精度为 59.0%,RMS 为 12.33TECU。与 GPS TEC 相比,NeQuick2、NeQuick C 及

NeQuick G 的修正精度分别为 66.1%、72.8% 及 67.7%，RMS 分别为 8.27TECU、5.43TECU 及 8.19TECU。基于不同 TEC 实测信息得到的统计结果略有差异，总体而言，NeQuick G 的电离层修正精度优于 Klobuchar 模型约7% ~9%，NeQuick2 与 NeQuick G的修正精度相当，NeQuick C 的修正精度优于 NeQuick G 模型5% ~15%。

表 6.3　2014 年 100 ~365 天不同电离层模型与

GIM、JASON 及 GPS TEC 对比的精度统计

电离层模型	GIM TEC		JASON TEC		GPS TEC	
	rms	rms_{rel}	rms	rms_{rel}	rms	rms_{rel}
Klob	14.56	45.2	14.11	51.5	9.46	60.8
NeQuick2	11.17	58.9	11.89	60.7	8.27	66.1
NeQuick C	7.71	71.9	9.54	68.5	5.43	72.8
NeQuick G	12.58	54.2	12.33	59.0	8.19	67.7
注:rms 的单位为 TECU,rms_{rel} 的单位为%						

　　Galileo 实际应用中引入有效电离水平因子 Az 代替原有的太阳活动指数作为 NeQuick 模型的输入参数,Az 参数综合考虑了电离层随太阳活动及地球磁场的变化特征,同时也使利用全球 GNSS 电离层 TEC 实测信息实现 NeQuick 播发参数的计算成为可能。基于 GIM、JASON-1,2 及 GPS 实测值的测试结果表明,Galileo 广播星历中播发的 NeQuick G 在测试时段内的修正精度为 55% ~67%,略优于 GPS 播发的 Klobuchar 模型;基于全球 23 个 GPS 监测站实测数据计算得到的 NeQuick C 的修正精度为 68% ~72%。NeQuick G 与 NeQuick C 之间的差异可能与模型参数计算时采用的数据源(Galileo vs. GPS)、数据处理策略以及监测站的数量及分布有关。

6.5　基于 NeQuick 的单层电离层投影函数误差分析

　　二维电离层模型通常在某一给定高度的球面上对电离层天顶方向的 TEC 进行建模,天顶与视线方向的 TEC 需采用投影函数进行转换。对给定的电离层薄层高度,单层电离层投影函数值(如三角函数等)只与卫星高度角有关。可以看出,常用的单层投影函数仅考虑了卫星高度角的影响,忽略了电离层 TEC 在不同空间方位上的差异。在电离层活动较为平静的中纬度地区,上述投影函数引起的误差较小。在电离层活动较为活跃的赤道及低纬度地区,电离层交叉点南北两侧的 TEC 水平梯度具有较大差异[31];采用仅与卫星高度角有关的投影函数、而忽略电离层 TEC 在不同空间方向的差异,将会引入较大的误差。

　　NeQuick 是一种描述电离层电子密度空间结构变化的三维电离层模型,通过数值积分,该模型还可以计算得到信号传播路径上的电离层 TEC 信息。与二维电离层模型相比,NeQuick 无需投影函数即可实现垂直及视线方向电离层 TEC 的转换,有效

避免了电离层薄层假设引起的误差。因此,NeQuick 模型可在一定程度上用于评估电离层薄层假设及单层投影函数引入的 TEC 模型化误差。Brunini 等以 NeQuick 为基础分析了高度固定的电离层薄层对 TEC 模拟及硬件延迟估计的影响,Hoque 和 Jakowski 利用 NeQuick 计算得到的垂直及视线方向的 TEC 结果分析了星基增强系统(SBAS)电离层投影函数的误差[17]。

下面首先基于陆态网 GPS 及 GLONASS 电离层 TEC 实测数据分析单层电离层投影函数在中国区域的误差[25],进而提出了一种基于 NeQuick 的投影函数误差分析方法,最后以该方法为基础,分析电离层投影函数随方位角的变化[25]。

6.5.1　基于 GNSS TEC 的投影函数误差分析

常用的电离层投影函数只与卫星高度角有关,忽略了电离层 TEC 在空间不同方位上的差异以及电离层水平梯度的影响。Nava 等提出一种利用 GPS 电离层 TEC 实测信息分析单层投影函数误差的方法。基于薄层假设,经过某一给定电离层交叉点处不同视线方向的电离层 TEC 与经投影函数转换至天顶方向的 TEC 相同。该方法的核心思路是:利用较为密集的 GNSS 监测站获取的电离层 TEC 实测信息,将同一时刻相同电离层交叉点处不同视线方向的 TEC 转换至天顶方向的 TEC,通过分析天顶电离层 TEC 之间的差异,达到分析电离层投影函数误差的目的。这种分析方法的前提是具有较为密集的区域 GNSS 监测站,否则难以获取同一刻经由相同电离层交叉点的 TEC 观测信息。陆态网密集的 GPS 及 GLONASS 监测站为分析单层电离层投影函数在中国区域的误差提供了可能。

图 6.26 所示为单薄层投影函数误差评估示意图。其中:IPP_1 与 IPP_2 非常接近,经过 IPP_1 及 IPP_2 处卫星和接收机视线方向的电离层时延分别为 $STEC_1$ 和 $STEC_2$;以 Z_1 和 Z_2 分别表示 IPP_1 及 IPP_2 处的天顶距,采用三角投影函数,各电离层交叉点处天顶方向的 TEC 值 $VTEC_1$ 及 $VTEC_2$ 可以表示为式(6.34):

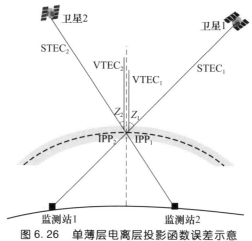

图 6.26　单薄层电离层投影函数误差示意

$$\begin{cases} \text{VTEC}_1 = \text{STEC}_1 \cdot \cos Z_1 \\ \text{VTEC}_2 = \text{STEC}_2 \cdot \cos Z_2 \end{cases} \tag{6.34}$$

假设 IPP_1 处的纬度和经度为 (φ_1, λ_1)，IPP_2 处的纬度和经度为 (φ_2, λ_2)，若 IPP_1 及 IPP_2 之间的距离满足式 (6.35) 给出的定义，则认为这两个交叉点非常接近且此处的 VTEC 值相同。

$$\begin{cases} |\varphi_1 - \varphi_2| < 0.2^{\circ} \\ |\lambda_1 / \cos\varphi_1 - \lambda_2 / \cos\varphi_2| < 0.2^{\circ} \end{cases} \tag{6.35}$$

基于电离层薄层假设，VTEC_1 与 VTEC_2 是相等的。事实上，由于电离层 TEC 在不同空间方位上的差异，VTEC_1 与 VTEC_2 并非完全相等。VTEC_1 与 VTEC_2 之间的差异可以看作是单层投影函数在该交叉点处的误差，如式 (6.36) 所示。本节计算时电离层薄层高度取 350km。

$$\Delta \text{TEC} = |\text{VTEC}_1 - \text{VTEC}_2| \tag{6.36}$$

图 6.27 所示为 2011 年 204 ~ 205 天中国区域所有电离层交叉点处 ΔTEC 的时间序列。可以看出，分析时段内大部分的 ΔTEC 值在 0 ~ 8TECU 之间；不过，204 天某些交叉点的 ΔTEC 值在 12 ~ 16TECU 之间。Nava 等采用北美洲和南美洲 GPS 数据分析结果表明，低纬度地区 ΔTEC 值大于中纬度地区；同时，受地磁活动影响，不同地区的 ΔTEC 值与地磁指数 K_{p} 之间具有明显的相关性。总体而言，2011 年电离层活动平静时期中国区域的投影函数误差一般小于 8TECU，电离层活跃时期这一误差会更大。

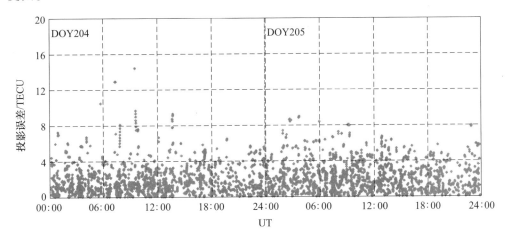

图 6.27　2011 年 204 ~ 205 天中国区域单层电离层投影误差时间序列

电离层薄层假设认为同一交叉点处不同方位的电离层 TEC 是相同的，图 6.27 的分析结果表明电离层 TEC 在不同空间方位有明显的差异。为进一步分析电离层 TEC 水平方向梯度的大小，定义南北方向 TEC 梯度 $\nabla \text{TEC}_{\text{N-S}}$ 及东西方向 TEC 梯度 $\nabla \text{TEC}_{\text{E-W}}$ 分别为

$$\begin{cases} \nabla TEC_{N-S} = (VTEC_N - VTEC_S) / \Delta lat \\ \nabla TEC_{E-W} = (VTEC_E - VTEC_W) / \Delta lon \end{cases} \tag{6.37}$$

式中：$VTEC_E$，$VTEC_W$，$VTEC_S$，$VTEC_N$ 分别为东西南北 4 个方向的 VTEC；Δlat 为南北方向的纬度差；Δlon 为东西方向的经度差。

本节基于陆态网 GPS 及 GLONASS 电离层 TEC 观测数据分析了单层投影函数在中国区域的应用误差。结果表明，电离层 TEC 水平梯度、特别是南北方向的 TEC 梯度，会使单层电离层投影函数在低纬度地区应用时引起较大的模型化误差。一般地，这一误差在电离层活动平静时期小于 8TECU。需要说明的是，上述分析方法的效果依赖于区域 GNSS 监测站的数量及分布。由于满足条件的相邻电离层交叉点数量较少，难以对整个区域的投影函数误差进行全面分析。

6.5.2　基于 NeQuick 的投影函数误差分析

通过数值积分，NeQuick 可以计算得到任意电离层交叉点处的 VTEC 以及经过该交叉点不同空间方位上的 STEC。如图 6.28 所示，本节给出了一种基于 NeQuick 的电离层投影函数误差（MFE）分析方法。

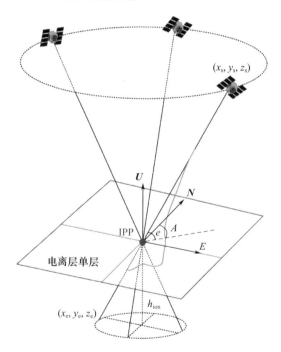

图 6.28　基于 NeQuick 的投影函数误差分析示意图

假设电离层交叉点处的纬度、经度及大地高为 $(\varphi_{ipp}, \lambda_{ipp}, h_{ion})$，卫星和接收机的坐标分别为 $(\varphi_s, \lambda_s, h_s)$ 及 $(\varphi_r, \lambda_r, h_r)$，卫星和接收机连线在电离层交叉点处的高度角和方位角分别为 e 和 A。取 $h_r = 100km$，$h_s = 2000km$，则卫星和接收机的坐标可通

过函数 $f(\varphi_{\mathrm{ipp}},\lambda_{\mathrm{ipp}},h_{\mathrm{ion}},e,A)$ 计算得到。以 $N(h)$ 表示垂直方向任意点处的电子密度，$N(r)$ 表示视线方向任意点处的电子密度，经过电离层交叉点 $(\varphi_{\mathrm{ipp}},\lambda_{\mathrm{ipp}},h_{\mathrm{ion}})$ 的 VTEC 和 STEC 分别可以表示为 $\int_{h_1}^{h_2} N(\varphi_{\mathrm{ipp}},\lambda_{\mathrm{ipp}},h)\cdot\mathrm{d}h$ 及 $\int_{r_1}^{r_2} N(\varphi_{\mathrm{ipp}},\lambda_{\mathrm{ipp}},e,A,r)\cdot\mathrm{d}r$。以 NeQuick 计算的 VTEC 和 STEC 为参考，同时采用三角函数作为投影函数，该交叉点处的 MFE 可以表达为

$$\Delta \mathrm{VTEC} = \mathrm{sine}\cdot\int_{r_1}^{r_2} N(\varphi_{\mathrm{ipp}},\lambda_{\mathrm{ipp}},e,A,r)\cdot\mathrm{d}r - \int_{h_1}^{h_2} N(\varphi_{\mathrm{ipp}},\lambda_{\mathrm{ipp}},h)\cdot\mathrm{d}h \quad (6.38)$$

从式(6.38)中可以看出，电离层交叉点处的投影函数误差仅与薄层高度 h_{ion}、该点处的高度角 e 及方位角 A 有关。对给定的薄层高度及交叉点卫星高度角，通过设置不同的方位角，可以评估投影函数误差在不同空间方位上的差异。

以 e' 表示接收机位置处的卫星高度角，e 表示电离层交叉点处的卫星高度角，则交叉点处卫星高度角的最小值 $e_{\min}$ 可以表示为

$$e_{\min} = \arccos\left(\frac{R}{R + h_{\mathrm{ion}}}\right) \quad (6.39)$$

式中：R 为地球半径；h_{ion} 为电离层薄层高度。

以 50km 为间隔，电离层薄层高度 300～550km 对应的交叉点处卫星高度角最小值依次为 17.2°、18.6°、19.8°、20.9°、22.0° 及 23.0°。分析时电离层交叉点处卫星高度角应大于上述最小值。

以 GUAN 站为例，分析中国低纬度地区的电离层投影函数误差。图 6.29 给出了 GUAN 站 2013 年 084 天及 342 天 UT06:00 时刻投影函数误差随交叉点处方位角的变化。2013 年 084 天及 342 天的太阳活动指数 F10.7 分别为 92.6 及 156.9 sfu，图中电离层薄层高度为 350km，不同的线条表示交叉点处不同的卫星高度角。从图中可以看出，电离层活动平静时期（084 天）的投影函数误差小于电离层活动剧烈时期（342 天）。以高度角 20° 为例，2013 年 084 天不同空间方位的投影函数误差在 −8～−4TECU 之间变化，2013 年 342 天不同空间方位的投影函数误差在 −12～−3TECU 之间变化。同时，不同高度角对应的投影函数误差随方位角也表现出相同的变化趋势：投影函数误差在方位角 0° 及 360°（北方向）最大，在方位角 180° 附近（南方向）最小。随着卫星高度角的增大，不同方位上投影函数误差之间的差异也越来越小。

图 6.30 所示为 GUAN 站 2013 年 084 天及 342 天 UT06:00 时刻投影函数误差随电离层薄层高度的变化。图中交叉点处卫星高度角为 30°，不同线条表示交叉点处不同方位角对应的投影函数误差。从图中可以看出，东方向和西方向投影函数误差受电离层薄层高度影响较小，不同薄层高度对应的投影函数误差值差别不大。北方向投影函数误差随薄层高度的增加而减小，与之相反，南方向的投影函数误差随薄层高度的增加而增加。总体而言，不同空间方位上的投影函数误差在薄层高度 450～500km 之间最小。

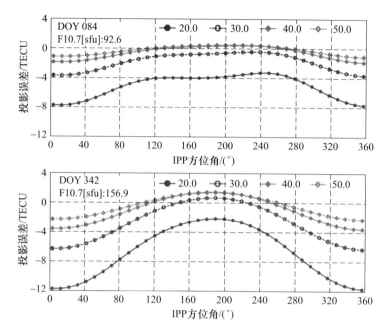

图 6.29 2013 年 084 及 342 天 GUAN 站投影函数误差随方位角的变化(UT06:00)

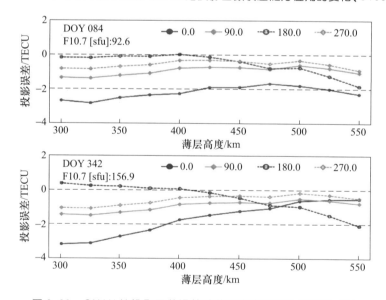

图 6.30 GUAN 站投影函数误差随薄层高度的变化(UT06:00)

选取电离层薄层高度为 350km,交叉点处卫星高度角为 30°,图 6.31 给出了
GUAN 站投影函数误差随时间及空间方位角的分布。2013 年 GUAN 站投影函数误
差在 -1.0 ~ 2.0TECU 之间,同时,投影函数误差表现出明显的季节性变化特征:春
季和秋季的投影函数误差明显大于冬季和夏季,这与电离层 TEC 在不同季节的变化

特征一致。不同空间方位上的投影函数误差也表现出明显的差异：投影函数误差基本沿方位角 180°对称，误差值在方位角 180°最小，在方位角 0°及 360°最大。

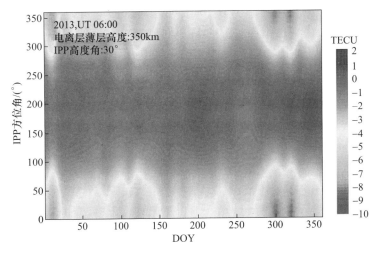

图 6.31　GUAN 站投影函数误差随时间及方位角的分布（见彩图）

电离层薄层假设忽略了 TEC 水平方向梯度的影响，认为不同空间方位上的 TEC 是相同的。事实上，不同空间方位上的电离层 TEC 差异较大，特别是南北方向。常用的投影函数仅与薄层高度及卫星高度角有关，并未顾及电离层 TEC 在空间方位上的差异。因此，基于薄层假设及常用的投影函数在电离层较为活跃的赤道及低纬度地区进行 TEC 建模时，将会引起较大的误差。需要说明的是，这里仅以 GUAN 站为例，分析了三角投影函数在中国低纬度地区的应用误差。若要全面地反映低纬度地区投影函数误差的变化特性，需选择更多的低纬度测试站进行统计分析。

6.5.3　电离层投影函数随方位角的变化特征分析

以 NeQuick 提供的 VTEC 及 STEC 信息为参考值，同样可以分析投影函数值（MFV）随空间方位角的变化规律。对同一电离层交叉点处的 VTEC 及 STEC，其对应的 MFV 可以定义为

$$\mathrm{MFV} = \frac{\mathrm{STEC}}{\mathrm{VTEC}} = \frac{\int_{r_1}^{r_2} N(\varphi_{\mathrm{ipp}}, \lambda_{\mathrm{ipp}}, e, A, r) \cdot \mathrm{d}r}{\int_{h_1}^{h_2} N(\varphi_{\mathrm{ipp}}, \lambda_{\mathrm{ipp}}, h) \cdot \mathrm{d}h} \tag{6.40}$$

式中：各参数含义与式（6.38）中相同。利用该公式，即可分析 MFV 随时间、薄层高度、卫星高度角以及方位角的变化特征。

以中国低纬度地区的 GUAN 站为例，基于 NeQuick 分析 2013 年该站的 MFV 变化特征。为减小 NeQuick 计算的 TEC 误差，同样以 Az 作为 NeQuick 的输入参数。

图6.32给出了2013年084天UT06:00时刻不同空间方位上的MFV随交叉点处高度角变化,左上至右下4幅子图分别为电离层薄层高度300km、350km、400km及450km对应的MFV。从图中可以看出,随着交叉点处高度角的增加,不同方位角对应的MFV均减小;当高度角增加至50°时,不同方位角对应的MFV差别不大。与三角投影函数给出的MFV相比,0°方位角对应的MFV最小,90°及270°方位角对应的MFV基本一致,180°方位角给出的MFV与三角投影函数最为接近。电离层薄层高度对MFV同样有所影响,随着薄层高度的增加,不同高度角对应的MFV均有所减小。

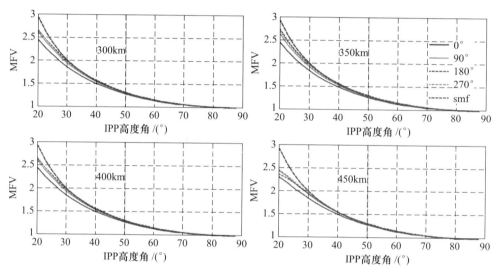

图6.32 2013年084天GUAN站不同空间方位对应的投影函数值随交叉点处高度角变化(UT06:00)

图6.33所示为2013年不同时刻的投影函数值随交叉点处方位角变化,左上至右下4幅子图分别对应UT00:00、06:00、12:00及18:00时刻。每幅图中电离层薄层高度为350km,蓝色点表示不同高度角(以10°为间隔,在20°~50°之间变化)每天的投影函数值,红色线表示其对应的平均值。可以看出,高度角较低时,不同空间方位角对应的MFV变化较大;当高度角增至40°左右时,不同方位角对应的MFV之间差异较小。00:00、06:00及12:00,不同高度角对应的MFV随方位角的变化基本一致;而在18:00,即便是低高度角(20°),不同方位上MFV之间的差异也较小。

为分析不同薄层高度对MFV的影响,图6.34进一步给出了薄层高度为400km时投影函数值随交叉点处方位角的变化。受电离层薄层高度的影响,同一时刻不同薄层高度对应的MFV有所差异。与图6.33中薄层高度取为350km时不同时刻对应的MFV相比,图6.34中06:00对应的MFV差别不大,00:00及12:00对应的MFV峰值偏小,18:00给出MFV与其他时刻相反:其180°方位角对应的 MFV 最小,0°方位角对应的 MFV 最大。综上所述,MFV 随方位角变化复杂,同时受时间、高度角及电离层薄层高度等因素的影响,难以采用统一的数学函数进行拟合。

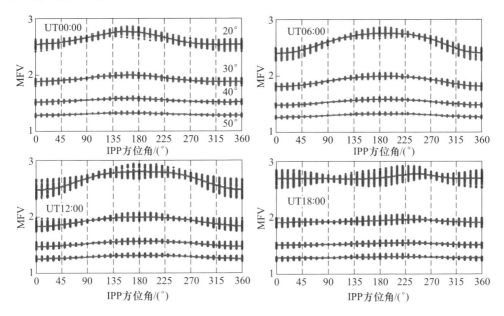

图 6.33　2013 年不同时刻对应的投影函数值随交叉点处方位角变化
(薄层高度:350km,高度角:20°、30°、40°、50°)(见彩图)

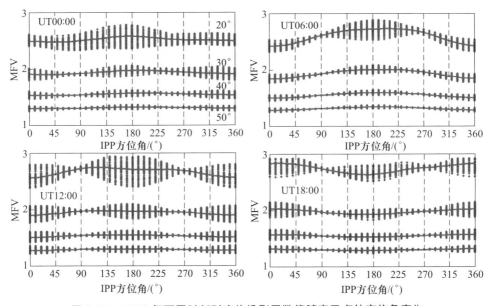

图 6.34　2013 年不同时刻对应的投影函数值随交叉点处方位角变化
(薄层高度:400km,高度角:20°、30°、40°、50°)

以 2013 年不同时刻的 MFV 平均值为统计量,图 6.35 给出了 2013 年不同电离层薄层高度对应的投影函数值随交叉点处方位角的变化。左上至右下 4 幅子图分别对应不同的高度角,不同颜色表示不同的薄层高度,SMF 表示三角投影函数。薄层高度为 300km、350km 及 400km 对应的 MFV 随方位角变化一致:MFV 在不同空间方位上基本关于 180°方位角对称,且 0°方位角对应的 MFV 最小,180°方位角对应的 MFV 最大。薄层高度取为 450km 时,不同方位角对应的 MFV 差别不大,且与三角函数给出的投影函数值基本相同。这里仅给出了 2013 年 GUAN 站投影函数值随空间方位角的变化特征,其他地区是否具有相同的变化规律需要进一步分析。

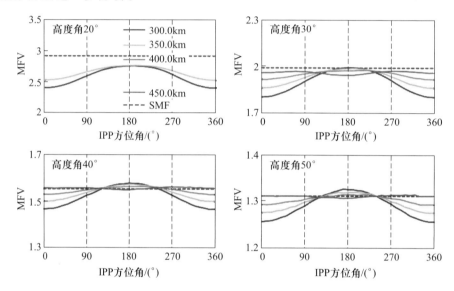

图 6.35　不同薄层高度对应的投影函数值随交叉点处方位角变化(见彩图)

基于薄层假设进行电离层 TEC 建模时,常用的投影函数仅考虑了不同高度角的影响。基于 NeQuick 的分析结果表明,不同空间方位对应的投影函数值是不同的,且表现出一定的变化规律。为减少常用的投影函数在使用时引起的 TEC 模型化误差,可以考虑在投影函数中引入方位角信息,并从以下几个方面分析引入方位角的可行性:

(1)直接采用 NeQuick 计算给定电离层交叉点位置处的投影函数值,这需要进一步提高当前 NeQuick 模型的计算效率。

(2)基于更多的测站分析投影函数随方位角的变化特征,并采用数学函数拟合投影函数随方位角、高度角及薄层高度等的变化。

(3)在给定的电离层薄层高度按高度角及方位角进行空间格网划分,基于 NeQuick 计算各格网点不同高度角及方位角上的投影函数值;使用时采用空间插值或直接采用距离最近格网点对应的投影函数值。

6.6　本 章 小 结

　　Galileo 系统采用 NeQuick 作为其全球广播电离层模型。NeQuick 与常用电离层模型最大的区别在于,该模型是一种三维电离层模型,能够给出任意信号传播路径上的电子密度及其对应的 TEC 信息。本章阐述和分析了 NeQuick 模型的数学结构、公式改进、模型特点以及应用于 Galileo 系统时模型播发参数的确定方法。Galileo 系统应用中采用有效电离水平因子 Az 代替原有的太阳活动指数作为 NeQuick 的输入参数,同时利用二次多项式拟合得到广播星历中播发的 3 个电离层参数。基于全球 23 个 GPS 监测站的 TEC 实测数据实现 NeQuick C 参数的解算,以 GPS 及 JASON TEC 参考,2013 年 NeQuick C 的电离层修正精度分别为 72.4% 和 68.8%;与 NeQuick2 相比,NeQuick C 在陆地及海洋区域的修正精度分别提高了 9.1% 和 7.4%。以 GIM、GPS 及 JASON TEC 评估 2014 年 100 ~ 365 天 Galileo 广播星历中播发的 NeQuick G 参数精度,结果表明,NeQuick G 略优于 GPS 广播的 Klobuchar 模型(7% ~9%)。目前尚不清楚 NeQuick G 参数解算时采用的处理策略及监测站数量,有待进一步深入分析 NeQuick G 修正精度不高的原因。

　　在利用陆态网 GPS 及 GLONASS 电离层 TEC 实测数据分析中国区域电离层投影函数误差的基础上,提出了一种基于 NeQuick 的投影函数误差及投影函数值随空间方位角变化的分析方法。分析结果表明,2013 年中国低纬度地区 GUAN 站投影函数误差在 -10.0 ~ 2.0TECU 之间变化,不同空间方位上的投影函数误差具有明显的变化规律:投影函数误差基本沿方位角 180° 对称,180° 方位角对应的投影误差最小,0° 方位角对应的投影误差最大。此外,不同空间方位对应的投影函数值也表现出类似的变化规律。常用的投影函数仅考虑了不同高度角的影响,忽略了不同空间方位上 TEC 之间的差异,使用时会引起较大的误差,特别是在电离层活动较为活跃的赤道及低纬度地区。在利用更多测站分析投影函数随方位角变化特征的基础上,有必要在投影函数中引入空间方位角信息以减小其在电离层 TEC 建模中引起的误差。

　　基于 GPS 实测数据解算得到的 NeQuick 模型系数已通过 CAS FTP(ftp. gipp. org. cn)提供给用户使用,为全面评估 Galileo 广播电离层模型的实际引用精度奠定了基础。NeQuick 模型同时为电离层薄层假设及常用投影函数的改进提供了新的思路。

参考文献

[1] RADICELLA S M. The NeQuick model genesis,uses and evolution[J]. Annals of Geophysics,2009, 52(3/4):417-422.

[2] RADICELLA S M, ZHANG M L. The improved DGR analytical model of electron density height profile and total electron content in the ionosphere[J]. Annali di Geofisica, 1995, 38:35-41.

[3] RADICELLA S M, LEITINGER R. The evolution of the DGR approach to model electron density profiles[J]. Advances in Space Research, 2001, 27(1):35-40.

[4] COISSON P, RADICELLA S M, LEITINGER R, et al. Topside electron density in IRI and NeQuick: features and limitations[J]. Advances in Space Research, 2006, 37(5):937-942.

[5] LEITINGER R, ZHANG M, RADICELLA S M. An improved bottom side for the ionospheric electron density model NeQuick[J]. Annals of Geophysics, 2005, 48(3):525-534.

[6] NAVA B, COISSON P, RADICELLA S M. A new version of the NeQuick ionosphere electron density model[J]. Journal of Atmospheric and Solar-Terrestrial Physics, 2008, 70(15):1856-1862.

[7] COISSON P, NAVA B, RADICELLA S M, et al. NeQuick bottom side analysis at low latitudes [J]. Journal of Atmospheric and Solar-Terrestrial Physics, 2008, 70(15):1911-1918.

[8] BIDAINE B, WARNANT R. Assessment of the NeQuick model at mid-latitudes using GNSS TEC and ionosonde data[J]. Advances in Space Research, 2010, 45(9):1122-1128.

[9] BIDAINE B, WARNANT R. Ionosphere modeling for Galileo single frequency users: illustration of the combination of the NeQuick model and GNSS data ingestion[J]. Advances in Space Research, 2011, 47(2):312-322.

[10] ARAGON A A, ORUS R, HERNANDEZ P M, et al. Preliminary NeQuick assessment for future single frequency users of Galileo [C]//Proceedings of the 6th Geomatic Week, Barcelona, Spain, 2005.

[11] European Union. European GNSS open service signal in space interface control document [M]. Luxembourg: Publications Office of the European Union, 2010.

[12] FELTENS J. The international GPS service (IGS) ionosphere working group[J]. Advances in Space Research, 2003, 31(3):635-644.

[13] FELTENS J. The activities of the ionosphere working group of the international GPS service (IGS) [J]. GPS Solutions, 2003, 7(1):41-46.

[14] JODOGNE J C, NEBDI H, WARNANT R. GPS TEC and ITEC from digisonde data compared with NeQuick model[J]. Advances in Radio Science, 2005, 2(11):269-273.

[15] SOMIESKI A, BURGI C, FAVEY E. Evaluation and comparison of different methods of ionospheric delay mitigation for future Galileo mass market receivers[C]//Proceedings of the 20th International Technical Meeting of the Satellite Division of the Institute of Navigation (ION GNSS 2007), Fort Worth, TX, September 25-28, 2007:2854-2860.

[16] NAVA B, RADICELLA S M, AZPILICUETA F. Data ingestion into NeQuick 2[J]. Radio Science, 2011, 46(6):1-8.

[17] BRUNINI C, AZPILICUETA F, GENDE M, et al. Ground-and space-based GPS data ingestion into the NeQuick model[J]. Journal of Geodesy, 2011, 85(12):931-939.

[18] KOMJATHY A, LANGLEY R, BILITZA D. Ingesting GPS-derived TEC data into the international reference ionosphere for single frequency radar altimeter ionospheric delay corrections [J]. Advances in Space Research, 1998, 22(6):793-801.

[19] NAVA B,COISSON P,MIRO A G,et al. A model assisted ionospheric electron density reconstruction method based on vertical TEC data ingestion[J]. Annals of Geophysics,2005,48(2):321-326.

[20] NAVA B,RADICELLA S M,LEITINGER R,et al. A near-real-time model-assisted ionosphere electron density retrieval method[J]. Radio Science,2006,41(6). DOI:1-8.

[21] NIGUSSIE M,RADICELLA S M,DAMTIE B,et al. TEC ingestion into NeQuick 2 to model the east african equatorial ionosphere[J]. Radio Science,2012,47(5):1-11.

[22] OLADIPO O A,SCHULER T. GNSS single frequency ionospheric range delay corrections:NeQuick data ingestion technique[J]. Advances in Space Research,2012,50(9):1204-1212.

[23] ARBESSER R B. The Galileo single frequency ionospheric correction algorithm[C]//The 3rd European space weather week,Brussels,Belgium,2006.

[24] BIDAINE B,LONCHAY M,WARNANT R.Galileo single frequency ionospheric correction: performances in terms of position[J]. GPS Solutions,2012,17(1):63-73.

[25] 王宁波. GNSS 差分码偏差处理方法及全球广播电离层模型研究[D]. 武汉:中国科学院测量与地球物理研究所,2016.

[26] WANG N,YUAN Y,LI Z. An examination of the Galileo NeQuick model:comparison with GPS and JASON TEC[J]. GPS Solutions,2017,21(2):605-615.

[27] MOSERT G M,RADICELLA S M. On a characteristic point at the base of F2 layer in the ionosphere [J]. Advances in Space Research,1990,10(11):17-25.

[28] RADICELLA S M,ZHAN M L. The improved DGR analytical model of electron density height profile and total electron content in the ionosphere[J]. Annali di Geofisica,1995,38:35-41.

[29] LANDMARK B J. Meteorological and astronomical influences on radio wave propagation[C]// Proceedings of Papers Read at the NATO Advanced Study Institute,New York,1963.

[30] MEMARZADEH Y. Ionospheric modeling for precise GNSS applications[D]. Delft:Delft University of Technology,2009.

[31] RAMA R P,NIRANJAN K,PRASAD D,et al. On the validity of the ionospheric pierce point (IPP) altitude of 350 km in the Indian equatorial and low-latitude sector[J]. Annales Geophysicae,2006, 24(8):2159-2168.

第7章 北斗全球系统广播电离层模型 BDGIM

7.1 概　　述

建立高精度全球广播电离层时延修正模型也是我国北斗系统建设与发展的重要任务之一。与此同时,鉴于电离层模型对各导航系统的通用性,在日益激烈的国际导航市场竞争中,发展精度相对更高的广播电离层时延修正模型也成为提高北斗系统竞争力的重要技术手段之一。如前所述,美国 GPS 采用 8 参数广播电离层时延修正模型 Klobuchar[1],欧盟 Galileo 通过改进 NeQuick2 模型建立全球广播电离层时延修正模型[2-3],而我国 BDS2 采用精化的 8 参数 Klobuchar 模型及改进的 14 参数 Klobuchar 模型服务于我国及周边区域单频用户的电离层时延修正[4]。

为适应导航终端实时应用的需求及满足星地通信容量限制的条件,BDS 全球广播电离层时延修正模型要求播发/更新参数相对较少,结构简单,具有较高的计算效率以及优于 Klobuchar 模型的修正精度。另外,不同于美国 GPS 以及欧盟 Galileo 系统,我国 BDS 全球监测站在一定时期内的数量非常有限,且主要集中布设在我国境内。因此,BDS 全球广播电离层时延修正模型必须能够基于区域监测站或附加以少数全球监测站即可实现全球范围内的更新,并保证模型具有一定的拓展能力,以便能够在基本不改变总体设计与实施方案及相关软件的前提下,顺利实现自区域向全球数据处理模式的平稳过渡,从而满足未来 BDS 监测站全球布设的需求。

结合上述 BDS 对全球广播电离层时延修正模型的需求,袁运斌在 21 世纪初提出了基于改进和优化球谐函数构建北斗广播电离层时延修正模型的基本思路,并结合实测的 GPS 数据开展了大量的研究与论证[5-7],其研究成果为北斗系统建设提供了参考[8],也为后面建立适合于 BDS3 的全球广播电离层时延修正模型奠定了基础[9]。21 世纪初起,袁运斌与李子申、王宁波、霍星亮等通过 10 多年的合作,结合北斗系统建设的特点与应用需求,研究和建立了被北斗三号系统正式采纳使用的全球广播电离层模型 BDGIM[5-12]。目前,北斗三号全球卫星导航系利用 2 个公开服务频率(B1C、B2a 及 B2b)播发了 BDGIM 的 9 个改正参数[13-18]。

本章将立足上述研究成果[5-12],重点阐述涉及 BDGIM 的球谐函数模型数学结构的调整与改进的相关理论依据,以及如何结合 BDS 监测站布设以"境内为主,境外为辅"的特点及限制条件,通过设计充分顾及站星几何分布特征且物理含义明确的模型参数估计方法,有效解决以区域监测站为主实现模型全球更新的技术难题,以及如何面向北斗全球系统建议与用户需求,通过设计有效的优化组合方法,最终建立北斗全球广播电离层时延修正模型,并对其性能进行详细评估与分析。

必须注意的是,由于 BDGIM 的研究经历了 10 余年时间,随着它不断成熟和完善,在不同阶段有不同的命名:2004—2012 年称为 IGG 球谐函数模型(IGGSH)[5-8];2012—2017 年称为北斗球谐电离层模型(BDSSH)[9-12,19-20];2017年,在北斗三号导航卫星系统的空间接口控制文件中被正式命名为 BDGIM[13-18]。在本书及相关论文与技术报告中,无特殊说明时,IGGSH 与 BDSSH 等均为相应阶段的 BDGIM。

▨ 7.2　BDGIM 数学结构的建立及特点

全球广播电离层时延修正模型的数学结构不仅决定其对全球电离层 TEC 的描述与模拟能力,还决定实际实施中模型的播发系数个数及其对通信容量的要求。高精度的电离层时延修正效果通常要求模型的数学结构要相对复杂,而有限的播发系数要求模型的数学结构尽可能地简单,二者相互制约,必须有效克服这一瓶颈问题。研究表明,具有优良数学结构的球谐函数可有效地实现全球电离层 TEC 高精度的描述[21-23]。BDGIM 的建立也充分论证了基于球谐函数建立全球广播电离层时延修正模型的可行性[8,10]。

7.2.1　球谐函数结构的改进及播发系数的确定

导航系统星地通信容量的限制要求广播电离层时延修正模型的播发系数不宜过多,而 15×15 阶球谐函数电离层 TEC 模型的系数个数达 256 个,难以通过导航电文播发所有系数,必须进一步减少播发系数的个数,可考虑如下两种途径:①降低球谐函数的阶次,播发球谐函数的所有系数;②保留较高的球谐函数阶次,选择部分对电离层 TEC 计算起决定作用的系数进行更新播发,其他系数利用非播发的方式获得。

理论上,球谐函数的阶次代表着其所描述的物理参量在全球范围内的分辨率,各组成项对应系数具有一定的物理含义。尽管全球球谐函数电离层 TEC 模型的系数是通过最小二乘拟合得到的,但仍在一定程度上反映着电离层 TEC 的物理变化特性。图 7.1 所示为基于不同阶次的全球球谐函数电离层 TEC 模型得到的 2011 年12 月 27 日 12:00:00(UTC)全球电离层 VTEC 的分布,其中:横坐标表示地理经度,纵坐标表示地理纬度;每幅图的横轴下侧标出了对应球谐函数的阶次,全球球谐函数电离层 TEC 模型系数采用全球分布的 176 个 GPS 基准站观测数据计算得到。

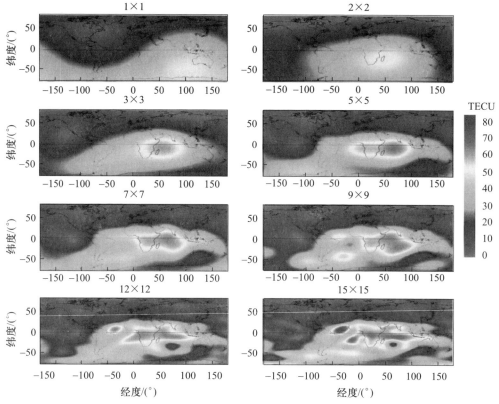

图 7.1　不同阶次全球球谐函数电离层 TEC 模型给出的全球电离层 VTEC 分布(见彩图)

可以看到:低阶球谐函数(1×1 或 2×2)难以反映出全球电离层 VTEC 的基本分布形态,特别是,电离层 VTEC"赤道异常"以及在南北半球之间的差异;当阶次从 3×3 增加至 7×7 时,全球电离层 VTEC 的分布逐渐接近于真实状态;随着球谐函数阶次的提高,其所给出的全球电离层 VTEC 分辨率也逐渐提高,并且电离层"赤道异常"结构的形状越来越接近于真实。总体上:全球球谐函数电离层 VTEC 模型的阶次描述着全球电离层 VTEC 变化的分辨率,采用降低阶次的途径减少系数个数,最多只能减少至 36 个(5×5 阶);当球谐函数阶次进一步降低时,所给出的全球电离层 VTEC 分布将会严重失真。因此,采用降低阶次减少播发系数的个数是不可行的。

另外,从数学意义而言,球谐函数是拉普拉斯方程球坐标形式的解,不同阶次的系数表示不同频率信号的振幅,代表着不同频率信号对合成信号的贡献大小。以 2006 年 06 月 06 日 00:00:00—02:00:00(UTC)一组 15×15 阶全球球谐函数电离层 TEC 模型系数(共 256 个)为例,依次自低阶向高阶选用不同个数的模型系数,计算位置(40°N,140°E)处的电离层 VTEC 及其相对之间的差异,如图 7.2 所示,其中,横坐标表示计算电离层 TEC 采用的系数个数,纵坐标表示电离层 VTEC 及 DVTEC,具体计算方法为

$$DVTEC = VTEC_{n+1} - VTEC_n \qquad (7.1)$$

式中：$VTEC_{n+1}$、$VTEC_n$ 分别为由全球球谐函数电离层 TEC 模型前 $n+1$、n 个系数计算得到的电离层 VTEC。

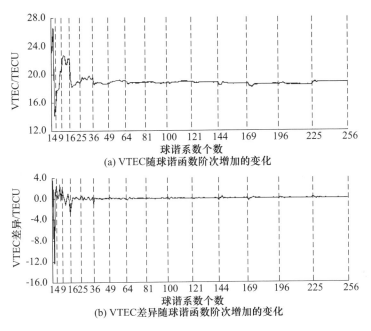

(a) VTEC 随球谐函数阶次增加的变化

(b) VTEC 差异随球谐函数阶次增加的变化

图 7.2　电离层 VTEC 及其差异随球谐函数阶次增加的变化

可以看到，当球谐函数电离层 TEC 模型系数个数大于 16 时，即 3×3 阶，电离层 VTEC 及其差异逐渐趋于稳定，变化小于 2TECU。以平均电离层 VTEC 为 20TECU 计算，前 16 个系数对电离层 VTEC 的贡献为 90% 左右。随着球谐函数电离层 TEC 模型阶次的增高，其对应系数对电离层 VTEC 的贡献越来越小。综合图 7.1 与图 7.2，在实测数据时空分辨率允许的情形下，球谐函数对全球电离层 VTEC 描述的分辨率与阶次成正比。因此，可将球谐函数电离层 TEC 模型系数初步分为两类：一类是对电离层 TEC 计算贡献较大的系数，主要集中在前 9 或 16 个，即 3 阶及以下球谐函数系数；另一类是对电离层 VTEC 计算贡献较小的系数，主要集中在第 17～256 个，即 4 阶及以上球谐函数系数。第一类球谐函数系数主要用来反映电离层 VTEC 在大范围内的整体变化趋势，即低频信号部分；第二类球谐函数系数主要用于反映电离层 VTEC 的小尺度变化，即高频信号部分。

基于上述两类球谐函数系数对电离层 TEC 模型能力的贡献，可以选择第一类系数作为全球广播电离层时延修正模型的播发系数，利用实测电离层数据对其进行不断更新，并通过导航电文直接播发给用户。对于第二类系数，可以通过建立预报模型及设计合理的优化组合技术在用户端直接进行预报，称第二类系数为非播发项或非播发系数。综合考虑不同球谐函数组成项对电离层 TEC 计算的贡献及星地通信容量的限制，播发系数暂定为 9 个。美国 GPS 采用的 Klobuchar 模型播发系数代表全球电离层 TEC 日变化的振幅与周期；欧盟 Galileo 采用的 NeQuick 模型播发系数代表全球电离层 TEC 日变化与地磁纬度之间的关系。BDGIM 播发系数代表着全球电离层 TEC 在经度和纬度方向上的变化梯度。不同于 Klobuchar 与 NeQuick 模型，在条件允许的情况下，BDGIM 还可选择更多的低阶球谐函数系数播发，以提高模型的电离层时延修正效果与更新效率。

7.2.2 BDGIM 非播发项的建模与预报

球谐函数描述全球电离层 TEC 变化时每个正交多项式的基函数本身表示的物理含义。理论上讲，不同阶次的系数蕴含着电离层 TEC 本身不同的周期变化特征，如太阳周、年、半年、月以及周日等[10]。基于长期观测数据，分析 7.2.1 节中确定的 BDGIM 非播发项各系数所蕴含的周期及其振幅，通过建立有限项的傅里叶三角级数模型即可实现预报。假设定义在时间域上的球谐函数电离层模型系数时间序列（y）可表示成式（7.2）的形式，则可用一组独立的形如式（7.3）的三角级数函数表示。

$$\boldsymbol{y}^{\mathrm{T}} = \begin{bmatrix} y_1 & y_2 & \cdots & y_m \end{bmatrix} \tag{7.2}$$

$$\begin{cases} E\{y(t)\} = A_0 + \sum_{k=1}^{q} \boldsymbol{A}_k \boldsymbol{x}_k \\ \boldsymbol{A}_k = \begin{bmatrix} \cos\omega_k t_1 & \sin\omega_k t_1 \\ \cos\omega_k t_2 & \sin\omega_k t_2 \\ \vdots & \vdots \\ \cos\omega_k t_m & \sin\omega_k t_m \end{bmatrix}, \quad \boldsymbol{x}_k = \begin{bmatrix} a_k \\ b_k \end{bmatrix}, \quad D\{y\} = Q_y \end{cases} \tag{7.3}$$

式中：A_0 为系数的平均值，为一常数项；q 为三角函数组成项的个数；ω_k 为各三角函数项的频率，对应于时间序列 $\boldsymbol{y}^{\mathrm{T}}$ 中蕴含的周期；a_k、b_k 为待估的模型系数，一旦 ω_k 确定，可基于最小二乘直接估计得到。相反，如果 a_k、b_k 及各周期已知，则可计算出任意时刻的 $\boldsymbol{y}$。

霍星亮等利用傅里叶变换分析了球谐函数系数的变化规律，并初步建立了相应的预报模型[10]。然而，实际中球谐函数系数变化不仅包含主周期信号，还包含相应的调制周期信号，上述预报模型中仅仅顾及了部分典型的主周期信号。基于最小二乘谐波估计（LS-HE）是一种精确分析与确定时间序列周期的数学方法[24]，可清晰地辨别出上述不同周期的信号。Amiri-Simkooei 和 Asgari 已将其成功应用于全球电离层 TEC 的周期变化特性分析[25]。本节将利用 LS-HE 方法精确提取不同阶次球谐函数电离层 TEC 模型系数时间序列所蕴含的主周期与调制周期，并利用确定的周期建立各系数的预报模型。

限于篇幅，以球谐函数电离层 TEC 模型的第 10 个系数（非播发项第 1 个系数）为例，图 7.3 所示为其在最近一个太阳活动周期（2001 年 10 月 01 日—2011 年 12 月 31 日）内的时间序列图、正则化的功率谱图及其主周期功率谱的局部放大图，数据的采样率为 2h。

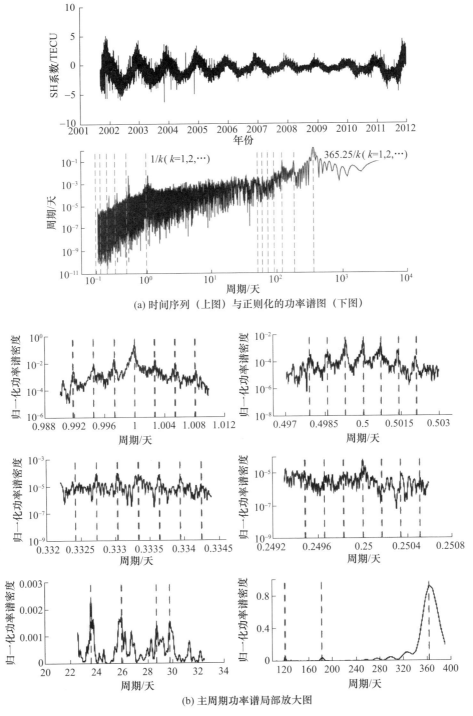

(a) 时间序列（上图）与正则化的功率谱图（下图）

(b) 主周期功率谱局部放大图

图 7.3　球谐函数电离层 TEC 模型第 10 个系数的周期变化分析结果

从时间序列图上看,球谐函数电离层 TEC 模型系数变化具有明显的周年变化特点,在 2002—2003 年左右周年变化的振幅达到峰值,在 2007—2009 年左右达到最小,在 2010 年以后又逐渐恢复至峰值水平,该变化主要受太阳周年活动的影响。从图 7.3(a)中的正则化功率谱图上可以看到,球谐函数电离层 TEC 模型系数存在着明显的 $1/k(k=1,2,3,\cdots,6)$ 天的周期,该周期主要受太阳周日变化的影响;除了天周期以外,还有明显的 $1/k(k=1,2,3)$ 年周期,主要受太阳季节变化的影响。

除了上述与电离层本身物理特性相关的主要周期项以外,分别将 1 天、1/2 天、1/3 天、1/4 天周期附近的功率谱进行局部放大,如图 7.3(b)所示,在高频周期信号两侧对称地调制有低频的信号,其对应的周期如下:

(1)在 1 天周期左右两侧调制的高频信号周期为 0.9918 天、0.9945 天、0.9973 天、1.0027 天、1.0054 天、1.0081 天,可概略表示为 $1\pm j/365.25$,其中,$j=1,2,3$。

(2)在 1/2 天周期左右两侧调制的高频信号周期为 0.4979 天、0.4986 天、0.4993 天、0.5007 天、0.5014 天、0.5021 天,可概略表示为 $1/2\pm j/(2\times365.25)$,其中,$j=1,2,3$。

(3)在 1/3 天周期左右两侧调制的高频信号周期为 0.3324 天、0.3327 天、0.3330 天、0.3333 天、0.3336 天、0.3339 天、0.3342 天,可概略表示为 $1/3\pm j/(3\times365.25)$,其中,$j=1,2,3$。

(4)在 1/4 天周期左右两侧调制的高频信号周期项 0.24948 天、0.24965 天、0.24983 天、0.25 天、0.25017 天、0.25034 天、0.25051 天,可概略表示为 $1/4\pm j/(4\times365.25)$,其中,$j=1,2,3$。

上述调制的高频信号进一步说明了 1 天、1/2 天、1/3 天、1/4 天周期的振幅还具有与年周期相关的变化特性,以 1 天的周期为例,考虑振幅的年周期变化之后,可表示为

$$y(t)=(A+M\sin(\omega_1 t+\varphi_1))\sin(\omega_2 t+\varphi_2) \tag{7.4}$$

式中:M 为调制的年周期信号振幅;ω_1 为调制的年周期信号频率;φ_1 为年周期信号的初始相位;ω_2 为主周期(1 天)信号频率;φ_2 为主周期的初始相位。

因此,式(7.4)表示的周期信号可分解为两部分:不考虑调制信号的 $y_1(t)$ 与调制信号 $y_2(t)$,如式(7.5)所示,其中,$y_2(t)$ 还可进一步写成式(7.6)所示的形式。

$$\begin{cases} y_1(t)=A\sin(\omega_2 t+\varphi_2) \\ y_2(t)=M\sin(\omega_1 t+\varphi_1)\sin(\omega_2 t+\varphi_2) \end{cases} \tag{7.5}$$

$$\begin{cases} y_2(t)=M_k^1\cos\omega_k^s t+M_k^2\sin\omega_k^s t+M_k^3\cos\omega_k^d t+M_k^4\sin\omega_k^d t \\ (M_k^1)^2+(M_k^2)^2=(M_k^3)^2+(M_k^4)^2 \end{cases} \tag{7.6}$$

式中:$\omega_k^s=\omega_2+\omega_1$;$\omega_k^d=\omega_2-\omega_1$。

经变换之后的调制信号与主周期信号具有相同的三角级数表示形式,但是在其

对应的振幅之间增加了式(7.6)中第二个表达式所述的约束关系。因此,实际求解式(7.3)的待估系数时应将其作为限制条件加入到观测方程中。

　　对月(26.3 天)及年、半年周期附近的功率谱进行局部放大,如图 7.3(b)所示,可以发现:在月周期附近仍然存在有明显的高频信号,自左至右其周期依次为 25.0 天、25.5 天、26.0 天、26.3 天、27.3 天、27.7 天、28.4 天、29.4 天;与上述在 1 天周期振幅上调制的年周期信号对比,在月周期振幅上调制的信号受到周年、半年、季节等因素的综合影响,难以用明确的表达式对其进行描述,实际中仅选取 26.3 天的主周期项,并调制上季节周期信号,即 $26.3 \times (1 \pm 4j/365.25)(j = 1,2,3)$;另外,在半年及年周期附近没有发现调制的高频信号存在。

　　上述周期项分析仅采用了近一个太阳活动周期的实测数据,年及以下周期在所选定的数据时段内出现了多个周期,可以清晰地辨识出来;但是,对于年以上周期,受到数据长度的限制,难以直接从功率谱图中得到。为此,基于上述分析结果的规律,取与太阳活动相关的周期项为 $11.03/n(n = 1,2,\cdots,6)$,其中,11.03 表示指定的太阳活动周期,单位为年。这样,球谐函数电离层 TEC 模型的任一个系数可采用形如式(7.7)的表达式进行描述。

$$
\begin{cases}
\text{GTEC}_i(t) = \text{GTEC}_{i,1}(t) + \text{GTEC}_{i,2}(t) \\
\text{GTEC}_{i,1}(t) = A_{i,0} + \sum_{k=1}^{K_i} \left[A_{i,2k-1}\cos(\omega_{i,k}t) + A_{i,2k}\sin(\omega_{i,k}t) \right]^{①} + \\
\qquad \sum_{l=1}^{L_i} \left[A_{i,2K+2l-1}\cos(\omega_{i,l}t) + A_{i,2K+2l}\sin(\omega_{i,l}t) \right]^{②} + \\
\qquad \sum_{m=1}^{M_i} \left[A_{i,2K+2L+2m-1}\cos(\omega_{i,m}t) + A_{i,2K+2L+2m}\sin(\omega_{i,m}t) \right]^{③} + \\
\qquad \sum_{n=1}^{N_i} \left[A_{i,2K+2L+2M+2n-1}\cos(\omega_{i,n}t) + A_{i,2K+2L+2M+2n}\sin(\omega_{i,n}t) \right]^{④} \\
\text{GTEC}_{i,2}(t) = \sum_{k=1}^{K_i}\sum_{r=1}^{I_{i,k}} \left[B_{i,4r-3}^{k}\cos(\omega_{i,k}^{si}t) + B_{i,4r-2}^{k}\sin(\omega_{i,k}^{si}t) + B_{i,4r-1}^{k}\cos(\omega_{i,k}^{di}t) + \right. \\
\qquad \left. B_{i,4r}^{k}\sin(\omega_{i,k}^{di}t) \right]^{⑤} + \sum_{l=1}^{L_i}\sum_{j=1}^{J_{i,l}} \left[B_{i,4j-3}^{l}\cos(\omega_{i,l}^{sj}t) + B_{i,4j-2}^{l}\sin(\omega_{i,l}^{sj}t) + \right. \\
\qquad \left. B_{i,4j-1}^{k}\cos(\omega_{i,l}^{dj}t) + B_{i,4j}^{l}\sin(\omega_{i,l}^{dj}t) \right]^{⑥}
\end{cases}
$$
(7.7)

式中:$\text{GTEC}_i(t)$ 为 t 时刻全球球谐函数电离层 TEC 模型第 i 个系数,由 $\text{GTEC}_{i,1}(t)$ 与 $\text{GTEC}_{i,2}(t)$ 两部分组成,$\text{GTEC}_{i,1}(t)$ 为与主周期项相关的部分,$\text{GTEC}_{i,2}(t)$ 为主周期项所对应的调制信号部分;$A_{i,0}$ 为该系数在拟合时段内的平均值;①表示与日周期变化相关的部分,$\omega_{i,k}$ 为周期 $T_k = 1/k$ 对应的频率;②表示与月周期变化相关的部分,

$\omega_{i,l}$ 为周期 $T_l = 26.3/l$ 对应的频率,26.3 表示一个月内的天数;③表示与年周期变化相关的部分,$\omega_{i,m}$ 为周期 $T_m = 365.25/m$ 对应的频率,365.25 表示一年的天数;④表示与太阳活动周期变化相关的部分,$\omega_{i,n}$ 为周期 $T_m = 365.25 \times 11.03/n$ 对应的频率,11.03 表示一个太阳活动周期的年数;⑤表示与日周期变化的调制信号,$\omega_{i,k}^{si}$ 与 $\omega_{i,k}^{di}$ 为主周期调制信号对应的频率,且 $\omega_{i,k}^{si} = \omega_{i,k} + \omega_{i,k}^{i}$,$\omega_{i,k}^{di} = \omega_{i,k} - \omega_{i,k}^{i}$,$\omega_k^i$ 为周期 $1/k \pm i/(365.25 \cdot k)$ 对应的频率;对于同一组信号满足 $(B_{i,4r-3}^k)^2 + (B_{i,4r-2}^k)^2 = (B_{i,4r-1}^k)^2 + (B_{4r}^k)^2$;⑥表示月周期变化的调制信号,$\omega_{i,l}^{sj}$ 为主周期调制信号频率,且 $\omega_{i,l}^{sj} = \omega_{i,l} + \omega_{i,l}^j$,$\omega_{i,l}^{dj} = \omega_{i,l} - \omega_{i,l}^j$,$\omega_{i,l}^j$ 为周期 $26.3/l \pm 4j/(365.25l)$ 对应频率;对于同一组信号满足 $(B_{4j-3}^i)^2 + (B_{4j-2}^i)^2 = (B_{4j-1}^l)^2 + (B_{4j}^l)^2$。

式(7.7)给出的各周期项(包括主周期项与调制周期项)在实际计算中需要再进行显著性检验,具体检验方法可参考文献[24]。综合通过显著性检验之后的各周期项,确定最终用于描述全球球谐函数电离层 TEC 模型系数的傅里叶三角级数模型,即预报模型。按照上述方法,逐个地建立 BDGIM 非播发项中各系数的预报模型,即可实现任意时刻 BDGIM 非播发项的预报。

图 7.4 所示为 BDGIM 非播发系数第 1 个系数实测值与预报值的对比情况,其中,2012 年 1 月 1 日之前是内插值,之后为预报值。可以看到,构建的预报模型基本能够反映系数本身的周期变化特性,振幅也与实际基本相符,具有良好的预报能力。

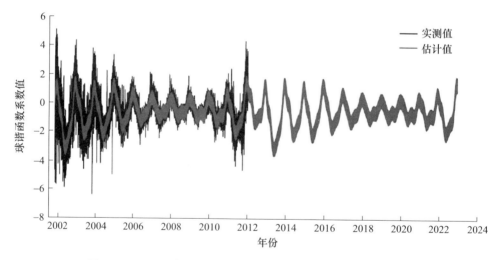

图 7.4　BDGIM 首个非播发系数预报值与实测值对比(见彩图)

由于 BDGIM 非播发项对电离层 TEC 计算的贡献总体上远小于播发系数的贡献,因此,为提高用户端 BDGIM 的计算效率以及节约存储空间,设计了一套合理的优化组合算法,进一步整合和简化了 BDGIM 非播发项的预报模型 N_0。

7.2.3　BDGIM 的数学结构

根据前述分析,基于电离层薄层假设(薄层高度为 400km),BDGIM 全球广播电离层时延改正模型给出的天顶电离层延迟包括计算值和预报值两部分[9,11],其中,计算值部分由广播星历中播发的参数计算得到,预报值部分由接收机端的预报系数计算得到,其数学结构可表示为

$$T_{ion} = F \cdot K \cdot \left[N_0 + \sum_{i=1}^{9} \alpha_i A_i \right] = F \cdot K \cdot T_{vtec} = K \cdot T_{stec} \tag{7.8}$$

式中:T_{ion} 为视线方向的电离层延迟改正值(m);F 为与卫星在交叉点处的天顶距相关的投影函数,要求运控中心与用户端采用同样的投影函数,用于天顶与视线方向电离层 TEC 之间的转换;K 为与信号频率相关的函数,用于电离层 TEC(TECU)与信号延迟(m)之间的转换,$K = 40.3 \cdot 10^{16}/f^2$;$N_0$ 为由固化于用户接收机的预报系数、电离层交叉点位置及观测时刻计算得到的预报值(TECU);$\alpha_i (i = 1 \sim 9)$ 为 BDGIM 的播发参数,由区域/全球北斗监测站数据计算得到;$A_i (i = 1 \sim 9)$ 为根据电离层交叉点位置及观测时刻计算得到的函数值;T_{vtec} 为某交叉点天顶方向电离层 VTEC;T_{stec} 为信号传播路径上的电离层 TEC,可通过拟定的投影函数 F 实现 T_{vtec} 与 T_{stec} 之间的转换。

A_i 的计算公式如式(7.9)所示,式中 φ' 及 λ' 分别为日固系下电离层交叉点处的地磁纬度和经度(rad);n_i 及 $m_i (i = 1 \sim 9)$ 分别为第 i 个播发参数对应的球谐函数阶次;N_{n_i,m_i} 为正则化函数,计算公式见式(7.10)(式中 $m = 0$ 时,$\delta_{0,m}$ 的值为 1;$m > 0$ 时,$\delta_{0,m}$ 的值为 0);P_{n_i,m_i} 为标准勒让德函数,计算公式见式(7.11)(式中 n、m 均取绝对值)。

$$A_i = \begin{cases} N_{n_i,m_i} \cdot P_{n_i,m_i}(\sin\varphi') \cdot \cos(m_i \cdot \lambda') & m_i > 0 \\ N_{n_i,m_i} \cdot P_{n_i,m_i}(\sin\varphi') \cdot \sin(-m_i \cdot \lambda') & m_i < 0 \end{cases} \tag{7.9}$$

$$N_{n,m} = \sqrt{\frac{(n-m)! \cdot (2n+1) \cdot (2-\delta_{0,m})}{(n+m)!}} \tag{7.10}$$

$$\begin{cases} P_{n,n}(\sin\varphi') = (2n-1)!!\ (1-(\sin\varphi')2)^{n/2} & n = m \\ P_{n,m}(\sin\varphi') = \sin\varphi' \cdot (2m+1) \cdot P_{m,m}(\sin\varphi') & n = m+1 \\ P_{n,m}(\sin\varphi') = \dfrac{(2n-1) \cdot \sin\varphi' \cdot P_{n-1,m}(\sin\varphi') - (n+m-1) \cdot P_{n-2,m}(\sin\varphi')}{n-m} & 其他 \end{cases}$$
$$\tag{7.11}$$

N_0 的计算公式为

$$N_0 = \sum_{j=1}^{J} \beta_j B_j, B_j = \begin{cases} N_{n_j,m_j} \cdot P_{n_j,m_j}(\sin\varphi') \cdot \cos(m_j \cdot \lambda') & m_j > 0 \\ N_{n_j,m_j} \cdot P_{n_j,m_j}(\sin\varphi') \cdot \sin(-m_j \cdot \lambda') & m_j < 0 \end{cases} \tag{7.12}$$

式中:β_j 为 BDGIM 的非播发参数;n_j,m_j 分别为第 j 个非播发参数对应的球谐函数阶

次；N_{n_j,m_j} 为正则化函数，P_{n_j,m_j} 为标准勒让德函数，其计算公式分别参见式(7.10)及式(7.11)。

非播发参数 β_j 由一系列预报系数计算得到，如式(7.13)所示。

$$\begin{cases} \beta_j = \sum_{k=0}^{12} (a_{k,j} \cdot \cos\omega_k t_k + b_{k,j} \cdot \sin\omega_k t_k) \\ \omega_k = \dfrac{2\pi}{T_k} \end{cases} \tag{7.13}$$

式中：T_k 为非播发参数对应的第 k 个周期(天)；t_k 为预报时刻(天)，用修正儒略日(MJD)表示；$a_{k,j}$、$b_{k,j}$ 为三角级数函数的预报系数(TECU)；非播发参数每天计算一次，每次需生成12组，分别对应于当天 01:00:00,03:00:00,05:00:00,…,23:00:00时刻。

式中 $a_{k,j}$、$b_{k,j}$ 可从北斗三号卫星导航系统(公开服务信号 B1C、B2a 及 B2b 接口控制文件(ICD)中获取[13-18]。

将式(7.8)~式(7.13)代入式(7.8)，可得到 BDGIM 的表示式为

$$T_{\text{vtec}} = \sum_{i=1}^{9} \alpha_i A_i + \sum_{j=1}^{J} \beta_j B_j$$
$$T_{\text{ion}} = F \cdot K \cdot T_{\text{vtec}} \tag{7.14}$$

第14章及相关文献介绍了北斗用户利用上式具体计算电离层时延改正的详细步骤[13-18]。

7.2.4　BDGIM 的主要特点

相对于 GPS 采用的 Klobuchar 模型与 Galileo 系统采用改进后的 NeQuick 模型，BDGIM 不仅较好地克服了高精度的全球电离层 TEC 模拟与有限的播发系数之间的矛盾，还具有较强的扩展性和应用安全性，其特色与优势主要体现在以下几个方面[11-12]：

(1) BDGIM 通过调整与改进球谐函数，相对于 Klobuchar 模型所采用的简单的三角余弦函数，更能有效地实现全球电离层 TEC 的精确描述；相对于 NeQuick 模型所采用的空间物理模式，结构更为简便，避免了因顾及电离层本身物理变化特性而采用的更为复杂的电离层物理模型。

(2) BDGIM 将球谐函数模型系数进行分类，建立综合考虑电离层精细周期变化的非播发系数预报模型，不仅显著降低了播发参数个数及其对通信容量的要求，还有效地实现了全球电离层 TEC 变化中高频信号的预报，在有限播发参数的条件下，保留了球谐函数对全球电离层 TEC 的精确描述能力。

(3) BDGIM 播发与非播发系数均具有明确物理含义以及显著的周期变化规律，使得播发系数与非播发系数均具有较强的预报能力，可在相对较长时间(如半年左右)内有效地预报全球电离层 TEC 的变化，从而使得无法实现模型更新的情况时，仍

可保证一定精度的电离层时延修正效果,具有较强的应用安全性。

（4）在条件允许的情况下,BDGIM 还可通过增加播发参数个数,降低非播发参数个数,进一步提高模型的更新能力以及对全球电离层 TEC 变化模拟效果,具有较强的拓展能力。

7.3　BDGIM 非播发项预报模型的建立与播发系数的更新

从上述分析中可以看到,BDGIM 非播发项的预报以及播发系数的准实时更新是 BDGIM 实施的两项关键技术,本节将重点介绍解决上述两项关键技术的具体方法[11-12]。另外,BDGIM 还涉及播发系数的编码与解码、用户端电离层时延的修正等内容。其中,前者与信号通信以及导航电文设计密切相关,本书将不做讨论;后者则基于 7.2.3 节中给出的 BDGIM 数学结构直接计算,第 14 章将给出具体的计算方法。

7.3.1　BDGIM 非播发项的预报

利用最近一个太阳活动周期内(2001—2012 年)全球分布的 GPS 基准站双频观测数据得到的 15×15 阶全球球谐函数电离层 TEC 模型,提取 BDGIM 各非播发系数的时间序列;按照 7.2.2 节中基于最小二乘的谐波估计方法确定各系数的主周期与调制周期,采用式(7.7)所示的三角级数函数形式,建立 BDGIM 各非播发系数的预报模型。统计上述时段内各 BDGIM 各非播发系数拟合的内符合精度,如图 7.5 所示。可以看到,低阶球谐函数电离层 TEC 模型系数的拟合精度明显低于高阶次球谐函数电离层 TEC 模型系数,这主要是由于低阶球谐函数模型系数数值较大,且其变化主要受太阳周年变化影响,规律性不及高阶项系数显著。整体上,对于大于 4 阶次的球谐函数电离层 TEC 模型系数(第 25 个之后)的拟合精度均优于 0.5TECU。

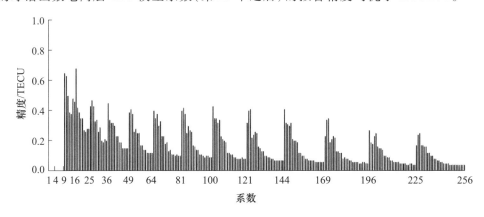

图 7.5　2001—2012 年 BDGIM 非播发项各系数拟合精度统计

为了分析非播发系数的预报效果,采用非播发系数的预报值与播发系数对应球谐函数电离层 TEC 模型系数的实测值组成新的电离层 TEC 模型,称为"IGGSH"。以 2002 年(太阳活动高年)与 2008 年(太阳活动低年)年积日第 80 天为例,分别基于 IGGSH 以及 CODE 球谐电离层模型(CODESH)计算位置(110°E,20°N)以及(20°E,20°N)处电离层 VTEC 在一天内的变化,如图 7.6 所示。可以看到,IGGSH 与 CODESH 给出的电离层 VTEC 变化基本相符,这说明 IGGSH 可较好地反映全球电离层 TEC 的日变化特性,但是 IGGSH 给出的电离层 VTEC 变化要相对平滑一些,这主要是由于 IGGSH 中非播发系数是预报得到的,而 CODESH 中相应系数是基于实测数据计算得到的。从一天的变化来看,二者在当地午后 3~4h 内符合最差,在当地夜间与上午时段内符合相对较好。

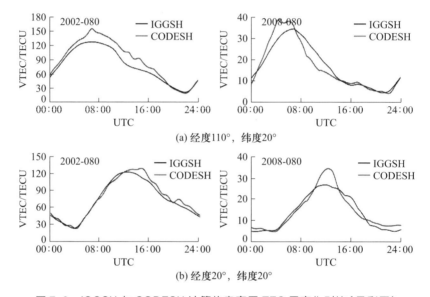

(a) 经度110°,纬度20°

(b) 经度20°,纬度20°

图 7.6　IGGSH 与 CODESH 计算的电离层 TEC 日变化对比(见彩图)

图 7.7 分别给出了上述两天内分别基于 IGGSH 与 CODESH 得到的全球电离层 TEC 在 12:00:00(UTC)的分布。总体上看,IGGSH 与 CODESH 给出的全球电离层 TEC 变化基本吻合,电离层"赤道异常"的双峰结构及周日变化(日固系下主要体现在经度上)在 IGGSH 中均可得到准确反映;在太阳活动高年,IGGSH 在电离层 TEC 日变化的峰值附近(经度 0°~50°的赤道区域)略小于 CODESH;在电离层 TEC 自峰值向波谷过渡期间(经度 −150°~−80°的赤道区域,相当于当地傍晚至午夜期间),IGGSH 给出的电离层 TEC 更为平滑,无法有效地反映局部范围内更为精细的电离层 TEC 变化,这正是预报模型带来的精度损失。在太阳活动高年,IGGSH 在北极地区给出的电离层 TEC 要略大于 CODESH;在南半球的海洋地区略小于 CODESH,且分辨率相对较低;在太阳活动低年,IGGSH 在电离层 TEC 峰值区域要略大于 CODESH,并且在赤道南北驼

峰中间区域的电离层 TEC 衰减结构未能得到精确反映；但是，由于在太阳活动低年，电离层 TEC 变化总体上较为平稳，上述分辨率的损失对 IGGSH 的整体实施效果影响并不大。

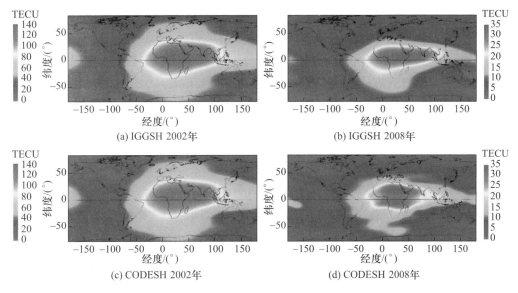

(a) IGGSH 2002年　　　　　　　　　(b) IGGSH 2008年

(c) CODESH 2002年　　　　　　　　(d) CODESH 2008年

图 7.7　基于 IGGSH 和 CODESH 得到的全球电离层
TEC 在 12∶00∶00(UTC)的分布(见彩图)

为了进一步分析不同纬度带内 IGGSH 对电离层 TEC 变化的反应能力，将全球自南向北对称地分为 8 个纬度带，分别统计各纬度带内 IGGSH 与 CODESH 给出的电离层 VTEC 之间的差异，如表 7.1 所列，其中，VTEC 平均值一列表示对应纬度内 CODESH 计算得到的电离层 VTEC 平均值。太阳活动高年(2002 年)，二者之间的差异在中纬度地区最小，4～6TECU(电离层 VTEC 的平均值约为 50TECU)；在赤道地区最大，约 10TECU(电离层 VTEC 的平均值约为 70TECU)；全球平均约 6TECU，相对于全球电离层 TEC 平均值约 50TECU，吻合程度约为 85%。太阳活动低年(2008 年)，二者之间的差异在不同纬度区域内约为 2TECU；全球电离层 TEC 平均值约 10TECU，吻合程度约为 80%。

表 7.1　2002 年与 2008 年第 80 天 IGGSH 与
CODESH 计算电离层 VTEC 差异统计

纬度带	2002 年		2008 年	
	VTEC 平均值/TECU	中误差/TECU	VTEC 平均值/TECU	中误差/TECU
80°S ~ 60°S	30.36	7.24	5.46	1.51
60°S ~ 40°S	42.13	5.76	7.18	1.82
40°S ~ 20°S	50.24	4.67	8.76	2.12

（续）

纬度带	2002 年		2008 年	
	VTEC 平均值/TECU	中误差/TECU	VTEC 平均值/TECU	中误差/TECU
20°S～0°S	70.82	6.03	13.90	2.15
0°N～20°N	70.13	9.76	16.39	2.54
20°N～40°N	66.43	7.95	11.43	2.26
40°N～60°N	41.09	3.82	6.76	1.95
60°N～80°N	29.13	3.47	4.35	1.81
全球平均	50.04	6.08	9.28	2.05

另外,通过对比低阶球谐函数模型得到的全球电离层 TEC 分布(图 7.1),可以发现,BDGIM 中非播发系数的预报基本能够实现全球球谐函数电离层 TEC 模型高阶系数的预报;相对于低阶球谐函数模型,可显著提高模型的分辨率,换言之,预报模型有效地保留了高阶系数对电离层 TEC 的描述能力,是对低阶球谐函数模型的有效补充。

需要特别说明的是,BDGIM 非播发系数的预报模型在使用时存在内插和外推两种情形。如在本节中,2001—2012 年期间即为内插,其他时间为外推。理论上讲,外推的时间越长,模型的预报能力越差,因此,在条件允许的情况下,需要利用实测数据不定期地(如 1～3 年)对预报模型进行更新,以保证其较高的预报能力。

7.3.2 BDGIM 播发系数的准实时更新

全球广播电离层时延修正模型需要利用实测的电离层数据对播发系数进行不断地更新,以使其能够反映近期全球电离层 TEC 的变化。GPS 采用的 Klobuchar 模型播发系数每次更新时,从已有的 370 组系数中选择与当前全球电离层 TEC 变化最吻合的一组系数进行播发;Galileo 采用的 NeQuick 模型通过全球分布的 GNSS 基准站实测的电离层 TEC 计算相应的播发系数;同样地,BDGIM 也需要通过实测的电离层 TEC 数据对播发系数进行更新。

模型播发系数的更新通常包括电离层 TEC 预报及播发系数的解算两部分。在太阳活动相对平静时,电离层 TEC 变化呈现出明显的周日变化特性。图 7.8 所示为 2002 年(太阳活动高年)与 2008 年(太阳活动低年)北京房山(BJFS)基准站上连续 3 天各 GPS 卫星实测的电离层 VTEC。GPS 卫星的轨道周期接近于 12h,前后两天电离层交叉点的位置基本相同。可以看到,无论是在太阳活动高年还是太阳活动低年,同一位置前后两天电离层 TEC 变化的趋势与大小基本相同,因此,BDGIM 更新时,通常可直接采用前一天或二天内实测电离层数据解算播发系数,尽量避免再单独对电离层 TEC 进行预报。对于突发的电离层暴等造成短期内局部地区电离层 TEC 变化的异常通常不是 GNSS 全球广播电离层时延修正模型要求处理的,而必须在系统完好性中引入电离层威胁模型对其进行监测、预警与处理。

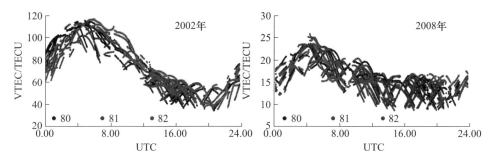

图 7.8　2002 年与 2008 年 BJFS 基准站连续 3 天（DOY80~82）
实测电离层 VTEC 对比（见彩图）

　　不同于 GPS、Galileo 等全球卫星导航系统可在全球范围内布设监测站，我国 BDS 监测站一定时期内将主要布设在中国境内，境外监测站的数量非常有限。然而，球谐函数的全球特性通常要求其必须基于全球分布的观测数据才可实现系数的精确求解，否则方程解算中将会出现严重的病态。针对此，本节通过综合考虑站星几何分布结构特征，建立具有明确物理含义的参数估计方法，解决利用区域范围为主建设的监测站资料结合相关约束信息实现 BDGIM 播发系数更新的技术难题。假设实测电离层观测矢量为 $\boldsymbol{VTEC}_1$，播发系数为 $\boldsymbol{X}_{\mathrm{ion}}$，非播发系数为 $\boldsymbol{X}_{\mathrm{fix}}$，电离层设计信息矢量为 $\boldsymbol{VTEC}_2$，则可形成如式（7.15）所示的观测方程。

$$\begin{cases} \boldsymbol{VTEC} = \begin{bmatrix} \boldsymbol{B}_{\mathrm{ion}} & \boldsymbol{B}_{\mathrm{fix}} \end{bmatrix} \cdot \begin{bmatrix} \boldsymbol{X}_{\mathrm{ion}} \\ \boldsymbol{X}_{\mathrm{fix}} \end{bmatrix} \\ \hat{\boldsymbol{X}}_{\mathrm{u,fix}} = \boldsymbol{X}_{\mathrm{fix}} \end{cases} \qquad (7.15)$$

式中：$\boldsymbol{VTEC} = \begin{bmatrix} \boldsymbol{VTEC}_1 \\ \boldsymbol{VTEC}_2 \end{bmatrix}$；$\boldsymbol{B}_{\mathrm{ion}} = \begin{bmatrix} \boldsymbol{B}_{1,\mathrm{ion}} \\ \boldsymbol{B}_{2,\mathrm{ion}} \end{bmatrix}$；$\boldsymbol{B}_{\mathrm{fix}} = \begin{bmatrix} \boldsymbol{B}_{1,\mathrm{fix}} \\ \boldsymbol{B}_{2,\mathrm{fix}} \end{bmatrix}$；$\boldsymbol{B}_{1,\mathrm{ion}}$、$\boldsymbol{B}_{1,\mathrm{fix}}$、$\boldsymbol{B}_{2,\mathrm{ion}}$、$\boldsymbol{B}_{2,\mathrm{fix}}$ 分别为电离层实测观测矢量与设计信息矢量对应的系数矩阵；$\hat{\boldsymbol{X}}_{\mathrm{u,fix}}$ 为根据设计要求给定的 BDGIM 非播发系数的先验值。

　　将 $\hat{\boldsymbol{X}}_{\mathrm{u,fix}} = \boldsymbol{X}_{\mathrm{fix}}$ 视作约束条件，基于附有限制条件的间接平差，可得到 BDGIM 的播发系数估值及其协方差为

$$\begin{cases} \hat{\boldsymbol{X}}_{\mathrm{ion}} = \boldsymbol{N}_{\mathrm{BB}}^{-1} \boldsymbol{B}_{\mathrm{ion}}^{\mathrm{T}} \boldsymbol{P} \boldsymbol{L} \\ \boldsymbol{D}_{\hat{\boldsymbol{x}}_{\mathrm{ion}}} = \hat{\sigma}_0 \boldsymbol{N}_{\mathrm{BB}}^{-1} \\ \boldsymbol{N}_{\mathrm{BB}} = \boldsymbol{B}_{\mathrm{ion}}^{\mathrm{T}} \boldsymbol{P} \boldsymbol{B}_{\mathrm{ion}} \end{cases} \qquad (7.16)$$

式中：$\boldsymbol{L} = \boldsymbol{VTEC} - \boldsymbol{B}_{\mathrm{ion}} \cdot \hat{\boldsymbol{X}}_{\mathrm{u,fix}}$；$\boldsymbol{P}$ 为权阵；$\hat{\sigma}_0$ 为验后的单位权中误差。

　　仍以 2002 年（太阳活动高年）及 2008 年（太阳活动低年）年积日第 80 天为例，

基于前一天全球 13 个监测站(境内 9 个,境外 4 个监测站,具体分布可参见 7.4.1 节)观测数据按照上述方法更新 BDGIM 播发系数。图 7.9 所示为基于 IGGSH、BDGIM、CODESH、Klobuchar(Klob)以及 RefKlob 计算得到的位置(110°E,20°N)以及(20°E,20°N)处的电离层 VTEC 日变化。其中,Refined-Klobuchar 表示 CODE 基于全球分布的 200 个左右 IGS 基准站实测数据精化的 Klobuchar 模型。对比可见,IGGSH 与 BDGIM 给出的电离层 VTEC 变化与 CODESH 更为接近;在当地午夜至凌晨,相对于 Klobuchar 模型将电离层 VTEC 设为一常数,BDGIM 能够给出与实际更为相符的电离层 VTEC;对比 Klobuchar 与精化的 Klobuchar 模型,后者给出的电离层 TEC 与 CODESH 更为接近;对比 IGGSH 与 BDGIM,二者基本吻合。上述结果说明本节给出的以区域监测站为主实现 BDGIM 播发系数准实时更新的方法是基本可行的。

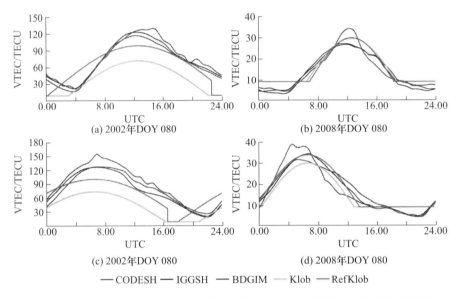

图 7.9　不同电离层 TEC 模型给出的某固定位置电离层 VTEC 日变化对比(见彩图)

图 7.10 ~ 图 7.12 依次给出了利用 BDGIM、Klobuchar 以及 Refklob 计算得到的 2002 年及 2008 年年积日第 80 天 12:00:00(UTC)全球电离层 TEC 分布,与图 7.7 中 CODESH 给出的全球电离层 TEC 分布进行对比,BDGIM 不仅能够较为准确地反映出电离层"赤道异常"结构,还可给出电离层 TEC 在夜间的变化形态;Klobuchar 模型给出的赤道异常结构与真实的分布相差较大,并且也无法反映电离层 TEC 夜间变化形态。对比图 7.11 与图 7.12,尽管 CODE 基于全球分布的 GNSS 基准站观测数据精化之后的 Klobuchar 模型较 GPS 播发的 Klobuchar 模型更与实际接近,但其与图 7.7 中 CODESH 给出的全球电离层 TEC 分布之间还存在明显的差别。因此,从模型对全球电离层 TEC 变化的描述能力来看,BDGIM 要显著优于 Klobuchar 模型,这主要得益于 BDGIM 建立中采用了性能优良且结构相对复杂的球谐函数。

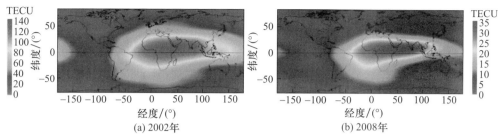

图 7.10　BDGIM 模型 2002 年及 2008 年第 80 天 12:00:00(UTC)
全球电离层 TEC 分布(见彩图)

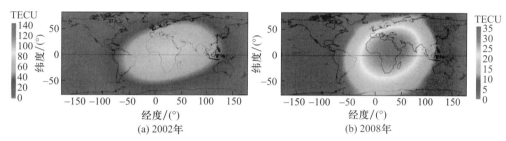

图 7.11　Klobuchar 模型 2002 年及 2008 年第 80 天 12:00:00(UTC)
全球电离层 TEC 分布(见彩图)

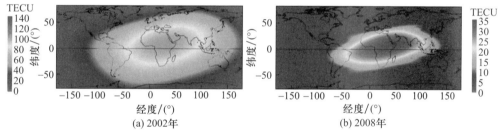

图 7.12　RefKlob 模型 2002 年及 2008 年第 80 天 12:00:00(UTC)
全球电离层 TEC 分布(见彩图)

　　为了进一步定量地分析不同广播电离层时延修正模型之间的差异,以 CODESH 给出的电离层 VTEC 为真值(与实际观测之间的差异小于 10%),分别计算 BDGIM、Klobuchar、精化的 Klobuchar 模型给出的电离层 VTEC 与上述真值之间的差异,如表 7.2 所列,其中,不同纬度带内全球电离层 VTEC 平均值在表中最后一行给出。

表 7.2　不同广播电离层时延修正模型相对于
CODESH 的精度统计　　　　　　　　(单位:TECU)

纬度带	2002 年 3 月 21 日(年积日第 80 天)			2008 年 3 月 21 日(年积日第 80 天)		
	BDGIM	Klob	RefKlob	BDGIM	Klob	RefKlob
80°S ~ 60°S	6.79	18.91	7.93	2.92	5.13	4.49
60°S ~ 40°S	8.45	19.41	8.54	2.38	5.54	3.70

（续）

纬度带	2002 年 3 月 21 日（年积日第 80 天）			2008 年 3 月 21 日（年积日第 80 天）		
	BDGIM	Klob	RefKlob	BDGIM	Klob	RefKlob
40°S ~ 20°S	5.27	18.40	14.96	2.24	6.20	3.32
20°S ~ 0°S	6.74	35.28	23.62	2.56	3.74	3.92
0°N ~ 20°N	6.19	33.59	22.10	3.38	3.21	3.34
20°N ~ 40°N	6.01	33.81	18.75	2.82	5.74	4.36
40°N ~ 60°N	6.35	12.35	11.60	1.48	8.03	3.64
60°N ~ 80°N	7.81	11.09	12.37	1.42	6.62	5.14
全球平均	6.70	22.86	14.98	2.40	5.53	3.99

从统计结果看，BDGIM 在中纬度地区的精度要略高于高纬度地区，全球范围内的平均修正精度在 2002 年 3 月 21 日（年积日第 80 天）为 6.57TECU，在 2008 年 3 月 21 日（年积日第 80 天）为 2.40TECU；GPS 播发的 Klobuchar 模型在全球范围内的平均修正精度依次为 22.86TECU、5.53TECU；CODE 精化后的 Klobuchar 模型依次为 14.98TECU、3.99TECU，相对于 GPS 播发的 Klobuchar 模型有明显提高。与表 7.1 给出的 IGGSH 结果对比，BDGIM 在全球范围内的平均修正精度降低约 1~2TECU，这主要是由于 IGGSH 中播发系数直接采用 CODESH 对应的系数，其相当于利用全球近 200 个基准站的数据估计得到的，而 BDGIM 播发系数是仅依赖于全球 13 个监测（境内 9 个，境外 4 个）更新获得的。以 2002 年与 2008 年 3 月 21 日全球平均的电离层 TEC 分别为 50TECU 和 10TECU 计算，BDGIM、GPS 播发的 Klobuchar 模型、CODE 精化之后的 Klobuchar 模型的修正百分比分别约为 81%、50%、65%。

综上所述，BDGIM 通过建立非播发项的预报模型，显著减少了直接将球谐函数作为广播电离层时延修正模型时所需的播发系数个数，并有效地保留了高阶球谐函数对全球电离层 TEC 变化精确描述的优势；通过设计充分顾及站星几何分布特征且具有明确物理含义的参数估计方法，克服了球谐函数模型系数解算对全球大量分布基准站的依赖，实现了"境内为主，境外为辅"监测站布设情形下 BDGIM 播发系数的准实时更新；同时，BDGIM 的电离层时延修正精度也显著优于 Klobuchar 模型。

▰ 7.4 BDGIM 在全球范围内的精度与可靠性分析

BDGIM 通过导航电文提供准实时更新的播发系数，用户基于接收到的 BDGIM 播发系数及固化于接收机中的 BDGIM 非播发系数预报模型即可计算任意时刻全球任意位置处的电离层 TEC。本节将首先利用近一个太阳活动周期内 13 个 GPS 基准站模拟 BDS 监测站准实时更新 BDGIM 的播发系数；然后，基于全球部分 GPS 基准站以及 TOPEX/Poseidon 测高卫星实测电离层 TEC 对 BDGIM 给出的电离层 TEC 进行检核,评估 BDGIM 对电离层时延的修正效果;在此基础上,进一步分析 BDGIM 对单频单历元导航用户实时定位精度的增益情况。

7.4.1　BDGIM 播发系数准实时更新结果

根据我国 BDS 监测站近期主要布设在我国境内,境外监测较少的特殊情况,对 BDGIM 精度与可靠性分析时所选的基准站应尽可能与实际相符。这里选择中国境内 9 个 GPS 基准站:HLAR、WUSH、XNIN、BJSH、XIAA、WUHN、LHAS、XIAM、QION,境外 4 个 GPS 基准站:SCUB(古巴)、LPGS(阿根廷)、HRAO(南非)、TOW2(澳大利亚)模拟 BDS 监测站用于 BDGIM 的准实时更新,其分布如图 7.13 所示,其中,境内监测站基本可覆盖我国大部分地区,境外监测站中 3 个位于南半球。利用上述 13 个监测站的 GPS 实测数据,按照 7.3.2 节 BDGIM 准实时更新的方法,计算 BDGIM 的播发系数。由于 2011 年地壳运动观测网络数据未能及时获得,下面分析仅采用了 2001—2010 年及 2012 年第 1~80 天的观测数据。

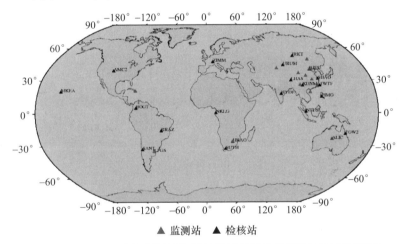

▲ 监测站　▲ 检核站

图 7.13　BDGIM 更新所采用监测站及检核站的分布示意图(见彩图)

BDGIM 的基本数学函数为球谐函数,因此,BDGIM 播发系数的计算值应与全球球谐函数电离层 TEC 模型对应系数尽可能接近。图 7.14 所示为基于上述所选监测站计算得到的实验期间 BDGIM 播发系数与 CODE 球谐电离层模型(CODESH)对应系数的对比,其中,最后一幅图中给出了 BDGIM 各播发系数相对于 CODESH 对应系数的均方根误差。可以看到,实际计算得到的 BDGIM 播发系数与 CODE 发布的当天全球球谐函数电离层 TEC 模型系数基本吻合,播发系数与 CODE 发布的对应系数表现出极为相似的周期性变化规律。从精度统计图中可以看到,第 1~2 个播发系数相对于 CODESH 对应系数的精度优于 3.0TECU,第 5 个播发系数的精度约为 2.0TECU,其他播发系数计算精度均优于 1.5TECU。上述统计结果可间接地说明 BDGIM 播发系数的准实时更新方法是基本有效的。

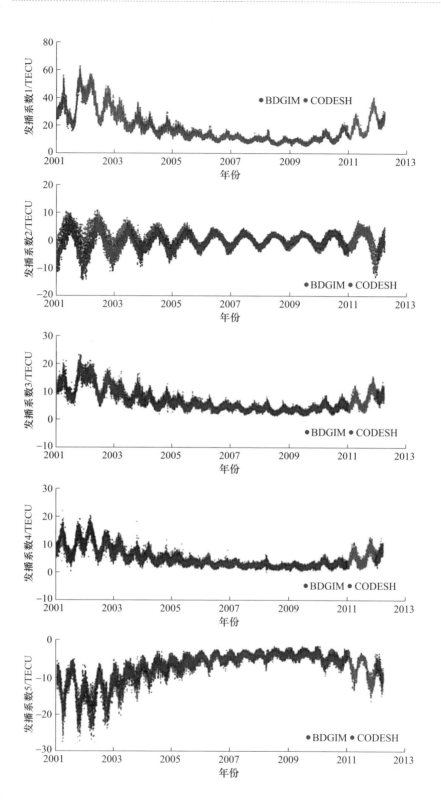

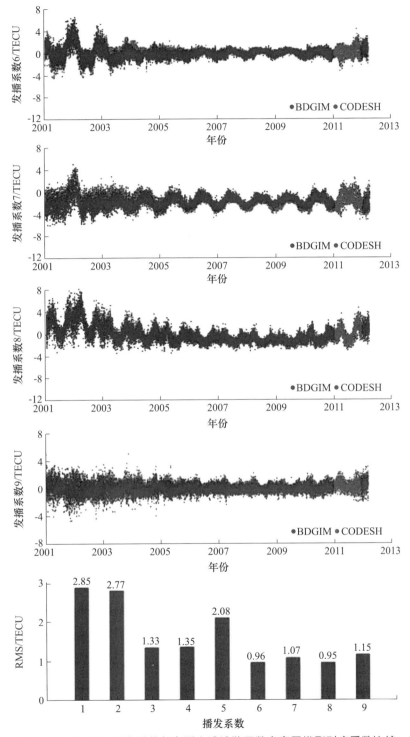

图 7.14　BDGIM 播发系数与实测全球球谐函数电离层模型对应系数比较

7.4.2 基于 GPS 电离层 TEC 分析模型的精度与可靠性

在全球基本均匀地选择部分 IGS 基准站作为 BDGIM 电离层时延修正效果的检核站,通过对比 BDGIM 与检核站 GPS 实测电离层 TEC 之间的差异,分析 BDGIM 的精度与可靠性,并与 GPS 播发的 Klobuchar 模型以及 CODE 基于全球分布的 GPS 基准站实测数据精化的 Klobuchar 模型进行对比。其中:GPS 电离层 TEC 观测值计算采用基于相位平滑伪距的方法,卫星和接收机仪器偏差采用计算得到的频间偏差参数以及 CODE 发布的频内偏差参数进行修正。

7.4.2.1 精度评定指标的选择

电离层受太阳活动影响表现出明显的周年变化特征,在一个太阳活动周年内(约 11 年)电离层 TEC 的最大值与最小值相差近 10 倍,难以采用统一的精度指标描述广播电离层时延修正模型的精度。目前,常用的评价广播电离层时延修正模型精度的指标如式(7.17)所示,共有 4 个。其中,Mean、STD 与 RMS 分别为基于广播电离层时延修正模型计算的电离层 TEC 与实测电离层 TEC 之差的平均值、标准差及均方根;PER 为广播电离层时延修正模型相对于实测电离层 VTEC 的修正百分比。前 3 个为绝对精度指标,最后一个为相对精度指标。从其定义可以看到,当电离层 VTEC 较大时,即使相对精度指标较高,其绝对的误差量也非常大;当电离层 VTEC 较小时,即使其相对精度较低,但其绝对误差也并不大。

为了对比不同精度指标之间及其在不同电离层活动水平下的差异,以中国境内的 BJFS(北京房山)站为例,图 7.15 所示为 2002 年(太阳活动高年)及 2008 年(太阳活动低年)连续一周(年积日第 80~86 天)不同电离层模型计算得到的电离层 VTEC 与检核站上各卫星实测电离层 VTEC 的对比情况。可以看到,不同广播电离层时延修正模型基本能够反映一天内电离层 VTEC 的变化,与实测电离层 VTEC 之间的差异表现出明显周日变化特性,且其变化幅度在太阳活动高年与低年相差接近 2 倍。2002 年电离层 VTEC 在当地时间的午后最大可达 80TECU 左右,而在电离层活动低年仅有 15TECU 左右,二者相差近 6 倍。比较而言,GPS 发布的 Klobuchar 模型给出的电离层 VTEC 与实测值差异最大,特别是在当地中午前后;CODE 基于全球分布的基准站数据精化的 Klobuchar 模型(RefKlob)与实测电离层 VTEC 之间的差异较 GPS 发布的 Klobuchar 模型小,能够基本反映当天电离层 VTEC 峰值变化的幅度;相对于上述两个 Klobuchar 模型,BDGIM 与实测值之间的差异最小,即使是在电离层 VTEC 日变化的峰值处,BDGIM 给出的电离层 VTEC 也与实测值更为吻合。

$$\text{Mean} = \frac{\sum_{n=1}^{N} \Delta_n}{N}, \quad \text{STD} = \sqrt{\frac{\sum_{n=1}^{N} (\Delta_n - \text{Mean})^2}{N-1}} \qquad (7.17a)$$

$$
\begin{cases}
\mathrm{RMS} = \sqrt{\dfrac{\sum\limits_{n=1}^{N} \Delta_n^2}{N}} \\[4ex]
\mathrm{PER} = \dfrac{\sum\limits_{n=1}^{N} \mathrm{PER}_n}{N} \times 100\% \\[4ex]
\mathrm{VTEC}_{\mathrm{model},n} = \dfrac{\sum\limits_{s=1}^{S_n} P_s \cdot \mathrm{VTEC}_{\mathrm{model},n}^{s}}{\sum\limits_{s=1}^{S_n} P_s}, \quad
\mathrm{VTEC}_{\mathrm{meas},n} = \dfrac{\sum\limits_{s=1}^{S_n} P_s \cdot \mathrm{VTEC}_{\mathrm{meas},n}^{s}}{\sum\limits_{s=1}^{S_n} P_s} \\[4ex]
\mathrm{PER}_n = 1 - \dfrac{|\Delta_n|}{\mathrm{VTEC}_{\mathrm{meas},n}}, \quad \Delta_n = \mathrm{VTEC}_{\mathrm{model},n} - \mathrm{VTEC}_{\mathrm{meas},n}
\end{cases}
\tag{7.17b}
$$

式中：PER_n 为第 n 个观测历元的修正百分比；$\mathrm{VTEC}_{\mathrm{model},n}$、$\mathrm{VTEC}_{\mathrm{meas},n}$ 分别为广播电离层模型与实测 GPS 数据计算得到的第 n 个观测历元电离层 VTEC 的平均值；N 为统计期间观测历元的个数；$\mathrm{VTEC}_{\mathrm{model},n}^{s}$、$\mathrm{VTEC}_{\mathrm{meas},n}^{s}$ 分别为广播电离层模型与实测 GPS 数据计算得到的第 n 个观测历元第 s 个卫星交叉点处电离层 VTEC；P_s 为对应的权；S_n 为第 n 个观测历元的卫星数，截止高度角取为 $15°$。

图 7.15 所示为 2002 年与 2008 年第 80 ~ 86 天不同模型值与实测电离层 VTEC 的对比及它们之间的差异。

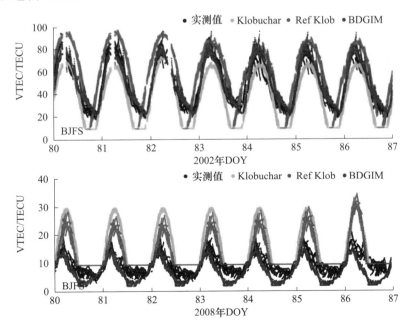

图 7.15　2002 年与 2008 年第 80 ~ 86 天模型与实测电离层 VTEC 对比（见彩图）

统计上述 4 个精度指标如表 7.3 所列,其中,第 2 列给出一周内电离层 VTEC 的平均值。可以看到,BDGIM 计算得到的电离层 TEC 与实测电离层 TEC 之差的平均值在 ±2TECU 以内,且在太阳活动高年(2002 年)与低年均较为稳定;Klobuchar模型计算得到的电离层 TEC 与实测电离层 TEC 之差的平均值在太阳活动高年可达 11 ~ 13TECU,且始终为负值(表示 Klobuchar 给出的电离层 VTEC 相对于实测电离层 VTEC 总体偏小),在太阳活动低年为 5 ~7TECU,且整体为正值(表示 Klobuchar 给出的电离层 VTEC 相对于实测电离层 VTEC 总体偏大)。BDGIM 的 RMS 在电离层活动高年(2002 年)为 5 ~ 6TECU,在太阳活动低年为 2 ~3TECU;而 Klobuchar 模型的 RMS 在太阳活动高年为 12 ~16TECU,在太阳活动低年为 6 ~8TECU。

表 7.3 BJFS 基准站上不同电离层时延修正模型精度指标统计

年份	Mean VTEC	Model	Mean	STD	RMS	PER
2002	47.0TECU	Klobuchar	− 12.12	7.18	14.09	67.7%
		精化的 Klobuchar	9.63	12.66	15.90	64.0%
		BDGIM	0.87	6.09	6.15	89.1%
2008	9.0TECU	Klobuchar	6.28	5.26	8.19	38.2%
		精化的 Klobuchar	4.15	3.81	5.63	56.5%
		BDGIM	− 1.53	2.03	2.55	79.9%

对比发现:绝对指标在太阳活动高年与低年均具有较大的差异,如果简单地采用绝对指标的平均值描述模型的精度,势必一定程度上会造成模型在太阳活动高年的精度指标偏高,而在太阳活动低年的精度指标偏低;相对指标考虑了电离层 TEC 变化的绝对量对指标计算的影响,但是由于电离层活动的复杂性以及模型之间的差异,使得相对的精度指标在不同电离层活动水平下也表现出一定的差异。总体上看,在电离层活动高年,相对精度指标较高,而在太阳活动低年,相对精度指标较小。因此,难以采用单一的精度指标评定不同时期广播电离层时延修正模型的精度。后续长期的分析中,将基于当天全球电离层 VTEC 平均值,将电离层活动水平分为 3 挡:0 ~15TECU、15 ~30TECU、≥30TECU;在此基础上,采用绝对指标与相对指标相结合的方式评定不同广播电离层时延修正模型的精度。考虑到绝对精度指标 RMS 综合反映了模型值与真实值之间的平均偏差及标准差,PER 反映了导航定位应用中各个历元电离层修正的具体效果,后续分析中选择绝对指标 RMS 以及相对指标 PER 评定广播电离层时延修正模型的精度。

7.4.2.2 不同广播电离层模型长期的精度分析

考虑到全球不同地区电离 TEC 之间的差异以及 BDGIM 播发系数更新所选基准站的分布,在全球不同区域内选择 19 个 IGS 基准站作为检核站,其具体分布如图 7.13 中三角形所示,所选检核站基本位于如下 5 个不同的区域。

（1）中国及周边地区：BJFS、KUNM、LHAS、URUM、SHAO、TWTF、IRKT、HYDE、PIMO。其中，前 5 个位于中国大陆境内，用来分析 BDGIM 在中国大陆的修正效果；IRKT 位于俄罗斯伊尔库茨克，用来分析 BDGIM 在中国北部地区的修正效果；TWTF、PIMO 与 HYDE 分别位于中国台湾、菲律宾西南部的奎松城以及印度海得拉巴，用来分析 BDGIM 在中国大陆南部地区的修正效果。

（2）北美地区：AMC2、MKEA。其中：AMC2 位于美国科罗拉多州，用来分析 BDGIM 在北美大陆地区的修正效果；MKEA 位于美国夏威夷岛，用来分析 BDGIM 在美洲西部海洋地区的修正效果。

（3）欧洲地区：ZIMM。该检核站位于欧洲瑞士，用来分析 BDGIM 在欧洲地区的修正效果。

（4）赤道附近地区：BOGT、NKLG、NTUS。其中，BOGT 位于哥伦比亚的首都，NKLG 位于加蓬的首都，NTUS 位于新加坡。上述 3 个检核站在经度上基本均匀地分布在赤道附近，用来分析 BDGIM 在赤道附近地区的修正效果。

（5）南半球中纬度地区：BRAZ、SANT、SUTH、TOW2。其中：BRAZ 与 SANT 分别位于巴西与智利，用来分析 BDGIM 在南美洲的修正效果；SUTH 位于南非，用来分析 BDGIM 在非洲地区的修正效果；TOW2 位于澳大利亚，用来分析 BDGIM 在大洋洲的修正效果。

上述所选检核站基本覆盖全球大陆地区，考虑到在南北两极及其附近区域导航用户较少且观测几何结构较差，因此，未在南北两极地区选择检核站。根据式（7.17）所示精度指标 RMS 与 PER 的计算方法，统计 2001 年 1 月 1 日—2012 年 3 月 31 日（不含 2011 年）Klobuchar、精化的 Klobuchar（RefKlob）及 BDGIM 在不同检核站上的修正精度。图 7.16 ~ 图 7.20 分别所示为上述不同区域内检核站上各广播电离层时延修正模型精度指标的时间序列，图 7.21 所示为各基准站在上述时间段内的平均精度指标。其中：由于数据缺失，部分检核站在部分时段内未能给出精度指标；限于篇幅，各区域内仅给出有代表性的 2 ~ 3 个检核站上的结果。

对比各检核站上不同模型修正精度在一个太阳活动周期内的变化，可以看到，在太阳活动高年（2001—2004），从绝对精度指标 RMS 来看，除欧洲地区的 ZIMM、北美大陆地区的 AMC2 以及大洋洲地区的 ALIC 站外，BDGIM 的精度要显著优于 Klobuchar 以及精化的 Klobuchar 模型，特别是在中国境内及其周边地区、赤道地区，BDGIM 的优势表现尤为明显；从相对精度指标 PER 来看，除 ZIMM 以及 ALIC 基准站以外，BDGIM 均要高于其他模型。在太阳活动低年（2005—2011），无论从绝对精度指标还是相对精度指标来看，BDGIM 均要明显优于 Klobuchar 及精化的 Klobuchar 模型。从长期精度指标的变化来看，BDGIM 的稳定性要明显优于其他两个模型，特别是在太阳活动低年，Klobuchar 以及精化的 Klobuchar 模型的修正精度低于 40% 的情况经常出现。从图 7.21 给出的平均精度指标来看，BDGIM 在各基准站上也要优于 Klobuchar 与精化的 Klobuchar 模型。

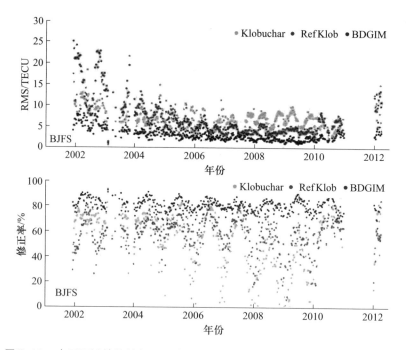

图 7.16 中国区域检核站上不同广播电离层时延修正模型精度对比(见彩图)

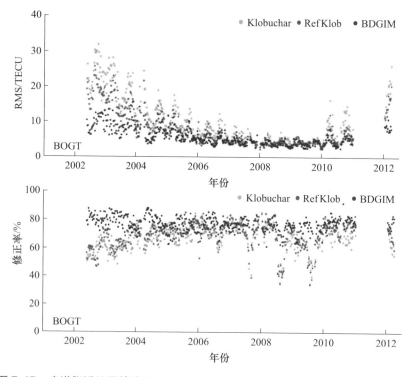

图 7.17 赤道附近地区检核站上不同广播电离层时延修正模型精度对比(见彩图)

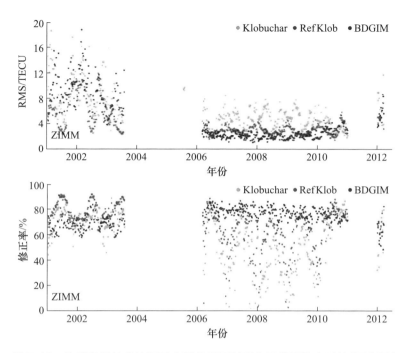

图 7.18　欧洲地区检核站不同广播电离层时延修正模型精度对比（见彩图）

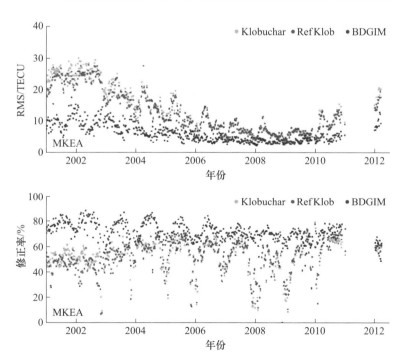

图 7.19　北美地区检核站上不同广播电离层时延修正模型精度对比（见彩图）

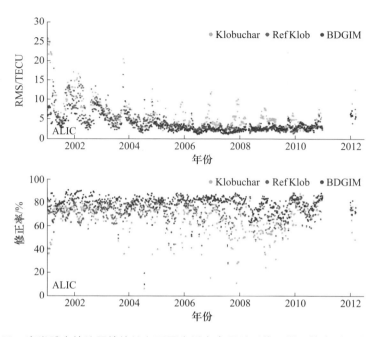

图 7.20　南半球中纬地区检核站上不同广播电离层时延修正模型精度对比(见彩图)

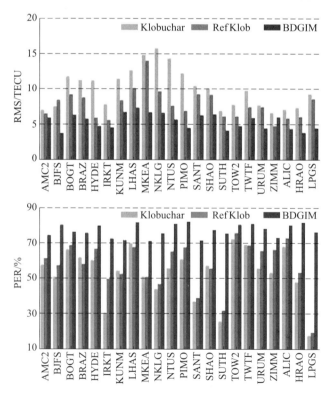

图 7.21　2001—2012 年全球不同基准站上不同广播电离层时延修正模型平均精度对比

基于电离层 TEC 日均值的大小,统计不同电离层活动水平下,不同区域内各广播电离层时延修正模型的精度指标,如表 7.4 所列。

表 7.4　不同广播电离层时延修正模型在不同电离层活动水平下的精度统计

区域	指标	≥30TECU			15 ~ 30TECU			<15TECU		
		Klob	RefKlob	BDGIM	Klob	RefKlob	BDGIM	Klob	RefKlob	BDGIM
中国及周边	RMS	15.6	12.4	8.4	7.74	7.2	4.7	5.1	4.5	2.8
	PER	66.2	67.2	81.4	69.5	70.3	79.8	48.7	54.1	77.6
欧洲	RMS	9.8	8.7	12.8	7.6	5.4	7.9	4.7	3.1	2.4
	PER	72.3	75.6	65.1	72.3	80.4	67.5	46.0	61.4	75.9
北美	RMS	20.1	18.9	11.4	11.2	10.9	7.0	5.3	5.0	3.3
	PER	58.7	56.7	72.7	66.1	66.0	70.9	50.2	53.1	72.8
赤道	RMS	21.6	13.7	8.6	8.2	5.3	4.2	4.5	3.9	3.0
	PER	59.2	64.8	81.3	63.2	69.4	79.4	36.1	37.5	70.9
南半球	RMS	15.9	13.3	8.0	6.9	6.8	5.0	4.5	4.2	2.7
	PER	66.6	65.1	81.6	71.8	70.3	77.6	37.5	39.9	74.7
全球	RMS	16.8	13.3	8.9	8.0	7.1	5.1	4.8	4.3	2.8
	PER	64.7	65.7	79.7	68.8	70.2	77.7	44.4	48.7	75.3

注:RMS 与 PER 指标所采用的单位分别为 TECU 与%

在中国及周边地区,BDGIM 在不同电离层活动水平下的修正精度都相对较高,特别是在电离层活动高年,BDGIM 的 RMS 为 8.4TECU,显著优于 Klobuchar(15.6TECU)以及精化的 Klobuchar(12.4TECU)模型;BDGIM 的修正百分比在不同电离层活动水平下为 77% ~ 81%,优于其他模型约 15%,这主要得益于 BDGIM 更新时选择了较多的中国境内的监测站,使得更新之后的 BDGIM 与该区域的电离层 TEC 更为相符。对比图 7.20 中给出的不同模型的修正精度,可以发现,中国境外检核站上的精度略低于中国境内检核站,并且中国境外北部地区检核站上的精度要优于中国境外南部地区。这主要由于低纬地区电离层活动较为复杂,而 BDGIM 对该区域内电离层 TEC 变化主要依赖于境内更新站的外推,其精度衰减 1 ~ 2TECU。

在欧洲区域,电离层活动高年,BDGIM 修正精度仅有 65.1%,RMS 为 12.8TECU,低于 Klobuchar(72.3%,9.8TECU)、精化的 Klobuchar(75.6%,8.7TECU)模型;但是在电离层活动低年,BDGIM(75.9%,2.4TECU)要明显优于 Klobuchar(46%,4.7TECU)与精化的 Klobuchar 模型(61.4%,7.1TECU)。这主要是由于实验所选监测站未覆盖欧洲区域,再加上在电离层活动高年,全球不同区域电离层 TEC 之间差异较大,从而导致即使更新之后的 BDGIM 仍无法有效保证未观测区域的电离层时延修正精度;相反,在电离层活动低年,全球不同区域电离层 TEC 差异不大,使得 BDGIM 仍然能够有效反映未监测区域内电离层 TEC 的变化。

在北美地区,BDGIM 整体修正效果优于 Klobuchar 与精化的 Klobuchar 模型约 10%,且其修正效果相对较为稳定。对比图 7.19 给出的该区域内所选 AMC2 与 MEKA 两个检核站上的结果,可以发现,在电离层活动高年,BDGIM 与 Klobuchar 模型的修正效果基本相当,而在电离层活动低年要明显优于 Klobuchar 模型;在夏威夷岛地区(MEKA),无论是电离层活动高年还是低年,BDGIM 均要优于 Klobuchar 模型 15%~20%。

在赤道及其附近区域内,BDGIM 的修正效果要明显优于 Klobuchar 与精化的 Klobuchar 模型,且从百分比的修正效果上看,也较为稳定。特别是电离层活动低年,在 NKLG、NTUS 基准站上,Klobuchar 与精化的 Klobuchar 模型的修正百分比在大部分时间低于 40%,而 BDGIM 仍可保持在 60% 以上。这主要得益于 BDGIM 中非播发系数的精确预报,使得能够较为准确地反映赤道地区电离层 TEC 的变化,而 Klobuchar 模型结构本身限制了其对该区域电离层 TEC 变化的精确反映能力。对比图 7.10 ~ 图 7.12 中不同广播电离层时延修正模型给出的 2008 年第 80 天全球电离层 TEC 的分布图,Klobuchar 和精化的 Klobuchar 模型均难以有效地反映赤道附近地区电离层 TEC 的变化结构,其给出电离层赤道峰值变化结构与 BDGIM 相差较大,这也是导致 Klobuchar 模型在赤道附近地区修正精度较差的原因。

在南半球中纬度地区,由于陆地面积相对较少,从巴西的 BRAZ 以及澳大利亚的 ALIC 检核站的统计结果来看,BDGIM 的修正效果要优于 Klobuchar 与精化的 Klobuchar 模型 10% ~15%,特别是在电离层活动低年,可达 30% 左右。

为了直观地显示不同广播电离层时延修正模型的精度在近一个太阳活动周期内的分布情况,图 7.22 给出了式(7.17)所示部分精度指标在实验期间的概率分布图,其中,图(a)表示各模型计算得到的电离层 VTEC 与实测值之间的差异,图(b)与(c)分别表示各模型的 RMS 及其修正百分比 PER。从图(a)中可以看到,BDGIM 修正后

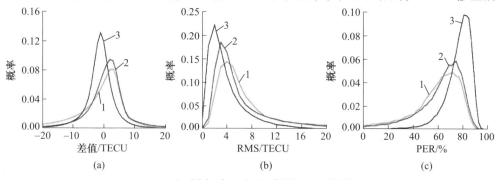

1—Klobuchar; 2—Ref Klob; 3—BDGIM。

图 7.22　2001—2012 年期间不同广播电离层时延修正模型
精度指标概率分布图

电离层 TEC 残差相对更为集中,且期望更接近于 0;精化的 Klobuchar 与 GPS 播发的 Klobuchar 模型基本相当;从图(b)中看到,BDGIM 的 RMS 更靠近于纵轴,并且相对较小的 RMS 所占的比例要显著大于精化的 Klobuchar 与 GPS 播发的Klobuchar模型;从图(c)中看到,BDGIM 的修正百分比绝大多数分布于 70% ～90% 之间,而精化的 Klobuchar 与 GPS 播发的 Klobuchar 模型的修正百分比绝大多数分布于 55%~75% 之间。

　　总体上:BDGIM 在中国及其周边地区的精度最好,平均修正精度在上述 3 个不同电离层活动水平下依次为 81.4%(8.4TECU)、79.8%(4.7TECU)、77.6%(2.8TECU)、优于 GPS 播发的 Klobuchar 模型 10%~15%;BDGIM 在全球范围内平均修正效果依次为 79.7%(8.9TECU)、77.7%(5.1TECU)、75.3%(2.8TECU),优于 GPS 播发的 Klobuchar 模型约 10%;BDGIM 在欧洲地区修正效果最差,实际实施中应尽可能在该地区增加 1 个监测站,用于提高 BDGIM 在该区域的修正精度。另外,精化的 Klobuchar 模型相对于 Klobuchar 模型的精化效果并不十分明显,这也说明了模型本身数学结构是限制进一步提高模型修正精度的重要因素。

7.4.3　基于测高卫星电离层 TEC 分析模型的精度与可靠性

　　受到 GPS 基准站分布的限制,7.4.2 节中利用 GPS 电离层 TEC 对 BDGIM 精度与可靠性的分析主要局限在陆地区域。TOPEX/Poseidon 测高卫星能够提供海洋上空的电离层 VTEC,基于此即可分析 BDGIM 在海洋上空区域精度与可靠性。图 7.23 所示为 2002 年年积日第 80 天不同广播电离层时延修正模型与 TOPEX/Poseidon 测高卫星实测电离层 VTEC 的对比,其中,横坐标表示 TOPEX/Poseidon 电离层 VTEC 观测量的序号。可以看到,BDGIM 给出的电离层 VTEC 更接近 TOPEX/Poseidon 实测值,特别是在电离层 VTEC 的峰值处,GPS 播发的 Klobuchar 模型给出的电离层 VTEC 与 TOPEX/Poseidon 实测值相差较大,达 10 ~30TECU;精化的 Klobuchar 模型

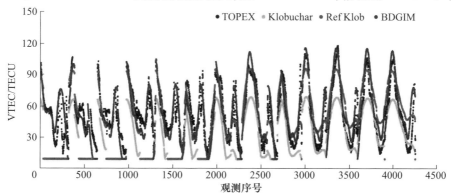

图 7.23　2002 年第 80 天 TOPEX/Poseidon 测高卫星实测电离层 VTEC 与
各广播电离层时延修正模型计算值的对比

相对于 GPS 播发的 Klobuchar 模型更接近实测值。上述对比说明基于 TOPEX/Poseidon 测高卫星的电离层 VTEC 可以对广播电离层时延修正模型在海洋上空区域内的精度和可靠性进行分析与评定。

　　以赤道及本初子午线为界,将全球海洋分为 4 个区域,如表 7.5 所列。其中,NE 表示的海洋区域位于中国周边。图 7.24 所示为各区域内不同广播电离层时延修正模型相对于 TOPEX/Poseidon 测高卫星电离层 VTEC 实测值修正百分比的时间序列。总体而言,由于东半球陆地面积相对较大,地面基准站数据较为丰富,各广播电离层时延修正模型在东半球的修正效果要优于西半球;不同广播电离层时延修正模型在南北半球之间的差异相对较小(1 ~ 2TECU)。Klobuchar 模型在电离层活动低年的修正效果要优于电离层活动高年,BDGIM 的修正效果相对较为稳定,基本位于 60% 以上。

表 7.5　全球海洋区域划分说明

区域简称	经度范围	纬度范围	说明
NW	−180° ~ 0°	0° ~ 90°	北半球,西半球
NE	0° ~ 180°	0° ~ 90°	北半球,东半球
SW	−180° ~ 0°	−90° ~ 0°	南半球,西半球
SE	0° ~ 180°	−90° ~ 0°	南半球,东半球

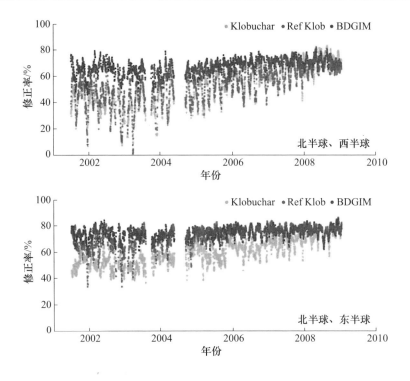

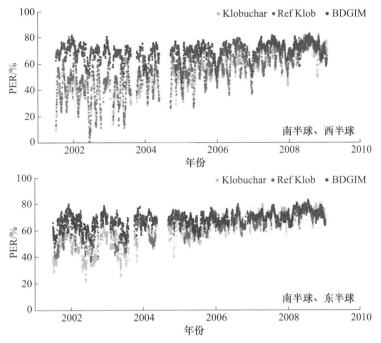

图 7.24　广播电离层时延修正模型在海洋上空不同区域修正百分比

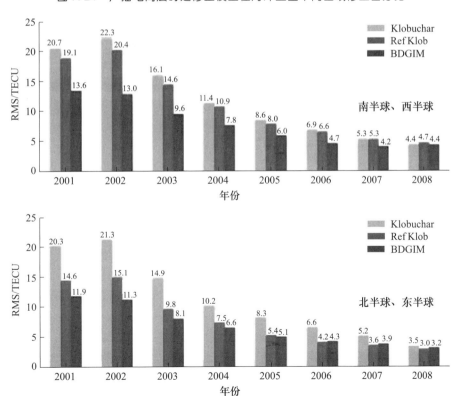

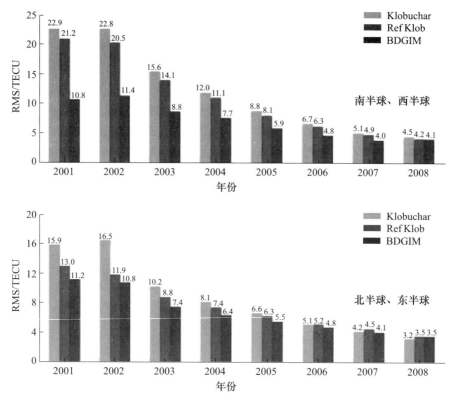

图 7.25　广播电离层时延修正模型 RMS 在海洋上空不同区域分年度统计

分年度统计各广播电离层时延修正模型在不同区域内的修正精度见图 7.25 和表 7.6。图 7.25 给出了各广播电离层时延修正模型相对于 TOPEX/Poseidon 测高卫星实测电离层 VTEC 的 RMS 逐年平均值，具体数值在图中进行了标示，单位为TECU；在电离层活动高年（2001—2002 年），BDGIM 平均 RMS 约为 10～14TECU，明显优于 Klouchar 模型的 15～22TECU；在电离层活动低年（2006—2008 年），BDGIM平均的 RMS 与 Klobuchar 模型基本相当，为 3～6TECU。表 7.6 给出其对应的平均修正百分比，可以看到，BDGIM 在 NE 区域内（中国周边地区）精度最高（74.3%），在NW 区域内精度最低（67.2%）。

表 7.6　不同广播电离层时延修正模型在海洋区域
修正百分比分年度统计
（单位：%）

区域	模型	2001	2002	2003	2004	2005	2006	2007	2008	Mean
NW	Klobuchar	41.4	38.6	38.5	47.0	52.8	57.1	63.7	71.1	51.3
	RefKlob	45.9	43.2	44.1	49.2	56.0	58.7	63.6	68.9	53.7
	BDGIM	63.5	66.1	63.7	63.9	66.8	70.8	71.4	71.2	67.2

（续）

区域	模型	2001	2002	2003	2004	2005	2006	2007	2008	Mean
	Klobuchar	52.3	52.3	51.1	58.7	59.6	63.3	67.8	74.5	60.0
NE	RefKlob	66.3	65.4	67.8	69.1	73.8	76.6	77.6	77.7	71.8
	BDGIM	71.9	73.9	72.8	72.8	74.8	75.9	76.0	76.6	74.3
	Klobuchar	39.5	37.3	39.6	49.0	52.3	58.0	64.7	70.6	51.4
SW	RefKlob	44.3	42.6	45.1	52.5	56.5	60.5	66.4	72.2	55.0
	BDGIM	71.9	69.2	66.3	67.3	68.1	70.5	73.0	73.0	69.9
	Klobuchar	50.58	47.09	51.88	60.59	60.73	66.13	70.25	74.72	60.2
SE	RefKlob	58.61	60.62	58.62	64.17	63.14	66.00	68.10	72.40	64.0
	BDGIM	65.11	65.13	64.82	68.87	67.33	68.76	71.17	71.89	67.9

总体而言,BDGIM 在全球海洋上空区域相对于 TOPEX/Poseidon 测高卫星实测电离层 VTEC 的修正百分比约为 70.0%,优于 Klobuchar 模型 56.0% 与精化的 Klobuchar 模型 61.0%。BDGIM 在海洋上空的修正精度要低于其在陆地上空的修正精度,一方面是由于 BDGIM 的建立与更新均是基于陆地上分布的 GNSS 基准站进行的,对海洋上空的电离层观测较少,从而导致 BDGIM 对海洋上空电离层 TEC 变化的描述能力要低于陆地上空,另一方面,由于 TOPEX/Poseidon 测高卫星测量的是自海洋表面至 TOPEX 卫星高度(800～1000km)的电离层 VTEC,其相对于 GPS 测量的整层电离层 TEC 也会存在一定的差异,在一定程度上降低了相应的统计精度指标。

7.4.4　BDGIM 对单频导航用户实时定位精度与可靠性增益的分析

广播电离层时延修正模型的最终目的是提高单频导航用户实时定位的精度与可靠性。本节将基于 7.4.2 节中 19 个全球分布的检核站 2001—2012 年 GPS 观测数据,采用单历元单点定位的方式,分析不同广播电离层时延修正模型对用户实时定位精度与可靠性的增益。其中,观测数据采用 GPS C/A 码观测值,利用广播星历计算卫星的轨道与钟差,基于 Hopfield 模型修正对流层时延,分别采用 GPS 播发的 Klobuchar 模型、CODE 精化之后的 Klobuchar 模型(精化的 Klobuchar)以及 BDGIM 修正电离层时延,接收机钟差逐历元作为独立参数与坐标同步估计。另外,为了对比分析,计算了不修正电离层时延时用户定位的精度。通过比较单点定位得到的点坐标与精确点坐标之间的三维位置偏差,分析不同广播电离层时延修正模型对单频导航用户实时定位精度的增益。以不修正电离层时延时单点定位误差作为标准,其他电离层时延修正方法的单点定位误差相对用户定位精度的增益 Ratio 可表示为

$$Ratio = \frac{RMS_{uncorrected}^2 - RMS_{model}^2}{RMS_{uncorrected}^2} \cdot 100\% \tag{7.18}$$

式中:RMS_{model}、$RMS_{uncorrected}$分别为采用不同广播电离层模型修正以及不修正电离层时,单频单点导航用户的三维定位误差;统计中将 CODE 公布的基准站周解坐标作为真值。

统计 2001 年 1 月 1 日至 2012 年 3 月 31 日(不含 2011 年)全球不同区域所选检核站不修正电离层时延、采用 Klobuchar、精化的 Klobuchar 以及 BDGIM 修正电离层时延时的单频单点单历元实时定位的三维定位误差和对定位精度的增益,如图 7.26 ~ 图 7.30 所示,依次给出了上述期间不同区域内有代表性的数个检核站上的统计结果。

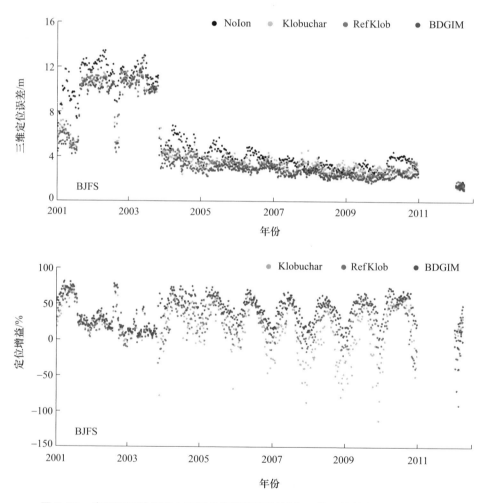

图 7.26　中国地区检核站上不同广播电离层时延修正模型的单点定位精度对比

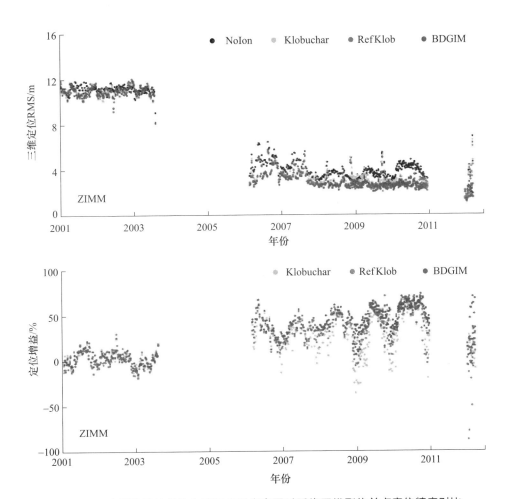

图 7.27　欧洲地区检核站上不同广播电离层时延修正模型的单点定位精度对比

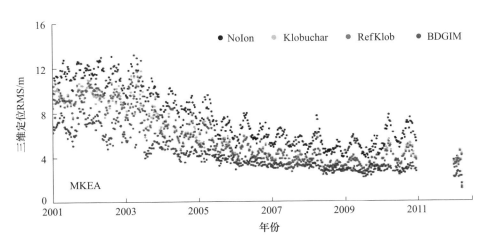

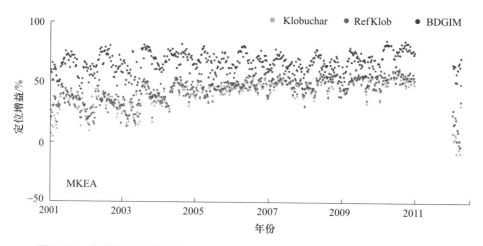

图 7.28　北美地区检核站上不同广播电离层时延修正模型的单点定位精度对比

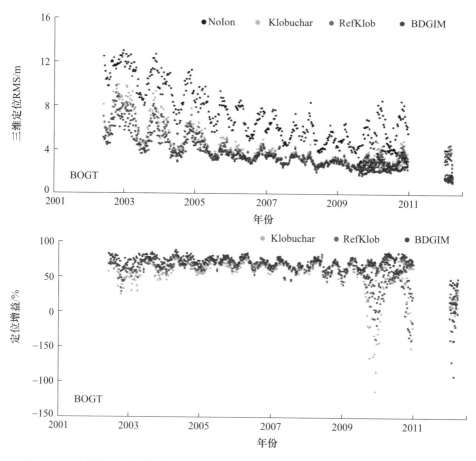

图 7.29　赤道附近地区检核站上不同广播电离层时延修正模型的单点定位精度对比

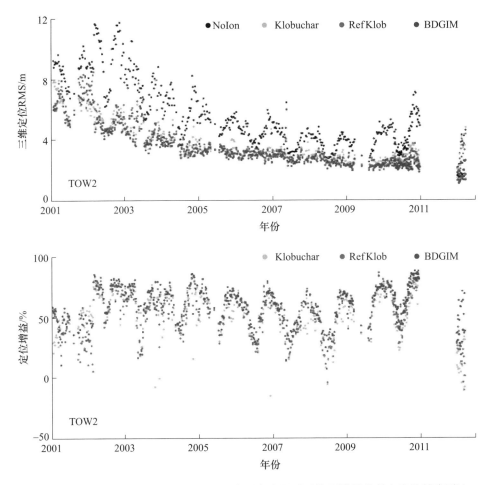

图 7.30　南半球中纬地区检核站上不同广播电离层时延修正模型的单点定位精度对比

可以看到,除欧洲地区的 ZIMM、北美地区的 AMC2 以及南半球的 TOW2 检核站外,BDGIM 的定位精度要高于 Klobuchar 和 RefKlob 模型;另外,除 ZIMM 与 AMC2 检核站外,BDGIM 对定位精度的增益要优于 Klobuchar 和精化的 Klobuchar 模型,特别是在中国及周边地区,BDGIM 优势明显。总体来看,BDGIM,无论是在太阳活动高年还是低年,都能够有效地改善导航用户的定位精度,而 Klobuchar 与精化的 Klobuchar 模型在太阳活动低年还会出现修正电离层时延误差后定位效果反而变差的情况。此外,各全球广播电离层时延修正模型对定位精度的增益也表现出一定的年周期特性,北半球(南半球)夏季(冬季)定位效果优于冬季(夏季)。

按照 7.2.2 节中不同电离层活动水平的分类,统计不同电离层活动水平下上述各区域内基于不同广播电离层时延修正模型改正电离层时延时单频单点单历元定位精度如表 7.7 所列,其中,"NoIon"代表不修正电离层时延时的定位精度。

表 7.7　不同电离层活动水平下应用各广播电离层时

延修正模型修正后定位精度统计

区域	中国及周边		欧洲		北美		赤道		南半球		全球	
指标	RMS	Ratio	RMS	Ratio	RMS	Ratio	RMS	Ratio	RMS	Ratio	RMS	Ratio
电离层 TEC 日均值≥30TECU												
NoIon	10.3	—	11.2	—	10.2	—	12.8	—	11.2	—	11.0	—
Klob	7.9	40.7	11.0	2.5	7.7	42.8	8.7	54.4	7.7	53.4	8.0	47.1
RefKlob	8.2	37.4	11.1	0.5	7.6	44.5	7.8	62.8	7.2	58.8	7.8	49.3
BDGIM	7.0	53.8	11.0	3.0	6.3	61.6	7.2	69.0	6.3	68.3	6.9	60.8
电离层 TEC 日均值:15～30TECU												
NoIon	7.9	—	8.1	—	7.5	—	10.1	—	7.8	—	8.1	—
Klob	5.6	49.6	7.6	10.6	5.7	43.0	6.0	64.9	5.0	59.4	5.5	53.6
RefKlob	5.4	51.9	7.5	12.8	5.6	44.3	5.3	72.5	4.8	62.2	5.3	56.9
BDGIM	4.9	60.4	7.5	12.9	4.3	66.6	5.0	75.5	4.6	65.4	4.9	64.0
电离层 TEC 日均值≤15TECU												
NoIon	5.2	—	4.0	—	4.8	—	6.8	—	4.9	—	5.2	—
Klob	3.8	45.1	3.3	34.1	3.5	47.0	4.4	58.5	3.4	52.5	3.8	48.5
RefKlob	3.7	50.1	3.2	37.8	3.4	48.4	4.2	62.2	3.3	54.6	3.6	52.2
BDGIM	3.5	54.5	3.1	43.6	3.0	61.8	4.3	60.4	3.2	56.8	3.5	55.4
注:RMS 与 Ratio 指标所采用的单位分别为 m 与%												

　　在中国及其周边地区,BDGIM 的定位精度最高,Klobuchar 模型的定位精度最差。BDGIM 在不同电离层活动水平下的定位精度相比于 Klobuchar 模型提高了 0.3～1.0m,相比于精化的 Klobuchar 模型提高了 0.2～1.2m;同时,BDGIM 对定位精度的增益为53.8%～60.4%,相比于其他两种模型提高了 4.4%～16.0%。在欧洲地区,不同广播电离层时延修正模型的定位精度相比于其他区域最差,这与7.4.2节中给出结果是一致的,即使如此,BDGIM 在电离层活动高年和低年对定位精度的增益(3.0%,12.9%)仍略优于 Klobuchar(2.5%,10.6%)和精化的 Klobuchar(0.5%,12.8%)模型。在北美地区,BDGIM 的定位精度相比 Klobuchar 和精化的 Klobuchar 模型提高了 0.5～1.4m,对定位精度的增益提高了 13.4%～23.6%,Klobuchar 模型和精化的 Klobuchar 模型对定位精度的增益基本相当。在赤道地区,电离层活动高年与中年,BDGIM 相比于 Klobuchar 模型对定位精度分别提高约 1.5m、1.0m,相比于精化的 Klobuchar 模型分别提高 0.7m、0.5m,对定位精度的增益分别提高3.0%～14.6%;电离层活动低年,不同模型对定位精度之间的差异不大,对定位精度的增益约为60%。在南半球地区,BDGIM 的定位精度最高,Klobuchar 模型的定位精度最差,BDGIM 相比于 Klobuchar 模型提高6.9%～13.7%。在全球范围内,BDGIM 在不同

电离层活动水平下对定位精度的增益分别为 60.8%、64.0%、55.4%，相比于 Klobuchar 模型提高 6.9% ~ 13.7%，与 7.4.2 节中利用 GPS 实测电离层 TEC 分析 BDGIM 相对于 Klobuchar 模型精度水平提高的幅度基本一致。

另外，电离层 TEC 变化在一天内表现出明显的周期特性：在地方时午后 2 ~ 3 个小时内达到峰值，在夜间至凌晨达到最小值，最大值与最小值相差接近 3 ~ 5 倍，因此，广播电离层时延修正模型一天内不同时段内对定位精度增益也是不同的。以 1h 间隔统计每个时段内各广播电离层时延修正模型在各检核站上的定位精度，图 7.31 ~ 图 7.33 给出了不同电离层活动水平下，采用不同广播电离层时延修正模型时定位误差随地方时的变化趋势。其中，图(a)为水平方向上的定位误差，图(b)为垂直方向上的定位误差。

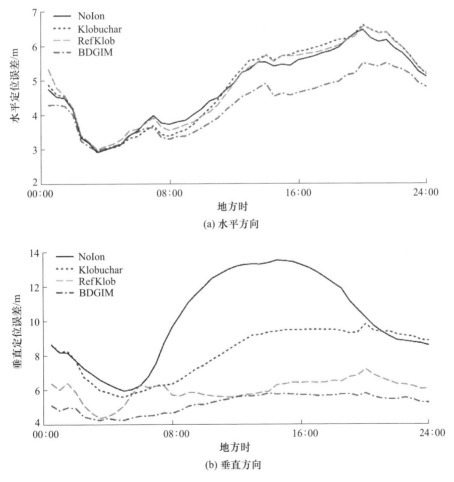

(a) 水平方向

(b) 垂直方向

图 7.31　太阳活动高年不同广播电离层时延修正模型在水平和
垂直方向上定位误差随地方时的变化

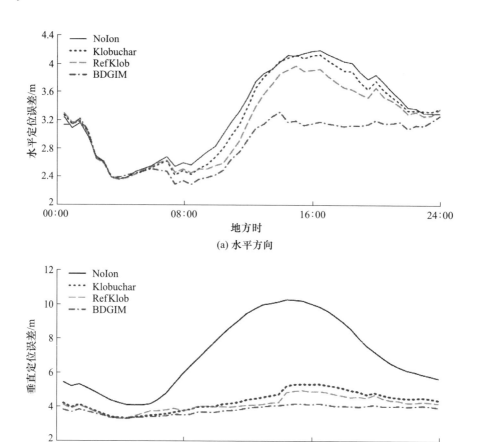

(a) 水平方向

(b) 垂直方向

图7.32　太阳活动中年不同广播电离层时延修正模型在水平和
垂直方向上定位误差随地方时的变化

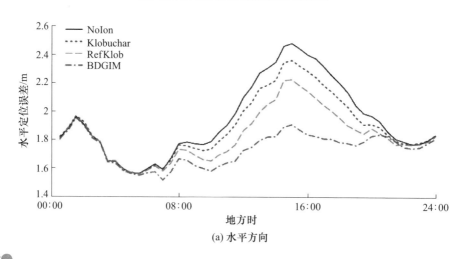

(a) 水平方向

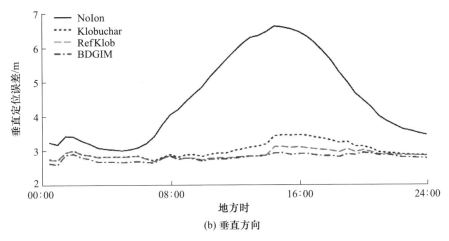

(b) 垂直方向

图 7.33　太阳活动低年不同广播电离层时延修正模型在水平和
垂直方向上定位误差随地方时的变化

　　总体而言,在不改正电离层时延的情况下,水平和垂直方向上的定位精度均呈现
出明显的周日变化特点:在地方时 04:00—08:00 时达到最小,在地方时 16:00 左右
达到最大;在太阳活动高年,电离层对单点定位精度影响可持续至地方时 20:00 左
右,在太阳活动中年与低年,上述影响在午后 16:00 之后会快速降低。采用广播电离
层时延修正模型改正电离层时延后,对单点定位精度在垂直方向上的增益要显著大
于水平方向;对于地方时凌晨 00:00—04:00 期间,水平方向上的定位精度增益基本
为零,这也说明在上述时段内电离时延误差已不是影响水平定位精度最主要的因素,
但是,对垂直方向上定位精度仍存在一定的影响。

　　在太阳活动高年(图 7.31),BDGIM 对定位精度的增益无论在水平方向还是垂
直方向都较为明显,显著优于 Klobuchar 与精化的 Klobuchar 模型;特别是在垂直方向
上,对定位精度的提高可达 3.0～7.0m,使得定位误差从最大 13.0m 降低至最大
6.0m 左右;Klobuchar 与精化的 Klobuchar 模型在水平方向上对定位精度的增益并不
很明显,与不修正电离层时延时基本相当;而在垂直方向上对定位精度的增益则较为
显著,且精化的 Klobuchar 模型(3.0～6.0m)要优于 Klobuchar 模型(2.0～4.0m)。
在太阳活动中年(图 7.32)与低年(图 7.33),BDGIM 在水平方向上对定位精度的增
益仍然明显优于 Klobuchar 与精化的 Klobuchar 模型;但在垂直方向上对定位精度的增
益仅略优于 Klobuchar 与精化的 Klobuchar 模型0.5～1.0m;Klobuchar 与精化的 Klobu-
char 模型对定位精度的增益也基本相当,这主要是由于电离层 TEC 在太阳活动低年或
中年相对较小,对定位精度的影响远不如在太阳活动高年时显著。从不同太阳活动水
平下对定位精度的增益对比来看,BDGIM 在水平方向与垂直方向上均可有效地提高定
位精度,而 Klobuchar 和精化的 Klobuchar模型对定位精度的增益主要体现在垂直方
向上,而在水平方向上并不显著。

综上所述,在全球范围内,无论是在太阳活动高年还是低年,BDGIM 对单频单历元单点导航用户定位精度的增益优于 GPS 播发的 Klobuchar 模型以及 CODE 利用全球 GPS 基准站观测数据精化之后的 Klobuchar 模型 10% ~15%;相对于 Klobuchar 模型对定位精度的增益主要体现垂直方向上,BDGIM 在水平和垂直两个方向上对定位精度的增益均比较显著。

7.5 基于区域北斗观测数据的 BDGIM 精度与可靠性分析

中国区域日益丰富的 BDS 监测站实测数据为 BDGIM 播发参数的解算提供了可能,本节在分析 BDS 电离层 TEC 实测值精度的基础上,以陆态网部分 GPS 基准站为参考,评估了 2015 年 DOY001~180 天 BDGIM 在中国区域的电离层误差改正效果及其对 GPS 单频 SPP 精度的影响。

7.5.1 区域北斗电离层 TEC 观测量分析

截至 2015 年 1 月,BDS 共有 13 颗在轨卫星,包括 5 颗 GEO 卫星、5 颗 IGSO 卫星及 3 颗 MEO 卫星。图 7.34 所示为 2015 年年积日 009 天中国区域 BDS 电离层交叉点分布情况,图中红色点表示 GEO 卫星的交叉点,绿色点表示 IGSO 卫星的交叉点,蓝色点表示 MEO 卫星的交叉点,卫星截止高度角为 10°,电离层薄层高度为 400km。可以看出,各监测站 GEO 卫星的电离层交叉点位置基本不变且分布较为稀疏,IGSO 及 MEO 卫星的电离层交叉点分布较为密集;总体而言,BDS 卫星的电离层交叉点基本能够实现中国区域的覆盖。

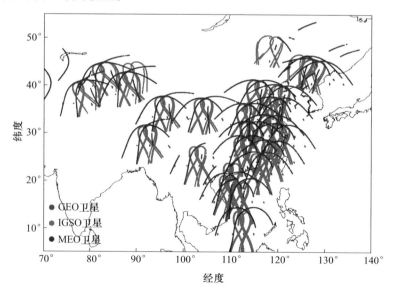

图 7.34　2015 年 DOY009 天中国区域 BDS 电离层交叉点分布(见彩图)

选取中低纬地区的 4 个监测站,分析 BDS 电离层 TEC 实测值在中国区域不同纬度的周日变化情况。图 7.35 所示为 2015 年年积日 009 天各监测站的 BDS 电离层 TEC 实测值与 GIM TEC 的对比情况,图中黑色点表示 GIM TEC 模型值,其他颜色点分别对应各 BDS 卫星的 TEC 实测值。可以看出,不同监测站的 TEC 实测值均能反映电离层 TEC 的周日变化特征,地方时午后的电离层 TEC 较大,夜间的电离层 TEC 变化较为平稳。同时,中纬度监测站的电离层 TEC 实测值与 GIM TEC 模型值基本一致,但低纬度监测站的差异较大。由于采用数学模型拟合,GIM 在低纬度监测站给出的 TEC 较为平滑,而 BDS 获取的 TEC 实测值变化较为剧烈,特别是在地方时 20:00 ~ 24:00 之间。

以 GIM 的 TEC 模型值为参考,图 7.36 进一步给出了 2015 年年积日 009 天中国

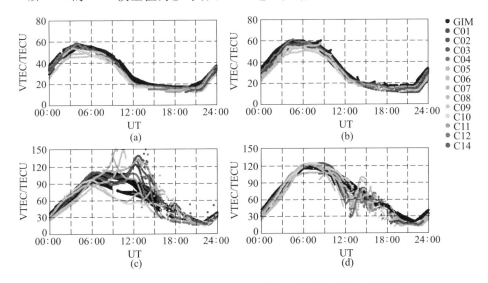

图 7.35　2015 年 DOY009 天不同纬度监测站 BDS 电离层
TEC 实测值的周日变化(见彩图)

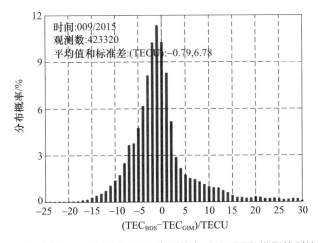

图 7.36　2015 年 DOY009 天 BDS TEC 实测值与 GIM TEC 模型值对比的残差分布

区域所有 BDS 监测站的 TEC 实测值与 GIM TEC 模型值相比的残差分布,当天的电离层观测量为 423320 个。BDS TEC 实测值与 GIM TEC 模型值之间的偏差基本在 -15.0 ~ 25.0TECU 之间,二者之间的平均偏差为 -0.79TECU,STD 为 6.78TECU。这表明,各 BDS 监测站提供的电离层 TEC 实测值为后续 BDGIM 播发参数的解算提供了较为可靠的电离层观测信息。

7.5.2　与 GPS TEC 对比分析

在中国区域选取 42 个陆态网监测站,以各监测站 GPS 数据提取的电离层 TEC 信息为参考,评估 2015 年年积日 001 ~ 181 天不同电离层模型在中国区域的电离层误差改正效果,包括 GPS 广播星历中播发的 Klobuchar 模型(GPSKlob)、BDS 广播星历中播发的 8 参数 Klobuchar 模型(BDSKlob)、CODE 精化的 Klobuchar 模型(CODKlob)、Galileo 广播星历中播发的 NeQuick 模型(NeQuick G)以及基于区域 BDS 观测数据解算得到的 BDGIM。选取的 GPS 检核站覆盖了中国中低纬大部分地区,能够反映不同电离层模型在中国区域的实际应用精度。仍采用式(7.17)作为各电离层模型的精度统计指标。

以 2015 年 150 天为例,图 7.37 及图 7.38 分别给出了不同电离层模型在各检核站的 TEC 计算值与 GPS 实测值相比的 RMS 及相对修正精度分布。以北纬 30° 为界,将中国区域各检核站分为中纬和低纬检核站两部分。从图中可以看出,不同电离层

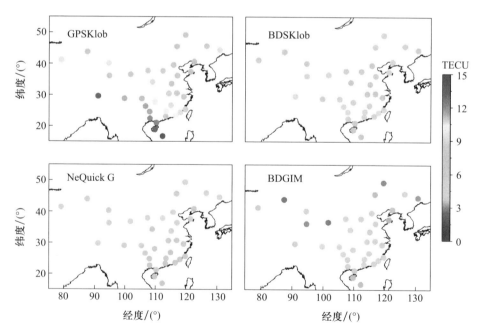

图 7.37　2015 年 150 天不同电离层模型的 TEC 计算值与
GPS TEC 对比的 RMS 分布(见彩图)

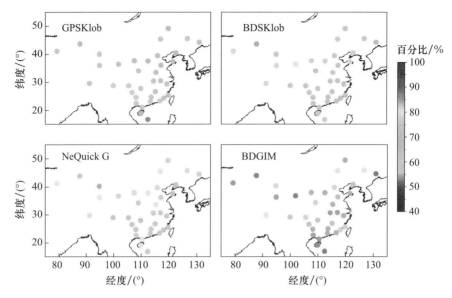

图 7.38　2015 年 150 天不同电离层模型的 TEC 计算值与
GPS TEC 对比的相对修正精度分布(见彩图)

模型在低纬度地区的 RMS 误差大于中纬度地区:GPSKlob、BDSKlob 及 NeQuick G 在
低 纬 度 地 区 的 RMS 分 别 为 8.21 ~ 13.14TECU、7.42 ~ 9.23TECU 及 5.58 ~
8.61TECU,在中纬度地区的 RMS 分别为 7.39 ~ 9.73TECU、3.76 ~ 7.27TECU 及
2.63 ~ 6.24TECU,BDGIM 在各检核站与 GPS 实测值相比的 RMS 明显小于其他电离
层模型,其在中低纬地区的 RMS 为 2.63 ~ 6.24TECU。从相对修正精度指标来看,
GPSKlob、BDSKlob 及 NeQuick G 在低纬度地区的改正精度分别为 53.2%~68.5% 、
65.6%~77.3% 及 70.6%~80.1% ,在中纬度地区的改正精度分别为 60.3%~71.1% 、
65.2%~84.7% 及 70.1%~84.5% ,BDGIM 在中低纬地区改正精度为 77.3%~88.2% 。
基于区域北斗观测数据解算的 BDGIM 在中国区域的电离层误差修正效果明显优于
其他电离层模型。

　　由于 2015 年 DOY029 ~ 065 天 Galileo 广播星历中 NeQuick G 电离层参数缺失,
仅统计 DOY070 ~ 181 天不同电离层模型在各检核站与 GPS 实测值相比的 RMS 及相
对修正精度。如图 7.39 所示,各 GPS 检核站按地理纬度由低到高排列。从 RMS 统
计量来看,不同电离层模型在低纬度检核站的 RMS 较大,而在中纬度检核站的 RMS
较小。在 WUHN 以南各检核站,GPSKlob 的 RMS 最大(6.8 ~ 21.7TECU),NeQuick G
次之(9.9 ~ 19.8TECU),BDSKlob 与 CODKlob 的 RMS 值相近(6.2 ~ 14.5TECU);在
WUHN 以北各检核站,CODKlob 与 NeQuick G 的 RMS 最大,GPSKlob 的 RMS 略小于
BDSKlob,BDGIM 在中低纬所有检核站的 RMS 均最小。从相对修正精度指标来看,
除 GDSG 及 AHAQ 外,BDGIM 在各检核站的修正精度为 75.4%~82.6%;BDSKlob 在
低纬度检核站的修正精度基本在 63.8%~72.1% 之间,在中纬度各检核站的修正精

度差异较大;NeQuick G 在低纬及中纬度检核站的修正精度分别为 49.8%～65.6% 及 49.9%～60%;GPSKlob 在低纬度检核站修正精度较差,在中纬度检核站修正精度较高,CODKlob 与之相反。BDGIM 在各检核站的电离层修正精度与 BDSKlob 及 NeQuick G 相比具有明显优势。

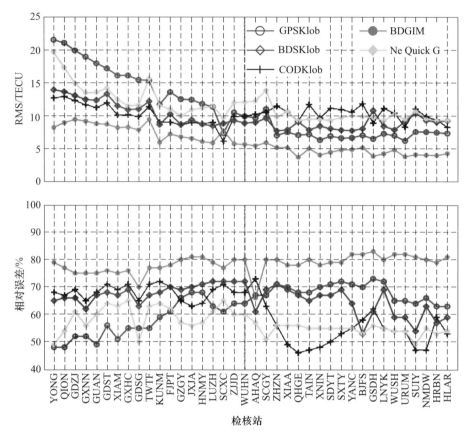

图 7.39 不同电离层模型在各检核站的 TEC 计算值与
GPS TEC 对比的 RMS 及相对修正精度

为直观地反映不同电离层模型在中国区域的电离层误差改正情况,图 7.40 所示为 2015 年 DOY070～181 天不同电离层模型精度指标的概率分布,从左至右分别对应各电离层模型的 TEC 计算值与 GPS 实测值之间的偏差、RMS 及相对修正精度。可以看出,GPSKlob、CODKlob、BDSKlob、NeQuick G 及 BDGIM 与 GPS TEC 之间的平均偏差分别为 -7.86TECU、1.44TECU、-5.16TECU、-2.42TECU 及 -1.20TECU,BDGIM 的 TEC 残差分布更为集中且期望更接近于 0。同时,BDGIM 相对较小的 RMS 所占比例明显大于其他电离层模型,GPSKlob、CODKlob、BDSKlob、NeQuick G 及 BDGIM 的 RMS 均值分别为 11.80TECU、9.46TECU、10.10TECU、7.97TECU 及 5.82TECU。此外,BDGIM 的相对修正精度主要分布在75%～95% 之间,BDSKlob 及

NeQuick G 的相对修正精度主要分布在 60%~85% 及 60%~90% 之间；GPSKlob、COD-Klob、BDSKlob、NeQuick G 及 BDGIM 在统计时段内的平均相对修正精度分别为 64.36%、69.34%、68.26%、75.10% 及 81.80%。

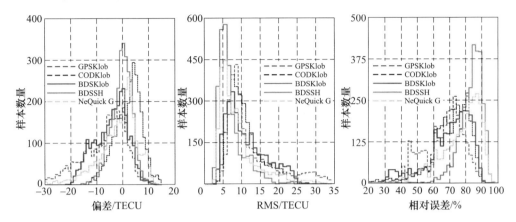

图 7.40　2015 年 DOY070~181 天不同电离层模型精度指标的概率分布

以地理纬度 30° 为界，将中国区域划分为低纬度地区（< 30°）和中纬度地区（> 30°）两部分。图 7.41 和图 7.42 分别给出了不同电离层模型在中国低纬度和中纬度地区的模型计算值与 GPS 实测值对比的 RMS 及相对修正精度时间序列。在低纬度地区（图 7.41），测试时段内 BDGIM 的 RMS 在 4.0~13.0TECU 之间，其他电离层模型的 RMS 基本在 6.0~30.0TECU 之间。BDGIM 的相对修正精度较为稳定，基本在 70.0%~90.0% 之间变化；除 NeQuick G 外，GPSKlob、CODKlob 及 BDSKlob 的修正精度基本在 40.0%~80.0% 之间。在中纬度地区（图 7.42），不同电离层模型与 GPS TEC 相比的 RMS 值小于低纬度地区。BDSKlob 与 CODKlob 的 RMS 最大，其变化范围为 5.0~18.0TECU；GPSKlob 及 NeQuick G 的 RMS 在 2.5~12.0TECU 之间；BDGIM 的 RMS 最小，基本在 2.5~6.0TECU 之间。可以看出，BDGIM 在中国中纬度地区的电离层改正效果最好，NeQuick G 次之，BDSKlob 及 CODKlob 的改正效果甚至不如 GPSKlob。

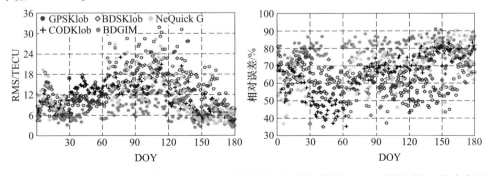

图 7.41　低纬度地区不同电离层模型 TEC 计算值与实测值对比的 RMS 及相对修正精度序列

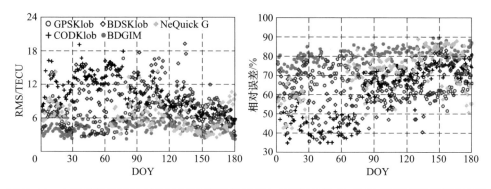

图 7.42 中纬度地区不同电离层模型 TEC 计算值与实测值对比的 RMS 及相对修正精度序列

表 7.8 所列为 2015 年 001～181 天不同电离层模型在中国中低纬地区与 GPS TEC 实测值相比的精度统计情况。在低纬度地区,GPSKlob、CODKlob、BDSKlob 的 RMS 分别为 15.34TECU、11.69TECU 及 11.77TECU,修正精度分别为 59.4%、64.9% 及 65.7%;NeQuick G 的 RMS 为 11.85TECU,修正精度为 69.4%;BDGIM 的 RMS 为 7.41TECU,修正精度为 80.0%。在中纬度地区,CODKlob 的修正效果最差,GPSKlob 的修正效果略优于 BDSKlob;NeQuick G 及 BDGIM 的修正精度分别为 71.3% 及 80.5%,RMS 分别为 6.62TECU 及 4.45TECU。统计时段内,BDSKlob 在中国低纬度地区的修正精度优于 GPSKlob 及 CODKlob,在中纬度地区的修正精度低于 GPSKlob。NeQuick G 在中国区域的修正精度优于不同的 Klobuchar 模型,然而不同时段内 NeQuick G 的修正效果不是很稳定。总体上,BDGIM 的电离层误差修正效果最好,试验期间其在中国区域的修正精度可达 80%。

表 7.8 不同电离层模型在中国区域与 GPS TEC 相比的精度统计

电离层模型	低纬度地区(纬度<30°)			中纬度地区(30°<纬度<60°)		
	bias	rms	rms_rel	bias	rms	rms_rel
GPSKlob	−12.21	15.34	59.36	−1.11	7.16	65.38
CODKlob	0.25	11.69	64.92	5.53	10.42	58.19
BDSKlob	−5.94	11.77	65.65	−5.26	8.76	63.81
BDGIM	−2.92	7.41	80.03	0.29	4.45	80.51
NeQuick G	−7.02	11.85	69.42	−0.65	6.62	71.31
GIM	1.16	2.90	91.58	0.64	1.38	92.92
注:bias 与 rms 的单位为 TECU,rms_rel 的单位为%						

7.5.3 BDGIM 对单频 SPP 的精度增益分析

本节基于中国区域 42 个陆态网 GPS 监测站数据,分析 GPSKlob、CODKlob、BDSKlob、NeQuick G 及 BDGIM 等电离层模型对单频 SPP 精度的影响。SPP 数据处理中,观测数据采用 GPS C/A 码,数据采样率为 300s,卫星截止高度角为 10°,卫星轨道及钟差计算采用广播星历播发的轨道及钟差参数,对流层模型采用 NUB3m 模型改正。基于动态 SPP 估计测站坐标及接收机钟差,并以 GPS 静态 PPP 的单天解作为各 GPS 监测站的坐标参考"真值"。通过对比 SPP 获得的点位坐标与 PPP 精密坐标之间的三维位置偏差,分析不同电离层模型对单频 SPP 的精度增益。以不改正电离层误差的 SPP 结果为参考,采用其他电离层模型改正的 SPP 精度增益 Ratio 可以表示为

$$\text{Ratio} = \frac{\text{RMS}_{\text{uncorrected}} - \text{RMS}_{\text{ion}}}{\text{RMS}_{\text{uncorrected}}} \times 100\% \tag{7.19}$$

式中:$\text{RMS}_{\text{uncorrected}}$,$\text{RMS}_{\text{ion}}$ 分别为不改正及改正电离层误差的 SPP 结果。

　　以 GPSKlob、BDSKlob 及 BDGIM 为例,图 7.43 所示为 2015 年 105 天采用以上电离层模型修正后,BJFS、WUHN 及 GDST 站水平及垂直方向的 SPP 误差分布。从图中可以看出,采用 BDGIM 修正电离层误差后水平(东西、南北)方向误差分布较为集中,BDSKlob 次之,GPSKlob 对应的水平方向误差分布较为离散;BDGIM 对垂直方向定位精度的增益也要优于 GPSKlob 及 BDSKlob。与 GPSKlob 相比,采用 BDSKlob 修正后各检核站北方向、东方向及天顶方向定位精度分别提高了 0.39m、0.32m 及 0.59m;采用 BDGIM 修正后各检核站北方向、东方向及天顶方向的定位精度分别提

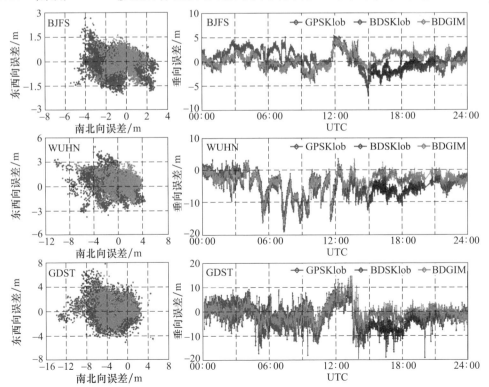

图 7.43　2015 年 105 天 BJFS、WUHN 及 GDST 站水平及垂直方向的 SPP 误差分布(见彩图)

高了 0.55 m、0.19 m 及 0.94 m。同时,受低纬度地区电离层活动的影响,低纬度检核站(GDST)水平及垂直方向定位误差明显大于中纬度检核站(BJFS)。

图 7.44 所示为 2015 年 105 天不同电离层模型在各检核站的定位精度对比情况,各检核站按相关的计算结果按地理纬度大小从低纬至高纬排列。采用电离层模型改正后,各检核站的定位精度均有不同程度的提高:与未修正电离层误差的定位结果相比,GPSKlob、BDSKlob、NeQuick G 及 BDGIM 的定位精度分别提高了 4.20 m、4.08 m、4.02 m 及 4.42 m,BDGIM 对单点定位的增益大于其他电离层模型。同时可以看出,BDGIM 在大部分检核站的三维定位误差均小于 BDSKlob,而 NeQuick G 在低纬度检核站的定位精度要明显优于中纬度检核站。

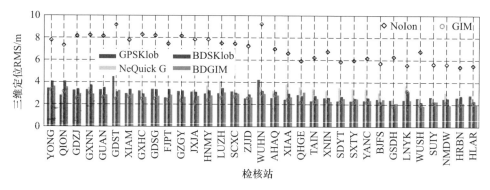

图 7.44　2015 年 105 天不同电离层模型在各检核站的单点定位精度对比(见彩图)

以不同电离层模型每天的三维 RMS 均值为统计量,图 7.45 所示为 2015 年 090 ~ 180 天各电离层模型的三维定位误差(a)及定位增益(b)的时间序列。总体上,GPSKlob、CODKlob 及 BDSKlob 的定位误差相当,大于 NeQuick G 及 BDGIM 的定位结果。具体而言,2015 年 140 天前,BDGIM 的定位精度相比于不同 Klobuchar 模型提高了 0.4 ~ 1.9 m;2015 年 140 天后,不同 Klobuchar 模型与 BDGIM 三维 RMS 之间的差异有所减小,基本在 0.1 ~ 0.9 m 之间变化。实验期间,GPSKlob、CODKlob、BD-

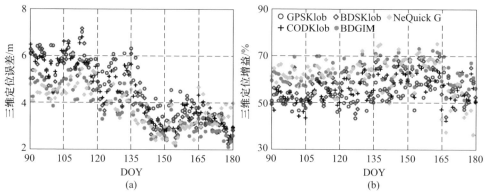

图 7.45　2015 年 DOY090 ~ 180 天不同电离层模型的三维定位误差及定位增益时间序列

SKlob、NeQuick G 及 BDGIM 的三维定位 RMS 分别为 4. 80m、4. 58m、4. 36m、3. 78m 及 4. 21m,BDGIM 对定位精度的增益为 62. 8% ,相比于 GPSKlob、CODKlob、BDSKlob 及 NeQuick G 分别提高了约 10. 6% 、7. 5% 、5. 4% 及 3. 9% 。从不同电离层模型对单点定位增益的对比结果来看,BDGIM 在中国区域与其他电离层模型相比具有一定优势。

7.6　本章小结

　　全球广播电离层时延修正模型是有效保证 GNSS 单频实时导航定位精度和可靠性的关键技术手段之一。针对 BDS 监测站布设以"境内为主,境外为辅"的特点,建立了适用于 BDS 的全球广播电离层时延修正模型——BDGIM。该模型不仅有效利用了球谐函数模型的优良数学结构,确保了其对全球电离层 TEC 变化的精确描述能力;还通过设计充分顾及站星几何分布结构且具有明确含义的模型参数估计方法,有效解决了以区域监测站为主实现 BDGIM 全球更新的技术难题。同时,BDGIM 具有较好的应用安全性及较强的拓展能力,在不具备实时更新条件时,可有效地实现相对较长时期内全球电离层 TEC 变化的有效预报;在条件允许的情况下,还可通过进一步增加播发系数的个数,提高模型的更新能力与修正效果。

　　基于 2001—2012 年全球分布的 19 个 IGS 基准站 GPS 观测数据及 TOPEX/Poseidon 电离层 TEC 观测数据,从电离层 TEC 修正及其对单点定位精度的增益两个角度详细分析了 BDGIM 的精度与可靠性,结果显示,BDGIM 在全球电离层修正精度为 75% ~ 80% (在中国及其周边地区为 77% ~ 82%),优于 GPS 播发的 Klobuchar 模型 10% ~ 15% 。在此基础上,基于 2012 年 8 月 23 日 ~ 8 月 26 日中国境内 BDS 双频伪距观测数据实现了 BDGIM 的更新,并与 GPS 双频观测数据更新的结果进行了比对,初步分析显示,基于 BDS 与 GPS 观测数据更新 BDGIM 的效果基本相当,相对于 Klobuchar 模型定位精度提高约 12% 。

参考文献

[1]　KLOBUCHAR J A. Ionospheric time-delay algorithm for single-frequency GPS users[J]. IEEE Transactions on Aerospace & Electronic Systems,2007,AES-23(3):325-331.

[2]　RADICELLA S M,NAVA B,COÏSSON P. Ionospheric models for GNSS single frequency range delay corrections[J]. Física de la Tierra,2008,27-39.

[3]　ARBESSER-RASTBURG B. The Galileo single frequency ionospheric correction algorithm [J]. Third European Space Weather Week,2006:13-17.

[4]　WU X,HU X,WANG G,et al. Evaluation of COMPASS ionospheric model in GNSS positioning [J]. Advances in Space Research,2013,51(6):959-968.

[5]　YUAN Y,HUO X,OU J. Development of a new GNSS broadcast ionospheric time delay correction

model［C］//International symposium on GPS/GNSS,Hong Kong,2005.

［6］YUAN Y,HUO X,OU J. The ionospheric research related to GNSS development and applications in China［C］//Workshop on the Future of Ionospheric Research for Satellite Navigation and Positioning:Its Relevance for Developing Countries,Trieste,2006.

［7］YUAN Y,HUO X,OU J. Two improved ionospheric empirical models based on GPS observations［C］//Dynamic Planet 2005,Australia,2005.

［8］袁运斌,霍星亮,李子申,等. 全球导航卫星系统广播电离层时延修正方法:201010222381. X ［P］. 2010-07-09.

［9］YUAN Y,WANG N,LI Z,HUO X. The BeiDou global broadcast ionospheric delay correction model (BDGIM) and its preliminary performance evaluation results［J］. NAVIGATION,2019(66):55-69.

［10］霍星亮. 基于 GNSS 的电离层形态监测与延迟模型研究［D］. 武汉:中国科学院测量与地球物理研究所,2008.

［11］李子申. GNSS/Compass 电离层时延修正及 TEC 监测理论与方法研究［D］. 武汉:中国科学院测量与地球物理研究所,2012.

［12］王宁波. GNSS 差分码偏差处理方法及全球广播电离层模型研究［D］. 武汉:中国科学院测量与地球物理研究所,2016.

［13］中国卫星导航系统管理办公室. 北斗卫星导航系统空间信号接口控制文件公开服务信号 B1C(1.0 版)［S］. 北京:中国卫星导航系统管理办公室,2017.

［14］BeiDou Navigation Satellite System Signal In Space Interface Control Document Open Service Signal B1C (Version 1.0)［S］. Beijing:China Satellite Navigation Office,December,2017.

［15］中国卫星导航系统管理办公室. 北斗卫星导航系统空间信号接口控制文件公开服务信号 B2a(1.0 版)［S］. 北京:中国卫星导航系统管理办公室,2017.

［16］BeiDou Navigation Satellite System Signal In Space Interface Control Document Open Service Signal B2a (Version 1.0)［S］. Beijing:China Satellite Navigation Office,December,2017.

［17］中国卫星导航系统管理办公室. 北斗卫星导航系统空间信号接口控制文件公开服务信号 B2b(1.0 版)［S］. 北京:中国卫星导航系统管理办公室,2020.

［18］BeiDou Navigation Satellite System Signal In Space Interface Control Document Open Service Signal B2b (Version 1.0)［S］. Beijing:China Satellite Navigation Office,July,2020.

［19］YUAN Y,LI Z,HUO X,et al. A next generation broadcast model(BDSSH) and its implementation scheme of ionospheric time delay correction for BDS/GNSS［C］//The 27th International Technical Meeting of the Satellite Division of the Institute of Navigation (ION GNSS 2014),Florida,USA,2014.

［20］YUAN Y,LI Z,HUO X,WANG N. Mitigation model and method of ionospheric time delay for compass/GNSS［C］//The ION Pacific PNT Meeting,Hawaii,2013.

［21］SCHAER S,BEUTLER G,ROTHACHER M. Mapping and predicting the ionosphere［C］//Proceedings of the 1998 IGS Analysis Center Workshop,Darmstadt,Germany,February 9-11,1998.

［22］耿长江. 利用地基 GNSS 数据实时监测电离层延迟理论与方法研究［D］. 武汉:武汉大学,2011.

［23］袁运斌,欧吉坤. 基于 GSP 数据的电离层模型和电离层延迟改正新方法研究［J］. 中国科学院研究生院学报,2002,19(2):209-214.

［24］ AMIRI-SIMKOOEI A. Least-squares variance component estimation：theory and GPS applications ［D］. Delft：Delft University of Technology，2007.

［25］ AMIRI-SIMKOOEI A R，ASGARI J. Harmonic analysis of total electron contents time series：methodology and results［J］. GPS Solutions，2012，16（1）：77-88.

第8章　卫星导航广域增强系统电离层修正模型

<u>⚠</u> 8.1　概　　述

美国 GPS Klobuchar、欧盟 Galileo NeQuick G 及我国北斗 BDGIM 等全球广播电离层时延修正模型直接应用于系统的基本导航定位服务。精度和完好性更高的实时卫星定位还需要通过建立广域增强系统实现。广域增强系统作为拓展 GNSS 应用的重要基础设施,可有效地提高全球或特定区域内实时导航定位的性能。广域增强系统主要由地面监测站网、数据处理中心、星基播发链路、用户终端等部分组成;主要通过地面监测站网收集 GNSS 观测数据实时解算卫星轨道、钟差和区域电离层时延及相应的完好性信息,并按照一定的格式和时间间隔通过通信链路实时播发给用户;用户接收到播发的增强信息即可确保导航定位的精度和完好性。

电离层时延修正信息作为广域增强系统播发信息的重要组成部分,不仅可满足系统服务范围内单频用户的电离层时延修正,还可有效辅助双频/多频用户精密定位的快速收敛。精确可靠的实时电离层时延修正已成为进一步提升广域增强系统应用与服务性能亟待解决的主要技术问题之一。然而,由于电离层活动具有显著的区域特性,并且不同太阳活动水平下电离层变化差异较大,不同的广域增强系统电离层时延修正方法均是针对其服务区上空的电离层活动特点而专门设计的。就我国 BDS 广域增强系统的服务区域而言,纬度跨越近50°,经度跨越近70°,特别是部分低纬地区还受到电离层"赤道异常"影响,不同纬度带内电离层变化差异显著,较全球平均水平更为复杂,因而现有的广域增强系统电离层时延修正方法难以直接应用于我国区域性电离层时延修正。

从广域增强系统发展趋势及其服务范围与对象来看,播发固定格网形式的电离层信息仍然是当前及未来一段时期内实施电离层时延实时修正的主要方式。因此,如何设计分辨率更为合理的电离层格网划分方案以及更加精确地估计各格网点电离层时延及精度信息是 BDS 广域增强系统电离层时延修正需要解决的关键问题。本章将结合我国区域电离层 TEC 变化特点,设计非均匀且分辨率灵活可调的电离层时延信息播发格网,在此基础上,建立一种适合于我国 BDS 广域增强系统的电离层时延修正方法——PSPC[1-2]。

▲ 8.2　中国区域电离层时延信息播发格网的划分

电离层时延信息播发格网的划分是广域增强系统实现电离层时延精确修正的基础。从理论上讲,当电离层 TEC 梯度较小时,可采用较大空间间隔的电离层格网;而当电离层 TEC 梯度较大时,则应采用较小空间间隔的电离层格网。本节将通过实测 GPS 数据分析中国区域电离层 TEC 整体变化特性,给出一种适合于我国区域的电离层时延信息播发格网划分方案。

8.2.1　中国区域电离层 TEC 变化特性分析

基于中国地壳运动观测网络(CMONOC)2001—2008 年基本涵盖太阳活动高年、中年与低年的 GPS 双频观测数据,利用"站际分区法"建立中国区域电离层 TEC 模型[3-5],用以研究该区域电离层 TEC 变化的特点。将中国自南向北分为 3 条纬度带:15°N ~ 28°N,28°N ~ 43°N,43°N ~ 55°N。其中:第 1 条纬度带位于武汉以南地区,地磁赤道北侧 15°以内,该区域是电离层"赤道异常"的北驼峰区,属于中低纬地区;第 2 条纬度带属于中纬地区,自西向东贯穿整个中国大陆地区;第 3 条纬度带属于中高纬地区,该区域基本不受电离层"赤道异常"的影响,在全球范围内属于电离层活动平静区。

如图 8.1 所示,自下而上依次给出了上述 3 个纬度带内中国区域电离层 TEC 的变化形态。可以看到,电离层 TEC 峰值自低纬向高纬依次减小。低纬地区电离层 TEC 峰值可达 150TECU 以上;在太阳活动高年(2001—2003 年),全国范围内存在明显的季节性异常现象,而随着电离层活动水平降低,季节性异常逐渐减弱;低纬地区季节性异常明显强于中纬地区,武汉以北地区季节性异常主要表现在白天,在夜间并不显著,武汉以南地区(第 1 条纬度带),季节性异常则从白天延伸至夜间;白天电离层 TEC 最大值均出现在春秋两季;电离层在纬度上的梯度变化自南向北依次减小。

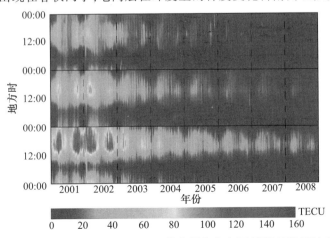

图 8.1　2001—2008 年中国区域在不同纬度带上电离层 TEC 变化对比(见彩图)

总体上讲,中国区域电离层 TEC 变化在中纬度和低纬度地区差异显著,电离层时延信息播发格网在设计上应重点考虑。另外,从上述分析也可看到,仅采用一定的数学函数(如球谐函数、多项式)拟合我国区域电离层变化,难以全面反映不同纬度带的电离层变化特性。

8.2.2　中国区域电离层时延信息播发格网的划分方案

根据上述有关我国区域电离层变化特点的分析,建议采用非均匀格网划分方案,如图 8.2 所示。其中,"+"代表电离层格网点的位置,不同的颜色给出了中国区域电离层 TEC 变化的典型分布。

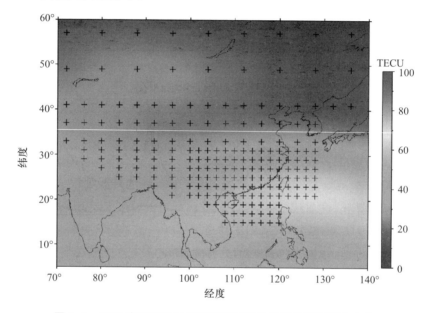

图 8.2　BDS 广域增强系统电离层时延信息播发格网划分方案

在区域($15°N \sim 31°N,100°E \sim 142°E$)内采用 $2°$(纬度)$\times 2°$(经度)的格网,该区域主要受到电离层赤道异常的影响,电离层变化梯度相对较大;在区域($15°N \sim 31°N,70°E \sim 100°E$)内采用 $2°$(纬度)$\times 4°$(经度)的格网,一方面考虑到该地区电离层变化梯度相对中纬度地区要大;同时,顾及该地区位于山区,用户相对较少;在区域($31°N \sim 41°N,70°E \sim 128°E$)采用 $4°$(纬度)$\times 4°$(经度)的格网,该地区电离层 TEC 变化相对平静;在区域($41°N \sim 60°N,70°E \sim 138°E$)采用 $8°$(纬度)$\times 8°$(经度)的格网,该地区电离层最为平静,且用户不多。

另外,考虑到实际用户分布情况,删除了边缘地区的电离层格网点,从而可以最大限度地降低电离层信息播发对通信容量的要求。

上述不均匀电离层格网的划分方案不仅充分顾及了我国区域电离层 TEC 变化在不同纬度带内的差异,并且采用了分辨率可调的格网划分方法($2°/4°/8°$),实际中可根据潜在用户分布及参考站站间距等在任意格网点之间进行加密。

8.3　PSPC 方法基本原理及特点

　　现有的广域增强系统格网点电离层时延信息估计方法大体可分为两类,即加权内插法和整体建模法。加权内插法可顾及局部区域内电离层活动特点,但是对于无观测覆盖的电离层格网点,通常无法给出或只能依赖于经验的电离层模型给出电离层时延信息;整体建模法可给出区域内所有格网点的电离层时延信息,但是,由于采用了整体建模,难以有效顾及局部电离层变化特点。Sparks 等详细论证了基于 Kriging 插值方法建立广域增强系统电离层格网的基本思路,在一定意义上将加权内插法与整体建模法进行了初步的融合[6]。但是,该方法在实际实施中仅利用简单的平面函数拟合区域电离层变化趋势项,并固定了描述电离层变化的相关性的协方差函数,使得其仅能够满足中纬度地区格网电离层时延修正的需求。PSPC 方法通过利用球谐函数描述区域电离层变化趋势项,建立自适应的协方差函数描述区域电离层变化的随机项,精确估计了格网点电离层时延及其精度信息,进而形成 BDS 广域增强系统电离层时延修正方法。

8.3.1　基于球谐函数的电离层 TEC 建模

　　常用的区域电离层 TEC 建模的数学函数包括多项式函数、低阶球谐函数以及球冠谐函数等。我国地域辽阔,南北纬度跨越较大,电离层复杂多变,多项式模型难以有效地实现我国区域电离层 TEC 的精确描述。球谐函数已被广泛应用于全球电离层 TEC 建模,并表现出显著的优势。球谐函数的数学特征要求其所描述的变量必须在整个球面上展开[7],然而,对于区域范围内的电离层 TEC,其交叉点分布通常难以满足上述要求,从而使得球谐函数系数解算过程中法矩阵出现严重病态。球冠谐函数是由球谐函数演变而来的,可用于描述区域电离层 TEC 的变化,但是,为了满足球谐函数的正交性,球冠谐函数的阶次必须调整为非整数,非整数阶次显著增加了球冠谐函数计算的复杂程度[8-10]。如图 8.3 所示,给出了基于 15min 中国区域电离层 TEC 观测量,构建 3×3 阶球谐函数与球冠谐函数(整数阶次,下同)电离层 TEC 模型时法方程的系数阵,其中,纵坐标和横坐标分别表示矩阵的行和列,所着颜色的深浅表示对应系数阵元素的大小。可以看到,系数阵元素大小分布极不均匀,且数值相差较大。

　　图 8.4 所示为球谐函数(黑色实线)与球冠谐函数(红色实线)对应法方程系数阵的条件数。其中,SH 表示球谐函数,SCH 表示整数阶次的球冠谐函数,PSH 表示伪球谐函数。由于法方程的系数阵主要取决于交叉点的分布,且卫星在天顶基本是均匀分布的,因此,系数阵的条件数在一天内变化也是相对比较稳定的;但是,无论是球谐函数,还是整数阶次的球冠谐函数,其条件数均可达 10^{10} 左右,法方程系数阵出

现严重病态,影响球(冠)谐函数电离层 TEC 模型解算的精度与可靠性。

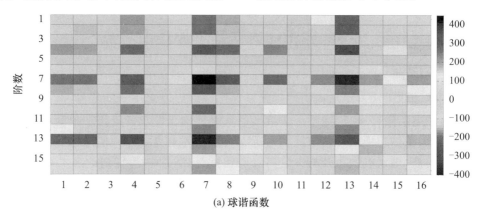

(a) 球谐函数

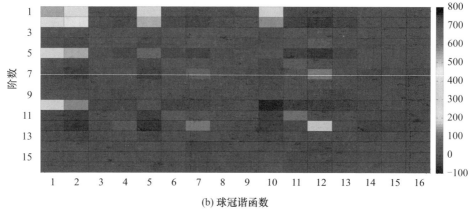

(b) 球冠谐函数

图 8.3　基于球谐函数与球冠谐函数建立电离层 TEC 模型的法方程系数阵(见彩图)

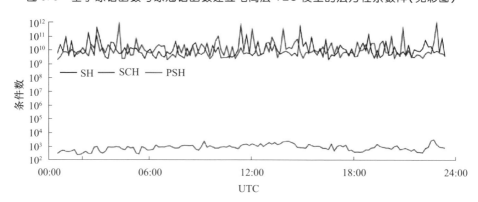

图 8.4　基于不同球谐函数建立电离层 TEC 模型的法方程系数阵条件数变化(见彩图)

　　矩阵产生病态的原因通常可归结为两类:一类是模型参数选择不合理,使得参数之间存在着一定程度的复共线性;另一类是观测值采样不足或空间分布不合理[11-12]。显然,上述病态问题的产生主要是由于观测值空间分布与数学模型要求不匹配造成的。为了解决上述问题,可通过在全球范围内增加大量的约束信息或实际观测,但若将其直接应用于广域增强系统区域电离层 TEC 趋势项建模,缺乏实际的可操作性,并且,还会降低区域电离层 TEC 建模的精度。为此,借鉴矩函数的处理策略[13-14],把交叉点的经纬度变化范围经投影变换至全球,再采用球谐函数建立区域电离层 TEC 模型,具体如下:

(1)以建模区域的中心为极点,通过极点和地理南极点的经线为起始经线,建立球冠坐标系,计算交叉点经纬度在球冠坐标系下的经纬度。假设交叉点的地理经纬度坐标为 (λ, φ),球冠坐标系极点的地理经纬度为 (λ_0, φ_0),则该交叉点在球冠坐标下的经纬度 (λ_c, φ_c) 如式(8.1)所示。球冠坐标系下交叉点经度的取值范围为 $[-\pi, \pi)$,纬度的取值范围取决于所选区域的大小。

$$
\begin{cases}
\varphi_c = \arccos[\sin\varphi_0 \cdot \sin\varphi + \cos\varphi_0\cos\varphi\cos(\lambda - \lambda_0)] \\
\lambda_c = \arcsin\left[\dfrac{\sin(\lambda - \lambda_0) \cdot \cos\varphi}{\sin\varphi_c}\right]
\end{cases}
\tag{8.1}
$$

(2)将交叉点纬度转换为球冠坐标系下的余纬,如式(8.2)所示,其取值范围为 $[0, \theta_{max}]$,则 θ_{max} 可认为是球冠的半角。

$$
\theta_c = \frac{\pi}{2} - \varphi_c
\tag{8.2}
$$

(3)将交叉点纬度按线性变化的关系投影至全球,经度保持不变,如式(8.3)所示。

$$
\begin{cases}
\varphi' = \dfrac{\pi}{2} - \theta' \\
\lambda' = \lambda_c \\
\theta' = \dfrac{\pi}{\theta_{max}} \cdot \theta_c
\end{cases}
\tag{8.3}
$$

式中:$[\lambda', \varphi']$ 表示经过旋转投影变换之后的交叉点经纬度,经度的取值范围为 $[-\pi, \pi)$,纬度的取值范围为 $[-\pi/2, \pi/2]$。至此,可认为电离层交叉点分布在一假想的球面上,满足球谐函数对拟合变量分布的要求。

以式(8.3)所示交叉点经纬度作为球谐函数的输入变量,即用 φ' 与 λ' 分别代替式(8.1)中的 φ 与 λ,解算球谐函数电离层 TEC 模型系数。为了区别于真正意义上的球谐函数,称为"伪球谐函数"。

图 8.5 所示为基于上述伪球谐函数建立电离层 TEC 模型时的法方程系数阵,其中,球谐函数的阶次仍取为 3×3。对比图 8.3 中给出的法方程系数阵,可以看到,基于伪球谐函数模型的系数阵元素大小相差较小,且分布也较为均匀,对角线上的元素数值明显大于非对角线上的元素。统计一天内各时段系数阵的条件数如图 8.4 中的蓝色实线(PSH)所示,其明显小于 SH 与 SCH 模型对应系数矩阵的条件数,仅为 10^2 左右,降低了约 10^8,系数阵的结构得到明显改善。

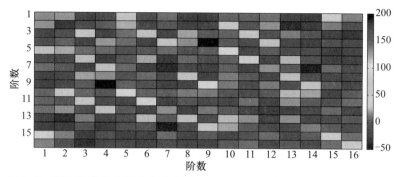

图 8.5　基于伪球谐函数建立电离层 TEC 模型时法方程的系数阵(见彩图)

　　表 8.1 所列为 2012 年 3 月 16 日 00:30:00(UTC)基于球谐函数、整数阶次的球冠谐函数、伪球谐函数得到的中国区域电离层 TEC 模型系数及其中误差。对比发现,伪球谐函数电离层 TEC 模型系数更加稳定,并且其系数有着更为明确的物理含义,例如,第一个系数表征计算时段内区域电离层 TEC 平均值,而 SH、SCH 模型对应的系数不再具有上述物理含义。实际建模中,为了有效地利用电离层在日固坐标系下变化的平稳特性,上述电离层 TEC 模型通常需要在日固坐标系下建立。

表 8.1　不同球谐函数解算得到的电离层 TEC
模型系数及其中误差对比　　　　　　　　　　(单位:TECU)

模型 系数	SH		SCH		PSH	
	值	RMS	值	RMS	值	RMS
1	− 11569. 9	2723. 8	− 11570. 1	2724. 0	14. 61	0. 11
2	8061. 55	1830. 79	12154. 45	2864. 58	3. 96	0. 11
3	− 2447. 04	349. 16	− 1330. 88	411. 49	7. 49	0. 11
4	8861. 39	2237. 74	70. 14	327. 12	3. 44	0. 10
5	− 826. 01	250. 45	− 5337. 00	1262. 72	− 1. 22	0. 07
6	1234. 78	180. 68	968. 23	315. 64	1. 12	0. 12
7	− 4447. 34	1082. 90	− 88. 87	250. 25	− 0. 09	0. 09
8	2324. 33	668. 83	− 125. 37	28. 97	0. 29	0. 06
9	1433. 58	208. 76	− 11. 39	40. 07	0. 32	0. 08
10	− 261. 04	78. 93	934. 20	221. 50	0. 36	0. 04
11	− 108. 42	25. 07	− 213. 26	78. 80	− 0. 77	0. 06
12	481. 17	119. 18	38. 84	62. 25	0. 13	0. 04
13	− 572. 91	163. 83	51. 62	11. 52	0. 28	0. 05
14	− 386. 59	53. 64	3. 60	15. 73	− 0. 24	0. 05
15	266. 11	40. 72	12. 61	3. 20	0. 47	0. 04
16	− 252. 77	84. 24	− 35. 99	2. 25	− 1. 22	0. 04

总体上看,通过伪球谐函数(PSH)可以实现区域电离层 TEC 建模,并且可以精确估计电离层 TEC 的中误差。PSH 模型通过旋转投影变换,不仅使得电离层交叉点分布在形式上满足了球谐函数对物理量分布的要求,解决了球谐函数应用于区域建模时存在的病态问题,有效地利用了球谐函数对全球变化物理量的精确描述能力,还避免了球冠谐函数中非整阶次,降低了电离层 TEC 建模计算的复杂程度。

8.3.2　基于拟合推估的格网点电离层时延估计

电离层 TEC 变化包含有趋势项与随机项两部分,如式(8.4)所示。

$$I(\varphi,\lambda) = \text{PSH}(\varphi,\lambda) + r(x) \tag{8.4}$$

式中: $I(\varphi,\lambda)$ 为交叉点 (φ,λ) 处天顶方向上的电离层时延,本章所述电离层时延均是经过投影转换至天顶方向的电离层时延,方便起见,除特别说明外,下面所述电离层时延均是指天顶方向的; φ,λ 为交叉点的地理纬度和经度;$\text{PSH}(\varphi,\lambda)$ 为基于 8.3.1 节中建立的伪球谐函数电离层 TEC 模型计算得到的交叉点 (φ,λ) 处电离层时延的趋势项; $r(x)$ 为与距离 x 相关的电离层随机项,可采用协方差函数进行描述。

在电离层薄层假设下,假设某电离层格网点(IGP)周边有效范围内的交叉点(IPP)个数为 N ,如图 8.6 所示,则可得到各交叉点电离层时延的观测方程及 IGP 电离层时延的内插方程,如式(8.5)所示。

$$\begin{cases} \boldsymbol{L}_1 + \boldsymbol{V}_1 = \boldsymbol{A}_1\boldsymbol{X} + \boldsymbol{Y}_1 \\ \boldsymbol{L}_2 = \boldsymbol{A}_2\boldsymbol{X} + \boldsymbol{Y}_2 \end{cases} \tag{8.5}$$

式中: $\boldsymbol{L}_1$ 为有效范围内 IPP 处实测电离层时延组成的列矢量; $\boldsymbol{V}_1$ 为其观测误差矢量,对应的协方差矩阵为 $\boldsymbol{D}_{V_1}$; $\boldsymbol{A}_1$ 为观测方程的设计矩阵,与交叉点分布有关; $\boldsymbol{X}$ 为伪球谐函数电离层 TEC 模型待估系数组成的列矢量; $\boldsymbol{Y}_1$ 为各 IPP 电离层随机项组成的列矢量,对应协方差矩阵为 $\boldsymbol{D}_{Y_1}$,假设 $\boldsymbol{V}_1$ 与 $\boldsymbol{Y}_1$ 是不相关的; $\boldsymbol{L}_2$ 为 IGP 处的电离层时延估计值, $\boldsymbol{A}_2$ 为内插方程的设计矩阵,与 $\boldsymbol{A}_1$ 形式相同; $\boldsymbol{Y}_2$ 为 IGP 处的电离层随机项。

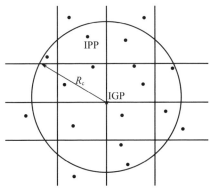

图 8.6　电离层薄层假设下电离层格网点与交叉点分布示意图

式(8.5)即拟合推估的观测方程,通常在双拟合法则 $V_1^T D_{V_1}^{-1} V_1 + V_{Y_1}^T D_{Y_1}^{-1} V_{Y_1}$ 最小的条件下,即可求得 X、Y_1、Y_2、L_2 的估值。在经典的最小二乘中,残差 V 的拟合值是为了求解未知量 X 的最优估值,其实 V 的拟合值并不是它自身的估值。双拟合法则是基于统计信息(概率分布)的,在拟合中将 V_1 与 Y_1 同等看待,V_1 是拟合值,Y_1 也是拟合值,从而导致 Y_1 的取值也拟合于期望。这就损害了拟合推估的质量,实际中常常导致拟合推估的值偏小,从统计意义上讲并不是最优估值[15-16]。针对此,借鉴周江文[16]提出的拟合推估新解法——"两步解法",对式(8.5)所示的观测方程进行求解,其主要过程如下:

第一步:将观测方程改写成如式(8.6)所示的形式。

$$L_{1A} + V_{1A} = A_1 X \tag{8.6}$$

式中

$$\begin{cases} L_{1A} = L_1 - E(Y_1) \\ V_{1A} = V_1 - V_{Y_1}, E(V_{1A}) = 0 \end{cases} \tag{8.7}$$

式(8.6)即为参数 X 的观测方程,L_{1A} 即可看作是 $A_1 X$ 的观测量,V_{1A} 表示其观测误差,在不考虑 V_1 与 Y_1 的相关性时,其对应的协方差矩阵如式(8.8)所示。

$$D_{V_{1A}} = D_{V_1} + D_{Y_1} \tag{8.8}$$

因此,可直接采用经典最小二乘法则,得到参数 X 的最优解如式(8.9)所示。

$$\begin{cases} \hat{X} = N_{1A}^{-1} A_1^T D_{V_{1A}}^{-1} L_{1A}, N_{1A} = A_1^T D_{V_{1A}}^{-1} A_1 \\ D_{\hat{X}} = N_{1A}^{-1} \end{cases} \tag{8.9}$$

经过调整之后的观测方程中不需要 Y 作为未知参量残差,但是在式(8.8)中考虑了它的统计信息,从而可得到 X 的最优估值 $\hat{X}$。

第二步:将估计得到的 $\hat{X}$ 作为已知量代入到原始观测方程中,则观测方程如式(8.10)所示。

$$\begin{cases} L_{1B} + V_{1B} = Y_{1B} \\ L_{1B} = L_1 - A_1 \hat{X} \\ V_{1B} = V_1 - A_1 \Delta \hat{X} \\ \Delta \hat{X} = N_{1A}^{-1} A_1^T D_{V_{1A}}^{-1} V_{1A} \end{cases} \tag{8.10}$$

将 Y_{1B} 作为确定的未知参量,即可将式(8.10)看作不含有随机参量的观测方程,V_{1B} 表示对应观测量 L_{1B} 的观测误差,其协方差 $D_{V_1 V_1}$ 与 $D_{\hat{X}\hat{X}}$ 相关,如式(8.11)所示。

$$\begin{cases} D_{V_{1B}} = R_A D_{V_1} R_A^T + J_A D_{Y_1} J_A^T \\ J_A = A_1 N_{1A}^{-1} A_1^T D_{V_{1A}}^{-1} \\ R_A = I - J_A \end{cases} \tag{8.11}$$

同样,可根据经典最小二乘准则得到未知参数 $\boldsymbol{Y}_{1B}$,即 $\boldsymbol{Y}_1$ 的估值,如式(8.12)所示。

$$\begin{cases} \hat{\boldsymbol{Y}}_1 = \boldsymbol{L}_{1B} = \boldsymbol{L}_1 - \boldsymbol{A}_1 \hat{\boldsymbol{X}} \\ \boldsymbol{D}_{\hat{\boldsymbol{Y}}_1} = \boldsymbol{D}_{V_{1B}} = \boldsymbol{R}_A \boldsymbol{D}_{V_1} \boldsymbol{R}_A^{\mathrm{T}} + \boldsymbol{J}_A \boldsymbol{D}_{Y_1} \boldsymbol{J}_A^{\mathrm{T}} \end{cases} \tag{8.12}$$

至此,可以得到未知参量 $\boldsymbol{X}$ 及随机参量 $\boldsymbol{Y}_1$ 的最优估值,从式(8.12)的表达式可以看到,所有的计算结果在第一步中即可完成,相对于采用双拟合法则,两步解法的计算量明显减少。利用上述两步解法得到的估值,相对于双拟合法则下得到的随机参量 $\boldsymbol{Y}_1$ 的估值 $\hat{\boldsymbol{Y}}_1'$ 要偏大,如式(8.13)所示。

$$\hat{\boldsymbol{Y}}_1' = \boldsymbol{D}_{Y_1} (\boldsymbol{D}_{V_1} + \boldsymbol{D}_{Y_1})^{-1} (\boldsymbol{L}_1 - \boldsymbol{A}_1 \hat{\boldsymbol{X}}) \tag{8.13}$$

基于各交叉点实测电离层随机项即可估计得到格网点电离层随机项,如式(8.14)所示。

$$\hat{\boldsymbol{Y}}_2 = \boldsymbol{D}_{Y_2 Y_1} \boldsymbol{D}_{Y_1 Y_1}^{-1} \hat{\boldsymbol{Y}}_1 = \boldsymbol{D}_{Y_2 Y_1} \boldsymbol{D}_{Y_1 Y_1}^{-1} \boldsymbol{R}_A \boldsymbol{L}_1 \tag{8.14}$$

$$\begin{cases} \hat{\boldsymbol{L}}_2 = \boldsymbol{K} \boldsymbol{L}_1 \\ \boldsymbol{D}_{\hat{\boldsymbol{L}}_2} = \boldsymbol{K} \boldsymbol{D}_{V_1} \boldsymbol{K}^{\mathrm{T}} \\ \boldsymbol{K} = \boldsymbol{A}_2 \boldsymbol{N}_{1A}^{-1} \boldsymbol{A}_1^{\mathrm{T}} (\boldsymbol{D}_{V_1} + \boldsymbol{D}_{Y_1})^{-1} + \boldsymbol{D}_{Y_2 Y_1} \boldsymbol{D}_{Y_1 Y_1}^{-1} \boldsymbol{R}_A \end{cases} \tag{8.15}$$

综上所述,扣除趋势项之后的交叉点实测电离层时延即可看作电离层随机项,基于协方差函数可推估得到各格网点处的电离层随机项,综合随机项与趋势项即可给出各格网点的电离层时延信息,如式(8.15)所示。可以看到,基于拟合推估的格网点电离层时延估计方法不仅能够有效地顾及局部电离层变化的随机项,提高格网电离层时延估计的精度,还通过借鉴拟合推估的两步解法显著减少计算量[17]。

8.3.3 区域电离层协方差函数的实时建立

合理的协方差函数是 8.3.2 节中格网点电离层时延估计的关键,Sparks 等推荐采用经验的固定协方差函数[6,18]。由于电离层变化受到多种因素的综合控制,通常统一固定的协方差函数难以准确地描述全球任意处任意时刻电离层变化的相关性。为此,本节将尝试建立适合于中国区域的实时电离层协方差函数。

根据拟合推估的"两步解法",扣除电离层趋势项之后的实测电离层时延可认为是电离层随机项,以 2002 年(太阳活动高年)与 2008 年(太阳活动低年)年积日第 76 天(春分附近)为例,统计分析中国区域电离层随机项的分布特点,如图 8.7 所示,其中,黑色实线代表一天内随机项概率分布曲线,其他颜色实线代表对应时段内随机项的概率分布曲线;时间为 UTC,与北京时间相差 8h;所采用的基准站分布如 8.5.1 节所述;分布概率统计间隔为 0.2TECU。

可以看到,电离层随机项在 2002 年要明显大于 2008 年;2002 年第 76 天,电离层随机项在地方时上午08:00—09:00(00:00—01:00,UTC)以及凌晨02:00—03:00(18:00—19:00,UTC)相对较小,且不同区域之间的差异不大;地方时午后14:00—15:00(06:00—07:00,UTC)时段,电离层随机项明显变大,并且不同区域差异显著;地方时傍晚20:00—21:00(12:00—13:00,UTC)次之;2008年第76天,不同区域的电离层随机项在地方时凌晨02:00—03:00(18:00—19:00,UTC)差异最小,在地方时午后14:00—15:00(06:00—07:00,UTC)最大,在上午08:00—09:00(00:00—01:00,UTC)以及地方时傍晚20:00—21:00(12:00—13:00,UTC)次之,且基本相当。

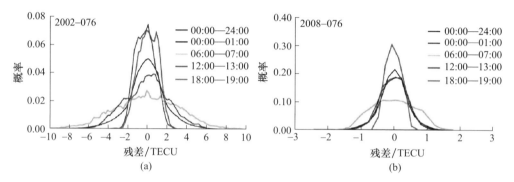

图8.7 2002年与2008年年积日第76天各交叉点
电离层随机项概率分布(见彩图)

总体而言,电离层随机项基本符合均值为0的正态分布。因此,可以忽略电离层随机项在空间上的分布,利用式(8.16)所示的仅与任意两个交叉点之间距离 d 相关的变异函数(variogram)描述电离层随机项之间的差异[19]

$$\gamma(d) = \frac{1}{2N} \cdot \sum_{n=1}^{N} \left[r(x_i) - r(x_j) \right]_n^2 \tag{8.16}$$

式中:γ 为电离层随机项差异的经验变异函数;$r(x_i)$、$r(x_j)$ 分别为第 i 与第 j 个交叉点处的电离层随机项;N 为满足 $|x_i - x_j| \in [d - \Delta d/2, d + \Delta d/2]$ 的交叉点对数,即两个交叉点之间的球面距离位于区间 $[d - \Delta d/2, d + \Delta d/2]$,$\Delta d$ 表示统计时所取的距离间隔。

根据式(8.16)的计算方法,图8.8和图8.9所示为中国区域电离层随机项在2002年与2008年第76天统计得到的经验变异函数。其中,考虑到电离层TEC在不同纬度地区差异较大,以北纬31°为界限,分别统计低纬和中纬地区的经验变异函数;交叉点之间的距离最大取为1000km,间隔为50km;以6h为时间间隔分别给出当地时间上午、午后、傍晚和夜间的经验变异函数;统计样本为对应时刻至之前15min内的电离层随机项。与图8.7给出的结果基本类似,在不同电离层活动水平、不同纬度区域以及一天内不同时刻,统计得到的经验变异函数之间存在着明显差异,特别是在太阳活动高年(2002年),午后时刻(06:15UTC)的变异函数取值是凌晨时刻

（18:15UTC）的 50 倍左右,因此,难以采用统一的变异函数来描述电离层随机项之间的差异。目前,已有的基于电离层协方差函数的格网点电离层时延计算方法中,常常在不同时刻采用固定的协方差函数描述电离层随机项之间的相关性[6,18-22],对比发现,这种处理策略难以直接应用于描述我国不同区域内电离层随机项之间的相关性。

图 8.8 与图 8.9 所示的经验变异函数均是单调递增函数,且具有类似的变化趋势:在起始阶段,随着两个交叉点之间距离 d 逐渐变大,电离层随机项之间的差异也逐渐变大;当距离增大至一定值时,上述差异逐渐稳定在一固定值附近。沿用地学研究中对变异函数特性的描述[23],共有基台 $\gamma(0)$、拱高 $C(0)$ 和变程 R 三个特征点,具体可参照图 8.10。

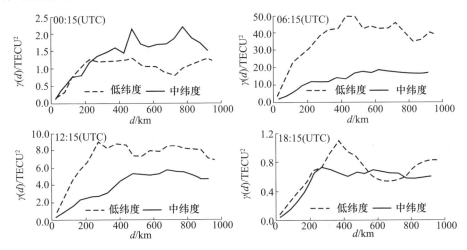

图 8.8 2002 年(太阳活动高年)年积日第 76 天中国区域电离层随机项变异函数对比

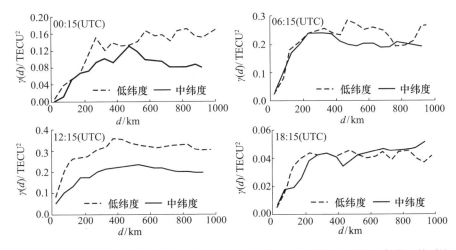

图 8.9 2008 年(太阳活动低年)年积日第 76 天中国区域电离层随机项变异函数对比

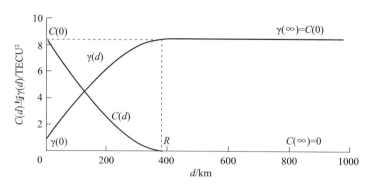

图 8.10 协方差函数与变异函数之间的关系图

基台即是距离为 0km 的两个点之间的变异函数值。在此,可理解为某一点上电离层随机项之间的差异,该差异理论上应为零。然而,从图 8.8 与图 8.9 给出的经验变异函数可以看到,除个别夜间或上午时刻,变异函数的基台取值均不为零。该非零基台值的产生主要有两方面的原因:一是各交叉点电离层 TEC 观测值的计算含有一定误差;二是电离层薄层假设忽略了电离层在空间水平方向上的各向异性,换言之,对于穿过同一个交叉点不同方位上的电离层 TEC 经过投影之后得到该点的电离层 VTEC 之间是存在差异的。因此,基台取值的大小也间接地反映了电离层 TEC 观测值及电离层薄层假设误差的综合影响。

拱高指当距离无穷大时变异函数的取值,可用来描述区域内电离层随机项之间的最大差异,其取值的大小与电离层活动水平及电离层趋势项建模的精度有直接关系。从图 8.8 与图 8.9 给出的经验变异函数可以看到,在电离层活动高年午后的低纬度地区,拱高的取值可达 40TECU^2 左右,而在电离层活动低年的夜晚仅只有 0.04TECU^2,相差近 10000 倍。

变程定义为变异函数趋于稳定时对应的距离,即图 8.10 中的 R,表示电离层随机项之间由存在空间相关(当 $d \leqslant R$ 时)转向不存在空间相关(当 $d > R$ 时)的转折点。可理解为,当两点之间的距离大于 R 时,电离层随机项之间是不相关的。从图 8.8 与图 8.9 给出的经验变异函数可以看到,在不同电离层活动水平下变程的取值是不同的。因此,在估计格网点电离层时延信息时,可根据计算得到的变异函数确定变程 R 大小,只选择距离格网点距离小于 R 的交叉点建立协方差矩阵,从而使得"两步解法"中的第二步计算更加简便。

基于上述分析,采用球状分段函数构造变异函数[23],即

$$
\gamma(d) = \begin{cases} c_0 + \dfrac{c}{2R}(3d - d^3) & 0 \leqslant d \leqslant R \\ c_0 + c & d > R \end{cases} \tag{8.17}
$$

式中:$c_0 + c$ 为拱高值;c_0 为基台值;R 为变程值;利用统计得到的经验变异函数值,基于最小二乘可解算 c_0,c,R 三个待估参数,得到对应时段内特定球状变异

函数。

基于此,可定义协方差函数如式(8.18)所示,其与变异函数之间的关系如图 8.10 所示。

$$C(d) = \gamma(\infty) - \gamma(d) \tag{8.18}$$

式中:$C(d)$ 为相距为 d 的两交叉点电离层随机项的协方差;$\gamma(\infty)$ 为相距无穷远的两交叉点电离层随机项的协方差。结合式(8.17)与式(8.18)即可计算任意两交叉点之间的电离层随机项之间的协方差。

图 8.11 所示为基于上述函数拟合得到的 2002 年与 2008 年第 76 天中国低纬地区电离层变异函数及协方差函数。可以看到,利用球状分段函数可实时建立中国区域电离层协方差函数。基于实时建立的电离层协方差函数,结合 8.3.2 节的方法即可计算格网点电离层时延信息。

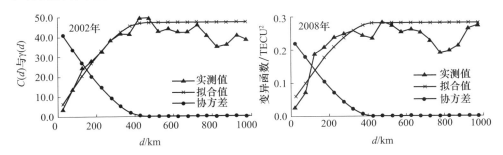

图 8.11　基于球状分段函数得到的中国低纬地区电离层变异函数及协方差函数

8.3.4　用户端电离层时延改正信息计算

用户基于接收到广域增强系统播发的格网点电离层时延信息及实时协方差函数,可计算卫星视线方向上的电离层时延改正值。如图 8.12 所示,假设用户某可视卫星交叉点为 P,其周围 4 个格网点分别是 A、B、C、D,则用户端电离层时延改正信息及其精度计算方法如式(8.19)所示。

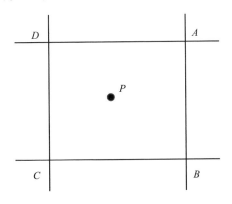

图 8.12　广域增强系统用户端电离层时延改正信息计算示意图

$$\begin{cases} I_P = F(\varepsilon) \cdot \boldsymbol{P} \cdot \boldsymbol{I}_G \\ \sigma_P = F(\varepsilon) \cdot \sqrt{\boldsymbol{P} \cdot \boldsymbol{\sigma}_G^2 \cdot \boldsymbol{P}^{\mathrm{T}}} \end{cases} \tag{8.19}$$

式中：I_P、σ_P 分别为可视卫星交叉点 P 处的电离层时延改正信息及其精度指标；$F(\varepsilon)$ 为与卫星高度角 ε 相关的投影函数；$\boldsymbol{P}$ 为基于协方差函数计算得到的内插矩阵，如式（8.20）所示；$\boldsymbol{I}_G$、$\boldsymbol{\sigma}_G$ 分别为交叉点周围 4 个格网点（A、B、C、D）的电离层时延信息及其精度信息组成的矩阵，如式（8.21）与（8.22）所示。

$$\boldsymbol{P}_{1 \times 4} = \begin{bmatrix} C(d_{PA}) \\ C(d_{PB}) \\ C(d_{PC}) \\ C(d_{PD}) \end{bmatrix}^{\mathrm{T}} \cdot \begin{bmatrix} C(d_{AA}) & C(d_{AB}) & C(d_{AC}) & C(d_{AD}) \\ C(d_{BA}) & C(d_{BB}) & C(d_{BC}) & C(d_{BD}) \\ C(d_{CA}) & C(d_{CB}) & C(d_{CC}) & C(d_{CD}) \\ C(d_{DA}) & C(d_{DB}) & C(d_{DC}) & C(d_{DD}) \end{bmatrix}^{-1} \tag{8.20}$$

式中：$C(d_{MN})$ 为基于协方差函数计算得到的点 M 与 N 之间的协方差。

$$\boldsymbol{I}_G_{4 \times 1} = \begin{bmatrix} I_A & I_B & I_C & I_D \end{bmatrix}^{\mathrm{T}} \tag{8.21}$$

式中：I_A、I_B、I_C、I_D 分别为 4 个格网点 A、B、C 与 D 处的电离层时延信息。

$$\boldsymbol{\sigma}_G^2_{4 \times 4} = \begin{bmatrix} \sigma_A^2 & & & \\ & \sigma_B^2 & & \\ & & \sigma_C^2 & \\ & & & \sigma_D^2 \end{bmatrix} \tag{8.22}$$

式中：σ_A、σ_B、σ_C、σ_D 分别为周围 4 个格网点 A、B、C 与 D 处的电离层时延精度指标。

需要说明的是：基于 PSPC 方法的 BDS 广域增强系统电离层修正信息播发时需另外增加实时协方差函数的 3 个系数；如果用户无法获得实时协方差函数，也可直接采用距离反比加权的方式计算内插电离层时延修正信息，但是应用效果略有差异。

8.3.5 PSPC 方法的特点

相对于美国 WAAS、欧盟 EGNOS 以及印度 GPS 辅助型地球静止轨道卫星增强导航（GAGAN）系统所采用的格网电离层时延修正方法，上述基于 PSPC 方法实施我国 BDS 广域增强系统电离层时延修正的特点主要体现在以下几个方面：

（1）基于非均匀（$2° \times 4° \times 8°$）的区域电离层格网划分方案，不仅可有效地顾及到不同纬度带内电离层 TEC 变化梯度的差异，还可根据广域增强系统潜在用户分布及参考站站间距等灵活调整格网点密度，具有良好的适应性与拓展性。

（2）PSPC 方法通过旋转与投影变换合理地解决了球谐函数应用于区域电离层 TEC 建模时存在的病态问题，有效地利用了球谐函数的优良特性描述区域电离层变化趋势项，保证了无观测数据覆盖区域格网点电离层时延信息的合理估计，相对于现有方法中采用标记告警的方式,可进一步提高播发电离层格网的有效服务范围。

(3) PSPC 方法利用自适应建立的协方差函数描述特定时刻中国区域电离层变化的相关性,有效顾及了局部区域实测电离层时延的变化特性,精确估计了格网点电离层时延及其精度信息,在保证区域电离层格网整体性能的同时,显著提高了有观测数据覆盖区域内格网点电离层时延的估计精度。

(4) PSPC 方法中自适应建立协方差函数的基台值,可辅助判断区域电离层异常变化,为后续广域增强系统电离层时延修正中引入电离层威胁模型奠定了基础,同时,该基台值还可反映电离层薄层假设引起的电离层建模误差,为进一步改进格网电离层时延修正方法提供了重要参考。

8.4　PSPC 方法计算格网电离层时延的数据处理流程

综合 8.3.1 节 ~8.3.4 节中有关格网点电离层时延信息及用户端电离层时延改正信息的计算方法,可形成基于 PSPC 方法的 BDS 广域增强系统格网电离层时延修正方案。整个数据处理流程如图 8.13 所示,包括实时电离层时延信息处理、实时电离层格网信息处理以及用户端电离层时延改正信息处理。其中,前两部分在系统数据处理中心完成,后一部分在用户终端完成。通过已有的移动通信链路或卫星通信网络将数据处理中心计算得到的电离层格网时延信息及协方差函数播发给服务区内的用户。各部分的处理方法简要描述如下:

(1) 实时电离层时延信息处理。采用堆栈的方式将各基准站各历元各卫星视线方向上扣除卫星和接收机仪器偏差(包括频间偏差与频内偏差)的原始电离层观测信息存储于系统内存,并根据系统设置的时间间隔将过期的电离层观测信息清空。

内存堆栈中存储的电离层信息主要包括:观测历元时间、基准站编号、卫星编号、电离层交叉点的经纬度、卫星高度角、各卫星视线方向上的电离层 TEC、VTEC 及其可用性信息。卫星和接收机仪器偏差基于前一天观测数据利用第 4 章中的 IGGDCB 方法进行确定,并直接用于后一天的改正。

(2) 实时电离层格网信息处理。采用开窗的方式建立实时电离层格网。首先,在指定时刻按照开窗的大小从内存堆栈中读取各交叉点的电离层观测信息,将电离层交叉点的经纬度转换至建立伪球谐函数电离层 TEC 模型的参考坐标系下。然后,按照预先设置的球谐函数阶次,建立实时伪球谐函数电离层 TEC 模型;同时,计算各交叉点电离层观测值残差,基于残差与验后的单位权中误差对粗差进行标识剔除,利用剩余的电离层观测量,重新建立伪球谐函数电离层 TEC 模型,直至剔除所有粗差。之后,将各电离层观测值残差作为对应交叉点的电离层随机项,利用球状分段函数分区域建立实时电离层协方差函数。最后,计算各格网点的电离层时延及精度信息。将得到的最终电离层格网及协方差函数编码,并通过通信链路播发给用户,同时保存

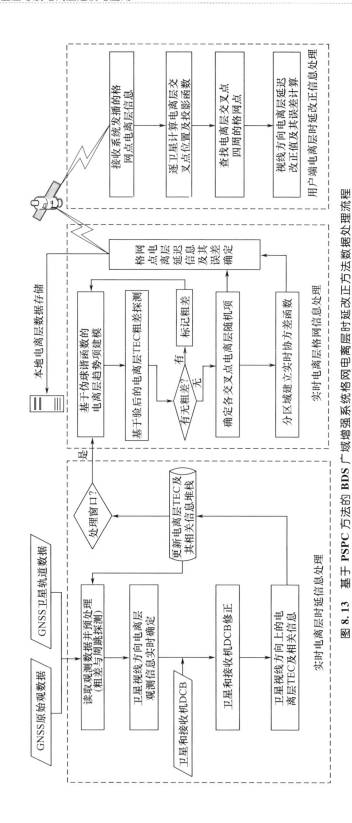

图 8.13 基于 PSPC 方法的 BDS 广域增强系统格网电离层时延改正方法数据处理流程

至本地存储设备。

（3）用户端电离层时延改正信息处理。采用格网电离层内插的方式计算用户端电离层时延改正信息。首先,用户将接收到的格网电离层时延信息及协方差函数进行解码;然后,基于卫星轨道及用户位置的概略坐标计算电离层交叉点,并根据交叉点位置检索其周围最近四个格网点的电离层时延信息;最后,基于协方差函数计算用户交叉点处的电离层时延并将其转换至卫星视线方向,用于电离层约束。用户端采用的电离层薄层假设及其投影函数应与系统数据处理中心完全一致。

需要说明的是,PSPC 方法尚未考虑从用户水平和垂直保护限差的角度系统分析格网点电离层垂直延迟改正数误差(GIVE)的计算方法;但是,基于拟合推估方法得到的格网点电离层时延的估计精度为后续考虑上述问题奠定了基础。

8.5　基于 PSPC 方法的格网电离层时延修正精度与可靠性分析

广域增强系统播发的格网电离层时延信息主要服务于单频用户的电离层时延改正以及辅助双频/多频定位用户的快速收敛。本节将分别采用不同太阳活动水平下中国区域实测 GPS 数据,从电离层时延修正效果及其对双频用户定位收敛速度的增益等角度分析 PSPC 方法的精度和可靠性。

8.5.1　实验数据概况

选择 2002 年第 76 天(3 月 17 日)~82 天(3 月 23 日)、2008 年第 76 天(3 月 16 日)~82 天(3 月 22 日)、2012 年第 76 天(3 月 16 日)~82 天(3 月 22 日)共计 3 周实测 GPS 数据对 PSPC 方法的精度与可靠性进行分析。2002 年、2008 年、2012 年依次属于太阳活动高、低、中年,所选时段处于当年春分附近。上述 3 个时段内全球电离层 TEC 平均值依次为 54.5TECU、10.8TECU、24.2TECU,太阳黑子数与地磁指数如图 8.14 所示。其中,图(a)中虚线所示时段为上述试验时段。从太阳黑子数上看,试验时段内太阳活动相对平静;从地磁指数 Dst 上看,除 2002 年第 77 天外,其他时段内未发生较大的磁暴。

图 8.15 与图 8.16 所示为上述 3 个实验时段所选用的基准站与监测站分布。其中,基准站用于计算格网点电离层时延信息,监测站用于检核电离层格网的精度与可靠性。观测数据均来自中国大陆环境构造监测网络(中国地壳运动观测网络)及 IGS观测网络。由于 2002 年与 2008 年中国地壳运动观测网络基准站数量有限,共选择了 21 个基准站,基准站在低纬地区分布较为稀疏;2012 年共选择 29 个基准站,所增加的基准站大部分分布于我国低纬度与边境地区。监测站共选择 8 个,其中,中纬度与低纬度地区各 4 个,并且在中纬度和低纬度地区分别有一个监测站(ULAB 与TWTF)位于中国大陆境外。

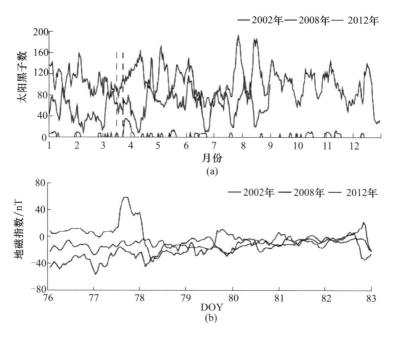

图 8.14 实验期间太阳黑子数及地磁指数 DST 变化（见彩图）

按照 8.4 节给出的格网电离层时延信息数据处理流程，基于所选基准站观测数据建立 5min 时间间隔的中国区域电离层格网。格网的划分方案如图 8.2 所示，并模拟发送至监测站用于电离层时延修正。实验中建立以（35°N，105°E）为极点（图 8.15 中黑色三角形所示）的球冠坐标系，球冠半角设置为 38°，其覆盖范围如

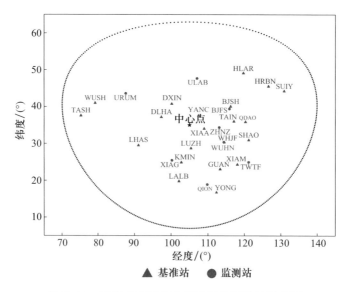

图 8.15 2002 年及 2008 年选取的基准站示意图

图 8.15 中的虚线椭圆所示,基本覆盖了中国大陆及其周边地区。数据处理时间窗口设置为 15min;电离层薄层高度设置为 425km;球谐函数阶次取为 3×3;伪球谐函数(PSH)电离层 TEC 模型建立中观测数据按照高度角加权,高度截止角 15°;考虑到电离层薄层假设造成的低高度角电离层观测量投影误差较大,格网点电离层随机项估计时的高度截止角设置为 40°;格网点电离层时延信息模拟播发时单位取至 0.1TECU。

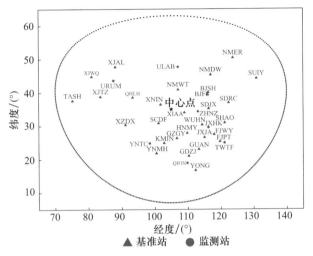

图 8.16　2012 年选取的基准站示意图

8.5.2　电离层格网点覆盖率分析

电离层格网点覆盖率是指在指定的时间窗口内,基准站交叉点分布对电离层格网的覆盖比例,一定程度上反映了所选基准站分布的合理程度。图 8.17 所示为 2002 年与 2012 年第 76 天不同基准站布设下在 05:45~06:00(UTC)期间交叉点的分布与电离层格网点之间的关系,其中,交叉点的经度已经转换至日固坐标系下。由

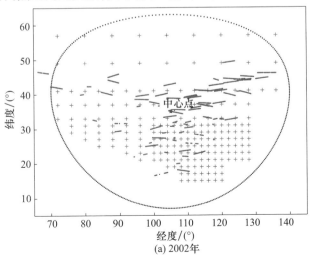

(a) 2002年

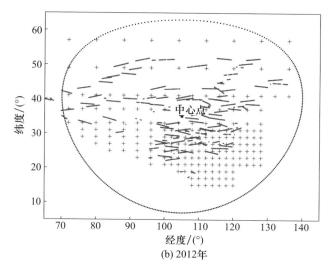

(b) 2012年

图 8.17 2002 年及 2012 年第 76 天 05:45—06:00(UTC)中国区域交叉点分布

于基准站主要布设在中国大陆境内,交叉点的分布主要在大陆上空,周边地区基本没有覆盖;另外,在西部地区,交叉点覆盖也相对较为稀疏。2012 年,基准站经过加密后,低纬度地区交叉点覆盖明显加密,另外,由于增加了部分北部边境附近的基准站,蒙古国上空也增加了部分交叉点。

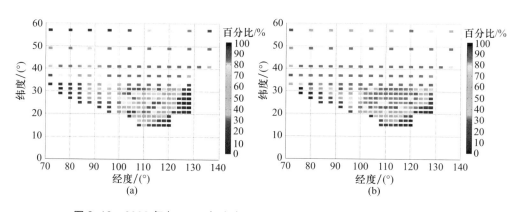

图 8.18 2002 年与 2012 年电离层格网点在一天内被观测比例(见彩图)

以格网点间距为搜索范围,假设某格网点周围有 3 个交叉点,则认为该格网点被观测。以 5min 间隔统计各格网点在一天内被观测到时间所占整天的比例,如图 8.18 所示。其中,图(a)给出的是在 2002 年全国分布 21 个基准站的情形下各格网点被观测的百分比,图(b)给出的是 2012 年全国分布 29 个基准站时各格网点被观测的百分比。在 21 个基准站的情形下,我国南海、东海及西部与北部境外上空的格网点在一天被观测到的时段小于 30%,中纬度地区格网点被观测到的时段约为 85%,低纬度地区格网点被观测到的时段约为 75%。当基准站增加至 2012 年的 29 个基准站时,我国南海、东海及西部境外地区格网点被观测时段得到明显增加;同时,低纬度地区格网点被观测时段也可达到 80% 以上。另外,统计每个时间窗口内所有被观测到的格网点数目占总格网点数目的比例,如图 8.19 所示。可以看到,2002 年被观测格网点约占 60% 左右,2012 年被观测格网点所占比例增加至 70%。对比 6.4.1节中所选监测站的分布,其基本覆盖了不同观测百分比的区域,可以实现对电离层格网修正精度及可靠性的有效分析。

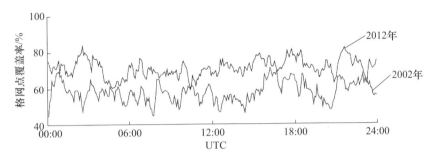

图 8.19　2002 年与 2012 年一天内不同基准站下电离层格网点覆盖百分比变化

8.5.3　监测站实测电离层时延与格网电离层时延对比

基于监测站观测数据可以获得各卫星交叉点实测的电离层时延值,同时,利用系统播发的电离层格网也可内插得到相应交叉点电离层时延值,对比二者之间的差异可用来分析播发的电离层格网在该区域的精度。考虑到不同卫星高度角对电离层时延影响的差异,上述电离层时延均已归算至交叉点天顶方向。实测电离层时延值在计算中,卫星差分码偏差(DCB)采用当天 CODE 发布值直接进行修正,接收机差分码偏差(DCB)在实际定位中可被接收机钟差吸收,上述分析中将接收机差分码偏差作为常偏不再考虑。因此,对于某一历元,实测与计算的电离层时延之差 ΔI_i^j 的计算如式(8.23)所示,ΔI_i^j 也称为修正后的残余电离层误差。

$$\begin{cases} \Delta I_i^j = \dfrac{\tilde{I}_i^j - I_i^j - \mathrm{Bias}_i}{\mathrm{MF}_i^j} \\ \mathrm{Bias}_i = \dfrac{\displaystyle\sum_{j=1}^{n} (\tilde{I}_i^j - I_i^j)}{n} \end{cases} \tag{8.23}$$

式中:$\tilde{I}_i^j$ 为利用系统播发的电离层格网计算得到的接收机 i 与卫星 j 之间的电离层时延值;I_i^j 为基于实测观测数据计算得到的扣除卫星差分码偏差之后的电离层时延值;n 为该历元观测的有效卫星数;Bias_i 为该历元实测电离层时延值(含有接收机差分码偏差)与电离层格网计算的电离层时延值之间的平均偏差,该偏差在实际定位中被接收机钟差吸收,或在星间单差中直接被消除;MF_i^j 为该历元接收机 i 与卫星 j

对应的电离层投影函数值。

图 8.20 给出了实验期间中国区域平均的电离层时延变化,即伪球谐函数电离层模型的零阶项系数,2002 年中国区域平均最大电离层时延可达 13m 左右,而在 2012 年,平均最大电离层时延仅为 2m 左右。

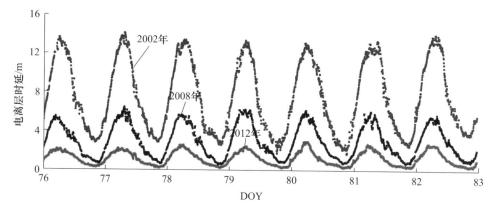

图 8.20　2002/2008/2012 年实验期间中国区域平均电离层时延变化

图 8.21 与图 8.22 分别所示为 8.5.1 节中所选 8 个监测站上各卫星在 2002 年、2008 年与 2012 年实验时段内实测电离层时延与电离层格网计算值之间的差异,其中,ZHNZ 基准站在 2002 年部分时段内缺失观测数据。可以看到,电离层格网修正精度与太阳活动水平密切相关;电离层格网的精度在太阳活动高年(2002)低于太阳活动低年(2012);电离层格网的修正精度在低纬地区呈现出明显的周日变化特性,在当地时间午后 2~6h 内精度最低,且在电离层活动高年,延续时间较长(5~6h),在太阳活动低年,延续时间相对较短(2~3h);中纬度地区修正精度的周日变化特性表现不明显。

图 8.23 所示为实验期间上述各监测站修正后残余误差的概率分布图,其中,第一行与第二行的 3 幅图分别表示中纬度和低纬度地区的监测站,分布曲线对应的 1σ 在图中各监测站后的括弧中给出,单位为 m。总体上看,在本实验基准站布设下,我国及周边中纬度地区,电离层格网精度在太阳活动高年优于 0.4m,在太阳活动低年优于 0.2m;我国低纬度地区,电离层格网精度在太阳活动高年为 0.4~0.7m,在电离层活动低年优于 0.2m。

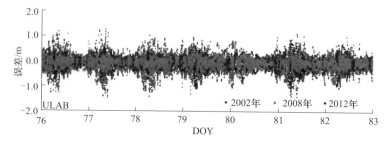

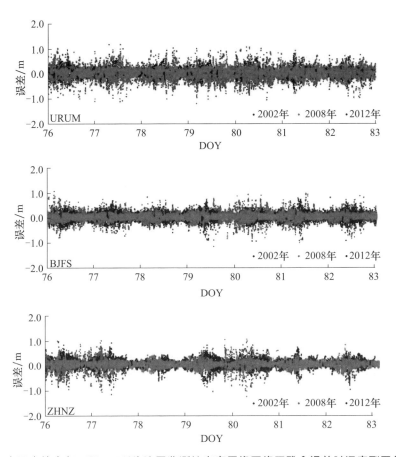

图 8.21　中国中纬度(35°N~55°N)地区监测站电离层格网修正残余误差时间序列图(见彩图)

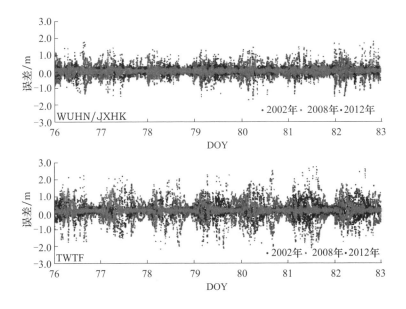

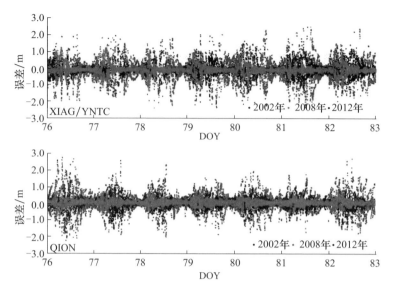

图8.22　中国低纬度(15°N~35°N)地区监测站电离层格网修正残余误差时间序列图(见彩图)

对比图8.21~图8.23的结果,在中纬度地区,2002年电离层格网在境外 ULAB 监测站的修正精度为0.34m,相对于境内其他3个监测站上降低约20%,这主要是由于电离层 TEC 模型外推误差造成的;BJFS 监测站附近布设有基准站 BJSH(站间距约为80km),从而使得 BJFS 站的修正精度最高(0.20m);ZHNZ 监测站次之(0.26m),URUM 监测站最差(0.28m),其主要仍是由基准站布设造成的,在 ZHNZ 监测站西部

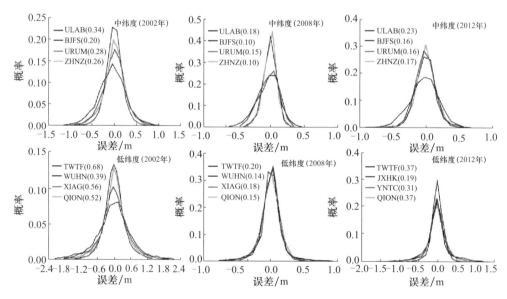

图8.23　2002年、2008年、2012年实验期间不同监测站格网电离层
修正残余误差统计分布(见彩图)

布设有基准站 XIAA（站间距约为 400km），而距离 URUM 监测站最近的基准站为 WUSH（站间距约 800km）。2008 年电离层格网在 BJFS 与 ZHNZ 监测站上的精度基本相当（0.10m），而在 URUM 与 ULAB 监测站上的精度分别为 0.15m 与 0.18m；2012 年电离层格网在 BJFS、URUM、ZHNZ 监测站上的精度基本相当，约为 0.17m，在 URUM 监测站上精度（0.16m）的提高主要得益于附近增加布设的 3 个基准站（XJAL、XJWQ、XJTZ），从而使得监测站与基准站的站间距缩短至 450km 左右。

在低纬度地区，2002 年电离层格网在 WUHN 监测站附近修正精度最高（0.39m），XIAG 监测站附近次之（0.56m），TWTF 监测站附近最低（0.68m）；WUHN 监测站附近精度相对较高主要是由于其附近布设 WHJF 基准站（站间距约为 20km），XIAG 监测站附近布设有基准站 KMIN（站间距约为 280km），TWTF 监测站附近电离层格网主要依靠 XIAM 基准站（站间距约 350km）上电离层观测值进行外推，再加上低纬地区电离层 TEC 变化梯度较大，导致其精度出现明显衰减。比较而言，在电离层活动低年，电离层格网在 TWTF 监测站附近的精度未出现明显衰减。

因此，为了保证格网电离层具有一定的修正精度，对于我国中纬度地区而言，基准站布设间距可适当放大至 800km 左右，而在我国低纬度地区基准站站间距应该保持在 350～450km 之间。

结合 8.3.5 节中给出的区域电离层格网数据处理的过程，影响电离层格网修正精度主要有两方面的因素：一是电离层薄层假设引起的电离层 TEC 建模误差；二是区域建模过程中所采用的电离层 TEC 模型误差。电离层薄层假设认为电离层 TEC 是各向同性的，忽略了电离层 TEC 在空间方位上变化的差异，上述区域电离层协方差函数基台值的大小可间接地反映上述电离层 TEC 的差异。

图 8.24 所示为实验期间基于实时协方差函数统计得到的中国区域不同纬度带内电离层 TEC 在空间方位上的差异，其中，蓝色实线代表低纬度地区（15°N～35°N），黑色实线代表中纬度地区（35°N～55°N）。可以看到：在太阳活动低年（2008 年）中纬度和低纬度带上电离层 TEC 在空间方位上的差异基本相当，且相对较小，最大仅为 0.04m 左右，如图 8.23 中第二列所示；在太阳活动中年（2012 年），低纬地区电离层 TEC 在空间方位上的差异略大于中纬度地区，特别是第 77 天～78 天期间，对应图 8.14 中给出的地磁指数 DST 变化，在该时段内有正相地磁爆发生，使得地磁指数从 −10nT 增加至 55nT 左右，从而使得低纬度地区电离层 TEC 活动增强，在空间方位上的差异变大；在太阳活动高年（2002 年），由于电离层活动较为剧烈，使得低纬度地区电离层 TEC 在空间方位上的差异显著变大，最大可达 0.2m 左右，中纬度地区相对较小，仅为 0.1m 左右；该误差即可认为电离层薄层假设导致的电离层 TEC 误差，将会直接影响用户电离层时延修正的精度。

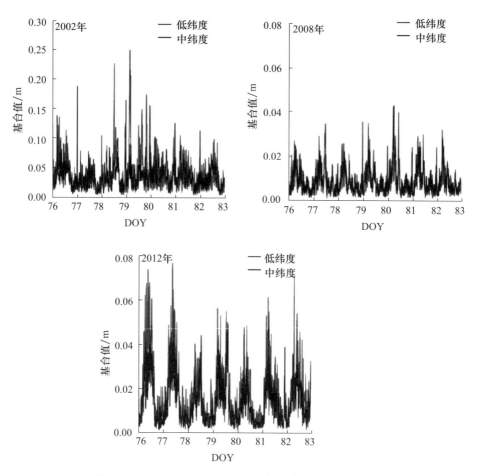

图 8.24   2002 年、2008 年、2012 年实验期间中国电离层
TEC 在空间方位上变化的差异(见彩图)

另外,区域电离层 TEC 模型的验后单位权中误差可近似反映电离层 TEC 模型的内符合精度。图 8.25 所示为实验期间中国区域伪球谐函数电离层 TEC 模型的单位权中误差。其中,在每天开始时刻由于时间窗口内观测数据较少,因此,电离层模型的单位权中误差较大。伪球谐函数电离层 TEC 模型的内符合精度:在电离层活动高年(2002)最差为 0.25m,平均为 0.12m;在太阳活动低年(2008 年),最差仅为 0.07m,平均为 0.03m;在太阳活动中年(2012 年),最差为 0.12 米左右,平均为 0.05m。在太阳活动中年或低年,电离层 TEC 在空间不同方位上的差异要小于电离层建模的内符合精度,由电离层薄层假设带来的误差可以忽略;然而,在太阳活动高年,二者基本相当,是不能被忽略的。因此,如何采取方法有效减弱因电离层薄层假说带来的误差,是进一步提高我国区域电离层格网在电离层活动高年(特别是低纬度地区)修正精度的关键。

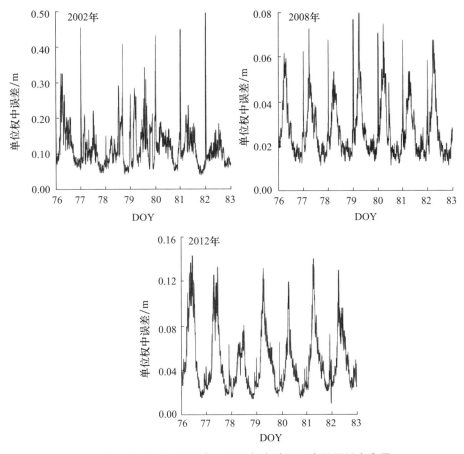

图 8.25　2002 年、2008 年、2012 年实验期间中国区域电离层
模型验后单位权中误差估值

8.5.4　电离层时延信息对双频标准精密单点定位收敛速度增益的分析

基于双频观测数据的标准精密单点定位收敛时间通常为 20 ~ 30min,严重制约着精密单点定位技术的应用与推广;广域增强系统播发的格网电离层时延可作为先验信息辅助提高精密单点定位用户的收敛速度。本节将基于上述得到的广域增强系统格网电离层信息计算各卫星视线方向上的电离层时延,并将其作为虚拟观测量,联合原有观测方程,进行实时精密单点定位。第 k 个频率上的电离层虚拟观测量精度 $\sigma_{\text{ion},k}$ 按式(8.24)所示的经验公式进行计算。

$$\sigma_{\text{ion},k} = \alpha_k \cdot \sigma_{\text{ion}}^0 \cdot F(\varepsilon) \tag{8.24}$$

式中:σ_{ion}^0 为基本频率天顶方向虚拟电离层观测量精度的经验取值,根据 8.5.3 节中的统计结果,对于 GPS L1 频率,σ_{ion}^0 取值为 0.3m;$F(\varepsilon)$ 为相应的电离层投影函数。

为了分析不同区域不同时段内格网电离层信息对于提高双频精密定位收敛速度

的辅助作用,选择图 8.15 与图 8.16 所示 8 个监测站中位于不同纬度带的 5 个,分别利用上述 5 个监测站观测数据进行实时精密单点定位,数据采样间隔为 30s,卫星轨道和钟差采用 IGS 发布的最终产品,模糊度采用浮点解。以 2h 为间隔,将一天 24h 观测数据分为 12 组,在每组的起始时刻进行重新初始化,分析附加电离层时延信息约束前后精密单点定位收敛速度的变化。

图 8.26、图 8.27 分别所示为 2008 年与 2012 年第 79 天部分监测站在不同时段内定位的水平精度和垂直精度时间序列。其中:横坐标为相对于初始化起始历元的历元数;坐标的"真值"是基于 24h 观测数据利用 Bernese 软件进行事后精密单点定位获得的;不施加电离层信息约束时采用消电离层组合观测量进行定位解算;施加电离层信息约束时采用非组合观测量进行定位解算。

总体上,初始化开始阶段的定位精度在附加电离层时延信息约束之后得到明显改善。在电离层活动平静的 2008 年,未附加电离层延迟信息约束之前,初始化定位精度为 3.0 ~ 4.0m,特别是,低纬度地区 QION 监测站当地下午时段(08:00—10:00(UTC))的定位精度达 10.0m 左右;施加电离层延迟信息约束之后,初始化的定位精度提高至 1.0m 左右。在电离层活动相对活跃的 2012 年,初始化定位精度也可从 1.5 ~ 2.5m 提高至 1.0m 左右。初始化定位精度的提高在一定程度上可缩短定位的收敛时间。随着定位时间的增长,施加与不施加电离层信息约束的定位结果基本趋于一致,收敛于坐标"真值"。但是,在收敛的过程中,2012 年部分时段二者会出现差异,其原因及具体解决方法有待进一步深入研究。

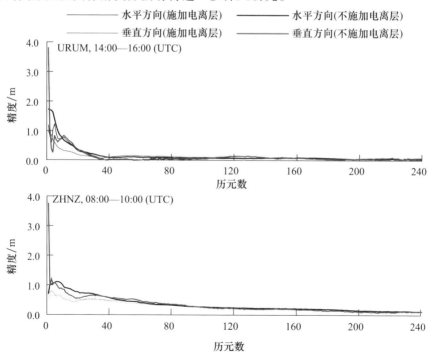

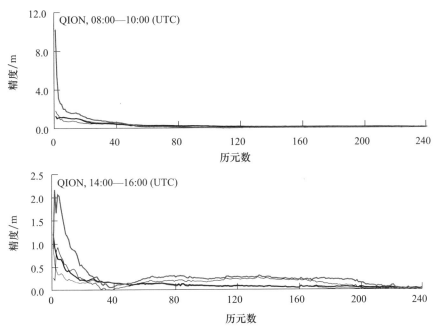

图 8.26   2008 年 79 天不同监测站施加电离层约束前后
在不同时段内定位精度对比(见彩图)

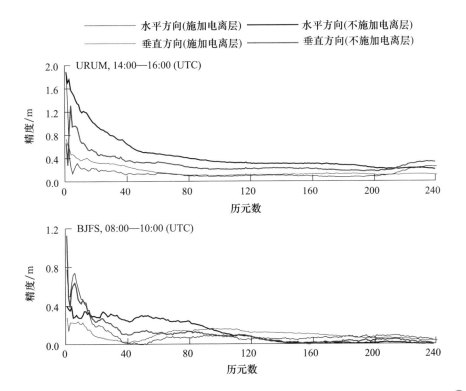

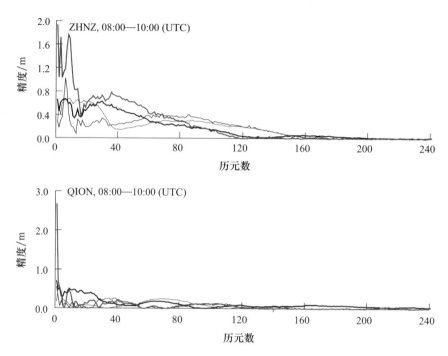

图 8.27　2012 年 79 天不同监测站施加电离层约束前后在不同时段内定位精度对比

　　假设连续 10 个历元的定位精度优于 0.2m,则认为定位结果已经收敛,统计上述所选 5 个监测站在不同时段内初次达到收敛条件所需的时间,表 8.2 与表 8.3 分别给出了 2008 年与 2012 年第 79 天各监测站水平与垂直定位精度在施加电离层信息约束前后初次收敛所需时间在一天内的平均值,并按式(8.25)计算施加电离层信息约束后对初次收敛速度的增益 Improved:

$$\text{Improved} = \frac{\text{Sec}_{\text{NoIon}} - \text{Sec}_{\text{AddIon}}}{\text{Sec}_{\text{NoIon}}} \times 100\% \qquad (8.25)$$

式中:$\text{Sec}_{\text{NoIon}}$、$\text{Sec}_{\text{AddIon}}$分别为施加电离层信息约束前后初次收敛所需时间在一天内的平均值。

　　可以看到:2008 年不同纬度地区监测站在水平方向上初次收敛所需时间为 3000s 左右,垂直方向上初次收敛所需时间为 2000s 左右,施加电离层信息约束之后,水平方向上初次收敛所需时间缩短至 2000s 左右,垂直方向上初次收敛所需时间缩短至 1100s 左右;2012 年不同纬度地区监测站在水平方向上初次收敛所需时间为 2000s 左右,垂直方向上初次收敛所需时间为 1600s 左右,施加电离层信息约束之后,水平方向上初次收敛所需时间缩短至 1500s 左右,垂直方向上初次收敛所需时间缩短至 1200s 左右。2008 年定位收敛速度较慢的原因主要是由于 2008 年数据质量略低于 2012 年,且大部分监测站有效的可视卫星平均仅有 4~6 颗,而在 2012 年平均为 5~7 颗。

表 8.2　2008 年第 79 天不同监测站施加电离层信息约束
前后初次收敛时间对比　　　　　　　（单位：s）

精度	方案	BJFS	URUM	ZHNZ	WUHN	QION	Mean
水平	NoIon	3120	3025	2965	3227	2845	3036
	AddIon	2724	2181	1950	1585	1397	1967
	Improved	12.7%	27.9%	34.2%	50.9%	50.9%	35.3%
垂直	NoIon	966	1932	2275	2322	2498	1999
	AddIon	876	1405	1330	698	1245	1111
	Improved	9.3%	27.3%	41.5%	69.9%	50.2%	39.6%

注：NoIon 表示不施加电离层信息约束；AddIon 表示施加电离层信息约束；Improved 表示施加电离层信息约束后定位收敛速度增益

表 8.3　2012 年第 79 天不同监测站施加电离层信息约束
前后初次收敛时间对比　　　　　　　（单位：s）

精度	方案	BJFS	URUM	ZHNZ	JXHK	QION	Mean
水平	NoIon	1360	3043	2027	1911	1753	2019
	AddIon	910	2254	1150	1697	1260	1454
	Improved	33.1%	25.9%	43.3%	11.2%	28.1%	28.3%
垂直	NoIon	965	2199	1850	1521	1586	1624
	AddIon	685	1213	1347	1320	1534	1220
	Improved	29.0%	44.8%	27.2%	13.2%	3.3%	23.5%

注：NoIon 表示不施加电离层信息约束；AddIon 表示施加电离层信息约束；Improved 表示施加电离层信息约束后定位收敛速度增益

　　对比不同纬度地区监测站定位的初次收敛时间，可以看到，2012 年低纬地区监测站施加电离层信息约束后对定位（水平和垂直）收敛速度的增益要略低于中纬度地区，这主要是由于格网电离层的精度在低纬度地区要低于中纬度地区，如图 8.23 所示。电离层信息对收敛速度的增益在 2008 年与此相反，即在中纬度地区，对收敛速度的增益较低，而在低纬度地区，对收敛速度的增益较大，这一方面是由于 2008 年各监测站初次收敛所选的时间比 2012 年要长，另一方面，在电离层活动低年，不同纬度带内格网电离层时延修正精度差异不大，所采用的精度指标计算方法与实际仍存在一定差距。

　　总体而言，2008 年施加电离层约束信息对定位收敛速度的增益为 30%～40%（15min 左右），在 2012 年对定位收敛速度的增益为 20%～30%（8min 左右）。需要特别说明的是，上述有关格网电离层时延信息对双频定位收敛速度增益的分析只是初步的，在后续研究中，将通过深入分析格网电离层时延信息的精度与地理位置及地方时之间的关系，构造合理且能够有效反映虚拟电离层观测量精度的经验函数，从而进一步提高格网电离层辅助双频定位收敛的效果。

8.6 基于 BDS 数据的 PSPC 电离层格网精度分析

采用中国区域实测的 BDS 数据,利用 PSPC 方法建立中国区域电离层格网,并通过与 GPS 数据建立的中国区域电离层格网及 GPS 监测站实测电离层时延值进行对比,分析基于 BDS 实测数据建立电离层格网的精度。

8.6.1 实验数据及电离层格网覆盖率比较

基于 7.5 节中国区域 20 个 BDS 基准站 B1、B2、B3 频点的伪距观测数据以及 PSPC 方法建立中国区域 5min 时间间隔的电离层格网,数据处理中相关参数设置与 8.5 节相同,卫星和接收机差分码偏差暂时采用 7.5 节中的结果直接进行修正,实验时间段为 2012 年 8 月 23 日(年积日第 236 天)—2012 年 8 月 26 日(年积日第 239 天)。为了对比分析,基于 GPS 观测数据建立相同时段内的电离层格网,其数据来源于中国大陆环境构造监测网络,选择图 8.15 所示 28 个基准站;另外,选择图 8.15 中所示的 8 个 GPS 监测站用于分析电离层格网的精度。

图 8.28 所示为 2012 年 8 月 23 日 03:00:00(UTC)与 09:00:00(UTC)时刻 15min 时间窗口内电离层交叉点分布示意图。GPS 与 BDS 交叉点基本覆盖了中国大陆上空,在西部地区相对较少。总体上看,BDS 交叉点较 GPS 交叉点的分布相对稀疏,主要是由于所选基准站较少以及星座之间的差异造成的。另外,相对于 GPS 导航星座,BDS 导航星座中包含有的 IGSO 卫星增加了低纬地区(我国南海地区)交叉点分布的数量。统计分析 BDS 与 GPS 交叉点对格网点的覆盖率如图 8.29 所示,其中,有关覆盖率的统计方法与 8.5.2 节中相同。

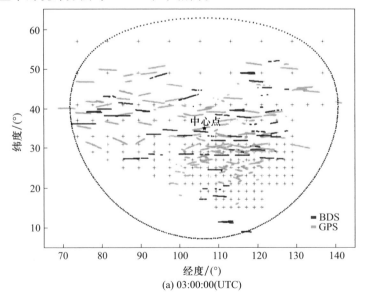

(a) 03:00:00(UTC)

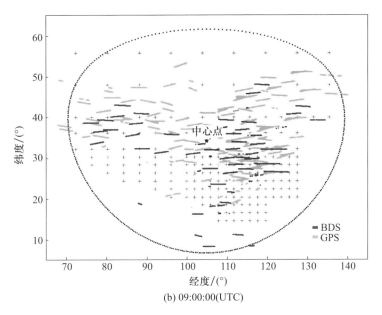

(b) 09:00:00(UTC)

图 8.28　2012 年 8 月 23 日 GPS 与 BDS 交叉点分布(见彩图)

　　可以看到,GPS 交叉点对电离层格网的覆盖率要略大于 BDS 约 10%;对比图 8.28 中 BDS 与 GPS 交叉点相对于电离层格网点的分布,还可发现,对于同一格网点,其周围的 GPS 交叉点要明显多于 BDS 交叉点。另外,在 2012 年 8 月 23 日 21:00:00(UTC)左右以及 2012 年 8 月 26 日 00:00:00(UTC)起始时段外,BDS 交叉点对格网点的覆盖率显著低于 GPS,分析其原因,第一个时段主要是由于观测数据质量原因,部分电离层观测值在数据质量控制时被剔除;第二个时段主要是由于计算中每天 00:00:00(UTC)对时间窗口内的数据进行了重新初始化,而在初始化阶段,电离层格网覆盖率明显降低,该现象在其他天初始阶段同样也存在,只是显著性有所不同。

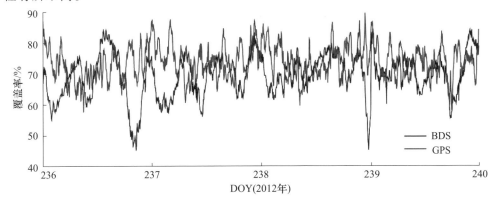

图 8.29　BDS 与 GPS 电离层交叉点对格网点的覆盖率对比(见彩图)

8.6.2 格网电离层时延与监测站实测电离层时延对比

图 8.30 所示为利用 PSPC 方法建立电离层格网时计算得到的中国区域电离层时延的平均值(伪球谐函数电离层模型的第一个系数)及验后单位权中误差估值,其中,两条曲线分别表示 BDS 与 GPS 的结果。

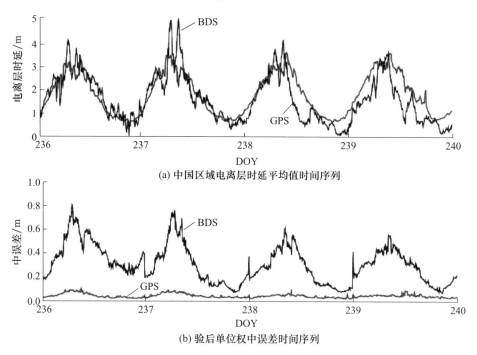

(a) 中国区域电离层时延平均值时间序列

(b) 验后单位权中误差时间序列

图 8.30　2012 年 DOY236~240 基于 BDS 与
GPS 数据得到的中国区域电离层时延平均值

可以看到,基于 BDS 数据得到的中国区域电离层时延平均值的变化趋势与 GPS 给出的结果基本相似,但是 BDS 结果的连续性较差,这主要是由于 BDS 仅采用了伪距观测数据,使得计算得到的电离层时延信息的精度低于 GPS 联合采用相位与伪距得到的电离层时延信息精度;另外,BDS 电离层时延值在 2012 年第 238 天午后明显小于 GPS 电离层时延值,其原因尚须进一步确认。从伪球谐函数电离层模型的验后单位权中误差估值来看,基于 BDS 建立中国区域电离层模型的精度约为 0.2 ~ 0.6m,而基于 GPS 数据的精度约为 0.1m,这主要是基于伪距得到的 BDS 电离层信息精度较低造成的。

分别统计各监测站实测电离层时延与基于 BDS 与 GPS 建立的中国区域电离层格网内插得到电离层时延的差异,并按式(8.23)所示的方法计算相应精度指标。图 8.31 所示为各监测站上实测电离层时延与格网电离层时延差异的统计结果,其中,虚线与实线分别为 BDS 与 GPS 的结果。总体上看,不管是在中国大陆境内还是在境外(ULAB、TWTF),BDS 电离层格网精度略低于 GPS 电离层格网。我国的中高纬度地区,GPS 电离层格网误差分布在 ±0.5m 之间,而 BDS 电离层格网误差分布在 ±1.0m 之间;我国低纬度地区,GPS 电离层格网误差分布在 ±0.8m 之间(TWTF 监测站上分布在 ±0.5m 之间),而 BDS 电离层格网误差分布在 ±(1.0～1.5)m 之间。上述 BDS 与 GPS 电离层格网误差分布之间的差异与其对应的伪球谐函数电离层模型内符合精度之间的差异(约 0.5m)基本相符。因此,BDS 电离层格网修正精度较低的原因是由于利用伪距计算得到的电离层时延信息精度偏低,如果能有效地综合利用 BDS 伪距与相位观测数据,将会大幅度地提高 BDS 电离层格网的修正精度。

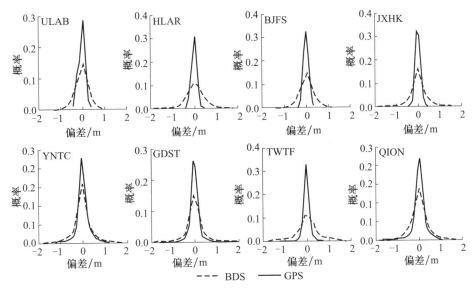

图 8.31　基于 GPS 与 BDS 的电离层格网在各监测站修正后残余误差统计分布

根据地理位置的不同,选择具有代表性的 4 个监测站:ULAB、HLAR、TWTF、QION。其中,HLAR 与 QION 分别位于中国大陆境内的高纬与低纬地区,ULAB 与 TWTF 分别位于中国大陆境外的高纬与低纬地区。分别统计电离层格网在上述 4 个监测站上逐小时内的电离层时延修正精度,如图 8.32 所示,其中,ULAB 监测站在实验期间每天的 07:00:00—11:00:00(UTC)数据缺失,未能给出对应时段内的统计结果。可以看到,我国中高纬度地区,通过外推得到电离层格网的精度衰减并不明显,而我国低纬地区,通过外推得到的电离层格网的精度衰减较为厉害,与 8.5.3 节中给出的结论基本一致。在一天不同时段内,BDS 电离层格网修正精度在中高纬地区最差为 0.6～0.8m,在中低纬地区最差为 0.9～1.2m,GPS 电离层格网修正精度在中高纬地区最差为 0.2～0.3m,在中低纬地区最差为 0.4～0.5m。BDS 电离层格网修正精度在一天不同时段内之间的差异较 GPS 电离层格网要略大一些,这与基于 BDS 数据建立的伪球谐函数电离层模型内符合精度基本相符。

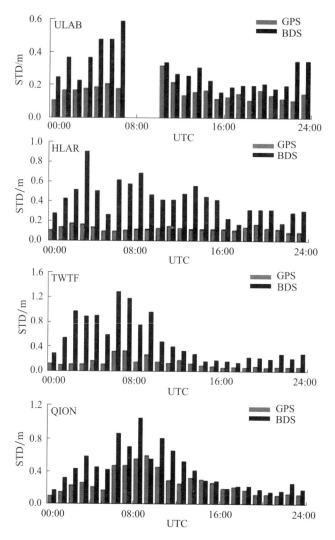

图8.32　GPS与BDS电离层格网延迟改正数在各个监测站分时段精度统计

统计实验期间BDS与GPS电离层格网在各个监测站上的修正精度（1σ）如表8.4所列。GPS电离层格网在2012年8月23日—8月27日期间的修正精度为0.1~0.3m，BDS电离层格网修正精度为0.3~0.5m。随着后续BDS相位观测数据的引入以及导航星座中MEO卫星的发射，其修正精度将会得到进一步显著提高。

表8.4　BDS与GPS电离层格网在各个监测站的修正精度统计　（单位：m）

导航系统　　　　监测站	ULAB	HLAR	BJFS	JXHK	YNTC	GDST	TWTF	QION
GPS	0.15	0.13	0.12	0.12	0.26	0.19	0.14	0.25
BDS	0.29	0.43	0.30	0.34	0.42	0.43	0.50	0.40

◤ 8.7　本 章 小 结

　　针对我国区域电离层 TEC 变化特点,设计了非均匀且分辨率灵活可调的电离层时延信息播发格网的划分方案,提出并建立了一种 BDS 广域增强系统电离层时延修正方法——PSPC。该方法:一方面通过投影变换,解决了球谐函数应用于区域电离层建模中存在的病态问题,有效地利用了球谐函数优良的数学特性描述电离层变化的趋势项;另一方面,通过实时建立反映中国区域电离层相关性的协方差函数,精确估计了格网点的电离层时延及其精度信息,有效顾及了局部地区电离层变化特点。总体而言,基于 PSPC 在显著提高局部地区格网点电离层时延信息估计精度的同时,有效地保证了区域电离层时延信息格网的整体精度与可靠性。

　　利用不同太阳活动水平下(2002、2008 与 2012 年)的 GPS 实测数据以及 2012 年 BDS 实测数据从电离层时延修正、对双频标准精密单点定位模糊度收敛速度的增益等方面详细分析了基于 PSPC 方法建立中国区域电离层时延信息格网的精度与可靠性。初步结果显示,基于 GPS 数据,利用 PSPC 方法实施 BDS 广域增强系统电离层时延修正的精度在太阳活动高年为 0.4 ~ 0.7m,在太阳活动低年优于 0.2m;可有效地辅助缩短双频标准精密定位收敛时间约 30%(8 ~ 15min)。基于 BDS 数据,利用 PSPC 方法建立的 2012 年 8 月 23 日 ~ 27 日中国区域电离层时延信息格网的修正精度为 0.3 ~ 0.5m,未来有效地综合利用 BDS 伪距与相位观测数据,其精度有望得到进一步提高。PSPC 方法的建立为进一步发展我国 BDS 广域增强系统电离层时延修正技术提供了重要参考。

📖 参考文献

[1] 李子申. GNSS/Compass 电离层时延修正及 TEC 监测理论与方法研究[D]. 武汉:中国科学院测量与地球物理研究所,2012.

[2] 袁运斌,李子申,王宁波,等. 基于拟合推估的中国区域电离层延迟精确建模方法[J]. 导航定位学报,2015,3(3):49-55.

[3] YUAN Y,OU J. Differential areas for differential stations (DADS):a new method of establishing grid ionospheric model[J]. Chinese Science Bulletin,2002,47(12):1033-1036.

[4] 袁运斌,欧吉坤. 建立 GPS 格网电离层模型的站际分区法[J]. 科学通报,2002,47(8):636-639.

[5] 袁运斌. 基于 GPS 的电离层监测及延迟改正理论与方法的研究[D]. 武汉:中国科学院测量与地球物理研究所,2002.

[6] SPARKS L,BLANCH J,PANDYA N. Estimating ionospheric delay using kriging:1. Methodology [J]. Radio Science,2011,46(6):1-13.

［7］ MÜLLER C. Spherical harmonics［M］. Berlin Heidelberg：Springer-Verlag,2006.

［8］ DE SANTIS A,TORTA J. Spherical cap harmonic analysis：a comment on its proper use for local gravity field representation［J］. Journal of Geodesy,1997,71（9）:526-532.

［9］ LIU J,CHEN R,WANG Z,et al. Spherical cap harmonic model for mapping and predicting regional TEC［J］. GPS Solutions,2011,15（2）:109-119.

［10］ 周东旭. GNSS 接收机仪器偏差的时变特性研究［D］. 武汉：中国科学院测量与地球物理研究所,2011.

［11］ 郭建锋. 模型误差理论若干问题研究及其在 GPS 数据处理中的应用［D］. 武汉：中国科学院测量与地球物理研究所,2007.

［12］ 欧吉坤. 测量平差中不适定问题解的统一表达与选权拟合法［J］. 测绘学报,2004,33（4）:283-288.

［13］ ALLDREDGE L. Rectangular harmonic analysis applied to the geomagnetic field［J］. Journal of Geophysical Research：Solid Earth,1981,86（B4）:3021-3026.

［14］ MALIN S,DüZGIT Z,BAYDEMIR N. Rectangular harmonic analysis revisited［J］. Journal of Geophysical Research：Solid Earth,1996,101（B12）:28205-28209.

［15］ 周江文. 再论拟合推估［J］. 测绘学报,2001,30（4）:283-285.

［16］ 周江文. 拟合推估新解之一：两步解法［J］. 测绘学报,2002,31（3）:189-191.

［17］ 杨元喜,刘念. 拟合推估两步极小解法［J］. 测绘学报,2002,31（3）:192-195.

［18］ SPARKS L,BLANCH J,PANDYA N. Estimating ionospheric delay using kriging：2. Impact on satellite-based augmentation system availability［J］. Radio Science,2011,46（6）:1-10. DOI：10.1029/2011RS004781.

［19］ BLANCH J. Using kriging to bound satellite ranging errors due to the ionosphere［D］. Palo Alto：Stanford University,2003.

［20］ BLANCH J. An ionosphere estimation algorithm for WAAS based on kriging.［C］//Proceedings of the 15th International Technical Meeting of the Satellite Division of the Institute of Navigation（ION GPS 2002）,Portland,OR,September 24-27,2002:816-823.

［21］ BLANCH J,WALTER T,ENGE P. Ionospheric estimation using extended kriging for a low latitude SBAS［C］//Proceedings of the Institute of Navigation GNSS,San Diego,CA,January 26-28,2004.

［22］ SARMA A,RATNAM D V,REDDY D K. Modelling of low-latitude ionosphere using modified planar fit method for GAGAN［J］. IET radar,sonar & navigation,2009,3（6）:609-619.

［23］ GOOVAERTS P. Geo statistics for natural resources evaluation［M］. Oxford：Oxford University Press,1997.

第9章 区域电离层模型构建关键技术与精化方法

◢ 9.1 概　　述

如前所述,电离层模型构建过程通常依赖于薄层假设,将电离层自由电子视为集中在某一给定高度的球面上,并采用一定的数学函数在该球面上对电离层 TEC 的水平分布进行建模[1]。由于电离层受到太阳辐射、中性风、电场、磁场等诸多因素影响,处于不同地理和地磁位置内的电离层时变特性具有显著差异,采用简单或统一的数学函数建立电离层模型通常难以满足不同区域 GNSS 用户对电离层时延修正需求[2-3]。此外,电离层 TEC 建模精度所受到的电离层薄层假设误差、投影函数误差、电离层 TEC 数学模拟误差、DCB 等也随地理位置、太阳活动、地磁活动剧烈程度等存在差异[4]。我国区域经纬度跨越范围广泛,特别是武汉以南等低纬地区受电离层"赤道异常"影响,不同纬度带内电离层变化差异显著,基于薄层假设建立的区域电离层模型在低纬度比中纬度区域对电离层修正精度差。如何通过分析电离层模型化误差对依赖于薄层假设的区域电离层建模方法进行精化,建立适合中国区域电离层活动特点的高精度电离层时延修正模型仍然是目前需要解决的关键问题。

本章首先针对电离层薄层高度确定问题及不同插值算法在中国区域电离层格网构建中的应用效果进行讨论,进而在顾及低纬度区域电离层 TEC 时空变化复杂特点的前提下,提出一种新型的双层电离层模型并对其精度进行了验证。

◢ 9.2 电离层薄层高度的优选策略

电离层薄层高度决定了电离层交叉点所在位置及投影函数的大小,是影响电离层 VTEC 计算精度的重要参数[5]。通过对电离层薄层高度的最佳取值范围的研究发现,由于电离层在不同区域内时空分布特性差异显著,电离层薄层最佳高度(或称为薄层有效高度)在全球不同区域及不同季节存在差异[6-8]。Komjathy 和 Langley 研究发现采用薄层高度偏离薄层高度"真值"每隔 50km 便会造成 0.5TECU 计算误差[9]。Lanyi 和 Roth 认为电离层薄层高度应选为当地电子密度峰值所在的平均高度,位于 350～450km 之间[10]。Birch 等发现薄层有效高度实际大于 350km,在英国区域其取值范围应为 600～1200km[11]。Rao 等认为印度区域的薄层高度有效范围在几百到

1000km 以上[12]。我国 BDS Klobuchar 模型将电离层薄层高度固定为 375km。上述各类全球平均薄层高度在中国区域电离层研究与应用中的适用性尚无开展系统深入的研究。另一方面,国际常用的电离层薄层有效高度确定方法需要依赖于大量同步观测的天顶与站星视线方向电离层交叉点或"协同"交叉点观测数据[13]。针对此,本章提出了一种电离层薄层有效高度确定的新方法,实现了中国区域电离层有效薄层高度的精确确定[14]。

9.2.1　基于测高仪数据分析电离层电子密度峰值高度变化

根据 Niranjan 等的研究,电离层电子密度峰值高度的变化在一定程度上可以反映电离层薄层高度的变化。基于"子午工程"设在黑龙口漠河、武汉左岭、海南富克站的电离层测高仪于 2014 年 3 月(春季)、6 月(夏季)和 12 月(冬季)采集的观测数据(http://data.meridianproject.ac.cn)分析中国区域电离层电子密度峰值随季节变化规律。图 9.1 所示为测高仪观测站分布示意图,其经纬度信息如表 9.1 所列。3个测高仪观测站均分别位于地磁中纬度、中低纬度和低纬度地区。观测站上布设的 DPS4D 测高仪从地面脉冲发射机垂直向上发射电磁波并接收反射信号,精确测量峰高以下的电子密度信息,数据采样率为 15min。

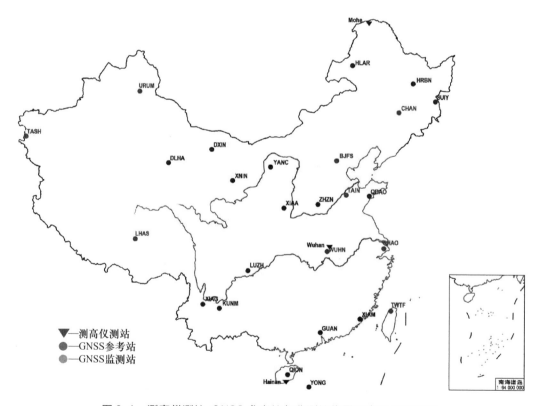

图 9.1　测高仪测站、GNSS 参考站与监测站位置示意图(见彩图)

表 9.1　测高仪观测站的坐标

测站名	地理经度(E)/(°)	地理纬度(N)/(°)	地磁纬度(N)/(°)
漠河	122.0	52.97	43.5
左岭	114.5	30.5	20.8
富克	109	19.4	8.1

图 9.2 所示为漠河、武汉和海南站 3 个电离层测高仪在 2014 年 3 月(春季)、6 月(夏季)和 12 月(冬季)电子密度峰值高度月均值变化随地方时的变化。从图中可以看出,不同测站电子密度峰值高度在 229~345km 范围内变化,且随着测高仪所处纬度增加变化越来越平缓。从电子密度峰值高度在一天中的变化来看,处在中纬度区域的漠河站一天中存在 2 个极大值,而处在低纬度区域的武汉和海南富克站的测高仪测得的电子密度峰值出现 3 个极大值。海南富克站测高仪的电子密度峰值在白天的波峰要高于夜间波峰。图 9.2 也清楚地反映了电子密度峰值在不同的季节变化情况,处于不同纬度的测站电子密度峰值高度日均最大值发生在不同月份。在海南富克站,不同季节的电子密度峰值高度差异最大值为 77km。图 9.3 所示为海南富克站测高仪在 2014 年 3 月电子密度峰值高度的分布直方图。可以看出,海南富克站电子密度峰值高度取值范围在 210~520km 之间。

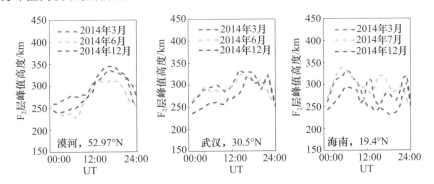

图 9.2　不同测站不同季节获取的电离层电子密度峰值高度月均值随地方时的变化

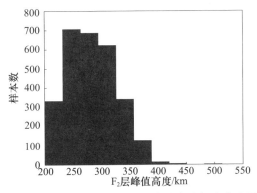

图 9.3　海南站测高仪获取的 F_2 层电子密度峰值高度概率分布图(2014 年 4 月)

9.2.2 电离层薄层高度确定方法

根据 9.1.1 节可知,电子密度峰值高度取值与地理纬度及季节相关。因此,在不同纬度及季节采用统一的薄层高度会不可避免地产生一定误差。考虑到中国区域电离层电子密度峰值高度变化,需要通过研究确定中国区域电离层薄层高度最优取值。众多学者对电离层薄层有效高度的确定方法进行了广泛研究。Niranjan 等认为电离层薄层高度可以取值为电子密度峰值所在高度及一个常数之和,该常数取值与卫星高度角、季节、当地时间和 GNSS 参考站所在位置有关[15]。Birch 等和 Nava 等分别建立了两种最为常用的电离层薄层高度确定方法,即公式法和投影函数误差分析法[11,16]。本节首先简单介绍这两种最常用的电离层薄层高度确定方法,然后提出了一种薄层高度确定新方法。

9.2.2.1 公式法

在公式法中,薄层高度是根据测站上空同时观测到的一组站星视线方向与接收机天顶方向的电离层 TEC 数据计算的。根据投影函数定义及电离层薄层假设示意图可知,基于电离层和等离子层各向同性假设,站星视线方向与接收机天顶方向的电离层 TEC 可用如下公式表示:

$$\begin{cases} R_z = I + B_z \\ R_s = I \cdot \mathrm{MF} + B_s \end{cases} \tag{9.1}$$

式中:R_z、R_s 分别为接收机天顶方向、接收机与卫星视线方向的电离层观测量;B_z、B_s 分别表示天顶方向和斜方向电离层观测量对应的卫星和接收机 DCB 之和;MF 表示投影函数;I 为接收机天顶方向的 TEC 值。

由式(9.1),得

$$R_s = R_z \cdot \mathrm{MF} + B_s - B_z \cdot \mathrm{MF} \tag{9.2}$$

假定卫星和接收机 DCB 在短时间内可以视为常数,接收机同时跟踪到的一组接收机天顶方向、站星视线方向的电离层观测量呈线性关系,其梯度值为 MF(z)。即当把接收机同时跟踪到的一组接收机天顶方向、站星视线方向的电离层观测量绘制在同一坐标系中时,二者应该满足 $y = mx + c$ 函数关系,其梯度值正好为投影函数 $m = \sec(z') = \mathrm{MF}$,截距为 $c = B_s - B_z \cdot \sec(z') = B_s - B_z \cdot \mathrm{MF}$。因此,依靠接收机同时跟踪到的一组接收机天顶方向、站星视线方向的电离层观测量,可以在不估计卫星与接收机 DCB 的条件下获取投影函数值的大小。

通过将上述基于实测值获取的投影函数与式(9.2)中基于不同薄层高度所计算出的理论投影函数对比,选取两种投影函数最为吻合时的薄层高度作为最佳薄层高度。此外,由式(9.2)可以得出当投影函数大小已知时,也可以用式(9.3)反推出薄层高度。更多关于公式法的信息请参考 Birch 等所发表的文献[11]。

$$H = R_E \left(\frac{\mathrm{MF}}{\sqrt{\mathrm{MF}^2 - 1}} \sin(z) - 1 \right) \tag{9.3}$$

9.2.2.2　投影函数误差分析法

Nava 等提出一种通过分析 GNSS 电离层 TEC 实测信息获取的单层投影函数误差来确定电离层薄层有效高度的方法[16]。该方法中心思想是:首先利用较为密集的 GNSS 参考站获取的电离层 TEC 实测信息,将同一时刻相同电离层交叉点处不同站星视线方向的 STEC 通过投影函数转换至天顶方向的 VTEC;然后通过分析不同站星视线方向转换后的电离层 VTEC 之间的差异,计算不同薄层高度所决定的电离层投影函数误差大小,选取电离层投影函数误差取得最小值时的薄层高度为最佳薄层高度。

图 9.4 所示为单薄层投影函数误差分析法示意图。假定 IPP_1 处的地磁纬度和经度为 (φ_1, λ_1),IPP_2 的地磁纬度和经度为 (φ_2, λ_2),若两个交叉点之间的位置满足式(9.4),则这两个交叉点可以视为"协同"交叉点。若通过两个"协同"交叉点处的电离层时延分别为 $STEC_1$ 和 $STEC_2$,则经过投影函数 $MF(Z_1)$ 和 $MF(Z_2)$ 转换后的天顶方向电离层时延 $VTEC_1$ 和 $VTEC_2$ 差异 ΔTEC 可用式(9.5)表示。由于两个"协同"交叉点位置非常近,在电离层各向同性假设下,理论上穿过两个交叉点的天顶方向电离层延迟 $VTEC_1$ 和 $VTEC_2$ 应大小较为接近,即 ΔTEC 应接近于 0。然而,由于电离层 TEC 在不同空间方位上差异及投影函数误差的存在,事实上经过两交叉点的天顶方向 $VTEC_1$ 和 $VTEC_2$ 有一定差异[3]。ΔTEC 可视为投影函数在该点处的误差。Nava 等认为使得投影函数在两个"协同"交叉点处的天顶方向 TEC 差异最小的薄层高度可以视为薄层有效高度[16]。

$$\begin{cases} |\varphi_1 - \varphi_2| < 0.2° \\ |\lambda_1/\cos\varphi_1 - \lambda_2/\cos\varphi_2| < 0.2° \end{cases} \tag{9.4}$$

$$\Delta TEC = |VTEC_1 - VTEC_2| = \left| \frac{STEC_1}{MF(Z_1)} - \frac{STEC_2}{MF(Z_2)} \right| \tag{9.5}$$

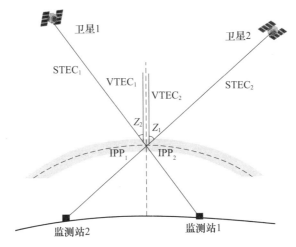

图 9.4　电离层单薄层假设投影函数误差分析法示意图[14]

9.2.2.3　基于电离层"真值"的薄层高度确定新方法

尽管 Birch 等提出的公式法已被很多学者应用到电离层薄层高度的确定中,但该方法仍存在一些不足。首先,这种方法要求某一接收机同时观测两颗卫星且其中一颗卫星处于接收机天顶方向,而实际中满足这种条件的卫星数目非常少。如在 Rao 等选取的 Waltair 站上于 2004 年 4 月可观测到的满足条件的卫星对数目仅为 26[12]。其次,Rao 等研究发现公式法不适合于处于低纬度区域且受"赤道异常"影响严重的印度地区。另外,Nava 等提出的投影函数误差分析法依赖于较为密集的区域 GNSS 参考站。综上所述,常用的两种电离层薄层高度确定方法只利用了较少部分的 TEC 观测数据,在观测站分布稀疏的区域性能不佳。为克服现有方法对观测数据利用率较低的不足及对密集 GNSS 参考站的依赖,下面提出一种基于电离层"真值"的薄层高度确定方法,主要包括以下 4 个步骤:

(1)提取站星电离层 STEC。

(2)通过投影函数将站星电离层 STEC 转化为 VTEC。

(3)基于双线性内插方法从先验电离层 TEC 信息中计算交叉点处的 VTEC"真值"。

(4)比较基于不同电离层薄层高度计算的投影函数转化的 $VTEC_H$ 与"真值" $VTEC_T$ 差异,并计算统计均方根误差值。使得均方根误差最小的薄层高度被视为薄层有效高度。

$$RMS = \sqrt{\frac{1}{n}\left(\sum (VTEC_H - VTEC_T)^2\right)} \qquad (9.6)$$

考虑 IGS 发布的最终电离层产品由各电离层分析中心提供的产品加权计算获得,其精度水平为 2~8TECU,被认为是精度最高的事后电离层产品之一。因此,本章将 IGS 发布的最终 GIM 产品作为提供 TEC"真值"的电离层先验信息。

9.2.3　不同电离层薄层高度确定方法在中国区域的应用效果分析

选取 27 个中国地壳运动监测网络的参考站以及 IGS 参考站于 2014 年(太阳活动高年)和 2015 年(太阳活动低年)3 月份采集的观测数据,基于上述 3 种方法确定中国区域电离层薄层高度最佳取值。图 9.1 给出了所选参考站分布,其中绿色点表示 2014 年可用测站,绿色和红色点表示 2015 年可用测站。为减少多路径效应和投影函数误差的影响,截止高度角为 5°。当卫星高度角大于 85°时认为该卫星处于接收机天顶方向。在比较不同薄层高度的应用效果时,薄层高度取值按照从 300km 到 950km 的范围以 50km 的高度递增。

9.2.3.1　公式法确定中国区域电离层薄层高度

图 9.5 所示为 BJFS 站 2014 年 3 月份观测的站星和接收机电离层 STEC 与 VTEC 梯度关系图,表 9.2 所列为基于同时跟踪到的接收机天顶方向、接收机与卫星视线方向的电离层观测量数据计算的电离层薄层高度相关信息,包含卫星和接收机

的视线方向与接收机天顶方向 TEC 的梯度值、平均卫星高度角及基于投影函数公式求解的电离层薄层高度等信息。为便于比较,当薄层高度取值为 450km 时对应的投影函数计算值也包含在表 9.2 中。可以看出,同步观测到的卫星对中,卫星和接收机的电离层 STEC 与 VTEC 观测量有较强的正相关关系。使用公式法计算的投影函数(梯度值)大小与薄层高度取值为 450km 时计算的投影函数值差异最大值为 2.07。利用式(9.3)基于同步观测的卫星对实测数据求解的薄层高度值存在负值。

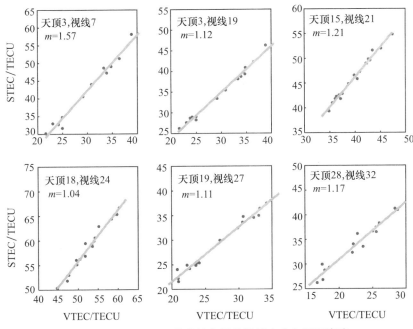

图 9.5　BJFS 站卫星和接收机的视线方向与天顶方向
TEC 梯度关系(2014 年 3 月)

表 9.2　基于实测数据提取的站星视线方向与天顶方向 TEC 计算的薄层高度

天顶卫星 PRN 号	视线卫星 PRN 号	平均 UT/h	平均高度角/(°)	交叉总数量	相关系数	m	450km 高度时的 MF 值	H/m
3	7	12.20	40.79	13	0.99	1.57	1.41	−101.06
3	8	12.25	20.26	9	0.92	2.60	2.08	104.26
3	11	12.22	24.65	14	0.81	2.04	1.89	278.18
3	13	12.15	44.41	10	0.99	1.71	1.34	−761.23
3	16	12.23	50.60	13	0.99	1.16	1.24	1528.47
3	19	12.21	68.80	14	0.99	1.12	1.06	−1166.15
3	23	12.19	31.33	12	0.95	2.10	1.66	−180.43
3	27	12.21	71.00	14	0.99	1.05	1.05	741.55

(续)

天顶卫星 PRN 号	视线卫星 PRN 号	平均 UT/h	平均高度 角/(°)	交叉 总数量	相关 系数	m	450km 高度时 的 MF 值	H/m
15	18	1.20	34.98	17	0.98	1.54	1.55	510.84
15	21	1.22	53.12	18	0.99	1.21	1.21	404.25
15	24	1.22	33.03	18	0.79	1.28	1.61	2212.36
15	26	1.22	52.17	18	0.98	1.29	1.22	-177.58
15	29	1.22	25.54	18	0.77	1.27	1.86	2990.98
18	21	3.63	35.54	17	0.94	1.68	1.54	84.36
18	22	3.66	52.43	16	0.99	1.13	1.22	2095.86
18	24	3.63	63.91	17	0.99	1.04	1.10	3822.61
19	23	12.87	20.44	17	0.49	2.63	2.07	82.57
19	27	12.95	53.17	18	0.99	1.11	1.21	2484.95
19	28	13.29	18.68	5	0.98	4.22	2.15	-159.14
28	32	16.58	33.47	15	0.98	1.17	1.60	3901.17

图 9.6 和图 9.7 所示为基于 BJFS 和 LHAZ 站于 2014 年和 2015 年 3 月份实测数据利用公式法计算的投影函数与理论投影函数值随卫星高度角的变化关系。理论投影函数曲线通过将取值范围为 300 ~ 1200km 的薄层高度投影函数计算公式计算所得。根据 Birch 等对公式法的定义,当基于实测数据求解的投影函数(梯度)值与理论投影函数值相吻合时的高度可以视为电离层薄层高度最优值。然而,图 9.6 和图 9.7 中的实测投影函数值并没有与任一理论投影函数曲线相吻合。可见,基于 Birch 等所提出的公式法在中国区域不能获得一致的电离层薄层高度,说明该方法也不适合电离层梯度变化比较大的中国区域[14]。

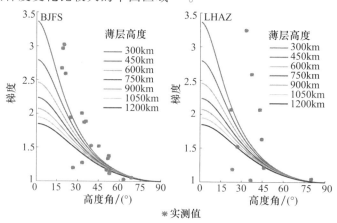

图 9.6　基于公式法求解的 BJFS 和 LHAZ 站实测投影函数
与理论投影函数对比(2014 年 3 月)(见彩图)

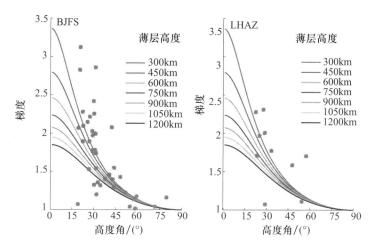

图 9.7　基于公式法求解的 BJFS 和 LHAZ 站实测投影函数与
理论投影函数对比(2015 年 3 月)(见彩图)

9.2.3.2　投影函数误差分析法确定中国区域电离层薄层高度

根据 Nava 等对投影函数误差分析法的定义[16],基于 2014 年和 2015 年 3 月份各参考站跟踪到的所有"协同"交叉点数据计算了投影函数误差 ΔTEC 大小。图 9.8 所示为当薄层高度设置为 450km 时"协同"交叉点对数的时间序列图。由于不同天内可获取到的测站数目不同,各天获取的"协同"交叉点对数存在差异,其中最少/最多"协同"交叉点对数在太阳活动高年和低年分别为 122/484 及 485/2956。为分析采用的两个相邻测站距离对"协同"交叉点获取对数的影响,以年积日 082 天为例,图 9.9 所示为"协同"交叉点对数与两个相邻测站距离的关系图。从图中可以看出,两个测站距离越近,可以获取的"协同"交叉点对数越多。与 2014 年相比,2015 年显著增加的"协同"交叉点对数可归结于 2015 年存在更多可用测站个数。尽管 2015 年每天可产生近 3000 个"协同"交叉点对,但平均每个历元可以获得的交叉点对个数小于 1.03 个。

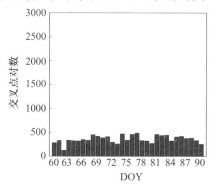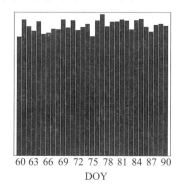

图 9.8　薄层高度设置为 450km 时所获取的"协同"
交叉点对数的时间序列图(2014 年 3 月(左)和 2015 年 3 月(右))

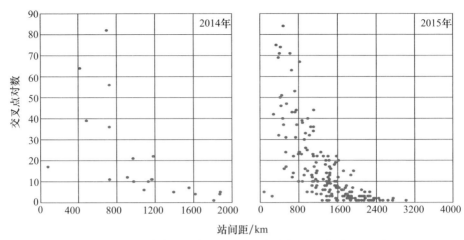

图 9.9　薄层高度设置为 450km 时统计的 2014 年和 2015 年
082 天"协同"交叉点对数与测站距离关系

　　图 9.10 所示为 2014 年 3 月和 2015 年 3 月薄层高度取值范围为 300~950km 时对应的投影函数误差均方根(RMS)值时间序列图。为方便比较,以薄层高度取值为 300km 时对应的投影误差在当月中的最大值为参考,对每一天所有薄层高度对应的

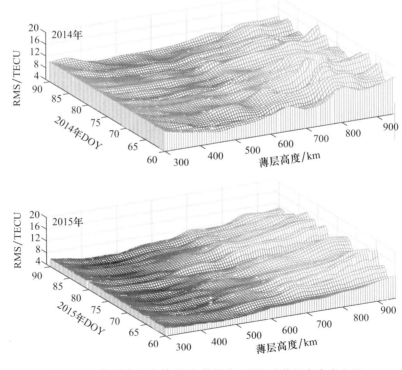

图 9.10　协同交叉点处 TEC 差异的 RMS 随薄层高度变化图

投影函数误差 RMS 值在垂直方向做了整体平移处理,在保证每一天不同薄层高度对应的投影误差大小相对关系不变的前提下,使得不同天薄层高度取值为 300km 处的对应的投影函数误差 RMS 值相等。从图中可以看出,投影函数误差 RMS 值在薄层高度取不同值时存在较大差异。不同薄层高度对应的投影函数误差 RMS 值在 2014 年 067 天取得最大值 16.43TECU,在 2015 年 065 天为 12.33TECU。根据 Nava 等对最佳电离层薄层高度的定义,图 9.11 中给出了基于投影函数误差分析方法求解的最佳薄层高度时间序列图。可以看出,最佳薄层高度取值为 400~600km,在太阳活动高年薄层高度取值为 450km 和 600km 的概率最大,在太阳活动低年薄层高度取值为 400km 和 450km 的概率最大。

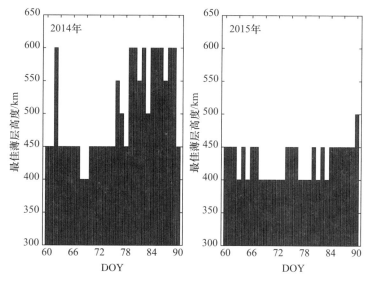

图 9.11　基于投影函数误差分析法求解的最佳薄层高度的时间序列图
(2014 年和 2015 年 3 月)

9.2.3.3　电离层"真值"法确定中国区域的电离层薄层高度

图 9.12 所示为基于取值范围在 300km 到 950km 之间的不同薄层高度求解的电离层 TEC"真值"与实测值差异的均方根误差时间序列。为方便比较,以薄层高度取值范围为 300km 时对应的 RMS 在当月中的最大值为参考,对每天所有薄层高度对应的 RMS 值在垂直方向做了整体平移处理,在保证每一天不同薄层高度对应的 RMS 值大小相对关系不变的前提下,使得不同天薄层高度取值为 300km 时对应的 RMS 相等。从图中可以看出,不同薄层高度所确定的电离层"真值"与实测值的均方根误差存在较大差异,在太阳活动高年和低年不同薄层高度处的均方根最大差异分别为 2.90TECU 和 3.58TECU。图 9.13 所示为根据电离层实测值与"真值"差异最小作为标准确定的最佳薄层高度时间序列。可以看出,最佳薄层高度分布范围在 450km 到 550km 之间,在太阳活动高年薄层高度取值为 500km 和 550km 的概率最大,在太阳

活动低年薄层高度取值为 450km 和 500km 的概率最大。可以看出,这里提出的基于
电离层"真值"的薄层高度确定方法和 Nava 等提出的投影函数误差分析法确定的薄
层高度均表现出在太阳活动高年高于太阳活动低年的总体趋势,体现了两种方法的
一致性。

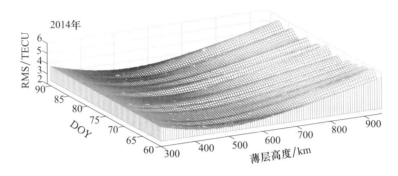

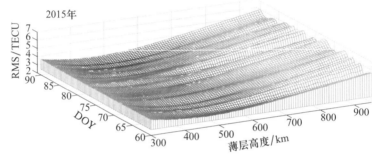

图 9.12　电离层 TEC "真值"与实测值差异的 RMS 随薄层高度变化的
时间序列图(2014 年和 2015 年 3 月)

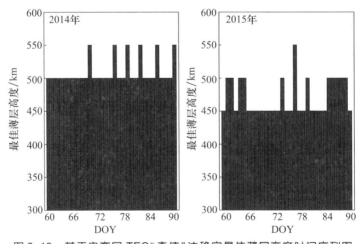

图 9.13　基于电离层 TEC "真值"法确定最佳薄层高度时间序列图

　　表 9.3 所示为太阳活动高年和低年由不同薄层高度计算的理论投影函数转化的

电离层 VTEC 计算值与"真值"差异的 RMS 均值。可以看出,在太阳活动高年和低年的最佳薄层高度分别为 500km 和 450km,对应的均方根误差值分别为 2.48TECU 和 2.53TECU。TEC"真值"与计算值的差异在薄层高度取值为 950km 时取得最大值。

表 9.3　由基于不同薄层高度(单位:km)计算的投影函数转化的 VTEC
计算值与"真值"差异的 RMS 均值　　　　　(单位:TECU)

年份 \ 薄层高度/km	300	350	400	450	500	550	600	650	700	750	800	850	900	950
2014	3.46	3.06	2.75	2.55	2.48	2.52	2.66	2.88	3.15	3.45	3.77	4.10	4.43	4.76
2015	3.20	2.87	2.65	2.53	2.54	2.65	2.85	3.11	3.41	3.72	4.05	4.38	4.70	5.03

为分析电离层薄层高度最优取值与测站位置的关系,以 2015 年 3 月为例,图 9.14 所示为不同参考站经投影函数转化的电离层 VTEC 值与"真值"差异的均方根误差。为便于比较,以所有参考站薄层高度取值为 300km 处的 RMS 最大值为参考,对所有参考站计算的均方根误差值进行了整体垂直平移,在保证每一个参考站在使用不同薄层高度时获取的 RMS 大小相对关系不变的前提下,使得所有参考站薄层高度取值为 300km 处的均方根值取值相等。可以看出,低纬度区域的参考站所求解的 RMS 值取值范围为 4.30~11.11TECU,而中纬度区域测站小于 5.55TECU。说明

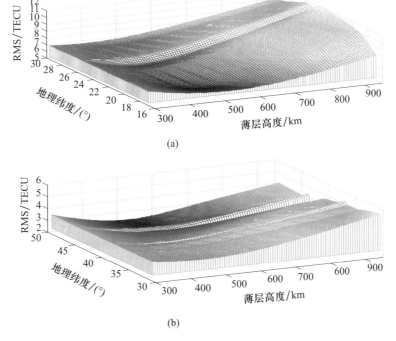

(a)

(b)

图 9.14　电离层 TEC"真值"与实测值差异 RMS 在不同纬度
随薄层高度变化图(2015 年 3 月)(见彩图)

经投影函数转化的电离层 VTEC 精度在低纬度区域的参考站要低于高纬度区域的参考站,这种趋势与电离层在不同纬度的活动水平有关。这一结论与 Brunini 等给出的电离层投影函数转化误差表现的纬度相关结论一致[5]。图 9.15 所示为 2015 年 3 月在所有参考站基于电离层"真值"求解的最佳电离层薄层高度。可以看出,不同参考站对应的最佳电离层薄层高度存在差异,在 400～550km 之间分布。

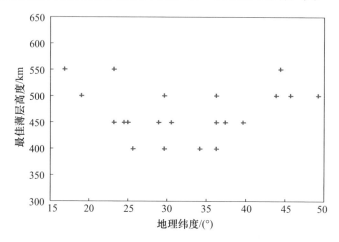

图 9.15　基于电离层 TEC"真值"法确定最佳薄层高度
与参考站纬度关系(2015 年 3 月)

◢ 9.3　不同插值算法构建的电离层格网性能比较

电离层 TEC 格网构建过程中,需要根据电离层交叉点位置及 TEC 信息采用一定的插值算法将其归算到格网点处的垂直电离层延迟[17-19],插值算法正确性一定程度上影响格网点电离层 VTEC 的计算精度。为确定最优的电离层插值算法,部分学者对不同电离层插值算法性能进行了研究。Wielgosz 等基于俄亥俄州连续运行参考网研究了普通克里金算法与多面函数算法在电离层格网生成中的应用效果[20]。Sayin 等基于仿真数据研究了普通克里金算法与泛克里金算法在电离层格网生成中的应用效果[21]。Grynyshyna-Poliuga 和 Stanislawska 基于欧洲静地轨道卫星导航重叠服务(EGNOS)系统及印度区域卫星导航系统测距和完好性监测站(IRIMS)的观测数据比较了样条插值和普通克里金插值算法生成电离层 TEC 格网的精度[22]。Shukla 等比较了多项式拟合、普通克里金插值在印度区域生成电离层 TEC 格网的精度[17,23]。Foster 和 Evans 指出,不同空间插值算法计算电离层 TEC 的精度与所输入的数据有很大关系[24]。由于不同区域电离层时空变化特性不同,同一种电离层内插算法在不同区域的应用效果会有显著差异,这种差异在低纬度区域更为明显。中国南方部分地区处于电离层赤道异常的北驼峰区域附近,电离层 TEC 梯度较大[22]。加之,GNSS

参考站在中国区域分布不均,特别是在西部地区分布较为稀疏。以往,对于不同电离层插值算法的研究多数基于仿真数据或日本、印度和美国的实测数据。鉴于目前基于中国区域电离层 TEC 格网插值算法研究资料有限,开展不同插值算法在中国区域电离层 TEC 格网生成中的应用效果研究对中国广域增强系统电离层 TEC 格网的确定尤为重要。本节对基于克里金插值(OrK)、泛克里金插值(UnK)、反比距离加权插值(IWD)和一阶多项式拟合(Planar)方法构建的中国区域电离层 TEC 格网的精度进行验证、分析与评估。

9.3.1　实验数据和处理策略

为评估不同插值算法在中国区域电离层 TEC 格网生成中的应用效果,选择中国地壳运动监测网络和 IGS 跟踪站网 2015 年 3 月 1 日至 31 日期间的 GPS 观测数据,其中 60 个 GNSS 测站作为参考站和 27 个测站作为监测站,如图 9.16 所示。基于不同插值算法在中国区域建立 $5° \times 5°$ 的电离层格网,格网取值范围为 $5°N \sim 60°N$, $70°E \sim 135°E$,共 168 个格网点。每个网格点处的电离层 VTEC 基于距离格网点最近的 6 个交叉点电离层信息计算。基于多项式拟合时,以各个电离层格网点为建模中心,基于周围 6 个交叉点数据分别建立一阶多项式模型,将确定的第 0 阶模型系数值作为该格网点处的电离层 VTEC 值。GPS 观测数据采样间隔为 30s,电离层格网更新

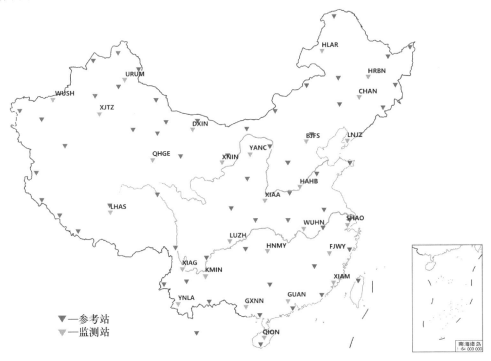

图 9.16　用于不同电离层插值方法分析的参考站及监测站分布示意图(见彩图)

间隔为5min。通过计算基于不同插值算法构建的电离层TEC格网产品在监测站的电离层TEC修正精度及其对单频精密单点定位精度的影响实现不同插值算法的精度评估。监测站交叉点处电离层VTEC模型计算值采用对电离层TEC格网双线性内插的方式确定。在实施单频PPP时,观测值的截止高度角为15°,码和相位观测值的先验中误差选为6dm和3mm。采用CODE提供的P1C1 DCB月平均产品对卫星的频内偏差进行修正,卫星和接收机P1P2 DCB采用IGGDCB两步法进行估计。

9.3.2 不同插值算法构建的电离层TEC格网交叉验证实验结果

图9.17所示为2015年076天基于不同插值方法构建的电离层TEC格网在不同纬度带电离层修正残差概率分布图。参与统计的交叉点个数在低纬度和中纬度分别为197657和221665。总体上,4种插值方法在中纬度地区的电离层修正残差要比低纬度的小。普通克里金插值和泛克里金插值方法电离层修正精度相当,在低纬度和中纬度区域都表现最优。与普通克里金插值、泛克里金插值、反比距离加权插值方法相比,基于多项式拟合构建的电离层TEC格网对监测站电离层TEC的修正效果与其他3种模型相比偏差较大。

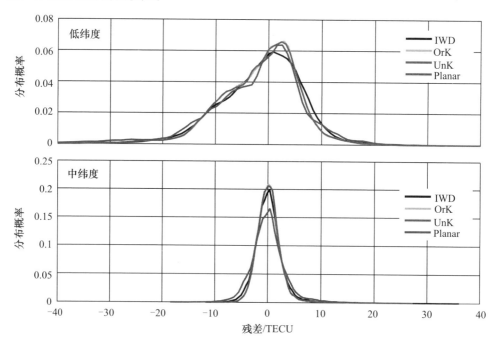

图9.17　基于不同插值方法构建的电离层TEC格网在中纬度和
低纬度电离层修正残差概率分布图(2015年076天)(见彩图)

图9.18所示为基于4种不同插值方法确定的电离层TEC格网在中纬度和低纬

度监测站的平均电离层修正精度,即均方根(RMS)的时间序列图。普通克里金插值
和泛克里金插值方法在低纬度区域监测站的电离层修正残差 RMS 均值分别约为
6.92TECU 和 6.93TECU,在中纬度区域监测站电离层修正残差 RMS 均值分别约为
2.08TECU 和 2.08TECU,进一步表明了普通克里金插值和泛克里金插值方法在中国
区域具有相当的电离层修正精度水平。在低纬度区域,基于多项式拟合方法构建的
电离层 TEC 格网修正精度最差,RMS 平均值为 7.54TECU。在中纬度区域,反比距离
加权插值方法构建的电离层格网精度最差,RMS 平均值为 2.4TECU。

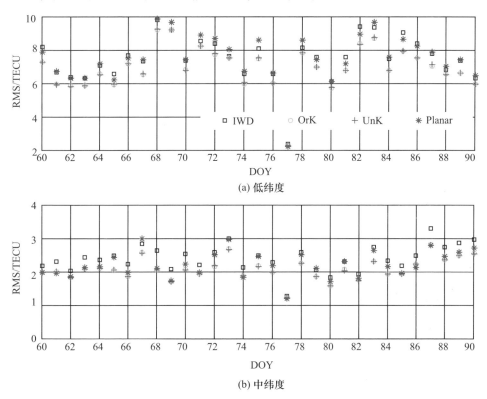

图 9.18　基于不同插值方法构建的电离层格网在低纬度区域和中纬度
电离层修正 RMS 时间序列图(2015 年 3 月)(见彩图)

　　图 9.19 所示为基于不同插值方法构建的电离层 TEC 格网在不同监测站上电离
层修正的平均偏差和 STD 统计结果,监测站的位置按照其地磁纬度由小到大排列。
可以看出,4 种插值方法构建的电离层 TEC 格网的修正精度(平均偏差)在低纬度区
域在 -4TECU ~4TECU 范围内波动,在中纬度区域在 -2TECU ~2TECU 范围内波
动。与均方根误差统计结果一致,4 种插值方法构建的电离层 TEC 格网的修正标准
差统计指标也表现出在低纬度区域大于中纬度区域的结果。基于克里金插值和泛克
里金插值方法、反比距离加权插值方法和多项式拟合 4 种方法构建的电离层 TEC 格
网的平均修正标准差分别为 2.94TECU、2.93TECU、3.56TECU 和 3.15TECU。表 9.4

所列为 2015 年 3 月基于不同插值算法构建的电离层 TEC 格网在监测站的平均修正精度统计情况。可以看出,基于克里金插值、泛克里金插值方法、反比距离加权插值方法和多项式拟合 4 种方法构建的电离层 TEC 格网均方根误差分别为 4.48TECU、4.48TECU、4.92TECU 和 4.85TECU,修正百分比分别为 75.7%、75.7%、73.0% 和 73.9%。总体而言,基于克里金插值和泛克里金插值方法构建的中国区域电离层 TEC 格网的修正精度要优于反比距离加权插值方法和多项式拟合方法。

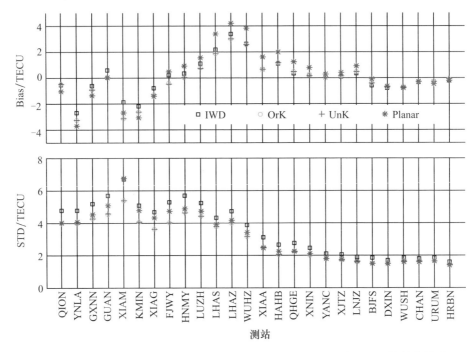

图 9.19 基于不同插值方法构建的电离层 TEC 格网在不同监测站上的精度统计

表 9.4 基于不同插值方法构建的电离层 TEC 格网
在 2015 年 3 月的平均精度统计

电离层模型	偏差/TECU	RMS/TECU	相对误差/%
IWD	− 0.45	4.92	27.04
OrK	− 0.64	4.48	24.34
UnK	− 0.64	4.48	24.33
Planar	− 0.30	4.85	26.10

9.3.3 不同插值算法构建电离层 TEC 格网对单频 PPP 精度的影响

在单频 PPP 过程中采用不同的电离层延迟修正可以获得不同的定位结果。通过将单频精密单点定位结果与 IGS 参考站坐标真值比较可以确定不同电离层时延修正方法在精密定位中的应用效果。这里将基于不同插值算法构建的电离层 TEC 格网应用于单频精密单点定位中的电离层修正,并统计一天中最后 12h 内北、东及天顶 3 个方向坐标分量的均方根误差及三维位置误差,分析不同电离层插值算法构建的电离层 TEC 格网对单频 PPP 定位的精度影响。本节随机选取 5 个 IGS 参考站的定位结果进行展示,其中 BJFS、CHAN 和 URUM 站位于中纬度区域,WUHN 和 LHAZ 位于中低纬度区域附近。为更好地比较基于不同插值方法计算的中国区域电离层格网 TEC 对电离层修正的定位精度,对 IGS 发布的最终电离层格网在单频 PPP 精度的影响也进行了分析。

　　以 BJFS 和 WUHN 站为例,图 9.20 和图 9.21 分别所示为 2015 年 068 天和 089 天基于不同电离层插值方法的单频精密单点定位误差的时间序列。图 9.22 所示为 2015 年 3 月基于不同插值方法构建的电离层格网在选取的测站上单频 PPP 精度统计结果,表 9.5 总结了测试期间所有测站上的平均精密单点定位精度统计结果。可以看出,位于中纬度地区 GNSS 测站的定位精度远高于低纬度区域的测站,这与电离层活动水平的纬度效应相关。尽管 5 种电离层插值算法构建的电离层 TEC 格网修正电离层的最终定位精度在水平方向和垂直方向上分别达到厘米级和分米级,不同电离层模型的定位精度存在显著差异。经 IGS 发布的 GIM 修正电离层得到的定位误差比基于普通克里金插值和泛克里金插值算法构建的电离层 TEC 格网修正电离层的定位误差大约 5.5cm,这与 IGS 在构建 GIM 时参与电离层建模的中国区域参考站数量较少有关。普通克里金插值和泛克里金插值方法构建的电离层格网对单频 PPP 的影响程度相当。总体来看,不同电离层插值方法在中国区域修正电离层的定位精度由高到低分别为基于克里金插值和泛克里金插值方法、反比距离加权插值方法、多项式拟合方法、IGS 发布的全球电离层格网。

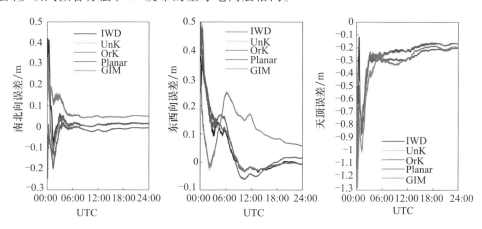

图 9.20　基于不同插值方法构建的电离层 TEC 格网
在 BJFS 站定位结果(2015 年 089 天)(见彩图)

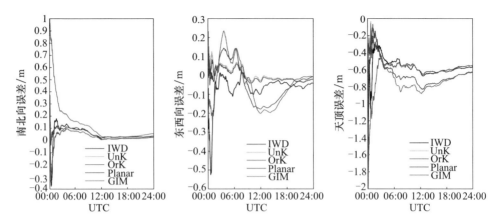

图 9.21　基于不同插值方法构建的电离层 TEC 格网
在 WUHN 站定位结果(2015 年 089 天)(见彩图)

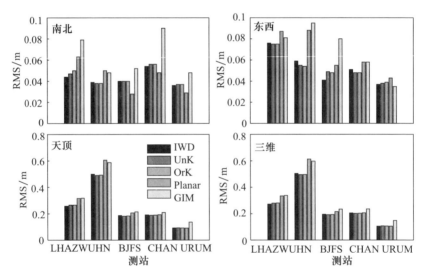

图 9.22　基于不同插值方法构建的电离层 TEC 格网
在不同测站定位精度统计(2015 年 3 月)

表 9.5　基于不同插值方法构建的电离层格网改正电离层延迟的
平均定位精度统计　　　　　　　　(2015 年 3 月,单位:dm)

方向 ＼ 方案	IWD	OrK	UnK	Planar	IGS GIM
南北	0.43	0.44	0.44	0.44	0.63
东西	0.53	0.53	0.53	0.66	0.70
天顶	2.47	2.45	2.44	2.83	2.94
三维	2.56	2.54	2.54	2.94	3.09

9.4　基于双层假设的电离层格网构建新方法

基于薄层假设的电离层模型算法虽然简化了数据处理过程,但因忽略了电离层 TEC 在高度方向上的变化产生的薄层假设误差,限制了建模精度。三维电离层层析模型虽然顾及了电离层电子密度的时空分布变化特征,但其解算过程依赖于大量密集分布的参考站数据,且其模型播发格网点参数过多对通信容量要求过高,不适合电离层 TEC 实时更新。考虑薄层假设在电离层变化剧烈的低纬度区域对电离层修正效果不佳,许多学者提出了电离层多层假设即在空间上对电离层进行分层。印度学者 Shukla 等针对印度区域探讨了基于双层电离层模型假设建立电离层格网的方法[17]。在 Shukla 等建立的双层电离层模型中,电离层双层高度定义为电离层电子密度峰值高度的上下限即 300km 和 500km,电离层 TEC 上下两个薄层上的权重在不同时段按照 2∶1 的比例分配,存在一定的经验误差。针对依赖于薄层假设的电离层格网算法在我国武汉以南处于赤道异常北驼峰附近区域的电离层修正精度不高,本节提出了一种基于双层假设的电离层格网构建新方法,实现了电离层 TEC 在上下层权重的自动分配。

9.4.1　双层电离层格网模型构建新方法

如图 9.23 和图 9.24 所示,基于双层假设的电离层格网构建方法是把 GNSS 信号传播路径上的电离层自由电子集中在两个高度无限薄的球面层上,在上下两个球面层上划分一定规格的格网并把格网点处的电离层 TEC 用一定的数学函数表示。考虑多项式模型可以在较短时间内可相对较好地拟合电离层的时空变化,适合于局部电离层的实时监测与预报,这里采取多项式模型模拟上下两个薄层上格网点处的电离层垂直 TEC 的分布。与薄层假设类似,在双层电离层假设的上下两个薄层上,任一交叉点的电离层垂直 TEC 可以使用一定的加权内插模型表示为其所在格网 4 个格网点处 VTEC 的线性组合,可用下式表示:

$$
\begin{cases}
\text{VTEC}_{\text{IPP}}(\varphi_{\text{ipp}}^{j}, \lambda_{\text{ipp}}^{j}) = \sum_{m=1}^{4} w_{m}^{j} \text{VTEC}_{\text{IGP}}(\varphi_{m}^{j}, \lambda_{m}^{j}) \\
w_{1}^{j} = w(x, y) \\
w_{2}^{j} = w(1-x, y) \\
w_{3}^{j} = w(1-x, 1-y) \\
w_{4}^{j} = w(x, 1-y) \\
w(x, y) = x^{2} y^{2}(9 - 6x - 6y + 4xy) \\
x = \dfrac{\lambda_{\text{ipp}}^{j} - \lambda_{1}^{j}}{\lambda_{2}^{j} - \lambda_{1}^{j}} \\
y = \dfrac{\varphi_{\text{ipp}}^{j} - \varphi_{1}^{j}}{\varphi_{2}^{j} - \varphi_{1}^{j}}
\end{cases}
\tag{9.7}
$$

式中：$\mathrm{VTEC}_{\mathrm{IPP}}(\varphi_{\mathrm{ipp}}^{j},\lambda_{\mathrm{ipp}}^{j})$ 为第 j 层交叉点的 VTEC；$\varphi_{\mathrm{ipp}}^{j}$，$\lambda_{\mathrm{ipp}}^{j}$ 为第 j 层交叉点的纬度和经度；$\mathrm{VTEC}_{\mathrm{IGP}}(\varphi_{m}^{j},\lambda_{m}^{j})$ 为第 j 层第 m 个网格点的 VTEC，由四阶多项式模型计算；w_m^j 为第 j 层 Junkins 加权函数，(x,y) 为与交叉点和网格点位置相关的函数，$(\lambda_1^j,\varphi_1^j)$ 为左上角网格点的经纬度，$(\lambda_2^j,\varphi_2^j)$ 为右下角网格点的经纬度；交叉点和格网点的位置如图 9.25 所示。

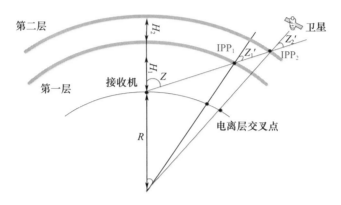

图 9.23　电离层双层假设示意图

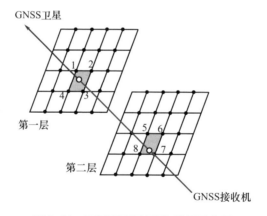

图 9.24　双层电离层 TEC 格网示意图

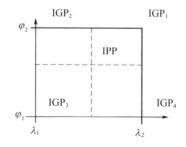

图 9.25　电离层格网模型交叉点位置示意图

采用投影函数可以将单层交叉点处的 VTEC 转换为电离层 STEC。则站星电离层总延迟 STEC 可以看作上下两层倾斜电离层延迟之和,即

$$
\begin{aligned}
\text{STEC} &= \sum_{k=1}^{2} \left(\text{MF}_{h_k} \cdot \text{VTEC}_{\text{IPP}}(\varphi_{\text{ipp}}^k, \lambda_{\text{ipp}}^k) \right) = \sum_{k=1}^{2} \left(\text{MF}_{h_k} \sum_{m=1}^{4} w_m^k \text{VTEC}_{\text{IGP}}(\varphi_m^k, \lambda_m^k) \right) = \\
&\sum_{k=1}^{2} \left(\text{MF}_{h_k} \sum_{m=1}^{4} w_m^k \sum_{n=0}^{n_{\max}} \sum_{p=0}^{p_{\max}} \{ E_{np}^k (\varphi_m^k - \phi_0)^n (\lambda_m^k - \lambda_0 + t - t_0)^p \} \right)
\end{aligned}
\tag{9.8}
$$

式中:F_{h_k} 为不同电离层薄层处相应交叉点处的投影函数;φ_0, λ_0 为测区中心点的地理纬度和经度;t_0 为该时段中间时刻对应的太阳时;E_{np}^k 为模型待求系数;$n_{\max}, p_{\max}$ 为多项式的最大阶数。

将某个观测时段内所有站星的 STEC 作为观测值,对不同电离层观测值按照卫星高度角定权,第 i 个观测值的权值 P 可由式(9.9)给出。根据最小二乘原理计算双层多项式模型的系数,然后将系数代入式(9.10)和式(9.11)就可以解算双层上任一格网点处的 VTEC 值。将双层电离层格网发布给用户后,用户基于式(9.12)可以计算双层电离层格网覆盖区域内任一站星视线方向上的电离层延迟值。

$$
P_i = \frac{1}{1 + \cos^2(E_i)}
\tag{9.9}
$$

$$
\text{VTEC}_{\text{IGP}}(\varphi_m^1, \lambda_m^1) = \sum_{n=0}^{n_{\max}} \sum_{p=0}^{n} \{ E_{np}^1 (\varphi_m^1 - \phi_0)^n (\lambda_m^1 - \lambda_0 + t - t_0)^p \}
\tag{9.10}
$$

$$
\text{VTEC}_{\text{IGP}}(\varphi_m^2, \lambda_m^2) = \sum_{n=0}^{n_{\max}} \sum_{p=0}^{n} \{ E_{np}^2 (\varphi_m^2 - \phi_0)^n (\lambda_m^2 - \lambda_0 + t - t_0)^p \}
\tag{9.11}
$$

$$
\begin{aligned}
\text{STEC} &= \text{MF}_{h1} \text{VTEC}_{\text{IPP}}(\varphi_{\text{ipp}}^1, \lambda_{\text{ipp}}^1) + \text{MF}_{h2} \text{VTEC}_{\text{IPP}}(\varphi_{\text{ipp}}^2, \lambda_{\text{ipp}}^2) = \\
&\text{MF}_{h1} \sum_{m=1}^{4} w_m^1 \text{VTEC}_{\text{IGP}}(\varphi_m^1, \lambda_m^1) + \text{MF}_{h2} \sum_{m=1}^{4} w_m^2 \text{VTEC}_{\text{IGP}}(\varphi_m^2, \lambda_m^2)
\end{aligned}
\tag{9.12}
$$

9.4.2　双层电离层格网模型精度分析

为验证双层电离层格网在中国区域电离层时延修正效果,通过对比单层/双层电离层格网模型与检核站 GNSS 实测电离层 TEC 之间的差异,采用均方根误差、极差、修正百分比 3 个指标分析模型的精度与可靠性。

选取中国大陆环境构造监测网络的 27 个测站采集的双频 GPS 观测数据对这里提出的双层电离层模型精度进行验证。其中 19 个测站作为参考站用于计算基于单层多项式模型(四阶)和双层多项式模型(四阶)的格网点处的电离层 VTEC 信息;8 个测站作为监测站,其中,5 个监测站分布在中纬度区域,3 个监测站分布在低纬度区域。参考站和监测站位置示意图如图 9.26 所示。测试时间段选取为 2002 年 3 月份。数据采样间隔为 30s,卫星观测截止角为 15°。计算单层电离层多项式模型时解算时电离层薄层高度为 450km,多项式拟合中区域中心的经纬度为(35°,105°)。电离层 TEC 格网规格是 5°(纬度)×5°(经度)。格网更新时间分辨率为 10min。根据

多组实验测试,在中国区域双层上下层高度分别为 300km 和 900km 时获取的双层电离层格网精度相对最优,因此,这里双层高度取值分别为 300km 和 900km。

图 9.26　用于单/双电离层建模方法分析的参考站和监测站分布示意图

图 9.27 所示为利用双层电离层模型计算的 2002 年第 80 个年积日 BJSH、DLHA 两个参考站 TEC 值随时间变化趋势图。可以看出,在地方时 12:00 与清晨 5:00 左右,两个测站的 TEC 估值分别达到了最大值与最小值。这一现象说明基于双层电离层模型计算的电离层 TEC 估值能够反映出电离层 TEC 活动的时间变化特征。

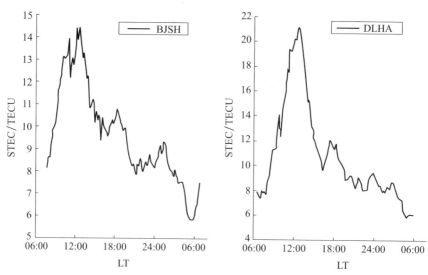

图 9.27　利用双层多项式模型求解的 STEC 估值在单个测站上随地方时的变化
（2002 年 080 天）

图 9.28 和图 9.29 所示为基于 2002 年第 80 个年积日各参考站和监测站实测 GPS 数据对双层电离层模型和单层电离层模型的内、外符合精度统计情况。图中：单层指单层 4 阶多项式模型；双层指双层 4 阶多项式模型。受篇幅所限，这里仅给出 BJSH、DLHA、GUAN、HLAR 等 4 个参考站上单、双层电离层模型的内符合精度和 XI-AM、TAIN、HRBN、QION 等 4 个监测站上单、双层电离层模型的外符合精度。可以看出：双层多项式模型计算出的内符合精度和外符合精度都明显高于单层多项式模型；但是位于测区边缘的 HLAR、HRBN、QION 站的某些时段由双层多项式模型计算的"内符合"精度较单层多项式模型较差，说明双层多项式模型相对于单层多项式模型的优越性存在一定的边缘效应。

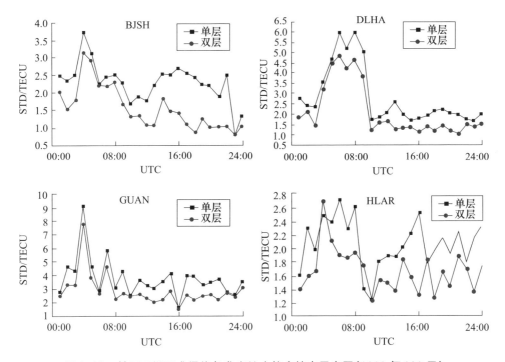

图 9.28 单双层模型求得的各参考站内符合精度示意图(2002 年 080 天)

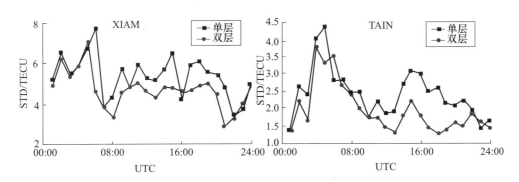

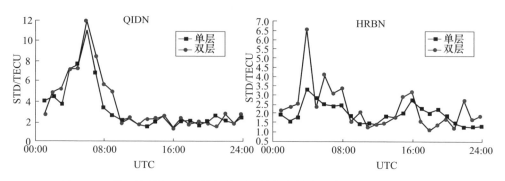

图 9.29　单、双层模型求得的各监测站外符合精度示意图(2002 年 080 天)

图 9.30 和图 9.31 所示为各参考站和监测站观测数据计算的单层多项式模型和多层多项式模型修正精度百分比柱状图。图中显示由双层多项式模型计算的电离层 TEC 修正百分比均略高于单层多项式模型,这进一步说明了双层多项式模型对电离层的修正效果要优于单层多项式模型。

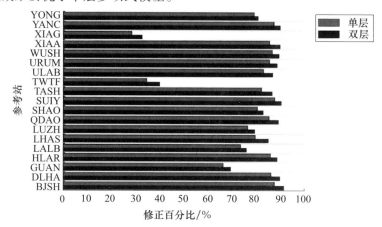

图 9.30　单、双层电离层模型在各参考站的电离层修正百分比图(2002 年 3 月)

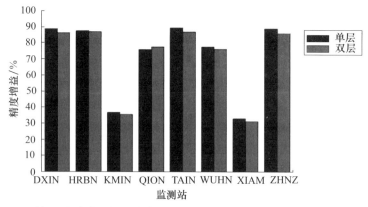

图 9.31　单、双层电离层模型在各监测站的电离层修正百分比图(2002 年 3 月)

表 9.6 ~ 表 9.9 所列为基于 2002 年 3 月各参考站及监测站数据建立的单双层电离层模型在各纬度带的内、外符合精度、极差信息与误差累积概率统计情况。RMS 表示的是相应的内、外符合精度；极差界限估值表示的是极差界限估值，即 3 × 极差序列方差 + 极差序列均值；< 15% ，< 20% 表示小于 15TECU 和小于 20TECU 的误差累积概率，它反映电离层模型的时效性，即一天内的最大改正误差不超过 15TECU 和 20TECU 的历元的概率。可以看出：各个测站的电离层修正RMS、极差界限估值均表现出了双层多项式模型低于单层多项式模型的特点；小于 15TECU 和小于 20TECU 的误差累积概率均表现出了双层多项式模型高于单层多项式模型的特点。这进一步说明了双层多项式模型对电离层的修正效果要优于单层多项式模型。

表 9.6 单、双层电离层模型在各参考站 RMS、极差信息
与误差累积概率(2002 年 3 月)

测站名	RMS		极差界限估值		< 15%		< 20%	
	双层	单层	双层	单层	双层	单层	双层	单层
BJSH	1.69	2.37	7.88	10.34	100.00	100.00	100.00	100.00
DLHA	2.57	3.25	14.51	15.17	97.80	98.47	99.40	99.75
GUAN	3.13	4.05	13.11	16.98	98.34	97.57	99.96	98.91
HLAR	1.70	2.10	6.34	7.94	100.00	99.86	100.00	100.00
LALB	3.54	4.46	20.09	25.50	98.35	94.39	99.05	96.49
LHAS	3.33	4.41	15.23	19.75	98.28	92.70	99.89	98.60
LUZH	5.70	6.69	27.07	31.87	83.89	79.82	93.19	85.92
QDAO	2.08	2.99	9.01	13.76	100.00	99.72	100.00	100.00
SHAO	3.95	4.82	22.20	27.68	95.44	91.09	96.81	92.95
SUIY	1.52	2.02	6.22	8.32	100.00	99.79	100.00	100.00
TASH	1.73	2.57	5.91	10.29	100.00	99.79	100.00	100.00
TWTF	4.37	5.15	14.00	18.26	99.16	93.79	99.96	99.96
ULAB	1.62	2.13	5.85	8.24	100.00	100.00	100.00	100.00
URUM	1.90	2.52	9.01	10.84	99.75	100.00	100.00	100.00
WUSH	1.97	2.57	9.19	12.27	99.47	98.94	100.00	99.72
XIAA	2.71	3.74	16.85	21.48	98.77	95.58	99.72	98.91
XIAG	4.29	5.30	15.12	20.31	97.73	92.21	99.47	98.73
YANC	2.10	2.58	9.85	10.88	99.61	100.00	100.00	100.00
YONG	3.22	3.65	15.11	17.11	99.25	96.98	99.68	99.25

表9.7 单、双层电离层模型在各监测站外符合精度、极差信息
与误差累积概率（2002年3月）

测站	RMS		极差界限估值		<15%		<20%	
	双层	单层	双层	单层	双层	单层	双层	单层
DXIN	1.69	2.37	7.88	10.34	100.00	100	100.00	100
HRBN	2.57	3.25	14.51	15.17	97.80	98.47	99.40	99.75
KMIN	3.13	4.05	13.11	16.98	98.34	97.57	99.96	98.91
QION	1.70	2.1	6.34	7.939	100.00	99.86	100.00	100
TAIN	3.54	4.46	20.09	25.5	98.35	94.39	99.05	96.49
WUHN	3.33	4.41	15.23	19.75	98.28	92.7	99.89	98.6
XIAM	5.70	6.69	27.07	31.87	83.89	79.82	93.19	85.92
ZHNZ	2.08	2.99	9.01	13.76	100.00	99.72	100.00	100

表9.8 由参考站数据得出的单/双层电离层模型在不同纬度带的
内符合精度、极差信息与误差累积概率（2002年3月）

纬度/(°)	RMS		极差界限估值		<15%		<20%	
	双层	单层	双层	单层	双层	单层	双层	单层
15~20	3.20	3.78	15.21	21.88	99.40	92.25	100.00	97.40
20~25	4.24	4.78	27.50	30.83	88.81	86.18	93.19	90.91
25~30	4.75	5.75	25.68	31.33	85.47	78.49	95.75	85.79
30~35	2.78	3.83	18.31	25.53	97.65	89.37	99.82	98.74
35~40	1.98	2.72	12.25	14.95	98.95	98.98	100.00	100.00
40~55	1.66	2.32	8.28	11.88	100.00	99.44	100.00	99.86

表9.9 由监测站数据得出的单/双层电离层模型在不同纬度带的外符合精度、
极差信息与误差累积概率（2002年3月）

纬度/(°)	RMS		极差界限估值		<15%		<20%	
	双层	单层	双层	单层	双层	单层	双层	单层
15~20	3.17	4.09	12.59	19.57	99.75	95.65	100.00	97.44
20~25	4.55	5.14	25.29	28.58	90.25	88.67	94.18	93.47
25~30	4.55	5.63	21.61	25.63	88.73	82.94	98.03	89.93
30~35	2.62	3.71	13.91	19.50	98.98	93.96	99.89	98.95
35~40	1.93	2.61	10.03	13.68	99.47	99.79	100.00	100.00
40~55	1.72	2.46	7.00	9.84	100.00	99.89	100.00	100.00

表9.10所列为由单层多项式电离层模型和双层多项式电离层模型计算的2002年3月参考站和监测站的电离层延迟平均改正精度的统计结果。可以看出,提出的双层电离层模型和单层多项式电离层模型相比,平均内符合精度在低纬度、中纬度、

平均整个中国区域分别提升为 14.81%、27.62% 和 19.72%，平均外符合精度在低纬度、中纬度、平均整个中国区域分别提升为 17.43%、28.59% 和 21.57%。

表 9.10　参考站和监测站的单/双层电离层延迟平均改正精度（2002 年 3 月）

纬度带	参考站内符合精度			监测站外符合精度		
	双层	单层	精度提升/%	双层	单层	精度提升/%
低纬度	4.06	4.77	14.81	4.09	4.95	17.43
中纬度	2.14	2.96	27.62	2.09	2.93	28.59
平均	3.10	3.86	19.72	3.09	3.94	21.57

9.5　本章小结

本章在分析中国区域电离层电子密度峰值高度变化规律的基础上，提出了一种新的电离层薄层高度确定方法，选定了适宜于中国区域的电离层薄层假设高度，为后续基于薄层假设的电离层 TEC 建模提供重要参考。本章同时基于中国地壳运动监测网络和 IGS 跟踪网的观测数据研究了不同空间插值算法构建的中国区域电离层 TEC 格网的精度，为中国区域电离层格网构建选择最优的插值算法提供参考。最后，本章提出了一种基于双层假设的电离层格网构建新方法。初步结果表明双层多项式电离层模型修正精度比单层多项式电离层模型提升 21.6%，为中国区域电离层时延修正提供了新的可靠途径。

 参考文献

[1] 黄建宇,周其焕,王永澄. GPS 广域增强系统电离层延迟网格修正算法的研究[J]. 中国民航学院学报,1998(6):7-15.

[2] 朱明华,曹冲,甄卫民. GPS 广域增强系统的实时电离层修正[J]. 电波与天线,1998(2):10-13.

[3] 李子申. GNSS/Compass 电离层时延修正及 TEC 监测理论与方法研究[D]. 武汉:中国科学院测量与地球物理研究所,2012.

[4] 袁运斌,霍星亮,张宝成. 近年来我国 GNSS 电离层延迟精确建模及修正研究进展[J]. 测绘学报,2017,46(10):1364-1378.

[5] BRUNINI C,MEZA A,BOSCH W. Temporal and spatial variability of the bias between TOPEX-and GPS-derived total electron content[J]. Journal of Geodesy,2005,79(4-5):175-188.

[6] BRUNINI C,AZPILICUETA F. GPS slant total electron content accuracy using the single layer model under different geomagnetic regions and ionospheric conditions[J]. Journal of Geodesy,2010,84(5):293-304.

[7] HERNÁNDEZ-PAJARES M,JUAN J M,SANZ J R. et al. The IGS VTEC maps:a reliable source of

ionospheric information since 1998[J]. Journal of Geodesy,2009,83(3-4):263-275.

［8］ LI MIN,YUAN YUNBIN,ZHANG BAOCHENG,et al. Determination of the optimized single-layer ionospheric height for electron content measurements over China[J]. Journal of Geodesy,2018a,92(2):169-183.

［9］ KOMJATHY A,LANGLEY R B. The effect of shell height on high precision ionospheric modelling using GPS[C]//Proceedings of the 1996 IGS Workshop International GPS Service for Geodynamics (IGS),Fredericton,1996.

［10］ LANYI G E,T. A ROTH comparison of mapped and measured total ionospheric electron content using global positioning system and beacon satellite observations[J]. Radio Sci,1998,23 (4):483-492.

［11］ BIRCH M J,HARGREAVES J K,BAILEY G J. On the use of an effective ionospheric height in electron content measurement by GPS reception[J]. Radio Sci,2002,37 (1):1-19.

［12］ RAMA RAO PVS,NIRANJAN K,PRASAD D,et al. On the validity of the ionospheric pierce point (IPP) altitude of 350 km in the Indian equatorial and low-latitude sector[J]. Ann Geophys-Germany,2006,24 (8):2159-2168.

［13］ 王宁波. GNSS 差分码偏差处理方法及全球广播电离层模型研究[D]. 武汉:中国科学院测量与地球物理研究所,2016.

［14］ 李敏. 实时与事后 BDS/GNSS 电离层 TEC 监测及延迟修正研究[D]. 武汉:中国科学院测量与地球物理研究所,2018.

［15］ NIRANJAN K,SRIVANI B,GOPIKRISHNA S,et al. Spatial distribution of ionization in the equatorial and low-latitude ionosphere of the Indian sector and its effect on the pierce point altitude for GPS applications during low solar activity periods[J]. Journal of Geophysical Research,2007,112 (A5).

［16］ NAVA B,RADICELLA S M,LEITINGER R,et al. Use of total electron content data to analyze ionosphere electron density gradients[J]. Adv Space Res,2007,39 (8):1292-1297.

［17］ SHUKLA A K,DAS S,NAGORI N,et al. two-shell ionospheric model for Indian region:a novel approach[J]. IEEE Transactions on Geoscience and Remote Sensing,2009,47 (8):2407-2412.

［18］ FOSTER M P,EVANS A N. An evaluation of interpolation techniques for reconstructing ionospheric TEC maps[J]. IEEE Transactions on Geoscience and Remote Sensing,2008,46 (7):2153-2164.

［19］ MANNUCCI A J,WILSON B D,YUAN D N,et al. A global mapping technique for GPS-derived ionospheric total electron content measurements[J]. Radio Sci,1998,33 (3):565-582.

［20］ WIELGOSZ P,GREJNER-BRZEZINSKA D,KASHANI I. Regional ionosphere mapping with kriging and multiquadric methods[J]. Positioning,2003,1(4):48-55.

［21］ SAYIN I,ARIKAN F,ARIKAN O. Synthetic TEC mapping with ordinary and universal kriging [C]//The 3rd International Conference on Recent Advances in Space Technologies,Istanbul,Turkey,June 14-16,2007:39-43.

［22］ GRYNYSHYNA-POLIUGA O,STANISLAWSKA I,SWIATEK A. Mitigation of ionospheric threats to GNSS:an appraisal of the scientific and technological outputs of the transmit project [M]. London:Intechopen Limited,2014.

［23］ LI MIN，YUAN YUNBIN，WANG NINGBO，et al. Statistical comparison of various interpolation algorithms for reconstructing regional grid ionospheric maps over China［J］. Journal of atmospheric and solar-terrestrial physics. 2018,172:129-137.

［24］ FOSTER M P,EVANS A N. An evaluation of interpolation techniques for reconstructing ionospheric TEC maps［J］. IEEE Transactions on Geoscience and Remote Sensing,2008,46（7）:2153-2164.

第10章　基于卫星导航的全球电离层 TEC 精细化监测方法

△ 10.1　概　　述

自 1998 年 IGS 成立全球电离层工作组开始利用 GNSS/GPS 实现全球电离层 TEC 监测与建模研究以来，以 IONEX 发布的 GIM 已经成为 IGS 发布 GNSS 产品的重要组成部分，为全球电离层研究提供了丰富的基础数据，进一步展示了 GNSS 探测电离层的优势[1-4]。随着我国 BDS、欧盟 Galileo 的建设以及俄罗斯 GLONASS 的不断完善，日益缜密的空间卫星星座为高分辨的 GNSS 电离层探测与建模提供了新的契机。高精度全球电离层 TEC 建模的数据处理水平是在全球电离层探测中充分发挥 GNSS 作用的基础。目前，IGS 电离层工作组下设的 7 个分析中心基本代表了全球电离层 TEC 处理的最高水平，分别是 CODE、JPL、ESA、UPC、CAS、WHU、NRCan。其中，CAS 为该工作组于 2016 年 2 月设在中国科学院的 IGS 电离层分析中心，由中国科学院精密测量科学与技术创新研究院（原测量与地球物理研究所）和空天信息创新研究院（原光电研究院）共同建设[5]。

在 IGS 电离层分析中心，CODE 与 ESA 采用球谐函数进行全球电离层 TEC 建模。该方法可以有效地实现电离层 TEC 的合理外推，使得在海洋上空无观测数据区域也可给出相当精度的电离层 TEC；但是，由于采取了整体建模的方式，无法有效地反映局部电离层 TEC 的精细变化特点。JPL 与 UPC 分别基于全球三角格网以及逐基准站准析的方式建立全球电离层 TEC 格网，可有效地保证有观测区域内电离层 TEC 变化的精确反映；但是，无法实现无观测区域内电离层 TEC 的合理外推，只能依赖于经验的电离层模型（如 IRI 模型等）或单纯数学意义上的内插（如线性内插、Kriging 内插等），其精度也无法得到有效保证。从目前的研究来看，对于距离上百千米的电离层内插/外推尚未有非常成熟可靠的方法。相对而言，球谐函数能够在全球范围内实现电离层 TEC 内插与外推，且有效地保持了电离层 TEC 变化的连续性与可靠性。

设置于中国科学院的 IGS CAS 电离层分析中心在借鉴 IGS 各电离层分析中心建立全球电离层 TEC 格网方法的优势，综合相关研究成果后，建立了充分顾及 BDS 特点并兼容其他 GNSS 的全球电离层 TEC 格网建立方法——球谐和广义三角级数组合函数（SHPTS）[6-7]。本章将重点介绍 SHPTS 方法的原理及其精度评估结果。

◢ 10.2　SHPTS 方法的基本原理及技术特点

SHPTS 方法首先采用广义三角级数函数（GTSF）[8-9] 逐基准站地建立局部电离层 TEC 模型用以获得该区域电离层 TEC 精细变化特点。然后，采用球谐函数建立全球电离层 TEC 模型用以保证无观测区域内电离层 TEC 的合理外推。在此基础上，借鉴"站际分区（DADS）法"综合计算格网点电离层 TEC[4,10-11]，获得全球电离层 TEC 格网。

基于 SHPTS 方法建立全球电离层 TEC 格网的主要步骤包括精确确定卫星与接收机差分码偏差、基于广义三角级数函数建立局部电离层 TEC 模型、基于球谐函数建立全球电离层 TEC 模型以及基于"站际分区法"计算格网点电离层 VTEC 等四部分。其中，卫星差分码偏差精确确定采用第 4 章中提出的 IGGDCB 方法。下面分别对另外三部分的处理方法进行详细介绍，并对 SHPTS 方法的主要技术特点进行总结。

10.2.1　基于广义三角级数函数建立局部电离层 TEC 模型

基于广义三角级数函数，逐测站地建立局部电离层 TEC 模型。考虑到不同地区不同太阳活动水平下的电离层变化特性之间的差异，采用了基于 F 检验的自适应参数选择策略[12-13]，通过自动调整广义三角级数中的组成项，进而选择适合于局部地区的三角级数函数结构。

基于分布于全球 4 个不同位置基准站的 GNSS 观测数据，利用广义三角级数函数建立局部电离层 TEC 模型。其中，所选 4 个基准站分别位于美国科罗拉多州（AMC2）、中国北京（BJFS）和阿根廷萨尔塔（UNSA）以及澳大利亚爱丽丝泉（ALIC），可基本代表北半球、南半球以及东半球和西半球的电离层 TEC 变化特性，初始广义三角级数电离层模型参数的设置为 $n_{max} = m_{max} = 1, k_{max} = 6$ 共计 16 个参数。图 10.1、图 10.2 分别所示为在太阳活动高年（2002 年）以及太阳活动低年（2008 年）的 1 月、4 月、7 月和 10 月一个月内各建立的广义三角级数电离层 TEC 模型系数的平均值，其中：1 月、4 月、7 月和 10 月分别代表一年内不同的季节；横坐标轴标号依次表示上述 16 个系数，纵坐标轴表示系数估值在一个月内的平均值。

从广义三角级数函数中可以看到，前 4 个系数分别表示基准站上空一天内电离层 VTEC 的平均值，在纬度、地方时（经度）及其交叉方向上的梯度，第 5 ~ 16 个参数表示与地方时相关的周期变化的振幅。图 10.1 与图 10.2 的结果显示，电离层 TEC 大小及周期变化主要体现在第 1 ~ 2、4 ~ 8 共 7 个参数上。

在太阳活动高年（图 10.1），北半球 AMC2 与 BJFS 两个站上的系数变化规律基本相似，各主要系数均表现出明显的季节性变化特征，电离层 TEC 变化的均值在 4 月份达到当年的最大值，这与电离层活动的春季异常基本相符；在南半球，季节性异常不如北半球明显;电离层 TEC 在纬度方向上的梯度,在北半球表现为负值,这个与纬度的取值有关;电离层随地方时的变化基本全部被三角级数项吸收,不存在明显的梯度项;与地方时相关的三角级数项对电离层 TEC 的贡献主要集中在低阶项上,特别是前 2～3 阶,而对于更高的阶次,其系数接近于零;对比太阳活动低年(图 10.2)各系数的变化,其规律与电离层活动高年基本相似,但其幅度明显变小。上述规律充分说明了广义三角级数函数的各系数具有一定物理含义,并且能够有效地反映出局部电离层 TEC 的变化特性。

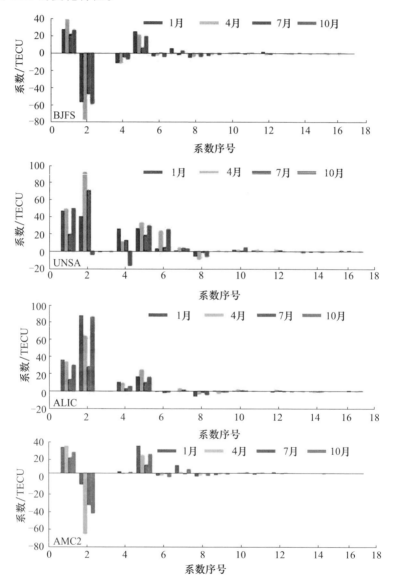

图 10.1　太阳活动高年(2002)广义三角级数电离层 TEC 模型系数在不同季节的变化(见彩图)

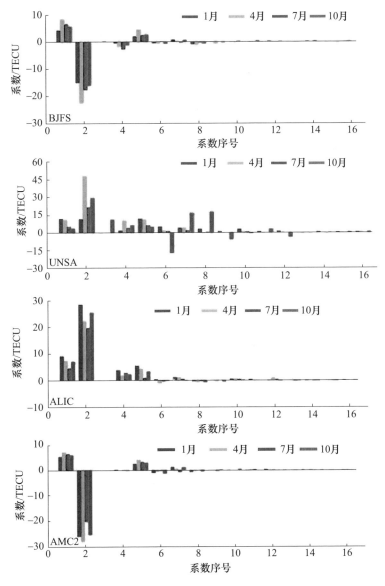

图 10.2　太阳活动低年(2008)广义三角级数
电离层 TEC 模型系数在不同季节的变化

表 10.1 所列为广义三角级数电离层 TEC 模型各系数在显著性检验中未通过的比例,其中,第 1、2、5 三个系数显著性检验未通过的比例为零,在表中未列出。可以看到,第三个系数在 70% 左右的情况下均未通过显著性检验,对比图 10.1 与图 10.2 中的结果,可以看到,即使该系数通过显著性检验,其估值的大小也几乎接近于零。随着三角级数阶次的增加,未通过显著性检验的比例逐渐增大,其对应系数的显著性逐渐降低。因此,基于 F 检验自适应地调整广义三角级数函数的结构可有效地实现

基准站局部电离层 TEC 的精确建模,为后续满足不同太阳活动水平不同局部区域内电离层 TEC 的自适应建模奠定基础。

表 10.1　广义三角级数电离层 TEC 模型各系数
未通过显著性检验比例统计表　　　　　　　（单位:%）

系数序号 \ 测站年份	AMC2		BJFS		UNSA		ALIC	
	2002	2008	2002	2008	2002	2008	2002	2008
3	89.7	61.7	88.2	80.5	68.3	76.1	67.5	81.5
4	46.6	61.7	10.9	11.0	11.7	2.2	7.5	4.2
6	8.6	11.7	14.3	23.7	8.3	21.7	12.5	27.7
7	8.6	1.7	5.9	16.9	19.2	16.3	15.0	12.6
8	3.4	10.8	4.2	5.0	6.7	21.7	2.5	14.3
9	9.5	30.0	15.1	33.0	43.3	33.7	8.3	30.3
10	9.5	20.8	19.3	22.0	12.5	27.2	8.3	11.8
11	9.5	28.3	17.6	25.4	33.3	33.7	21.7	44.5
12	12.1	18.3	13.4	26.2	35.0	38.0	9.2	14.3
13	32.8	41.7	23.5	32.2	33.3	41.3	23.3	32.8
14	23.3	31.7	28.6	32.2	40.0	41.3	15.0	27.7
15	31.9	40.8	36.1	50.0	52.5	44.6	42.5	47.1
16	38.8	45.8	32.8	48.3	55.0	50.0	30.0	61.3

10.2.2　基于球谐函数建立全球电离层 TEC 模型

利用电离层投影函数,将各基准站卫星视线方向上的电离层 TEC 转换至天顶方向,基于序贯最小二乘方法即可实现全球电离层 TEC 模型系数的解算。CODE 采用的 Bernese 软件即是基于上述思路解算全球球谐函数电离层 TEC 模型。但是,上述解算中存在两个问题:一是不同时段电离层 TEC 模型之间的连续性;二是由于高纬度(主要是南半球)地区 GNSS 基准站分布较少,在电离层活动低年,该区域内电离层 TEC 解算通常会出现负值,与实际电离层 TEC 均为正值的事实不符。针对上述问题,分别采用了如下处理策略。

10.2.2.1　相邻时段之间的连续性处理策略

理论上,仅采用一组球谐函数系数即可在日固坐标系下实现全球电离层 VTEC 的拟合与表达。实际中,考虑到电离层变化具有一定的随机性,通常采用多组球谐函数(如 2h/组)描述全球电离层 VTEC 的变化,这就需要处理相邻电离层 TEC 模型之间的连接问题。常用的连接方法有分段常数法、分段线性法。其中,分段常数法是用一组固定的电离层 TEC 模型表示一段时间内电离层 TEC 的变化。分段线性法指将一组连续的电离层 TEC 模型系数按照与时间线性相关的关系内插至任意时刻,形成该时刻一组新的电离层 TEC 模型系数,用新形成的电离层 TEC 模型表示该时刻全球电离层 TEC 变化。CODE 发布的全球球谐函数电离层 TEC 模型在 2002 年 11 月 3 日以前采用分段常数法处理相邻时段的连接性问题,在此之后,采用分段线性内插的方式处理。

借鉴 CODE 全球电离层 TEC 建模方法,针对相邻时段之间的连续性问题采用如下处理策略。如图 10.3 所示,分别表示连续 3 个时段内的球谐函数电离层 TEC 模型 f_{n-1}, f_n, f_{n+1},对应时段内的中间时刻分别为 t_{n-1}, t_n, t_{n+1},则 t_i 时刻的电离层 VTEC 可按式(10.1)所示的方法计算。

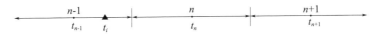

图 10.3　球谐函数电离层 TEC 模型相邻时段连续性处理策略示意图

$$\mathrm{VTEC}_{t_i} = \frac{t_n - t_i}{\Delta t} f_{n-1}(t_i) + \frac{t_i - t_{n-1}}{\Delta t} f_n(t_i) \tag{10.1}$$

式中:VTEC_{t_i} 为 t_i 时刻模型给出的电离层 VTEC 值;Δt 为时段长度,为 2h。

可以看到,任意一个时刻内电离层 VTEC 的计算均会涉及 2 个相邻时段内的电离层 TEC 模型,并且通过与时间相关的线性变化函数将两个相邻时段内的电离层 TEC 模型进行了无缝连接。与传统的在连接点处增加电离层 VTEC 值相等的约束,该方法使得相邻时段内的电离层变化连续,更符合实际电离层 TEC 变化特性。如此一来,形成的法方程系数阵由原来的对角矩阵演变成如图 10.4 所示的形式。其中,标注为阴影的部分为未增加上述约束之前的法矩阵形式。

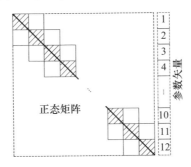

图 10.4　附加分段线性约束之后的全球球谐函数电离层 TEC 模型法方程矩阵形式

以 2011 年 12 月 28 日全球球谐函数电离层 TEC 模型解算为例,图 10.5 给出了附加分段线性约束前后全球电离层球谐函数模型给出的某位置(30°N,60°E)一天内电离层 VTEC 变化时间序列。可以看到,在未增加约束之前,全球球谐函数电离层 TEC 模型给出的相邻时段衔接处电离层 VTEC 具有较大差异,特别是在 UTC 05:00—07:00 电离层 TEC 峰值时段内。当法方程中增加分段线性约束后,相应的差异基本被消除。

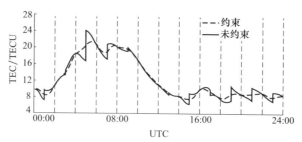

图 10.5　附加与不附加分段线性约束的全球电离层 TEC 模型给出的 TEC 变化时间序列

10.2.2.2　电离层 TEC 估值为负的处理策略

实际上,电离层 VTEC 在任意时刻任意位置均不可能为负值,然而,全球电离层 TEC 格网在南半球的高纬度地区经常会出现负值(在电离层 TEC 格网中被赋值为零),图 10.6 所示为 CODE 发布的 2006 年和 2008 年 7 月 1 日 06:00:00 全球电离层 TEC 格网,其中,白色空白区域即为电离层格网 TEC 为零的区域。产生上述问题的原因主要是南半球海洋区域较大,地面基准站分布较少且不均匀,从而导致南半球高纬度地区观测数据明显减少。此外,在每年的 7~8 月份正逢南极地区极夜,太阳辐射明显变弱使得电离层 TEC 相对较小。上述因素综合使得整体拟合得到的全球球谐函数电离层 TEC 模型在该区域会出现负值。针对此,Zhang 和 Xu 等提出了一种基于不等式约束的全球电离层 TEC 建模方法[14]。

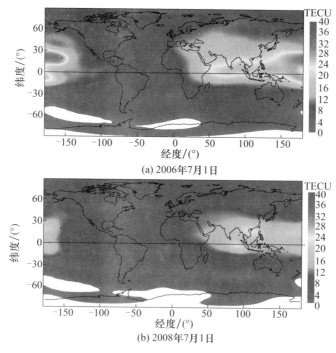

(a) 2006年7月1日

(b) 2008年7月1日

图 10.6　CODE 发布的 2006 年与 2008 年 7 月 1 日
全球电离层 TEC 格网产品(UTC 06:00:00)(见彩图)

为了有效地解决全球电离层 TEC 建模时出现负值的问题,基于"选权拟合"的思想,在电离层 TEC 为负值区域内引入虚拟电离层观测量,重新构造全球球谐函数电离层 TEC 模型的观测方程,并根据计算结果自适应地调整虚拟电离层观测量的权,最终找到全球球谐函数电离层 TEC 模型系数的最优解,具体实施步骤如下:

(1) 在不施加虚拟电离层观测量的情况下,基于最小二乘求解全球球谐函数电离层 TEC 模型的系数 $\tilde{A}_{nm}$、$\tilde{B}_{nm}$,并保留法方程矩阵。

(2) 将全球按照经纬度划分成为 5°(纬度)×10°(经度)的格网,分别基于解算得到的 $\tilde{A}_{nm}$、$\tilde{B}_{nm}$ 计算各格网点处的电离层 VTEC,记录电离层 VTEC 为负值的格网点。

(3) 按照式(10.2)构造第(2)步中电离层 VTEC 为负的格网点上的虚拟电离层观测量。

$$L'_i = \text{VTEC}(\phi_i, \lambda_i), \qquad P_i \qquad\qquad (10.2)$$

式中:ϕ_i、λ_i 分别为第 i 个电离层 VTEC 为负的格网点在日固地磁坐标系下的纬度和经度;L'_i 为构造的该格网点处的电离层 VTEC 虚拟观测量;P_i 为该虚拟观测量对应的权,权的大小可根据虚拟观测量的概略精度确定。虚拟观测量通常可采用经验的电离层模型计算得到的,这里采用对应时刻全球电离层 VTEC 的平均值,即全球球谐函数电离层 TEC 模型的第一个系数,其权为 0.1。

(4) 将第(3)步中构造的虚拟电离层观测量添加至第(1)步中记录的法方程中,重新解算全球球谐函数电离层 TEC 模型系数 $\tilde{A}_{nm}$、$\tilde{B}_{nm}$,并按第(2)步中的方法对各格网点处的电离层 VTEC 进行检查,并记录电离层 VTEC 为负的格网点。

(5) 对于电离层 VTEC 第一次为负的格网点按第(3)步中的方法构造虚拟电离层观测量;对于增加虚拟电离层观测量之后,电离层 VTEC 仍为负的格网点,将虚拟电离层观测量的权增加 0.1。

(6) 将重新构造的虚拟电离层观测量添加至最新的法方程中,重新解算全球球谐函数电离层 TEC 模型的系数 $\tilde{A}_{nm}$、$\tilde{B}_{nm}$,并按第(2)步中的方法对各格网点电离层 VTEC 值进行检查,对电离层 VTEC 值为负的格网点按第(5)步中的方法进行处理,重新解算全球球谐函数电离层 TEC 模型系数;对于虚拟电离层观测量的权增加至 0.5 后,电离层 VTEC 仍为负的格网点将不再对其进行检查。

(7) 重复步骤(2)~(6),直至所有检查的格网点电离层 VTEC 均为正,输出最终得到的全球球谐函数电离层 TEC 模型系数。

图 10.7 分别给出了基于全球分布的 GNSS 基准站实测数据,计算 2006 年 7 月 1 日 06:00:00(UTC)全球电离层 TEC 格网在施加虚拟电离层观测量前后的变化。其中,图 10.7(a)给出的是施加虚拟电离层观测量之前的结果,在南半球的海洋地区以及南极夜晚地区出现电离层 VTEC 为负值的情况,即图中的空白区域;对比图 10.6 (a)中 CODE 给出的相同时刻全球电离层 VTEC 分布图,这里计算得到的全球电离层 TEC 在北太平洋北部、北大西洋中部以及印度洋中部均有负值出现,该差异主要是由于这里计算与 CODE 采用的基准站不一致造成的。图 10.7(b)给出了施加虚拟电

离层观测量后得到的对应时刻全球电离层 VTEC 分布,图 10.7(a)中的空白区域不再有电离层 VTEC 为负值,且施加虚拟电离层观测量后,原来空白区域内的电离层 VTEC 基本在 4TECU 左右。

图 10.8 所示为全球电离层 TEC 在施加虚拟电离层观测量前后的差异,变化幅度在 3.0TECU 及以上的区域基本都是电离层 VTEC 为负值的区域,其他地区(包括电离层峰值出现的区域)电离层 TEC 的变化基本控制在 ±1TECU 之间,这说明通过上述施加虚拟电离层观测量的方法对其他非零区域的电离层 VTEC 计算影响很小。

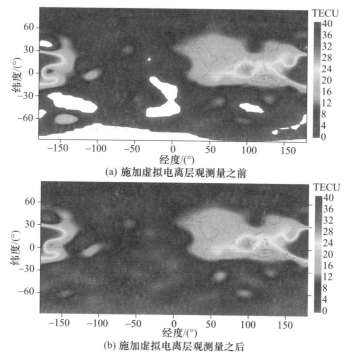

(a) 施加虚拟电离层观测量之前

(b) 施加虚拟电离层观测量之后

图 10.7　施加虚拟电离层观测量前后全球电离层 VTEC
分布对比(2006 年 7 月 1 日 UTC 06:00:00)(见彩图)

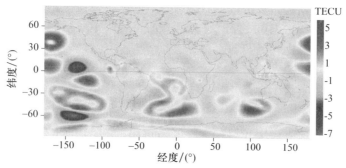

图 10.8　施加虚拟电离层观测量前后全球电离层 VTEC 之间差异的
分布(2006 年 7 月 1 日 UTC 06:00:00)(见彩图)

总体上,施加虚拟电离层观测量后的全球球谐函数电离层 TEC 模型相对于原模型能够有效地避免部分区域电离层计算为负值与实际不相符的情况出现。同时,施加虚拟电离层观测量后对原有非负电离层 TEC 计算的影响很小,基本可忽略不计。从与实际电离层 TEC 变化相符合的角度上看,施加虚拟电离层观测量后的全球球谐函数电离层 TEC 模型要优于原有的电离层 TEC 模型。

需要特别说明的是,电离层计算为负值的情况通常出现在太阳活动低年,特别是在南半球的冬季(5~9月份),在太阳活动高年由于电离层 TEC 自身量级较大,基本不会出现负值,不需要施加上述的虚拟电离层观测量。

10.2.3　基于站际分区法计算格网点电离层 VTEC

IGS 定义的全球电离层 TEC 格网给出了各格网点处的电离层 VTEC 及其方差。本节在全球球谐函数电离层 TEC 模型及各基准站广义三角级数电离层 TEC 模型的基础上,借鉴"站际分区法"的基本思想[4,10-11],按式(10.3)所示的方法,给出各格网点处的电离层 VTEC 及其方差,生成 IONEX 的电离层 TEC 格网。

$$
E_i = \begin{cases} \text{VTEC}_{g,i} & M = 0 \\ \dfrac{\sum\limits_{m=1}^{M} P_m \cdot \text{VTEC}_{s,i,m}}{\sum\limits_{m=1}^{M} P_m} & M \neq 0 \end{cases}, \qquad \sigma_i = \begin{cases} \sigma_{g,i} & M = 0 \\ \sqrt{\dfrac{\sum\limits_{m=1}^{M} P_m \cdot \sigma_{s,i,m}^2}{\sum\limits_{m=1}^{M} P_m}} & M \neq 0 \end{cases} \qquad (10.3)
$$

式中:E_i,σ_i 分别为第 i 个格网点处的电离层 VTEC 及其方差;$\text{VTEC}_{g,i}$,$\sigma_{g,i}$ 分别为基于全球球谐函数电离层 TEC 模型计算得到的第 i 个格网点处电离层 VTEC 及其方差;M 为满足第 i 个格网点到基准站的高度角大于30°的基准站个数;$\text{VTEC}_{s,i,m}$,$\sigma_{s,i,m}$ 分别为基于第 m 个满足上述条件的基准站上广义三角级数函数电离层 TEC 模型计算得到的第 i 个格网点处电离层 VTEC 及其方差;P_m 为 $\text{VTEC}_{s,i,m}$ 对应的权,由式(10.4)计算得到。

$$
P_m = \frac{1}{\sigma_{0,m}^2 \cdot \left[\cos^2(\text{elev}_{i,m}) + 1 \right]} \qquad (10.4)
$$

式中:$\sigma_{0,m}$ 为第 m 个基准站上广义三角级数函数电离层 TEC 模型的单位权中误差;$\text{elev}_{i,m}$ 为第 i 个格网点到第 m 个基准站的高度角。

对于特定局部地区,局部电离层 TEC 模型的精度通常要优于全球电离层 TEC 模型的精度,因此,上述计算格网点电离层 VTEC 的方法,一方面,有效地利用了高精度的局部电离层 TEC 模型,尽可能精确地反映出局部电离层 TEC 变化的细节,另一方面,结合全球电离层 TEC 模型有效地给出具有相当精度的未观测区域内电离层 VTEC,从而使得最终得到的电离层 TEC 格网既提高了实际观测区域内电离层 TEC 的精度,同时也使得外推无观测区域内的电离层 TEC 更加合理。

上述全球电离层 TEC 格网建立中综合利用了球谐函数与广义三角级数函数在电离层 TEC 建模中的优势,因此,称为"SHPTS"[6-7]。

10.2.4 SHPTS 方法的特点

在充分顾及 BDS 建设与应用特点的基础上建立的 SHPTS 的技术特点主要体现在以下几个方面：

（1）基于 IGGDCB 方法精确确定 GNSS 卫星差分码偏差参数，有效顾及了 BDS 监测站布设以"境内为主，境外为辅"及不同轨道高度卫星差分码偏差参数稳定性不一致的特点，提高了相关参数估计的精度和可靠性。

（2）基于 F 检验实现广义三角级数函数组成项的自适应选择，有效地实现了不同电离层活动水平，不同区域的局部电离层 TEC 合理精确建模，有助于进一步提高相应基准站覆盖区域内格网点电离层 TEC 估计精度。

（3）基于"拟合推估"的思想，采用施加虚拟电离层观测量的方法，充分顾及电离层所特有的物理特性，有效地解决了全球电离层 TEC 建模中出现负值的问题，使得全球球谐函数电离层 TEC 模型与实际更为相符。

（4）基于"站际分区"的思想，融合局部与全球电离层 TEC 模型，在合理保障全球无观测数据覆盖区域（如海洋上空）格网点电离层 TEC 有效估计的同时，显著提高了有观测数据覆盖区域（如陆地上空）格网点电离层 TEC 的精度与可靠性。

10.3 SHPTS 方法建立全球电离层 TEC 格网的数据处理流程

为实现全球电离层 TEC 格网的批处理，设计了图 10.9 所示的数据处理流程，研制了 GNSS 电离层数据处理与分析软件 BOSMART，用以完成日常电离层 TEC 格网以及卫星和接收机差分码偏差的处理任务。整个数据处理过程共包括三部分：

（1）外部数据的下载与完整性检查。软件启动，第一项任务是登录远程 ftp 服务器完成当天全球电离层 TEC 格网计算所需外部数据的下载，并将其存储到本地服务器上。所下载的外部数据主要包括各基准站的 RINEX 观测数据文件以及 IGS 发布的精密星历文件，其中，差分码偏差参数以及基准站坐标数据定期下载更新。如果远程服务器登录失败或外部数据下载失败，则报警提示软件终止当天计算；若成功，则软件自动创建当天数据处理工程及产品存储目录，将下载的外部数据全部解压缩至工程目录下，并完成数据的完整性检查。通过完整性检查的数据则可进入日常的批处理程序。

（2）全球电离层 TEC 格网及卫星和接收机差分码偏差的批处理。第一步，逐个完成基准站观测数据的预处理（包括周跳与粗差的探测及相位平滑伪距）。第二步，提取各基准站各卫星视线方向上的电离层 TEC 观测信息（包含卫星和接收机差分码偏差），基于电离层薄层假设，计算各卫星视线电离层交叉点的位置，形成软件统一的电离层观测数据文件。第三步，基于所有基准站电离层观测数据，按照第 4 章给出的"两步法"IGGDCB，计算各卫星和接收机差分码偏差（DCB）参数，同时输出各基准站上空广义三角级数电离层 TEC 模型。第四步,将计算得到的卫星和接收机差分码偏差作为已知值,修正各个基准站各卫星视线方向上的 TEC 观测信息,得到"干净"的绝对电离层 TEC。基于此,采用"3 天开窗"的模式建立全球球谐函数电离层 TEC 模型。第五步,基于全球球谐函数电离层 TEC 模型以及各基准站上广义三角级数电离层 TEC 模型,按照 10.2.3 节给出的方法计算各格网点处电离层 VTEC 及其方差,结合卫星和接收机差分码偏差参数,形成 IONEX 的电离层 TEC 格网,最后将电离层 TEC 格网及部分中间结果保存至本地服务器对应的产品目录。

（3）产品的完整性确认。产品的完整性检查程序主要负责确认当天的电离层 TEC 格网及其中间结果是否完整。每天产品目录中以文件形式保存的结果主要包括:全球球谐函数电离层 TEC 模型、基准站广义三角级数电离层 TEC 模型、卫星和接收机差分码偏差、IONEX 的电离层 TEC 格网、批处理日志文件。产品完整性确认完成之后,形成批处理日志报告。

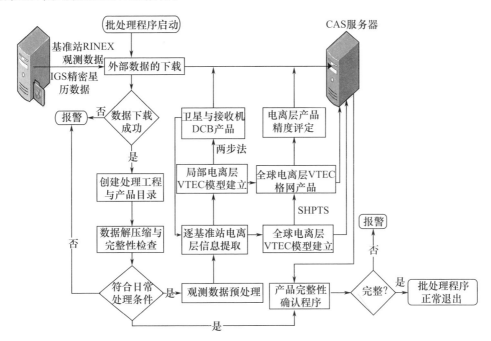

图 10.9　全球电离层 TEC 格网及卫星和接收机差分码偏差数据处理流程

10.4　全球电离层 TEC 格网精度与可靠性分析

基于 2001 年 1 月 1 日至 2011 年 12 月 31 日全球分布的 GNSS 基准站观测数据,按照本章有关全球电离层 TEC 格网计算的方法与流程,利用 GIPAS 软件自动处理得到每天的全球电离层 TEC 格网及卫星和接收机差分码偏差参数。

图 10.10 所示为数据处理期间本节与 CODE 所采用的 GNSS 基准站个数,可以

看到,本节所采用的基准站个数自 2001 年的 130 个左右持续增加至 2011 年的 220 个左右,而 CODE 所采用的基准站个数自 2011 年的 150 个左右增加至 2011 年的 280 个左右,二者差异主要是由于 CODE 所采用的部分基准站数据在 CDDIS 服务器上尚未下载到。本节所采用的基准站个数略低于 CODE 所采用的基准站个数。图 10.11 所示为这里所采用的基准站在 2001 年与 2011 年时的全球分布情况,其中,不同年份的基准站用不同的符号进行了标识。

本节将通过与国际 IGS 各电离层分析中心发布的电离层 TEC 格网进行对比,并利用测高卫星及 DORIS 电离层观测数据,系统分析基于 SHPTS 方法得到的全球电离层 TEC 格网的精度和可靠性,同时,对电离层 TEC 格网计算过程中得到的卫星和接收机差分码偏差精度进行分析。

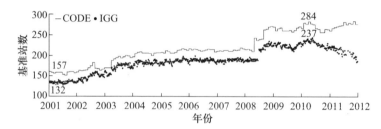

图 10.10   全球电离层 TEC 格网处理所采用的 GNSS 基准站数目

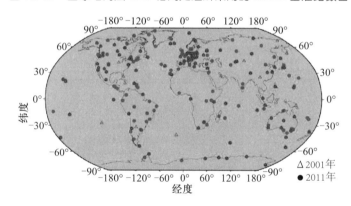

图 10.11   2001 年与 2011 年所采用基准站分布示意图

10.4.1   卫星和接收机差分码偏差精度分析

卫星和接收机差分码偏差作为全球电离层 TEC 格网的中间结果,在一定程度上可反映电离层 TEC 格网解算的精度和可靠性。在电离层 TEC 格网计算中,仍采用 IGGDCB 方法确定卫星和接收机差分码偏差,但是选用了全球分布的大量基准站,而非采用少量基准站。

IGS 各电离层分析中心在计算电离层 TEC 格网的同时,也估计了卫星和接收机的差分码偏差。本节基于 IGGDCB 方法所给出的卫星和接收机差分码偏差采用了自适应的"拟稳"基准,与各分析中心的基准不同。另外,尽管 CODE、JPL、ESA 及 UPC 采用了"零均值"基准实现卫星和接收机差分码偏差的分离,但是,由于各分析中心计算所采用的卫星数目不一定相同,从而造成不同分析中心卫星差分码偏差估值的基准也不尽相同。因此,必须将各分析中心的差分码偏差参数转换至同一参考基准下才可进行比较分析。选用 2001 年 1 月 1 日至 2011 年 12 月 31 日期间一直正常工作的部分卫星差分码偏差构成新的"零均值"基准,如式(10.5)所示,作为比较的参考基准,其他各分析中心差分码偏差参数均先转换到该参考基准下,再进行对比。图 10.12 所示为不同电离层分析中心以及本节计算得到的 GPS 卫星 G01、G03、G08 与 G15 差分码偏差估值的时间序列,其中,"IGG"表示采用本节提出的方法计算得到的卫星差分码偏差估值,其他图表中"IGG"的含义与此相同,不再另行说明。总体上,转换至相同参考基准后,各分析中心(包括本书提出的方法,下同)得到的同一时段内同一卫星差分码偏差估值基本相同,部分卫星的差分码偏差估值在更替卫星前后会出现跳变。

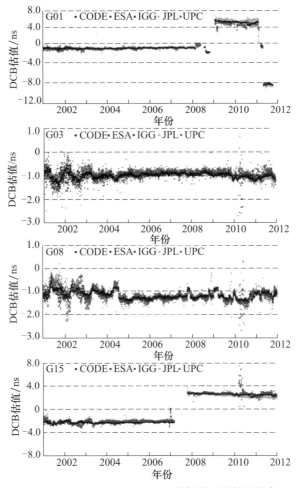

图 10.12　不同分析中心 G01、G03、G08、G15 卫星差分码偏差估值变化对比图(见彩图)

$$DCB^3 + DCB^8 + DCB^{10} + DCB^{13} + DCB^{20} = 0 \qquad (10.5)$$

以 CODE 发布的卫星差分码偏差估值作为参考,计算其他各分析中心卫星差分码偏差估值与其差异,得到该差异在 2001 年 1 月 1 日至 2011 年 12 月 31 日期间的时间序列,如图 10.13 所示,给出了 G01、G03、G08 与 G15 共 4 颗卫星的时间序列。为了便于比较,图 10.13 纵坐标的范围设置为 [−1.0,1.0],单位为 ns,对于超出设置范围的差异均分别强制设为 −1.0ns 与 1.0ns。可以看到,不同方法得到的卫星差分码偏差与 CODE 发布值之间的差异呈现出明显的年周期变化特点,这主要由于卫星差分码偏差估计与全球/区域电离层 TEC 建模是同步进行的,而电离层 TEC 活动存在着明显的周期特点;同时,上述差异的幅度在太阳活动高年(2001—2003 年)要大于太阳活动低年(2006—2008 年);周东旭等[15]对接收机差分码偏差估值变化规律的研究中也得到了相似的结论。总体上,ESA、UPC 与 CODE 之间的差异较 JPL、IGG 与 CODE 之间的差异要略大一些,IGG(本书方法)得到的卫星差分码偏差估值与 CODE 之间的差异更小一些,且变化比较稳定。另外,从时间序列上看,G01 卫星

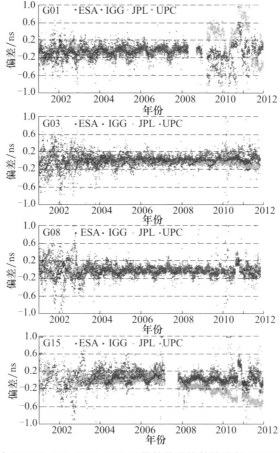

图 10.13　不同分析中心 G01、G03、G08、G15 卫星差分码偏差估值与 CODE 发布值对比(见彩图)

在 2008 年后半年与 2009 年上半年两次更换卫星之后,不同分析中心计算得到的结果差异较大。有研究表明,更换之后 G01 卫星发射的信号及其质量存在一定问题[16],上述差异很可能与该卫星观测数据的质量有直接关系。JPL 发布的 G15 卫星差分码偏差估值,相对于 CODE 发布值在 2008 年以后明显变小,具体原因尚须进一步分析。图 10.13 中还显示,被选作参考基准的卫星(G03、G08)较其他卫星(G01、G15)的差分码偏差估值更加稳定,其变化幅度也相对较小,这十分有利于卫星差分码偏差长时间序列的分析。

按太阳活动水平,将 2001—2011 年分为 4 个时段:2001—2003、2010—2011、2004—2006、2007—2009,计算各时段内不同分析中心卫星差分码偏差估值相对于 CODE 发布值的均方根,作为各分析中心卫星差分码偏差估值相对于 CODE 的精度,如图 10.14 所示。总体上,各分析中心的卫星差分码偏差产品精度在太阳活动低年均要优于太阳活动高年。IGG 卫星差分码偏差估值的精度在各太阳活动水平下均要

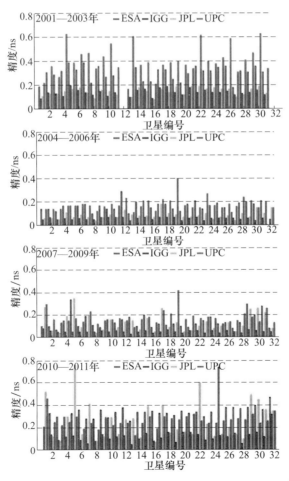

图 10.14　不同分析中心卫星差分码偏差估值相对于 CODE 估值的精度统计(见彩图)

明显优于 ESA 与 UPC；JPL 卫星差分码偏差估值的精度在2007—2011 年明显降低，甚至在 2010—2011 年略低于 ESA，对比 JPL 卫星差分码偏差估值（图 10.12）及其与 CODE 估值之差的时间序列，2008 年以后二者之差显著变大。图 10.15 所示为不同分析中心差分码偏差估值朒稳定度的统计结果。

可以看出，ESA、IGG、JPL 与 UPC 计算得到的卫星差分码偏差估值精度在太阳活动高年（2001—2003、2010—2011）分别优于 0.40ns、0.15ns、0.30ns、0.40ns，在太阳活动低年（2004—2006、2007—2009）分别优于 0.20ns、0.10ns、0.15ns、0.20ns。需要特别说明的是，上述给出的精度指标是以 CODE 发布的卫星差分码偏差参数为真值计算得到的，通常认为 CODE 发布的卫星差分码偏差估值精度优于 0.10ns。因此，总体上可认为 IGG、JPL 与 CODE 的卫星差分码偏差估值精度基本相当，均优于 ESA 与 UPC。

卫星差分码偏差通常在一个时段内（如 1 个月）被认为是稳定不变的，正是基于此，CODE 发布了卫星差分码偏差的月平均值供用户使用。卫星差分码偏差估值在一个月内的稳定性，也可近似认为是卫星差分码偏差估值的精度[17]。图 10.15 所示为不同分析中心在 2001—2011 年期间各卫星差分码偏差稳定性指标的平均值，可以看到，CODE、JPL、IGG 不同卫星差分码偏差估值的稳定性均优于 0.08ns，其幅度基本相当；ESA 与 UPC 卫星差分码偏差估值在一个月内的稳定性约为 0.15ns，最差可达 0.20ns，明显低于 CODE、JPL、IGG 卫星差分码偏差估值的精度，与图 10.14 及表 10.2 给出的结果基本吻合。

表 10.2　不同分析中心卫星差分码偏差估值相对于
CODE 发布值的精度统计表　　　　（单位：ns）

分析中心	2001—2003	2004—2006	2007—2009	2010—2011
ESA	0.30	0.17	0.14	0.35
IGG	0.14	0.06	0.05	0.12
JPL	0.15	0.09	0.13	0.26
UPC	0.40	0.18	0.18	0.26

除卫星差分码偏差之外，参与全球电离层 TEC 格网计算的基准站接收机差分码偏差也被同步估计。但是，由于接收机差分码偏差参数在电离层 TEC 建模的观测方程中仅与其对应接收机观测值相关，与其他接收机观测值不相关。因此，接收机差分码偏差估值的精度要明显低于卫星差分码偏差估值。限于篇幅，下面仅给出 ONSA 与 CHAT 两个 IGS 基准站接收机差分码偏差估值变化的时间序列，如图 10.16 所示。与卫星差分码偏差估值比较时类似，接收机差分码偏差估值也分别统一到式（10.5）所示的参考基准下。

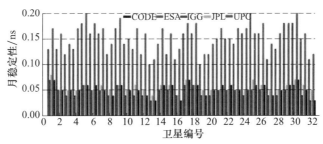

图 10.15　不同分析中心卫星差分码偏差估值月内稳定性统计对比

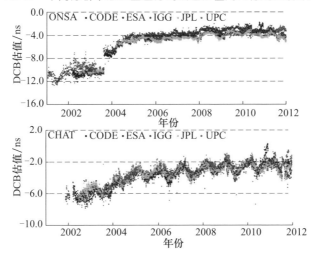

图 10.16　IGS 基准站接收机差分码偏差估值时间序列图（见彩图）

可以看到，接收机差分码偏差估值的变化幅度（1.0 ~ 2.0ns）要明显大于卫星差分码偏差估值的变化幅度（0.1 ~ 0.2ns）。特别是，与电离层活动相关的年变化周期在 CHAT 基准站上表现尤为突出。如前所述，接收机差分码偏差估值仅与其本身基准站观测数据有关，受接收机所处局部地区电离层活动水平影响较大。将全球用于电离层 TEC 格网计算的接收机按所处位置的地理纬度进行划分，以 CODE 发布的接收机差分码偏差估值作为参考，给出其他各分析中心接收机差分码偏差在2001—2011 年期间的统计精度，见图 10.17 和表 10.3。由于以 CODE 发布的接收机

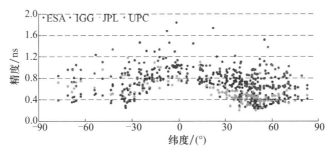

图 10.17　不同分析中心接收机差分码偏差估值精度对比（见彩图）

差分码偏差估值作为参考,因此,只能统计各分析中心采用的与 CODE 相同的基准站上接收机差分码偏差估值,从而使得不同分析中心统计的接收机差分码偏差个数不相同。表 10.3 中精度统计值后的括弧中列出了对应纬度带内接收机的个数。

表 10.3　不同分析中心接收机差分码偏差
估值分纬度带精度统计　　　　　　（单位:ns）

纬度带	ESA	IGG	JPL	UPC
90°S~40°S	0.77(13)	0.40(15)	0.61(11)	0.86(8)
30°S~15°S	0.90(28)	0.53(43)	0.65(22)	0.74(13)
15°S~15°N	0.98(30)	0.90(30)	0.80(16)	0.78(9)
15°N~40°N	0.80(39)	0.65(53)	0.44(38)	0.71(13)
40°N~90°N	0.71(73)	0.36(101)	0.38(73)	0.72(34)

接收机差分码偏差在电离层活动相对平静的中纬度地区精度最高,在电离层活动剧烈的低纬地区,特别是在赤道两侧,精度较低。在中纬度地区,ESA、IGG、JPL、UPC 接收机差分码偏差估值的精度分别优于 0.80ns、0.65ns、0.65ns、0.75ns;在低纬地区,分别优于 1.00ns、0.90ns、0.80ns、0.90ns;总体上,IGG 与 JPL 接收机差分码偏差估值的精度基本相当,ESA 与 UPC 相对较差,与各分析中心估计得到的卫星差分码偏差估值精度的优劣关系相同。

综上分析,基于 IGGDCB 方法得到的卫星和接收机差分码偏差在近一个太阳活动周期内的精度分别优于 0.15ns、1.0ns,与 CODE、JPL 发布的相应产品精度基本相当,优于 ESA、UPC 发布相应产品的精度。

10.4.2　与 IGS 电离层 TEC 格网一致性比较

本节将分析本章方法计算得到的电离层 TEC 格网与 IGS 各电离层分析中心电离层 TEC 格网之间的一致性。由于本章与 CODE 及 ESA 的电离层 TEC 格网计算方法中采用的核心函数都是球谐函数,而 JPL 采用了离散的三角格网的方法,因此,选用 JPL 发布的产品中作为参考,计算其他各分析中心产品与其之间的差异用于分析不同分析中心产品之间的一致性。考虑到电离层活动与纬度之间的关系,将南北半球分别按照地理纬度 0°~30°、30°~60°、60°~90°分为低、中、高 3 个纬度带,统计不同纬度带内各分析中心电离层 TEC 格网与 JPL 电离层 TEC 格网之间差异的平均值及标准差,如图 10.18 和图 10.19 所示。其中,自上而下依次为低纬度带、中纬度带、高纬度带的结果。方便起见,统一了不同纬度带内平均值及标准差对比图中的纵坐标范围。

整体而言,各分析中心电离层 TEC 格网与 JPL 电离层 TEC 格网之间差异的平均值为 -2.0~-3.0TECU,这说明 JPL 电离层 TEC 格网较其他各分析中心电离层 TEC 格网相对偏大一些;标准差在太阳活动高年(2001—2003 年)为 5.0~7.0TECU,在太阳活动低年(2007~2010 年)为 2.0~4.0TECU,并且表现出明显的年周期变化特性。

ESA 电离层 TEC 格网与 JPL 发布电离层 TEC 格网之间的差异,如图中红点所示,在 2005 年 10 月以后明显缩小,这主要得益于 ESA 提高了其采用的全球球谐函数的阶次,从而提高了电离层 TEC 格网的精度与可靠性。

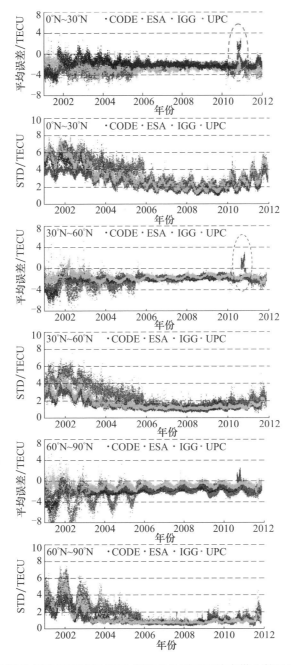

图 10.18　不同分析中心电离层 TEC 格网北半球不同纬度带内差异对比(见彩图)

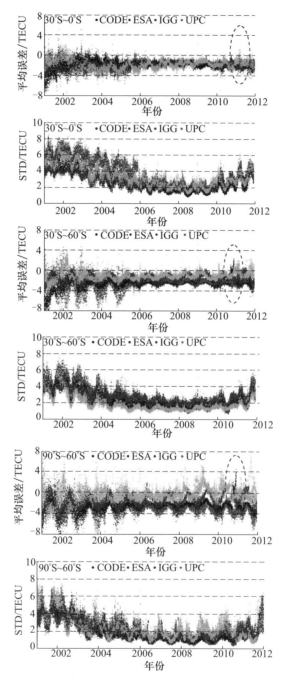

图 10.19　不同分析中心电离层 TEC 格网南半球不同纬度带内差异对比

对比不同纬度带内的差异,可以发现,无论是在南半球还是北半球,中纬度地区不同电离层 TEC 格网之间的吻合程度要明显优于低纬度带与高纬度带地区。在2001—2006 年期间,IGG、CODE 与 JPL 所给出的电离层 TEC 格网之间的一致性要优于 ESA、UPC。从时间上看,各分析中心的电离层 TEC 格网之间的吻合程度在 2006 年以后要明显优于 2006 年以前。这一方面是由于电离层活动处于低年,各种电离层 TEC 格网计算方法之间的差异变小;另一方面,由于 UPC 与 ESA 改进了全球电离层 TEC 格网建立的方法[18],并且所采用的基准站数量也在不断地增加。在南半球低纬地区,IGG 电离层 TEC 格网与 JPL 电离层 TEC 格网之间的差异较 CODE 有所减小,这主要是由于 SHPTS 在计算全球球谐函数电离层 TEC 模型中增加了不等式约束,从而使得 IGG 电离层 TEC 格网基于全球球谐函数电离层 TEC 模型给出的电离层 VTEC 较 CODE 略微偏大。2010 年下半年,CODE、IGG 电离层 TEC 格网与 JPL 电离层 TEC 格网之间差异的平均值在不同纬度带内均发生较大的抖动(其幅度在北半球达 2 ~ 3TECU,在南半球为 1 ~ 2TECU,图中用虚线椭圆标出),CODE 与 IGG 均采用球谐函数模型建立全球电离层 TEC 模型,产生上述抖动很可能是由于模型与基准站之间的不匹配,具体原因尚须进一步确认。

为了定量地分析不同电离层 TEC 格网与 JPL 电离层 TEC 格网之间的差异,按照太阳活动水平的不同,将 2001—2011 年分为 4 个时段:2001—2003 年、2004—2006 年、2007—2009 年、2010—2011 年,统计各时段内不同分析中心电离层 TEC 格网与 JPL 电离层 TEC 格网差异的平均值与标准值,如表 10.4 所列,其中,","之前的数字表示平均值,","之后的数字表示标准差。可以看到,所有其他分析中心电离层 TEC 格网与 JPL 电离层 TEC 格网之间差异的平均值均为负值,并且该平均值随时间逐渐缩小:在 2001—2003 年期间,最大可达 - 3.7TECU(CODE)、最小为 - 1.5TECU(UPC);在 2010—2011 年最大为 - 2.5TECU(ESA),最小为 - 0.8TECU(UPC),除 ESA 外,其他均小于 - 2TECU;同时,该差异的标准差随时间也在不断缩小,不同电离层分析中心发布的电离层 TEC 格网逐渐趋于一致,这一方面与电离层本身的活动水平及电离层 TEC 绝对量大小有关,另一方面,随着全球 GNSS/GPS 基准站数量的增多,由不同方法带来的全球电离层 TEC 建模之间的差异逐渐缩小。另外,还可发现,同一时段内全球电离层 TEC 格网之间的差异在南半球要大于北半球,这主要是由于南半球布设的 GNSS/GPS 基准站要明显少于北半球,且南半球的陆地面积相对较少,绝大部分海洋地区上空均无法被有效观测。

表 10.4　不同分析中心电离层 TEC 格网与 JPL
电离层 TEC 格网差异统计　　　　　　　(单位:TECU)

时段	分析中心 区域	CODE	ESA	IGG	UPC
2001—2003 年	南半球	- 3.65,4.23	- 1.99,5.27	- 2.18,3.81	- 1.45,4.83
	北半球	- 3.39,3.48	- 3.21,5.02	- 2.91,3.07	- 1.41,4.42
2004—2006 年	南半球	- 2.19,2.76	- 2.57,4.21	- 1.76,2.80	- 1.38,2.88
	北半球	- 1.77,2.25	- 2.91,3.90	- 1.79,1.96	- 2.22,2.41

（续）

时段 \ 区域 \ 分析中心	CODE	ESA	IGG	UPC
2007—2009 年 南半球	− 2.24,1.54	− 2.19,2.00	− 1.48,2.02	− 1.23,1.88
2007—2009 年 北半球	− 1.58,0.86	− 1.18,0.69	− 1.69,1.26	− 1.78,1.43
2010—2011 年 南半球	− 1.67,1.66	− 2.50,2.19	− 1.40,2.39	− 0.76,2.10
2010—2011 年 北半球	− 1.45,1.45	− 2.08,1.90	− 1.54,1.57	− 1.69,1.57
平均 全球	− 2.24,2.28	− 2.33,3.15	− 1.84,2.36	− 1.49,2.69

总体上,以 JPL 电离层 TEC 格网为参考,其他不同分析中心提供的电离层 TEC 格网与其差异在一个太阳活动周期的平均值为 − 1.0 ~ − 4.0TECU,标准差为 1.5 ~ 4.5TECU,其对应的 RMS 为 6TECU。IGG 电离层 TEC 格网与 JPL 电离层 TEC 格网之间差异的平均值为 − 1.0 ~ − 3.0TECU,标准差为 1.0 ~ 4.0TECU,其对应的 RMS 为 5TECU。因此,可认为 IGG 电离层 TEC 格网与现有全球电离层 TEC 格网是基本一致的。

10.4.3 电离层 TEC 格网内符合精度分析

基于建立全球电离层 TEC 格网的 GNSS 数据可获得卫星视线方向上的原始电离层 TEC 观测信息,扣除卫星和接收机差分码偏差(包括频间偏差与频内偏差),基于电离层投影函数可将其转化成交叉点电离层 VTEC,同时,基于电离层 TEC 格网也可计算对应交叉点处的电离层 VTEC,统计二者之间的差异即可分析电离层 TEC 格网的内符合精度[6,19]。定义如式(10.6)所示的指标用于描述电离层 TEC 格网的内符合精度。

$$
\begin{cases}
\mathrm{Mean} = \dfrac{\sum\limits_{n=1}^{N}(\mathrm{TEC}_{m,n} - \mathrm{TEC}_{g,n}) \cdot \mathrm{MF}_n}{N} \\[3ex]
\mathrm{STD} = \sqrt{\dfrac{\sum\limits_{n=1}^{N}\left[(\mathrm{TEC}_{m,n} - \mathrm{TEC}_{g,n}) \cdot \mathrm{MF}_n - \mathrm{Mean}\right]^2}{N-1}} \\[3ex]
\mathrm{Precison} = \sqrt{\dfrac{\sum\limits_{n=1}^{N}\left[(\mathrm{TEC}_{m,n} - \mathrm{TEC}_{g,n}) \cdot \mathrm{MF}_n\right]^2}{N}}
\end{cases}
\tag{10.6}
$$

式中:Mean、STD、Precison 分别为电离层 TEC 格网与实测电离层 TEC 的平均偏差、标准差与内符合精度;$\mathrm{TEC}_{m,n}$、$\mathrm{TEC}_{g,n}$ 分别为基于电离层 TEC 格网及 GNSS 原始观测值计算的第 n 条卫星视线方向上的电离层 TEC;MF_n 为第 n 条卫星视线方向对应的电离层投影函数值;N 为一个测站在一天内有效的卫星视线总数。

由于 GNSS 基准站大部分布设在陆地上,因此,基于上述方法只能对大陆及近海

上空电离层 TEC 格网内符合精度进行评定。其中,卫星与接收机差分码偏差采用
CODE 发布值直接进行修正。同时,为了尽可能降低多路径效应及投影函数误差对
统计结果的影响,后续统计中卫星高度截止角取 25°。

　　图 10.20 所示为基于全球 4 个不同位置基准站观测数据对 CODE、ESA、IGG、JPL
与 UPC 电离层 TEC 格网内符合精度评定的结果,其中,(a)、(c)、(e)、(g)给出的是
平均偏差的时间序列,(b)、(d)、(f)、(h)给出的是标准差的时间序列。对比各分析
中心电离层 TEC 格网,可以发现,JPL 电离层 TEC 格网相对其他各分析中心的电离
层 TEC 格网的平均偏差要偏大,与 10.4.2 节中分析的各分析中心电离层 TEC 格网
之间的一致性对比结果相符。2006 年以前,ESA 电离层 TEC 格网无论是平均偏差还
是标准差都与实测电离层 TEC 具有较大差异,标准差最大可达 5.0 ~ 7.0TECU,其主
要原因是全球电离层建模所采用的球谐函数阶次较低。IGG 与 CODE 电离层 TEC 格
网在各基准站上与实测电离层 TEC 具有非常好的一致性;二者对比,IGG 电离层 TEC
格网的平均偏差基本在零附近,标准差在 1.0 – 2.0TECU 之间,CODE 电离层 TEC 格网
在电离层活动高年(2001—2003)的平均偏差要略大于 IGG 电离层 TEC 格网。

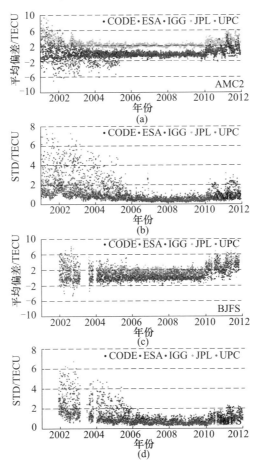

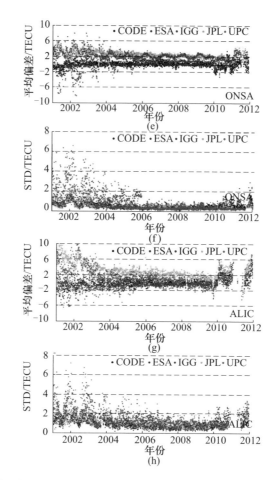

图 10.20 部分典型基准站上不同分析中心电离层 TEC 格网的内符合精度统计(见彩图)

在空间域上,按照基准站所处的地理纬度进行分组,自南纬 75°到北纬 75°共分为 9 个纬度带;统计每个纬度带内不同电离层 TEC 格网在各基准站上内符合精度(RMS),如图 10.21 所示。可以看到,IGG 电离层 TEC 格网内符合精度最高,并且因电离层"赤道异常"导致赤道两侧的驼峰效应在内符合精度统计中也得到了很好的

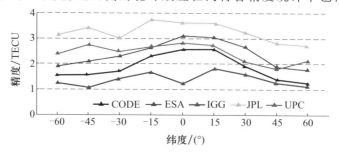

图 10.21 各分析中心电离层 TEC 格网在不同纬度带的内符合精度对比(见彩图)

体现。CODE 电离层 TEC 格网内符合精度是目前 IGS 电离层分析中心中最好的,仅次于 IGG 电离层 TEC 格网;JPL 电离层 TEC 格网内符合精度最差,其原因可能是由于计算基准站电离层 TEC 时采用 CODE 发布的卫星和接收机差分码偏差估值,而该差分码偏差估值与 JPL 发布的差分码偏差估值在 2008 年以后存在较大差异;ESA 与 UPC 电离层 TEC 格网的内符合精度基本相当。

在时间域上,按照太阳活动水平将 2001—2011 年分为 4 个时段:2001—2003、2004—2006、2007—2009、2010—2011,统计不同时段内各分析中心电离层 TEC 格网在南北半球的 RMS,如表 10.5 所列。可以看到,IGG 电离层 TEC 格网的内符合精度为 1.0 ~ 2.5TECU;CODE 电离层 TEC 格网的内符合精度为 1.0 ~ 3.0TECU;ESA 与 UPC 电离层 TEC 格网的内符合精度为 1.5 ~ 3.5TECU;JPL 电离层 TEC 格网的内符合精度为 2.5 ~ 4.0TECU。相对而言,IGG 电离层 TEC 格网的内符合精度最高,这主要是由于 SHPTS 方法中采用的基准站局部电离层 TEC 模型有效地保留了局部电离层 TEC 变化特性,使得其与实测电离层 TEC 具有较好的一致性。

表 10.5　各分析中心电离层 TEC 格网内符合精度统计　（单位:TECU）

日期	分析中心 / 半球	CODE	ESA	IGG	JPL	UPC
2001—2003	南半球	2.32	3.30	1.51	3.95	3.49
	北半球	1.88	3.32	1.50	3.63	2.94
2004—2006	南半球	1.56	2.26	1.18	3.04	2.25
	北半球	1.22	1.91	1.08	2.57	1.64
2007—2009	南半球	1.17	1.62	0.96	2.66	1.99
	北半球	1.04	1.33	0.95	2.31	1.46
2010—2011	南半球	3.03	3.05	2.31	4.08	3.38
	北半球	2.53	2.26	2.02	3.70	2.43
平均	全球	1.84	2.38	1.44	3.24	2.45

10.4.4　电离层 TEC 格网外符合精度分析

GNSS 基准站观测数据只能用来评估电离层 TEC 格网在大陆上空地区的内符合精度,本节将基于 TOPEX/Poseidon 测高卫星以及全球 DORIS 观测网络提供的电离层 TEC 数据对本章方法得到的电离层 TEC 格网外符合精度进行分析,同时,与 IGS 不同电离层分析中心发布的电离层 TEC 格网的外符合精度进行对比。

10.4.4.1　TOPEX/Poseidon 与 DORIS 电离层 TEC 数据

"海神"号测高卫星 TOPEX/Poseidon,通过星载的双频信号发射器发送频率分别为 5.3GHz 与 13.6GHz 的无线电信号,经过海平面反射即可测量卫星发射天线相位中心至海平面反射点的高度。由于电离层的弥散特性,双频的发射信号可以直接用来反演信号传播路径上的电离层 TEC。由于 TOPEX/Poseidon 卫星信号是经海洋表面反射的,其主要测量海洋上空电离层 VTEC。图 10.22 所示为 2001 年 1 月 11—13 日连续 3 天 TOPEX/Poseidon 卫星电离层交叉点轨迹分布。可以看到,TOPEX/Poseidon 测高卫星测量得到的电离层交叉点基本均匀覆盖纬度 ±60°范围内的海洋上空。GNSS 电离层 TEC 格网中海洋上空的电离层 VTEC 是通过外推方法得到的,因此,TOPEX/Poseidon 卫星提供的海洋上空的电离层观测数据非常有利于分析电离层 TEC 格网及其计算方法在海洋区域的外推能力。

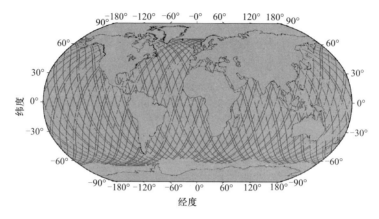

图 10.22　TOPEX/Poseidon 测高卫星 2001 年 1 月 11—13 日电离层交叉点轨迹图

DORIS 地面参考站发射双频(2036.25MHz 与 401.25MHz)无线电信号,星载接收机通过接收与测量多普勒观测量并将其下传至地面用户站,实现卫星轨道的精确计算。地面参考站发射的双频无线电信号可用来测量地面站至卫星接收机端之间的电离层 TEC。由于 DORIS 测量的是多普勒观测量,其只能给出相邻历元之间电离层 TEC 的变化与信号传播路径上电离层 TEC 之间的关系[6]:

$$dI_{doris} = A \cdot (STEC_b - STEC_e) = A \cdot (F_{ipp,b} \cdot VTEC_b - F_{ipp,e} \cdot VTEC_e) \quad (10.7)$$

式中:dI_{doris} 表示恢复为标准采样率的 DORIS 电离层观测量;$STEC_b$、$STEC_e$ 分别为连续采样观测起始与终止时刻信号传播路径上的电离层 TEC;$F_{ipp,b}$、$VTEC_b$、$F_{ipp,e}$、$VTEC_e$ 分别为上述观测起始与终止时刻对应的投影函数值及其交叉点的电离层 VTEC;A 为与信号频率相关的常量,用于电离层 TEC 单位(TECU)与距离单位(m)之间的转换。

DORIS 在全球范围内正常工作的参考站有 150 个左右,现有的多个低轨卫星上也都安装有 DORIS 的转发器,因此,DORIS 电离层观测信息可基本均匀覆盖全球。图 10.23 所示为 2009 年 1 月 20 日基于 JASON-1 与 SPOT4 卫星的全球 DORIS 电离层观测的交叉点分布,其中,黑色三角表示正常工作的 DORIS 地面参考站,在我国境内仅有一个,即 WHJF(武汉九峰);红色实线表示 JASON-1 卫星的电离层交叉点,蓝色实线表示 SPOT4 卫星的电离层交叉点。JASON-1 卫星的高度约为 880km,SPOT4 卫星的高度约为 1300km。相对于测高卫星的电离层观测数据,DORIS 电离层观测数据基本可覆盖整个陆地及近海上空,有利于从全球范围内评定电离层 TEC 格网的外符合精度。

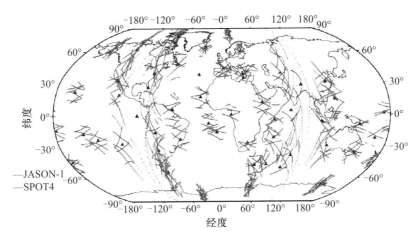

图 10.23　基于 JASON-1 与 SPOT4 卫星的全球 DORIS 电离层交叉点分布图(见彩图)

10.4.4.2　外符合精度评定方法

　　TOPEX/Poseidon 测高卫星观测数据提供电离层 VTEC,可以直接通过对比其与利用全球电离层 TEC 格网内插计算同一位置同一时刻电离层 VTEC 的差异,评定电离层 TEC 格网的外符合精度[6,19],具体如式(10.8)所示。

$$
\left\{
\begin{aligned}
\text{Mean}_{T} &= \frac{\sum\limits_{i=1}^{N}\left(\text{VTEC}_{i,\text{GIM}} - \text{VTEC}_{i,\text{TOPEX}}\right)}{N} \\
\text{RMS}_{T} &= \sqrt{\frac{\sum\limits_{i=1}^{N}\left(\text{VTEC}_{i,\text{GIM}} - \text{VTEC}_{i,\text{TOPEX}} - \text{Mean}_{T}\right)^{2}}{N-1}} \\
\text{Accuracy}_{T} &= \sqrt{\frac{\sum\limits_{i=1}^{N}\left(\text{VTEC}_{i,\text{GIM}} - \text{VTEC}_{i,\text{TOPEX}}\right)^{2}}{N}}
\end{aligned}
\right.
\tag{10.8}
$$

式中:Mean_{T},RMS_{T},Accuracy_{T} 分别为电离层 TEC 格网相对于 TOPEX/Poseidon 测高卫星电离层观测数据的平均偏差、标准差及外符合精度指标;$\text{VTEC}_{i,\text{TOPEX}}$ 为第 i 个 TOPEX/Poseidon 电离层 VTEC 观测量;$\text{VTEC}_{i,\text{GIM}}$ 为基于电离层 TEC 格网内插 $\text{VTEC}_{i,\text{TOPEX}}$ 对应位置和时刻的电离层 VTEC;N 为 TOPEX/Poseidon 电离层 VTEC 观测量的总个数。

　　DORIS 观测数据可给出相邻历元电离层 TEC 变化量,将其积分即可得到整个观测弧段内电离层 TEC 的变化量;同样地,根据观测弧段起止点对应电离层交叉点位置,基于电离层 TEC 格网也可计算得到电离层 TEC 的相对变化量。通过对比上述计算得到的两个电离层 TEC 相对变化量之差,即可综合评定电离层 TEC 格网的外符合精度,如式(10.9)所示。

$$\text{Accuracy}_D = \sqrt{\frac{\sum_{n=1}^{N}\sum_{i=2}^{I_n}\left(\text{DVTEC}_{\text{GIM},n,i} - \text{DVTEC}_{\text{DORIS},n,i}\right)^2}{\sum_{n=1}^{N}\left(I_n - 1\right)}} \qquad (10.9)$$

式中:Accuracy_D 为电离层 TEC 格网相对于 DORIS 电离层 TEC 观测数据的外符合精度指标;$\text{DVTEC}_{\text{GIM},n,i}$,$\text{DVTEC}_{\text{DORIS},n,i}$ 分别为利用电离层 TEC 格网以及通过积分 DORIS 电离层观测数据得到的第 n 个观测弧段第 i 历元时刻至起始时刻之间的电离层 TEC 的变化量;I_n 为第 n 个 DORIS 电离层观测弧段的历元总数;N 为全球 DORIS 基准站在一天内观测的所有弧段数。

10.4.4.3 基于 TOPEX/Poseidon 电离层数据分析电离层 TEC 格网外符合精度

采用 2001 年 6 月 29 日(年积日 180 天)至 2009 年 1 月 17 日(年积日 17 天)期间 TOPEX/Poseidon 测高卫星的电离层观测数据,按照上述方法,分析各电离层分析中心(包括本章计算得到的)电离层 TEC 格网的外符合精度。图 10.24 和图 10.25 分别给出了电离层 TEC 格网在北半球与南半球的平均偏差(Mean$_T$)与均方根(RMS$_T$)。由于 TOPEX/Poseidon 卫星在 2003 年及 2004 年部分时段数据缺失,对应时段在图中显示为空白。

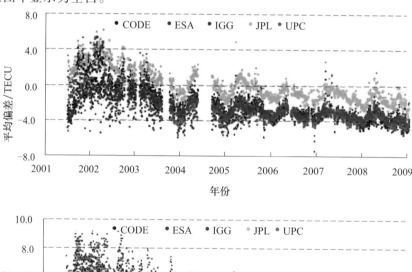

图 10.24　基于 TOPEX/Poseidon 数据分析电离层 TEC 格网在北半球外符合精度(见彩图)

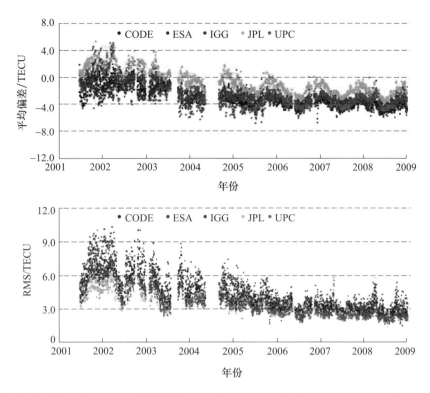

图 10.25　基于 TOPEX/Poseidon 数据分析电离层 TEC 格网在南半球外符合精度

在太阳活动高年(2001—2003),电离层 TEC 格网与 TOPEX/Poseidon 测高卫星实测电离层 TEC 差异较大;尽管 TOPEX/Poseidon 电离层观测数据只包含了测高卫星高度以下的电离层 TEC,但是,除 JPL 电离层 TEC 格网相对 TOPEX/Poseidon 电离层 TEC 偏大1.0 ~ 2.0TECU 外,其他分析中心电离层 TEC 格网相对 TOPEX/Poseidon电离层 TEC 仍偏小 2.0 ~ 3.0TECU,与 Pérez 分析得到的结果基本一致,其原因尚须进一步分析。在太阳活动低年(2007—2009),电离层 TEC 格网给出的海洋上空电离层 TEC 相对于 TOPEX/Poseidon 实测的电离层 TEC 偏小 3.0 ~ 4.0TECU,这主要是由于电离层 TEC 格网中依赖于一定内插与外推的算法得到。各分析中心电离层 TEC 格网相对于 TOPEX/Poseidon 电离层 TEC 的平均偏差及标准差表现出明显的周期变化特性,如:年周期及季节周期变化等,这主要与电离层活动特性有关。

从 RMS 变化图上看到,CODE、IGG 及 UPC 电离层 TEC 格网的外符合精度基本相当,而 JPL 电离层 TEC 格网 RMS 相对最小,这说明 JPL 采用的三角格网对电离层 TEC 相对变化的反映较为有利。另外,ESA 电离层 TEC 格网在调整球谐函数模型阶次之前(2001—2006)的 RMS 相对较大,最大约 10.0TECU。

根据太阳活动水平的不同,将 2001—2009 年分为 3 个时段:2001—2003、2004—2006、2007—2009,统计各时段内不同分析中心电离层 TEC 格网在南北半球相对

TOPEX/Poseidon 电离层 TEC 的外符合精度,如表 10.6 所列。可以看到,在海洋上空区域,CODE 电离层 TEC 格网外符合精度为 4.5~6.0TECU,ESA 电离层 TEC 格网外符合精度为 4.5~7.5TECU,IGG 电离层 TEC 格网外符合精度为 4.0~6.0TECU,JPL 电离层 TEC 格网外符合精度为 3.5~5.5TECU,UPC 电离层产品外符合精度为 3.5~5.5TECU。所有分析中心电离层 TEC 格网在南半球的外符合精度要略低于北半球,这主要是由于南半球基准站较少。因此,从长期统计的角度看,目前 IGS 各电离层分析中心发布的电离层 TEC 格网外符合精度为 3.0~7.5TECU,基于 SHPTS 方法得到的电离层 TEC 格网外符合精度与目前 IGS 各分析中心电离层 TEC 格网处于同一精度水平。

表 10.6　基于 TOPEX/Poseidon 数据的
电离层 TEC 格网外符合精度统计　　　　　（单位:TECU）

分析中心	区域	2001—2003			2004—2006			2007—2009		
		误差	均方根误差	精度	误差	均方根误差	精度	误差	均方根误差	精度
CODE	北半球	0.06	5.48	5.48	-2.67	3.59	4.47	-3.67	2.69	4.55
	南半球	-1.85	5.75	6.04	-4.24	3.79	5.69	-4.89	2.90	5.69
ESA	北半球	-1.99	6.55	6.85	-3.38	4.08	5.30	-3.73	2.91	4.73
	南半球	-2.20	7.06	7.39	-4.57	4.42	6.36	-4.72	3.15	5.67
IGG	北半球	-1.47	4.76	4.98	-2.88	3.16	4.28	-3.41	2.50	4.23
	南半球	-2.07	5.37	5.76	-3.65	3.67	5.18	-4.04	2.94	5.00
JPL	北半球	1.99	4.75	5.15	-0.55	3.44	3.48	-1.42	2.77	3.11
	南半球	0.76	4.50	4.56	-1.93	3.44	3.94	-2.78	2.78	3.93
UPC	北半球	0.04	5.16	5.16	-3.00	3.03	4.26	-3.64	2.29	4.30
	南半球	-0.69	5.15	5.20	-3.76	3.16	4.91	-4.04	2.47	4.74

10.4.4.4　基于 DORIS 电离层观测数据的电离层 TEC 格网外符合精度分析

基于全球 DORIS 地面参考站及 JASON-1 与 SPOT4 卫星搭载的 DORIS 转发设备观测得到的电离层 TEC 观测数据对各分析中心电离层 TEC 格网外符合精度进行分析。图 10.26 所示为 2001—2012 年基于 DORIS 观测数据得到的不同分析中心电离层 TEC 格网的外符合精度。其中,空白时段表示 DORIS 观测数据缺失。由于 DORIS 观测数据仅给出了不同位置不同时刻电离层 TEC 的相对变化,因此,JPL 电离层 TEC 格网与其他分析中心电离层 TEC 格网之间存在的偏差在图 10.26 中未体现出来。尽管 JASON-1 与 SPOT4 卫星轨道高度不同,但其均覆盖了电离层电子密度含量最高的 F 层,因此,DORIS 电离层观测中基本包含了整层的电离层 TEC。总体上,IGS 其他分析中心的电离层 TEC 格网外符合精度基本相当,且变化幅度同样表现出电离层本身所具有的周年变化特性。

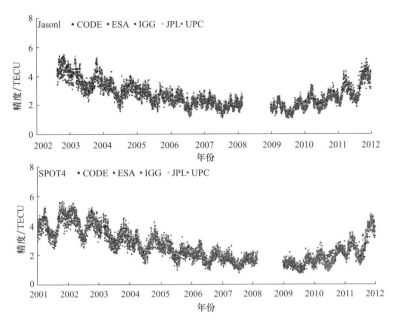

图 10.26　基于 DORIS 电离层观测数据分析电离层 TEC 格网外符合精度（见彩图）

根据太阳活动水平的不同，将 2001—2011 年分为 4 个时段：2001—2003、2004—2006、2007—2009、2010—2011。统计各时段内基于 DORIS 电离层观测数据分析得到的不同电离层 TEC 格网的外符合精度，如表 10.7 所列。在太阳活动高年（2001—2003），电离层 TEC 格网外符合精度约为 4TECU；在太阳活动低年（2007—2009），电离层 TEC 格网外符合精度约为 2.0TECU；不同电离层 TEC 格网之间的差异较小，但是，IGG 电离层 TEC 格网的精度略优于 IGS 其他分析中心电离层 TEC 格网。

表 10.7　基于 DORIS 观测数据的不同

电离层 TEC 格网外符合精度　　　　　　　　　　　　（单位：TECU）

IAAC	LEO	2001—2003	2004—2006	2007—2009	2010—2011	平均
CODE	JASON-1	4.18	2.80	2.11	2.51	2.90
	SPOT4	4.21	2.61	1.83	2.22	2.72
ESA	JASON-1	4.04	2.70	2.09	2.47	2.83
	SPOT4	4.04	2.50	1.77	2.14	2.61
IGG	JASON-1	3.89	2.66	2.05	2.64	2.81
	SPOT4	3.56	2.18	1.60	2.13	2.37
JPL	JASON-1	4.11	2.80	2.15	2.50	2.89
	SPOT4	4.15	2.60	1.86	2.20	2.70
UPC	JASON-1	4.03	2.64	2.00	2.36	2.76
	SPOT4	4.11	2.48	1.76	2.11	2.62

需要说明的是,上述指标略优于 TOPEX/Poseidon 测高卫星电离层观测数据对电离层 TEC 格网检核的外符合精度指标,其主要原因是:一方面,DORIS 观测数据仅对相对电离层 TEC 变化的精度进行了分析,不包含有平均偏差;另一方面,DORIS 观测数据主要分布的陆地及近海上空,该区域基本都有实测的电离层观测数据覆盖,格网点电离层 TEC 估计的精度也相对较高,从而使得电离层 TEC 格网在该区域的精度要略高于远海上空区域。

10.5 本章小结

综合 IGS 各电离层分析中心建立全球电离层 TEC 格网方法的优势,提出了一种充分顾及 BDS 特点并兼容其他 GNSS 的全球电离层 TEC 格网建立方法,即 SHPTS,并应用于中国科学院(CAS) IGS 电离层分析中心计算的产品。该方法系统整合了"IGGDCB""站际分区法""球谐函数电离层 TEC 模型""广义三角级数电离层 TEC 模型""电离层 TEC 负值处理策略"等研究成果。一方面,利用全球球谐函数电离层 TEC 模型实现了无观测数据覆盖区域内电离层 TEC 的相对精确估计;另一方面,通过局部广义三角级数电离层 TEC 建模,有效地保留了实测观测数据所反映的区域电离层 TEC 变化特点。总体而言,基于 SHPTS 方法建立的全球电离层 TEC 格网在保证远海等无观测数据覆盖区域具有较好精度的前提下,进一步提高了大陆及近海等有观测数据覆盖区域内的精度与可靠性。

基于 SHPTS 方法,处理得到近一个太阳活动周期(2001—2011)的全球电离层 TEC 格网及卫星和接收机差分码偏差参数,并从一致性、内符合精度、外符合精度等多个角度与目前 IGS 各电离层分析中心(CODE、JPL、ESA 与 UPC)发布的电离层 TEC 格网产品、TOPEX/Poseidon 测高卫星及 DORIS 电离层观测数据等进行了详细对比。结果显示,基于 SHPTS 方法的电离层 TEC 格网精度可达 $2.0 \sim 6.0$TECU,与 IGS 各电离层分析中心发布的电离层 TEC 格网整体精度基本相当,但是,在有基准站覆盖区域内的电离层 TEC 精度约为 2TECU,优于目前 IGS 各电离层分析中心发布相应产品的精度;卫星与接收机差分码偏差精度分别优于 0.15ns 与 1.0ns,与 CODE、JPL 发布产品的精度相当,优于 ESA 与 UPC 发布相应产品的精度。

参考文献

[1] FELTENS J. The international GPS service (IGS) ionosphere working group [J]. Advances in Space Research,2003,31(3):635-44.

[2] HERNANDEZ-PAJARES M. Summary and current status of IGS ionosphere WG activities:a potential future product:global maps of effective ionospheric height [C] // Proceedings of the IGS Technical Meeting,Portland,2010.

［3］ SCHAER S,GURTNER W. IONEX:the ionosphere map exchange format version 1［C］// Proceedings of the IGS AC Workshop,Darmstadt,Germany,February 9-11,1998:233-247.

［4］ 袁运斌. 基于 GPS 的电离层监测及延迟改正理论与方法的研究［D］. 武汉:中国科学院测量与地球物理研究所,2002.

［5］ DAVID R,MANUL H,ANDREJ K,et. al. Consistency of seven different GNSS global ionospheric mapping techniques during one solar cycle［J］. Journal of Geodesy,2017,92(6),691-706.

［6］ 李子申. GNSS/Compass 电离层时延修正及 TEC 监测理论与方法研究［D］. 武汉:中国科学院测量与地球物理研究所,2012.

［7］ LI Z,YUAN Y,WANG N,et al. Towards a new method for generating precise global ionospheric TEC map based on spherical harmonic and generalized trigonometric series functions［J］ Journal of Geodesy,2015. 89(4):331-345.

［8］ YUAN Y,OU J. A generalized trigonometric series function model for determining ionospheric delay ［J］. Progress in Natural Science,2004,14(11):1010-1014.

［9］ 袁运斌,欧吉坤. 广义三角级数函数电离层延迟模型［J］. 自然科学进展,2005,15(8):1015-1019.

［10］ YUAN Y,OU J. Differential areas for differential stations (DADS):a new method of establishing grid ionospheric model［J］. Chinese Science Bulletin,2002,47(12):1033-1036.

［11］ 袁运斌,欧吉坤. 建立 GPS 格网电离层模型的站际分区法［J］. 科学通报,2002,47(8):636-639.

［12］ CAMARGO P O D,MOMICOJ O F G. Application of ionospheric corrections in the equatorial region for L1 GPS users ［J］. Earth Planets & Space,2000,52(11):1083-1089.

［13］ ZHONG D. Robust estimation and optimal selection of polynomial parameters for the interpolation of GPS geoid heights ［J］. Journal of Geodesy,1997,71(9):552-61.

［14］ ZHANG H,XU P,HAN W,et al. Eliminating negative VTEC in global ionosphere maps using inequality-constrained least squares ［J］. Advances in Space Research,2013,51(6):988-1000.

［15］ 周东旭,袁运斌,李子申,等. GPS 接收机仪器偏差的长期变化特性分析 ［J］. 大地测量与地球动力学,2011,31(5):114-118.

［16］ KOMJATHY A,WILSON B D,MMANNUCCL A J. New developments on estimating satellite interfrequency bias for SVN49 ［J］. GPS Solut,2011,15:233.

［17］ WILSON B D,MANNUCCI A J. Instrumental biases in ionospheric measurement derived from GPS data［C］. The 6th International Technical Meeting of the Satellite Division of the Institute of Navigation,Salt Lake City,September 22-24,1993:1343-1351.

［18］ ORUS R,HERNANDEZ-PAJARES M,JUAN J M,et al. Improvement of global ionospheric VTEC maps by using kriging interpolation technique ［J］. Journal of Atmospheric and Solar-Terrestrial Physics,2005,67(16):1598-1609.

［19］ 李子申,王宁波,李敏,等. 国际 GNSS 服务组织全球电离层 TEC 格网精度评估与分析［J］. 地球物理学报,2017,60(10):3718-3729.

第11章　基于卫星导航的电离层层析反演方法

◢ 11.1　概　　述

电离层电子总含量(TEC)是一种监测和掌握电离层时空总体变化规律的重要物理量。而电离层电子密度是 GNSS 电离层建模与监测研究中的另一个重要参量。实际研究应用中,电离层 TEC 模型的建立通常基于薄层假设和经验投影函数,获得的电离层 TEC 只能反映电离层水平结构,无法展示电离层的垂直结构。基于 GNSS 的电离层层析成像技术通过将电离层进行分层研究,能有效缓解甚至克服电离层薄层假设及经验投影函数对电离层监测的影响,在电离层形态监测方面具有重要的科学意义和应用价值[1-2]。

由于电离层层析反演技术的复杂性,还有许多问题尚需进一步深入研究,例如,电离层层析中不适定问题引起的反演结果不唯一或不稳定性问题及其相应算法的研究、电离层模型与数据的同化方法的研究,以及三维电离层时变模型的构建等。建立三维电离层模型的方法一般分为以下两大类:一类是将空间划分为一定数量的格网,即基于像素基的层析方法;另一类是采用一定函数描述电子密度在垂直方向及水平方向的分布,即基于函数基的三维电离层模型。

电离层电子密度反演中较为棘手的问题之一是可利用的 GNSS 观测数据通常分布不均匀且数量也往往不充足,从而导致待反演的电离层空间离散化后,部分像素没有或严重缺乏观测信息,使得电离层电子密度的反演结果不唯一。因此,电离层电子密度层析反演通常是一个不适定问题。为了克服或削弱不适定问题给电离层电子密度层析反演结果带来的不利影响,目前主要发展了两类常用的电离层层析反演算法,即迭代重构算法和截断奇异值分解。在实际的电离层层析反演中,迭代重构算法的精度依赖于给定的初值,而截断奇异值的关键在于截断值的选取。由于离散误差和观测噪声等多种因素的影响,导致其反演结果只是一种近似解。这些方法虽然在一定程度上解决了观测数据不足引起的重构图像失真问题,但是其本身仍存在一定的局限性。为获取更加符合实际的电离层电子密度重建结果,进而获取高精度的电离层延迟改正信息,实现时变三维电离层电子密度监测,需要不断改进和优化现有算法以及探讨和发展新算法。

◤ 11.2　改进的代数重构算法

11.2.1　代数重构算法概述

代数重构算法（ART）主要包括加法代数重构算法、同时迭代重建算法和乘法代数重构算法，具体表现形式如下：

11.2.1.1　加法代数重构算法

代数重构算法第一次由 Gordon 提出[3]。该算法在迭代之前利用经验电离层模型或者其他探测手段，给电离层区域内每个像素赋予初值，这里用 x_j^0 表示；然后采用迭代的方式逐步改善重构区域内像素的初始估计，在迭代过程中收敛于方程的最小二乘解。加法代数重构算法每次迭代针对一次观测，即一个方程进行，每 m 步迭代称为一轮迭代。第 k 次迭代的表达式如下：

$$x_j^{k+1} = x_j^k + \lambda_k \frac{a_{ij}\left(y_i - \sum_{j=1}^n a_{ij}x_j^k\right)}{\alpha_i}, \quad \alpha_i = \sum_{j=1}^n a_{ij}^2 \tag{11.1}$$

式中：α_i 为矩阵 $\boldsymbol{A}$ 的第 i 行；λ_k 为每一步迭代的松弛因子，$0 < \lambda_k < 2$。从几何观点来看，每一步迭代相当于将图像矢量 $\boldsymbol{x}^k$ 向第 i 个方程所代表的超平面进行投影，投影的程度由 λ_k 控制，当 $\lambda_k = 1$ 时为完全投影。ART 不保证结果为正，利用其进行电离层层析成像（CT）重建时，图像矢量 $\boldsymbol{X}$ 对应于电离层电子密度。因此，在迭代过程中必须加上 $\boldsymbol{X}$ 的各元素非负的约束性条件。

11.2.1.2　同时迭代重建算法

基于平方优化技术的同时迭代重建算法与加法代数重构算法相似，不同之处是：它不是逐一对每条射线的电子密度进行修正，而是每一轮的 m 步迭代对所有的射线进行，并在 m 步迭代完成之后根据一次迭代的修正量再对图像同时做整体的修正，其表达式为[4]

$$x_j^{k+1} = x_j^k + \lambda_k \sum_{i=1}^m \frac{a_{ij}\left(y_i - \sum_{i=1}^n a_{ij}x_j^k\right)}{\alpha_i}, \quad \alpha_i = \sum_{j=1}^n a_{ij}^2 \tag{11.2}$$

11.2.1.3　乘法代数重构算法

乘法代数重构算法（MART）首次由 Gordon 等在 1970 年提出，并由 Raymund 等首次引入到电离层层反演中，随后被广泛地应用于电离层电子密度层析反演中[5]。乘法代数重构遵循极大熵原理，与加法代数重构算法操作步骤类似，不同之处是每一步迭代修正是以乘法的形式进行的：

$$x_j^{k+1} = x_j^k \left(\frac{y_i}{\sum_{j=1}^n a_{ij}x_j^k}\right)^\mu, \quad \mu = \lambda_k \frac{a_{ij}}{\sqrt{\sum_{j=1}^n a_{ij}^2}} \tag{11.3}$$

式中,松弛因子 $0<\lambda_k<1$,收敛特性不甚明确,但在电离层层析中应用 MART 时尚未有不收敛的情况报道。与 ART 相比,MART 收敛速度快,一般 10 轮以内即可收敛,且可以保证其解为正值,因而能确保电离层层析重建的电子密度必须为正的物理约束。

代数重构算法在电离层层析中应用广泛,主要是由于在其反演过程中可以单个方程运算,在计算机上运算时避免了将系数矩阵 A 作为整体来求逆需要大量的存储空间。同时,代数重构算法可以克服由于数据缺失而引起的模型参数信息的缺乏带来的不适定问题。这里缺失的方程(观测信息的缺失)可以(从数学意义上来讲)简单地忽略掉。

11.2.2　IART

由于投影视角和地面观测站数的有限性,在利用 GNSS 电离层层析技术反演电离层电子密度时,一般需引入电离层电子密度的先验信息,尽量克服电子密度反演过程中由于观测数据的缺失而引起的不适定问题。然而,对于时空分辨率要求较高的大尺度电离层区域的电离层电子密度反演,反演中系数矩阵的维数通常较大。此时,利用经典的代数重构算法虽然也能反映电离层电子密度的时空特性变化规律。但由于在每轮迭代过程中,代数重构算法公式中松弛参数矢量的各元素保持不变,从而使电离层电子密度反演过程中迭代收敛速度较慢,反演结果精度往往不高。针对上述问题,本节提出了一种改进的代数重构算法(IART)[6]。该算法在电离层层析过程中利用上一轮电离层电子密度的迭代结果,自适应地调整迭代公式中的松弛参数矢量的各元素,使之随着迭代次数的增加而逐渐减小。采取自适应的调整方式,改进的代数重构算法能较好地克服经典代数重构算法在反演电离层电子密度过程中迭代收敛速度慢、重构图像精度不高等缺点。模拟和实测数据的反演结果表明,改进的代数重构算法对于电离层电子密度的反演尤其是对时空分辨率要求较高的层析成像问题是有效的。

经典的代数重构算法公式已在前一节中给出,为了叙述的方便,本节将式(11.1)重写为如下形式:

$$x^{(k+1)} = x^{(k)} + \beta_k(y_i - a_i \cdot x^{(k)}) \tag{11.4}$$

式中:k 为电离层电子密度迭代轮数;y_i 为第 i 条射线的斜距 TEC 测量值;a_i 为矩阵 A 的第 i 行;x 为待反演的电离层区域内所有像素的电子密度所组成的列矢量;$a_i \cdot x^{(k)}$ 为一个 $1 \times J$ 的行矢量与一个 $J \times 1$ 的列矢量的乘积,其中,$x^{(k)} = [x_1^{(k)}, x_2^{(k)}, \cdots, x_J^{(k)}]^T$;$\beta_k$ 为松弛参数矢量,其表达式为

$$\beta_k = \gamma_0 \cdot a_i^T/(a_i \cdot a_i^T) \tag{11.5}$$

从式(11.5)可以看出,在每一轮迭代过程中,由于 a_i 是不变的,而 γ_0 为一常量,因此 β_k 中各元素在每轮迭代过程中是不变的。为了加速迭代的收敛速度,提

高电离层电子密度分布图像的重构质量,将式(11.5)按照如下方式进行改进[6]:

$$\boldsymbol{\beta}_k = \gamma_0 \cdot \boldsymbol{g}^{(k)} / (\boldsymbol{a}_i \cdot \boldsymbol{g}^{(k)}) \tag{11.6}$$

式中

$$\boldsymbol{g}^{(k)} = \left[g_1^{(k)}, g_2^{(k)}, \cdots, g_J^{(k)} \right]^{\mathrm{T}} \tag{11.7}$$

$$g_i^{(k)} = a_{ij} x_j^{(k)} \tag{11.8}$$

从式(11.6)~式(11.8)可以看出,在每一轮迭代结束后,松弛参数矢量中各元素的大小随着电离层电子密度的动态变化而变化,从而达到加快迭代收敛速度和提高重构精度的目的。

为进一步分析和掌握改进的代数重构算法对实测 GPS 数据的有效性,利用实测 GPS 数据验证了新算法的可靠性及其相对于常用的代数重构算法的优越性。实验中所利用的双频 GPS 观测数据来自于中国大陆构造环境监测网络,数据采样间隔为 30s。重构区域位于北纬 20°~40°、东经 100°~120°之间以及 100~1000km 的高度范围内,重构时间为 2003 年 8 月 19 日。在反演前,利用导航星历文件计算 GPS 卫星的瞬时坐标,根据观测数据文件求得满足反演条件的每条射线传播路径上的斜距 TEC 值。设定的满足反演条件是 GPS 射线与距地面 100~1000km 高度范围内的三维球形像素的交点均位于待反演的电离层区域内。另外,由于高度角较小的 GPS 观测射线上的数据信噪比通常较低,实际反演过程中,通常剔除高度角小于 10°的射线路径上的观测信息。改进的代数重构算法迭代运算之前,首先利用 IRI2001 模型初始化待反演区域内的各个像素,然后采用改进的代数重构算法进行迭代计算。

图 11.1 所示为利用改进的代数重构算法重构的东经 114.5°子午面内待反演电离层空间内的电离层电子密度时间序列变化图。从图 11.1 可以看出,电离层电子密度在 06:00UT(北京时间 14:00)最大,22:00UT(北京时间 6:00)最小。而且,随着时间的推移,电离层电子密度峰值区逐渐向北移动,到凌晨 6 时,该峰值区扩展到整个纬度范围。比较图 11.1 中的各个子样图可以看出,电离层电子密度峰值高度在 02:00UT~10:00UT 之间逐渐升高,随后开始逐步下降,至 22:00UT,电离层电子密度峰值高度下降到 270km,这从一个侧面反映了电离层电子密度垂直结构的变化特性。整体上来讲,中国北方电离层电子密度比南方电离层电子密度高,这一结论表明电离层电子密度和地理纬度之间存在相关性。

为验证改进的代数重构法反演结果的可靠性及其相对于常用的代数重构算法的先进性,图 11.2 所示为利用两种方法重构的(114.5°E,30.5°N)处电离层电子密度剖面与该处电离层测高仪观测结果的比较。图 11.2(a)、(b)和(c)分别为 02:00UT、10:00UT 和 18:00UT 三个不同时刻利用两种方法重构的电离层电子密度剖面与武汉站电离层测高仪所得剖面之间的比较。

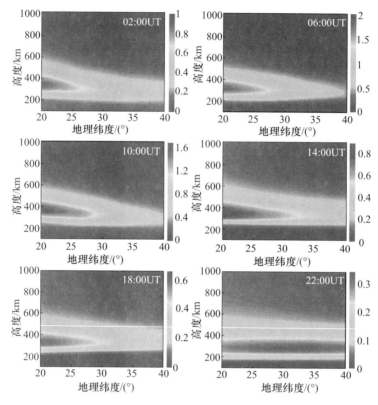

图 11.1 东经 114.5°子午面内电离层电子密度变化时序图(单位:$10^{12}/m^3$)(见彩图)

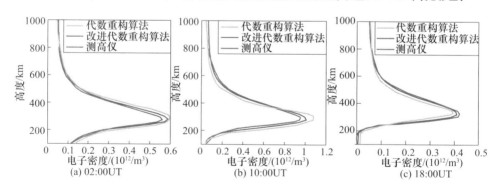

图 11.2 IART 和经典的代数重构算法重构的(114.5°E,30.5°N)处 3 个不同时刻电离层
电子密度剖面与相应的电离层测高仪所得剖面的比较

从图 11.2 可以看出,利用改进的代数重构算法重构的电离层电子密度剖面整体上更加靠近电离层测高仪的所得剖面,从而验证了改进的代数重构算法在利用实测数据反演电离层电子密度的可靠性及其相对于经典的代数重构算法的优越性。表 11.1 所列为上述 3 个不同时刻重构区域内所有像素电子密度反演误差统计。从表 11.1 的统计结果可以看出,改进的代数重构算法反演的电离层电子密度的精度明显

优于经典的代数重构算法,从而进一步展示了改进的代数重构算法在电离层电子密度重构时较经典的代数重构算法更为有效。

表 11.1　利用 IART 和 ART 反演的 3 个不同时刻重构区域内

电离层电子密度误差统计分析表

时间	02:00UT		10:00UT		18:00UT	
重构方法	IART	ART	IART	ART	IART	ART
重构误差绝对值最大值($10^{10}/m^3$)	2.95	5.22	5.98	13.00	2.28	4.16
重构误差绝对值最小值($10^9/m^3$)	2.90	3.68	1.98	9.13	1.87	2.46
重构误差平均绝对值($10^{10}/m^3$)	0.21	0.46	0.35	0.97	0.10	0.36
重构误差的方差($10^{20}/m^3$)	1.83	6.24	2.87	7.23	1.13	4.24

11.2.3　顾及电离层变化的层析反演算法

代数重构算法(ART)是一种迭代的级数展开法,该算法通常在迭代之前利用经验电离层模型给电离层区域内的每个像素赋予一个初值,然后采用迭代的方式逐步改善待重构电子密度估值。其表达式如下:

$$x_d^{i,k+1} = x_d^{i,k} + \lambda M_d^i \tag{11.9}$$

其中

$$M_d^i = \frac{a_d^i \left(y^i - \sum_{j=1}^{n} a_j^i x_j^{i,k} \right)}{\sum_{j=1}^{n} \left(a_j^i \right)^2}$$

式中:x 为 GNSS 电离层层析系统像素格网代表的电子密度;y 为 GNSS 观测射线对应的电离层 TEC;i 为一条 GNSS 观测射线,共有 m 条射线数($i = 1, \cdots, m$);k 为层析反演迭代次数;λ 为层析迭代反演松弛因子,通常取为固定经验常数且 $0 < \lambda < 2$;M 为层析模型的迭代表达式;j 为 GNSS 层析系统像素格网,像素格网总数量为 n($j = 1, \cdots, d, \cdots, n$);$d$ 为其中的第 d 个像素格网;$a_j^i (a_d^i)$ 为 GNSS 第 i 条观测射线穿越第 $j(d)$ 个电子密度像素格网时所形成的截距。

由式(11.9)可以看出,电离层电子密度误差是 ART 层析算法重构 TEC 值(反演的电子密度积分值)与 GNSS TEC 实测值之间存在差异的主因。GNSS 射线穿过层析像素格网系统形成的射线截距主要起放大作用。针对上述问题,提出了引入 GNSS 射线截距与电子密度的乘积为组合自变量(该组合变量表示对应的层析像素格网中的电子密度在整条 GNSS 观测射线方向的 TEC 含量中的比重,物理意义明确),构造新的 GNSS 电离层层析迭代模型,重新在不同电子密度像素格网内合理分配 GNSS TEC 实测值与 TEC 反演值之间的误差。参照式(11.9),提出新的电离层层析迭代表达式为[7]

$$M_d^i = \frac{a_d^i x_d^{i,k} \left(y^i - \sum\limits_{j=1}^{n} a_j^i x_j^{i,k} \right)}{\sum\limits_{j=1}^{n} \left[a_j^i x_j^{i,k} \right]^2} \tag{11.10}$$

如前所述,松弛因子的主要作用是平衡与调节电离层层析反演的电子密度精度与结果的平滑程度。松弛因子取值较大时,反演的电子密度结果将较为平滑,掩盖了电离层局部变化特征;松弛因子取值较小时,又可能受噪声干扰导致电子密度反演精度降低。除仪器设备等引起的白噪声之外,GNSS 电离层层析反演噪声还包括 GNSS 信号传播时由于介质电子密度变化引起的传播噪声。据此,设计了一组与电子密度变化相关的松弛因子 λ 的表达式为

$$\lambda_d^{i,k} = \begin{cases} \dfrac{\left| x_d^{i,k} - x_{d+1}^{i,k} \right|}{\sum\limits_{j=1}^{n} x_j^{i,k}} & d < n \\[4ex] \dfrac{x_d^{i,k}}{\sum\limits_{j=1}^{n} x_j^{i,k}} & d = n \end{cases} \tag{11.11}$$

为验证新算法的有效性,选取 2011 年 11 月 27 日中国陆态网络 131 个地面基准站的高精度 GNSS 观测数据,地面观测站分布大体均匀,观测数据以 IGS 标准采样(30s)获取,卫星截止高度角为 15°。分别利用各个观测站的双频载波相位平滑码数据,并采用 IGGDCB 方法消除站星硬件延迟影响,计算出对应各个观测站与卫星观测射线方向上的斜电离层 TEC 值。

电离层电子密度层析反演区域所选定的经度范围为东经 75°E ~ 135°E,纬度范围为北纬 10°N ~ 55°N,高度范围为 90 ~ 990km;同时在对选定的电离层反演区域进行三维空间离散化时在经度和纬度方向上分别取为 5° 与 2.5° 的空间间隔,在电离层垂直高度方向上取 30km 的空间间隔。

此外,IRI2007 电离层模型提供的电子密度作为层析反演时的电子密度初值,分别利用北京(40.3°N,116.2°E)和三亚(18.3°N,109.6°E)的电离层测高仪获得的两站上空电离层电子密度剖面信息与新算法反演的电离层剖面信息进行对比。

从图 11.3 可以看出,在北京站上空,本节提出的 GNSS 电离层层析反演新方法给出的峰值电子密度及其底部电离层电子密度都与电离层测高仪观测获得的结果较为一致,尤其在 12:00、14:00 与 16:00,新方法反演的峰值电子密度结果与测高仪提供的峰值电子密度结果基本吻合,相对于传统 ART 反演的峰值电子密度结果,精度有了较好的提高。

然而,新方法与传统 ART 各自反演的电离层电子密度峰值高度以上的顶部电子密度结果均与电离层测高仪获得的电子密度变化趋势一致,但数值结果存在明显差

异。需要说明的是,电离层测高仪能够通过直接观测获取峰值电子密度及其高度以下的底部电子密度准确结果,电子密度峰值高度以上的顶部电子密度则是根据一定的算法估算出来的。因此,本节比较不同方法获得的顶部电子密度时,仅进行定性的趋势变化比较而不开展定量的结果差异比较。

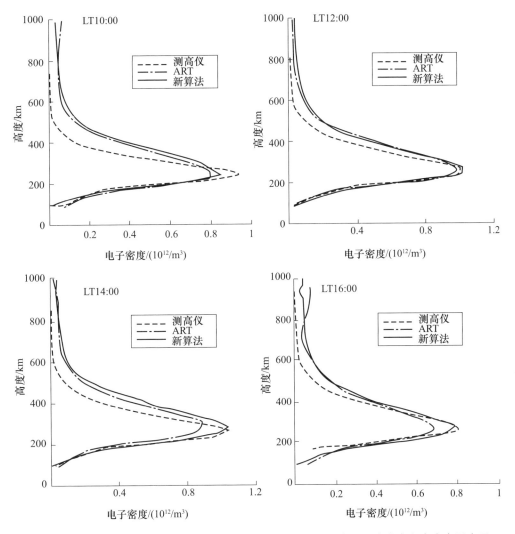

图 11.3　2011 年 11 月 27 日采用代数重构算法(ART)和新算法反演北京上空电离层电子密度与电离层测高仪观测所得的电子密度剖面之间的比较结果

从图 11.4 可以看出:在低纬度三亚观测站上空,由于电离层变化活动复杂,传统 ART 层析反演算法给出的电离层电子密度相对于电离层测高仪观测得到的电子密度"真值"差异较大,无论是在底部电子密度剖面,还是在顶部电子密度剖面,都和测高仪观测获得的电离层电子密度演变形态不符合;而新的电离层层析反演方法给出的电子密度结果,从总体上看与电离层测高仪观测获得的电子密度变化趋势保持一致。此外,在 12:00 与 16:00,无论是相对于电离层测高仪获得的峰值电子密度还是底部电子密度结果,新方法反演的电子密度均与其相接近。这也从一个侧面说明了本节提出的电离层层析反演新方法的合理性及其相对于传统 ART 的优越性。

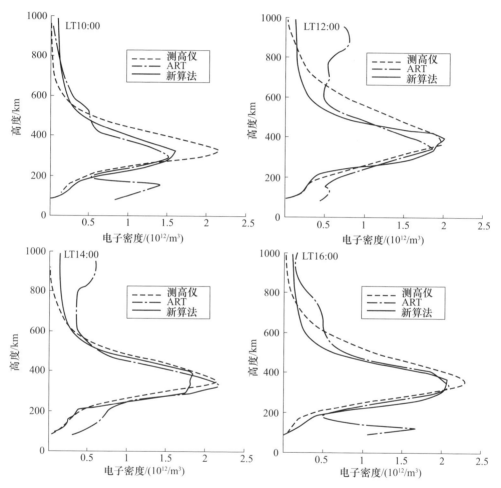

图 11.4　2011 年 11 月 27 日采用代数重构算法(ART)和新算法反演三亚上空电离层
电子密度与电离层测高仪观测所得的电子密度剖面之间的比较结果

　　必须说明的是,在部分时段(如 10:00 与 14:00),新方法反演的三亚测站上空的峰值电子密度结果相对于电离层测高仪观测获得的峰值电子密度仍存在一定的差异,这说明对于在电离层变化活动较为复杂的低纬区域,新方法也存在一定的局限性,需进一步深入研究与改进。另外,本次实验研究中,电离层层析反演的低纬地区,GPS 观测数据相对稀疏且处于层析反演的边缘区域,这可能也是导致该区域的电离层电子密度反演精度降低的原因。

考虑到实验中采用的 GPS 数据在低纬区域分布稀疏并且处于反演区域边缘,本节给出的电离层电子密度随高度与纬度剖面的演变图中,纬度范围限定在北纬 20°N～45°N,高度范围限定在 90～990km,并且以东经 110°E 上空电离层电子密度的剖面反演结果为例进行讨论。

图 11.5 所示为分别采用 ART(图(a)～(d))与新算法(图(e)～(h))反演得到的电离层电子密度随高度与纬度在不同时间内的剖面演变图。可以看出:从 LT10:00 到 16:00,新算法反演的电离层电子密度随纬度变化的峰结构向中纬度方向的扩展程度比 ART 反演的电子密度峰结构变化较大,这与图 11.3 中反映出的北京上空利用新算法反演的电子密度较 ART 反演的电子密度大并且更接近于电离层测高仪观测得到的电子密度较为一致(尤其在 12:00、14:00 与 16:00 的结果较为明显);此外,图 11.5 中也显示,在 LT12:00 与 14:00,ART 反演的低纬区域在 900km 左右和 100km 左右的电子密度值大于新算法反演的在该区域电子密度值(即图 11.5(b)中 12:00 时刻和图(c)中 14:00 时刻,在上述两处代表电子密度量级的颜色相对偏蓝色而不是紫色),表明在上述区域中 ART 反演的电子密度值大于新算法反演的电子密度值,这与图 11.4 中反映的三亚上空电子密度结果变化较为一致,即 ART 在该处反演的电子密度存在较大异常值,和实际的电离层形态变化不符合。综上所述,在图 11.5 中,新算法更好地反映了电离层电子密度随高度与纬度在不同时间的演变形态。

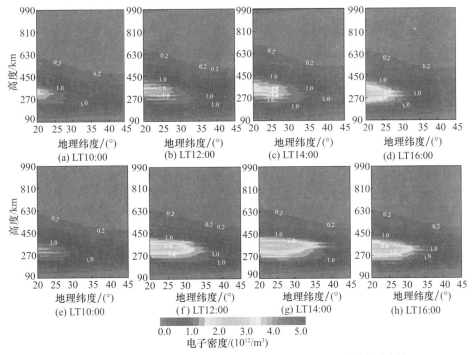

图 11.5　ART(图(a)～图(b))和新算法(图(e)～图(h))反演的
电离层电子密度随高度与纬度变化剖面图比较(见彩图)

11.2.4 附加约束的乘法代数重构算法

代数重构反演算法中应用最为广泛的是乘法代数重构算法。在实际的基于像素基的电离层 CT 中，MART 重构精度依赖于迭代初值，特别是在观测信息不足时，部分像素内没有观测信息，那么这些像素内的值在迭代完成之后仍然等于给定的初值，即这些区域内电子密度反演结果完全依赖于精度不高的初值，从而影响电离层重构精度。因此，为了提高整个重构区域内电离层电子密度反演精度，采用近似高斯距离加权函数的平均滑动窗口对反演区域内的像素进行平滑约束，克服那些没有观测信息对初值的完全依赖，并且避免像素间发生大的突跳。这里附加平滑约束的乘法代数重构算法简称为 CMART。

假设待求的电子密度矢量 $\hat{\boldsymbol{X}}$ 转化为三维矩阵 $\boldsymbol{B}_{L \times M \times N}$，其沿纬度、经度以及高度的格网数分别为 L、M、N，则平滑约束函数 $R_{l,m,n}$ 可以表达为[8]

$$R_{l,m,n} = \begin{cases} \dfrac{\sum\limits_{i=1}^{2w+1}\sum\limits_{j=1}^{2w+1}\sum\limits_{k=1}^{2w+1} \omega_{i,j,k} B_{l-w+i,m-w+j,n-w+k}}{\sum\limits_{i=1}^{2w+1}\sum\limits_{j=1}^{2w+1}\sum\limits_{k=1}^{2w+1} \omega_{i,j,k}} & \text{滑动窗口内} \\ \\ B_{l,m,n} & \text{滑动窗口外} \end{cases} \quad (11.12)$$

式中：$l = w+1, \cdots, L-w$；$m = w+1, \cdots, M-w$；$n = w+1, \cdots, N-w$；ω 为高斯加权因子，有

$$\omega = e^{-\frac{(i-w)^2}{c_1^2} - \frac{(j-w)^2}{c_2^2} - \frac{(k-w)^2}{c_3^2}} \quad (11.13)$$

式中：c_1, c_2, c_3 分别为经、纬度及高度方向上的约束系数；w 为滑动窗口的宽度。根据经验，这些系数取值越大，其对反演结果约束越强。在实际的层析反演过程中，由于存在仰角的限制，大部分地面至卫星观测射线是大高度角的，甚至是垂直分布的，使得反演结果在水平方向分辨率较高，而垂直方向上分辨率较低，因此，垂直方向上的约束较水平方向上略强。同时，取不同的 c_1, c_2, c_3 和 w 进行试验，经过相同的迭代次数，将反演重建的电离层斜延迟与实际观测值获得的斜延迟比较，取中误差较小的系数。经过试算，本次实验中取 $c_1 = 0.5$，$c_2 = 0.3$，$c_3 = 0.8$ 和 $w = 3$。

CMART 层析反演：首先利用 IRI2007 模型给整个待反演区域内的像素赋予初值 $x^{(0)}$，然后利用 MART 对所有观测射线逐一对初始估计的解进行修正，完成一轮迭代，得到电子密度解 $x^{(1)}$，并利用高斯平滑函数对反演区域内所有像素进行平滑。以此类推，逐步迭代直到某种设定的条件得到满足为止。

为验证 CMART 对 MART 进行改进后的有效性，利用中国陆态网络的观测数据进行了试算与分析。实验采用了 2011 年第 152 天的中国陆态网络 88 个观测站的 GPS 双频观测数据用于电离层电子密度反演计算，GSJN、BJFS、XJRS 和 HNCS 4 个 GPS 观测站的双频观测数据获得的电离层延迟量作为电离层层析重建结果的检验，

以及格尔木和厦门 2 个电离层测高仪观测站数据用来检验电子密度反演的剖面结果,所有的测站分布如图 11.6 所示。

图 11.6　GPS 测站及测高仪测站分布示意图

　　根据上述的反演算法,利用 IRI2007 模型对反演区域的每个格网赋予初值,反演了中国及其周边区域一天 12 个时段的电离层电子密度,每个时段的观测时长为 30min。为了验证和分析反演的有效性及可靠性,分别将 IRI 模型及反演的电子密度同测高仪数据进行比较,同时另取 4 个观测站的 GPS 双频观测值,并计算获取其上空的电离层斜延迟,将 IRI 模型以及反演获得的电子密度沿接收机至卫星的斜路径进行积分,由此重建的电离层斜延迟与实测数据获取的斜延迟进行比较。

　　依据上述的实验方案,首先给出了 IRI 模型与层析反演模型重建的电离层斜延迟与检核站利用双频 GPS 观测值获得的电离层斜延迟误差比较图,如图 11.7 所示。从图中可以看出,由 IRI2007 模型估计的电离层斜延迟误差较大,其标准差为 1.83m,由其提供的电子密度初值对于反映中国区域的电子密度分布精度较差,而通过电离层层析反演之后,沿射线路径方向上积分重估的电离层延迟的标准差为 1.03m,精度提高了近 44%,这也说明了电离层层析反演重构电离层结构的有效性。通过施加平滑约束的层析算法,在传统的 MART 基础上对整个电离层电子密度结构进行平滑,其重估的电离层延迟的标准差为 0.92m,进一步提高了电离层电子密度重构的精度。

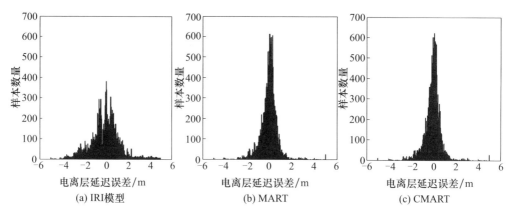

(a) IRI模型   (b) MART   (c) CMART

图 11.7   IRI 模型与层析反演模型的电离层斜延迟估计值与
检核站电离层斜延迟实测值的误差对比图

　　为进一步展示和分析附加平滑约束的层析算法提高电离层电子密度反演精度的有效性,对选取的 4 个检核站的电离层延迟中的误差单独进行了分析。从图 11.6 的测站分布图上可以看出,在 BJFS、GSJN 和 HNCS 3 个检核站周围均匀分布较多的观测站,这些观测站提供了丰富的电离层观测信息。因此,这 2 个检核站上空分布的电离层格网内有效观测值分布较多,格网内的电子密度能通过电子密度反演算法得到较好的修正。相对而言,XJRS 周围的观测站分布稀疏,其上空的电离层空间有效观测值较少,电子密度分布更多地依赖于 IRI 模型提供的初值。表 11.2 所列为分别由 IRI 模型、MART 及 CMART 重建的电离层斜延迟与检验站观测值获取的电离层斜延迟在一天 12 个时段内的中误差比较。表中显示,在观测值较丰富的地区,由 MART 和 CMART 层析算法重建的电离层斜延迟的精度相当,都能较好地重构电离层结构分布,而对于测站较为稀疏的地区,CMART 通过对那些没有任何观测信息的电离层格网施加平滑约束,克服这些格网对于初值的依赖,从而提高了电离层电子密度反演的精度。

表 11.2   IRI 模型、MART 及 CMART 反演结果获得电离层
斜延迟中误差比较   (单位:m)

测站	IRI 模型	MART	CMART
BJFS	1.12	0.42	0.42
GSJN	1.76	0.38	0.39
HNCS	2.34	1.34	1.26
XJRS	1.61	1.18	0.85

　　同时,为验证电离层电子密度反演的精度,将 IRI 模型、MART 和 CMART 获得的电离层电子密度剖面同测高仪数据进行了比较。图 11.8 给出了格尔木和厦门 2 台测高仪在当地时间 15 点测出的电子密度垂直分布。通过和测高仪数据的比较,可以

看出 CMART 层析算法获得的电子密度峰值最接近测高仪数据。但是电子密度峰值高度与测高仪数据差异较大,这也从侧面反映了地基 GPS 的垂直分辨率不够,需要利用其他观测手段来提高电离层层析反演垂直方向上的精度。

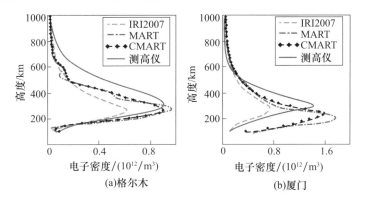

图 11.8　IRI 模型、MART 及 CMART 反演获得的电子密度剖面与测高仪比较图

由于地基 GPS 观测站的分布不均匀以及有限仰角的影响,待反演区域内很多像素内没有观测射线通过,在一定程度上限制了电离层电子密度的代数重构反演质量。采用附加平滑约束的乘法代数重构算法,可以克服在反演过程中那些没有任何观测信息的像素对初值的完全依赖,从而提高整个待反演区域电离层电子密度的反演精度。同时,利用高斯加权函数的平滑约束方法简单易于实现,不仅适用于迭代重构算法,而且适用于其他基于像素基的反演算法。

11.3　基于选权拟合法的电离层层析方法

11.3.1　基于选权拟合法的电离层层析算法

电离层层析反演观测模型的一般表达式为

$$y = Ax + e \tag{11.14}$$

由于观测数据的不足以及分布不均匀,使得观测方程往往出现病态性问题,为使式(11.14)有唯一稳定解,根据 Tiknonov 的正则化方法,构造准则函数:

$$M(x,y) = \parallel AX - y \parallel_P^2 + \alpha\Omega(x) \tag{11.15}$$

使式(11.15)最小化的参数 $\hat{x}$ 即为所求的解。式中:P 为观测方程的权阵;$\Omega(x)$ 为稳定泛函,可将原来不适定问题转化为适定问题;α 为正则化参数,起着平衡式中右边两项的作用。稳定泛函 $\Omega(x)$ 可根据具体的应用而采用不同的形式,这里采用如下形式:

$$\Omega(x) = \parallel Gx \parallel^2 = x^{\mathrm{T}}G^{\mathrm{T}}Gx = x^{\mathrm{T}}P_x x \tag{11.16}$$

式中:$P_x = G^{\mathrm{T}}G$,称为参数权矩阵,则最小化的参数 $\hat{x}$ 可表示为

$$\hat{x} = (\mathbf{A}^\mathrm{T}\mathbf{P}\mathbf{A} + \alpha\mathbf{P}_x)^{-1}\mathbf{A}^\mathrm{T}\mathbf{P}\mathbf{y} \tag{11.17}$$

对于不适定问题,如果事先对于参数有较可靠的先验信息,通过对这些参数附加适当的约束,可望有效地改善解算结果。选权拟合法的实质是利用参数间存在的约束,从物理意义上来增加观测信息,强调辩证地选择稳定泛函,即根据具体的研究领域选择合适的约束条件[9]。这些信息可以是根据参数之间的相关性而建立的数学关系,也可以是其他观测手段或者是一些经验模型提供的先验信息[10-11]。

在水平方向上根据电离层电子密度在空间分布上的连续性和光滑性,利用电子密度在空间的相关性建立约束方程[12]。首先根据距离越近相关性越强的原则,建立同一层格网之间的关系。该方程可以表示为

$$w_1 x_1 + \cdots + w_{j-1} x_{j-1} - x_j + w_{j+1} x_{j+1} + \cdots = 0 \tag{11.18}$$

式中:x_j 为格网 j 的电子密度参数;w_j 为权系数,其值一般根据该网格与网格 i 的距离大小来确定。该约束方程也可称为平滑约束方程,一般应用于同一层的网格之间,并可利用地基 GPS 水汽层析反演中常用的高斯加权函数的方法确定权系数的值:

$$w_i = \mathrm{e}^{-\frac{d_{i,j}^2}{2\sigma^2}} \Big/ \sum_{ii} \mathrm{e}^{-\frac{d_{ii,j}^2}{2\sigma^2}} \tag{11.19}$$

式中:i,j 位于同一层,且 $i \neq j$,否则,$w_i = 0$;$d_{i,j}$ 为格网 i 与格网 j 间的距离;ii 为与 j 同一层的其他格网,σ 为平滑因子。

一般情况下,电离层电子密度反演过程中垂直分辨率较低。为确定合理的电离层垂直剖面,需要在垂直方向上建立有效的约束方程。我们利用电离层经验模型 IRI 提供的先验信息来构造垂直约束阵。该信息提供了垂直剖面上下相邻像素内电离层电子密度之间的近似比例关系,以此关系来构造垂直方向上的约束矩阵 $\mathbf{V}$。假定垂直方向上某相邻两层格网中,x_1 为较低一层,x_2 为较高一层,X_1^0、X_2^0 为相应格网内 IRI2007 模型给出的初值,则它们之间的比值关系如下:

$$\frac{x_1}{x_2} = \frac{X_1^0}{X_2^0} \Rightarrow x_1 - \frac{X_1^0}{X_2^0} x_2 = 0 \tag{11.20}$$

式中:x_1、x_2 权系数的值分别为 1 和 $-X_1^0/X_2^0$。按此比值关系可以依次给出整个反演区域内上下层格网之间的约束方程。

联合水平和垂直方向上的约束条件,可得到统一的约束公式,即

$$\mathbf{G}\mathbf{x} = \begin{bmatrix} \mathbf{H} \\ \mathbf{V} \end{bmatrix} \mathbf{x} = 0 \tag{11.21}$$

式中:$\mathbf{H}$、$\mathbf{V}$ 分别为水平和垂直方向上的权系数矩阵。

令 $\mathbf{P}_x = \mathbf{G}^\mathrm{T}\mathbf{G}$,$\alpha$ 一经确定,则可通过式(11.17)得到电离层电子密度 x 的解估值 $\hat{x}$。这里 α 可通过广义交叉验证法或者 L 曲线法进行选择。

11.3.2 实验验证与结果分析

为验证选权拟合法在电离层电子密度反演过程中的有效性和稳定性,先进行模拟

实验。实验中所选的重构范围经度方向上为 90°~130°E,纬度方向上为20°~40°N,高度上离地面 100~1000km 的范围,经纬度及高度的分辨率为5°×2.5°×50km,格网数为1539。详细的模拟方法如下:

(1) 模拟电子密度真值 x_{sim}:利用 IRI2007 模型模拟待反演区域内某时刻各像素内的电离层电子密度真值,并以此作为反演的真值。

(2) 构造系数阵:以重构区域内地壳运动观测网络布设的 64 个测站的 GPS 接收机观测数据为基础,提取出每条射线相应的卫星和地面接收机的坐标,获得相应反演时段内 GPS 射线穿过格网内的截距,并构成观测方程系数矩阵 $\boldsymbol{A}$。

(3) 模拟电离层 STEC:由前面第(2)步得到的 GPS 卫星和地面接收机的坐标,我们将模拟的电子密度 x_{sim} 沿着信号路径积分,获得各条射线传播路径上的电离层 STEC,并用 y_{sim} 表示。顾及实际观测中观测噪声的存在,这里需要的模拟电离层 STEC 中加入一定量的随机误差 e,且满足正态分布 $e \sim N(0, 0.01)$。

$$y_{sim} = A x_{sim} + e \qquad (11.22)$$

(4) 构造水平方向和垂直方向上的约束矩阵 $\boldsymbol{G}$,计算 $\boldsymbol{P}_x = \boldsymbol{G}^T \boldsymbol{G}$,联合观测方程,用 L 曲线法确定 α 的值,解算出电子密度最终值 $\hat{x}$。

根据上述模拟实验方法,实验中选取了中国大陆构造环境监测网络(又称中国地壳运动观测网络、陆态网)的 64 个地面测站数据来模拟观测数据。为分析约束矩阵对层析反演结果的影响,首先对观测方程不施加任何的约束,通过奇异值分解,其最大奇异值为 7447.4894,最小奇异值为 $0.9999×10^{-3}$,条件数为 $7.451679×10^6$。尽管地面观测站比较密集,但是由于观测站分布的不均匀,使得部分像素内没有观测信息,观测方程仍然存在严重的病态性。在加上水平方向上的平滑约束后,没有观测信息的像素可以通过它同一高度上相邻像素的相关性获得它的电子密度估计值。在增加了水平方向上的平滑约束后,法矩阵的条件数为 $5.0311×10^4$,最大奇异值为 7480.5693,最小奇异值为 0.14868,明显改善了法矩阵的条件数。

在实际的电离层反演中,为了减少多路径效应等引起的观测噪声,GPS 观测射线的截止高度角为 15°,大部分观测射线是大高度角的,甚至是垂直射线,缺乏水平方向上的观测数据,使得电子密度解的垂直分辨率很低。因此,这里考虑加上垂直方向的约束。如果先不考虑水平约束,仅仅加上垂直约束,其法矩阵的条件数达到 $5.8958×10^5$,条件数下降不是很明显。附加水平和垂直方向上的约束后,最小奇异值明显变大为 14.7858,法矩阵条件数为 506.77,条件数明显降低,电离层电子密度反演中的不适定问题得到有效解决。不加任何约束、附加水平约束、附加水平和垂直约束不同约束条件下法矩阵的特征值大小及其变化情况见图 11.9 和表 11.3。从图表可以看出,在未加任何约束情况下,法矩阵的特征值大部分都很小,在加入水平约束之后,情况略有所变化,但大部分仍然很小,而同时加入水平及垂直方向上的约束之后,特征值结构得到了明显的改善。

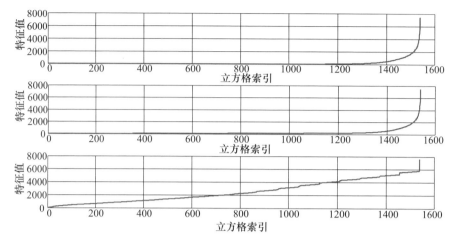

图 11.9　不同约束条件下的法矩阵的特征值大小

（从上到下依次为未加任何约束、附加水平约束、附加水平和垂直约束）

表 11.3　不同约束条件下层析解的精度

约束条件	法矩阵的条件数	RMS/($10^{12}/m^3$)
未加约束	7.4517×10^6	0.1725
附加水平约束	5.0311×10^4	0.1074
附加水平和垂直约束	5.0677×10^2	0.0091

下面进一步分析上述不同约束条件下,电离层电子密度层析解的精度。图 11.10 所示为相应的这 3 种约束条件下电离层电子密度解同真值比较的差值。从表 11.3 以及图 11.10 可以看出:电子密度反演解算过程中,如果不加任何约束的话,法矩阵的条件数达到了 10^6,观测方程出现了病态问题,使得电子密度的解与真值差别很大,解的精度很低;如果仅仅附加水平方向上的约束,法矩阵的条件数有所降低,对于观测方程的病态性有所改善,但是由于缺少垂直方向上的信息,电子密度解与真值

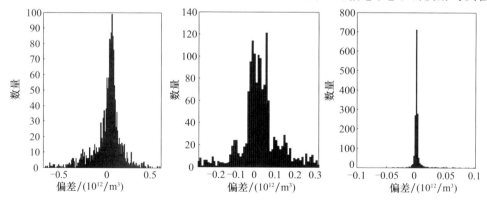

图 11.10　不同约束条件下电子密度解与真值的差值

（从左到右依次为未加任何约束、附加水平约束、附加水平和垂直约束）

的差别仍然较大,解的精度不是很高;同时附加水平方向上的约束和垂直方向上的约束后,观测方程的条件数明显下降,达到了正常的水平,有效地解决了层析反演中的不适定问题,且电子密度解与真值比较接近,得到了比较可靠的解。

前面通过模拟实验数据的技术途径分析了选权拟合反演算法的有效性和可靠性。下面利用实测数据检验提出的选权拟合反演算法的有效性和可靠性。测站分布以及反演的区域和格网分辨率均与模拟实验相同。

首先将反演的电子密度剖面同测高仪的数据进行了比较,如图 11.11 所示。图中给出了在 UT05:00 时 3 个反演结果、IRI 模型与测高仪站(格尔木、厦门、南宁)比较的剖面图,测高仪站的坐标在各个图上方已标出。从这 3 个剖面与测高仪比较的结果来看,在电子密度峰值处,基于选权拟合法反演的电子密度值更加接近测高仪的观测结果,在峰值高度以下的反演结果,只有在格尔木站 IRI 模型给出的电子密度曲线比反演的结果接近测高仪站数据,而在电子密度峰值高度以上,IRI 模型的结果均比反演的结果接近测高仪站的观测数据。总体而言,利用选权拟合算法反演的电离层电子密度是比较可靠的,相对于 IRI 模型可以提高电子密度峰值反演质量,但是反演的电子密度在垂直方向上的分辨率有待进一步提高。

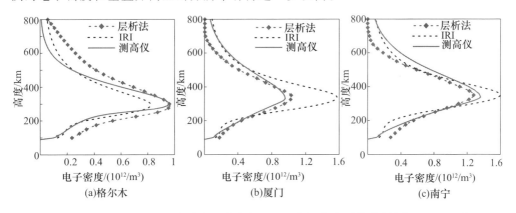

图 11.11　选权拟合法反演的电子密度剖面同测高仪的观测结果比较(UTC05:00)

图 11.12 所示为东经 110° 经度链上电子密度沿纬度及高度剖面上的变化时序图,从 UT01:00—21:00 每 4h 给出一幅图,时间在每幅图的顶部标出。可以看出,这个时序图上的电离层结构符合基本的电子密度分层结构。在当地时间的白天(对应于 UT01:00—UT13:00),太阳升起以后随着时间的推移电子密度值逐渐增大,在当地时间 16:00 左右(对应于 UT09:00)时电子密度峰值达到了最大值,约为 $1.8 \times 10^{12}/m^3$,随后开始逐渐降低,在当地时间的夜间(对应于 UT13:00—UT21:00)电子密度值逐渐减小,在当地时间凌晨 03:00 左右达到了最小值。解算的电子密度结果随时间变化的特征,基本上与中国区域上空的电子密度剖面的昼夜变化规律相吻合。由此说明和展示了基于选权拟合法的电离层电子密度反演算法的有效性和稳定性。

在利用选权拟合法反演电离层电子密度时,问题的关键是如何构造关于待估参数的约束。待估参数的约束方法还可参见文献[8]。

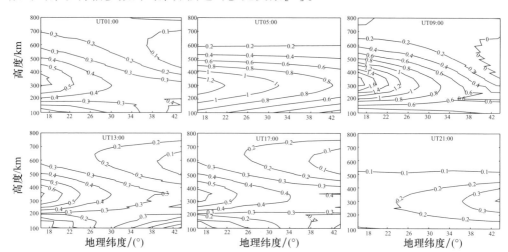

图 11.12　东经 110°经度链上电子密度沿纬度及高度剖面上的变化时序图

11.4　基于模式参数拟合的三维层析模型

基于模式参数拟合的三维电离层层析模型建立的基本原理是将电子密度在水平方向的分布用低阶球谐函数表示,垂直方向用数个经验正交函数表征,这样在地磁日固框架内,地表上空任意一点处的电子密度可以表示为

$$Ne(h,\phi,\lambda) = \Gamma(h)Y(\phi,\lambda) \qquad (11.23)$$

式中:$Y(\phi,\lambda)$ 为球谐函数,表征电子密度在水平方向的分布情况,ϕ、λ 分别为地磁纬度和日固经度;$\Gamma(h)$ 为经验正交函数,表征垂直方向上的电子密度分布,h 为离地表的高度。对电子密度沿实际信号传播路径进行积分便可以得到整个信号路径上的TEC,其具体的表达式为

$$\text{TEC}_i = \int_{r_{\text{rec}}}^{r_{\text{sat}}} \left(\sum_{k=1}^{K} c_k \Gamma_k(h) \right) \otimes \sum_{n=0}^{n_{\max}} \sum_{m=0}^{n} (a_n^m \cos(m\lambda) + b_n^m \sin(m\lambda)) \bar{P}_{nm}(\sin\phi) \mathrm{d}r$$

$$(11.24)$$

式中:$\bar{P}_{nm}$ 为正则化勒让德级数;a_n^m、b_n^m、c_k 为待估的模型系数。获取了每个信号路径上的 TEC 后,可以通过式(11.24)中的经验正交函数和球谐函数相应的系数建立三维电离层模型。

11.4.1　经验正交函数的获取

经验正交函数(EOF)分析法是地球物理和空间物理等方面常用的一种数据分析方法,对于表征大量数据的变化,是一种简单而有效的方法[13-14]。这种数据分析方法是通过对观测数据的统计分析,把叠加在一起的不同物理过程的"贡献"分离开来的有效分析方法,在尽量不损失或少损失原数据所含信息的条件下,将数据进行简化,这样不仅保留了原始数据的大部分主要信息,又使数据之间彼此线性无关。

从大量的采样数据中获取 EOF 的基本原理是:先获取一个时间序列的协方差矩阵,然后进行特征值分解,进而获得此协方差矩阵的特征值和特征矢量。EOF 可从电离层电子密度的经验数据来获得,经验值来源于电离层经验模型如国际参考电离层(IRI)模型或者电子密度观测值。后面的试验中用来获取 EOF 的数据是由 IRI2007 模型提供的。IRI 模型综合了全球范围的电离层探测声呐、散射雷达等众多电离层探测仪器的观测数据,可描述给定位置、时间和太阳黑子数条件下不同高度上的电子密度月平均值。假设电子密度剖面在不同的时间 $t_i(i=1,2,\cdots,N)$ 以及不同的高度上 $h_j(j=1,2,\cdots,M)$ 的采样在电子密度矩阵元素可以表示为 $N(t_i,h_j)(i=1,2,\cdots M;j=1,2,\cdots,N)$,则电子密度剖面的时间序列的矩阵形式为

$$N(h,t)=\begin{bmatrix} N(h_1,t_1) & N(h_1,t_2) & \cdots & N(h_1,t_N) \\ N(h_2,t_1) & N(h_2,t_2) & \cdots & N(h_2,t_N) \\ \vdots & \vdots & & \vdots \\ N(h_M,t_1) & N(h_M,t_2) & \cdots & N(h_M,t_N) \end{bmatrix}_{M\times N} \qquad (11.25)$$

在矩阵 $N(h,t)$ 中,列 $i(i=1,2,\cdots,N)$ 表示同一时间不同高度上的电子密度,行 j $(j=1,2,\cdots,M)$ 表示同一高度上电子密度的时间序列,这种用矩阵组织数据方式称为 S 模式分析。协方差阵 S 可表示为

$$S=N(h,t)\cdot N^{\mathrm{T}}(h,t) \qquad (11.26)$$

然后对此协方差矩阵进行特征值分解,相应的特征矢量就是待求的经验正交函数。利用 EOF 技术,只需少量经验正交函数就可表示大量的数据[12]。

利用上述方法,对中国测区中心范围内某格网点(110°E,30°N)上的电子密度进行采样,背景模型使用 IRI2007,时间分辨率是 1h,总共分析 3h 的数据,从 150 ~ 1050km 的高度范围内每 50km 取电子密度,这样可以获得 19 个 EOF。采用上述获取经验正交函数的方法对 2012 年第 70 天的经验数据进行了分析,获取了这组数据的 19 个特征值及相应的特征矢量。在这 19 个特征值里,只有前 3 项的特征值比较大,分别为 3.5344322×10^{13}、1.2033526×10^{11}、1.1618735×10^{8},从第四项开始特征值较小,变为 0.0018709822。特征值给出了矩阵 S 的总的变化中各部分的比重,较大的特征值对应于矩阵 S 中较大的变化,而其他较小的特征值仅仅对应着随机噪声等[5],因此,在这里仅取前 3 项。

图 11.13 给出了由 IRI2007 模型采样数据的平均值获得的电子密度剖面,如图(a)所示,纵轴表示离地面的高度,单位 km;横轴表示电子密度值,单位 $10^{12}/\mathrm{m}^3$。另外给出了表征电子密度垂直分布的 3 个特征矢量,如图(b) ~ 图(d)所示。

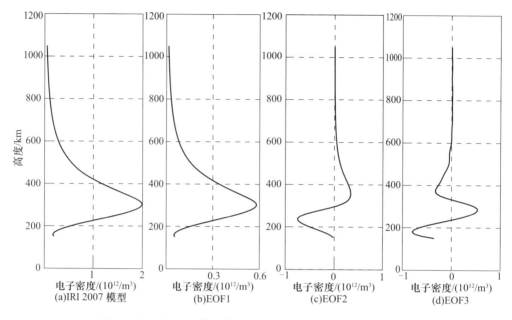

图 11.13 IRI2007 模型获得的电子密度剖面及经验正交函数

从图 11.13 可以看出,由于经验正交函数的基函数彼此在空间上是不相关的,即相互正交的,因此,每个基函数的特征都不同。第 1 阶基函数均为正值,其形状和 IRI 模型给出的电子密度剖面类似,峰值高度也基本一致,说明第 1 阶基函数主要表征电子密度剖面的形状。第 2 阶基函数是过 0 点的函数,对应的高度约为 300km,过 0 点的高度以下为负值,以上为正值,说明第 2 阶基函数主要是表征电离层的高度。第 3 阶基函数在 240~330km 高度范围内为正,其余部分为负,说明第 3 阶基函数主要表征电子密度剖面的厚度,即等效标高。

11.4.2 电离层三维模型构建

在获取了经验正交函数以后,根据式(11.24)构建基于经验正交函数的三维层析方法的观测方程,即

$$TEC = \int_{r_{rec}}^{r_{sat}} N_e(\lambda, \phi, h) \, dr =$$

$$\int_{r_{rec}}^{r_{sat}} \sum_{k=1}^{K} \sum_{n=0}^{N} \sum_{m=0}^{n} (a_{n,k}^m \cos(m\lambda) + b_{n,k}^m \sin(m\lambda)) \bar{p}_{nm}(\sin\phi) Z_k(h) \, dr \quad (11.27)$$

式中:$N_e(\lambda, \phi, h)$ 为在 (λ, ϕ, h) 处的电子密度值;$Z_k(h)$ 为表征电子密度垂直分布的经验正交函数;K 为所取经验正交函数的个数;N 为球谐函数的最大阶数;$a_{n,k}^m$、$b_{n,k}^m$ 为新的待估的模型系数。

TEC 项为不包含硬件延迟偏差的绝对电离层延迟量,所有硬件延迟信息均利用二维模型估计并剔除。因此,基于经验正交函数和球谐函数的三维电离层模型系数总

数为经验正交函数的个数与球谐函数的乘积,例如选用 5 阶的球谐函数描述电子密度在水平方向的分布,3 个经验正交函数表征电子密度的垂直方向上的变化,总的模型系数为 $(5+1)^2 \times 3 = 108$。这与二维的球谐模型相比,显著的增加了未知参数的数量。

11.4.3　实验分析

根据上述方法构建基于模式参数拟合的电离层三维层析模型之后,需对模型的实用性进行试算分析。对于基于经验正交函数和球谐函数的电离层模型,因为经验正交函数来自于经验数据,按照一定地理范围统计而来,如果范围越大,样本数据越多,那么经验正交函数所能表达的信息的准确性就越低。为此,利用区域网的观测数据来验证电离层三维模型,同时利用二维球谐函数模型建模方法,并采用与文中三维电离层模型相同的估计策略估计电离层的斜延迟,用以与三维电离层模型估计结果进行比较分析。区域数据主要采用了位于中高纬地区的欧洲区域及位于中国区域中低纬地区的观测数据。

由于实验中采用的是区域网观测数据,描述水平电子密度的低阶球谐函数取为 3 阶,这样球谐函数的系数为 16 个,另外采用了 3 个 EOF 矢量,所以对于三维的电离层层析模型系数为 $16 \times 3 = 48$ 个。为了避免先验参数对最终结果的影响,同时由于采用的是区域网数据,用低阶球谐函数来进行拟合时,在地磁日固系下分时段用最小二乘的方法对模型参数进行了估计,并利用模型参数拟合监测站对应于观测值的电离层延迟,将估计的电离层延迟与检核站的观测值求差以便检验基于模式参数拟合的三维层析模型的精度。实验中选用了欧洲区域 18 个跟踪站 30s 采用间隔的观测数据用来建模,测站 FFMJ 的观测数据用来检核,分别建立二维的球谐函数模型和基于经验正交函数的三维电离层模型,统计电离层斜延迟的残差。欧洲区域的测站及检测站的分布如图 11.14 所示。

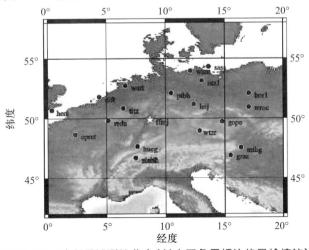

图 11.14　欧洲区域测站分布(其中五角星标注的是检核站)

首先计算了 2008 年第 70 天欧洲区域的电离层斜延迟,由于区域面积较小,使用经验模型时直接对测区中心位置(10°E,50°N)的 IRI 模型数据进行了采样,获取经验正交函数。从实验结果来看,三维电离层模型和二维电离层模型估计的电离层斜延迟精度比较接近,全天观测数据的电离层模型的中误差分别为 1.33TECU 和 1.47TECU。图 11.15 给出了欧洲地区三维和二维电离层模型延迟残差的分布图。从图中也可以看出,所选用的测站地处地理纬度北纬 50°左右,相对于低纬地区而言,电离层活动相对比较平静,三维模型相对于二维模型来说,精度略有所提高,但是提高的幅度不大。

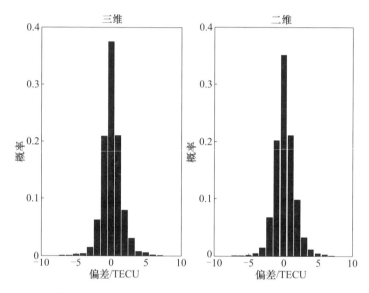

图 11.15　欧洲区域电离层延迟残差分布图

对于三维电离层模型的外符合精度,采用测站 FFMJ 的观测数据作为检核,三维和二维的电离层模型估计的电离层斜延迟 RMS 分别为 2.04TECU 和 2.58TECU,三维电离层模型相对于二维电离层模型精度也有所提升。为进一步测试基于经验正交函数的三维电离层模型的精度,对测站 FFMJ 在 2008 年 7 月 1～7 日(年积日,183～189)一周的电离层模型拟合结果进行了统计,将三维电离层层析模型和二维球谐函数模型拟合的电离层斜延迟在一天内的 RMS 进行了比较,结果如图 11.16 所示。从图中可以看出,在实验的 7 天中基于模式参数拟合的三维层析模型获得了不同程度上的优于二维球谐函数模型的改正精度。

为验证基于模式参数拟合的三维电离层层析模型在中国区域内的电离层延迟估计精度,采用了中国陆态网络的 25 个基准站的数据进行建模,并按照纬度从低到高的顺序检验 QION、LUZH 和 CHUN 三个测站上分别用三维层析模型和二维球谐函数拟合的电离层延迟的改正精度。这些基准站(圆点)以及实验检核站(五角星)的分布如图 11.17 所示。

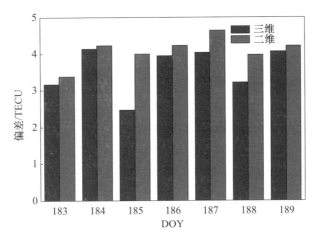

图 11.16　FFMJ 测站三维模型与二维模型的精度比较

图 11.17　中国区域基准站分布图

　　试验中采用了中国陆态网络 2008 年 7 月 1 ~ 8 日（DOY:183 ~ 190）的数据,由于 7 月 7 日（DOY:189）的数据预处理失败而未采用,一共采用了 7 天的数据进行实验。实验方法与欧洲区域 FFMJ 测站类似,三维层析模型的经验正交函数由测区中心（105°E,30°N）的采样数据获得的,其三维和二维电离层模型拟合的精度比较如图 11.18 所示。

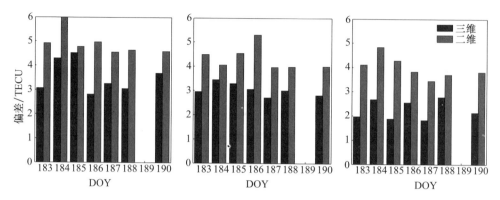

图 11.18　测站 QION、LUZH 和 CHUN 三维模型和二维模型拟合的电离层延迟精度比较

从图 11.18 可以看出,中国区域内 QION、LUZH 和 CHUN 三个检核站在 7 天内的三维层析模型拟合的电离层延迟精度优于二维球谐函数模型,而且三维层析模型拟合的电离层延迟改正精度在中高纬地区的改正效果明显优于低纬地区。中国区域在经纬度方向上跨度比较大,包括了低、中纬地区,整个区域内电离层变化比较复杂,二维电离层模型在忽略了电离层垂直分布的情况下,仅依靠经验的投影函数将电离层斜延迟投影到垂直方向上,由此产生的误差对电离层模型的影响仍是需要解决的问题。基于模式参数拟合的三维电离层层析模型通过经验正交函数引入了电离层垂直信息,从而在一定程度上提高了二维球谐函数模型对电离层延迟修正的精度。

二维电离层模型通过假设电离层集中在距地面一定高度无限薄层上对电离层进行建模。卫星信号的路径并不总是垂直于这个假设的薄层,不同高度角的信号在穿过电离层时的路径长度不同。因此,利用经验的投影函数将电离层斜延迟投影到垂直方向时会带来一定的误差,尤其是在高度角很低的时候。为讨论高度角大小对二维和三维电离层的影响,分析了测区中 QION、LUZH 和 CHUN 三个实验检测站利用二维球谐模型和三维层析模型拟合的电离层斜延迟的残差与高度角的关系。图 11.19 所示为 2008 年第 187 天 3 个测站上由二维和三维模型拟合的电离层斜延迟的残差分布随着高度角的变化情况。从图中可以看出,无论是二维还是三维电离层模型,对高度角较高的观测信号的改正精度都比较高;基于经验正交函数的三维层析方法在高度角较高的部分,如图中 60°~90° 范围上,其改正精度与二维层析模型的结果无明显差异;而在低高度角部分要明显优于二维球谐函数模型的结果。对其余几天的观测数据进行了同样的试算,其结果类似于第 187 天,这也说明了基于经验正交函数的三维层析模型在一定程度上能够克服二维模型的单层假设带来的影响,提高了电离层模型对低高度角的观测信号的电离层延迟改正精度。

从以上的欧洲区域和中国区域的实验结果来看,基于经验正交函数和球谐函数的三维层析模型对于电离层斜延迟的改正精度较二维球谐函数模型有明显的提高。但是,三维模型本身也存在一些限制因素,如前所述,经验正交函数来自于经验数据,与地理范围有关,范围越大,其所能表达的信息的准确性越低。由于欧洲地区的面积较小,EOF 采用测区中心的采样数据来获取,对整个测区内测站的电离层改正精度影响并不大。相对于实验中的欧洲测区来说,中国区域覆盖面积较大,EOF 的采样方法对结果的影响还有待探讨。为此,这里我们分析了 2008 年 7 月 1~4 日(DOY:183~186)4 天的观测数据采用不同的 EOF 采样方法获得的三维层析模型改正精度情况。

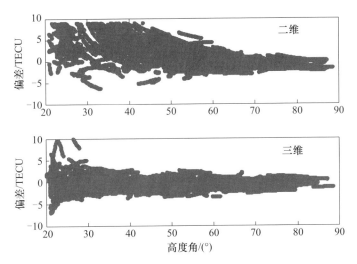

图 11.19　三维层析模型与二维电离层模型改正残差与高度角的关系

采用两种方法来获取 EOF:①采用测区中心位置(105°E,30°N)IRI2007 模型的数据来形成电子密度剖面的时间序列,然后构造方差-协方差矩阵,通过特征值分解获得经验正交函数;②对每个观测数据逐一处理获取 EOF,过程是采用每条观测信号在电离层 350km 处的交叉点处的 IRI2007 模型的数据形成电子密度剖面的时间序列,从而获取 EOF。采用这两种获取 EOF 的方法,结合球谐函数构造的三维层析模型,其对观测站和检核站电离层延迟改正精度如表 11.4 所列。

表 11.4　EOF 不同采样方法的三维层析模型改正精度　(单位:TECU)

日期	7.1(183)		7.2(184)		7.3(185)		7.4(186)	
测站	方法一	方法二	方法一	方法二	方法一	方法二	方法一	方法二
QION	2.7281	2.6197	2.8602	2.5372	4.2962	4.6238	2.9215	2.7537
LUZH	2.4247	2.2480	3.4366	3.0014	3.0001	2.8819	2.6334	2.5837
CHUN	1.9651	1.6696	2.4590	2.2290	1.8846	2.1400	2.0458	1.5825
均值	2.1632	1.7612	3.2647	3.0131	2.1798	1.8119	2.0087	1.6925

表 11.4 中给出了这两种方法构造的三维层析模型(方法 1:由测站中心的采样数据获取 EOF。方法 2:针对每条观测射线 IPP 点处的采样数据获取 EOF)对测区内检核站(QION、LUZH 和 CHUN)的电离层延迟改正精度,用全天的电离层残差的 RMS 表示,表中最后一行表示测区内所有观测站数据在 1 天内的电离层模型拟合值

与实测值的偏差的均方根。

表 11.4 的结果显示,除了在第 185 天 QION 和 CHUN 站的利用测区中心的采样数据构造的模型改正精度略优于对测区所有观测射线逐一采样构造的模型外,其余的均为后者的精度高于前者的精度,精度提高的最大幅度约为 0.4TECU。整体而言,对于中国区域的观测网,针对每条观测射线 IPP 点处的采样数据获取 EOF 构造三维层析模型的改正精度并不能明显地提高仅利用测区中心的采样数据构造的三维模型,反而大大增加了计算负担。因此,对于区域观测网(如中国区域)来说,为了提高计算效率,仅利用测区中心的采样数据来获取 EOF,结合球谐函数构造电离层三维层析模型即可,对于更大面积的区域网甚至是全球观测网来说,样本数据增多,经验正交函数所能表达的信息的准确性降低。因此,需要对测区每条观测射线的 IPP 点处进行采样获取 EOF。

11.5 联合地基/星载 GPS 观测的电离层层析反演

地球大气无线电掩星观测是利用安置在低地球轨道(LEO)卫星上的接收机接收中高轨卫星发射的电波信号,以获取射线接近水平穿过电离层和大气层的投影数据,当电波传播路径经过大气层时,由于电离层和中性大气对电波的折射作用,电波路径发生弯曲,即构成掩星观测。1995 年美国的全球定位-气象小卫星实验第一次成功的证明了 LEO 卫星接收 GPS 信号实现地球大气掩星技术的设想[15],此后其他一些国家陆续发射了可以进行 GPS 无线电掩星观测的小卫星。美国和中国台湾在 2006 年发射了由 6 颗小卫星组成的气象、电离层和气候联合观测星座(COSMIC),实现对电离层和等离子体层的有效监测。

由于地面监测站的大部分 GNSS 观测射线具有较高的高度角,甚至接近垂直方向,使得利用地基 GNSS 观测的电离层层析反演具有较高的水平分辨率,而垂直分辨率较低。低轨卫星星座 GPS 无线电掩星观测可以提供更多水平射线信息,这正是地基 GPS 射线缺乏的信息,同时 GPS 双频导航接收天线还可以获取电离层顶部观测信息,有助于提高电离层顶及等离子体层的层析反演效果。本节利用中国陆态网络高精度双频 GPS 观测数据,联合 COSMIC 低轨卫星提供的星载 GPS 观测数据,反演了中国区域的电子密度值,验证了引入低轨卫星星载 GPS 观测提高电子密度反演垂直分辨率的有效性。具体方法可参见相关文献[16]。同时,利用全球 IGS 跟踪站的地基 GPS 观测,COSMIC 星载观测以及 CMART 来反演了全球电离层电子密度时空分布结构。

11.5.1 联合地基/星载 GPS 观测的反演方法检验

实验数据包括了中国地壳运动观测网络及数个 IGS 观测站的地基 GPS 观测数据以及 COSMIC 数据分析和归档中心(CDAAC)提供的低轨卫星观测数据。地基

GPS 观测值来自中国地壳运动观测网络的 22 个基准站和 6 个 IGS 观测站在 2006 年 11 月 7 ~ 9 日的高精度双频 GPS 观测值。这些观测站及测高仪的位置分布如图 11.20 所示。地基 GPS 观测值的采样间隔为 30s,截止高度角为 15°,每个反演时段采用 20min 的观测数据。

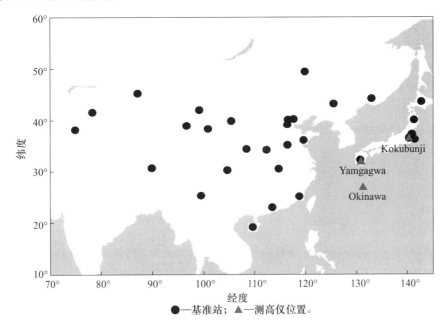

图 11.20　地基 GPS 观测站及测高仪位置分布图

COSMIC 卫星星载的主要仪器是一台 JPL 研制的 GPS 接收机。这台 GPS 接收机是 JPL 早期开发的仪器的发展和改进设计。它能同时观测两个或者更多的掩星和跟踪所有可视的 GPS 卫星,以亚毫米精度、高频率采样(50Hz)记录 GPS 卫星的双频载波相位变化序列,用于反演高精度、高分辨率的大气剖面。对非掩星的 GPS 卫星的低频(0.1Hz)相位观测,将被用于精度为 5 ~ 10cm 级的轨道计算。

实验中,采用的 COSMIC 数据具体如下:

(1) podTEC:高采样率(1Hz)的绝对 TEC 值,包括了来自于测定轨天线和掩星天线的 GPS 观测,如图 11.21 所示,标定精度为 1 ~ 3TECU (http://cosmic-io. cosmic. ucar. edu/cdaac/products. html#cosmic)。podTEC 数据被用来作为电离层层析反演的观测,同地基 GPS 观测一同采用代数重构算法进行电离层电子密度的重构。联合星载和地基 GPS 观测值的反演可以改善单独的地基 GPS 反演的几何结构。

(2) IonPrf:CDAAC 提供的电离层电子密度剖面,其精度一般为 $10^4 ~ 10^5 cm^{-3}$ (http://cosmic-io. cosmic. ucar. edu/cdaac/products. html#cosmic)。这些电子密度剖面是由 Abel 积分反演获得的,这里被用于检验星载-地基 GPS 观测联合反演的电子密度的可靠性。

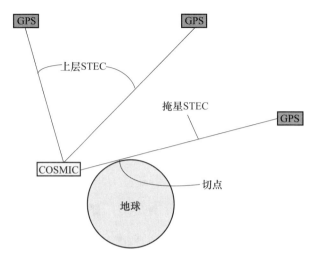

图 11.21　COSMIC 星载 GPS 观测示意图

　　实验中采用了 2006 年 11 月 7 ~ 9 日(年积日 311 ~ 313)的观测数据,每个反演时段采用了 20min 的连续观测。反演的区域经度为 70° ~ 140°,纬度为 10° ~ 55°,高度范围为 100 ~ 1000km,格网分辨率为经纬度 5° × 2.5°,高度上为 50km。反演过程中,采用 IRI2007 模型进行初始化(对反演区域内的格网赋以初值),采用乘法代数重构来对有星载或者地基 GPS 观测射线通过的格网进行迭代,以获得最终的电子密度空间分布的时间序列。

　　实验中,GRND、COMB 以及 Ionprf 分别表示仅地基 GPS 观测单独反演、联合地基 GPS 观测及 COSMIC 的 podTEC 数据反演结果和 COSMIC 提供的电子密度剖面。为了分析引入 COSMIC 空基观测射线对于反演数据的贡献,我们对地基 GPS 以及 LEO -GPS 观测射线分布进行了分析。表 11.5 所列为 2006 年 11 月 7 日(年积日 311)3 个反演时段内单独 GPS 射线及联合反演的射线数,这里给出的是当天 LEO-GPS 射线较多的 3 个时段,每个反演时段包括 20min 的连续观测。重构区域内的格网数为 5415 个。

表 11.5　地基 GPS 及 LEO-GPS 观测射线数及穿过的格网数(格网总数 5415)

反演时间(UT)	GRND		COMB		增加的相交体素
	射线	相交体素	射线	相交体素	
01:00	5902	2332	10848	2751	419
05:00	4144	2201	8715	2753	552
11:00	3839	1950	9409	2638	688

　　从一天的观测数据来看,数据分布主要还是地基 GPS 观测的贡献,这是因为地基 GPS 观测站基本上都分布在重构区域内,地基 GPS 观测是在所有 GPS 卫星与 28 个地面观测站之间的有效射线总和。而 LEO-GPS 主要集中在 COSMIC 卫星轨道经

过重构区域上空的时候,因此空基 GPS 观测数据在一定区域内的贡献还是有限的。但是引入低轨卫星数据可以改善单独地基 GPS 观测的几何结构。在一定的观测时段内,由于低轨卫星的采样率较高,增加了大量的观测射线,使得射线穿过的格网数也有所增加。比如在反演时段 UT11:00—11:20 之间,有观测射线通过的格网数是单独地基 GPS 观测的 1.2 倍。此外,在 UT11:06 时,GPS 卫星 24 号与 COSMIC 卫星 1 号之间一条射线穿过了 12 个格网,而在 5min 内,这两颗卫星之间所有射线穿过的格网数为 109 个,近 9 倍于单条射线穿过的格网数。这主要因为低轨卫星运动比较快,在数分内就可以通过较大区域。因此,引入有效的 LEO-GPS 观测射线可以改善电离层电子密度的重构结果。图 11.22 所示为这 3 个时段的 LEO-GPS 射线的分布。

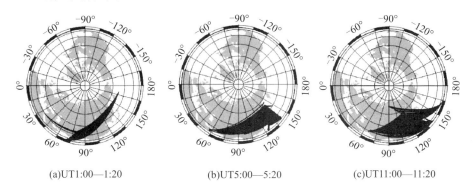

(a)UT1:00—1:20　　　　(b)UT5:00—5:20　　　　(c)UT11:00—11:20

图 11.22　LEO-GPS 射线在中国区域上空分布图(日期:2006 年 11 月 7 日)

从以上讨论可以看出,引入低轨卫星的观测在一定程度上可以改善地基 GPS 观测的几何结构。利用中国地壳运动观测网络基准站及周边 6 个 IGS 站的地基 GPS 观测值和 COSMIC 空基 GPS 观测值,我们联合反演了中国区域上空的电离层电子密度剖面。图 11.23 所示为 2006 年 11 月 7～9 日(年积日 311～313)连续 3 天 6 幅电子密度剖面图,表示单独利用地基 GPS 观测数据反演及联合地基、空基 GPS 观测反演的电子密度剖面同 CDAAC 提供的电子密度剖面比较。

由图 11.23 可以看出,联合地基、空基 GPS 观测数据反演的电子密度剖面同单独的地基 GPS 观测的结果更加接近 COSMIC 掩星观测获得的电子密度剖面,特别是在电子密度峰值处。虽然反演中空基 GPS 观测数据来源于 COSMIC 卫星的 podTEC,这与 COSMIC 掩星获得电子密度剖面 IonPrf 的数据有一定的相关性,但是这 2 种数据的处理方式完全不同,其比较的结果还是可靠的。此外,从图 11.23 还可以看到联合反演的电子密度剖面不是很光滑,尤其是电离层上部空间,这是由于增加了低轨卫星定轨天线提供电离层观测信息引起的。这从一个侧面说明了空基 GPS 观测可以提供更多电离层顶的观测信息,但是由于目前电离层上部观测手段的有限,反演结果的精度还有待进一步的证明。

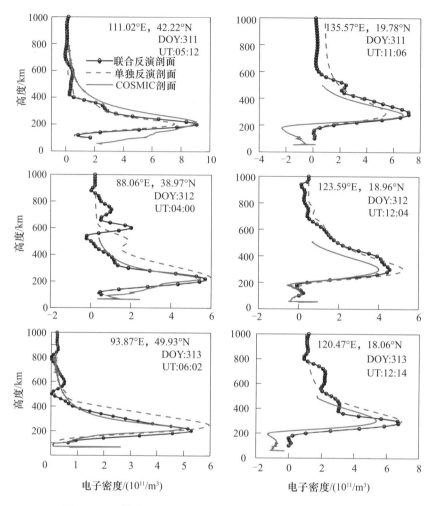

图 11.23　单独反演及联合反演的电子密度剖面同 COSMIC
掩星观测获得的剖面比较图

　　表 11.6 所列为单独反演、联合反演的电子密度峰值($N_{\mathrm{mF_2}}$)及峰值高度($H_{\mathrm{mF_2}}$)结果同 COSMIC 获得的电子密度剖面结果比较。表中给出了 6 个反演时段内地基观测单独反演、星载/地基观测联合反演获得的电子密度峰值以及峰值高度同 COSMIC 掩星观测获得的结果的比较。表中对应于这 6 个反演时段的反演结果,其中,每组上面一栏对应实验反演获得的电子密度峰值高度值和电子密度峰值,下面一栏表示的是反演结果同 COSMIC 掩星观测获得的电子密度峰值高度和电子密度峰值的差值。从表 11.6 中还可以看出,联合星载 GPS 和地基 GPS 反演的电子密度峰值以及峰值高度相对于单独的地基 GPS 反演的结果均更加接近 CDAAC 提供的电子密度剖面结果,结果表明引入低轨卫星观测数据对反演的 $H_{\mathrm{mF_2}}$ 和 $N_{\mathrm{mF_2}}$ 精度有所提高。

表 11.6 单独反演、联合反演的电子密度峰值及峰值高度同 COSMIC 结果的比较表

时间		H_{mF_2}/km		$N_{mF_2}/(10^{11}/m^3)$	
DOY	UT	单独	联合	单独	联合
311	5:12	203	203	7.54	9.09
		5	5	−1.48	0.06
311	11:06	291	289	5.41	7.19
		9	7	−1.29	0.48
312	4:00	229	217	5.98	5.71
		7	−5	0.50	0.24
312	12:04	299	299	5.22	4.54
		−1	−1	1.23	0.55
313	6:02	250	206	5.96	5.32
		30	−14	1.05	0.42
313	12:14	289	301	6.95	6.84
		−5	−3	1.58	1.47

为更好地验证和分析反演方法的结果,将单独反演、联合反演获得的 N_{mF_2} 结果同地面测高仪的结果也进行了比较。图 11.20 中给出了实验中所用的 3 个测高仪站的分布情况。试验中利用 2006 年 11 月 7~9 日 3 天的数据,每隔 1h 反演一次,一共可以得到 72 次反演结果。将单独反演及联合反演获得的 N_{mF_2} 同测高仪得到的结果进行比较。表 11.7 所列为反演获得的 N_{mF_2} 同测高仪比较的平均绝对误差及相对误差。平均绝对误差(mean)及相对误差(rel)的计算采用如下公式:

$$\text{mean} = \frac{1}{N} \sum_{i}^{N} |x_{inv_i} - x_{iono_i}| \qquad (11.28)$$

$$\text{rel} = \frac{100}{N} \sum_{i}^{N} \frac{|x_{inv_i} - x_{iono_i}|}{x_{iono_i}} \qquad (11.29)$$

式中:x_{inv} 为 72(N)个由单独反演或者联合反演的 N_{mF_2} 值,x_{iono} 为相应的测高仪观测的 N_{mF_2} 值。

从表 11.7 中同样可以看出,由地基 GPS 和星载 GPS 观测联合反演获得的平均绝对误差及平均误差百分比结构均优于单独地面 GPS 反演的结果。

表 11.7 单独反演、联合反演的 N_{mF_2} 同测高仪比较的平均绝对误差及相对误差

统计结果 \ 测站	平均绝对误差/$(10^{11}/m^3)$		相对误差/%	
	联合	单独	联合	单独
Kokubunji	0.87	0.95	18.14	22.02
Yamagawa	1.22	1.33	30.13	32.87
Okinawa	1.41	1.62	24.32	25.57

图 11.24 所示为在 2006 年 11 月 7 日联合反演的 N_{mF_2} 与测高仪比较结果。从图中可以看出,联合反演的 N_{mF_2} 在一天内同测高仪的变化趋势大致相同;Okinawa 站在 UT00:00—09:00 点时,其变化明显大于另外两个测站,这是因为 Okinawa 测站的纬度比较低,其电子密度变化比较复杂,使得某些反演结果同测高仪的值有明显区别。

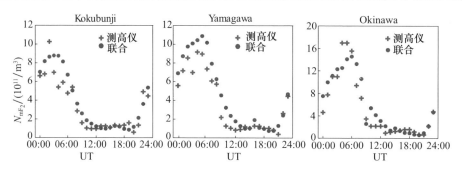

图 11.24 2006 年 11 月 7 日联合反演的 N_{mF_2} 值与测高仪结果比较图

11.5.2 全球电离层电子密度监测

为了分析全球的电离层电子密度的大尺度时空变化特征,采用了 280 ~ 300 个 IGS 的高精度 GPS 跟踪站,以及 COSMIC 星载 GPS 接收机的观测数据,利用前面所述的 CMART 层析反演算法,反演了全球的电离层电子密度的分布。图 11.25 所示为实验中所采用的这些 IGS 测站分布的情况。从 IGS 测站分布情况来看,这些测站分布不均匀,大部分测站都分布在陆地上,海洋上的测站很少,即使在陆地上的分布也不均匀,主要分布在欧美等发达国家和地区。再加上地基 GPS 有限仰角的限制,给电离层层析反演带来了一些难以克服的困难。因此,在全球的电离层层析中,引入低轨卫星的星载 GPS 接收机观测数据是有益的。同时,由于观测数据分布的不均匀,我们采用了前一节所述的 CMART,使得全球电离层电子密度分布具有连续光滑性。

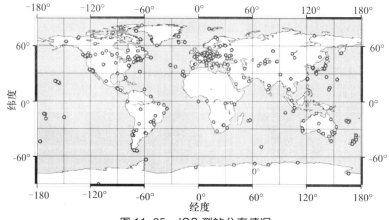

图 11.25 IGS 测站分布情况

实验中反演的区域经度为 $-180° \sim 180°$,纬度为 $-90° \sim 90°$,高度范围为 $100 \sim 1000\mathrm{km}$,格网分辨率为经纬度 $10° \times 5°$,高度上为 $50\mathrm{km}$,格网数一共为 24624。实验中选取了 2009 年 7 月 19 日(年积日 200)一天的 IGS 连续跟踪站的地面观测数据以及 COSMIC 低轨卫星的观测数据,反演了全球的电离层电子密度在一天内的变化,选取了 2009 年 3 月 20 日、6 月 21 日、9 月 23 日以及 12 月 22 日 4 天的观测数据,分别表示了春分、夏至、秋分、冬至,代表了四季变化,用于分析电离层的冬季异常和半年度异常等长时间尺度的变化。根据东京地磁台的地磁数据,所选取的 5 天均未发生磁暴,是地磁平静日。实验所选取的测站数各天并不相同,但是基本在 $280 \sim 300$ 之间。

首先,利用 2009 年 7 月 19 日的观测数据,我们反演了全球的电离层电子密度分布的时间序列。根据 IGS 测站的分布情况,在西经 60°(60°W)经度链上,地面观测站分布比较多且均匀,利用电离层层析反演方法能够获得更加真实的电子密度三维结构分布。图 11.26 所示为 60°W 经度链上的电子密度沿纬度和高度变化的时序图。

图 11.26 中在每幅图的右上角给出了反演时刻对应的当地时间,反演的时间序列图可以清楚地显示电离层电子密度 24h 变化特征。在夜间 22 点到清晨 6 点,电子密度总体上变化不大,但是在 $40° \sim 60°\mathrm{N}$ 处出现了电子密度极低值,即所谓的中纬谷。电子密度在日出前后存在明显的上升趋势。从清晨 6 点开始,电子密度值开始增大,在当地时间的 $14 \sim 16$ 点达到了最大值,随后开始减小,电离层电子密度变化随

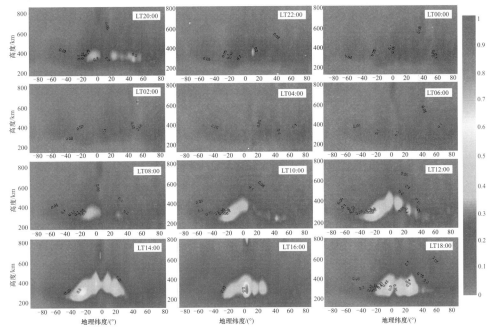

图 11.26　60°W 经度链上的电子密度沿纬度和高度变化的时序图

(电子密度单位:$10^{12}/\mathrm{m}^3$)(见彩图)

地球自转的昼夜交替现象一致,符合电离层电子密度受太阳活动影响较大的规律。此外,在电子密度上升的过程中,我们还可以看到一个明显的赤道异常的结构形成。在早晨 8 点左右的赤道两边形成双峰,且一直持续到 16 点,同时 F_2 层峰高在地磁赤道上空被极大地抬升而出现最大值,形成赤道峰值高度的倾斜结构,随后开始慢慢消失,变成赤道上的单峰。电离层电子密度变化过程是一个典型的赤道异常现象。

图 11.27 所示为 UT07:00 和 UT14:00 时,不同高度层面上的电离层电子密度沿经纬度方向上的变化图,因为电子密度 F_2 层一般在 250~400km 高度上,E 层一般在 150km 以下,所以这里给出了在 150km、250km、300km、350km、500km 的电子密度分布,图中可以清楚地显示电离层各层上的电子密度分布情况,三维的电离层层析相对于二维的电离层模型来说,可以得到电离层垂直结构。

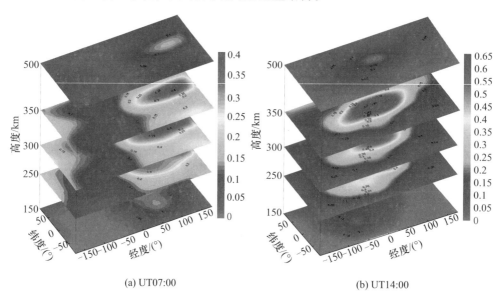

(a) UT07:00　　　　　　　　　　　　　(b) UT14:00

图 11.27　不同高度上的电离层电子密度分布图(电子密度单位:$10^{12}/m^3$)(见彩图)

为验证反演结果的可靠性,我们将反演获得电离层电子密度沿高度方向上积分,获得全球分布的 VTEC 值,并将 VTEC 的分布同 IGS 提供的全球二维电离层格网模型 GIM 进行了比较。由于电离层电子密度重构过程中,全球的格网分辨率直接影响计算的效率,这里采用的格网分辨率在水平方向上是 $10 \times 5°$,而 GIM 的格网分辨率为 $5 \times 2.5°$。图 11.28 所示为由层析方法获得的 VTEC 与 GIM 格网模型的比较图,从上到下的时间间隔为 4h,分别为 UT02:00、06:00、10:00、14:00、18:00、22:00。由图上可以看出,层析方法获得 VTEC 在一天内的变化情况同 GIM 的基本上一致,只是在南极地区由层析方法估计得 VTEC 整体上要偏小。原因可能是南极地区的地面观测站很少,缺乏南极地区的观测信息所致。

GIM　　　　　　　　　　　　　层析法

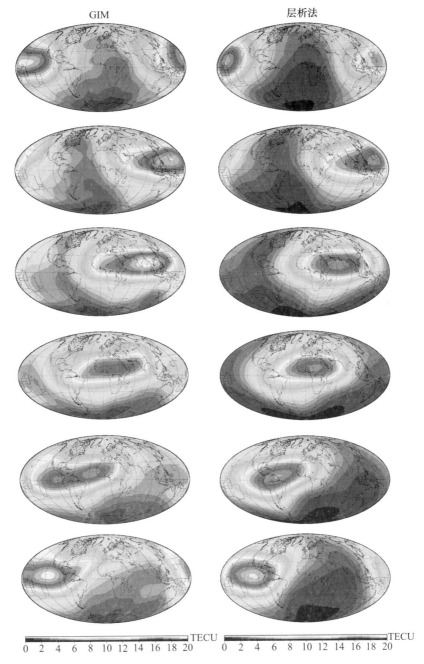

图 11.28　层析方法获得的 VTEC 与 GIM 格网模型的比较图

　　截至目前,对于电离层异常现象的分析和讨论,绝大多数学者都是以测高仪台网测得的电离层 F_2 层峰值电子密度 N_{mF_2} 和 F_2 层峰高度 H_{mF_2} 为研究对象。典型的电离层时间尺度上的异常现象包括:"年度异常""冬季异常"或"季节异常""半年度异常"。

（1）年度异常：从全球范围来看，电离层 F_2 层的电子密度年度变化 12 月比 6 月大 20%，而由于日地距离的变化，这两个月份太阳通量只有 6% 的变化。

（2）冬季异常或者季节异常：白天，N_{mF_2} 的数值大小在冬季大于夏季；夜间，这种异常消失，夏季值大于冬季，即恢复到符合 Chapman 规律的季节正常。

（3）半年度异常：N_{mF_2} 在春秋分出现最大值。

前面利用层析反演方法获得了电离层电子密度在一天内的变化情况，为进一步地分析电离层在更长时间尺度上的变化情况，我们利用全球电离层层析反演的方法反演了 2009 年春分、夏至、秋分和冬至 4 天电子密度分布情况，代表了北半球春夏秋冬四季，以反映电离层电子密度年度变化情况。图 11.29 分别所示为春分、夏至、秋分和冬至这 4 天北半球电子密度 F_2 层峰值 N_{mF_2} 在 UT06:00、UT12:00 和 UT18:00 的分布情况。

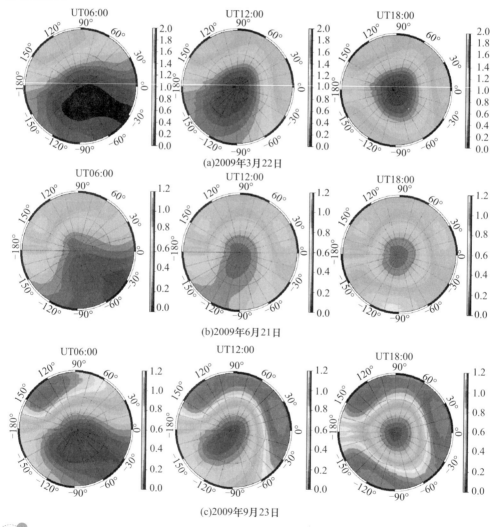

(a)2009年3月22日

(b)2009年6月21日

(c)2009年9月23日

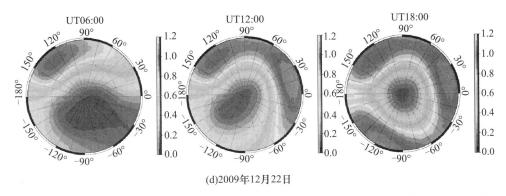

(d)2009年12月22日

图 11.29　春分、夏至、秋分和冬至北半球 N_{mF_2} 的分布情况（电子密度单位：$10^{12}/m^3$）（见彩图）

　　从上述 4 幅图可以看出，在全年的时间尺度上，电离层电子密度 N_{mF_2} 存在明显的季节差异，白天冬季高于夏季，夜间夏季大于冬季，即存在明显的冬季异常现象。一些研究也发现，不同高度的电离层电子密度在春分秋分点的白天，其大小差异随着高度的变化而变化。特别地，在低层电离层范围内，电子密度呈现出秋分点大而春分点小；在高层电离层范围内，电子密度呈现出春分点大而秋分点小，这就是电离层电子密度不对称性变化。而图 11.29 中，N_{mF_2} 最大值出现在秋分，春分和秋分的 N_{mF_2} 值也有明显的不对称，即存在半年度异常。但是，由于在垂直方向上的反演分辨率还不够，其电离层电子密度的在不同高度上的变化，特别是高层范围内的变化不同而引起的不对称性变化在此无法验证，还需要进一步提高反演精度和垂直分辨率。

　　从以上通过层析反演技术对全球电离层电子密度周日变化及年度变化的监测和分析结果来看，利用电离层层析反演技术，可以有效地实现全球的电离层电子密度的监测，为电离层的大尺度时空变化研究与监测提供了一种新的手段[17-18]。

11.6　联合北斗/GPS 观测数据的电离层层析反演

11.6.1　基于北斗数据获得电离层 TEC

　　为确保 GNSS 电离层电子密度的反演精度，首先需要获得 GNSS 卫星至接收机路径上高精度的绝对 TEC 信息。GPS TEC 确定方法在前面已经介绍过，这里给出后面所需北斗 TEC 计算方法。本节所用北斗数据是利用监测型接收机采集的，可以直接获得北斗精码伪距观测。基于 B1 与 B2 频点上的伪距观测量组成的无几何组合观测即可获得含有卫星和接收机频间偏差的电离层 TEC 观测信息，如下式所示。

$$TEC_{BD} - k \cdot c(DCB_{B1B2} + DCB^{B1B2}) = k \cdot (P_{B2} - P_{B1}) \tag{11.30}$$

式中：TEC_{BD} 为北斗信号传播路径上的电离层 TEC（TECU）；DCB_{B1B2}，DCB^{B1B2} 分别为接收机和卫星 B1 与 B2 频间偏差（s），通常在一天内可看作是一常量；P_{B1}、P_{B2} 分别为监测型接收机获得的 B1 和 B2 频点上精码伪距观测量(m);c 为光速(m/s);k 为与信号频率相关的常量,对于北斗的 B1 与 B2 频率,取值为 8.998。

图 11.30 所示为在一天内北斗与 GPS 电离层交叉点分布对比图,可以看到,数据采集期间,北斗在轨卫星较少且主要是 IGSO 与 GEO 卫星,电离层交叉点分布稀疏,且纬度跨度较大,所以不易直接采用解算 GPS 频间偏差的方法精确确定北斗频间偏差。为此,基于 CODE 发布的全球球谐函数电离层模型逐历元计算北斗信号传播路径上的电离层 TEC,并通过对一天内二者之间的差异取平均作为北斗卫星和接收机频间偏差之和的估值,如式(11.31)所示。

$$SPR_{B1\,B2} = DCB_{B1\,B2} + DCB^{B1\,B2} = \frac{\langle TEC_{BD,code} - k \cdot (P_{B2} - P_{B1}) \rangle}{k \cdot c} \tag{11.31}$$

式中:$SPR_{B1\,B2}$ 为估计得到的北斗卫星和接收机 B1 与 B2 频间偏差值(s);$TEC_{BD,code}$ 为基于 CODE 发布的全球球谐函数电离层计算得到的北斗卫星信号传播路径上的电离层 TEC(TECU);$\langle \cdot \rangle$ 表示对括号内序列取均值;其他符号含义与式(11.30)中的含义相同。

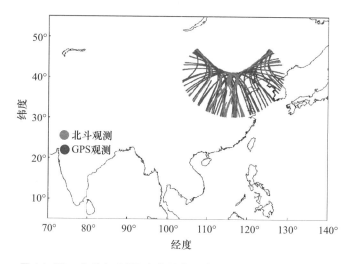

图 11.30　北斗与 GPS 电离层交叉点在一天内的分布对比图

采用式(11.31)所示的方法,即可实现逐卫星地估计相应的频间偏差值。然后,将估计得到的卫星和接收机频间偏差估计回代至式(11.30)中,计算北斗卫星信号传播路径上电离层电子总含量 TEC_{BD},将其作为后续电离层层析的基本观测量。图 11.31 所示为利用北斗实测数据得到的各卫星交叉点处天顶方向上的电离层 TEC 与 CODE 全球球谐函数电离层模型提供的电离层 VTEC 对比。从图 11.31 可见,由于 CODE 电离层模型建立仅仅采用了 5 个中国区域 GPS 基准站的观测数据,其在中国区域内的精度相对较差,因此,基于北斗数据计算与 CODE 电离层模型给出的电离层 VTEC 在地方时午后电离层峰值附近差异较大,除此之外,二者基本相符。总体表明利用北斗观测数据计算的电离层 TEC 能够有效地反映电离层 TEC 日变化,可以用于电离层电子密度层析成像反演。

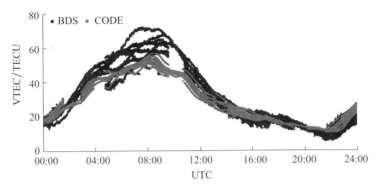

图 11.31　基于北斗实测数据和 CODE 全球电离层模型计算的某基准站
各卫星交叉点处的电离层 VTEC

11.6.2　实验结果与分析

本实验主要采用了中国区域 5 个基准站的 BDS(IGSO 及 GEO 卫星)高精度观测资料及中国地壳运动观测网络 149 个地面基准站的高精度 GPS 观测资料。电离层反演区域为:经度范围$[75°,135°]$、纬度范围$[15°,55°]$及高度范围$[100,1000]$km。电离层反演分辨率:在经纬度及高度三方向上的格网分辨率为 $2° \times 4° \times 50$km。电离层反演时间段为:2011 年 11 月 27 日(年积日为 331)到 2011 年 12 月 7 日(年积日为341)(其中 12 月 4 日的北斗数据缺失),共 10 天;反演的时间分辨率是 1h,每次采用20min 的数据进行反演计算。基于代数重构的反演算法,利用 GPS、BDS 观测数据分别单独反演及联合反演中国区域电离层电子密度。电离层反演结果的检验:利用武汉和北京电离层测高仪获得的两站上空电离层电子密度剖面信息分析和验证 GPS与 BDS 观测数据反演的中国区域电离层电子密度结果。

实验中分别给出了反演的电子密度峰值($N_{\mathrm{mF_2}}$)和峰值高度($H_{\mathrm{mF_2}}$)同测高仪数据比较的平均偏差(mean d$N_{\mathrm{mF_2}}$,mean d$H_{\mathrm{mF_2}}$),相关系数 r,以及均方差($\mathrm{dev}N_{\mathrm{mF_2}}$,$\mathrm{dev}H_{\mathrm{mF_2}}$)。计算这些量的公式表示如下,其中 P 为采样数(以 $N_{\mathrm{mF_2}}$ 计算为例,$H_{\mathrm{mF_2}}$ 的计算方法相同)。

$$\mathrm{d} N_{\mathrm{mF_2}}(p) = N_{\mathrm{mF2_{inv}}}(p) - N_{\mathrm{mF2_{ionsonde}}}(p) \tag{11.32}$$

$$\mathrm{mean\ d}N_{\mathrm{mF_2}} = \frac{1}{P}\sum_{p=1}^{P} \mid \mathrm{d}N_{\mathrm{mF_2}}(p) \mid \tag{11.33}$$

$$r = \frac{\sum XY - (\sum X \sum Y)/P}{\sqrt{(\sum X^2 - (\sum X)^2/P)(\sum Y^2 - (\sum Y)^2/P)}} \tag{11.34}$$

$$\mathrm{dev}\ N_{\mathrm{mF_2}} = \sqrt{\frac{1}{P}\sum_{p=1}^{P}(N_{\mathrm{mF2inv}}(p) - N_{\mathrm{mF2ionsonde}}(p))^2} \tag{11.35}$$

式中:X,Y分别为反演的电子密度峰值和峰值高度与相应的测高仪结果。图 11.32 和图 11.33 所示为 GPS、BDS 单独反演及联合反演(BDS + GPS)的电子密度峰值及峰值高度同武汉站测高仪数据的比较结果。

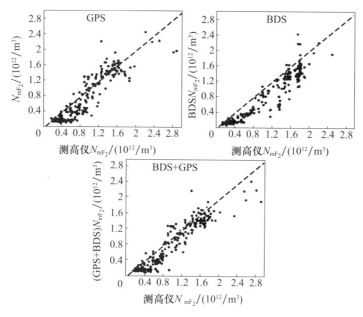

图 11.32　GPS、BDS、BDS + GPS 观测值反演的电子密度峰值同武汉站测高仪观测数据的比较

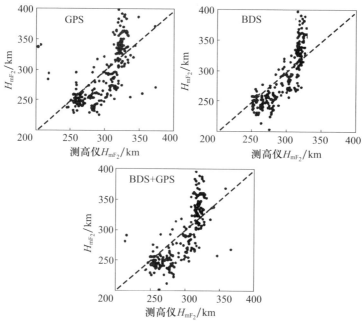

图 11.33　GPS、BDS 及 BDS + GPS 观测值反演的电子密度峰值高度同武汉站测高仪观测数据的比较

从图 11.32 可以看到,GPS、BDS 单独反演的电子密度峰值的精度相当。GPS 单独反演的结果的平均偏差及均方差为 $2.3072 \times 10^{11}\,\mathrm{m}^{-3}$、$2.8767 \times 10^{11}\,\mathrm{m}^{-3}$,与测高仪探测数据的相关系数为 0.9157。BDS 观测单独反演的结果相应为 $2.3110 \times 10^{11}\,\mathrm{m}^{-3}$、$2.9828 \times 10^{11}\,\mathrm{m}^{-3}$,相关系数为 0.9180。BDS + GPS 联合反演的电子密度峰值反演结果同武汉站测高仪相对于 GPS、北斗反演结果略优,平均偏差及均方差分别为 $2.06873 \times 10^{11}\,\mathrm{m}^{-3}$、$2.5452 \times 10^{11}\,\mathrm{m}^{-3}$,相关系数为 0.9413。从图 11.33 电离层电子密度反演的峰值高度来看,BDS 观测单独反演结果的平均偏差、均方差均为最小,分别为 21.3121km、27.1884km,相关系数为 0.8486,略优于 GPS 单独反演结果及 GPS + BDS 联合反演结果。

图 11.34、图 11.35 所示为 GPS、BDS 单独反演及 BDS + GPS 联合反演的电子密度峰值及峰值高度同北京站测高仪数据的比较结果。从反演结果同北京站测高仪探

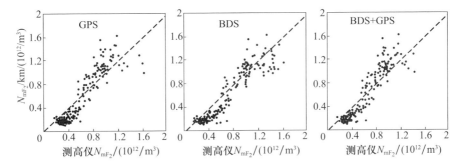

图 11.34　GPS、BDS 及 BDS + GPS 观测值反演的电子密度峰值同北京站测高仪观测数据的比较

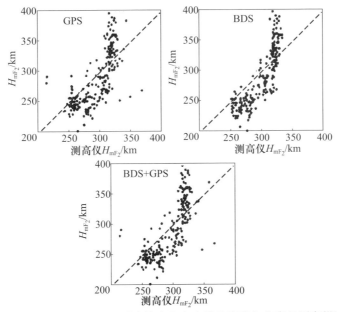

图 11.35　GPS、BDS 及 BDS + GPS 反演的电子密度峰值高度与北京站测高仪观测结果的比较

测数据的比较结果来看,BDS + GPS 联合反演的电子密度峰值精度略优于 BDS、GPS 单独反演的结果,但是差异不大,这是因为北京站纬度高于武汉站,其测站上空的电子密度值本身比较小。对于电子密度峰值高度反演结果类似于武汉站,BDS 观测值反演的结果优于 GPS 及 GPS + BDS 联合反演的结果。

从上述结果来看,我们单独利用 GPS 和 BDS 反演的中国区域的电离层电子密度值精度大致相当,而 BDS 的反演的峰值高度结果精度稍微优于 GPS;结合 BDS 和 GPS 观测的联合反演的电子密度峰值优于各自单独反演的结果。另一方面,电子密度峰值高度则与 GPS 反演的结果相当。从反演结果同测高仪探测数据比较的相关系数来看,总体上层析反演的电子密度峰值精度要优于电子密度峰值高度的结果,说明了基于 GNSS 的电离层层析反演的垂直分辨率还有待提高。

由于 BDS 卫星数以及地面观测站数量还比较少,相应的观测数据比较少,图 11.36 给出几个时段内在武汉站上空 BDS/GPS 观测数据量相当的情况下,GPS、BDS 单独反演以及联合反演的电子密度剖面同武汉站测高仪(114.6°E,30.4°N)数据的比较图。

考虑到电离层测高仪只能提供电子密度峰值以下的实测结果,而峰值高度以上的结果是拟合外推的反演方法获得的,因此这里的比较分析主要考虑电子密度峰值高度处及以下的剖面。从图 11.36 上的部分时段结果来看,在年积日第 331 和 341

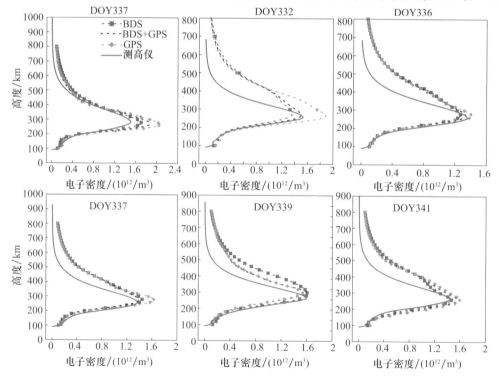

图 11.36　BDS 与 GPS 单独反演及联合反演的电离层电子密度剖面与
测高仪获得的相关结果比较(UT04:00)

天 UT04:00 的时候利用 BDS 单独反演的电子密度剖面最接近测高仪探测结果,在第 332、336、337 天 BDS 单独反演及 BDS + GPS 联合反演的电子密度剖面最接近测高仪探测结果,而第 339 天 GPS 单独反演及 BDS + GPS 联合反演的结果更接近测高仪探测结果,略优于 BDS 单独反演结果。总体来说,利用 BDS 数据反演的电离层电子密度结果是可靠的,同时,利用目前状态的 BDS 观测资料反演中国区域电离层电子密度是可行的。另外,GNSS 电离层层析反演的精度很大程度上取决于观测数据的数量及分布的均匀性。由于本节实验资料中仅包括 5 颗 IGSO 及 3 颗 GEO 卫星的观测数据,因此,随着 BDS 空间星座及地面观测设施的逐步完善及数据的逐步开放,可通过联合 GPS 资料进一步提高中国区域电离层电子密度反演精度与可靠性。

11.7　星地/星间链路观测数据融合的电离层时延修正

由于北斗系统卫星导航系统的监测站布设以区域布设为主,地面监测站的电离层观测视角范围受到较大的限制,影响了在全球范围内进行电离层延迟监测与修正的精度。北斗系统的星间链路观测穿越了顶层电离层,并可不受地域限制进行全球范围内的电离层探测。充分利用星间链路观测不受空间范围限制影响的优势,突破北斗系统地面监测站以区域布设为主对电离层进行观测的限制,发展有效融合地面监测站的星地观测数据与星间链路观测数据的技术与方法,可望实现星间链路观测对高精度确定电离层延迟量的补充,提高在全球范围内确定电离层时延改正信息的精度,为后续研究改善广播与格网电离层模型精度的技术方案等提供基础工作[19]。

图 11.37 给出了 GNSS 星地/星间链路联合确定电离层延迟信息的流程图。

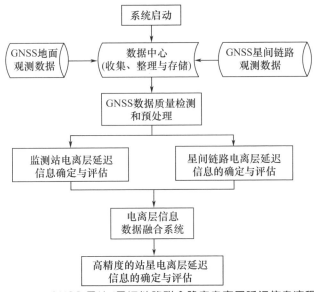

图 11.37　GNSS 星地/星间链路联合确定电离层延迟信息流程图

通过星间链路观测数据与星地观测数据有效融合实现精化电离层延迟的精确确定方法的基本研究思路是:首先根据北斗卫星信号特点采用相应的方法提取星间链路观测的电离层延迟信息,利用载波相位平滑码观测的方法来提取星地观测的电离层延迟信息,然后采用模型来对星地/星间链路观测进行有效融合,同时对电离层延迟信息进行精化。

11.7.1　电离层对星间链路观测影响评估

通过系统仿真分析星间链路观测时受电离层影响的卫星对占所有有效观测的卫星对的百分比,定量分析卫星相对定位时的电离层影响,并在计算卫星数据链路通信时,将卫星信号传播路径上的 TEC 对卫星相对定位时的电离层影响做定量分析。

实验采用 GPS 星历与 NeQuick 电离层模型仿真不同卫星对间相互观测时电离层延迟的影响。其中,利用 GPS 星历仿真分析不同卫星对的通视条件及通视距离,并计算地心至任意两卫星对之间的几何距离 h,如果 $h > 6371\mathrm{km}$,则认为该组卫星对是通视的,否则卫星对不通视;如果 $h > 8371\mathrm{km}$,则认为该卫星对实现星间链路观测时不受电离层延迟的影响。星间链路电离层仿真示意图如图 11.38 所示。以 15 天的时间间隔,仿真 2009 年 1 月 15 日—7 月 29 日的星间链路观测,每天星间链路观测的历元间隔为 30min。通过上述实验,统计仿真时间段内所有实现星间链路观测的有效卫星对内,受电离层影响的卫星对的百分比和 TEC 变化范围,开展电离层对星间链路观测的影响评估,相关的仿真计算结果如表 11.8 所列。

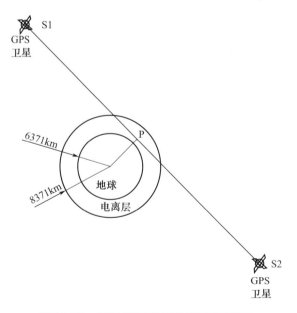

图 11.38　星间链路电离层仿真原理简图

表 11.8　全球电离层对星间链路观测影响情况的仿真统计表

日期	有效观测卫星对的数量	受电离层影响卫星对的数量	受影响卫星对所占百分比/%	TEC 最大值/TECU
2009 - 01 - 15	20886	823	3.94	152.15
2009 - 01 - 30	20902	827	3.96	143.18
2009 - 02 - 14	20882	783	3.75	151.44
2009 - 03 - 01	20857	775	3.72	231.81
2009 - 03 - 16	20855	799	3.83	233.64
2009 - 03 - 31	22316	937	4.20	232.47
2009 - 04 - 15	22260	890	4.00	270.19
2009 - 04 - 30	22246	882	3.96	277.98
2009 - 05 - 15	22251	905	4.07	164.92
2009 - 05 - 30	22249	923	4.15	213.78
2009 - 06 - 14	22244	930	4.18	232.13
2009 - 06 - 29	20874	866	4.15	201.09
2009 - 07 - 14	20892	890	4.26	173.44
2009 - 07 - 29	20914	905	4.33	173.92
平均值	21473.4	866.8	4.03	203.72

从表 11.8 的数据可以看出,受电离层影响的星间链路观测量占有效星间链路观测量总数的比例为 4% 左右,传播路径上的最大 TEC 约为 300TECU。此外,以 30s 的历元间隔仿真了 2003 年 1 月 2 日 01:00:30—12:30:30 时段内的全球可实现的星间链路观测,其中,全部的星间链路总数为 532873 次,穿透电离层区域的星间链路观测数目为 20971 次。由此可以看出,提高星间链路观测频率,将大大提高穿透电离层区域的冗余观测量。

11.7.2　星地/星间链路观测的电离层延迟信息融合仿真实验

基于 GPS 星历与北斗系统的卫星仿真星历,结合 NeQuick 经验电离层模型,模拟不同采样间隔的星间链路观测与地面监测站的星地观测的电离层延迟信息,设计出合理的电离层延迟确定算法,研究和评估星间链路观测对确定电离层延迟精度的影响。

基于 GPS 星历和电离层经验模型,设计并仿真了在 2006 年 11 月 7 日中国区域不同采样的星地/星间链路观测数据。仿真时段为 UT1:00 ~ 1:30。地面测站数据采样率是 30s,共 60 个历元。星间链路观测的采样间隔分别设计为 5min、10min、15min、30min 和 45s 时间等多种方案,每种方案中穿过中国区域电离层的射线数及电离层延迟修正精度改善情况如表 11.9 所列。

表 11.9　2006 年 11 月 7 日 UT1:00 ~ 1:30 基于 GPS 星历仿真的星间链路
观测联合星地观测反演的精度表

采样间隔	全球可通视卫星对总数	穿越电离层的星间链路观测（60 ~ 2000km）射线总数	受电离层影响的观测所占百分比/%	穿过中国区域电离层的星间链路观测射线数	星地/星间联合确定电离层延迟信息的修正量/cm
30min	815	32	3.92	3	0.5
15min	1221	48	3.93	6	0.6
10min	1628	67	4.11	9	0.6
5min	2849	115	4.03	15	0.9
45s	16681	690	4.13	77	2.0

由计算结果可以看出,星间链路观测的采样间隔影响电离层延迟信息的确定精度,通过设计合理的星间链路采样间隔,能提高电离层延迟改正信息结果精度。星间链路观测的采样间隔越小,联合星地/星间链路观测确定的电离层延迟信息对改善仅利用地面观测确定的电离层延迟信息效果越明显。相对于单独利用地面观测仿真电离层延迟,星间链路观测联合星地观测的结果在 L1 上的给定的电离层延迟量改善近 2.0cm。

基于北斗卫星轨道根数,仿真了北斗系统 3 颗 GEO、3 颗 IGSO 和 24 颗 MEO 卫星的轨道位置,同时利用 NeQuick 经验电离层模型,设计并仿真了 2006 年 11 月 7 日中国区域不同采样间隔的星地/星间链路观测数据。仿真时段为 UT 01:00—1:30。地面测站数据采样率是 30s,共 60 个历元。星间链路观测的采样间隔分别设计为 5min、10min、15min、30min 和 45s 时间等多种方案,全球可通视卫星对、穿越电离层的星间链路观测射线数以及穿过中国区域电离层的星间链路观测射线数统计方法可遵照上小节中电离层对星间链路观测影响实验评估方法进行,如表 11.10 所列。

由表 11.10 可知,受电离层影响的星间链路观测数占全部星间链路观测的百分比由 GPS 的 4% 提高到北斗系统的 12%,这是因为北斗星座是有 GEO、IGSO 和 MEO 三种轨道,其中 GEO 和 IGSO 卫星基本处于中国区域及其附近运动,这样增加了中国区域上空的地基以及星间链路观测数,同时高中轨道的相对运动,增强了其几何结构,使得观测射线穿过电离层的数目增加,受电离层的影响也变强。相对于单独利用地面观测仿真电离层延迟相比较,星间链路观测联合星地观测结果的电离层延迟修正量达到近 5.0cm。

表 11.10　2006 年 11 月 7 日 UT1:00—1:30 基于北斗仿真星历的星间链路
观测联合星地观测站反演的精度表

采样间隔	全球可通视卫星对总数	穿越电离层的星间链路观测（60 ~ 2000km）射线总数	受电离层影响的观测所占百分比/%	穿过中国区域电离层的星间链路观测射线数	星地/星间联合确定电离层延迟信息的修正量/cm
30min	824	101	12.5	8	3.12
15min	1238	154	12.4	11	3.59

（续）

采样间隔	全球可通视卫星对总数	穿越电离层的星间链路观测（60 ～ 2000km）射线总数	受电离层影响的观测所占百分比/%	穿过中国区域电离层的星间链路观测射线数	星地/星间联合确定电离层延迟信息的修正量/cm
10min	1649	207	12.5	12	3.76
5min	2849	363	12.7	20	4.35
45s	16902	2139	12.6	119	5.33

11.8　基于卡尔曼滤波的三维时变层析反演

11.8.1　卡尔曼滤波与层析解算相结合的基本算法

如前所述,大量的研究表明电离层电子密度分布是随经度、纬度、高度及时间动态变化的,即电离层层析是一个时变的线性动态系统。因此,一些研究者常常借助于卡尔曼滤波来研究电离层的动态变化特性。另外,电离层层析反演过程中最为棘手的一个问题便是观测方程的不适定问题,常用的解决方法就是引入附加方程,也就是约束条件。因此,将卡尔曼滤波与前面介绍的多个电离层层析方法的结合可望进一步提高电离层电子密度的计算效果。

本节首先基于 11.3 节研究的选权拟合法,建立施加于观测方程的水平和垂直方向上的约束。上述附加方程可以表示为

$$l = Bx \tag{11.36}$$

附加约束方程同观测方程一同解算,则可以得到

$$\begin{bmatrix} y \\ l \end{bmatrix} = \begin{bmatrix} A \\ B \end{bmatrix} x \Rightarrow \hat{y} = Sx \tag{11.37}$$

在借鉴选权拟合法的思想来对观测方程施加约束条件的基础上,利用卡尔曼滤波实现电离层时变三维电子密度解算。

利用卡尔曼滤波进行电离层层析解算,首先基于状态矢量随时间变化的特征对其进行预测,然后利用电离层 STEC 值对矢量进行状态更新。这里给出的递推公式与标准卡尔曼滤波算法相比,不需要计算滤波增益矩阵。电离层层析中假设在 t 时刻,卡尔曼滤波的一般观测方程和状态方程为

$$\hat{\boldsymbol{y}}_t = \boldsymbol{S}_t \boldsymbol{x}_t + \boldsymbol{e}_t \tag{11.38}$$

$$\boldsymbol{x}_t = \boldsymbol{F}_{t-1} \boldsymbol{x}_{t-1} + \boldsymbol{w}_{t-1} \tag{11.39}$$

式中:$\hat{\boldsymbol{y}}_t$ 为 t 时刻电离层 STEC 的 m 维观测矢量;$\boldsymbol{S}_t$ 为 t 时刻观测系数阵;$\boldsymbol{x}_{t-1}$,$\boldsymbol{x}_t$ 分别为 $t-1$ 和 t 时刻 n 维电离层电子密度状态矢量;$\boldsymbol{F}_{t-1}$ 为 $t-1$ 时刻到 t 时刻系统状态转移矩阵;$\boldsymbol{e}_t$,$\boldsymbol{w}_t$ 分别为 t 时刻系统观测噪声和动态噪声矢量,且假设它们之间的关系满足 $E(\boldsymbol{e}_t) = 0$,$E(\boldsymbol{w}_t) = 0$,$E(\boldsymbol{w}_t \boldsymbol{w}_j^{\mathrm{T}}) = \boldsymbol{Q}_t \delta_{ij}$,$E(\boldsymbol{e}_t \boldsymbol{e}_j^{\mathrm{T}}) = \boldsymbol{R}_t \delta_{ij}$,$E(\boldsymbol{e}_t \boldsymbol{w}_j^{\mathrm{T}}) = 0$,$\boldsymbol{R}_t$ 为

非负定阵,Q_t 为正定阵,则状态一步预测 x_{t+1} 的估计值以及方差 - 协方差矩阵可以表示为

$$\hat{x}_{t+1}^t = F_t \hat{x}_t^t \tag{11.40}$$

$$C_{t+1}^t = F_t C_t^t F_t^{\mathrm{T}} + W_t \tag{11.41}$$

将式(11.40)和式(11.41)同观测方程联立,利用最小二乘方法,可以得到 $t+1$ 时刻的状态估计 $\hat{x}_{t+1}^{t+1}$ 及协方差矩阵 C_{t+1}^{t+1}:

$$\hat{x}_{t+1}^{t+1} = C_{t+1}^{t+1} \left[S_{t+1}^{\mathrm{T}} (C_{\hat{y}}^{t+1})^{-1} \hat{y}_{t+1} + (C_{t+1}^t)^{-1} F_t x_t \right] \tag{11.42}$$

$$C_{t+1}^{t+1} = \left[S_{t+1}^{\mathrm{T}} (C_{\hat{y}_t}^{t+1})^{-1} S_{t+1} + (C_{t+1}^t)^{-1} \right]^{-1} \tag{11.43}$$

这里假设电离层层析反演系统为一个随机游走统计过程,则状态转移矩阵可以认为是单位阵 I,以及扰动的协方差阵 W_t:

$$F_t = I \tag{11.44}$$

$$W_t = |t_{t+1} - t_t| \boldsymbol{\delta}^2 \tag{11.45}$$

式中:$\boldsymbol{\delta}^2$ 为一个对角矩阵,表示动态过程的过程噪声谱密度。它是由 t 到 $t+1$ 时段内参数的变化特性决定。卡尔曼滤波的计算过程的流程图如图 11.39 所示。

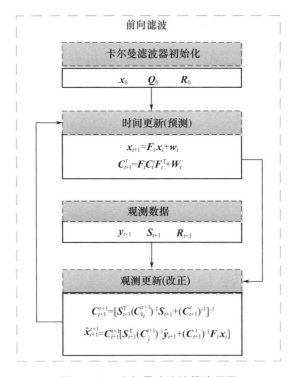

图 11.39　卡尔曼滤波计算流程图

卡尔曼滤波的递推算法非常适用于参数的实时估计,而对于事后处理,采用向前、向后或者前后混合的方式进行滤波可进一步提高解的精度,向后滤波的过

程为

$$B = C_+ (C_- + C_+)^{-1} \tag{11.46}$$

$$\hat{x}_t^s = x_+ + B(x_- - x_+) \tag{11.47}$$

$$C_t^s = C_+ - BC_+ \tag{11.48}$$

式中:下标"-"表示向后滤波结果,下标"+"表示向前滤波结果(C_+为向前滤波过程中 t 时刻的协方差矩阵,x_+ 表示向前滤波过程中 t 时刻参数解)。

11.8.2　基于卡尔曼滤波层析算法的区域网实测数据的算法检验

基于上述的卡尔曼滤波算法,我们利用中国陆态网络的观测数据实现局部区域的电离层层析解算。利用 2012 年 3 月 10 日(年积日为 70)一天的 GPS 观测数据,展示利用 GPS 数据反演中国局部区域上空电离层电子密度的时空演变过程,说明利用选权拟合和卡尔曼滤波的电离层层析解算的可行性与有效性。实验所选的重构范围为:经度方向为 90°E ~ 130°E,纬度方向为 20°N ~ 40°N,高度上距地面 100 ~ 1000km,经纬度及高度的分辨率为 5° × 2.5° × 50km,像素总数为 1539。试验中处理了 2012 年第 70 天中国陆态网络 62 个地面站的 GPS 观测数据,观测站分布基本均匀。GPS 观测数据以 IGS 的标准采样(30s)获取,卫星截止高度角为 20°。

首先对 GPS 观测数据进行预处理,分别单独处理各观测站双频载波相位平滑码数据,计算出对应的各个观测站与卫星之间的 STEC 值,然后采用上述结合选权拟合与卡尔曼滤波的层析算法反演了中国局部区域的电离层电子密度分布。为了验证反演结果的可靠性,将反演的结果同武汉站测高仪数据进行了比较,如图 11.40 所示。图(a)(b)分别是在当地时间 15:00 和 21:00 的电子密度剖面比较结果,代表了白天

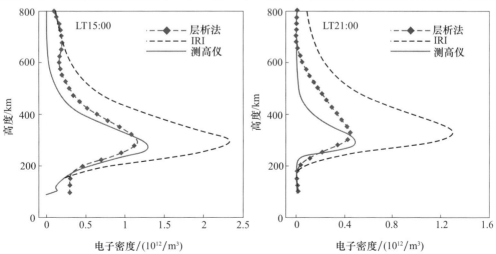

图 11.40　武汉站基于卡尔曼滤波反演的电子密度剖面与 IRI 模型、测高仪数据比较

电子密度较大和夜晚电子密度较小时的结果。图中给出了基于卡尔曼滤波反演的电子密度剖面同 IRI2007 模型以及武汉站测高仪探测结果的比较,从比较结果来看,IRI 模型给出的结果与测高仪实测数据相差较大,而卡尔曼滤波反演的结果与测高仪数据比较接近。可见,卡尔曼滤波算法得到电离层电子密度反演精度和可靠性均优于 IRI 模型。

图 11.41 所示为全天 12 个反演时段内基于卡尔曼滤波的层析反演获得的 F_2 层电子密度峰值(N_{mF_2})和 F_2 层电子密度峰值高度(H_{mF_2})与武汉站电离层测高仪观测数据的比较结果。从图中可见,反演获得的 F_2 层电子密度峰值与测高仪观测结果整体上符合较好。然而,F_2 层峰值高度与测高仪结果仍存在一定的差异。由于 GPS 观测误差、电离层空间离散化误差及观测站几何结构的限制等因素,使得反演结果的垂直分辨率仍然较差,这说明在电离层层析反演过程中仅仅附加垂直约束来改善电子密度垂直结构是不够的,还需要利用其他观测手段来增加电离层电子密度垂直信息。

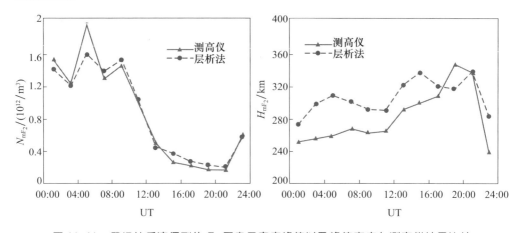

图 11.41　武汉站反演得到的 F_2 层电子密度峰值以及峰值高度与测高仪结果比较

此外,根据卡尔曼滤波层析反演算法的结果绘制出当天地面 350km 高度上 12 幅电子密度瞬时变化图,如图 11.42 所示。相应的参考历元分别为 UT01:00,03:00,…,23:00(间隔 2h)。顾及北京时区与世界时相差 8h,把北京时区 05:00—09:00 作为早晨,09:00—17:00(对应 UT01:00—09:00)作为白天,17:00—21:00(对应 UT09:00—13:00)作为傍晚,21:00—05:00 作为夜间。从图 11.42 可以看出,随着地球自西向东转,重构区域内电离层电子密度随时间呈现自东向西由小变大再变小的现象,这与随地球自转重构区域的昼夜交替现象一致,符合电离层受太阳活动影响较大的基本规律。同时,图 11.42 也显示了南方与北方的电离层电子密度变化差异,南方的电离层电子密度值总体变化趋势要高于北方,反映出电离层活动与纬度有较大关系。以上反演结果说明了结合选权拟合思想和卡尔曼滤波的层析解算方法的可行性和有效性。

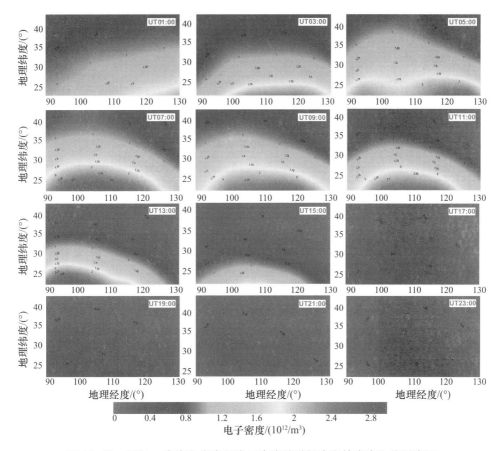

图 11.42　350km 高度上电离层电子密度值随经度和纬度变化的时序图

◣ 11.9　本 章 小 结

　　利用电离层层析技术反演大尺度电离层电子密度时空分布时,首先针对基于像素基的电离层电子密度反演中观测方程的不适定问题进行了深入的研究,从电离层层析反演算法及多源数据融合两方面着手,发展了电离层层析中不适定问题处理理论与方法研究,同时利用模式参数拟合的层析反演算法构建了三维层析模型。

　　本章在传统的代数重构基础上:提出一种改进的代数重构算法(IART),利用电离层层析中上一轮电离层电子密度的迭代结果,自适应地调整迭代公式中的松弛参数矢量的各元素,使之随着迭代次数的增加而逐渐减小;提出一种附加平滑约束的乘法代数重构算法(CMART),以克服在反演过程中无任何观测信息的像素完全依赖于初值的不足,并且避免像素间发生大的突跳,提高整个待反演区域电离层电子密度的反演精度;提出了一种顾及电离层变化的电离层层析新方法,能够更合理地在 GPS 电离层层析像素格网内调整与分配 TEC 实测值与层析反演值之间的误差,通过设计一组新的松弛因子,控制与削弱噪声对电子密度反演结果的影响,有效提高了电离层电子密度三维反演的精度。

针对基于最小二乘的电子密度线性反演算法中的不适定问题,借助选权拟合法思想,通过选取合理的水平方向及垂直方向上的约束方程,增加了具有物理意义的信息量,有效处理了电离层层析中的不适定问题,实现利用最小二乘解算方法来获取电离层电子密度的三维分布。利用模拟实验以及实测数据分别验证和分析了基于选权拟合法的电离层层析反演算法的可靠性和稳定性。

研究了建立基于经验正交函数和球谐函数的三维电离层层析模型的方法。利用欧洲和中国观测数据对三维层析模型进行了试算。采用相同的估计策略,将这种方法与二维球谐函数模型的结果进行了比较,获得了优于二维球谐函数模型的电离层延迟估计精度。

多源数据融合方面,发展了联合中国陆态网络的地基 GPS 观测以及 COSMIC 低轨卫星星座掩星观测等改善地基 GPS 观测反演垂直分辨率的方法。

本章实验分析多采用地磁平静期的数据进行验证,就磁暴期间的电离层三维反演也做了一些工作,具体的内容和研究进展可参见文献[20－22]。

参考文献

[1] YUAN Y,WEN D,OU J,et al. Preliminary research on imaging the ionosphere using CIT and China permanent GPS tracking station data[C]//Dynamic Planet. International Association of Geodesy Symposia. Berlin,Heidelberg:Springer-Verlag,2007:876-883.

[2] YUAN Y,LI Z,WANG N,et al. Monitoring the ionosphere based on the crustal movement observation network of China[J]. Geodesy and Geodynamics,2015,6(2):73-80.

[3] GORDON R,BENDER R,HERMAN G T. Algebraic reconstruction techniques(ART)for three-dimensional electron microscopy and X-ray photography[J]. Journal of theoretical Biology,1970,29(3):471-481.

[4] ANDERSEN A H,KAK A C. Simultaneous algebraic reconstruction technique(SART):a superior implementation of the ART algorithm[J]. Ultrasonic imaging,1984,6(1):81-94.

[5] RAYMUND T D,AUSTEN J R,FRANKE S J,et al. Application of computerized tomography to the investigation of ionospheric structures[J]. Radio Science,1990,25(5):771-789.

[6] WEN D,YUAN Y,OU J,et al. Three-dimensional ionospheric tomography by an improved algebraic reconstruction technique[J]. GPS Solutions,2007,11(4):251-258.

[7] 霍星亮,袁运斌,欧吉坤,等. 顾及电离层变化的层析反演新算法[J]. 地球物理学报,2016,59(7):2393-2401.

[8] 李慧,袁运斌,闫伟,等. 附加平滑约束的电离层层析反演[J]. 武汉大学学报(信息科学版),2013,38(4):412-415.

[9] 欧吉坤. 测量平差中不适定问题解的统一表达与选权拟合法[J]. 测绘学报,2004,33

(4):283-288.

[10] 闻德保．基于 GPS 的电离层层析算法及其应用研究[D]．武汉:中国科学院测量与地球物理研究所,2007.

[11] 闻德保,张啸,张光胜,等．基于选权拟合法的电离层电子密度层析重构[J]．地球物理学报,2014,57(8):2395-2403.

[12] 李慧．基于 GNSS 的三维电离层层析反演算法研究[D]．武汉:中国科学院测量与地球物理研究所,2012.

[13] 施闯,耿长江,章红平,等．基于 EOF 的实时三维电离层模型精度分析[J]．武汉大学学报(信息科学版),2010,35(10):1143-1146.

[14] SVENSSON C. Empirical orthogonal function analysis of daily rainfall in the upper reaches of the Huai River basin,China[J]. Theoretical and Applied Climatology,1999,62(3-4):147-161.

[15] WARE R,EXNER M,FENG D,et al. GPS sounding of the atmosphere from low earth orbit:preliminary results[J]. Bulletin of the American Meteorological Society,1996,77(1):19-40.

[16] LI H,YUAN Y,LI Z,et al. Ionospheric electron concentration imaging using combination of LEO satellite data with ground-based GPS observations over China[J]. IEEE Transactions on Geoscience and Remote Sensing,2011,50(5):1728-1735.

[17] WEN D,YUAN Y,OU J,et al. A hybrid reconstruction algorithm for 3－D ionospheric tomography [J]. IEEE Transactions on Geoscience and Remote Sensing,2008,46(6):1733-1739.

[18] 霍星亮．基于 GNSS 的电离层形态监测与延迟模型研究[D]．武汉:中国科学院测量与地球物理研究所,2008.

[19] 袁运斌,霍星亮,李慧,等．基于星间链路增强的全球导航卫星系统地面运行处理技术研究专项技术总结报告[R]．武汉:中国科学院测量与地球物理研究所,2010.

[20] WEN D,YUAN Y,OU J,et al. Ionospheric temporal and spatial variations during the 18 August 2003 storm over China[J]. Earth Planets & Space,2007,59(4):313-317.

[21] WEN D,YUAN Y,OU J,et al. Ionospheric response to the geomagnetic storm on august 21,2003 over China using GNSS-based tomographic technique[J]. IEEE Transactions on Geoscience and Remote Sensing,2010,48(8):3212-3217.

[22] WEN D,YUAN Y,OU J,et al. A hybrid reconstruction algorithm for 3－D ionospheric tomography [J]. IEEE Transactions on Geoscience and Remote Sensing,2008,46(6):1733-1739.

第 12 章　基于卫星导航的随机电离层扰动效应探测方法

◢ 12.1　概　　述

GNSS 电离层时序观测有利于研究电离层活动特性和变化规律[1-2]。目前,基于 GNSS 监测电离层活动,特别是电离层闪烁等研究成果,大都是基于传统的空间物理模式及事后处理方式获得的。这类方法尽管有利于获得空间物理和电离层物理研究中所需的电离层闪烁传播等相关的参数,但实际中,许多 GNSS 研究与应用中要求实时探测和处理随机电离层异常活动等对导航定位性能的干扰。为此,袁运斌等从基本原理与方法的研究,到随机电离层扰动等异常活动监测框架方案的建立,系统探讨和研究了 GNSS 实时探测随机电离层扰动效应的理论、方法及应用[3-4]。

鉴于卫星导航观测电离层扰动的局限性,没有特别指明时,本章所述电离层扰动均指由 GNSS 观测到的部分电离层闪烁效应或电离层 TEC 的随机相对变化效应等。

◢ 12.2　基于电离层 TEC 变化率的扰动效应探测

12.2.1　基于 ROTI 的电离层扰动效应监测

在短时间尺度内,电离层 TEC 时间序列变化通常仅需考虑趋势项和随机项的影响,如遇随机电离层扰动,其随机项稳态会随之遭到破坏。因此,可以通过分析电离层 TEC 时间序列变化特征研究不同尺度的电离层扰动效应现象。常用的电离层 TEC 扰动效应监测方法是利用电离层在不同时空尺度的变化率如电离层 TEC 变化率(ROT)、电离层 TEC 变化率指数(ROTI)来研究电离层的不规则结构[5-7]。ROTI 方法是目前较为通用的电离层扰动效应监测手段,其原理是利用电离层 TEC 观测值,将电离层 TEC 的时间变化率转化为 TEC 的空间梯度。目前,IGS 组织发布的北极地区电离层 TEC 异常产品便是基于 ROTI 方法生成的[5-6]。

计算 ROTI 时,首先需对双频 GNSS 原始观测进行粗差剔除及周跳修复等一系列数据预处理,然后逐测站逐卫星计算载波相位无几何组合观测相邻历元 TEC 变化率 ROT(单位:TECU/min),最后计算对应连续固定短时段 ROT 序列的标准差指数 RO-

TI(单位:TECU/min)值;GNSS 数据采样时间间隔尽量适度短些为宜,多为 30s,一般选择固定时段长度为 5min:

$$
\begin{cases}
\mathrm{ROT}(i+1) = \dfrac{\Delta \mathrm{TEC}_{t_i,t_{i+1}}}{t_{i+1}-t_i} = \\
\quad \dfrac{f_1^2 \cdot f_2^2}{40.3 \times (f_1^2 - f_2^2)} \left((L_1 - L_2)_{t_{i+1}} - (L_1 - L_2)_{t_i} \right) \times \dfrac{60}{t_{i+1}-t_i} \\
\mathrm{ROTI}(k) = \sqrt{\dfrac{1}{N} \displaystyle\sum_{i=k-N+1}^{k} (\mathrm{ROT}(i) - \overline{\mathrm{ROT}})^2} \\
\overline{\mathrm{ROT}} = \dfrac{1}{N} \displaystyle\sum_{i=k-N+1}^{k} \mathrm{ROT}(i)
\end{cases}
\tag{12.1}
$$

式中:f_1、f_2 分别为 GNSS 卫星信号的两个频率,$f_1 = 1575.42\mathrm{MHz}$,$f_2 = 1227.60\mathrm{MHz}$;$L_1$,$L_2$ 为经过粗差剔除及周跳修复等数据预处理后的载波相位观测值(m);t_i,t_{i+1} 为相邻观测历元(s);当 GNSS 数据采样间隔为 30s 时,$N=10$。

以我国电离层闪烁频发低纬区琼中站(QION)太阳活动较活跃期 2003 年 10 月 14 日的双频 GPS 实测数据为例[6-7],以 ROT 及 ROTI 指数统计分析该站电离层 TEC 时序变化及其对应的扰动监测信息。图 12.1 所示为 2003 年 10 月 13 日及 10 月 14 日连续两天的 Dst 指数(见 1.3 节)。Dst 指数小于 −50 时,表明有较强的地磁活动发生。可以看出,2003 年 10 月 14 日有较强的地磁活动发生。

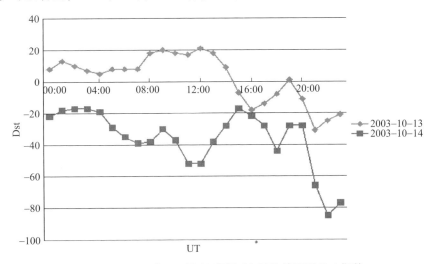

图 12.1 2003 年 10 月 13 日及 14 日连续两天 Dst 指数

图 12.2 所示为 2003 年 10 月 14 日 QION 站 GPS 27 号及 28 号卫星的电离层 TEC 扰动效应监测结果,其中,上图为 ROT 序列,下图为 ROTI 序列。可以看出,ROT 及 ROTI 能够反映电离层 TEC 时间序列内的不规则变化,基于该类指数可以一定程度实现电离层 TEC 扰动现象的监测。

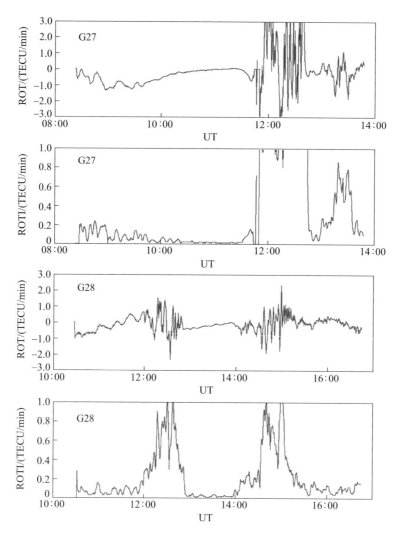

图 12.2　2003 年 10 月 14 日 QION 站 GPS 27 号及 28 号
卫星电离层 TEC(扰动)异常监测结果

　　图 12.3 进一步给出了 2003 年 10 月 14 日琼中 QION 站所有卫星的电离层 TEC
扰动监测结果。可以看出,当天 12:00 ~ 15:00 之间有较强的电离层 TEC 扰动发生。

　　利用 IGS、澳大利亚参考网(ARGN)、欧洲参考网(EPN)以及美国连续运行参考
站网(USCORS)提供的 GPS 和 GLONASS 双频观测数据(每天约 1500 个站),以
ROTI、电离层 TEC 绝对变化率(AROT)以及电离层 TEC 梯度指数(GOTI)为监测指
标,实现全球电离层扰动效应的监测,并以类似 IONEX 的形式,生成并发布相应的电
离层扰动产品文件。图 12.4 ~ 图 12.6 所示为 2015 年 3 月 17 日 UTC18:00—19:00
期间,基于 ROTI、AROT 以及 GOTI 的电离层扰动监测结果。用户目前可通过中国科
学院电离层分析中心 ftp(ftp://ftp. gipp. org. cn/product/)下载相应的数据产品。

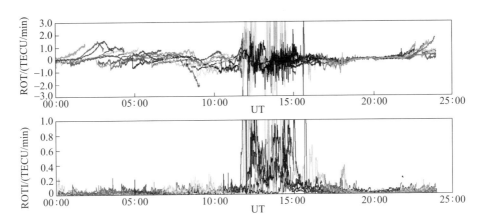

图 12.3　2003 年 10 月 14 日 QION 站所有 GPS 卫星的电离层扰动效应监测结果

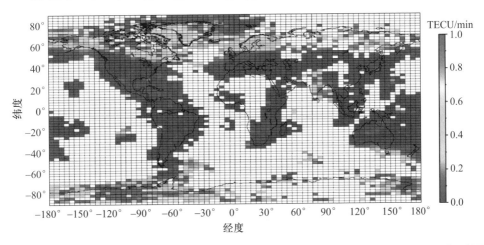

图 12.4　基于 ROTI 的全球电离层扰动效应监测结果(2015 年 3 月 17 日 UT18:00—19:00)(见彩图)

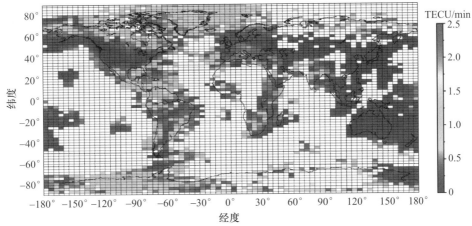

图 12.5　基于 AROT 的全球电离层扰动效应监测结果(2015 年 3 月 17 日 UT18:00—19:00)

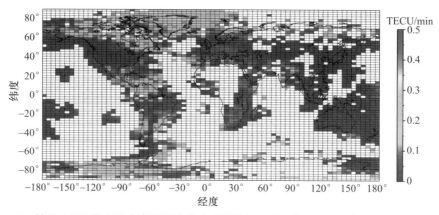

图 12.6　基于 GOTI 的全球电离层扰动效应监测结果(2015 年 3 月 17 日 UT18:00—19:00)

12.2.2　基于 IROTI 的电离层扰动效应监测

由于 ROT 序列是电离层 TEC 的变化速率统计得到的,该指数反映电离层不规则特性的 TEC 扰动耦合于 ROT 中。而 ROTI 是针对 ROT 序列连续 5min 短时段的标准差指数,即 ROTI 本质是对固定短时段 TEC 扰动与 TEC 速率变化的综合响应。电离层发生持续数十分钟急剧变化的深度 TEC 耗空并伴随不同强度闪烁现象发生时,引起的 TEC 瞬时速率历元间变化显著,不容忽略。受其影响,计算得到的 ROTI 扰动指数往往发生尖锐的跳跃,此时如仍将其作为电离层闪烁的监测指标效果往往不是很理想[8-9]。

考虑到连续 5min 短时段内 TEC 时间序列变化的周期项影响通常可忽略,因此,短时段 TEC 时间序列可认为由常数项、TEC 趋势项及 TEC 扰动效应项构成。为进一步将 TEC 扰动项与趋势项尽可能分离,提出了一种改进的 TEC 扰动效应分析新方法[6-7]。将 TEC 二次变化率(AOT)(单位:TECU/min^2)定义为 TEC 序列随时间逐历元变化的加速项,等价于 ROT 序列随时间逐历元变化的速率项,与 ROT 序列相比,AOT 进一步削弱了 TEC 趋势项影响。进而,将 TEC 二次变化率指数(AOTI)(单位:TECU/min^2)定义为连续 5min 短时段内 AOT 的标准差指数,如下式所示:

$$\mathrm{AOT}(i+1) = (\mathrm{ROT}(i+1) - \mathrm{ROT}(i)) \times \frac{60}{t_{i+1} - t_i} \qquad (12.2)$$

$$\begin{cases} \mathrm{AOTI}(k) = \sqrt{\dfrac{1}{N-1} \sum_{i=k-N+2}^{k} (\mathrm{AOT}(i) - \overline{\mathrm{AOT}})^2} \\ \overline{\mathrm{AOT}} = \dfrac{1}{N-1} \sum_{i=k-N+2}^{k} \mathrm{AOT}(i) \end{cases} \qquad (12.3)$$

电离层不规则性可导致 TEC 随历元发生快速随机起伏扰动效应,这种随机起伏幅值与 ROTI、AOTI 两种扰动效应指数的关系分析如下:

针对连续采样均匀 TEC 时间序列,令历元 t_i 时刻 TEC(t_i)随机起伏幅值为 σ_i,不同历元间发生的 TEC 随机扰动效应相互独立,采样时间间隔为 Δt,利用方差协方

差传播率,由式(12.2)、式(12.3)可得用以描述 ROT 与 AOT 序列的随机扰动效应的精度表达式如下:

$$\sigma_{\mathrm{ROT}(i)} = \frac{60}{\Delta t} \times \sqrt{(\sigma_i)^2 + (\sigma_{i-1})^2} \tag{12.4}$$

$$\sigma_{\mathrm{AOT}(i)} = \left(\frac{60}{\Delta t}\right)^2 \times \sqrt{(\sigma_i)^2 + 4(\sigma_{i-1})^2 + (\sigma_{i-2})^2} \tag{12.5}$$

考虑到连续 5min 短时段内 TEC 扰动随机起伏特性相差甚微,可近似认为该时段内 $\sigma_i = \sigma_{i-1} = \cdots = \sigma_{i-N}$,考虑 GNSS 双频观测采样间隔 Δt 一般为 30s,由式(12.4)、式(12.5)可以得出短时段 AOT 与 ROT 的随机扰动幅值之比[6-7]为

$$\frac{\sigma_{\mathrm{AOT}(i)}}{\sigma_{\mathrm{ROT}(i)}} \approx 3.46 \tag{12.6}$$

可以看出,AOT 序列较 ROT 序列的扰动幅值比理论估值约为 3.46。

对于短时段 ROT 与 AOT 时间序列,标准差 $\mathrm{ROTI}(i)$ 与 $\mathrm{AOTI}(i)$ 实际上是对 σ_{ROT_i} 与 σ_{AOT_i} 的样本逼近值,然而由于 AOT 序列较 ROT 序列将 TEC 扰动误差项放大的同时大大削弱了 TEC 趋势项的影响,所以通常情况下 AOT 序列与 ROT 序列的标准差之比小于扰动效应幅值比的理论估值,即

$$\frac{\mathrm{AOTI}(i)}{\mathrm{ROTI}(i)} \leqslant \frac{\sigma_{\mathrm{AOT}(i)}}{\sigma_{\mathrm{ROT}(i)}} \tag{12.7}$$

由此,提出一种改进的 ROTI(IROTI)(单位:TECU/min)[6-7],定义如下:

$$\mathrm{IROTI}(i) = \mathrm{AOTI}(i) \cdot \frac{\sigma_{\mathrm{ROT}(i)}}{\sigma_{\mathrm{AOT}(i)}} \leqslant \mathrm{ROTI}(i) \tag{12.8}$$

为进一步验证提出的 TEC 扰动效应分析改进方法 IROTI 的可靠性,选用中国科学院空间环境监测网布置在海南的富克(FUKE)电离层闪烁监测站,并以 2012 年 3 月 31 日我国低纬海南地区强闪烁发生 UT10:00～24:00 时段进行分析。

首先将 FUKE 站 GPS 观测数据进行粗差剔除及周跳修复等数据预处理[10-12],然后利用预处理后的载波相位观测值逐卫星计算分析站星链路随时间的 TEC 序列变化及两种扰动指数 ROTI、IROTI,以同时段内 FUKE 站闪烁接收机提供的电离层闪烁指数 s_4 为参考,详细对比分析 ROTI 与 IROTI 两种方法监测电离层闪烁引起的 TEC 波状扰动的可靠性。

图 12.7 所示为 2012 年 3 月 31 日电离层强烈闪烁发生时段 FUKE 站所有可观测 GPS 卫星站星 STEC 随变化的时间序列,图 12.8 所示为闪烁发生时段 FUKE 站测得的所有可观测 GPS 卫星闪烁指数 s_4、IROTI 以及 ROTI 随世界时变化的时间序列。图 12.9 统计了闪烁发生当天 FUKE 站测得的所有可观测 GPS 日均相关系数 $\rho(S_4, \mathrm{ROTI})$ 与 $\rho(S_4, \mathrm{IROTI})$ 的柱状统计图。

如图 12.8 及图 12.9 所示,受电离层强闪烁影响,多颗卫星站星 STEC 出现明显的波状扰动起伏,如 PRN 编号为 1、8、13、28 的卫星。1、8、13、16、19、23 和 32 号卫星对地站星链路上 STEC 观测发生了持续短时段变化急剧、具有不同深度的 TEC 耗空、

剧增现象。此外,伴随强烈闪烁现象,1、13 和 23 号卫星发生了持续数十分钟甚至数小时的信号失锁。

逐卫星对比闪烁发生时段 TEC 扰动效应指数 IROTI、ROTI 与闪烁指数 s_4 随时间变化的序列曲线。可以看出,无电离层闪烁发生时,各颗卫星 TEC 扰动效应指数 IROTI 值、ROTI 值与闪烁指数 S_4 值都比较小,三值随时间的序列曲线变化微小近乎一致,且各卫星 TEC 扰动指数 IROTI 值略小于 ROTI 值,两指数值与 S_4 呈明显的相关性。然而受强电离层闪烁影响,1、8 及 28 号 GPS 卫星发生明显的 TEC 快速波状扰动时,TEC 扰动指数 IROTI 值与闪烁指数 S_4 值的差异并不显著,而 ROTI 值与闪烁指数 S_4 值的差异非常明显,即 IROTI 较 ROTI 与闪烁指数 S_4 随时间变化的数值序列更相近。特别地,当 GPS 8 号卫星发生深度 TEC 耗空现象时,ROTI 较 IROTI/s_4 发生不同幅度的跳跃。此外,不难发现,当发生瞬时电离层闪烁现象时,S_4 值存在明显的短时跳变,而此时 ROTI 以及 IROTI 并未对该瞬时闪烁现象作出响应,ROTI 以及 IROTI 仍为极小值,如 3 号和 5 号卫星。由图 12.9 可以看出,2012 年 3 月 31 日 FUKE 站 S_4 与 IROTI 之间的相关系数 $\rho(S_4, \text{IROTI})$ 整体上略优于 S_4 与 ROTI 之间的相关系数 $\rho(S_4, \text{ROTI})$,这表明 IROTI 较 ROTI 与 S_4 指数的相关性更为接近。

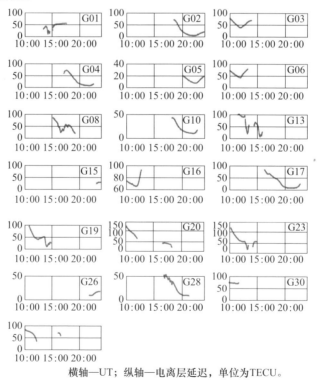

横轴—UT;纵轴—电离层延迟,单位为 TECU。

图 12.7　FUKE 站所有可观测 GPS 卫星 TEC 时间序列

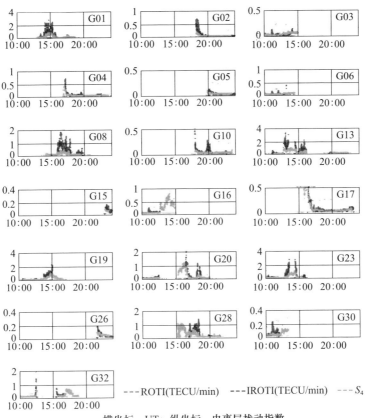

横坐标—UT；纵坐标—电离层扰动指数。

图 12.8　FUKE 站所有可观测 GPS 卫星的 s_4、ROTI、IROTI 时间序列（见彩图）

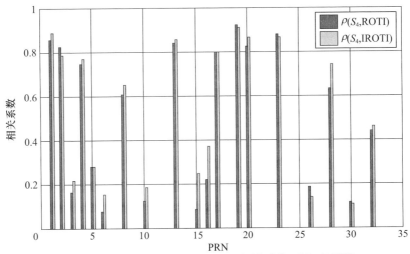

图 12.9　FUKE 站逐卫星分析日均相关系数 $\rho(S_4,\text{ROTI})$

及 $\rho(S_4,\text{IROTI})$（2012-03-31，UT10:00—24:00）

上述实验分析对比结果进一步验证了本节提出的改进 TEC 扰动效应指数 IROTI 较常规 ROTI 扰动指数用于监测电离层闪烁导致的 TEC 波状扰动效应更为可靠。对广大双频或多频非电离层闪烁 GNSS 接收机设备而言,可考虑将 IROTI 作为电离层闪烁活动探测的辅助参量之一。

12.3 基于变样本自协方差的电离层扰动效应探测

通常,平静电离层变化可视为平稳时间序列。平稳过程异常变化导致观测样本离群和相应的统计模型参数估值明显变化。根据 GNSS 时序观测的特点,研究样本数时序变化时随机电离层延迟效应的自协方差估计的统计特性,探讨利用 GNSS 实时监测电离层活动的新方法。为此,从一般的数学意义上,提出并详细推导零均值各态历经高斯随机过程的变样本自协方差估计(ACEVS)[3-4],平稳化电离层观测模型,探讨 GNSS 时序观测借助 ACEVS 构建随机电离层扰动监测方案的可行性;在此基础上,设计一种基于 GNSS 的随机电离层扰动监测的框架方案[3-4]。

12.3.1 变样本自协方差估计(ACEVS)

记零均值各态历经高斯过程 $\{x_t\}$ 的时序实现为

$$\hat{x}_i = x_i + e_i \qquad i = 1, 2, \cdots, N \tag{12.9}$$

式中:e_i 为零均值各态历经高斯白噪声(与 x 相互独立);N 为采样数。

为便于讨论,对 $\{e_t\}$ 和 $\{x_t\}$ 的随机模型和有关性质作如下说明:

$$E(e_i) = E(x_i) = 0, \mathrm{Cov}(x_i, x_{i-r}) = E(x_i x_{i-r}) = \gamma(r) \tag{12.10}$$

$$\mathrm{Cov}(e_i, e_{i-r}) = E(e_i e_{i-r}) = \gamma_e(r) = \gamma_e(-r) = S_e \delta(r) \tag{12.11}$$

$$\mathrm{Cov}(e, x) = E(ex) = 0 \tag{12.12}$$

式中:δ 为 Dirac 函数;Cov 为协方差标记;γ_e,γ 分别为 $\{e_t\}$ 和 $\{x_t\}$ 的自协方差函数;S_e 为 $\{e_i\}$ 的谱密度(正常量);r 为时延量。后面也将用到我们给出的 γ_e 的一个性质:

$$z\gamma_e(y) = 0 \qquad y \geq z \geq 0 \tag{12.13}$$

讨论中将多处用到式(12.11),一般不专门提及,也不区分随机变量与采样及随机过程与采样序列的符号,如 $\hat{x}$ 既表示 x 的采样,又表示变量 $x_t + e_t$,视讨论需要而定。利用下式分别计算自协方差 $\gamma(r)$ 基于样本数为 N、$N+1$ 的渐近无偏估值 $\hat{\gamma}_N(r)$、$\hat{\gamma}_{N+1}(r)$。

$$\hat{\gamma}_N(r) = \frac{1}{N} \sum_{i=1}^{N-r} \hat{x}_i \hat{x}_{i+r} \tag{12.14}$$

$$\hat{\gamma}_{N+1}(r) = \frac{1}{N+1} \sum_{i=1}^{N+1-r} \hat{x}_i \hat{x}_{i+r} =$$

$$\frac{N}{N+1} \hat{\gamma}_N(r) + \frac{\hat{x}_{N+1} \hat{x}_{N+1-r}}{N+1} \tag{12.15}$$

大样本(具体取决于所研究的对象)条件下, $\hat{\gamma}(r)$ 值稳定, $\hat{\gamma}_{N+1}(r)$ 与 $\hat{\gamma}_N(r)$ 差异 $\Delta\hat{\gamma}(r) = \Delta\hat{\gamma}_{N+1,N}(r) = \hat{\gamma}_{N+1}(r) - \hat{\gamma}_N(r)$ 很小,即

$$
\begin{aligned}
E\{\Delta\hat{\gamma}(r)\} &= \frac{-1}{N(N+1)}\sum_{i=1}^{N-r}E[\hat{x}_i\hat{x}_{i+r}] + \frac{E[\hat{x}_{N+1}\hat{x}_{N+1-r}]}{N+1} = \\
&\frac{r[\gamma(r)+\gamma_e(r)]}{N(N+1)} = \frac{r\gamma(r)}{N(N+1)} \simeq 0
\end{aligned}
\tag{12.16}
$$

同理

$$
E\{\Delta\hat{\gamma}(r+v)\} = \frac{r+v}{N(N+1)}\gamma(r+v) \simeq 0 \qquad v \geqslant 0 \tag{12.17}
$$

$$
E\{\Delta\hat{\gamma}(r)\}E\{\Delta\hat{\gamma}(r+v)\} = \frac{r(r+v)}{N^2(N+1)^2}\gamma(r)\gamma(r+v) \simeq 0 \tag{12.18}
$$

当 $\{x_t\}$ 出现突发扰动状态导致第 $N+1$ 个观测离群(这里不考虑污染观测噪声的影响)时, $\hat{\gamma}_{N+1}(r)$ 与 $\hat{\gamma}_N(r)$ 有明显偏差差别。通过研究 $\Delta\hat{\gamma}(r)$ 的统计特性的变化,诊断 $\Delta\hat{\gamma}(r)$ 的变化,进而可实现监测 $\{x_t\}$ 状态。下面讨论 $\Delta\hat{\gamma}(r)$ 的自协方差 $\mathrm{Cov}[\Delta\hat{\gamma}(r), \Delta\hat{\gamma}(r+v)]$。

由协方差定义,有

$$
\begin{aligned}
&\mathrm{Cov}[\Delta\hat{\gamma}(r), \Delta\hat{\gamma}(r+v)] = \\
&E\{[\Delta\hat{\gamma}(r) - E(\Delta\hat{\gamma}(r))][\Delta\hat{\gamma}(r+v) - E(\Delta\hat{\gamma}(r+v))]\} = \\
&E[\Delta\hat{\gamma}(r)\Delta\hat{\gamma}(r+v)] - E[\Delta\hat{\gamma}(r)]E[\Delta\hat{\gamma}(r+v)]
\end{aligned}
\tag{12.19}
$$

为进一步展开上式,须先求 $E[\Delta\hat{\gamma}(r)\Delta\hat{\gamma}(r+v)]$。由于

$$
\begin{aligned}
\Delta\hat{\gamma}(r)\Delta\hat{\gamma}(r+v) &= \left\{\frac{-1}{N(N+1)}\sum_{t=1}^{N-r}\hat{x}_t\hat{x}_{t+r} + \frac{\hat{x}_{N+1}\hat{x}_{N+1-r}}{N+1}\right\} \cdot \\
&\left\{\frac{-1}{N(N+1)}\sum_{s=1}^{N-r-v}\hat{x}_s\hat{x}_{s+r+v} + \frac{\hat{x}_{N+1}\hat{x}_{N+1-r-v}}{N+1}\right\} = \\
&\frac{1}{(N+1)^2}\left\{\frac{1}{N^2}\sum_{t=1}^{N-r}\sum_{s=1}^{N-r}\hat{x}_t\hat{x}_{t+r}\hat{x}_s\hat{x}_{s+r+v} - \right. \\
&\frac{1}{N}\sum_{t=1}^{N-r}\hat{x}_t\hat{x}_{t+r}\hat{x}_{N+1}\hat{x}_{N+1-r-v} - \\
&\frac{1}{N}\sum_{s=1}^{N-r-v}\hat{x}_s\hat{x}_{s+r+v}\hat{x}_{N+1}\hat{x}_{N+1-r} + \\
&\left. \hat{x}_{N+1}\hat{x}_{N+1-r}\hat{x}_{N+1}\hat{x}_{N+1-r-v}\right\}
\end{aligned}
\tag{12.20}
$$

考虑到 $\{x_t\}$ 与 $\{e_t\}$ 均为零均值平稳高斯过程,且互不相关,可得

$$
\begin{aligned}
&E[\hat{x}_t\hat{x}_{t+r}\hat{x}_s\hat{x}_{s+r+v}] = E[x_t x_{t+r} x_s x_{s+r+v}] + E[e_t e_{t+r} e_s e_{s+r+v}] = \\
&E[x_t x_{t+r}]E[x_s x_{s+r+v}] + E[x_t x_s]E[x_{t+r} x_{s+r+v}] + E[x_t x_{s+r+v}]E[x_{t+r} x_s] + \\
&E[e_t x_{t+r}]E[e_s e_{s+r+v}] + E[e_t e_s]E[e_{t+r} e_{s+r+v}] + E[e_t e_{s+r+v}]E[e_{t+r} e_s] =
\end{aligned}
$$

$$\gamma(r)\gamma(r+v) + \gamma(s-t)\gamma(s+v-t) + \gamma(s+r+v-t)\gamma(s-t-r) +$$
$$\gamma_e(r)\gamma_e(r+v) + \gamma_e(s-t)\gamma_e(s+v-t) + \gamma_e(s+r+v-t)\gamma_e(s-t-r) \quad (12.21)$$

类似地

$$E[\hat{x}_t\hat{x}_{t+r}\hat{x}_{N+1}\hat{x}_{N+1-r-v}] = E[\hat{x}_s\hat{x}_{s+r+v}\hat{x}_{N+1}\hat{x}_{N+1-r}] =$$
$$\gamma(r)\gamma(r+v) + \gamma(N+1-t)\gamma(N+1-2r-v-t) + \gamma(N+1-r-v-t)\gamma(N+1-t-r) +$$
$$\gamma_e(r)\gamma_e(r+v) + \gamma_e(N+1-t)\gamma_e(N+1-2r-v-t) + \gamma_e(N+1-r-v-t)\gamma_e(N+1-t-r)$$

$$E[\hat{x}_{N+1}\hat{x}_{N+1-r}\hat{x}_{N+1}\hat{x}_{N+1-r-v}] =$$
$$\gamma(0)\gamma(v) + 2\gamma(r)\gamma(r+v) + \gamma_e(0)\gamma_e(v) + 2\gamma_e(r)\gamma_e(r+v) \quad (12.22)$$

兼顾式(12.20)~式(12.22),有

$$E[\Delta\hat{\gamma}(r)\Delta\hat{\gamma}(r+v)] =$$
$$\frac{1}{(N+1)^2}\left\{\frac{1}{N^2}\sum_{t=1}^{N-r}\sum_{s=1}^{N-r-v}E[x_t x_{t+r} x_s x_{s+r+v}] - \right.$$
$$\frac{1}{N}\sum_{t=1}^{N-r}E[x_t x_{t+r} x_{N+1} x_{N+1-r-v}] - $$
$$\frac{1}{N}\sum_{s=1}^{N-r-v}E[x_s x_{s+r+v} x_{N+1} x_{N+1-r}] + $$
$$E[x_{N+1} x_{N+1-r} x_{N+1} x_{N+1-r-v}]\right\} + $$
$$\frac{1}{(N+1)^2}\left\{\frac{1}{N^2}\sum_{t=1}^{N-r}\sum_{s=1}^{N-r-v}E[e_t e_{t+r} e_s e_{s+r+v}] - \right.$$
$$\frac{1}{N}\sum_{t=1}^{N-r}E[e_t e_{t+r} e_{N+1} e_{N+1-r-v}] - $$
$$\frac{1}{N}\sum_{s=1}^{N-r-v}E[e_s e_{s+r+v} e_{N+1} e_{N+1-r}] + $$
$$E[e_{N+1} e_{N+1-r} e_{N+1} e_{N+1-r-v}]\right\} \quad (12.23)$$

记

$$\vartheta(m) = \begin{cases} m & m > 0 \\ 0 & -v \leqslant m \leqslant 0 \\ -m-v & 1-(N-r) \leqslant m \leqslant -v \end{cases}$$

$$D_1 = \frac{1}{N^2}\sum_{t=1}^{N-r}\sum_{s=1}^{N-r-v}[\gamma(s-t)\gamma(s+v-t) + \gamma(s+r+v-t)\gamma(s-t-r)] =$$
$$\frac{1}{N}\sum_{m=1-(N-r)}^{N-r-v-1}\left[1 - \frac{\vartheta(m)+r+v}{N}\right][\gamma(m)\gamma(m+v) + \gamma(m+r+v)\gamma(m-r)]$$
$$\quad (12.24)$$

$$D_2 = -\frac{1}{N}\sum_{m=1}^{N-r}[\gamma(N+1-m)\gamma(N+1-2r-v-m) + $$
$$\gamma(N+1-r-v-m)\gamma(N+1-r-m)] - $$
$$\frac{1}{N}\sum_{m=1}^{N-r-v}[\gamma(N+1-m)\gamma(N+1-2r-v-m) + $$

$$\gamma(N+1-r-v-m)\gamma(N+1-r-m)]\qquad(12.25)$$

以 γ_e 代替 D_1、D_2 的 γ 所得和式记为 D_{e1}、D_{e2},顾及 γ_e 特性:$z\gamma_e(y)=0(y\geqslant z\geqslant0)$,进一步可得

$$D=D_1+D_2$$

$$D_e=D_{e1}+D_{e2}=\frac{(N-r-v)[\gamma_e(0)\gamma_e(v)+\gamma_e(r)\gamma_e(r+v)]}{N^2}$$

$$E[\Delta\gamma(r)\Delta\gamma(r+v)]=$$

$$\frac{D+D_e}{(N+1)^2}+\frac{(N^2+r^2+vr)[\gamma(r)\gamma(r+v)+\gamma_e(r)\gamma_e(r+v)]}{N^2(N+1)^2}+$$

$$\frac{[\gamma(0)\gamma(v)+\gamma_e(r)\gamma_e(r+v)]}{N(N+1)^2}=$$

$$\frac{D}{(N+1)^2}+\frac{(N^2+r^2+vr)\gamma(r)\gamma(r+v)}{N^2(N+1)^2}+$$

$$\frac{[\gamma(0)\gamma(v)+\gamma_e(0)\gamma_e(v)+\gamma_e(r)\gamma_e(r+v)]}{(N+1)^2}+$$

$$\frac{(N-r-v)[\gamma_e(0)\gamma_e(v)+\gamma_e(r)\gamma_e(r+v)]}{N^2(N+1)^2}\qquad(12.26)$$

将上式和 $E\{\Delta\hat{\gamma}(r)\}E\{\Delta\hat{\gamma}(r+v)\}=\dfrac{r(r+v)}{N^2(N+1)^2}\gamma(r)\gamma(r+v)$ 代入式(12.19),整理,得

$$\mathrm{Cov}[\Delta\gamma(r),\Delta\gamma(r+v)]=$$

$$\frac{D+\gamma(0)\gamma(v)+\gamma(r)\gamma(r+v)}{(N+1)^2}+$$

$$\frac{(N^2+N-r-v)[\gamma_e(0)\gamma_e(v)+\gamma_e(r)\gamma_e(r+v)]}{N^2(N+1)^2}\qquad(12.27)$$

利用 D_1、D_2,上式可展开成

$$\mathrm{Cov}[\Delta\hat{\gamma}(r)\Delta\gamma(r+v)]=$$

$$\frac{1}{(N+1)^2}\left\{\frac{1}{N}\sum_{m=-(N-r)+1}^{N-r-v-1}\left(1-\frac{\vartheta(m)+r+v}{N}\right)[\gamma(m)\gamma(m+v)+\right.$$

$$\gamma(m+r+v)\gamma(m-r)]-$$

$$\frac{1}{N}\sum_{m=1}^{N-r}[\gamma(N+1-m)\gamma(N+1-2r-v-m)+$$

$$\gamma(N+1-r-v-m)\gamma(N+1-r-m)]-$$

$$\frac{1}{N}\sum_{m=1}^{N-r-v}[\gamma(N+1-m)\gamma(N+1-2r-v-m)+$$

$$\left.\gamma(N+1-r-v-m)\gamma(N+1-r-m)]\right\}-$$

$$\frac{\gamma(0)\gamma(v)+\gamma(r)\gamma(r+v)}{(N+1)^2}+$$

$$\frac{(N^2 + N - r - v)[\gamma_e(0)\gamma_e(v) + \gamma_e(r)\gamma_e(r+v)]}{N(N+1)^2} \tag{12.28}$$

当 $v = 0$ 时,有

$$\mathrm{Var}[\Delta\hat{\gamma}(r)] = \frac{1}{N(N+1)^2}\left\{\sum_{m=1-(N-r)}^{N-r-1}\left(1 - \frac{\vartheta(m) - r}{N}\right)[\gamma^2(m) + \gamma(m+r)\gamma(m-r)] - \right.$$

$$\left. 2\sum_{m=1}^{N-r}[\gamma(N+1-m)\gamma(N+1-2r-m) + \gamma^2(N+1-r-m)]\right\} +$$

$$\frac{\gamma^2(0) + \gamma^2(r)}{(N+1)^2} + \frac{(N^2 + N - r)[\gamma_e^2(0) + \gamma_e^2(r)]}{N^2(N+1)^2} \tag{12.29}$$

N 很大时,有

$$\mathrm{Cov}[\Delta\hat{\gamma}(r), \Delta\hat{\gamma}(r+v)] \approx$$

$$\frac{1}{N(N+1)^2}\left\{\begin{array}{l}\displaystyle\sum_{m=-\infty}^{\infty}[\gamma(m)\gamma(m+v) + \gamma(m+r+v)\gamma(m-r)] - \\[2mm] \displaystyle 2\sum_{m=1}^{\infty}[\gamma(N+1-m)\gamma(N+1-2r-v-m) + \\[2mm] \gamma(N+1-r-v-m)\gamma(N+1-r-m)]\end{array}\right\} +$$

$$\frac{\gamma(0)\gamma(v) + \gamma(r)\gamma(r+v)}{(N+1)^2} +$$

$$\frac{\gamma_e(0)\gamma_e(v) + \gamma_e(r)\gamma_e(r+v)}{N(N+1)} \tag{12.30}$$

$$\mathrm{Var}[\Delta\hat{\gamma}(r)] \approx \frac{1}{N(N+1)^2}\sum_{m=-\infty}^{\infty}[\gamma^2(m) + \gamma(m+r)\gamma(m-r)] - $$

$$2\sum_{m=1}^{\infty}[\gamma(N+1-m)\gamma(N+1-2r-m) + \gamma^2(N+1-r-m)] + $$

$$\frac{\gamma^2(0) + \gamma^2(r)}{(N+1)^2} + \frac{\gamma_e^2(0) + \gamma_e^2(r)}{N(N+1)} \tag{12.31}$$

实际上,r 足够大时,使得上式右边部分与 r 有关项 $\gamma(s(r)) \approx 0$,因此,在 $r > M$ (某一时延量)时,有

$$\mathrm{Var}[\Delta\hat{\gamma}(r)] \approx \frac{\gamma^2(0) + \gamma_e^2(0)}{N(N+1)} \tag{12.32}$$

及

$$\mathrm{Cov}[\Delta\hat{\gamma}(r), \Delta\hat{\gamma}(r+v)] \approx$$

$$\frac{1}{N(N+1)^2}\left\{\begin{array}{l}\displaystyle\sum_{m=-\infty}^{\infty}[\gamma(m)\gamma(m+v)] - \\[2mm] \displaystyle 2\sum_{m=1}^{\infty}[\gamma(m)\gamma(m+v)]\end{array}\right\} + \frac{\gamma(0)\gamma(v)}{(N+1)^2} + \frac{\gamma_e(0)\gamma_e(v)}{N(N+1)} = $$

$$\frac{\gamma(0)\gamma(v) + \gamma_e(0)\gamma_e(v)}{N(N+1)} \tag{12.33}$$

由于 $\hat{\gamma}$ 和 $\hat{\gamma}_e$ 是有界函数,对于大样本条件,式(12.33)的表达式趋于零。这表明 $\{\Delta\hat{\gamma}_{N+1,N}(r)\}$ 是渐近独立序列。实际中,只能得到 $\hat{\gamma}$,将 $\hat{\gamma}$ 代替 γ,忽略 γ_e 项,式(12.28)、式(12.29)和式(12.32)、式(12.33)即化为估计解式。称式(12.16)、式(12.28)、式(12.29)和式(12.32)、式(12.33)为变样本自协方差估计的统计模型参数估计解式。

研究表明,$\hat{\gamma}$ 渐近服从高斯分布。基于此和前面的讨论,在 N 较大时,$\Delta\hat{\gamma}_{N+1,N}(r) = \hat{\gamma}_{N+1}(r) - \hat{\gamma}_N(r)$ 渐近服从均值为零的高斯分布,即

$$\Delta\hat{\gamma}_{N+1,N}(r) \sim N(0, \mathrm{Var}[\Delta\hat{\gamma}_{N+1,N}(r)]) \tag{12.34}$$

因此,$\{\Delta\hat{\gamma}_{N+1,N}(r)\}$ 为渐近互不相关高斯序列。

由于 $r \geq M$ 时,$\mathrm{Var}[\Delta\hat{\gamma}_{N+1,N}(r)] \approx \dfrac{\hat{\gamma}^2(0)}{N(N+1)}$,记 $\hat{\rho}_\nabla(r) = \dfrac{\Delta\hat{\gamma}_{N+1,N}(r)}{\sqrt{\hat{\gamma}^2(0)/N(N+1)}}$,式(12.34)可得互不相关的标准高斯分布序列

$$\{\hat{\rho}_\nabla(r) \sim N(0,1)\}_{r=M}^{N_k} \tag{12.35}$$

基于式(12.35),构造 $\chi_\alpha^2(k)$ 统计量 $Q_{n+1}(k)$:

$$Q_{N+1}(k) = Q_{N+1}(N_k - M + 1) = \sum_{r=M}^{N_k}\hat{\rho}_\nabla^2(r) \tag{12.36}$$

根据 $Q_{N+1}(k)$,有如下诊断信号状态:

(1) 若 $Q_{N+1}(k) \leqslant \chi_\alpha^2(k)$,信号处于稳态。

(2) 若 $Q_{N+1}(k) > \chi_\alpha^2(k)$,信号发生扰动。

由估计解式可知,信号稳态时,$\hat{\gamma}$ 取 $\hat{\gamma}_{N+1}(r)$ 或 $\hat{\gamma}_N(r)$,$E[\nabla\hat{\gamma}_{N+1,N}(r)]$ 及 $\mathrm{Var}[\nabla\hat{\gamma}_{N+1,N}(r)]$ 的估值接近;信号扰动时,$\hat{\gamma}$ 取 $\hat{\gamma}_{N+1}(r)$ 或 $\hat{\gamma}_N(r)$,$E[\nabla\hat{\gamma}_{N+1,N}(r)])$ 及 $\mathrm{Var}[\nabla\hat{\gamma}_{N+1,N}(r)]$ 的估值有明显变化。由于这里前 N 个采样总假定为稳态观测,所以在式(12.34)、式(12.35)中 $\mathrm{Var}[\nabla\hat{\gamma}_{N+1,N}(r)]$ 只能由 $\hat{\gamma}_N(r)$ 计算得到。

实时特别是动态应用中,r、M、N 不宜太大;后处理时,这些量的选择在允许时尽可放宽。这两种情况分别采用式(12.32)、式(12.33)和式(12.28)、式(12.29)进行计算。r、M、N 的具体选取,有待更多的试验,后面将有这方面的初步讨论。

12.3.2 ACEVS 与 GNSS 电离层监测

GNSS 观测中的电离层延迟影响,包括确定性影响(趋势及周期变化)I 与随机影响(δI)。通常,短时间尺度内,仅考虑趋势变化,数学表示为多项式 $I_t = \sum_{i=0}^{m} a_i t^i$。$\delta I_t$ 可视为零均值各态历经高斯过程。随机电离层扰动效应发生,δI_t 稳态破坏,可借助 ACEVS 监测 δI_t 状态变化。下面以 GPS 信号为例,讨论 ACEVS 应用于 GNSS 电离层监

测的可行性。

12.3.2.1　GPS 电离层模型的平稳化与 ACEVS

记任意观测历元 t 的 GPS L1 载波相位的电离层延迟观测量为 $\hat{I}_t$，观测噪声 ε_t 为高斯白噪声（$E(\varepsilon_t)=0$）与 δI 独立（$E(\delta I_t \varepsilon_{t+i})=0$）。进而有 $\{\delta I + \varepsilon\}$ 也为零均值高斯过程。电离层观测模型写为

$$\hat{I}_t = I_t + \delta I_t + \varepsilon_t = \sum_{i=0}^{m} a_i t^i + \delta I_t + \varepsilon \tag{12.37}$$

定义差分算子 ∇ 如下：

$$\nabla \hat{I}_t = \hat{I}_{t+1} - \hat{I}_t, \quad \nabla^k \hat{I}_t = \nabla(\nabla^{k-1} I_t) = \sum_{i=0}^{k} (-1)^i C_k^i \hat{I}_{t+k-i} \tag{12.38}$$

式中：C_k^i 为组合。

为消除趋势影响 I_t，对式（12.37）进行 $q = m+1$ 阶差分，可得

$$\nabla^q \hat{I}_t = \nabla^q \delta I_t + \nabla^q \varepsilon_t = \nabla^q(\delta I_t + \varepsilon_t) \tag{12.39}$$

$$E(\nabla^q \hat{I}_t) = \nabla^q E(\delta I_t + \varepsilon_t) = \nabla^q E(\delta I_t) + \nabla^q E(\varepsilon_t) = 0 \tag{12.40}$$

同理

$$\nabla^q \hat{I}_{t+h} = \nabla^q \delta I_{t+h} + \nabla^q \varepsilon_t, \quad E(\nabla^q \hat{I}_{t+h}) = 0 \tag{12.41}$$

可见，$\nabla^q \hat{I}_t$ 为 $\delta I_{t+q-i} + \varepsilon_{t+q-i}$（$i = 0,1,2,\cdots q$）的线性组合，而 $\delta I_{t+q-i} + \varepsilon_{t+q-i}$ 是均值为零的高斯变量，由高斯分布的线性变换不变性，$\nabla^q \hat{I}_t$ 为零均值高斯分布。

基于前面的讨论，可进一步分析：

$$\text{Cov}(\nabla^q \hat{I}_{t+h}, \nabla^q \hat{I}_t) = \gamma \nabla^q(h) =$$

$$E\{[\nabla^q \hat{I}_{t+h} - E(\nabla^q \hat{I}_{t+h})][\nabla^q \hat{I}_{t+h} - E(\nabla^q \hat{I}_t)]\} =$$

$$E\{[\nabla^q \delta I_{t+h} + \nabla^q \varepsilon_{t+h}][\nabla^q \delta I_t + \nabla^q \varepsilon_t]\} =$$

$$E(\nabla^q \delta I_{t+h} \nabla^q \delta I_t) + E(\nabla^q \varepsilon_{t+h} \nabla^q \varepsilon_t) =$$

$$E\left[\sum_{k=0}^{q} (-1)^k C_q^k \delta I_{t+h+q-k} \sum_{j=0}^{q} (-1)^j C_q^j \delta I_{t+q-j}\right] +$$

$$E\left[\sum_{k=0}^{q} (-1)^k C_q^k \varepsilon_{t+h+q-k} \sum_{j=0}^{q} (-1)^j C_q^j \varepsilon_{t+q-j}\right] =$$

$$\sum_{k=0}^{q} \sum_{j=0}^{q} (-1)^{k+j} C_q^k C_q^j E(\delta I_{t+h+q-k} \delta I_{t+q-j}) +$$

$$\sum_{k=0}^{q} \sum_{j=0}^{q} (-1)^{k+j} C_q^k C_q^j E(\varepsilon_{t+h-q-k} \varepsilon_{t+q-j}) =$$

$$\sum_{k=0}^{q} \sum_{j=0}^{q} (-1)^{k+j} C_q^k C_q^j [\gamma_{\delta I}(h+j-k) + \gamma_\varepsilon(h+j-k)] \tag{12.42}$$

上式表明，对于确定 q 值，$\text{Cov}(\nabla^q \hat{I}_{t+h}, \nabla^q \hat{I}_t)$ 仅与 h 有关，与 t 无关，且 $E(\nabla^q \hat{I}_{t+h,t}) = 0$，所以 $\{\nabla^q \hat{I}_{t+h,t}\}$ 平稳且各态历经。

$\{\nabla^q \hat{I}_{t+h,t}\}$ 为零均值各态历经高斯过程,记 $\hat{x}_t = \nabla^q \hat{I}_t$,$x_t = \nabla^q \hat{I}_{t+h,t}$。在正常观测条件下,计算 $\{\hat{x}_t = \nabla^q \hat{I}_{t+h,t}\}$ 的 ACEVS 并以其作为 $\{x_t = \nabla^q \hat{I}_{t+h,t}\}$ 的 ACEVS 的近似。时序观测中,随机电离层 $\{x_t = \nabla^q \hat{I}_{t+h,t}\}$ 由平稳状态突变为扰动状态时的统计特性的变化,可由 ACEVS 的变化进行分辨。于是,通过监测 $\{\hat{x}_t = \nabla^q \hat{I}_{t+h,t}\}$ 的 ACEVS 的异常变化,实现基于 GNSS 时序观测探测电离层异常活动的发生。

12.3.2.2　随机电离层延迟效应特性的 ACEVS 分析

1) GPS 数据与电离层观测量

利用一个 IGS 站(上海)的高精度双频 GPS 相位观测数据(采样间隔为 30s,观测日期是 1997 年 10 月 31 日,时段为 12:00—18:00,地方时),进行了初步试算。试验中,所有的 TEC 值均转换成 L1 载波观测量上的电离层延迟。电离层观测量 $\hat{I}_t$ 如下形成:

$$\hat{I}_t = L_\phi + D + \varepsilon_\phi \tag{12.43}$$

上式中有关的符号标记,前面已说明。

2) 模拟分析

图 12.10 所示为理想模型的自协方差仿真结果。图 12.11 和图 12.12 分别所示为一阶和二阶差分电离层延迟变化量及各自的自协方差图 $\mathrm{Cov}(\nabla^q \hat{I}_{t+h},\nabla^q \hat{I}_t) = \gamma_{\nabla^q}(h)$。比较图 12.10 ~ 图 12.12 可以看出,二阶差分电离层观测基本消除了趋势变化,其自协方差估计与理想模型的自协方差的仿真结果较接近(所以,后面的讨论中取 $q=2$)。以上结果表明,随机电离层延迟效应的统计模型和观测模型的选择是基本合理的。这里及后面的分析中,未特别说明时,采样数均为 $N+1=331$。

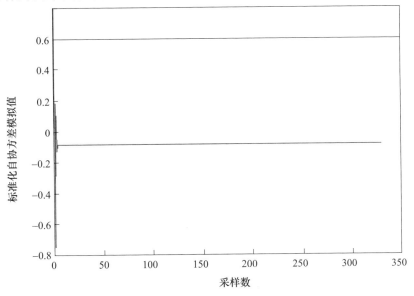

图 12.10　理想模型的自协方差仿真结果

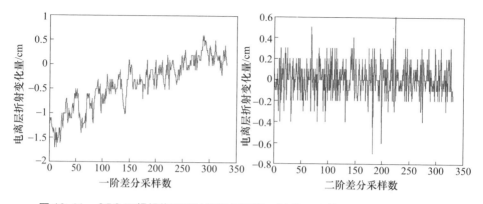

图 12.11 GPS 双频相位观测计算的历元间一阶和二阶差分电离层延迟变化量

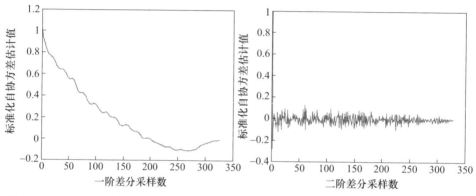

图 12.12 GPS 双频相位观测估算的历元间一阶和二阶差分电离层延迟变化量的自协方差

图 12.13 中由 $N+1$ 个随机电离层延迟采样的差分值 $\nabla^q \hat{I}_t$ 所计算的 $\{\Delta\hat{\gamma}_{\nabla^q}$
$(r)_{N+1,N}\}_r^{N_r}$ 序列的自协方差图随时间间隔 v 的变化显示 $\{\mathrm{Cov}\big[\Delta\hat{\gamma}_{\nabla^q}(r),\hat{\gamma}_{\nabla^q}$
$(r+v)\big]\}\big|_r^{N_r}\simeq 0(v\neq 0)$,说明 $\{\Delta\hat{\gamma}_{\nabla^q}(r)_{N+1,N}\}_r^{N_r}$ 在 N 较大时为渐近互不相关的序列。
图 12.14(a)结果显示 $\{\Delta\hat{\gamma}_{\nabla^q}(r)_{N+1,N}\}_r^{N_r}$ 均值渐近为零,即 $\{E\big[\Delta\hat{\gamma}_{\nabla^q}(r)_{N+1,N}\big]\simeq 0\}\big|_r^{N_r}$,
这与前面的分析是一致的。图 12.14(b)的结果则显示序列 $\{\Delta\hat{\gamma}_{\nabla^q}(r)_{N+1,N}\}_r^{N_r}$ 的方差
估值是渐近为常数 CN,即

$$\{\mathrm{Var}\big[\Delta\hat{\gamma}_{\nabla^q}(r)_{N+1,N}\big]\simeq \mathrm{const}\,\big|_{r=1}^{N_r}$$

以上结果加之 $\Delta\hat{\gamma}_{\nabla^q}(r)_{N+1,N}$ 渐近服从高斯分布,可视 $\{\Delta\hat{\gamma}_{\nabla^q}(r)_{N+1,N}\}_r^{N_r}$ 为"准高
斯白噪声过程"。因此,理论上,$M=1$,上面的计算也初步表明 M 的估值似可取
$\hat{M}=1$,即 $r\geq 1$ 时,$\hat{\gamma}_{\nabla\hat{\gamma}}(r)=\mathrm{Var}(\nabla\hat{\gamma}(r))$ 约为常数。

根据 $\hat{M}$ 值选择若干 r 值,对每个 r,作 $\mathrm{Var}(\nabla\hat{\gamma}(r))$ 随样本数 $N_i=r+1,\cdots,N+1$
的增加而变化的曲线。比较各曲线的结果,选定使 $\mathrm{Var}(\nabla\hat{\gamma}(r))$ 趋于稳定的 N_{LM}。
图 12.13 列出了 $r=0$ 和 $r=10$ 两种情况,初步研究表明,N_{LM} 可取 50 左右。实际中,
在 $N_{\mathrm{min}}>r_{\mathrm{max}}$ 的条件下,根据具体问题和采样的质量灵活选择。

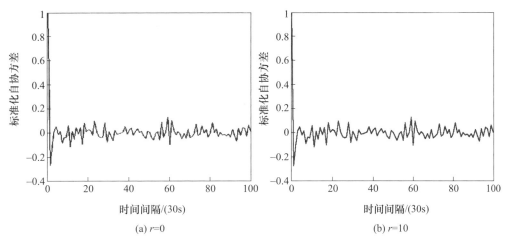

(a) $r=0$ 　　　　　　　　　　　　(b) $r=10$

图 12.13　由二阶电离层延迟变化估算的 ACEVS 自协方差

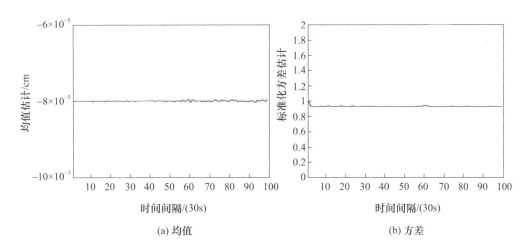

(a) 均值　　　　　　　　　　　　　(b) 方差

图 12.14　由二阶电离层延迟变化估算的 ACEVS 的均值和方差（$r>0$）

　　为便于后面讨论，记 $N+1$ 个采样均不受电离层扰动影响的情况为 Ⅰ，前 N 个采样条件正常而第 $N+1$ 个采样受电离层扰动影响的情况为 Ⅱ。选定若干个 $r(r \geqslant 1)$。对于 Ⅰ 类情况，当 $N_i \geqslant N_{\min} = r + N_{\mathrm{LM}}$ 时，由图 12.15（a）可见，$\hat{\gamma}_{N_i+1}(r) \sim \hat{\gamma}_{N_i}(r)$，即 $\Delta \hat{\gamma}_{N_i+1, N_i}(r) \sim 0$，与前面的讨论一致；图 12.15（b）显示 $\mathrm{Var}(\nabla \hat{\gamma}_{N+1, N}(r))$ 的变化也是稳定的。对于 Ⅱ 类情况，在 $N \geqslant N_i \geqslant N_{\min}$ 时，与 Ⅰ 结果类似，$N_i = N+1$ 时，$\hat{\gamma}_{N+1}(r)$ 与 $\hat{\gamma}_N(r)$ 有明显偏差，导致 $\Delta \hat{\gamma}_{N+1, N}(r)$ 偏离 $\{E(\Delta \hat{\gamma}_{N_i, N_i-1}(r)\}$ 的估值，偏差可近似取 $\Delta \hat{\gamma}_{N+1, N}(r) - \{E(\Delta \hat{\gamma}_{N_j, N_j-1}(r)\}|_{N_i = N_{\min}}^{N} \approx \Delta \hat{\gamma}_{N+1, N}(r)$。同样地，$\mathrm{Var}(\nabla \hat{\gamma}_{N_i, N_i-1}(r))$ 的变化在 $N_i = r+1, \cdots, N$ 时类似 Ⅰ 的情形，而 $\mathrm{Var}(\nabla \hat{\gamma}_{N+1, N}(r))$ 估值明显偏离其他的 $\mathrm{Var}(\nabla \hat{\gamma}_{N_i, N_i-1}(r))$ 估值。

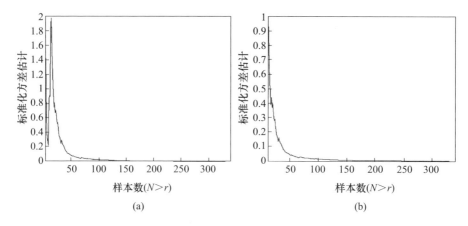

图 12.15　ACEVS 的方差估值与样本数在 $r=0$(a)和 $r=10$(b)时的关系

上面初步结果显示，I 与 II 两种情况下的 $\{\nabla\hat{\gamma}_{N+1,N}(r)\}_{r=1}^{N_r}$ 和 $\{\text{Var}[\nabla\hat{\gamma}_{N+1,N}$ $(r)]\}_{r=1}^{N_r}$ 均存在明显的偏差。这表明，变样本自协方差估计的统计特性对信号状态变化是敏感的。

12.3.2.3　TEC 变化与 ACEVS 应用条件的讨论

由于 ACEVS 监测的是随机电离层扰动效应等异常变化，而从试验分析中可以发现，背景电离层等因素引起的电离层延迟效应趋势性等非随机变化是通过相邻历元间的电离层观测量 $\hat{I}_t$ 求差进行有效消除的。那么这种方法的可靠性如何？也就是说，TEC 变化与 ACEVS 方法应用条件有何关系。

记 $\text{TEC}(\boldsymbol{r},t)$ 为电离层交叉点 IPP 在空间位置 $\boldsymbol{r}$ 和观测历元 t 时的电子含量，TEC 的变化可记为

$$
\begin{aligned}
\text{dTEC}(\boldsymbol{r},t) &= \frac{\partial\text{TEC}(\boldsymbol{r},t)}{\partial\boldsymbol{r}}\text{d}\boldsymbol{r} + \frac{\partial\text{TEC}(\boldsymbol{r},t)}{\partial r}\text{d}t = \\
&\quad \frac{\partial\text{TEC}(\boldsymbol{r},t)}{\partial\boldsymbol{r}}\boldsymbol{v}\text{d}t + \frac{\partial\text{TEC}(\boldsymbol{r},t)}{\partial t}\text{d}t
\end{aligned}
\tag{12.44}
$$

式中：$\partial\text{TEC}(\boldsymbol{r},t)/\partial\boldsymbol{r}$ 为在 t 时刻 $\text{TEC}(\boldsymbol{r},t)$ 的空间变化，在电离层视为薄球层的条件下，主要指水平变化；$\boldsymbol{v}$ 为 t 时刻 IPP 运动速度；$\partial\text{TEC}(\boldsymbol{r},t)/\partial t$ 为 IPP 处 TEC 随时间的变化。由 GPS 直接计算的电离层电子总含量的变化通常仅能表现为 TEC 随时间的变化 $\Delta\text{TEC}(\Delta t_{12}) = \Delta\text{TEC}(t_2,t_1) = \text{TEC}(t_2) - \text{TEC}(t_1)$，实际上它也包含电离层的空间变化 $\Delta\text{TEC}(\Delta t_{12}) = \text{TEC}(\boldsymbol{r}_2,t_2) - \text{TEC}(\boldsymbol{r}_1,t_1)$，两者难于完全分离。在 IPP 的运动速度 $\boldsymbol{v}$ 和电离层空间变化 $\partial\text{TEC}(\boldsymbol{r},t)/\partial\boldsymbol{r}$ 影响相对不大时，$\Delta\text{TEC}(t_2,t_1)$ 可视为固定点处的电离层电子总含量随时间的变化。利用 ACEVS 监测随机电离层扰动时，需满足这一要求。同时必须考虑电离层各类变化的分辨率，理论上，利用 GNSS 探测电离层变化，采样率不能低于分辨率要求，然而由于电离层的各类变化的尺度是非常复杂的，所以这里不作详细讨论。背景电离层延迟在短基线尺度甚至 200km 的范围内

的都可进行有效差分,而静动态用户 IPP 的运动速度一般为每秒数十米左右,即使在一般的采样率(如 IGS 标准采样间隔为 30s)的情况下,GNSS 数据一般能满足利用 ACEVS 需要有效消除电离层延迟随空间变化的要求。

12.3.3　探测随机电离层扰动效应的框架方案及初步试验结果

综合上面的讨论和 GNSS 时序采样的特点,初步给出一种利用 GNSS 手段监测随机电离层扰动效应的框架方案[3-4]:

（1）分别用前 N_i、N_{i+1}（当前历元）个采样,求 $\gamma(r)$ 的样本估计 $\hat{\gamma}_{N_i}(r)$ 和 $\hat{\gamma}_{N_{i+1}}(r)$。

（2）按式（12.28）、式（12.29）或式（12.32）、式（12.33）求 $\{\Delta\hat{\gamma}_{N_{i+1},N_i}(r)\}_{r=M}^{N_r}$ 序列的自协方差估计（$v=0$）:

$$\{\mathrm{Var}[\Delta\hat{\gamma}_{N_{i+1},N_i}(r)]\}_{r=M}^{N_r}, N_r、M 为 r 的最大和最小个数。$$

（3）计算 $Q_{N_{i+1}}(k) = \sum_{r=M}^{N_r}\{[\Delta\hat{\gamma}_{N_{i+1},N_i}(r)]^2/\mathrm{Var}[\Delta\hat{\gamma}_{N_{i+1},N_i}(r)]\}$ 或

$$Q_{N_{i+1}}(k) = \frac{N_i(N_i+1)}{\hat{\gamma}_{N_i}(0)}\sum_{r=M}^{N_r}[\Delta\hat{\gamma}_{N_{i+1},N_i}(r)]^2$$

这里,$N_r=15$,$M=1$,$k=N_k-M+1=15$。很明显不同条件下,k 取值不一。

（4）若 $Q_{N_{i+1}}(k) \leqslant \chi_\alpha^2(k)$（$\alpha$ 为设定的扰动判别因子,这里取 0.005）,电离层状态正常,用 N_i+1 代替 N_i,N_i+2（当前历元）代替 N_i+1,转（1）。

（5）若 $Q_{N_{i+1}}(k) > \chi_\alpha^2(k)$,电离层扰动效应发生;用历元 N_i 的电离层观测代替 N_i+1 的电离层观测,即 $\hat{I}_{N_{i+1}} = \hat{I}_{N_i}$,再用 N_i+1 代替 N_i,N_i+2（当前历元）代替 N_i+1,转（1）。

基于以上框架,设计了一个静态实时监测方案。为验证监测效果,将模拟的随机电离层扰动效应引入前面试验数据的后续 14 个历元（共 7min）,与对应的实际平静的电离层延迟叠加,形成新的电离层延迟观测序列。图 12.16(a)所示为实际的电离层延迟采样序列,第 331 ~ 344 观测为模拟的扰动时段。由图 12.16(b)可以看出探测结果与模拟情况是一致的。

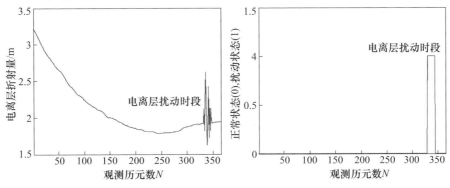

图 12.16　基于模拟扰动的电离层延迟采样序列及探测结果

以上方法尽管是针对实时监测要求提出的,但它完全可用于后处理情况。在具体的电离层监测方案的设计中,必须注意,不同实际的问题,对 N 和 r 的选择要求不一,应结合 N_{min} 和 r_{min},根据后处理、静态实时处理及动态应用的要求,参考框架思想,设计各自具体适用的方案。对于后处理,N_{min} 和 r_{min} 意义不大,计算条件允许时,可尽量多选 N 和 r;对静态实时处理,在保证精度要求、存储量和计算速度的前提下,适当多选 N 和 r;对动态处理,在顾及 N_{min} 和 r_{min} 的基础上,为保证精度要求、存储量和计算速度的要求,可尽量少选 N 和 r。电离层扰动效应的 GPS 探测方案,主要分后处理和实时两种情况,静、动态实时方案基本相同,差别主要取决于硬件要求。

我国南方低纬地区恰属于电离层闪烁高发带,选海南琼中站(QION)进行实验,以电离层闪烁发生的时段 2003 年 10 月 8 日为具体算例。利用该站 GPS 双频观测数据,分别统计分析了闪烁发生当天该站所有可观测 GPS 卫星的 ACEVS 以及 ROTI 观测随世界时的时间序列,如图 12.17 所示。

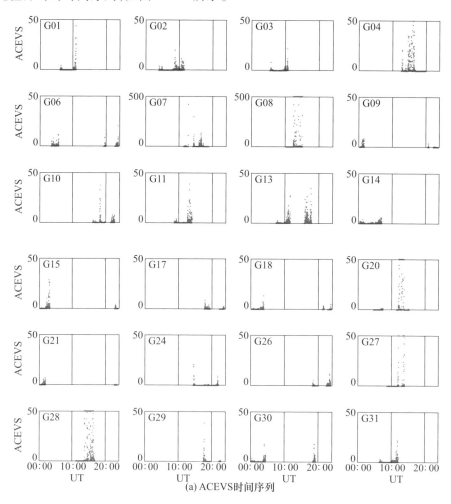

(a) ACEVS时间序列

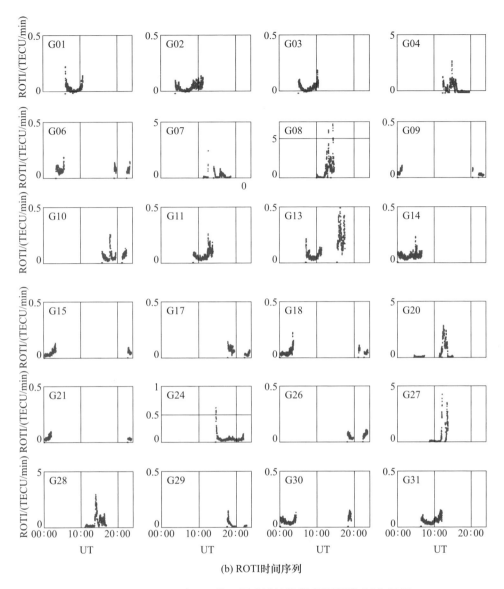

(b) ROTI 时间序列

图 12.17　2003 年 10 月 8 日 QION 站所有可观测 GPS 卫星

　　由图中逐卫星对比可发现：①ACEVS 探测首先需要初始化，如 G24 所示，ROTI 较 ACEVS 能够探测到起始时段的 TEC 扰动，即 ROTI 无需初始化。②当 G04、G07、G20、G27、G28、G29 号卫星产生了显著的 TEC 扰动效应时，两方法均能够有效探测到显著 TEC 扰动效应现象，但 ACEVS 较 ROTI 对电离层闪烁的响应敏感得多；特别发生明显 TEC 扰动效应时，ACEVS 往往发生跃变（极大值，阈值为 500，强扰动状态下不可估），这表明 ACEVS 的抗噪能力较 ROTI 明显差得多，而 ROTI 一般小于 6，因此，ROTI 用于显著 TEC 扰动效应的探测更为简洁、灵活。③当电离层整个时段较为平静,仅发生局部 TEC 微扰动效应时,如 G11 号卫星,ACEVS 对于微扰动的探测能力较 ROTI 方法更灵敏,能够精细化反映电离层的微扰动效应,这也是 ACEVS 方法的突出优势。因此,对于两方法的使用,需根据实地电离层扰动常态灵活选择,比如赤道低纬电离层闪烁等扰动频发区,适宜选择 ROTI 方法,而中纬电离层扰动相对平静区,更适合选择 ACEVS 方法。

12.4 中国区域电离层扰动效应监测与分析

我国领土范围广阔,南北纬度跨越近 50°,电离层变化区域特征明显,尤其是靠近低纬磁赤道区的海南以及赤道异常北驼峰区广州、昆明、厦门等电离层闪烁频发区,严重影响 GNSS 用户接收终端性能,随着我国大陆构造环境监测网(陆态网络)的建成,进一步推动了该区域的 GNSS 电离层闪烁监测和 TEC 扰动分析等方面的研究[9,13-19]。

针对我国南方低纬地区电离层闪烁、TEC 和不规则体特性,我国学者做了大量相关研究[8-9,14-15,19-23]。熊波等统计分析了海南三亚地区电离层闪烁特性,指出全年闪烁的最大值出现在春秋季;胡连欢等研究了我国低纬电离层 F 区场向不规则体在太阳活动低年夏季的基本特征;Deng 等统计分析了华南地区电离层闪烁和 TEC 耗空两者之间的关系,并指出在春秋分期间强闪烁总是与 TEC 耗空相伴而生[20];刘抗抗等利用 ROTI 指数统计分析了我国低纬地区电离层扰动特性[17];侍颢等通过统计 GNSS 观测周跳发生频率间接分析了我国低纬电离层闪烁发生特性,并给出一种电离层闪烁仿真模式[7]。

然而,我国中纬地区电离层扰动特性的探测研究工作,还很少有公开报道的相关研究成果。本节充分利用中国大陆构造环境监测网数据服务,从中选取 11 年(2002—2012 年,一个太阳活动周)的 GPS 观测数据,以基本均匀覆盖我国领土范围的 21 个基准站为例,重点分析了我国不同纬度地区的电离层扰动特性及其存在的区域性差异。

12.4.1 数据准备与预处理

基于我国大陆构造环境监测网络,选用一个太阳活动周(2002—2012 年)的双频 GPS 观测数据进行处理(部分天数据缺失),实验从中选取 21 个基准站如图 12.18 所示:十三陵(BJSH)、德令哈(DLHA)、鼎新(DXIN)、广州(GUAN)、海拉尔(HLAR)、蓟县(JIXN)、泸州(LUZH)、琼中(QION)、绥阳(SUIY)、泰安(TAIN)、乌鲁木齐(URUM)、武汉(WUHN)、乌什(WUSH)、西安(XIAA)、下关(XIAG)、厦门(XIAM)、西宁(XNIN)、永兴岛(YONG)、郑州(ZHNZ)。其中,GPS 数据采样间隔为 30s。然后利用宽巷(WL)组合、无几何组合观测等对原始观测数据进行粗差剔除、周跳修复、相位平滑等一系列数据预处理,得到较干净的载波相位观测值及平滑码数据。然后,逐测站逐卫星处理各基准站数据,应用 IROTI 方法以及 ROTI 方法,分别计算分析我国不同纬度 21 个基准站 TEC 扰动发生和统计情况[7]。

图 12.18　选取的 21 个 GNSS 基准站分布图

12.4.2　电离层闪烁发生时 TEC 扰动效应监测示例

以 QION 站为例,选取 2003 年 10 月 8 日我国低纬海南地区强闪烁发生时段,利用 IROTI 与 ROTI 两种分析方法进行扰动监测,两方法所得分析结果对比分析如图 12.19 ~ 图 12.21 所示。逐卫星计算并分析站星链路随时间的 TEC、卫星高度角序列变化及相应的两种扰动效应指数 ROTI、IROTI;以同时段富克站电离层闪烁接收机实测的各 GPS 卫星闪烁指数 S_4 为参考,详细对比分析 IROTI 与 ROTI 两种不同方法监测电离层闪烁引起的 TEC 波状扰动效应的有效性。需要说明的是,由于两站相距 30 多千米,不考虑两站之间的电离层空间天气差异。

图 12.19 所示为 2003 年 10 月 8 日电离层强烈闪烁发生时段 QION 站所有可观测 GPS 卫星站星 STEC 以及高度角随世界时变化的时间序列。图 12.20 所示为同时时段 QION 站所有可观测 GPS 卫星站星视线方向 ROT 随世界时变化的时间序列。图 12.21 则给出了同时段海南琼中站(QION)计算得到的各卫星 TEC 扰动效应指数 IROTI、ROTI 随世界时的变化,以及同时段海南富克站逐卫星监测得到的幅度闪烁指数随世界时的变化。

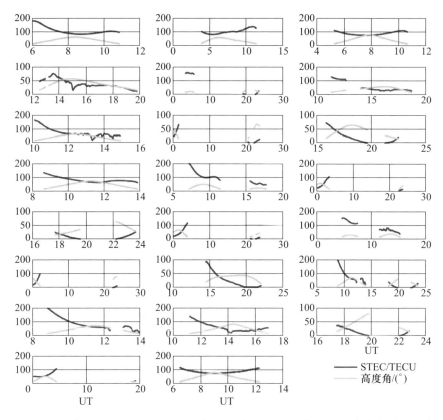

图 12.19　2003 年 10 月 8 日 QION 站所有可观测 GPS 卫星的 STEC、高度角随时间变化的
单天监测结果（卫星编号从左到右，从上到下依次为 G01、G02、G03、G04、G06、G07、G08、
G09、G10、G11、G13、G15、G17、G18、G20、G21、G24、G26、G27、G28、G29、G30、G31）

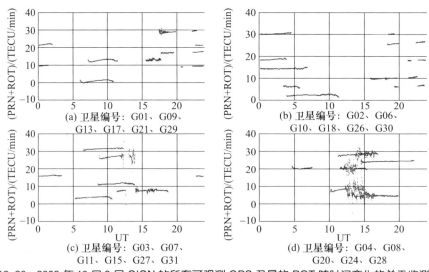

图 12.20　2003 年 10 月 8 日 QION 站所有可观测 GPS 卫星的 ROT 随时间变化的单天监测结果

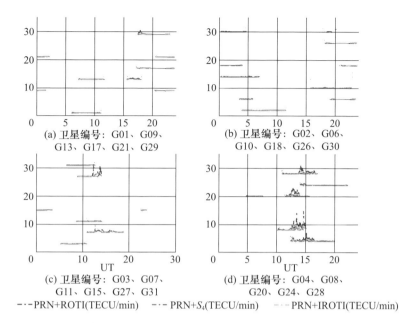

(a) 卫星编号：G01、G09、
G13、G17、G21、G29

(b) 卫星编号：G02、G06、
G10、G18、G26、G30

(c) 卫星编号：G03、G07、
G11、G15、G27、G31

(d) 卫星编号：G04、G08、
G20、G24、G28

- - - PRN+ROTI(TECU/min)　　- - - PRN+S_4(TECU/min)　　- - - PRN+IROTI(TECU/min)

图 12.21　2003 年 10 月 8 日 QION 站所有可观测 GPS 卫星的 ROTI/IROTI/S_4
随时间变化的单天监测结果（见彩图）

逐卫星对比闪烁发生时段站星 STEC、ROT、ROTI/IROTI/S_4 与闪烁指数随地方时变化,可明显看出,受电离层闪烁影响,多颗卫星站星链路上 STEC 出现明显的波状扰动起伏。其中,QION 站 4 号、8 号、20 号、27 号以及 28 号卫星对应的 STEC 观测发生了持续短时段急剧变化不同深度的 TEC 耗空现象,同时,4 号、7 号以及 27 号卫星伴随强烈闪烁现象发生了持续数 10min 的信号失锁。

逐卫星对比分析闪烁发生时段 TEC 扰动指数 IROTI、ROTI 与闪烁指数 S_4 随时间变化的序列曲线,无明显闪烁发生时,各颗卫星 TEC 扰动指数 IROTI 值、ROTI 值与闪烁指数 S_4 值都比较小,三值随时间的序列曲线变化近乎一致,且各卫星 TEC 扰动指数 IROTI 值略小于 ROTI 值,两指数值与 S_4 呈明显的相关性。然而 4 号、8 号、20 号、27 号以及 28 号对地观测发生不同深度 TEC 耗空时,ROTI 较 IROTI 发生不同幅度的跳跃,尤其 8 号、27 号卫星对应的 TEC 剧烈变化导致 ROTI 大幅度跃变,而此时 IROTI 较 ROTI 与 S_4 指数随时间的趋势变化更为接近。由实验结果不难看出,这是一个典型的夜间发生的电离层闪烁现象。

12.4.3　电离层闪烁发生时 TEC 扰动效应空间分析示例

图 12.22 所示为 2003 年 10 月 8 日电离层强烈闪烁发生当天中国大陆构造环境监测网络 20 个基准站所有可观测 GPS 卫星站卫星视线方向电离层交叉点轨迹图,并按照 TEC 扰动指数满足的 IROTI 数值条件加以区分。图 12.23 所示为 2003 年 10 月 8 日电离层强烈闪烁发生当天各基准站所有可观测 GPS 卫星站卫星视线方向电

离层交叉点轨迹图,并按照 TEC 扰动效应指数 ROTI 数值条件加以区分。

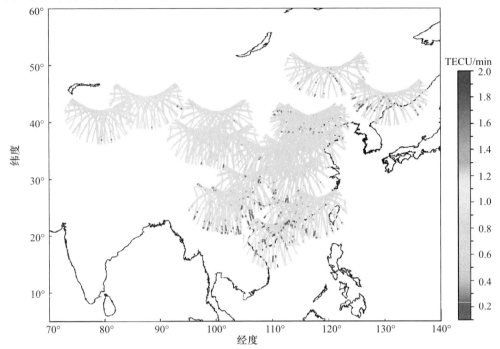

图 12.22　2003 年 10 月 8 日 IROTI 条件下 20 个基准站的电离层 IPP 分布图

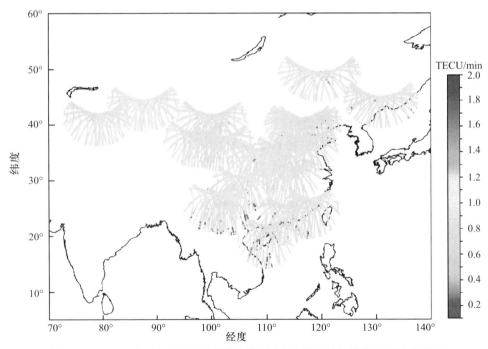

图 12.23　2003 年 10 月 8 日 ROTI 条件下 20 个基准站的电离层 IPP 分布图

由两图可明显看出,2003 年 10 月 8 日电离层闪烁发生时,符合条件的扰动集中在南方低纬赤道异常北驼峰区域内,尤其是处于磁赤道附近的海南区域最为严重。同时,我国中部及北方区域所有测站 IPP 分布图,未见任何 TEC 扰动发生。上述现象初步说明了导致电离层闪烁现象发生的电离层不规则体大致分布于磁赤道低纬区域,结合 12.4.2 节已探讨结果,该天电离层闪烁引起的 TEC 扰动属于典型的夜间现象,这与该区域赤道扩展 F 层的形成与出现时间节点基本一致。由此也可说明,我国南方低纬是电离层闪烁频发且最严重的区域,闪烁多发生于夜间的现象与该区域赤道扩展 F 层特性密切相关。

12.4.4　我国南方低纬地区 TEC 扰动效应指数随年积日和世界时的变化

就我国南部低纬来说,赤道异常北峰区几乎覆盖了整个南部地区,尤其海南等地区临近低纬磁赤道区附近,由电离层不均匀结构(如赤道扩展 F 层)引起的强闪烁是该区电离层的重要特征。我们选取位于赤道北异常区与低纬磁赤道区之间电离层闪烁频发的海南琼中站 QION 与广州站 GUAN 开展研究,对应时段为太阳活动高年 2003 年,分析两测站跟踪所有 GPS 卫星两种 TEC 扰动指数 IROTI 以及 ROTI 随年积日和世界时的变化。需要说明的是,QION 站 2003 年部分数据缺失。

图 12.24 ~ 图 12.27 给出了 2003 年海南与广州地区电离层扰动强度与季节变化的关系,各图中:(a)对应的卫星编号为 G01、G05、G09、G13、G17、G21、G25、G29;(b)对应的卫星编号为 G02、G06、G10、G14、G18、G26、G30;(c)对应的对星编号为 G03、G07、G11、G15、G23、G27、G31;(d)对应的卫星编号为 G04、G08、G16、G20、G24、G28。可以明显看出,2003 年海南与广州地区的 TEC 扰动强度和发生频率在春秋季(春分在 DOY80 天前后,秋分在 DOY260 天前后)达到最大,但两分季扰动特性并不对称,春季频繁强 TEC 扰动现象由 2 月份持续至 4 月份,尤以 3 月份 TEC 扰动最为显著,而秋季频繁强 TEC 扰动主要集中于 10 月,且 IROTI 的逐日变化差别明显难以预测,这种规律与中国低纬赤道异常区电离层闪烁发生率随季节的变化规律基本一致,通常将这种现象简称为两分特性。另外,从图中还可以看出,靠近低纬磁赤道的海南地区较赤道异常北峰区内侧的广州地区电离层 TEC 扰动幅度更为显著,且广州较海南 TEC 扰动的两分特性有所弱化。进一步对比图 12.24 与图 12.25 可发现,尽管 IRO-TI 与 ROTI 两种指数均能直观反映该区域的电离层扰动的两分特性,两方法对扰动响应的分析结果仍存在明显的差异,IROTI 随年积日变化的序列值整体上偏小于 ROTI 序列值,IROTI 取值一般小于 3 而 ROTI 取值一般小于 5,这一点也间接反映了 IROTI 较 ROTI 更接近于幅度闪烁指数。此外,TEC 扰动现象除了具有明显的两分特性外,其随机特性也格外明显。正是由于 TEC 扰动发生的季节性、随机性与突发性,使得当前电离层不规则性活动的准确预测工作更为复杂。

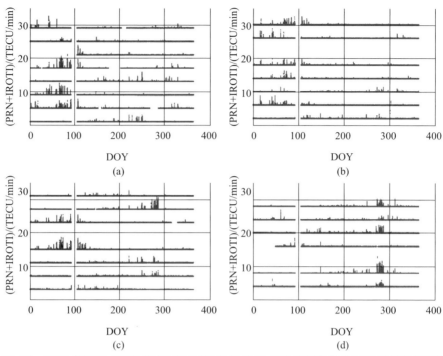

图 12.24　2003 年海南 QION 站 28 颗 GPS 卫星 TEC 扰动效应指数 IROTI 随年积日的变化

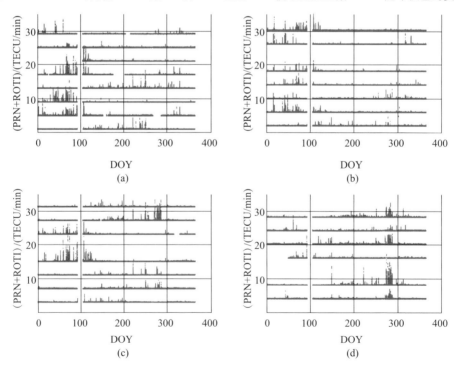

图 12.25　2003 年海南 QION 站 28 颗 GPS 卫星 TEC 扰动效应指数 ROTI 随年积日的变化

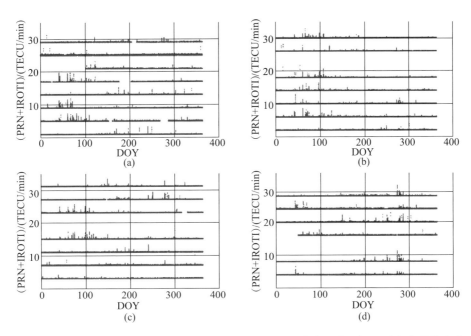

图 12.26　2003 年 GUAN 站 28 颗 GPS 卫星 TEC 扰动效应指数 IROTI 随年积日的变化

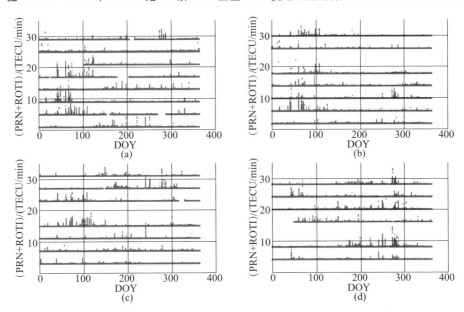

图 12.27　2003 年 GUAN 站 28 颗 GPS 卫星 TEC 扰动效应指数 ROTI 随年积日的变化

　　图 12.28 ~ 图 12.31 分别统计了 2003 年 QION 站与 GUAN 站所有 GPS 卫星 TEC 扰动随世界时的变化,各图中:(a)对应的卫星编号为 G01、G05、G09、G13、G17、G21、G25、G29;(b)对应的卫星编号为 G02、G06、G10、G14、G18、G26、G30;(c)对应的卫星编号为 G03、G07、G11、G15、G23、G27、G31;(d)对应的卫星编号为 G04、G08、G16、

G20、G24、G28。可以明显看出,海南、广州地区的电离层 TEC 扰动主要发生在 UT11:00—20:00之间(即日落后北京时间 19 时至次日凌晨 4 时之间),这一现象与该地区电离层夜间闪烁特性息息相关,与国内诸多专家学者针对低纬地区电离层闪烁研究的结论较为一致[14,19],说明了 IROTI 可用作电离层闪烁监测的辅助参考量之一。此外,TEC 扰动发生的夜间特性,与磁赤道低纬地区赤道扩展 F 层的特性基本吻合,不难推测赤道扩展 F 不均匀体的形成与该地区 TEC 扰动之间存在着某种密切关联。

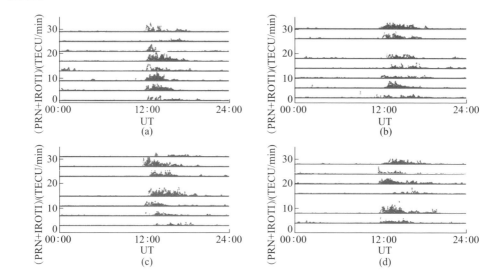

图 12.28   2003 年海南 QION 站 28 颗 GPS 卫星 TEC 扰动效应指数 IROTI 随世界时的变化

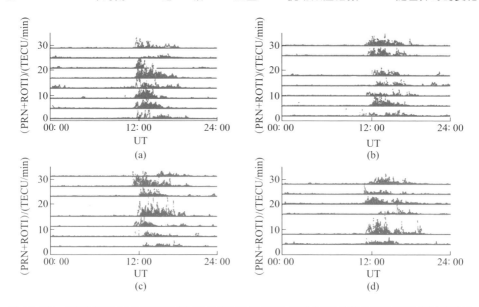

图 12.29   2003 年海南 QION 站 28 颗 GPS 卫星 TEC 扰动效应指数 ROTI 随世界时的变化

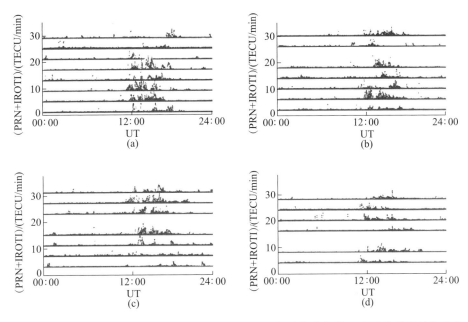

图 12.30　2003 年 GUAN 站 28 颗 GPS 卫星 TEC 扰动效应指数 IROTI 随世界时的变化

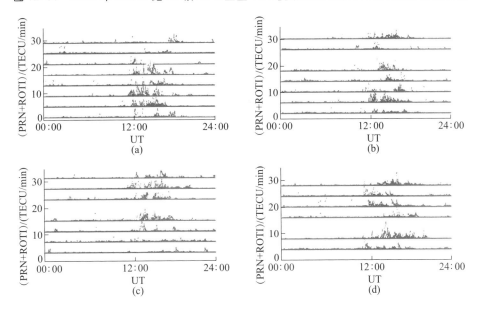

图 12.31　2003 年 GUAN 站 28 颗 GPS 卫星 TEC 扰动效应指数 ROTI 随世界时的变化

12.4.5　TEC 扰动效应发生率的逐日分析

为了进一步定量分析电离层 TEC 扰动效应强弱,根据 IROTI 以及 ROTI 扰动效应指数的大小,初步定义了 TEC 扰动效应强度的等级:当 $0.25 \leqslant$ IROTI < 0.5 或 $0.25 \leqslant$

ROTI<0.5 时,为 TEC 弱扰动效应;当 0.5≤IROTI<1 或 0.5≤ROTI<1 时,为 TEC 中扰动效应;当 IROTI≥1 或 ROTI≥1 时,为 TEC 强扰动效应。同时,TEC 扰动效应的发生率定义为满足上述某一扰动效应强度条件的 TEC 扰动效应观测历元数与同时段所有卫星的观测历元个数之比。通常情况下,日扰动发生率的统计时长以天为单位。

图 12.32 与图 12.33 分别统计了 2002—2012 年各个测站电离层 TEC 扰动效应指数 IROTI、ROTI 不同强度发生率随年积日的变化,各图中:(a)对应的测站为 YONG、QION、GUAN、KMIN、XIAM、XIAG;(b)对应的测站为 LUZH、WUHN、XIAA、ZH-NZ、DLHA、TAIN;(c)对应的测站为 XNIN、BJFS、BJSH、JIXN、WUSH、URUM;(d)对应

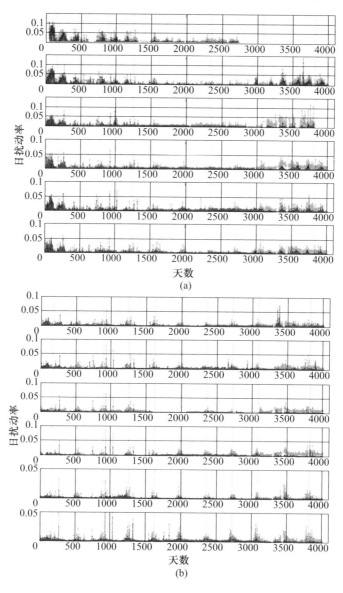

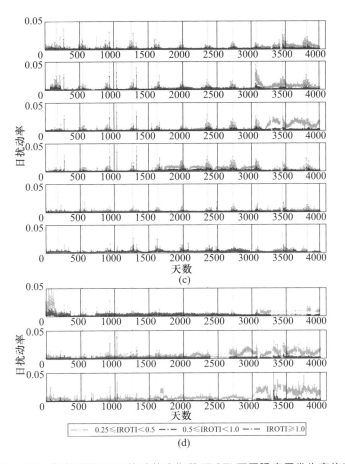

图 12.32　2002—2012 年各测站 TEC 扰动效应指数 IROTI 不同强度日发生率的变化（见彩图）

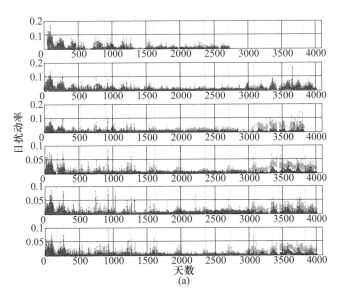

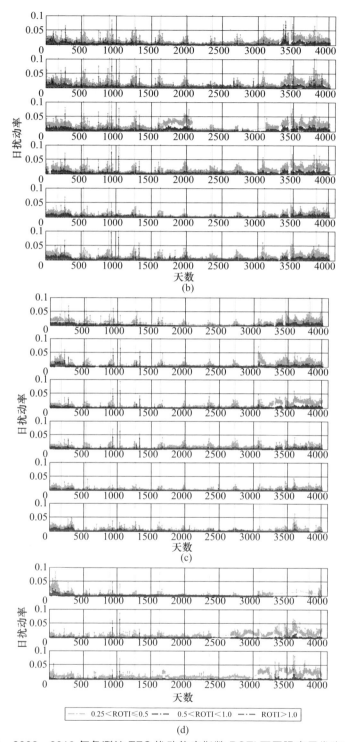

图 12.33　2002—2012 年各测站 TEC 扰动效应指数 ROTI 不同强度日发生率的变化

的测站为 DXIN、SUIY、HLAR;绿色点线指代满足 $0.25 \leqslant ROTI < 0.5$ 条件的 TEC 微扰动效应日发生率;蓝色点线指代满足 $0.5 \leqslant ROTI < 1$ 条件的 TEC 弱扰动效应日发生率;红色点线指代满足 $ROTI \geqslant 1$ 条件的 TEC 显著扰动效应日发生率。从图中可以明显看出,电离层 TEC 的扰动效应发生率及扰动效应幅度于 2002 年太阳活动高年达到最高,于 2011 年和 2012 年太阳活动较高年达到次高,于太阳活动下降年 2003 年和 2004 年达到较高,于太阳活动低年 2005 年至 2010 年达到较弱水平。也就是说,电离层 TEC 的扰动效应发生率和扰动效应强度与太阳活动水平存在比较显著的正相关特性。另外,从两图统计结果不难看出,南方低纬大部分地区发生的电离层 TEC 频繁扰动效应主要集中于春秋两季,且愈往低纬电离层 TEC 扰动效应强度及发生频率越显著,其中,YONG 站、QION 站两分特性极为显著,GUAN 站两分特性逐渐弱化,而 KMIN 站、XIAM 站、XIAG 站、LHAS 站与 LUZH 站两分特性进一步弱化,这种现象与该地区电离层闪烁特性基本吻合。然而,LUZH 站 TEC 扰动效应发生两分特性进一步弱化的同时以夏季为主的特性逐渐显现,且 $IROTI \geqslant 1$、$ROTI \geqslant 1$ 的 TEC 显著扰动效应随纬度增加进一步削弱,针对位于 LUZH 站与 DXIN 站之间的我国中部地区各测站而言,满足 $0.25 \leqslant IROTI < 1$、$0.25 \leqslant ROTI < 1$ 电离层 TEC 微弱扰动效应集中于夏季频繁发生的特性比较明显,尤其是太阳活动低年中部地区的夏季特性更为突出。中高纬地区 URUM 站、CHUN 站、SUIY 站以及 HLAR 站电离层 TEC 扰动效应发生的夏季特性进一步弱化,其中海拉尔地区该特性又近乎消失。此外,通过两图逐年逐测站比较不难发现关于两分特性的一种特别现象,2002 年太阳活动高年,电离层扰动效应发生的两分特性影响范围最广,直到中部地区武汉;随着太阳活动水平的降低,两分特性影响范围也随之变小。迄今为止,关于我国中部地区电离层 TEC 扰动效应夏季特性的相关探讨甚少。曾有一些学者初步探讨并指出我国中部地区偶发 E 层(Es)具有明显的夏季特性,且在太阳活动低年该特性最为显著。肖佐等对我国中部地区的行进式电离层扰动研究发现,中纬地区 MSTID 的发生与太阳活动高低年存在一定的关系,长春区域发生的 MSTID 较乌鲁木齐显著。鉴于此,我们推测中部地区 TEC 扰动发生的夏季特性与该地区的 Es 以及 MSTID 存在一定的关系[22-23]。

◢ 12.5　本 章 小 结

本章在介绍电离层闪烁探测手段及利用 GNSS 探测 TEC 扰动效应方法的基础上,提出了一种利用 GNSS 进行电离层扰动效应探测的改进方法 IROTI。与传统 ROTI 方法相比,改进方法 IROTI 与电离层闪烁指数数值上更接近,尤其当电离层闪烁伴随显著 TEC 耗空/剧增现象时,ROTI 严重偏离 S_4 指数,而 IROTI 方法与 S_4 的相关性整体而言优于 ROTI 方法与 S_4 的相关性,与 ROTI 相比,IROTI 作为电离层闪烁等扰动效应活动探测的辅助参考指数更为理想。

同时,结合 GNSS 时序观测特点:从广义的数学物理意义上,提出了一种检测随机信号扰动效应的基本方法——(时序)变样本自协方差估计(ACEVS)[3-4];推导了ACEVS的估计解式;从理论证明和模拟实验两方面验证了利用ACEVS监测GPS随机电离层扰动效应的适用性;建立了基于GNSS观测数据的监测随机电离层扰动效应的框架方案[3-4]。试验结果表明,利用本章提出的ACEVS研究基于GNSS的电离层活动监测方法的设想是可行的;给出的框架方案可作为设计各类利用单台(静、动态)双频GNSS接收机监测电离层活动的方法的参考方案之一。

最后,利用陆态网络提供的一个太阳活动周的地基GNSS数据,从中选取21个基准站,分别基于IROTI以及ROTI两种扰动效应探测方法,统计分析了我国电离层TEC扰动效应现象存在显著的区域性差异。我国南方低纬TEC扰动效应显著,具有明显的两分特性、地方时特性,这种现象与该地区电离层闪烁特性基本一致;我国中部地区电离层TEC扰动效应幅度较低纬显著下降,不同于低纬电离层扰动效应的两分特性,中部地区TEC扰动效应以夏季为主,而中高纬TEC扰动效应随季节变化规律进一步弱化。

参考文献

[1] SARDON E,RIUS A,ZARRAOA N. Ionospheric calibration of single frequency VLBI and GPS observations using dual GPS data[J]. Bulletin géodésique,1994,68(4):230-235.

[2] SCHAER S. Mapping and predicting the Earth's ionosphere using the global positioning system [M]. Zurich:Institute for Geodesy and Photogrammetry,Swiss Federal Institute of Technology Zurich,1999.

[3] YUAN Y,OU J. Auto-covariance estimation of variable samples (ACEVS) and its application for monitoring random ionospheric disturbances using GPS[J]. Journal of Geodesy,2001,75(7-8):438-447.

[4] 袁运斌. 基于GPS的电离层监测及延迟改正理论与方法的研究[D]. 武汉:中国科学院测量与地球物理研究所,2002.

[5] PI X,MANNUCCI A J,LINDQWISTER U J,et al. Monitoring of global ionospheric irregularities using the Worldwide GPS Network[J]. Geophysical Research Letters,1997,24(18):2283-2286.

[6] LIU X,YUAN Y,TAN B,et al. Observational analysis of variation characteristics of GPS-based TEC fluctuation over China[J]. ISPRS International Journal of Geo-Information,2016,5(12):237.

[7] 侍颢,张东和,郝永强,等. 中国低纬度地区电离层闪烁效应模式化研究[J]. 地球物理学报,2014,57(3):691-702.

[8] 宋茜,丁锋,万卫星,等. 2011年5月28日磁暴期间中国地区大尺度电离层行进式扰动的GPS台网监测[J]. 中国科学:地球科学,2013(4):513-522.

[9] 尚社平,史建魁,郭兼善,等. 海南地区电离层闪烁监测及初步统计分析[J]. 空间科学学报,2005,25(1):23-28.

[10] LI Z,YUAN Y,FAN L,et al. Determination of the differential code bias for current BDS satellites [J]. IEEE Transactions on Geoscience and Remote Sensing,2013,52(7):3968-3979.

[11] Li Z, YUAN Y, Li H, et al. Two-step method for the determination of the differential code biases of COMPASS satellites[J]. Journal of Geodesy, 2012, 86(11): 1059-1076.

[12] ZHANG B. Three methods to retrieve slant total electron content measurements from ground-based GPS receivers and performance assessment[J]. Radio Science, 2016, 51(7): 972-988.

[13] 张东和, 萧佐. 利用 GPS 计算 TEC 的方法及其对电离层扰动的观测[J]. 地球物理学报, 2000, 43(4): 451-458.

[14] 周彩霞, 吴振森, 甄卫民, 等. 昆明站电离层闪烁形态与海口站的对比分析[J]. 电波科学学报, 2009(5): 832-836.

[15] 熊波, 万卫星, 宁百齐, 等. 基于北斗、GLONASS 和 GPS 系统的中低纬电离层特性联合探测[J]. 2014 年中国地球科学联合学术年会, 2014: 1683-1683.

[16] LI G, NING B, YUAN H. Analysis of ionospheric scintillation spectra and TEC in the Chinese low latitude region[J]. Earth, planets and space, 2007, 59(4): 279-285.

[17] LIU K, LI G, NING B, et al. Statistical characteristics of low-latitude ionospheric scintillation over China[J]. Advances in Space Research, 2015, 55(5): 1356-1365.

[18] 王斯宇, 王劲松, 余涛, 等. 中国广州地区电离层闪烁观测结果的初步统计分析[J]. 空间科学学报, 2010, 30(2): 141-147.

[19] LIU Z, XU R, MORTON Y, et al. A comparison of GNSS-based ionospheric scintillation observation in north and south Hong Kong[J]. Proc. ION PNT, 2013: 694-705.

[20] 邓忠新, 刘瑞源, 甄卫民, 等. 中国地区电离层 TEC 暴扰动研究[J]. 地球物理学报, 2012, 55(7): 2177-2184.

[21] ZHANG B, YUAN Y, CHAI Y. QIF-based GPS long-baseline ambiguity resolution with the aid of atmospheric delays determined by PPP[J]. The Journal of Navigation, 2016, 69(6): 1278-1292.

[22] DING F, WAN W, XU G, et al. Climatology of medium-scale traveling ionospheric disturbances observed by a GPS network in central China[J]. Journal of Geophysical Research Space Physics, 2011, 116(A9): 412-419.

[23] YU S, XIAO Z, AA E, et al. Observational investigation of the possible correlation between medium-scale TIDs and mid-latitude spread F[J]. Advances in Space Research, 2016, 58(3): 349-357.

第13章　基于卫星导航的电离层 TEC 实时建模方法

◤ 13.1　概　　述

实时电离层延迟模型能够为单频用户实时定位提供高精度的电离层时延信息,有助于提高双频用户实时精密定位的收敛速度,在地震及海啸预报预警等方面也有着潜在的应用价值[1-4]。基准站日益加密的 IGS 与 MGEX、北斗地基增强网、中国地壳运动监测网络及亚太参考网(APREF)等区域/全球 GNSS 连续运行参考站网为构建全球及区域实时电离层延迟模型提供了丰富的数据源。

目前,作为各 GNSS 提供的基本导航服务内容之一,全球实时广播电离层时延修正模型,如 BDGIM、GPS Kloubuchar 及 Galileo NeQuick 等,虽然从播发服务方式而言能为用户提供实时电离层延迟改正信息,但实际上它们的模型参数都不是实时或准时确定和更新的,不属于本章要阐述和研究的实时全球电离层建模范畴。美国 GPS WAAS 等增强系统提供的其覆盖区域上空的大范围实时电离层延迟改正模型,其他模型参数或修改信息则是准实时确定和更新的,第 8 章已系统地介绍和研究。本章重点介绍和探讨相对较为精细的全球实时电离层 TEC 建模方法。

通常,高精度实时全球电离层模型的构建需要依赖于众多全球分布均匀、数据充足的参考站实时 GNSS 观测数据。由于受到涉密以及权限不足等其他客观条件限制,目前,一般用户可接收到的能够提供实时数据流的参考站往往数目较少且在全球分布不均。实时数据的不足会导致求解的实时全球电离层 TEC 格网精度在部分区域较好而在海洋上空等区域精度较差甚至出现大批格网点 TEC 估值为负值的情况[5]。如何解决高精度实时全球电离层模型构建对于实时数据的需求与实时观测数据实际获取不足之间的矛盾是亟待研究的问题。从长远来看,增加实时跟踪站是解决数据流不足的一条可靠途径,然而,高昂的硬件设备费用等因素严重制约了实时跟踪站密度提升进程。针对此,本章通过引入 IGS 预报的 GIM 产品作为虚拟电离层 TEC 观测值弥补实时参考站数量不足及分布不均的缺陷,结合球谐函数模型初步建立了一种基于自适应抗差卡尔曼滤波的实时全球电离层模型。同时,结合双层电离层格网模型,建立了一种基于自适应抗差卡尔曼滤波的实时区域电离层模型。在此基础上,研究了一套多模 GNSS 实时区域及全球电离层 TEC 监测与修正方法及软件,初步实现了全球与区域电离层 TEC 实时监测[6]。

13.2　实时电离层 TEC 建模处理策略

13.2.1　数据处理流程

为实现电离层 TEC 格网的实时确定,设计了一套适合实时 GNSS 电离层 TEC 建模与产品播发的处理流程(图 13.1),研制了一套实时电离层建模与产品播发软件。实时电离层 TEC 建模与产品播发处理过程主要包括 3 个模块,即实时数据流接收、数据处理以及实时电离层产品播发。

实时数据接收模块主要功能是从计算机共享内存中获取多系统实时观测数据流及实时广播星历数据流,供实时数据处理模块使用。本章采用中国科学院精密测量科学与技术创新研究院(原测量与地球物理研究所)开发的实时数据与产品获取软件 IGG Ntrip 对实时数据流解码,实现实时数据和产品获取。

首先对接收到的观测数据实时流及广播星历实时流进行粗差、周跳探测、相位平滑伪距等预处理。然后,基于相位平滑伪距方法提取经卫星 DCB 改正后的电离层观测量,并将电离层交叉点的位置、投影函数等信息存入电离层时延信息缓存窗口。在收到更新电离层格网产品指令后,采用卡尔曼滤波的方式建立区域/全球电离层模型,求解电离层模型系数和接收机 DCB 参数,并按照 IONEX 生成电离层格网。需要说明的是,考虑到卫星 DCB 比较稳定这一特点,本章采取引入外部卫星 DCB 估值的处理策略。由于 CODE 发布的 DCB 产品中只有 GPS 和 GLONASS,DLR 发布的多模 DCB 产品更新时间延迟较长,在实际处理中采用设置于中国科学院 IGS 电离层分析中心的多模卫星 DCB 产品对提取的电离层时延信息进行卫星 DCB 改正。另外,接收机 DCB 是与测站相关的参数,在实时电离层数据处理中将接收机 DCB 作为常数与电离层模型系数一起估计,避免了依赖外部接收机 DCB 产品对所选测站的限制。

将求解的电离层模型系数和接收机 DCB 估值以文件形式存入本地服务器,并将求解的电离层格网产品发送至实时产品播发软件实现实时电离层格网的播发。

13.2.2　自适应抗差卡尔曼滤波

自适应抗差卡尔曼滤波是在卡尔曼滤波等线性滤波基础上发展起来的一种最佳滤波算法。它主要通过应用抗差估计原理控制观测异常的影响,引进自适应因子控制动力学模型误差的影响[7]。由于自适应抗差卡尔曼滤波计算过程中不需要存储大量的历史观测数据,不仅节约了内存,还提高了计算速度,并可在充分使用抗差估计性能条件下实现动态系统的自适应滤波过程[8-11]。

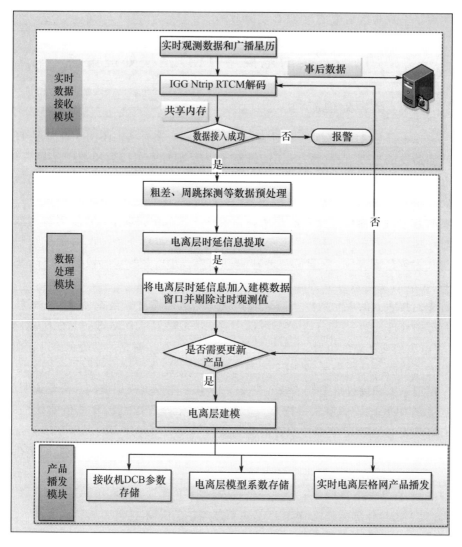

图 13.1　实时电离层 TEC 建模与产品播发处理流程

自适应抗差卡尔曼的状态方程和观测方程分别为

$$x_i = \Phi_{i,i-1} x_{i-1} + \Gamma_{i,i-1} w_{i-1}$$
$$y_i = A_i x_i + \varepsilon_i \tag{13.1}$$

式中：x_i 为系统的 n 维状态矢量；y_i 为系统的 p 维观测矢量；$\Gamma_{i,i-1}$ 为噪声输入矩阵，当状态矢量的各个分量之间无耦合关系时，可取值为 n 维单位阵；w_i 为过程噪声序列，$w_i \sim N(0, Q_{w_i})$，Q_{w_i} 为过程噪声的协方差阵；ε_i 为 m 维状态噪声序列，与系统过程噪声不相关，$\varepsilon_i \sim N(0, R_i)$，$R_i$ 为观测噪声的协方差阵，$P_i = R_i^{-1}$ 为观测矢量的权矩阵；$\Phi_{i,i-1}$ 为历元 $i-1$ 到历元 i 的 $n \times n$ 维的状态转移矩阵，$\Phi_{1,0}$ 为单位阵；A_i 为 $p \times n$ 维观测矩阵。

根据式(13.1)和假设,在已获得 $i-1$ 时刻 $\boldsymbol{x}_{i-1}$ 的最优估值 $\hat{\boldsymbol{x}}_{i-1}$ 的情况下, $\boldsymbol{x}_i$ 的估值可按如下滤波过程求解,具体步骤如下:

(1)计算一步时间预报值 $\hat{\boldsymbol{x}}_{i,i-1}$ 和 $\hat{\boldsymbol{x}}_{i,i-1}$ 的协方差阵 $\boldsymbol{D}_{i,i-1}$

$$\begin{cases} \hat{\boldsymbol{x}}_{i,i-1} = \boldsymbol{\Phi}_{i,i-1}\hat{\boldsymbol{x}}_{i-1} \\ \boldsymbol{D}_{i,i-1} = \boldsymbol{\Phi}_{i,i-1}\boldsymbol{D}_{i-1}\boldsymbol{\Phi}_{i,i-1}^{\mathrm{T}} + \boldsymbol{\Gamma}_{i-1}\boldsymbol{Q}_{w_{i-1}}\boldsymbol{\Gamma}_{i,i-1}^{\mathrm{T}} \end{cases} \tag{13.2}$$

(2)计算信息矢量 $\hat{\boldsymbol{v}}_i$ 及其等价协方差阵 $\bar{\boldsymbol{D}}_{\hat{v}_i}$

$$\begin{cases} \hat{\boldsymbol{v}}_i = \boldsymbol{y}_i - \boldsymbol{A}_i\boldsymbol{x}_{i,i-1} \\ \bar{\boldsymbol{D}}_{\hat{v}_i} = \dfrac{1}{\alpha_i}\boldsymbol{A}_i\boldsymbol{D}_{i,i-1}\boldsymbol{A}_i^{\mathrm{T}} + \bar{\boldsymbol{R}}_i \end{cases} \tag{13.3}$$

式中: $0 < \alpha_i \leq 1$ 为自适应因子; $\bar{\boldsymbol{R}}_i = \bar{\boldsymbol{P}}_i^{\ -1}$ 为引入观测等价权 $\bar{\boldsymbol{P}}_i$ 之后对应的抗差观测噪声协方差等价矩阵。

(3)计算等价增益矩阵

$$\bar{\boldsymbol{K}}_i = \frac{1}{\alpha_i}\boldsymbol{D}_{i,i-1}\boldsymbol{A}_i^{\mathrm{T}}\bar{\boldsymbol{D}}_{\hat{v}_i}^{-1} \tag{13.4}$$

(4)状态矢量更新

$$\begin{cases} \hat{\boldsymbol{x}}_i = \hat{\boldsymbol{x}}_{i,i-1} + \bar{\boldsymbol{K}}_i\hat{\boldsymbol{v}}_i \\ \boldsymbol{D}_i = (\boldsymbol{I} - \bar{\boldsymbol{K}}_i\boldsymbol{A}_i)\boldsymbol{D}_{i,i-1}\dfrac{1}{\alpha_i} \end{cases} \tag{13.5}$$

自适应因子 α_i,采用两段函数模型表示为

$$\alpha_i = \begin{cases} 1 & |\Delta\boldsymbol{x}_i| \leq c \\ \dfrac{c}{|\Delta\boldsymbol{x}_i|} & |\Delta\boldsymbol{x}_i| > c \end{cases} \tag{13.6}$$

这里 c 取最优值为 1, $\Delta\boldsymbol{x}_i = \dfrac{\hat{\boldsymbol{x}}_{i,i-1} - \hat{\boldsymbol{x}}_i}{\sqrt{\mathrm{tr}(\boldsymbol{D}_{i,i-1})}}$,"tr"表示矩阵的迹。

抗差等价权 $\bar{\boldsymbol{P}}_i$ 的计算可通过采用 Huber、IGG1 及 IGG3 等价权函数实现。本节采用 IGG3 相关等价权函数[12-13]:

$$\bar{\boldsymbol{P}}_{i,j} = \begin{cases} P_{i,j} & |v_{i,j}|/\sigma < k_0 \\ P_{i,j} \cdot w_{i,j} & k_0 \leq |v_{i,j}|/\sigma \leq k_1 \\ 0 & |v_{i,j}|/\sigma > k_1 \end{cases} \tag{13.7}$$

式中: σ 为中误差; k_0, k_1 为倍数; $w_{i,j}$ 为抗差权因子。

$$\begin{cases} w_{i,j} = \dfrac{k_0}{|v_{i,j}/\sigma|} \cdot d_{i,j}^2 & 0 \leq w_{i,j} \leq 1 \\ d_{i,j} = \dfrac{k_1 - |v_{i,j}/\sigma|}{k_1 - k_0} & 0 \leq d_{i,j} \leq 1 \end{cases} \tag{13.8}$$

13.2.3　基于自适应抗差滤波的电离层实时建模

在 GNSS 实时应用中,服务端向用户播发实时电离层修正信息需要综合顾及播

发量、电离层修正精度及用户使用方便度等多种因素。根据播发形式不同,实时电离层修正信息可以分为格网点电离层时延改正数和电离层模型系数两种。播发电离层模型系数可以节省播发量,降低带宽需求,但增加了用户端的计算复杂程度。特别是用户根据接收到的实时电离层系数计算 VTEC 时需要与服务端计算的电离层模型保持高度一致,否则会导致电离层精度损失。虽然播发电离层格网方式比播发电离层模型系数的方式具有更多的播发数据量,但方便了用户端电离层 VTEC 计算,需结合实际应用情况进行灵活选择。

实时电离层格网模型构建可以通过两种方式实现:一是选取一定的数学模型拟合整个区域或者各个格网点处的电离层延迟,此时需要将电离层模型系数作为待估参数;二是将各个电离层格网点处的电离层 VTEC 作为待估参数进行估计,此时需要考虑格网点间的空间约束条件以及格网点在时间域上的随机特性。当划分的电离层格网覆盖空间范围过大且空间分辨率较高,采用直接将各个电离层格网点处的电离层 VTEC 作为参数的方法会存在过多的待估参数,计算效率不高,限制了实时产品的时效性。因此,本章基于自适应抗差卡尔曼滤波逐分钟估计电离层模型系数,并将基于电离层模型系数生成实时电离层 TEC 格网进行实时播发。

13.2.3.1 观测方程

采用双层多项式电离层模型模拟区域电离层 TEC 变化,则某一交叉点处的电离层观测量与电离层模型系数、卫星和接收机 DCB 的关系为

$$Y_r^s = \sum_{k=1}^{2} \left(\sum_{n=0}^{n_{max}} \sum_{p=0}^{n} E_{np}^k \left(A \cdot MF_{h_k} \sum_{m=1}^{4} \left(w_m^k \{ (\varphi_m^k - \phi_0)^n (\lambda_m^k - \lambda_0 + t - t_0)^p \} \right) \right) \right) + DCB_r \tag{13.9}$$

式中:$Y_r^s = \tilde{P}_{4,r}^s - DCB^s$ 为基于相位平滑伪距方法获取的包含电离层斜延迟与接收机 DCB 的电离层观测量,MF_{h_k} 为投影函数。

考虑在现有条件下进行全球实时电离层建模时,由于实际可获取的实时流测站分布不均且数目有限,在部分区域会出现模型值畸变,即估值会出现显著偏差。为提高电离层格网产品的精度和稳定性,在实际建模中,采用电离层预报产品作为背景场,将对应时刻从预报电离层格网产品中内插处的格网点处的电离层延迟作为虚拟观测值,建立观测方程,实现电离层格网点处 VTEC 的实时计算。基于球谐函数电离层模型模拟全球电离层 TEC,则某一交叉点处的电离层观测量与电离层模型系数、卫星和接收机 DCB 的关系为

$$\begin{cases} Y_r^s = \sum_{n=0}^{N_{max}} \sum_{m=0}^{m} MF \cdot \tilde{P}_{nm}(\sin\varphi) \cdot \left(\tilde{A}_{nm}\cos(m\lambda - m\lambda_0) + \tilde{B}_{nm}\sin(m\lambda - m\lambda_0) \right) + DCB_r \\ I_p = \sum_{n=0}^{N_{max}} \sum_{m=0}^{m} \tilde{P}_{nm}(\sin\varphi) \cdot \left(\tilde{A}_{nm}\cos(m\lambda - m\lambda_0) + \tilde{B}_{nm}\sin(m\lambda - m\lambda_0) \right) \end{cases}$$

$$\tag{13.10}$$

式中:当 I_p 为基于电离层 TEC 预报值计算的电离层观测量时,可表示为 $Y_r^s = I_p$;其他各参数含义与前面一致。

假设当前时段,建模区域内共有 r 台接收机观测到 p 组数据,将式(13.9)和式(13.10)写成如下形式:

$$\boldsymbol{y} = \boldsymbol{B}\boldsymbol{x} + \boldsymbol{\varepsilon} \tag{13.11}$$

式中:$\boldsymbol{x} = \left[E_{0,0}^1, E_{1,0}^1, E_{1,1}^1, E_{2,0}^1, \cdots, E_{4,0}^1, E_{0,0}^2, E_{1,0}^2, E_{1,1}^2, E_{2,0}^2, \cdots, E_{4,0}^2, \mathrm{DCB}_1, \cdots, \mathrm{DCB}_r \right]^{\mathrm{T}}$ 或 $\boldsymbol{x} = \left[A_{0,0}, A_{1,0}, A_{1,1}, B_{1,1}, \cdots, \mathrm{DCB}_1, \cdots, \mathrm{DCB}_r \right]^{\mathrm{T}}$,为待估电离层模型系数及接收机 DCB 参数;$\boldsymbol{y} = \left[Y_{\mathrm{ipp1}}, Y_{\mathrm{ipp2}}, Y_{\mathrm{ippi3}}, Y_{\mathrm{ipp4}}, \cdots, I_{\mathrm{ippp}} \right]^{\mathrm{T}}$ 为 p 维观测矢量,即交叉点处的电离层 STEC;$\boldsymbol{B}$ 为观测矩阵。

13.2.3.2　随机模型

基于载波相位平滑伪距无几何组合确定的原始电离层观测信息精度水平与平滑弧段的长度呈正相关关系。因此,考虑观测误差的高度角相关性以及弧段长度影响,Y_r^s 对应的过程噪声的协方差阵 $\boldsymbol{Q}_y$ 的对角元素可表示为

$$\sigma_{Y_r^s}^2 = \frac{1}{\sin^2(E_r^s)} \left(\frac{2}{N}(\sigma_{\mathrm{P}}^u)^2 + \frac{2(N+1)}{N}(\sigma_{\mathrm{L}}^u)^2 \right) \tag{13.12}$$

式中:E_r^s 为卫星高度角;N 为连续观测弧段的观测历元数;σ_{P}^u,σ_{L}^u 为天顶方向伪距和相位的标准差,本章取 $\sigma_{\mathrm{P}}^u = 0.6\mathrm{m}$ 和 $\sigma_{\mathrm{L}}^u = 0.003\mathrm{m}$。

基于电离层 TEC 预报值计算的电离层观测量 I_p 的方差可以通过误差传播率和预报电离层格网产品中各格网点处 TEC 的 RMS 值计算。

13.2.3.3　状态方程

将电离层模型系数以及接收机 DCB 作为待估参数,则状态方程可以表示为

$$\boldsymbol{X}(k) = \boldsymbol{\Phi}(k, k-1) \cdot \boldsymbol{X}(k-1) + \boldsymbol{\omega}(k), \quad \boldsymbol{\omega}(k) \sim N(0, \boldsymbol{Q}_\omega) \tag{13.13}$$

$$\boldsymbol{\Phi}(k, k-1) = \begin{bmatrix} \boldsymbol{\Gamma}_{m \times m} & \\ & \boldsymbol{I}_{r \times r} \end{bmatrix} \tag{13.14}$$

$$\boldsymbol{Q}_\omega = \begin{bmatrix} \delta_i \cdot \boldsymbol{I}_{m \times m} & \\ & \delta_r \cdot \boldsymbol{I}_{r \times r} \end{bmatrix} \cdot \Delta t \tag{13.15}$$

式中:k 为历元号;$\boldsymbol{\Phi}(k, k-1)$ 为状态转移矩阵,其对应参数为 m 个电离层模型系数以及 r 个接收机 DCB 参数,其中 $\boldsymbol{\Gamma}_{m \times m}$ 为电离层模型系数参数对应的状态转移矩阵,不对电离层施加约束(当作白噪声)时为 $\boldsymbol{0}_{m \times m}$,本章考虑其时空变化特性并对其施加约束时为 m 维单位矩阵 $\boldsymbol{I}_m$;$\boldsymbol{\omega}$ 为服从正态分布的过程噪声,其均值和协方差矩阵分别为 0 和 $\boldsymbol{Q}_\omega$;Δt 为相邻历元的时间间隔;δ 为不同参数的过程噪声谱密度,需根据参数的物理特性和噪声模型在滤波时给出。考虑电离层在相邻两个历元之内的变化一般不超过 $0.3\mathrm{TECU}$,电离层模型系数过程噪声谱密度选取为 $10^{-5}\mathrm{TECU}^2/\mathrm{s}$。接收机 DCB 参数的过程噪声谱密度选取为 $10^{-8}\mathrm{TECU}^2/\mathrm{s}$。

◣ 13.3 实时电离层模型精度验证

为验证本章建立的实时电离层建模方法的有效性,选取 IGS 发布的最终 GIM 产品来评定本章求解的实时电离层 TEC 产品的精度。在滤波实施过程中,电离层模型系数和接收机 DCB 初值选取为前一天事后电离层建模的模型系数。为确保滤波过程中待估参数可以获得较符合实际的增益,事先赋予其较大的初始状态噪声方差为 $1000~\mathrm{TECU}^2$。

13.3.1 区域实时电离层产品精度验证

为验证建立的实时电离层 TEC 区域建模算法性能,选取澳大利亚区域均匀分布的 38 个 APREF 参考站在 2018 年 5 月 1 日到 5 月 8 日期间提供的 GPS 和 BDS 实时观测数据进行实验,生成时间分辨率为 1min、空间分辨率为 $2° \times 2°$ 的区域实时电离层 TEC 格网产品。选取均匀分布的 12 个测站作为监测站,用来进行电离层 TEC 建模外符合精度验证。参考站和监测站位置分布如图 13.2 所示。图 13.3 所示为选取的参考站在 2018 年 5 月 5 日连续两个观测历元内形成的交叉点分布情况。可以看出,交叉点在整个澳大利亚区域内的均匀分布,说明了参考站选取的合理性。

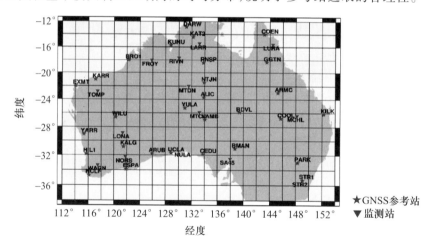

图 13.2 实时区域电离层 VTEC 建模所选参考站和监测站分布

图 13.4 所示为利用实时求解的多项式模型系数生成的电离层 VTEC 格网。图 13.5 所示为以 IGS 最终电离层格网产品为参考,本章求解的实时电离层 TEC 的差异绝对值。除澳大利亚边缘区域交叉点数量不足 TEC 偏差较大外,其他区域实时 TEC 偏差绝对值大部分在 3TECU 以内。

图 13.6、图 13.7 和表 13.1 分别所示为各天实时区域电离层模型提供的 VTEC 估值相对于 IGS 最终电离层格网提供的 TEC"真值"在各参考站和监测站上电离层

修正百分比与均方根误差。可以看出,本章生成的实时区域电离层 TEC 与 IGS 最终 GIM 相比均方根误差最大值为 4.24TECU,均值为 1.23TECU。相应的修正百分比最低为 70.4%,均值为 80.4%。

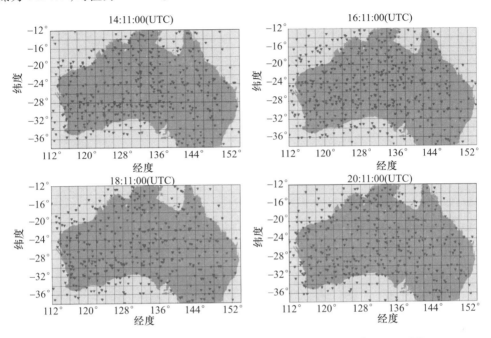

图 13.3　实时区域电离层 VTEC 建模交叉点分布(2018 年 5 月 5 日)

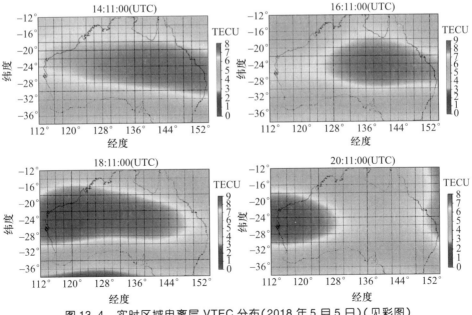

图 13.4　实时区域电离层 VTEC 分布(2018 年 5 月 5 日)(见彩图)

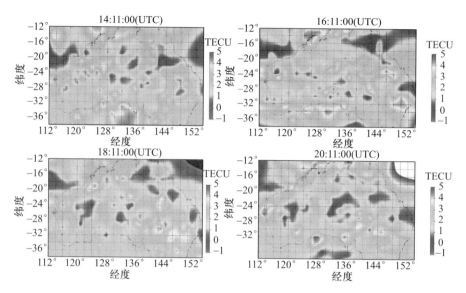

图 13.5　实时区域电离层 VTEC 估值与 IGS GIM 相比残差分布(2018 年 5 月 5 日)(见彩图)

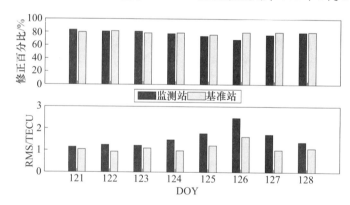

图 13.6　实时区域电离层 TEC 估值与 IGS GIM 相比在不同天内修正百分比及 RMS 分布

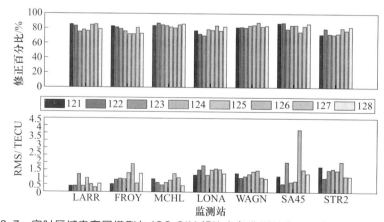

图 13.7　实时区域电离层模型与 IGS GIM 相比在各监测站修正百分比及 RMS 分布

表 13.1　实时区域电离层模型与 IGS GIM 相比在各监测站
修正百分比及 RMS 平均精度统计

指标	修正百分比/%	均方根误差/TECU
均值	80.37	1.23
最大值	88.06	4.24
最小值	70.40	0.43

13.3.2　全球实时电离层产品精度验证

为验证本章建立的实时全球电离层 TEC 建模算法的性能,选取在全球均匀分布的 135 个参考站在 2018 年 3 月份提供的 GPS 和 BDS 观测数据进行实验,生成时间分辨率为 1min 的全球实时电离层 TEC 格网产品。参考站分布如图 13.8 所示。为了客观地评估实时电离层精度,以 IGS 发布的最终电离层格网产品为参考进行精度统计分析。

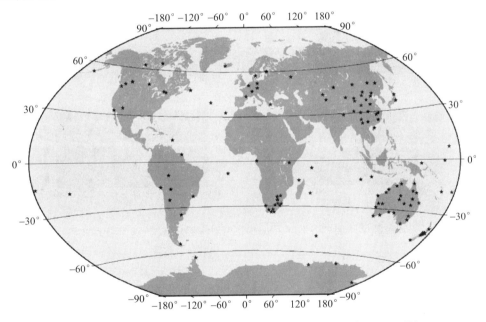

图 13.8　实时全球电离层 TEC 建模参考站分布(2018 年 3 月 2 日)

图 13.9 所示为利用实时求解的球谐函数模型系数生成的全球电离层 VTEC 格网。可以看出,本章求解的实时电离层图变化能够表现出电离层"赤道异常"导致的赤道两侧的驼峰效应。图 13.10 所示为以 IGS 最终电离层格网产品为参考,本章求解的实时电离层 TEC 的绝对偏差分布图。图 13.11 所示为不同天内实时全球 TEC 格网产品与 IGS 最终 GIM 产品之间差异 RMS 的时间序列。与 IGS 最终 GIM 相比,本章求解的实时全球电离层格网 RMS 最大值约为 4.2TECU,平均值约为 2.32TECU。

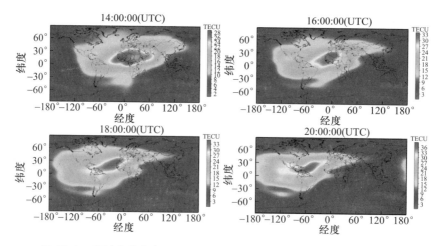

图 13.9　实时全球电离层 VTEC 分布图(2018 年 3 月 2 日)(见彩图)

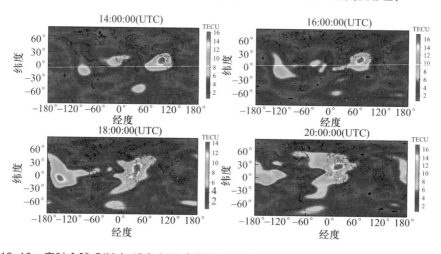

图 13.10　实时全球 GIM 与 IGS GIM 产品相比绝对偏差分布(2018 年 3 月 2 日)(见彩图)

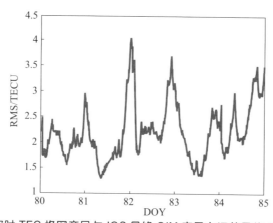

图 13.11　实时 TEC 格网产品与 IGS 最终 GIM 产品之间差异的 RMS 时间序列

为进一步分析本章求解的实时全球电离层 TEC 格网产品精度与纬度关系,图 13.12 和表 13.2 给出了实时全球 GIM 产品与 IGS 最终 GIM 产品在不同纬度带的精度对比。可以看出,本章生成的实时电离层 TEC 格网在不同纬度带内精度由高到低分别为:北半球高纬度 > 北半球中纬度 > 南半球高纬度 > 南半球中纬度 > 北半球低纬度 > 南半球低纬度。

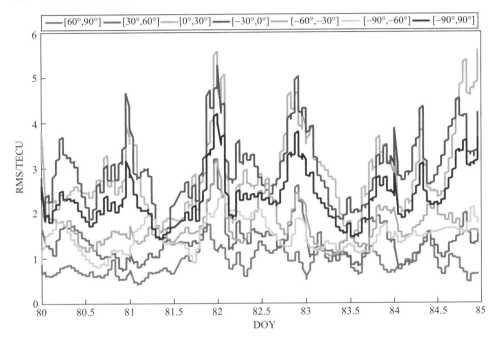

图 13.12　实时全球 GIM 产品与 IGS 最终 GIM 产品在不同纬度带的精度对比(见彩图)

表 13.2　实时全球 GIM 产品与 IGS 最终 GIM 产品在不同纬度带内精度对比 （单位:TECU）

年积日	[60°,90°]	[30°,60°]	[0°,30°]	[−30°,0°]	[−60°,−30°]	[−90°,−60°]
80	0.58	1.19	2.41	2.67	1.45	1.14
81	0.79	1.24	2.39	2.62	1.58	1.44
82	0.94	1.57	3.07	3.24	1.88	1.72
83	0.85	1.14	2.61	2.51	1.36	1.19
84	0.80	1.14	3.18	3.28	1.65	1.49
均值	0.79	1.26	2.73	2.86	1.58	1.39

◢ 13.4　本章小结

本章建立了一种基于自适应抗差滤波的实时电离层建模方法,研制了一套基于实时数据流和共享内存的实时电离层监测与修正软件。为提高实时电离层产品的时空可用性,通过引入预报 GIM 产品提供的电离层 TEC 作为虚拟观测值实现了全球电离层 TEC 实时高精度建模。以 IGS 发布的最终电离层格网为参考,基于澳大利亚实时流数据生成的实时区域电离层格网平均精度约为 1.23TECU,全球实时电离层 TEC 格网精度约为 2.32TECU。

参考文献

[1] 李敏. 实时与事后 BDSGNSS 电离层 TEC 监测及修正研究[D]. 武汉:中国科学院测量与地球物理研究所,2018.

[2] GALVAN D A,KOMJATHY A,HICKEY M P,et al. Ionospheric signatures of Tohoku-Oki tsunami of March 11,2011:Model comparisons near the epicenter[J]. Radio Science,2012,47,RS4003.

[3] LEICKA,LEICKA. GPS satellite surveying. [J]. Journal of Geology,1990,22(6):181-182.

[4] LI MIN,YUAN YUNBIN,WANG NINGBO,et al. Estimation and analysis of Galileo differential code biases[J]. Journal of Geodesy,2016,91:1-15.

[5] ROMA-DOLLASE D,HERNANDEZ P M,GARCIA R A,et al. Real time global ionospheric maps:a low latency alternative to traditional GIMs[C]// International Beacon Satellite Symposium,Trieste,Italy,2016.

[6] ROMA-DOLLASE D,CAMA J G,HERNANDEZ P M,et al. Real-time global ionospheric modelling from GNSS data with RT-TOMION model[C]// Galileo Science Colloquium 2015,Braunschweig,Germany,October 27-29,2015.

[7] 杨元喜. 自适应抗差滤波理论及应用的主要进展[C]//中国测绘学会第九次全国会员代表大会暨学会成立 50 周年纪念大会论文集,北京,2009.

[8] 柴洪洲,崔岳. 抗差卡尔曼滤波在 GPS 动态定位中的应用[J]. 测绘科学技术学报,2001,18(1):12-15.

[9] 杨元喜,文援兰. 卫星精密轨道综合自适应抗差滤波技术[J]. 中国科学 D 辑,2003,33(11):1112-1119.

[10] 高为广,张双成,王飞,等. GPS 导航中的抗差自适应 Kalman 滤波算法[J]. 测绘科学,2005,30(2):98-100.

[11] 吴富梅,杨元喜. 一种两步自适应抗差 Kalman 滤波在 GPS/INS 组合导航中的应用[J]. 测绘学报,2010,39(5):522-527.

[12] 周江文. 经典误差理论与抗差估计[J]. 测绘学报,1989(2):115-120.

[13] 杨元喜. 等价权原理——参数平差模型的抗差最小二乘解[J]. 测绘通报,1994(6):33-35.

第14章 卫星导航中电离层延迟修正方法

◢ 14.1 概 述

如前所述,全球卫星导航系统(GNSS)播发的导航测距信号,经由地球空间电离层时所引起的距离误差可达数米甚至百米级,从而严重削弱了卫星导航定位的精度和准确度。电离层延迟也因此成为 GNSS 定位、导航和授时等应用中最棘手误差源之一。实际应用中,电离层延迟修正策略的选择主要取决于 GNSS 用户的具体类型与应用需求。

对于双频接收机用户而言,若忽略电离层二阶及高阶项的影响,可直接利用电离层延迟效应与信号频率的平方成反比的关系,形成消电离层组合观测值,进而消除一阶项电离层延迟的影响。随着 GNSS 应用服务与精度要求越来越高,特别是 GNSS 技术应用于地壳形变监测、地震灾害预报、板块运动测定等高精度研究和应用领域时,需尽可能削弱电离层折射误差的不利影响。因此,如何进一步更好更精细地处理电离层高阶项(主要是二阶项)影响也日益被更多的精密用户关注。

对于单频接收机用户而言,电离层延迟既可以采用形成半和观测值的方式消除,也可以采用经验模型加以修正。常用的方法可以分为以下几类:

(1) 经验电离层模型(EIM),如 Bent 及国际参考电离层(IRI)模型等,这类电离层模型一般采用太阳活动月均值参数作为模型的驱动因子[1-2]。

(2) 广播电离层模型(BIM),如北斗三号全球系统播发的 BDGIM[3-5]、GPS 采用的 Klobuchar 模型及 Galileo 系统采用的 NeQuick 模型[6-8],这类电离层模型参数通过 GNSS 广播星历播发,特别适用于 GNSS 单频用户实时导航定位。

(3) 广域增强系统如美国的 WAAS、欧洲的 EGNOS 以及我国 BDSBAS 等以格网形式播发的电离层延迟改正信息[9-11],这类电离层改正信息不仅可满足服务区域内单频用户电离层延迟改正需求,还可有效提高双频用户的定位收敛速度。

(4) 基于全球 GNSS 基准站观测数据及一定的数学模型构建的全球电离层格网,如 IGS 各电离层分析中心提供的 GIM 产品[12-14],其快速和最终产品的精度分别可达 2~8TECU(10TECU 相当于 GPS L1 频率上 1.6m)及 2~6TECU。

(5) 半和法修正。电离层一阶项对于伪距和相位观测值影响大小相等方向相反,在仅考虑电离层一阶项影响的条件下,可以将相同频率的伪距和相位观测值组合成半和观测值,以消除电离层延迟的影响。

总体而言:广域增强系统播发的电离层改正信息的时间分辨率及精度较高,但其仅针对特定的增强系统用户;实现米级导航定位用户实时电离层时延误差修正可以通过播发广播电离层模型参数实现;分米级导航定位用户的电离层时延修正依赖于固定形式的电离层实时改正信息;厘米级导航定位用户则需根据局部参考站网络解算的精细电离层延迟模型或差分电离层延迟模型,力求精确内插用户站空间大气延迟修正;在空间电离层变化梯度较大的区域,探测电离层延迟扰动异常时,尽量优选电离层延迟变化平稳的卫星观测量。

▲ 14.2 一阶项电离层延迟修正

14.2.1 普通单频型导航用户电离层延迟修正方法

GNSS 普通单频用户后处理应用可利用经验电离层模型或全球电离层格网产品等进行电离层延迟误差改正。对广大的单频实时导航用户而言,各导航系统播发的广播电离层参数仍是实时电离层时延误差修正最主要的手段。目前,GNSS 播发的电离层模型包括 BDS 播发的 BDGIM、GPS 播发的 Klobuchar 模型以及 Galileo 系统播发的 NeQucik 模型等。

考虑 BDS 监测站分布"境内为主,境外为辅"的特点,第 7 章构建了适用于 BDS 的全球广播电离层模型 BDGIM。用户根据卫星位置、用户接收机概略位置、导航电文中播发的电离层参数等信息即可计算卫星信号传播方向上的电离层延迟改正值。本节以 BDGIM 为例,给出北斗/GNSS 用户电离层延迟修正计算步骤。

由第 7 章给出的 BDGIM 的数学结构可知,基于 BDGIM 给出的天顶电离层延迟包括计算值和预报值两部分,其中,计算值部分由广播星历中播发的参数计算得到,预报值部分由接收机端的预报系数计算得到:

$$\begin{cases} T_{ion} = F \cdot K \cdot T_{vtec} \\ T_{vtec} = N_0 + \sum_{i=1}^{9} \alpha_i A_i \\ \beta_j = \sum_{k=0}^{12} (a_{k,j} \cdot \cos\omega_k t_k + b_{k,j} \cdot \sin\omega_k t_k) \\ \omega_k = \dfrac{2\pi}{T_k}, N_0 = \sum_{j=1}^{J} \beta_j B \end{cases} \qquad (14.1)$$

式中:β_j、t_k、$a_{k,j}$、$b_{k,j}$ 等参数的获取途径与计算方法,参阅第 7 章及相关文件[3-5,15-19]。

14.2.1.1 计算 BDGIM 的非播发参数

BDGIM 的非播发参数 β_j 每天只需更新计算一次,计算公式如(14.1)所示。

14.2.1.2 计算日固地磁坐标系底部电离层交叉点纬度 φ' 与经度 λ'

假设卫星的坐标为 (X_s, Y_s, Z_s),用户的坐标为 (X_u, Y_u, Z_u),电离层薄层高度为

H_{ion}，地球平均半径为 R_{e}，卫星与用户空间几何关系如图 14.1 所示。

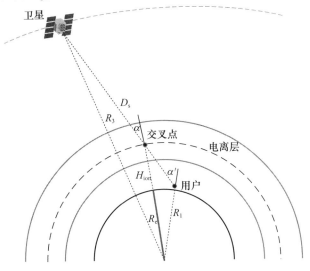

图 14.1　卫星与用户空间几何关系

日固地磁坐标系底部电离层交叉点纬度 φ' 和经度 λ' 计算方法如下：

空间距离 R_1、R_2、R_3、D_{s} 可表示为

$$R_1 = \sqrt{X_{\text{u}}^2 + Y_{\text{u}}^2 + Z_{\text{u}}^2}, R_2 = R_{\text{e}} + H_{\text{ion}}, R_3 = \sqrt{X_{\text{s}}^2 + Y_{\text{s}}^2 + Z_{\text{s}}^2}$$

$$D_{\text{s}} = \sqrt{(X_{\text{s}} - X_{\text{u}})^2 + (Y_{\text{s}} - Y_{\text{u}})^2 + (Z_{\text{s}} - Z_{\text{u}})^2} \tag{14.2}$$

用户处天顶距的计算公式为

$$\alpha' = \pi - \arccos\left((R_1^2 + D_{\text{s}}^2 - R_3^2)/2R_1 \cdot D_{\text{s}}\right) \tag{14.3}$$

电离层交叉点处天顶距的计算公式为

$$\alpha = \arcsin(R_1 \cdot \sin(\alpha')/R_2) \tag{14.4}$$

用户至电离层交叉点的距离 S_1 为

$$S_1 = \sqrt{R_1^2 + R_2^2 - 2R_1 \cdot R_2 \cos(\alpha' - \alpha)} \tag{14.5}$$

设交叉点处的直角坐标为 X_{ipp}，Y_{ipp}，Z_{ipp}（为区别，地理坐标系下使用下标 G，地磁坐标系下使用下标 M），则交叉点处坐标可表示为

$$\begin{bmatrix} X_{\text{ipp}} \\ Y_{\text{ipp}} \\ Z_{\text{ipp}} \end{bmatrix}_{\text{G}} = \begin{bmatrix} X_{\text{u}} \\ Y_{\text{u}} \\ Z_{\text{u}} \end{bmatrix} + \frac{S_1}{D_{\text{s}}} \begin{bmatrix} X_{\text{s}} - X_{\text{u}} \\ Y_{\text{s}} - Y_{\text{u}} \\ Z_{\text{s}} - Z_{\text{u}} \end{bmatrix} \tag{14.6}$$

进而，地固系下交叉点的地理纬度和经度为

$$\begin{cases} \varphi_{\text{ipp\_G}} = \arctan\left(\dfrac{Z_{\text{ipp\_G}}}{\sqrt{X_{\text{ipp\_G}}^2 + Y_{\text{ipp\_G}}^2}}\right) \\[4mm] \lambda_{\text{ipp\_G}} = \arctan\left(\dfrac{Y_{\text{ipp\_G}}}{X_{\text{ipp\_G}}}\right) \end{cases} \tag{14.7}$$

对式(14.6)进行坐标系旋转,可得交叉点在地磁坐标系下的空间直角坐标:

$$
\begin{bmatrix} X_{ipp} \\ Y_{ipp} \\ Z_{ipp} \end{bmatrix}_M = \boldsymbol{R}_y(\pi/2 - \varphi_m) \cdot \boldsymbol{R}_z(\lambda_m) \begin{bmatrix} X_{ipp} \\ Y_{ipp} \\ Z_{ipp} \end{bmatrix}_G \tag{14.8}
$$

式中:φ_m、λ_m 为地磁北极的地理坐标;$\boldsymbol{R}_y$,$\boldsymbol{R}_z$ 为旋转矩阵,二者的表达式为

$$
\boldsymbol{R}_y(\pi/2 - \varphi_m) = \begin{bmatrix} \cos(\pi/2 - \varphi_m) & 0 & -\sin(\pi/2 - \varphi_m) \\ 0 & 1 & 0 \\ \sin(\pi/2 - \varphi_m) & 0 & \cos(\pi/2 - \varphi_m) \end{bmatrix} \tag{14.9}
$$

$$
\boldsymbol{R}_z(\lambda_m) = \begin{bmatrix} \cos\lambda_m & \sin\lambda_m & 0 \\ -\sin\lambda_m & \cos\lambda_m & 0 \\ 0 & 0 & 1 \end{bmatrix} \tag{14.10}
$$

则地固系下交叉点的地磁纬度和经度为

$$
\begin{cases} \varphi_{ipp\_M} = \arctan\left(\dfrac{Z_{ipp\_M}}{\sqrt{X_{ipp\_M}^2 + Y_{ipp\_M}^2}} \right) \\ \lambda_{ipp\_M} = \arctan\left(\dfrac{Y_{ipp\_M}}{X_{ipp\_M}} \right) \end{cases} \tag{14.11}
$$

日固系下,电离层交叉点的地磁纬度和经度为

$$
\begin{cases} \varphi' = \varphi_{ipp\_M} \\ \lambda' = \lambda_{ipp\_M} - \arctan\left(\dfrac{\sin\lambda_1}{\cos\lambda_1} \right) \end{cases} \tag{14.12}
$$

式中:$\sin\lambda_1 = \sin(S_{lon} - \lambda_m)$,$\cos\lambda_1 = \sin\varphi_m \cdot \cos(S_{lon} - \lambda_m)$;$S_{lon}$ 为平太阳地理经度,其计算公式为

$$
S_{lon} = \pi \cdot (1 - 2 \cdot (t - \mathrm{int}(t))) \tag{14.13}
$$

式中:t 为计算时刻,用修正儒略日(MJD)表示。

14.2.1.3 计算 BDGIM 的预报值 N_0

基于存储于用户接收机中的 BDGIM 预报系数 β_i 以及电离层交叉点的位置(φ', λ'),可计算 BDGIM 的预报值 N_0,具体公式为

$$
N_0 = \sum_{j=1}^{17} \beta_j B_j, \quad B_j = \begin{cases} N_{n_j,m_j} \cdot P_{n_j,m_j}(\sin\varphi') \cdot \cos(m_j \cdot \lambda') & m_j > 0 \\ N_{n_j,m_j} \cdot P_{n_j,m_j}(\sin\varphi') \cdot \sin(-m_j \cdot \lambda') & m_j < 0 \end{cases} \tag{14.14}
$$

式中:β_j 为 BDGIM 预报系数;n_j、m_j 分别为第 j 个预报系数对应的球谐函数阶次;φ'、λ' 为日固地磁坐标系下交叉点处的纬度和经度(rad);N_{n_j,m_j} 为归化函数;P_{n_j,m_j} 为标准勒让德函数。

14.2.1.4 计算交叉点电离层 VTEC 值 T_{vtec}

用户接收机根据接收到的导航电文中的电离层模型播发参数 α_i、存储于用户接

收机的非播发电离层参数 β_i 及日固地磁坐标系下的电离层交叉点纬度 φ' 和经度 λ'，即可计算交叉点天顶方向上的电离层 VTEC，即

$$T_{vtec} = N_0 + \sum_{i=1}^{9} \alpha_i A_i \qquad (14.15)$$

14.2.1.5　计算电离层投影函数值 F

采用三角投影函数实现视线方向与天顶方向电离层 TEC 之间的转换，即

$$F = \frac{1}{\cos\alpha} = \frac{1}{\sqrt{1 - \left(\dfrac{R_e}{R_e + H_{ion}}\sin\alpha'\right)^2}} \qquad (14.16)$$

式中：F 为电离层交叉点处的投影函数；α 为卫星相对于电离层交叉点的天顶距；R_e 为地球平均半径；H_{ion} 为电离层薄层的高度；α' 为卫星相对于接收机的天顶距。

14.2.1.6　计算电离层 TEC 与延迟转换函数值 K

根据信号频率 f（单位：Hz），按照如下公式计算电离层 TEC 与延迟转换函数值 K。

$$K = \frac{40.3 \times 10^{16}}{f^2} \qquad (14.17)$$

14.2.1.7　计算信号传播方向上的电离层延迟改正值 T_{ion}

结合投影函数值 F 以及电离层 TEC 与延迟转换函数值 K 计算信号传播方向上的电离层延迟改正值，即 $T_{ion} = F \cdot K \cdot T_{vtec}$。

需要注意的是，BDGIM 建立在日固地磁坐标系下，使用中必须实现坐标系之间的正确转换。

14.2.2　广域增强用户电离层延迟修正

格网形式的电离层时延改正信息是广域增强系统播发实时改正信息的重要组成部分。高精度电离层改正信息不仅可以满足服务区内单频定位用户电离层时延改正的需求[20-24]，还可有效地提高双频定位用户的收敛速度。建立配备格网电离层模型的 WAAS，为静、动态单频用户提供电离层延迟差分改正信息是处理电离层折射影响最有效的途径之一。电离层延迟差分改正信息的主要内容包括覆盖整个 WAAS 服务区域的电离层格网点（IGP）处的格网点电离层垂向延迟（GIVD）及相应的误差信息[25-27]。WAAS 等星基增强系统需要实时向其服务区域内的单频 GNSS 用户发送差分改正信息。实际中，相关改正信息只能以一定的时间间隔数据更新期（DUP），例如 5min 等发给用户[25]。所以，用户 IPP 在每个 DUP 时间间隔内的任一观测历元的电离层延迟改正值，均由同一组差分信息计算得到[11,25]。

用户接收到格网电离层时延修正参数之后，首先根据协议对格网点电离层延迟进行解码，再根据近似的轨道位置和测站位置计算电离层交叉点位置。然后，按照协议的内插算法计算交叉点处电离层延迟信息，最后，根据选择的投影函数与比例因子计算视线方向上的电离层延迟改正值。当探测到如通信终端异常、电离层异常等不利条件时，启动不利条件下的地基电离层延迟修正绝对量融合相对变化量确定方

案——APR-I[28-29]。

用户可直接采用距离反比加权、双线性加权和 Junkins 加权等方式计算内插系数矩阵,但是应用效果略有差异。Junkins 加权法与距离反比加权相比,用户接收机的计算负担不大,与简单双线性法相比,它的空间相关性要强,而且是 WAAS 所推荐的加权方法,所以本节以 Junkins 加权法为例给出内插系数的计算方法。

如图 14.2 所示,假设用户某可视卫星交叉点为 P,其周围 4 个格网点分别是1、2、3、4,则用户端电离层时延改正信息及其精度计算方法为

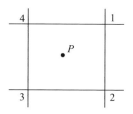

图 14.2 广域增强系统用户端电离层时延改正信息计算示意图

$$\begin{cases} I_P = \sum_{i=1}^{4} \boldsymbol{W}_i(x,y) \cdot \boldsymbol{I}_G \\ \sigma_P = \sqrt{\sum_{i=1}^{4} \boldsymbol{W}_i^2(x,y) \cdot \boldsymbol{\sigma}_G^2} \end{cases} \tag{14.18}$$

式中:I_P、σ_P 分别为可视卫星交叉点 P 处电离层时延改正信息及其精度指标;$\boldsymbol{I}_G$、$\boldsymbol{\sigma}_G$ 分别为交叉点周围 4 个格网点的电离层时延信息及其精度信息组成的矩阵,如式(14.19)与式(14.20)所示;$\boldsymbol{W}_i(x,y)$ 为基于 Junkins 函数计算得到的内插矩阵,如式(14.21)与式(14.22)所示;λ,ϕ 分别为交叉点/格网点的经度和纬度。

$$\boldsymbol{I}_G \atop 4\times 1 = \begin{bmatrix} I_1 & I_2 & I_3 & I_4 \end{bmatrix}^{\mathrm{T}} \tag{14.19}$$

式中:I_1,I_2,I_3,I_4 分别为 4 个格网点处的电离层时延信息。

$$\boldsymbol{\sigma}_G^2 \atop 4\times 4 = \begin{bmatrix} \sigma_1^2 & & & \\ & \sigma_2^2 & & \\ & & \sigma_3^2 & \\ & & & \sigma_4^2 \end{bmatrix} \tag{14.20}$$

式中:σ_1、σ_2、σ_3、σ_4 分别为周围 4 个格网点 1、2、3、4 处的电离层时延精度指标。

$$\begin{cases} W_1(x,y) = f(x,y) \\ W_2(x,y) = f(x,1-y) \\ W_3(x,y) = f(1-x,1-y) \\ W_4(x,y) = f(1-x,y) \\ f(x,y) = x^2 y^2 (9-6x-6y+4xy) \end{cases} \tag{14.21}$$

$$\begin{cases} x = \dfrac{\lambda_P - \lambda_3}{\lambda_2 - \lambda_3} \\[3mm] y = \dfrac{\phi_P - \phi_3}{\phi_2 - \phi_3} \end{cases} \qquad (14.22)$$

14.2.3　不利条件下广域增强用户电离层延迟修正

在 14.2.2 节中给出了电离层和差分系统正常条件下电离层延迟改正的方法。这里进一步研究如何在电离层活动剧烈及系统不能正常发送或用户无法正常接收电离层延迟改正信息等不利条件下，尽可能确保其服务区域内单频广域增强用户电离层延迟改正效果。

WAAS 为静、动态单频用户提供电离层延迟差分改正信息（DIDC），这是处理电离层折射影响的有效途径之一，其主要内容包括覆盖整个 WAAS 服务区域的电离层格网点（IGP）处的延迟改正及相应的误差信息等。WAAS 实时向其服务区域内的单频 GNSS 用户发送差分改正信息。实际中，用户电离层穿刺点（IPP）在每个 DUP 时间间隔内的任一观测历元 $t_j(\in [t_r, t_r + \mathrm{DUP}])$ 的电离层延迟改正值，均由同一组差分信息（当前 DUP 的起始历元 t_r 所接收的 $\mathrm{GIVD}(t_r)$）计算得到。在正常条件和平静电离层区域这一方法能够满足单频用户的电离层延迟改正要求。但在用户无法正常获取电离层延迟改正信息时（如差分系统突然中断信息发送或用户步入无法正常接收差分改正信息的位置时），单频 GNSS 接收机不能有效进行实时电离层延迟改正。尤其在电离层活动异常区域如电离层扰动条件下，实时差分改正效果将受到严重影响。本节首先从单频 GNSS 电离层观测方程入手探讨这一问题；继而通过设计能有效结合电离层延迟绝对量和相对变化量的抗差递推过程，提出一种在不利条件下有效实时改正单频 GNSS 用户的电离层延迟的方法[28-29]。

14.2.3.1　确定电离层延迟改正的可行性分析

单频电离层延迟组合观测 $L_{D\phi_1}$ 可记为[28-31]

$$L_{D\phi_1} = D_1 - \phi_1 = 2I_1 + N_{SR1} + \Delta\varepsilon_{D\phi_1} = $$
$$2mf \cdot I_{1,v} + N_{SR1} + \Delta\varepsilon_{D\phi_1} \qquad (14.23)$$

式中：$N_{SR1} = [(S_{D_1} - S_{\phi_1}) + (R_{D1} - R_{\phi_1}) - N_1]$；$D_1$ 为 L_1 载波 C/A 码观测值；$\Delta\varepsilon_{D\phi_1} = \varepsilon_{D1} - \varepsilon_{\phi_1}$；$\varepsilon$ 为相应观测量的噪声及其他随机性误差；$I_1 = mf \cdot I_{1,v}$ 为载波 L_1 上的观测量的斜距电离层延迟量。以上各量除 mf 均采用长度单位。对 t 历元，可求

$$\Delta I_1(t, t+1) = I_1(t+1) - I_1(t) = $$
$$\frac{1}{2}[L_{D\phi_1}(t+1) - L_{D\phi_1}(t)] + $$
$$\frac{1}{2}[\Delta\varepsilon(t+1) - \Delta\varepsilon(t)] \qquad (14.24)$$

式中：$t(t = 1, 2, \cdots, n)$ 为观测历元 $L_{D\phi_1}(t) = 2I_1(t) + N_{S_{R1}} + \Delta\varepsilon_{D\phi_1}(t)$；$\Delta I_1(t+1, t)$ 为

两相邻观测历元间电离层变化量。根据 $\Delta I_1(t,t+1)$，进而可求出任意两观测历元 t_j、t_m 间的电离层变化量 $\nabla I_1(t_j,t_m)$，有

$$\nabla I_1(t_j,t_m) = \sum_{t=t_j}^{t_m-1}[\Delta I_1(t,t+1)] =$$

$$\frac{1}{2}[L_{D\phi_1}(t_m) - L_{D\phi_1}(t_j)] +$$

$$\frac{1}{2}[\Delta\varepsilon(t_m) - \Delta\varepsilon(t_j)] \qquad t_m > t_j \qquad (14.25)$$

若不考虑噪声影响，则 $\nabla I_1(t_j,t_m)$ 的近似值为

$$\hat{\nabla} I_1(t_j,t_m) = \frac{1}{2}[L_{D\phi_1}(t_m) - L_{D\phi_1}(t_j)] \qquad (14.26)$$

由式(14.23)~式(14.26)可知，由于仪器偏差$(S、R)$和整周未知数(N_1)的影响，仅通过单频 GNSS 观测数据实时有效确定绝对电离层延迟改正是不可能的，但能有效确定历元间电离层延迟变化量，这些量可体现电离层在正常或异常条件下的变化特征。

图 14.3 和图 14.4 分别所示为平静条件下卫星 G01 及扰动条件下卫星 G09 的任一观测历元 t_m 与起始历元间 t_j 的电离层延迟变化量 $\hat{\nabla} I_1(t_j,t_m)$。比较图 14.3 和图 14.4 可以看出，$\hat{\nabla} I_1(t_j,t_m)$（含噪声影响）可有效直接反映出电离层活动变化 $\nabla I_1(t_j,t_m)$，即 $\hat{\nabla} I_1(t_j,t_m)$ 在平静条件下起伏平稳，在电离层活动激烈时主要表现为电离层延迟量变化 $\nabla I_1(t_j,t_m)$ 的特征。图 14.3 和图 14.4 显示，由单频观测数据计算

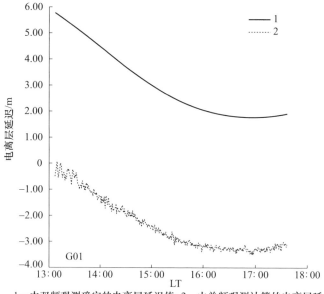

1—由双频观测确定的电离层延迟值；2—由单频观测计算的电离层延迟变化。

图 14.3　单频观测计算的相对电离层延迟与双频观测计算的绝对电离层延迟的比较（平静时段）

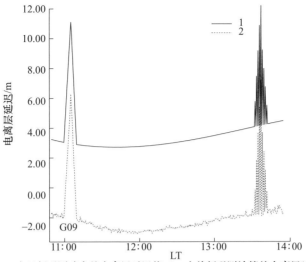

1—由双频观测确定的电离层延迟值；2—由单频观测计算的电离层延迟变化。

图 14.4　单频观测所计算的相对电离层延迟与双频
观测确定的绝对电离层延迟的比较（扰动时段）

的相对电离层延迟变化量 $\hat{\nabla} I_1(t_j, t_m)$ 类似于由双频观测数据直接计算的精确的绝对电离层延迟量 $I_1(t_m)$ 的变化趋势，差值约为一常数（其大小与起算历元 t_j 的绝对电离层延迟量 $I_1(t_j)$ 接近）。这表明，若能为 $\hat{\nabla} I_1(t_j, t_m)$ 提供精度较高的起算值，即便是一个，在不考虑周跳的条件下，可按式（14.27）为单频伪距观测量获得精度相对较高的绝对电离层延迟改正量（特别是电离层异常条件下）。

$$\hat{I}_1(t_m) = I_1(t_j) + \hat{\nabla} I_1(t_j, t_m) =$$
$$I_1(t_j) + \frac{1}{2}\left[L_{D\phi_1}(t_m) - L_{D\phi_1}(t_j) \right] \tag{14.27}$$

14.2.3.2　不利情况的实时探测与周跳检测

正确处理不利条件下的电离层改正，首先必须准确判断 3 类不利情况的发生。差分系统突然中断信息发送及用户步入无法正常接收差分改正信息的位置，可由接收机硬件直接确知。如何实时探测电离层扰动的发生是难点和关键。在实时测量中，电离层扰动多表现为随机特性。根据 12.3.2 节所讨论的 GNSS 观测计算的 TEC 变化与 ACEVS 应用条件的分析结果可知，静、动态单频用户的 IPP 点的位置变化，不影响其利用 ACEVS 实时监测电离层随机扰动。由式（14.28）可进一步求得单频 GNSS 电离层延迟为

$$\hat{I}_t = (L_{D\phi_1} - N_{SR_1})/2 \tag{14.28}$$

利用 $\hat{I}_t$ 和第 12 章研究的随机电离层框架方案，可有效实现差分用户的电离层实时监测。

由于 WAAS 在严重的电离层扰动等异常条件下,定位精度要求通常低于高精度静态大地测量,而且 L1 相位和 C/A 码观测数据组成的 L3 电离层无关组合观测,完全可满足在任何电离层变化条件下的大周跳的检测要求,所以尽管由于单频 GNSS 接收机只能提供 L1 相位和 C/A 码观测数据,依然能够较好地满足数据检测要求。而实际上周跳是一种系统性偏差,对检测随机性电离层扰动并无大的影响。

14.2.3.3　单频用户电离层延迟改正新方法——APR-I

记 $[t_{er1}, t_{er2}]$ 为电离层扰动或无正常电离层延迟改正信息时间段,t_0 为起始观测历元,t_r 为最近的 DIDC 接收历元(WAAS 最近发送 DIDC 的历元,如果不考虑 DIDC 传播时延)。前面已讨论,WAAS 正常运转和正常条件下可提供高精度的电离层延迟改正信息(绝对量),而其所服务区域内的单频 GNSS 接收机在不利条件下也能有效提供电离层延迟变化量(相对量)。所以,一种新的单频 GNSS 电离层延迟改正方案[28-29],称为 APR 方案,即 Absolute Plus Relative Scheme,为区别 14.2.6 节提出的空基 APR 方案,将本章提出的地基 APR 方案记为 APR-I,具体如下。

A. 在 $[t_{er1}, t_{er2}]$ 以外时段,直接利用差分信息改正电离层延迟。

B. 在 $[t_{er1}, t_{er2}]$ 时段内,根据时段 $[t_0, t_{er1}]$ 业已获得和存储的若干的高精度差分电离层延迟改正信息和相应历元的观测数据,结合实时 $t_m \in [t_{er1}, t_{er2}]$ 观测信息,采用如下步骤,推求实时电离层延迟改正值:

1)起算历元的选取

根据 (t_0, t_{er1}) 中距 t_{er1} 最近的 q 个正常的电离层延迟改正信息发送时段内所求的 $I_1(t_j)$(这里 $t_j \in [t_r - q \cdot \text{DUP}, t_r]$ 及 $t_r \in [t_{er1} - \text{DUP}, t_{er1}]$),选取 l 个高精度的电离层延迟 $I_1(t_{ji})$($j = 1, 2, \cdots, l, t_{ji}$ 为起算历元,l 为 t_{ji} 的个数)。

记起算历元间平均时间间隔设计值为 T;t_{ref} 为参考历元($t_{\text{ref}} = t_r - q \cdot \text{DUP}$)。将时段 (t_{ref}, t_r) 平分成 $l = \text{int}(\text{DUP} \cdot q/T)$(int 为取整算符)子时段 T_{ik}($ik = 1, 2, \cdots, l, l > k, k$ 为必要起算历元数);由每个子时段 T_{ik} 各选 l_1 个待选起算历元 $t_{ji} \in [t_{\text{ref}} + (ik - 1)T, t_{\text{ref}} + ikT]$($i = 1, 2, \cdots, l_1$),按式(14.27)为参考历元 t_{ref} 推求 l_1 个斜距电离层延迟值 $\hat{I}_1(t_{\text{ref}})_i$,选取满足式(14.29)的历元 t_{ji} 作为理想起算历元。由此确定 l 个(每个子时段分布一个)理想起算历元,记为历元集 DI。

$$
\left| \hat{I}_1(t_{\text{ref}})_{ji} - \underset{1 \le i \le l_1}{\text{med}} [\hat{I}_1(t_{\text{ref}})_i] \right| =
$$
$$
\underset{1 \le i \le l_1}{\min} \left| \hat{I}_1(t_{\text{ref}})_i - \underset{1 \le i \le l_1}{\text{med}} [\hat{I}_1(t_{\text{ref}})_i] \right| \qquad (14.29)
$$

式中:med 为中位数算子,具有抗差特性;min 为极小算子。

2)电离层延迟变化量的确定

按式(14.24)~式(14.26)求出用户接收机当前观测历元 t_m($t_m \in [t_{er1}, t_{er2}]$)与步骤1)中所选的起算历元 $t_{ji} \in \text{DI}$ 之间的 l 个斜距电离层延迟变化量 $\hat{\nabla} I_1(t_{ji}, t_m)$。

3）确定斜距电离层延迟最终值

综合步骤 1）中所选的斜距电离层起算值 $\hat{I}_1(t_{ji})$ $(t_{ji} \in DI)$ 和步骤 2）中所求的斜距电离层延迟变化 $\hat{\nabla}I_1(t_{ji}, t_m)$，按式（14.27）可以推求出历元 t_m 用户观测数据的斜距电离层延迟值 $\hat{I}_1(t_m)_{ji}$ $(j = 1, 2, \cdots, l)$。选取满足

$$\left| \hat{I}_1(t_m)_j - \operatorname*{med}_{1 \le j \le l}\left[\hat{I}_1(t_m)_{ji} \right] \right| <$$

$$G \cdot 1.483 \cdot \operatorname*{med}_{1 \le j \le l} \left| \hat{I}_1(t_m)_{ji} - \operatorname*{med}_{1 \le j \le l}\left[\hat{I}_1(t_m)_{ji} \right] \right| \qquad (14.30)$$

式中：G 为抗差因子，可根据经验和数据总体观测质量而确定，建议 $G = 2$ 的 k 个 $\hat{I}_1(t_m)_j$，按式（14.26）求平均作为斜距电离层延迟最终值 $\overline{\hat{I}_1}(t_m)$：

$$\overline{\hat{I}_1}(t_m) = \sum_{j=1}^{k} \hat{I}_1(t_m)_j / k \qquad (14.31)$$

若记 σ、σ_q、σ_ε 分别为 APR-Ⅰ 总精度、起算精度、单频 GNSS 接收机的观测精度，由式（14.31）和误差传播定律，得

$$\sigma = \sqrt{\frac{1}{4}\sigma_\varepsilon^2 + \frac{1}{k}\left(\sigma_q^2 + \frac{1}{4}\sigma_\varepsilon^2\right)} =$$

$$\sqrt{\frac{1}{4}\left(1 + \frac{1}{k}\right)\sigma_\varepsilon^2 + \frac{1}{k}\sigma_q^2} =$$

$$\sqrt{\frac{1}{4}\sigma_\varepsilon^2 + \frac{1}{4k}\sigma_\varepsilon^2 + \frac{1}{k}\sigma_q^2} =$$

$$\sqrt{\sigma_1^2 + \sigma_2^2 + \sigma_3^2} \qquad (14.32)$$

上式表明，方案总精度 σ 包括 $\sigma_1 = \frac{1}{2}\sigma_\varepsilon$（待求点观测精度）、$\sigma_2 = \frac{1}{2}\sqrt{\frac{1}{k}}\sigma_\varepsilon$（起算历元观测精度）、$\sigma_3 = \sqrt{\frac{1}{k}}\sigma_q$。显然，$\sigma_2$、$\sigma_3$ 的影响可通过选取多个起算历元（如 $k = 5$）得以控制；采用本方案确定电离层延迟值，待求点观测精度 σ_1 是 σ 的主要影响；C/A 码观测精度对于提高电离层延迟值的求解精度具有决定意义。所以，窄相关单频 GPS 用户采用 APR-Ⅰ 能够取得极好的效果。

14.2.3.4　初步试验结果与分析

基于 WAAS 的电离层延迟平均改正精度为 0.3m 的状况，根据式（14.32），我们估计了 APR-Ⅰ 的精度。表 14.1 所列为不考虑起算误差及起算精度不同时，在选取不同起算历元数和观测精度的情况下，待求点电离层延迟值的求解精度分析情况。由表 14.1 可见，选 3～5 个起算历元即可。由式（14.24）～式（14.26）和式（14.30）可知，推求时间长度对精度无影响，但合理选择起算历元时隔 T 可减免起算值（$I_1(t_{ji})$ 或 $L_{DN1}(t_{ji})$）可能带来的系统误差影响。表 14.1 也显示，合理选取若干个起算历元可以有效控制起算误差的影响。下面的试验中，k 取 5。

表 14.1   不同观测和起算条件下,APR-I 的精度分析

k	观测精度 σ_ε/m																				
	0.30			0.50			0.70			1.00			1.20			1.50			2.00		
	σ_{q1}	σ_{q2}	σ_{q3}	σ_{q1}	σ_{q2}	σ_{q3}	σ_{q1}	σ_{q2}	σ_{q3}	σ_{q1}	σ_{q2}	σ_{q3}	σ_{q1}	σ_{q2}	σ_{q3}	σ_{q1}	σ_{q2}	σ_{q3}	σ_{q1}	σ_{q2}	σ_{q3}
1	0.21	0.37	0.54	0.35	0.46	0.61	0.5	0.58	0.70	0.71	0.77	0.87	0.85	0.90	0.98	1.06	1.10	1.17	1.41	1.45	1.50
2	0.18	0.28	0.40	0.31	0.37	0.47	0.43	0.48	0.56	0.61	0.65	0.71	0.73	0.76	0.82	0.92	0.94	0.98	1.22	1.24	1.27
3	0.17	0.24	0.34	0.29	0.34	0.41	0.40	0.44	0.50	0.58	0.60	0.65	0.69	0.71	0.75	0.87	0.88	0.91	1.15	1.17	1.19
4	0.17	0.23	0.30	0.28	0.32	0.38	0.39	0.42	0.46	0.56	0.58	0.61	0.67	0.69	0.72	0.84	0.85	0.88	1.12	1.13	1.15
5	0.16	0.21	0.28	0.27	0.31	0.35	0.38	0.41	0.44	0.55	0.56	0.59	0.66	0.67	0.69	0.82	0.83	0.85	1.10	1.10	1.12
6	0.16	0.20	0.26	0.27	0.30	0.34	0.38	0.40	0.43	0.54	0.55	0.58	0.65	0.66	0.68	0.81	0.82	0.84	1.08	1.09	1.10
7	0.16	0.20	0.25	0.26	0.29	0.33	0.37	0.39	0.42	0.53	0.55	0.57	0.64	0.65	0.67	0.80	0.81	0.83	1.07	1.08	1.09
8	0.16	0.19	0.24	0.26	0.29	0.32	0.37	0.39	0.41	0.53	0.54	0.56	0.64	0.64	0.66	0.80	0.80	0.81	1.06	1.07	1.08
9	0.16	0.19	0.23	0.26	0.28	0.31	0.37	0.38	0.40	0.53	0.54	0.55	0.63	0.64	0.65	0.79	0.80	0.81	1.05	1.06	1.07
10	0.16	0.18	0.22	0.26	0.28	0.31	0.36	0.38	0.40	0.52	0.53	0.55	0.63	0.64	0.65	0.79	0.79	0.80	1.05	1.05	1.06

注:k 为起算历元数;σ_{q1}、σ_{q2} 和 σ_{q3} 表示起算精度分别为 $\sigma_q = 0.00$、0.30 和 $0.50\mathrm{m}$ 的情况

为验证本方案精度,选择中国区域内 5 个 IGS 站构建试验网(上海站作为用户,其 L1 的 C/A 码和相位观测作为单频观测量,其他各站分别为武汉、拉萨、西安、台湾,组成基准站网),利用该网某时段的观测数据,进行了初步试验分析。图 14.5 与图 14.6 分别所示为用户不能正常获取差分电离层延迟改正信息时,包括 WAAS 突然中断信息发送(T1:13:38—14:56)和用户无法接收差分信息(T2:15:34—16:28)2 种情况,采用 APR-I 和继续采用原有的差分信息作为内插参数为来自卫星 G01 的单频观测信号所求的电离层延迟改正值及改正效果。比较图 14.5 及图 14.6 可见,在无法正常获取差分电离层延迟改正信息的时段(即时段 T1 和 T2),采用 APR-I 的改正效果明显优于采用以前的差分信息的改正效果;在能正常获取 WAAS 的差分电离层延迟改正信息的时段,格网电离层模型的改正效果优于按 APR-I 的 B 步中 1)~3)的改正效果。图 14.7 及图 14.8 分别所示为卫星 G09 存在扰动(时段分别为(T3:11:00—11:10)和(T4:13:32—13:42),分别对应两类不同的短时间尺度的电离层扰动)情况下,采用 APR-I 和 WAAS 的格网电离层模型所提供的差分延迟改正信息为其所求的电离层延迟改正值及改正效果。比较图 14.7 及图 14.8 可以看出,在扰动条件下,采用 APR-I 的效果明显优于差分改正效果;而在平静区域差分改正效果优于 APR-I 的 B 步改正效果。图 14.9 及 14.10 分别所示为卫星 G14 的差分延迟改正信息存在粗差($L_{D\phi_1}$ 的粗差可在探测电离层扰动过程中得到定位和消除,这里暂不讨论)时 2 种电离层延迟改正值及改正效果的比较。由图 14.9 及图 14.10 可以看出,APR-I 具有良好的抗差性能,能够实时有效避免粗差对电离层延迟改正的影响,而差分电离层延迟对粗差的影响没有抗御能力。

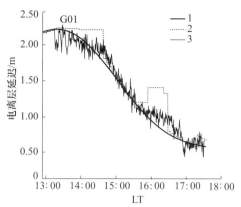

1—双频观测数据计算的电离层延迟值；　2—差分改正信息所提供的电离层延迟值；
3—APR-Ⅰ所估计的电离层延迟值。

图 14.5　无实时差分信息时由 APR-Ⅰ和采用以前的差分信息所求的电离层延迟值的比较

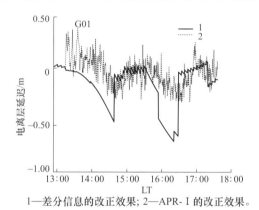

1—差分信息的改正效果；2—APR-Ⅰ的改正效果。

图 14.6　无实时差分信息时由 APR-Ⅰ和采用以前的差分信息改正电离层延迟的效果（残差）比较

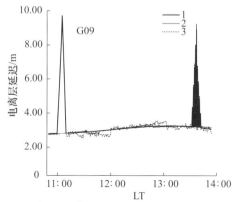

1—双频观测数据计算的电离层延迟值；　2—差分改正信息所提供的电离层延迟值；
3—APR-Ⅰ所估计的电离层延迟值。

图 14.7　扰动条件下采用 APR-Ⅰ方案与采用差分信息所求的电离层延迟值的比较

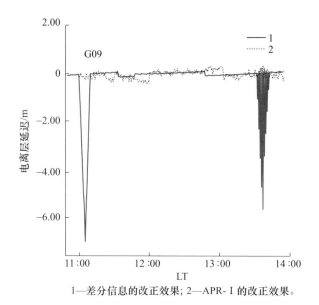

1—差分信息的改正效果; 2—APR-Ⅰ的改正效果。

图 14.8   扰动条件下采用 APR-Ⅰ方案与采用差分信息改正电离层延迟的效果(残差)比较

　　须说明,在图 14.5 ~ 图 14.10 中所有显示 APR-Ⅰ结果的曲线,均仅由 APR-Ⅰ的 B 步计算,因为基于 A 步计算的结果和 DIDC 所做的曲线完全重合,所以 DIDC 在正常条件下的改正效果,也就是 APR-Ⅰ的改正效果。这表明,APR-Ⅰ的 A 步使其在正常条件下保持了差分改正信息的高精度特性,而 B 步使 APR-Ⅰ在不利条件下具有比 DIDC 相对较好精度的特点。

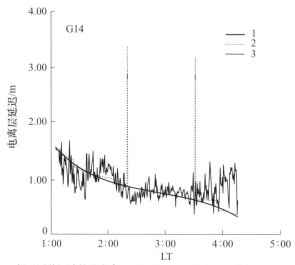

1—双频观测数据计算的电离层延迟值;   2—差分改正信息所提供的电离层延迟值;
3—APR-Ⅰ所估计的电离层延迟值。

图 14.9   采用 APR-Ⅰ和受粗差污染的差分信息所求的电离层延迟值的比较

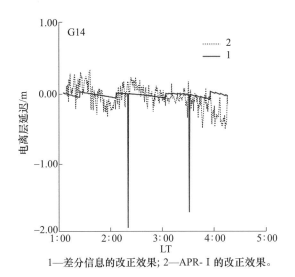

1—差分信息的改正效果; 2—APR-Ⅰ的改正效果。

图 14.10　采用 APR-Ⅰ 和受粗差污染的差分信息改正电离层延迟的效果(残差)比较

实验与理论分析表明,APR-Ⅰ 既保留正常条件下差分电离层延迟信息的精确改正效果,又通过有效结合差分改正信息和用户 GNSS 观测数据提供的电离层延迟变化量,采用抗差递推方法,推求用户所需的实时斜距电离层延迟改正量,确保用户在无法正常获取差分信息及电离层变化异常条件下也能有效改正电离层延迟,为单频用户在不利条件下修正电离层折射影响提供了一个精度较高和可靠性较强的参考方案。APR-Ⅰ 有以下特点:不需改变 WAAS 原有的整体设计思想,对硬件无新的要求,只需对用户软件稍加改进,实施简便,是 WAAS 和单频用户均可接受和易于实现的。进一步提高该方法的效果和使用价值,需深入研究起算历元的选择方法、引入合理的滤波技术及精化电离层变化的数学表示。研究起算历元时隔的选取,有利于合理降低差分 GNSS 发布电离层延迟改正信息的频率,降低系统代价。

14.2.4　精密单点定位用户电离层延迟修正

在实施双、单频精密单点定位(PPP)技术时,用户需要采用不同的策略修正大气电离层延迟。

双频 PPP 用户修正电离层延迟的策略可归纳为两类:①形成消电离层组合观测值。考虑到电离层的弥散效应,可对双频观测值进行组合,分别形成一个消电离层伪距和一个消电离层相位观测量,各自不再包含电离层斜延迟参数,而仅剩下接收机位置、测站天顶对流层延迟、接收机钟差和浮点相位模糊度参数。②直接处理双频原始观测值。此时,需要将站星视线方向的电离层延迟作为一类未知参数加以估计。与形成组合观测值相比,处理原始观测值的优势在于,既可以避免人为地放大观测噪声、多路径效应等非模型化误差,又能够通过有效约束电离层延迟随时间和空间的变化,从而改善位置等参数解。

结合采样间隔为 0.5s,总时长为 7h 的船载 GNSS 实测双频数据,对比验证了上述两类 PPP 算法。数据处理均采用 IGS15min 间隔的精密星历和 5min 间隔的钟差产品,卫星截止高度角选取为 5°,对流层先验改正模型为 UNBm 模型,投影函数选取为 GMF 函数;对流层天顶延迟和视线电离层延迟的过程噪声谱密度分别选取为 $10^{-5} m^2/min$ 和 $10^{-2} m^2/min$。图 14.11 所示为非组合 PPP 算法与传统消电离层组合 PPP 算法处理该船载数据的定位误差结果。显见,非组合 PPP 不仅能够有效减少各坐标分量解的滤波收敛时间,同时,滤波收敛解的稳定性也得到改善。

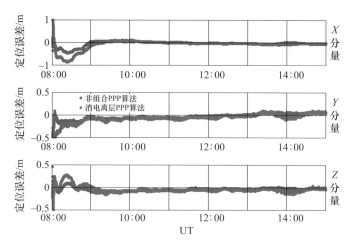

图 14.11　基于非组合 PPP 和传统消电离层组合 PPP 两类技术的船载定位结果比较(见彩图)

与双频 PPP 相比,利用廉价的单频接收机实施 PPP,可望有效节约成本,提高效率。然而,单频 PPP 的推广应用易受电离层延迟改正效果的制约:作为一项重要的误差源,目前一般采用全球电离层地图(GIM)模型或形成半和观测值加以改正或消除。然而,GIM 所提供的电离层改正时空分辨率相对较低,对中国区域的电离层修正效率仅为 60%～80%,尤其是在电离层活动较强的时期,将严重影响单频 PPP 定位结果的可靠性。基于实时全球或区域电离层模型可获得相对较高的精度。

考虑到电离层群、相延迟大小相等,符号相反,将码相位观测值取平均以形成半和观测值,可有效消除电离层一阶项延迟对单频 PPP 的影响。然而,该半和观测值易受码观测值的多路径效应、观测噪声影响,在部分极端的测站环境条件下,单天静态定位解的精度仅为 2～4dm。由于上述残余电离层延迟或强码观测值噪声的影响,单频 PPP 的实施一般需要采用较长时段的观测数据,以保证定位解的稳定性。以基于半和观测值的单频 PPP 为例,观测值中依然包含相位模糊度的影响,且其有效波长仅为原 L_1 相位观测值的 1/2(约 10cm),其定位解的收敛特性将更易受观测噪声的影响:短时间内(如 1h)的定位精度仅为米级甚至更差。

实验分析基于某双频参考站 BDAG 在 2009 年第 119 天的双频观测值,其中 L_1 和 P_1 观测值用于实施仿单频 PPP 的实验方案。图 14.12 所示为 BDAG 至各可视卫星的电离层延迟的 GIM 改正值。将该电离层延迟与双频观测值计算的参考值进行比较,得到包含接收机差分伪距偏差的改正误差。由上述比较可知,GIM 改正值的差异在 1m 范围内变化,部分历元时刻甚至超过 3m,原因在于 GIM 模型较低的时空分辨率,难以有效描述电离层的局部特性。将 BDAG 的单天观测值分成 144 个等 10min 间隔,各时段内单独实施单频 PPP 静态定位,电离层延迟分别采用 GIM 改正值和半和模型加以改正或消除,以在参数域对各种电离层改正效果进一步对比分析。

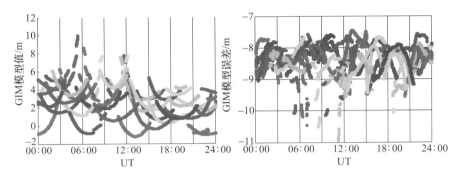

图 14.12 BDAG 站电离层延迟的 GIM 改正值与改正误差(见彩图)

图 14.13 所示为上述两种条件下,各时段的平面和天顶方向定位误差:利用 GIM 和半和模型修正电离层得到的定位结果明显有偏,其平面定位精度分别为 4 ~ 7dm 和 5 ~ 11dm,天顶方向则分别约为 8dm 和 13dm。利用 GIM 模型改正电离层的定位精度略优于半和模型,原因在于后者的定位结果完全依赖于低精度的码观测值。

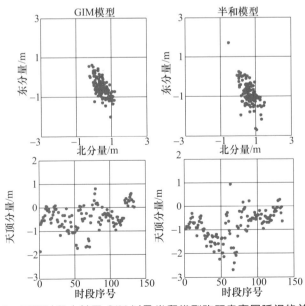

图 14.13 不同时段内基于 GIM 以及半和模型改正电离层延迟的单频 PPP 水平和天顶方向定位误差

14.2.5 网络 RTK 用户电离层延迟修正

在网络 RTK 用户定位过程中,高精度的双差电离层延迟修正是虚拟观测值有效性的重要保证。目前,现有的网络 RTK 电离层延迟修正方法包括:①双差电离层参数直接估计法;②电离层逆推法。当获取到基准站之间双差电离层延迟后,依据用户位置和基准站网之间的空间关系,利用空间相关误差区域建模,获取用户处的电离层延迟改正量。

14.2.5.1 双差电离层参数直接估计法

采用双频载波相位观测值,当参考站网络基线之间的整周模糊度固定为整数后,可以计算出各个参考站网络基线上的双差电离层延迟误差。

假设参考站网络中一条基线两端的测站 k_1 和 k_2 同步观测卫星为 s_1 和 s_2,则由第 2 章式(2.7)即载波相位双差观测方程可以计算出该基线上对应卫星 s_1 和 s_2 的 L1 载波相位观测值的一阶电离层双差延迟信息:

$$I_{1,k_1k_2}^{s_1s_2} = \left(\frac{f_2^2}{f_1^2-f_2^2}\right)\left[(L_{1,k_1k_2}^{s_1s_2}-L_{2,k_1k_2}^{s_1s_2})+(\lambda_1 N_{1,k_1k_2}^{s_1s_2}-\lambda_2 N_{2,k_1k_2}^{s_1s_2})\right] - \left(\frac{f_2^2}{f_1^2-f_2^2}\right)(\varepsilon_{1,\varphi}''-\varepsilon_{2,\varphi}'') \tag{14.33}$$

式中:λ_1、$f_i(i=1,2)$ 分别为 GPS L1、L2 载波相位波长和频率;$L_{i,k_1k_2}^{s_1s_2}$ 为以米为单位的载波相位双差观测值;$N_{i,k_1k_2}^{s_1s_2}$ 为载波相位双差模糊度;ε_{φ}'' 为双差观测值的观测噪声以及电离层高阶项延迟的影响。

式(14.33)中参考站网络基线的双差模糊度 $N_{i,k_1k_2}^{s_1s_2}$ 可以通过在航解算模糊度等方法在线解算,并采用合适的搜索方法将其固定为整数。通常,考虑到宽巷模糊度的长波特性,也可先采用 MW 组合观测值或者 WL 观测值对宽巷双差模糊度进行固定:

$$N_{WL,k_1k_2}^{s_1s_2} = \frac{L_{MW,k_1k_2}^{s_1s_2}}{\lambda_{ML}} \tag{14.34}$$

式中:$N_{WL,k_1k_2}^{s_1s_2}$ 为双差宽巷模糊度,$L_{MW,k_1k_2}^{s_1s_2}$ 为 MW 组合双差观测值,它不受卫星轨道误差的影响,也不受测站坐标的影响,而且所受对流层、电离层、卫星与接收机钟差等误差通过差分基本消除;λ_{ML} 为宽巷观测值波长,由于其较长波长,一般通过多个历元求平均就可解算出宽巷双差模糊度。

精确求取双差宽巷模糊度之后,消电离层双差观测方程公式可写为

$$L_{IF,k_1k_2}^{s_1s_2} = \rho_{k_1k_2}^{s_1s_2}+T_{k_1k_2}^{s_1s_2}+\frac{C}{f_1+f_2}N_{1,k_1k_2}^{s_1s_2}+\frac{Cf_2}{f_1^2-f_2^2}N_{WL,k_1k_2}^{s_1s_2}+\varepsilon_{IF,\varphi}'' \tag{14.35}$$

式中:$L_{IF,k_1k_2}^{s_1s_2}$ 为消电离层双差观测值;$\rho_{k_1k_2}^{s_1s_2}$ 为双差几何距离;$T_{k_1k_2}^{s_1s_2}$ 为双差对流层参数;$N_{1,k_1k_2}^{s_1s_2}$ 为 L1 频率的双差模糊度;$N_{WL,k_1k_2}^{s_1s_2}$ 为宽巷双差模糊度,为已知值。

之后,采用滤波或者最小二乘估计对流层湿延迟分量和 L1 模糊度浮点解,并采用 LAMBDA 等方法搜索固定 L1 模糊度。然后逐基线或网解整个网络基线上的模糊度参数,并将其固定为整数,通过上述方法,就可精确得到网络所有基线对应的大气参数。

由式(14.33)可知,双频差分载波相位双差观测值能有效削弱对流层、卫星与接收机钟差、轨道等系统性偏差的影响,而式(14.33)中的第二项为差分观测噪声以及电离层高阶项延迟误差的综合影响。

一般参考站网络中参考站都设立在视野开阔、观测条件良好的环境中,并且测站都配备双频或多频 GNSS 接收机以及多路径抑制天线,从而尽可能地降低接收机观测噪声对观测值的影响。另外电离层高阶项延迟误差远远小于一阶项延迟误差,因此式(14.33)中观测噪声和电离层高阶项延迟误差项可以忽略,得到参考站网络基线上的双差电离层延迟实际计算公式:

$$I_{1,k_1k_2}^{s_1s_2} = \left(\frac{f_2^2}{f_1^2 - f_2^2}\right)\left[\,(L_{1,k_1k_2}^{s_1s_2} - L_{2,k_1k_2}^{s_1s_2}) + (\lambda_1 N_{1,k_1k_2}^{s_1s_2} - \lambda_2 N_{2,k_1k_2}^{s_1s_2})\,\right] \tag{14.36}$$

14.2.5.2　电离层逆推法

与双差电离层参数直接估计法的解算策略相比,电离层逆推法与其最大的区别在于函数模型采用的是消电离层组合。将宽项组合模糊度与 IF 组合模糊度联合处理,获得相位双频窄巷模糊度。从载波相位观测之中扣除窄巷模糊度以及对流层延迟,同样可以获得高精度双差电离层延迟。

上述两种网络 RTK 电离层估计方法中:双差电离层参数直接估计法可以直接提取电离层延迟信息,但是由于在滤波过程中增加了待估参数的个数,降低了滤波参数的冗余数,延长了获取有效精度电离层参数的收敛时间;电离层逆推算法需要以获取正确的双差整周模糊度为前提,其宽项和 IF 组合的方法本身也需要较长时间的观测信息,但是在信号质量较好、电离层活跃区域的情况下,这种算法获取有效双差电离层估值的时间要略优于双差电离层参数直接估计法。相关实验证实,两种方法最终得到的电离层估值有相同解算精度。

14.2.5.3　用户电离层延迟内插

精确获取参考站网络中各条基线的双差电离层延迟后,选择合适的内插等算法,计算出用户虚拟观测中的电离层延迟。用户电离层延迟计算精度很大程度决定了所生成虚拟观测值的精度,从而影响流动站用户定位的初始化速度和精度质量。

线性内插法是确定用户电离层延迟最常用的方法之一,其基本思想是,假设参考站网络中有 $n(n \geq 3)$ 个参考站,对于每条网络基线上共视卫星对 (s_1, s_2) 双差电离层的线性内插模型矩阵表达式为

$$L = AX \tag{14.37a}$$

$$\hat{X} = \begin{bmatrix} \hat{a} \\ \hat{b} \\ \hat{c} \end{bmatrix} = (A^{\mathrm{T}}A)^{-1}A^{\mathrm{T}}L \tag{14.37b}$$

$$L = \begin{bmatrix} I_{1,n}^{s_1s_2} \\ I_{2,n}^{s_1s_2} \\ \vdots \\ I_{n-1,n}^{s_1s_2} \end{bmatrix}, \quad A\begin{bmatrix} \Delta x_{1,n} & \Delta y_{1,n} & \Delta h_{1,n} \\ \Delta x_{2,n} & \Delta y_{2,n} & \Delta h_{2,n} \\ \vdots & \vdots & \vdots \\ \Delta x_{n-1,n} & \Delta y_{n-1,n} & \Delta h_{n-1,n} \end{bmatrix}, \quad X = \begin{bmatrix} a \\ b \\ c \end{bmatrix} \tag{14.37c}$$

式中:L 为双差电离层观测值矩阵;A 为设计矩阵;X 为内插系数阵;$\hat{X}$ 为 X 的最小二乘估值;$I_{1,n}^{s_1s_2}(i=1,\cdots,n-1)$ 为副参考站 i 和主参考站 n 在共视卫星对 (s_1,s_2) 双差电离层延迟;$\Delta x_{i,n}$、$\Delta y_{i,n}$、$\Delta h_{i,n}(i=1,\cdots,n-1)$ 分别为副参考站 i 和主参考站 n 的平面坐标差和高程坐标差;a、b、c 为特求系数。

确定内插系数后,用户位置 u 和主参考站 n 之间在卫星对 s_1,s_2 上的双差电离层延迟 $I_{u,n}^{s_1s_2}$ 表示为

$$I_{u,n}^{s_1s_2}=\hat{a}\Delta x_{u,n}+\hat{b}\Delta y_{u,n}+\hat{c}\Delta h_{u,n} \tag{14.38}$$

必须注意的是,如需利用云计算在大范围内稳定高精度地计算用户位置,需要采用或研究效果更好的方法计算大气效应及虚拟观测。

14.2.6 星载单频用户电离层延迟修正方法

低轨卫星轨道处在 350km 左右的高空区域,是电离层活动最激烈的 F2 层区域。同时,星载单频 GNSS 接收机无法通过消电离层组合实现电离层延迟误差的自校正,必须依赖外部电离层延迟修正信息,实现电离层误差修正。现有的用于解决低轨卫星的电离层修正问题的主要方法包括[29]:

(1)经验模型修正(如 IRI、Bent、Klobuchar 等)。经验模型由大量长期的电离层探测资料统计而得。电离层结构复杂,难以用一种严格的数学表达式精确描述它的空间分布。利用 IRI 等反映全球电离层平均变化趋势的统计经验模型,修正 GNSS 测量中的电离层折射影响,平均效果较差,难以用于 GNSS 精密测量。

(2)理论模型修正。理论电离层模型主要根据电离层的形成机理和电离层物理化学特性推导而得,要求有经验数据输入,以描述各种力函数的特征,通过模拟全部物理过程,得出 TEC。理论模型能够观察输入的各种物理参数的相对影响及其可能变化,但太复杂,不便直接用于 GNSS 测量,精度和可靠性也不能得到保证。

(3)实测模型修正。利用 GNSS 或其他经典仪器的地面观测值拟合某电离层参数模型,由该模型直接为低轨卫星提供电离层改正。这种方法使用范围有限且一般也未考虑电离层分层效应,不适用于低轨卫星精密测轨。

(4)实测模型与通用模型的联合修正。利用地面 GNSS 接收机精确估算整层电离层延迟;利用通用模型(如 IRI)计算低轨卫星轨道至地面(底部电离层)的垂直电离层延迟;将两者相减即得所求的顶部电离层延迟改正量。这种方法虽能精确求得整层电离层延迟量,但通用模型垂直分辨精度低,而经验模型的电离层分层效果差,限制了改正精度,加之地面站固定且数目有限,使用范围较小。

(5)采用格网模型修正。利用 GNSS 监测服务网络观测资料构建格网电离层模型,联合处理地面与低轨卫星 GNSS 资料确定服务区域的电离层分层因子,将整层格网电离层模型转化为顶部电离层格网模型。然而,由于低轨卫星 GNSS 观测资料较少,导致大区域电离层分层因子确定精度低,转换精度较差,总体改正效果不太理想。

从可行性、精度与可靠性等方面综合考察,目前已有的各类的修正单频 GNSS 观测信号中电离层延迟的经验模型和方法都难以满足这类低轨卫星测轨的高精度要求。而适用于地面单频用户的高精度电离层延迟修正方法(如 WAAS 系统提供的电离层延迟修正信息)又不能直接应用到空基 GNSS 用户中,主要原因在于低轨卫星定轨中仅受顶部电离层延迟的影响,因而,必须对电离层进行高精度分层及高精度模拟顶部电离层延迟。针对此,袁运斌通过有效结合低轨卫星接收机的单频 GNSS 观测数据(可求相对较精确的电离层延迟变化)及地面双频 GNSS 观测数据(提供若干精度较高的绝对电离层延迟值),提出了一种适用于星载单频 GNSS 接收机高精度电离层延迟误差修正的星基电离层延迟绝对量融合相对变化量确定方案——APR-Ⅱ[29]。

APR-Ⅱ的基本思路是:虽然利用 GNSS 观测资料求解的大规模(全球或区域)电离层模型不能提供高精度的电离层改正,但它至少可以一定程度地告诉我们全球范围内大致的电离层状态。根据这些信息,可在全球范围内沿低轨卫星轨迹选择若干个电离层活动比较平静和规律性较强的局部区域,再对这些局部区域有效地进行精确分层;利用分层因子将该区域内所有的高精度地基格网电离层延迟改正值转换为顶部电离层延迟格网模型值。根据这些局部的高精度顶部电离层延迟格网模型值,通过内插等有效方法获得该区域内低轨卫星飞行轨迹上的任意位置的绝对电离层延迟值,我们称这些电离层延迟值为顶部电离层延迟起算值,相应的区域为顶部电离层起算区域。尽管在非顶部电离层起算区域不能直接采取这种方法获得绝对电离层延迟修正。但在不考虑周跳的情况下,顶部电离层延迟的起算区与非起算区的观测是连续的,因此,在上述电离层精确分层的基础上,通过计算非起算区域相对于起算区域内的电离层起算点(历元)的电离层延迟的变化量,再结合电离层起算点的绝对电离层延迟量推求低轨卫星在非顶部电离层起算区域任意位置处的绝对电离层延迟量。

根据低轨卫星飞行轨迹特点及星载单频 GNSS 接收机这一实际条件,APR-Ⅱ建议采用如下步骤求其单频 GNSS 观测信号的电离层延迟的修正量,具体公式可参见袁运斌在文献[29]的论述:

(1)选择若干顶部电离层起算区域,对电离层进行有效分层,为低轨卫星 GNSS 接收机确定一个(或若干个)精度较高的垂直电离层延迟值,包括:①地面基准站网构建格网电离层模型;②确定低轨卫星运行轨道处整层电离层延迟与上层电离层延迟的比值;③根据①中的格网电离层模型或内插法所计算的整层电离层延迟值和②中求得的电离层延迟比值,确定低轨卫星电离层延迟修正。利用电离层投影函数,将其转为斜距电离层延迟值。

(2)求接收机各观测信号的历元间斜距电离层延迟变化值。

(3)根据(1)中所求的斜距电离层起算值和(2)中所求的斜距电离层延迟变化值,可以推求出各观测卫星在各观测历元的斜距电离层延迟值。

(4)利用电离层投影函数将(3)中所求的该观测历元的斜距电离层延迟值转为相应的垂直电离层延迟值,再对该历元所有垂直电离层延迟值求平均值确定低轨卫星接收机处的垂直电离层延迟值。

对于直接采用斜距电离层延迟值的用户,只进行(1)~(3)步。

星载 GNSS 观测数据与地面 GPS 观测数据的基本性质是完全一致的,因此,可用地面单频数据模拟低轨卫星的星载单频数据,计算顶部电离层延迟变化量。

图 14.14 所示为根据(卫星 G01)单频观测数据由直接法所计算的电离层延迟变化量。由图 14.15、图 14.16 和图 14.17 可见,由长时间段(如一天)的单、双频观测数据所确定的电离层延迟模型值非常接近,不存在系统偏差影响。

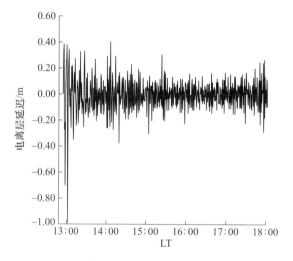

图 14.14 由 C/A 码和 L1 载波相位观测值联合求解的斜距电离层延迟变化值
(卫星 G01,1997 年 10 月 13 日)

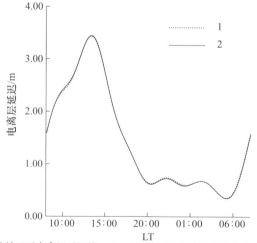

1—双频相位数据所求的天顶电离层延迟值; 2—C/A 码与 L1 载波相位组合观测所求的天顶电离层延迟值。

图 14.15 两种组合观测值所求基准站天顶电离层延迟值的比较(1997 年 10 月 31 日—11 月 1 日)

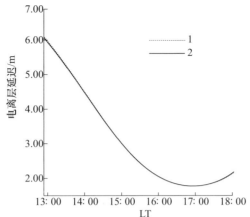

1—双频相位数据拟合的斜距电离层延迟值；　2—单频观测数据拟合的斜距电离层延迟值。

图 14.16　两种组合观测所求的斜距电离层延迟值(1997 年 10 月 31 日)

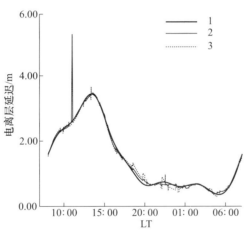

1—相位观测数据所求的天顶电离层延迟值；　2—本章加权内插方法所求的天顶电离层延迟值；
3—平均内插方法所求的天顶电离层延迟值。

图 14.17　几种方法所求基准站天顶电离层延迟值(1997 年 10 月 31 日至 11 月 1 日)

以上分析说明,联合处理顶部电离层起算区域的星载单频 GNSS 数据和地面基准站网的双频数据,确定电离层分层因子,可以避免系统误差的影响,可靠性能够得到保证。这也显示,在合理选择电离层起算区域的情况下,转换精度 σ_{tra} 较高,对总精度 σ 的影响不大。

14.3　高阶项电离层延迟修正

14.3.1　三频导航电离层延迟修正

对电离层延迟高阶项,主要采用实测的电离层 TEC 结合经验的地磁场模型实现。考虑到电离层二阶项是高阶项影响的主导因素,这里主要介绍二阶项延迟修正方法。通过折射指数 Appleton-Hartree 公式,可知二阶项延迟较一阶项更为复杂,且与传播路径上信号电子密度与地磁场矢量积分密切相关。GNSS 载波相位观测(式(14.39))和码伪距观测(式(14.40))二阶项修正模型的简化表达式如下:

$$\Delta\rho_{iono,i} \approx -\frac{C_x C_y}{2f_i^3} \cdot B \cdot \cos\theta \cdot STEC \tag{14.39}$$

$$\Delta\rho_{iono,i} \approx -\frac{C_x C_y}{2f_i^3} \cdot B \cdot \cos\theta \cdot STEC \tag{14.40}$$

式中:θ 为卫星信号矢量与地磁感应强度矢量在电离层交叉点处的夹角(°);B 为磁场强度;$C_x = 80.6$;$C_y = 2.801127 \times 10^{10}$。

忽略电离层延迟三阶及以上各项,伪距和相位观测量可以表示为

$$\begin{cases} P_c = \dfrac{f_1^3(f_2-f_3) \cdot P_1 + f_2^3(f_3-f_1) \cdot P_2 + f_3^3(f_1-f_2) \cdot P_3}{(f_1-f_2)(f_2-f_3)(f_1-f_3)(f_1+f_2+f_3)} \\[3mm] L_c = \dfrac{f_1^3(f_2-f_3) \cdot L_1 + f_2^3(f_3-f_1) \cdot L_2 + f_3^3(f_1-f_2) \cdot L_3}{(f_1-f_2)(f_2-f_3)(f_1-f_3)(f_1+f_2+f_3)} \end{cases} \tag{14.41}$$

假设测码伪距观测值 P_1、P_2、P_3 的观测噪声分别为 m_1、m_2 和 m_3,测相伪距 L_1、L_2、L_3 的观测噪声分别为 σ_1、σ_2 和 σ_3,则 L_c、P_c 经过三频电离层高阶项改正后的噪声将扩大为

$$\begin{cases} \sigma_{P_c} = \dfrac{\sqrt{f_1^6(f_2-f_3)^2 \cdot m_1^2 + f_2^6(f_3-f_1)^2 \cdot m_2^2 + f_3^6(f_1-f_2)_2 \cdot m_3^2}}{(f_1-f_2)(f_2-f_3)(f_1-f_3)(f_1+f_2+f_3)} \\[3mm] \sigma_{L_c} = \dfrac{\sqrt{f_1^6(f_2-f_3)^2 \cdot \sigma_1^2 + f_2^6(f_3-f_1)^2 \cdot \sigma_2^2 + f_3^6(f_1-f_2)_2 \cdot \sigma_3^2}}{(f_1-f_2)(f_2-f_3)(f_1-f_3)(f_1+f_2+f_3)} \end{cases} \tag{14.42}$$

需要说明的是,理论上虽然可以用三频观测的线性组合直接消除电离层一阶项延迟与二阶项延迟,但组合后使观测噪声影响放大了几十倍。

14.3.2 模型修正法

利用电离层延迟影响与信号频率相关的色散特性,通常利用双频组合消除一阶项电离层延迟影响,双频载波相位组合观测中的二阶项电离层延迟项表达如下:

$$I_{L_c} = \frac{s}{2f_1 f_2(f_1+f_2)} + o\left(\frac{1}{f_1 f_2(f_1+f_2)}\right) =$$

$$2.0833 \times 10^{-16} \int N_e B_0 \cos\theta_B dL + o\left(\frac{1}{f_1 f_2(f_1+f_2)}\right) \tag{14.43}$$

基于电离层单层假设,式(14.43)中的二阶项电离层延迟积分项简化如下:

$$I_{L_c}^{(2)} = 2.0833 \times 10^{-16} \cdot B\cos\theta \cdot STEC =$$

$$2.0833 \times 10^{-16} \cdot \boldsymbol{B} \cdot \boldsymbol{e}_L \cdot STEC \tag{14.44}$$

式中:s 为与电离层的二阶项延迟有关的系数项(m);N_e 为电子密度;$\boldsymbol{B}$ 为站星连线与电离层薄层的交叉点处的地磁感应强度矢量(T);$\boldsymbol{e}_L$ 为观测信号的单位矢量。

14.3.3　二阶项计算公式

二阶项电离层延迟修正的关键是非线性项 $B\cos\theta$ 的计算以及站星视线方向 STEC 的提取。几何意义上不难理解 $B\cos\theta$ 表示 $\boldsymbol{B}$ 矢量与信号单位矢量 $\boldsymbol{e}_l$ 两者的点积,而实现点积计算前需将两矢量转化至同一坐标框架下,具体计算过程,为方便表述,引入一些相关的辅助量值,如下:

首先,描述由卫星 S 至测站 R 方向的观测信号矢量,在以接收机为测站坐标系原点的测站坐标框架下的单位矢量表示为

$$\boldsymbol{e}_l = \begin{pmatrix} -\sin z\cos\alpha \\ -\sin z\sin\alpha \\ -\cos z \end{pmatrix} \qquad (14.45)$$

参考国际地磁场模型易得电离层交叉点处为坐标原点的测站坐标框架下的地磁感应强度矢量值 $\boldsymbol{B}' = (B_{N'}\quad B_{E'}\quad B_{U'})^{\mathrm{T}}$,不妨令该坐标系框架下,信号单位矢量表达为 $\boldsymbol{e}_l'$,则两矢量点积计算的最终计算公式为[32-33]

$$
\begin{aligned}
B\cos\theta = &\boldsymbol{B}^{\mathrm{T}} \cdot \boldsymbol{e}_l = \boldsymbol{B}'^{\mathrm{T}} \cdot \boldsymbol{e}_l' = \\
&B_{N'} \cdot (-\sin z\cos\alpha\sin\varphi\sin\varphi'\cos\Delta\lambda - \sin z\cos\alpha\cos\varphi\cos\varphi' + \\
&\sin z\sin\alpha\sin\varphi'\sin\Delta\lambda + \cos z\sin\varphi'\cos\varphi\cos\Delta\lambda - \cos z\cos\varphi'\sin\varphi) + \\
&B_{E'} \cdot (-\sin z\cos\alpha\sin\varphi\sin\Delta\lambda - \sin z\sin\alpha\cos\Delta\lambda + \cos z\cos\varphi\sin\Delta\lambda) + \\
&B_{U'} \cdot (-\sin z\cos\alpha\cos\varphi\sin\varphi' + \sin z\cos\alpha\cos\varphi'\sin\varphi\cos\Delta\lambda - \\
&\sin z\sin\alpha\cos\varphi'\sin\Delta\lambda - \cos z\sin\varphi'\sin\varphi - \cos z\cos\varphi'\cos\varphi\cos\Delta\lambda)
\end{aligned} \qquad (14.46)
$$

式(14.46)中涉及的辅助角如下定义:

$$
\begin{cases}
\beta = z - \arcsin\left[\dfrac{R_e + H}{R_e + h_{\mathrm{ion}}}\sin z\right] \\
\varphi' = \arcsin[\sin\varphi\cos\beta + \cos\varphi\sin\beta\cos\alpha] \\
\Delta\lambda = \arcsin\left[\dfrac{\sin\alpha\sin\beta}{\cos\varphi'}\right] \\
\lambda' = \lambda + \Delta\lambda
\end{cases} \qquad (14.47)
$$

式中:(φ, λ, H) 为测站 R 大地坐标;α 为卫星 S 相对于测站 R 的方位角;z 为卫星 S 相对于测站 R 的天顶距;令地球平均半径为 R_e,(φ', λ') 为交叉点 IPP 处的大地经纬度。

14.3.4　二阶项电离层延迟对卫星导航定位结果影响的模型分析方法

以 GPS 双频载波相位消电离层组合 L_c 为例,分析二阶项电离层延迟对单点定位结果的影响。如图 14.18 所示,S_i 表示可观测到的卫星 $i = 1, 2, \cdots, n$,其中,n 为同一历元所观测的卫星个数;R 表示正仅消除一阶项电离层延迟的 L_c 观测得到的测站点

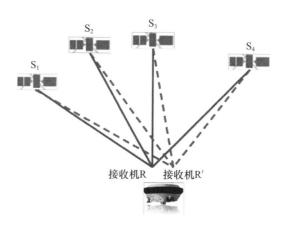

图 14.18　电离层二阶项延迟对 GPS 单点定位结果影响变化示意图

位估值,相应的卫星与点位 R 之间的站星距为 γ_i;R' 为对 L_c 观测中残余的二阶项电离层延迟进行改正后得到的测站点位估值,对应的卫星与点位 R' 之间的站星距为 γ'_i。进一步,定义在以点位估值 R 为原点的测站坐标系下卫星的位置为 (X_i,Y_i,Z_i);点位 R' 在上述测站坐标系下的位置为 (x,y,z),即对 L_c 残余的二阶项电离层延迟改正后引起的测站点位估值变化矢量 $\boldsymbol{RR'}$,其北分量为 x,东分量为 y,垂直分量为 z;受二阶项电离层延迟影响与未受其影响的接收机钟差参数(与测站坐标同时解算)的大小分别定义为 δT 与 $\delta T'$。点位矢量 $\boldsymbol{RR'}$ 相对于卫星两万多千米高度是个甚微量,因此二阶项电离层延迟对卫星相对测站的天顶距、方位角几何信息的影响可以忽略,若令 T_i 为对应的卫星天顶距,ω_i 为对应的卫星方位角,则可得站星距 γ_i、γ'_i 为[32-33]

$$\gamma_i = \sqrt{X_i^2 + Y_i^2 + Z_i^2} + \delta T =$$
$$X_i\sin(T_i)\cos(\omega_i) + Y_i\sin(T_i)\cdot\sin(\omega_i) + Z_i\cos(T_i) + \delta T + \varepsilon_i \qquad (14.48)$$

$$\gamma'_i = \sqrt{(X_i-x)^2 + (Y_i-y)^2 + (Z_i-z)^2} + \delta T' =$$
$$(X_i-x)\sin(T_i)\cos(\omega_i) + (Y_i-y)\sin(T_i)\sin(\omega_i) +$$
$$(Z_i-z)\cos(T_i) + \delta T' + \varepsilon'_i \qquad (14.49)$$

式中:ε_i,ε'_i 为线性化误差(微小);γ_i 为 L_c 观测得到的站星距,γ'_i 为对 γ_i 中残余的二阶项电离层延迟 $I_{L_c,i}^{(2)}$ 进行改正后得到的站星距。理论上,$\gamma_i = \gamma'_i + I_{L_c,i}^{(2)} \approx \gamma'_i + \hat{I}_{L_c,i}^{(2)}$。

将式(14.48)与式(14.49)相减,得

$$\hat{I}_{L_c,i}^{(2)} = x\sin(T_i)\cos(\omega_i) + y\sin(T_i)\sin(\omega_i) + z\cos(T_i) +$$
$$\delta t + \delta\varepsilon_i \qquad i = 1,2,\cdots,n \qquad (14.50)$$

式中:$\delta\varepsilon_i = \varepsilon_i - \varepsilon'_i$;$\delta t = \delta T - \delta T'$,为对二阶项电离层延迟改正后引起的接收机钟差解算值的变化。联列同一历元观测到的不同卫星,则可得如下表达式:

$$L = AX + \delta\varepsilon \qquad (14.51)$$

式中

$$L = (\hat{I}_{L_c,1}^{(2)}, \hat{I}_{L_c,2}^{(2)}, \cdots, \hat{I}_{L_c,n}^{(2)})^{\mathrm{T}}$$

$$X = (\hat{x}, \hat{y}, \hat{z}, \hat{\delta t})^{\mathrm{T}}$$

$$\delta\varepsilon = (\delta\varepsilon_1, \delta\varepsilon_2, \cdots, \delta\varepsilon_n)^{\mathrm{T}}$$

$$A = \begin{pmatrix} \sin(T_1)\cos(\omega_1) & \sin(T_1)\sin(\omega_1) & \cos(T_1) & 1 \\ \sin(T_2)\cos(\omega_2) & \sin(T_2)\sin(\omega_2) & \cos(T_2) & 1 \\ \vdots & \vdots & \vdots & \vdots \\ \sin(T_n)\sin(\omega_n) & \sin(T_n)\sin(\omega_n) & \cos(T_n) & 1 \end{pmatrix} \quad (14.52)$$

得

$$\hat{X} = (A^{\mathrm{T}}PA)^{-1}A^{\mathrm{T}}PL \quad (14.53)$$

可计算出对残余的二阶项电离层延迟影响改正后引起点位估值变化 RR' 的北分量 x、东分量 y、垂直分量 z 以及接收机钟差变化 δt 的估值。

14.3.5　GNSS 电离层二阶项延迟修正模型的误差分析

如前面所述,随着 GNSS 多频技术的出现,理论上可以用三频观测的线性组合直接消除电离层一阶项延迟与二阶项延迟,但由于组合后使观测噪声影响放大了几十倍,因而难以满足实际应用。然而在薄层假设条件下得到的单层电离层二阶项延迟简化模型的精度是怎样的呢,这也是研究与应用中需要明确的一个问题。模型可靠性是制约其应用前景的一个必要前提,因此必须有效评估简化条件下的单层电离层二阶项延迟修正模型自身的误差。

由 14.3.3 节的电离层二阶项延迟修正模型公式可以看出,模型的误差主要由两方面的因素引起:①电离层单层模型交叉点处地磁感应强度值 B 的误差及其矢量与信号矢量夹角的误差,即非线性项 $B\cos\theta$ 的误差引起的误差;②TEC 的误差。本节将从数形结合的矢量分析角度出发,探讨并分析上述两类误差引起的单层电离层二阶项延迟改正模型本身的误差,验证模型在实际应用中的可靠性与可行性。

14.3.5.1　$B\cos\theta$ 项引起的误差分析

本节研究中选取的电离层薄层高度值为 400km,通常情况单层模型高度取值为 350~450km,一般认为薄层高度误差一般不超过 50km。薄层高度误差对单层电离层二阶项延迟简化模型的影响主要体现在薄层交叉点 IPP 点处地磁感应强度矢量 B 的误差,即电离层二阶项延迟简化模型中 B 的误差主要受选择的薄层高度误差影响。

令 IPP 处 B 的误差矢量为 σ_{IPP}($\sigma_{\mathrm{IPP}} = B_{\mathrm{true}} - B$),$B$ 的相对误差矢量为 x_B($x_B = \dfrac{\sigma_{\mathrm{IPP}}}{\|B\|}$)。

假设 IPP 点高度误差为 50km,卫星信号高度角取截止高度角 15°时,B 的误差矢量 σ_{IPP} 达最大,参考地磁总强度梯度变化和分析,知此时 B 的误差矢量模 $\|\sigma_{\mathrm{IPP,max}}\| < 1500\mathrm{hT}$;地球表面附近地磁感应强度值一般为 25000~60000nT 左右

（http：//www. ngdc. noaa. gov/geomag/faqgeom. shtml），相应的 $\boldsymbol{B}$ 的相对误差矢量模值

$$\parallel \boldsymbol{x}_{B,\max} \parallel = \frac{\parallel \boldsymbol{\sigma}_{\text{IPP},\max} \parallel}{\parallel \boldsymbol{B} \parallel} < 6\% \ 。$$

考虑到信号矢量与地磁矢量的夹角 θ 变化主要是受 $\boldsymbol{B}$ 误差矢量影响，即，θ 误差是与 $\boldsymbol{B}$ 误差矢量相关的非独立项。那么如何由 $\boldsymbol{B}$ 误差来分析非线性项 $B\cos\theta$ 的误差呢？在此，我们首次从数形结合的角度出发，结合图 14.19 分析并推导了 $B\cos\theta$ 项的误差，其中：e_B 为 $\boldsymbol{B}$ 单位矢量，单位长度为 1；x_B 为 $\boldsymbol{B}$ 相对误差矢量；x 为 $\parallel \boldsymbol{x}_B \parallel$ 的模；θ 为信号矢量与 IPP 处 $\boldsymbol{B}$ 矢量的夹角；Δ 为 $\boldsymbol{B}$ 误差引起的夹角 θ 的变化；δ 为 $\boldsymbol{B}$ 相对误差矢量与信号矢量的夹角。

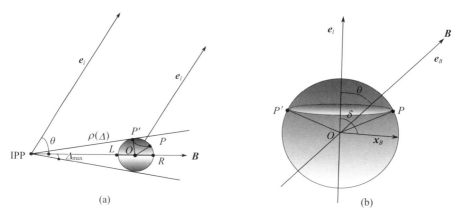

图 14.19　$B\cos\theta$ 项误差分析示意图(图(b)为图(a)的局部放大)

令 IPP 处的真实地磁感应强度值为 $\boldsymbol{B}_{\text{true}}$，则 $\boldsymbol{B}_{\text{true}} = \boldsymbol{B}(e_B + x)$；令 $\rho(\Delta) = \parallel \boldsymbol{B}_{\text{true}} \parallel / \parallel \boldsymbol{B} \parallel$。

需要说明的是，图示中以 x 为矢径的球域是 $\boldsymbol{B}$ 相对误差矢量的空间分布。

（1）非线性项 $B\cos\theta$ 的误差矢量分析。根据图 14.19(b)，得

$$\boldsymbol{B}_{\text{true}} \cdot e_l = \boldsymbol{B}(e_B + x_B) \cdot e_l = \boldsymbol{B} \cdot e_l + \boldsymbol{B} \cdot x_B \cdot e_l = B(\cos\theta + x \cdot \cos\delta) \quad (14.54)$$

即

$$\sigma_{B\cos\theta} = B \cdot x \cdot \cos\delta \quad (14.55)$$

不难看出，非线性项 $B\cos\theta$ 引起的模型误差与 $\boldsymbol{B}$ 误差矢量及信号矢量两者的夹角 δ 有关。且

$$|\sigma_{B\cos\theta}| = |B \cdot x \cdot \cos\delta| \leqslant |B \cdot x| \quad (14.56)$$

（2）信号夹角 θ 变化 Δ 的求解。$\boldsymbol{B}$ 误差矢量与信号矢量夹角为 δ 时，$\boldsymbol{B}$ 误差引起的 $\boldsymbol{B}$ 矢量与信号矢量夹角 θ 变化值 Δ 的情况是怎样的呢？根据图 14.19 的几何关系不难看出，θ 角变化值 Δ 并不固定，而是在球面误差域内存在一个范围 $(\Delta_{\delta\min}, \Delta_{\delta\max})$。如图 14.19 所示的平面圆上对应的两点：$P$ 点对应 $\Delta_{\delta\max}$，P' 点对应 $\Delta_{\delta\min}$，两点对应的 Δ 与 $\boldsymbol{B}$ 误差矢量及信号矢量夹角 δ 的关系分析如下。

由三角形正、余弦定理,有

$$\Delta_{\delta\min} = \arcsin \frac{x \cdot \sin(\theta - \delta)}{\sqrt{1 + x^2 + 2x\cos(\theta - \delta)}} \tag{14.57}$$

$$\Delta_{\delta\max} = \arcsin \frac{x \cdot \sin(\theta + \delta)}{\sqrt{1 + x^2 + 2x\cos(\theta + \delta)}} \tag{14.58}$$

$$\rho(\Delta_{\delta,\min}) = \sqrt{1 + x^2 + 2x\cos(\theta - \delta)} \tag{14.59}$$

$$\rho(\Delta_{\delta,\max}) = \sqrt{1 + x^2 + 2x\cos(\theta + \delta)} \tag{14.60}$$

由此,得到 $\boldsymbol{B}$ 误差矢量引起的 θ 角变化值 Δ 的范围为

$$\left(\arcsin \frac{x \cdot \sin(\theta - \delta)}{\sqrt{1 + x^2 + 2x\cos(\theta - \delta)}}, \quad \arcsin \frac{x \cdot \sin(\theta + \delta)}{\sqrt{1 + x^2 + 2x\cos(\theta + \delta)}} \right)$$

(3) $\sigma_{B\cos\theta}$ 的极值分析。$\sigma_{B\cos\theta}$ 取极值时,夹角变化 Δ 取值固定。

$\boldsymbol{x}_B$ 与信号同向时,即

$$\delta = 0, \quad \Delta = \arcsin \frac{x \cdot \sin\theta}{\sqrt{1 + x^2 + 2x\cos\theta}} \tag{14.61}$$

$\sigma_{B\cos\theta}$ 取得最大误差值 Bx。

$\boldsymbol{x}_B$ 与信号反向时,即

$$\delta = \pi, \quad \Delta = \arcsin \frac{-x \cdot \sin\theta}{\sqrt{1 + x^2 - 2x\cos\theta}} \tag{14.62}$$

$\sigma_{B\cos\theta}$ 取得最小误差值 $-Bx$。

由上述分析知,只有在 $\sigma_{B\cos\theta}$ 取得极值时,地磁感应强度矢量与信号矢量夹角 θ 的变化 Δ 才为固定值。

14.3.5.2　顾及磁场及 TEC 误差的电离层二阶项延迟修正模型的误差分析

前面已述及,通常情况下总电子含量 TEC 的误差 σ_{TEC} 是 $2 \sim 8$TECU,结合 σ_{TEC} 以及上述探讨的非线性项的误差分析其引起的电离层二阶项延迟修正模型的误差如下:

微分线性化,得

$$\begin{aligned} \mathrm{d}(B\cos\theta \cdot TEC) = \\ TEC \cdot \mathrm{d}(B\cos\theta) + B\cos\theta \cdot \mathrm{d}(TEC) \end{aligned} \tag{14.63}$$

则有

$$\begin{aligned} \sigma^2(B\cos\theta \cdot TEC) = \\ TEC^2 \cdot \sigma^2(B\cos\theta) + (B\cos\theta)^2 \cdot \sigma^2(TEC) \end{aligned} \tag{14.64}$$

由此得 L_c 相位组合观测的二阶项延迟误差分析:

$$\sigma^2_{I_{Lc}^{(2)}} = \frac{C_x^2 \cdot C_y^2}{4 \cdot (f_1 + f_2)^2 \cdot f_1^2 \cdot f_2^2} \sigma^2(B\cos\theta \cdot TEC) \tag{14.65}$$

带入上式,得

$$\sigma_{I_{Lc}^{(2)}}^2 = \frac{C_x^2 \cdot C_y^2}{4 \cdot (f_1 + f_2)^2 \cdot f_1^2 \cdot f_2^2} B^2 \left[x^2 \cdot \text{TEC}^2 \cdot \cos^2\delta + \sigma_{\text{TEC}}^2 \cdot \cos^2\theta \right) \quad (14.66)$$

其中，$\boldsymbol{B}$ 相对误差矢量 $\boldsymbol{x}$ 与信号矢量 $\boldsymbol{e}_1$ 的夹角 δ 取值通常情况下不能确定。

$$\sigma_{I_{Lc}^{(2)},\max} = \frac{C_x \cdot C_y}{2 \cdot (f_1 + f_2) \cdot f_1 \cdot f_2} B \sqrt{x^2 \cdot \text{TEC}^2 + \sigma_{\text{TEC}}^2 \cdot \cos^2\theta} =$$

$$2.082372476959893 \times 10^{-16} B \sqrt{x^2 \cdot \text{TEC}^2 + \sigma_{\text{TEC}}^2 \cdot \cos^2\theta} \approx$$

$$10^{-4}\text{m} \ll 1\text{mm} \quad (14.67)$$

参考上述探讨的各个量的量级大小，可知由地磁感应强度 B 误差以及 TEC 误差引起的电离层二阶项延迟修正模型的计算误差在毫米级以内，这表明式(14.39)和式(15.40)所表示的电离层二阶项延迟修正模型具有显著优于毫米级的可靠性。

14.4　本章小结

本章系统总结了不同类型导航用户的电离层延迟修正方法，包括普通单频导航用户、电离层活动正常及不利条件下的广域增强用户、精密单点定位用户、网络 RTK 用户以及星载单频用户等。普通单频导航用户只能依赖各 GNSS 播发的电离层参数实现电离层误差修正，除 GLONASS 外，GPS、BDS 及 Galileo 均在其广播星历中向用户播发对应的电离层参数信息。电离层活动平静条件下，广域增强系统单频用户利用系统按一定时间频率播发的区域格网电离层信息，可实现电离层延迟误差的高精度修正；电离层活动不利条件，该类用户可以采用 APR-I 有效实现电离层误差的修正。双/多频精密单点用户可通过观测量组合消除一阶项电离层延迟误差的影响，同时也可以采用非差非组合的方式实现电离层延迟量的精确估计；对单频精密单点用户而言，其只能依赖外部电离层信息实现电离层误差的改正。针对现有单频电离层延迟经验修正模型和方案难以满足低轨卫星精密定轨中的电离层延迟误差修正需求，提出了一种适用于星载单频 GNSS 接收机高精度电离层延迟误差修正的 APR-II。此外，适应 GNSS 高精度研究和应用领域的需求，详细推导了二阶项电离层延迟计算公式，并以 GPS 双频观测为例研究了电离层二阶项延迟对单点定位结果影响的数学表达式。

参考文献

[1] BILITZA D, REINISCH B W. International reference ionosphere 2007: improvements and new parameters[J]. Advances in Space Research, 2008, 42(4): 599-609.

[2] DANIELL R, BROWN L, ANDERSON D, et al. Parameterized ionospheric model: a global ionospheric parameterization based on first principles models[J]. Radio Science, 1995, 30(5): 1499-1510.

[3] YUAN Y, WANG N, LI Z, et al. The BeiDou global broadcast ionospheric delay correction model

（BDGIM） and its preliminary performance evaluation results［J］. Journal of the Znstitute of Navigation，2019，66（1）：55-69.

［4］ CSNO. BeiDou navigation satellite system signal in space interface control document open service signal B2a（version 1.0）［S］. Beijing：China Satellite Navigation Office，December 2017.

［5］李子申 . GNSS/Compass 电离层时延修正及 TEC 监测理论与方法研究［D］. 武汉：中国科学院测量与地球物理研究所，2012.

［6］ ANGRISANO A，GAGLIONE S，GIOIA C，et al. Benefit of the NeQuick Galileo version in GNSS single-point positioning［J］. International Journal of Navigation and Observation，2013：1-11.

［7］ KLOBUCHAR J A. Ionospheric time-delay algorithm for single-frequency GPS users［J］. IEEE Transactions on Aerospace and Electronic Systems，1987（3）：325-331.

［8］ PRIETO-CERDEIRA R，ORUS-PEREZ R，BREEUWER E，et al. Performance of the Galileo single-frequency ionospheric correction during in-orbit validation［J］. GPS world，2014，25 （6）：53-58.

［9］ BLANCH J. An ionosphere estimation algorithm for WAAS based on kriging［C］// Proceedings of the 15th International Technical Meeting of the Satellite Division of the Institute of Navigation（ION GPS 2002），Portland，OR，September 24-27，2002：816-823.

［10］ Wu X，ZHOU J，TANG B，et al. Evaluation of COMPASS ionospheric grid［J］. GPS Solutions，2014，18（4）：639-649.

［11］ CHAO Y，TSAI Y，Walter T，et al. An algorithm for inter-frequency bias calibration and application to WAAS ionosphere modeling［C］// Proceedings of the 8th International Technical Meeting of the Satellite Division of the Institute of Navigation（ION GPS 1995）. Palm Springs，CA，September 12-15，1995：639-646.

［12］ FELTENS J. The International GPS service（IGS）ionosphere working group［J］. Advances in Space Research，2003a，31（3）：635-644.

［13］ FELTENS J. The activities of the ionosphere working group of the international GPS service（IGS）［J］. GPS Solutions，2003b，7（1）：41-46.

［14］ HERNANDEZ-PAJARES M，JUAN J M，SANZ J，et al. The IGS VTEC maps：a reliable source of ionospheric information since 1998［J］. Journal of Geodesy，2009，83（3-4）：263-275.

［15］中国卫星导航系统管理办公室 . 北斗卫星导航系统空间信号接口控制文件公开服务信号 B1C（1.0 版）［S］. 北京：中国卫星导航系统管理办公室，2017.

［16］ CSNO. BeiDou navigation satellite system signal in space interface control document open service signal B1C（Version 1.0）［S］. China Satellite Navigation Office，December，2017.

［17］中国卫星导航系统管理办公室 . 北斗卫星导航系统空间信号接口控制文件公开服务信号 B2a（1.0 版）［S］. 北京：中国卫星导航系统管理办公室，2017.

［18］中国卫星导航系统管理办公室 . 北斗卫星导航系统空间信号接口控制文件公开服务信号 B2b（1.0 版）［S］. 北京：中国卫星导航系统管理办公室，2020.

［19］王宁波 . GNSS 差分码偏差处理方法及全球广播电离层模型研究［D］. 武汉：中国科学院测量与地球物理研究所，2016.

［20］ CHAO Y. Real time implementation of the wide area augmentation system for the global positioning system with an emphasis on ionospheric modeling[D]. Palo Alto：Stanford University,1997.

[21] MUELLERSCHOEN R J,IIJIMA B,MEYER R,et al. Real-time point-positioning performance evaluation of single frequency receivers using NASA's global differential GPS system [C]//Proceedings of ION GNSS 2004,17th International Technical Meeting of the Satellite Division,Pasadena,CA,September 20-23 ,2004.

[22] MEMARZADEH Y. Ionospheric modeling for precise GNSS applications[D]. Delft:Delft University of Technology. 2009.

[23] 张明,张小红,李星星,等.GPS 单频精密单点定位软件实现与精度分析[J]. 武汉大学学报（信息科学版）,2008,33(8):783-787.

[24] 张宝成.GNSS 非差非组合精密单点定位的理论方法与应用研究[D]. 武汉:中国科学院测量与地球物理研究所,2014.

[25] KLOBUCHAR J,CONKER P D R,EI-ARINI M B,et al. Development of real-time algorithms to estimate the ionospheric error bounds for WAAS[C] // Proceedings of ION GPS-95,1995:1247-1258.

[26] GAO Y,MCLELLAN J,ABOUSALEM M. A GPS positioning results using precise satellite ephemerides,clock corrections and ionospheric grid model with Jupiter[C] // Proceedings of Ion GPS-95,1995:25-34.

[27] WANG Y J,WILKINSON P,CARUANA J,et al. Real-time ionospheric TEC monitoring using GPS [C]//Proceedings of the 10th space engineering symposium,Canberra,Australia. 1996:27-29.

[28] YUAN Y,OU J. An improvement to ionospheric delay correction for single frequency GPS user-the APR-I scheme[J]. Journal of Geodesy,2001a,75(5-6):331-336

[29] 袁运斌. 基于 GPS 的电离层监测及延迟改正理论与方法的研究[D]. 武汉:中国科学院测量与地球物理研究所,2002.

[30] YUAN Y ,OU J. Auto-covariance estimation of variable samples (ACEVS) and its application for monitoring random ionospheric disturbances using GPS [J]. Journal of Geodesy, 2001, 75 (7-8):438-447.

[31] 袁运斌,欧吉坤.GPS 观测数据中的仪器偏差对确定电离层延迟的影响及处理方法[J]. 测绘学报,1999,28(2):19-23.

[32] LIU X F ,YUAN Y B ,HUO X L ,et al. Model analysis method (MAM) on the effect of the second-order ionospheric delay on GPS positioning solution[J]. Chinese Science Bulletin,2010,55 (15):1529-1534.

[33] 刘西凤,袁运斌. 我国中低纬地区 GPS 定位中的电离层二阶项延迟影响分析与研究[J]. 中国科学:物理学 力学 天文学,2010(5):658-662.

缩　略　语

A-PPP	Array-PPP	阵列辅助精密单点定位
ACEVS	Auto-Covariance Estimation of Variable Samples	变样本自协方差估计
AOT	Acceleration of TEC	TEC 二次变化率
AOTI	Acceleration of TEC Index	TEC 二次变化率指数
APREF	Asia-Pacific Reference Frame	亚太参考网
ARGN	Australian Regional GNSS Network	澳大利亚参考网
AROT	Absolute Rate of TEC	TEC 绝对变化率
ART	Algebraic Reconstruction Technique	代数重构算法
BCWG	Bias and Calibration Working Group	偏差和校准工作组
BDGIM	BDS Global Ionospheric Delay Correction Model	北斗全球电离层修正模型
BDS	BeiDou Navigation Satellite System	北斗卫星导航系统
BDSSH	BDS Spherical Harmonics Model	北斗球谐电离层模型
BGD	Broadcast Group Delay	广播群延迟
BIM	Broadcast Ionospheric Model	广播电离层模型
CAS	Chinese Academy of Sciences	中国科学院
CDAAC	COSMIC Data Analysis and Archive Center	COSMIC 数据分析和归档中心
CDDIS	Crustal Dynamics Data Information System	地壳动力学数据信息系统
CMART	Constrictive Multiplicative Algebraic Reconstruction Techniques	附加平滑约束的乘法代数重构算法
CME	Cross Mass Ejection	日冕物质抛射
CMONOC	Crustal Movement Observation Network of China	中国地壳运动观测网络
CODE	Center for Orbit Determination in Europe	欧洲定轨中心
CODESH	CODE Spherical Harmonics Model	CODE 球谐电离层模型
COSMIC	Constellation Observing System for Meteorology, Ionosphere, and Climate	气象、电离层和气候联合观测星座
CT	Computerized Tomography	层析成像
DADS	Differential Areas for Differential Stations	站际分区
DCB	Differential Code Bias	差分码偏差
DGNSS	Differential Global Navigation Satellite System	差分全球卫星导航系统

DIDC	Differential Ionospheric Delay Correction	电离层延迟差分改正信息
DLR	Deutsches Ientrum für Luft-und Raumfahrt	德国宇航中心
DMA	Defense Mapping Agency	国防制图局
DORIS	Doppler Orbitography and Radio Positioning Integrated by Satellite	星基多普勒轨道和无线电定位组合系统
DOY	Day of Year	年积日
DUP	Data Update Period	数据更新期
EGNOS	European Geostationary Navigation Overlay Service	欧洲静地轨道卫星导航重叠服务
EIM	Empirical Ionospheric Model	经验电离层模型
EOF	Empirical Orthogonal Function	经验正交函数
EPN	EUREF Permanent Network	欧洲参考网
ESA	European Space Agency	欧洲空间局
EUV	Extreme Ultraviolet	极紫外辐射
FARA	Fast Ambiguity Resolution Approach	快速模糊度归整方法
FOC	Full Operational Capability	完全运行能力
FTP	File Transfer Protocol	文件传输协议
GAGAN	GPS Aided GEO Augmented Navigation	GPS 辅助型地球静止轨道卫星增强导航
GEO	Geostationary Earth Orbit	地球静止轨道
GIM	Global Ionosphere Map	全球电离层地图
GISM	Global Ionospheric Scintillation Model	全球电离层闪烁模型
GIVD	Grid Ionospheric Vertical Delay	格网点电离层垂向延迟
GIVE	Grid Point Ionospheric Vertical Delay Error	格网点电离层垂直延迟改正数误差
GLONASS	Global Navigation Satellite System	(俄罗斯)全球卫星导航系统
GNSS	Global Navigation Satellite System	全球卫星导航系统
GOTI	Gradient of Ionospheric TEC Index	电离层 TEC 梯度指数
GPS	Global Positioning System	全球定位系统
GROT	Gradient of Rate of TEC	TEC 空间梯度变化率
GSS	Galileo Sensor Stations	Galileo 监测站
GTSF	Generalized Trigonometric Series Function	广义三角级数函数
IAG	International Association of Geodesy	国际大地测量协会
IART	Improved Algebraic Reconstruction Technique	改进的代数重构算法

IB	Instrumental Bias	仪器偏差
ICD	Interface Control Document	接口控制文件
IEF	Ionospheric Eclipse Factor	电离层蚀因子
IEFM	Ionospheric Eclipse Factor Method	电离层蚀因子法
IF	Ionosphere-Free Combination	消电离层组合
IFB	Inter-Frequency Bias	频间偏差
IGG	Institute of Geodesy and Geophysics, Wuhan	测量与地球物理研究所（武汉）
IGGDCB	IGG Differential Code Bias	IGG 差分码偏差估计方法
IGGSH	IGG Spherical Harmonic model	IGG 球谐函数模型
IGN	Institute Geographique National	法国国家测绘地理信息研究所
IGP	Ionospheric Grid Point	电离层格网点
IGRF	International Geomagnetic Reference Field	国际地磁参考场
IGS	International GNSS Service	国际 GNSS 服务
IGSO	Inclined Geosynchronous Orbit	倾斜地球同步轨道
INS	Inertial Navigation System	惯性导航系统
IONEX	Ionosphere Map Exchange Format	电离层地图数据交换格式
IOV	In Orbit Validation	在轨验证
IPP	Ionospheric Pierce Point	电离层穿刺点（电离层交叉点）
IRI	International Reference Ionosphere	国际参考电离层
IRIMS	IRNSS Range and Integrity Monitoring Stations	IRNSS 测距和完好性监测站
IRNSS	Indian Regional Navigation Satellite System	印度区域卫星导航系统
IROTI	Improved ROTI	改进的 ROTI
ISB	Inter-System Bias	系统间偏差
ISC	Inter-Signal Correction	信号间校正
ISR	Incoherent Scatter Radar	非相干散射雷达
ITU-R	International Telecommunication Union Radiocommunication Sector	国际电信联盟无线电通信分会
iGMAS	International GNSS Monitoring & Assessment System	国际 GNSS 监测评估系统
JPL	Jet Propulsion Laboratory	喷气推进实验室
LAMBDA	Least-Squares Ambiguity Decorrelation Adjustment	最小二乘模糊度降相关平差
LEO	Low Earth Orbit	低地球轨道
LF	Low Frequency	低频

LS-HE	Least-Squares Harmonic Estimation	最小二乘谐波估计
LT	Local Time	地方时
MART	Multiplicative Algebraic Reconstruction Techniques	乘法代数重构算法
MEO	Medium Earth Orbit	中圆地球轨道
MFE	Mapping Function Error	投影函数误差
MFV	Mapping Function Value	投影函数值
MGEX	Multi-GNSS Experiment	多GNSS试验
MJD	Modified Julian Date	修正儒略日
MODIP	Modified Dip	修正磁倾角
NNSS	Navy Navigation Satellite System	海军卫星导航系统
NSWC	Naval Surface Warfare Center	美国海军地面战事中心
PCA	Polar Cap Absorption	极盖吸收事件
PDF	Probability Density Function	概率密度函数
PNT	Positioning, Navigation and Timing	定位、导航与授时
PPP	Precise Point Positioning	精密单点定位
PRISM	Parameterized Real-Time Ionospheric Specification Model	电离层实时参数化模型
PRN	Pseudo Random Noise	伪随机噪声
PSPC	Pseudo Spherical Harmonics Plus Collocation	广域增强系统的电离层时延修正方法(意译)
QIF	Quasi Ionosphere Free	电离层准无关法
QZSS	Quasi-Zenith Satellite System	准天顶卫星系统
RDSS	Radio Determination Satellite Service	卫星无线电测定业务
RINEX	Receiver Independent Exchange Format	与接收机无关的交换格式
RMS	Root Mean Squares	均方根
RNSS	Radio Navigation Satellite Service	卫星无线电导航业务
ROT	Rate of TEC	TEC变化率
ROTI	Rate of TEC Index	TEC变化率指数
RS	Regulated Service	授权服务
RTCM	Radio Technical Commission for Maritime Services	海事无线电技术委员会
RTK	Real Time Kinematic	实时动态
SA	Selective Availability	选择可用性
SHPTS	Spherical Harmonic Function Plus Generalized Trigonometric Series Function	球谐和广义三角级数组合函数
SPP	Single Point Positioning	单点定位

SPR	Satellite Plus Receiver	卫星与接收机
SPS	Standard Positioning Service	标准定位服务
STD	Standard Deviation	标准差
STEC	Slant Total Electron Content	斜向电子总含量
SVN	Space Vehicle Number	空间飞行器编号
TEC	Total Electron Content	电子总含量
TECU	Total Electron Content Unit	TEC 单位
TGD	Time Group Delay	群时间延迟
TID	Travelling Ionospheric Disturbance	电离层行进式扰动
UPC	Universitat Politècnica de Catalunya	加泰罗尼亚理工大学
USCORS	US Continuously Operating Reference Stations	美国连续运行参考站
UT	Universal Time	世界时
UTC	Coordinated Universal Time	协调世界时
VTEC	Vertical TEC	垂直电子总含量
WAAS	Wide Area Augmentation System	广域增强系统
WL	Wide Lane	宽巷